U0193415

嵌入式系统实战指南

面向IoT应用

王蔚 姚思韡 编著

上海麦士 予芯科技 组编

本书的出发点是嵌入式系统的实际应用，因此涉及面比较广，为了控制篇幅，很多内容点到为止，但可以起到抛砖引玉的作用。本书首先对嵌入式系统做了定义，然后围绕该定义展开。全书分为三篇，第一篇侧重于基础应用知识；第二篇是基于第一篇的高阶应用知识，主要针对嵌入式操作系统；第三篇相对独立，对目前非常流行的低功耗蓝牙原理和应用做了介绍。本书的每一篇都有多个对应的例程，并使用了多种常见的软硬件。

本书不但适合嵌入式系统行业的职场新手，也适合有一定经验的嵌入式系统研发工程师学习和参考，还可以作为自动控制、通信、应用电子、机电一体化等专业的教学用书。

图书在版编目（CIP）数据

嵌入式系统实战指南：面向IoT应用/王蔚，姚思韡编著．—北京：机械工业出版社，2022.1（2025.1重印）

ISBN 978-7-111-69878-4

Ⅰ.①嵌…　Ⅱ.①王…②姚…　Ⅲ.①物联网-系统开发　Ⅳ.①TP393.4②TP18

中国版本图书馆CIP数据核字（2021）第260178号

机械工业出版社（北京市百万庄大街22号　邮政编码100037）
策划编辑：李馨馨　　责任编辑：李馨馨　赵小花
责任校对：李　伟　　责任印制：单爱军
北京虎彩文化传播有限公司印刷
2025年1月第1版第5次印刷
184mm×260mm · 32印张 · 796千字
标准书号：ISBN 978-7-111-69878-4
定价：199.00元

电话服务　　　　　　　　　　网络服务
客服电话：010-88361066　机　工　官　网：www.cmpbook.com
　　　　　010-88379833　机　工　官　博：weibo.com/cmp1952
　　　　　010-68326294　金　书　网：www.golden-book.com
封底无防伪标均为盗版　　机工教育服务网：www.cmpedu.com

前　言

为什么要写这本书

新入职的应届生往往很难快速融入嵌入式系统的研发工作，甚至对嵌入式系统的概念都模糊不清。反观自己 20 年的嵌入式系统研发经历，也曾有过一段漫长的适应期，而且还走过不少弯路。所以，笔者最初的写作目的就是给新入职的应届生提供一份面向实际工作、低门槛、系统性的内部培训资料。在后来的培训实践中，这份资料获得了不错的效果，受到广泛好评，于是笔者决定将其整理成书。

本书特点

首先，本书面向实际工作，非常强调实用性。本书充分结合实际工作场景，综合了很多项目实践中容易遇到的问题，目标是培养嵌入式系统研发工程师，因此包含硬件、软件等方面的实用内容，可称之为“软硬不分家”。

其次，本书由浅入深，注重读者需求和阅读体验，并力求使用幽默、通俗的语言来进行讲解，通过类比等方法让读者更快地理解理论知识，轻松学习相关技能。

本书内容

本书分为三篇，三篇内容相互独立，又层层递进。第一篇是核心篇，针对最基础的嵌入式系统概念和运行原理等进行阐述，包括单片机架构、汇编语言、单片机外围、单片机开发环境、单片机如何运行、C 语言、印制电路板设计等内容；第二篇是 RTOS（实时操作系统），讲解了 RTOS 的原理及使用方法，包括 RTOS 原理、RT-Thread 环境搭建、线程、内存管理、中断管理、Env 辅助开发环境、网络框架等内容；第三篇是 BLE（低功耗蓝牙），选取了最新的 BLE 来阐述其原理和使用方法，包括 BLE 版本情况、BLE 协议栈、物理层、直接测试模式、逻辑链路控制与适配协议、通用属性配置与属性协议、安全管理、通用访问配置等内容。本书立足实用性，因此还有大量的配套资料和例程可供学习。

读者对象

本书主要面向有一定专业背景（如单片机、C 语言基础等），但缺乏工作经验的在校学生以及新入职的嵌入式系统研发相关人员，帮助他们系统性地梳理嵌入式系统的基础知识，快速和实际工作接轨。相关专业包括自动控制、通信、应用电子、机电一体化等。如果读者毫无经验，可以按顺序阅读，但对于有一些经验的读者，可以挑选自己感兴趣的篇章进行阅读。

致谢

感谢上海麦士和予芯科技给予的充分信任和支持，让笔者能将工作、学习所得整理成书；感谢雅特力科技（重庆）有限公司、RT-Thread 以及上海巨微集成电路有限公司在技术层面给予的大力支持，让本书更具实用性；还要感谢在本书编写过程中给予建议和帮助的同事祁卿麟、李通越、戴一村等。

由于笔者水平及时间所限，书中欠妥之处在所难免，读者如果有好的建议或疑问可以发邮件至 sean@ shockley-elect. com。

目　　录

第三篇　BLE（低功耗蓝牙）

Part I

第一篇

核心篇

第1章　麻雀虽小，五脏俱全——什么是嵌入式系统

当前嵌入式系统的定义非常模糊，容易给没有经验的人造成职业方向选择上的误判。由于历史原因，主流的分类方式是除了个人计算机（PC）和类似于个人计算机应用以外的带有处理器的应用都归为嵌入式系统。这个定义在30年前是适用的，因为受技术水平限制，当时除了PC能胜任一些控制和运算功能外，其他电子产品很难有合适的芯片可以独立完成控制和运算功能。随着半导体和芯片技术的突飞猛进，如今的智能手机运算能力基本可以和PC匹敌。因此，嵌入式系统也需要有更符合现代发展的定义。由于没有官方的明确定义，本书对嵌入式系统做出如下定义：嵌入式系统面向各类具有独立功能、可完成特定任务的低功耗、低成本小微型设备；在系统构成层面，嵌入式系统属于片上系统（System on Chip，SoC），即不需要或很少需要外加存储设备，可以独立和外界通信（比如通过串口或蓝牙），往往不需要图形化的显示设备。表1-1通过对嵌入式系统与AP/PC的比较来定义嵌入式系统。

表1-1　嵌入式系统和AP/PC系统的比较

比较项目	嵌入式系统	AP/PC系统
CPU	8位/16位/32位	32位/64位
指令集	RISC（精简指令集）为主，几乎不会采用CISC（复杂指令集）	RISC/CISC
主频（全速运行）	主流产品≤200MHz	主流产品>1GHz
功耗（全速运行）	<100mA（主流在几十毫安）	≥100mA
RAM	以SRAM为主，一般以KB为单位。一般以片内形式存在	以SDRAM/DDR为主，一般以MB，甚至GB为单位。一般以片外形式存在
Flash	以NOR-Flash为主，一般以KB为单位。一般以片内形式存在	以NAND-Flash为主，一般以MB、GB，甚至TB为单位。一般以片外形式存在
操作系统	无/RTOS	Linux、Android、Windows、VxWorks等
人机接口	简单，一般不涉及图像采集和GUI（图形用户界面）	可全面支持图像采集和GUI

表1-1中的特点仅针对大多数情况，不能绝对化。根据以上定义可以想象身边有哪些产品会使用嵌入式系统，比如蓝牙耳机、音箱、洗衣机、鼠标、键盘、扫地机器人、智能照明、智能玩具、智能门锁、智能手环等，可谓深入到生活的方方面面。最值得一提的是手机，在手机出现之初（大家熟知的“大哥大”），甚至很久以前的功能机（feature phone）时代，手机已经可以划分在嵌入式系统范畴。但随着智能手机的出现和普及，手机功能变得相当强大，其系统已经非常复杂，和PC的架构越来越类似，只是操作系统不太一样。因此，智能手机已经不再适合划分在嵌入式系统范畴。智能机顶盒和智能电视的架构和智能手机类似，也不应划分在嵌入式系统范畴。

技术在不断进步，嵌入式系统的概念会不断演变，所以不应用静态的眼光来看待，未来会如何我们拭目以待。

最后，需要强调的是，从事嵌入式系统开发的工程师是“软硬不分家”的，他们既需要有扎实的软件能力，也需要有独立设计硬件的能力。嵌入式系统是面向应用的，不同的应用就有不同的实现方式。应用千变万化，实现方式千差万别。即使软件差异不大，也会给系统硬件带来比较大的变化。因此，嵌入式系统工程师必须是一个既能设计电路板又能编写软件的全面型人才。

注意：本书所述的嵌入式系统都将基于以上定义，除非特别指出。另外，后文中经常会提及 MCU（Micro Computer Unit，单片机）和 SoC，本书将这两个概念等同。

1.1　嵌入式系统架构

如果你有志成为一个现代嵌入式系统工程师，那么在所有项目之初就需要确定系统的架构。系统的架构包含两方面：硬件和软件。硬件部分不但决定了系统的复杂性、成本，还决定了后面的软件逻辑如何实现，而且一旦确定，在项目过程中很难更改，如果更改则往往会导致项目的重大延误和成本损失。入行时要对系统架构有足够的重视，时时刻刻关注自己项目中的系统架构，以及如此设计的原因。随着经验的积累，自然会对系统架构的重要性有所感悟。

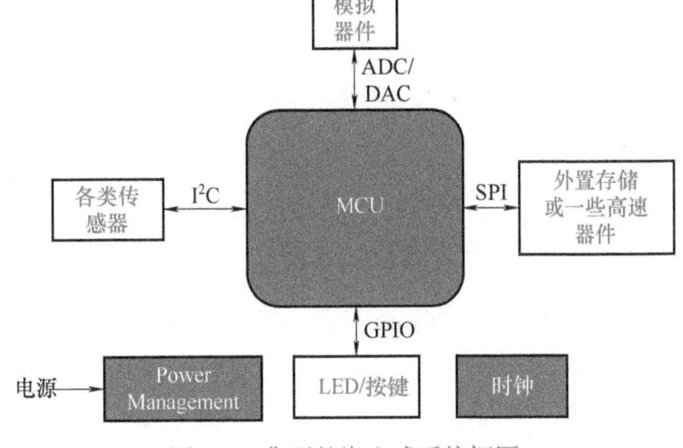

图 1-1　典型的嵌入式系统框图

首先来比较一下嵌入式系统和非嵌入式系统在架构上有何区别，如图 1-1 和图 1-2 所示。

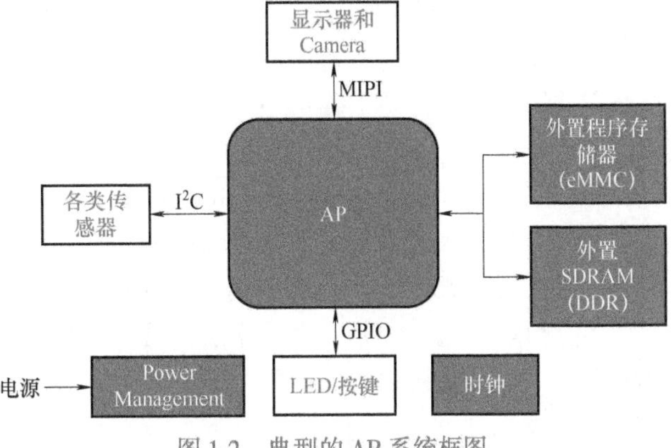

图 1-2　典型的 AP 系统框图

前面讲过嵌入式系统的定义，这里再补充一下什么是 AP 系统。AP 是 Application Processor（应用处理器）的简称。现代的手机、电视、机顶盒等设备，基本都是这种架构，和 PC 系统非常类似。图 1-1 中，实心部分是一个系统必须具备的，空心部分是外围的功能性器件，不是必需的，而且可以根据功能不同进行更换。只由图中实心部分组成的系统称之为“最小系统”。最小系统是确保系统能运行的最简单形式。当然，最小系统一般没有任何功能，只是软件能在 MCU 或 AP 上运行而已。

最小系统的特点非常明显，嵌入式系统的最小系统中没有外置的程序存储器和 RAM（SRAM 和 DDR 都属于 RAM）。

RAM 是随机访问存储器的简称，“随机访问”即可以在 RAM 中的任何一个存储单元（比如一个字节）读写。相对地，程序存储器（比如 Flash）是不能随意访问单个存储单元的，只能批量访问，常见的是按照页（Page）或者块（Block）的形式来读写存储器。程序存储器有很多种，常见的是 Nor-Flash、NAND-Flash、硬盘等。RAM 也有很多种，比如 SRAM、SDRAM、DDR 等，这里不做过多解释。在本书中，不做特别说明的话，RAM 就是指 SRAM（Static Random-Access Memory，静态随机访问存储器）。除了访问方式不同，两者之间还有一个重要的物理特性有所不同：系统断电后 RAM 中的内容会丢失，而 Flash 中的内容是不会丢失的。所以这两类存储器还有另一种叫法：易失性存储器（比如 RAM）和非易失性存储器（比如 Flash）。

那么为什么会有两种不同的存储器？如果全部用 Flash，由于 Flash 访问速度太慢，尤其是写入数据的时候和 MCU 的运行速度比起来简直是“龟速”，会拖慢整个系统的速度；如果全部用 RAM，断电后数据保存不了，而且还有一个最致命的问题——贵。你可以比较一下 RAM 和硬盘的价格，用单位容量的价格去比，就能知道它们之间相差上百倍，所以将它们结合使用是性价比最高的方案。图 1-3 所示为根据速度和价格对存储器进行分层。

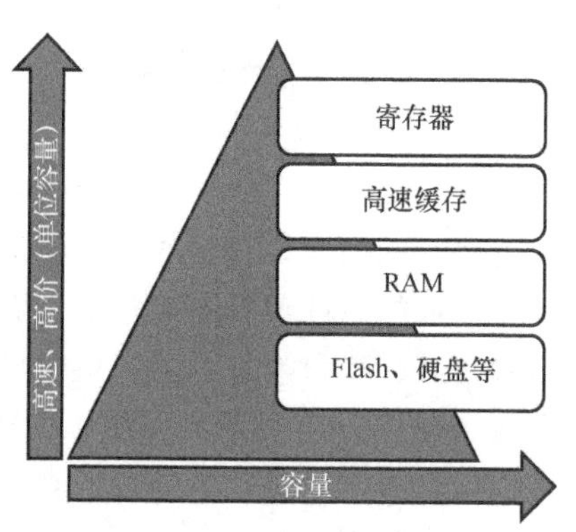

图 1-3　存储器的分层

什么内容掉电后必须保存？当然是程序。这就是笔者把 Flash 等同于程序存储器的原因（有些数据也是不允许掉电丢失的，但是人们更关心程序）。那么 RAM 里放什么呢？自然是需要频繁访问的变量和“时间敏感”的程序。具体内容后面章节再具体介绍。

回到前面的话题，从最小系统看，嵌入式系统和 AP 系统的区别似乎只在于存储器有没有放在芯片外面。但前面提到过，系统架构不仅涉及硬件还涉及软件，现在来看看软件上的差异。因为嵌入式系统的存储器一般是内置的（有些 MCU 为了节约本身的成本，会把 Flash 放在外面），存储器容量都做得比较小，所以一般不会采用 Android、Linux、Windows 等操作系统。操作系统对系统资源的占用还是非常多的，除了对 CPU 主频有所要求外最重要的就是对存储器容量的要求。而一般嵌入式系统软件有两种模式，一种模式是什么操作系统都没有，俗称“裸奔”，这样最节约系统资源，但是当软件复杂一些的时候，“裸奔”就很难应付；还有一种模式是采用 RTOS（Real Time Operation System，实时操作系统），这种操作系统是专门针对嵌入式系统的，其特点是简单、占用资源少、响应快、可扩展性强。

这里还要强调一下，在真实的项目中到底选择什么样的系统架构不仅要考虑以上的问题，还有很多其他的因素，有技术层面的，也有成本层面的。这里只做提纲挈领的概括，让大家有一个初步的认识。

1.2　MCU 架构

前面谈到了系统的架构，现在把视野收缩，讲解一下单片机。因为把很多外围器件（比如存储器）都集成到一个芯片里，最小系统除了电源和时钟源以外就只有一个芯片，称作单片机。它和 SoC 的概念很像，只不过 SoC 中集成的东西可能更多，所以本书会混用单片机和 SoC 这两个词。

单片机的种类非常多，从大家耳熟能详的 51 系列（8 位机），到 TI 的 MSP430 系列（16 位机），再到现在几乎一统天下的 ARM（32 位机）。除此之外还有 Microchip 的 PIC 系列、ATMEL 的 AVR 系列等。

图 1-4 所示为本书使用的学习板上的 MCU 系统框图。

下面讲解图 1-4 中的一些主要部分。首先是内核。左上角是“ARM Cortex M4F”，还有其最高频率，它是 MCU 的大脑，决定了 MCU 的性能。然后要关注一下总线。针对 ARM 系统常见的总线有两种，一种是 AHB 总线（Advanced High-performance Bus），另一种是 APB 总线（Advanced Peripheral Bus）。在比较高阶的 ARM 芯片里还会出现 AXI（Advanced eXtensible Interface），这种芯片一般在 AP 系统的研究范畴内，所以这里不做探讨。

顾名思义，AHB 是高性能总线，速度比较高，那么连接在这个总线上的元素一定比较重要，而且比较快。其中就有 RAM 和 Flash（忽略控制器），这是最小系统里必须包含的，直接影响系统性能，自然应该挂在高性能总线上。这里提醒一下，有些低成本的 MCU 会把 Flash 挂在 APB 总线上，这样往往会降低性能，但是成本也会低些。

AHB 总线上还有一些比较陌生的名字，比如 DMA（Direct Memory Access），它可以在不干预内核的情况下直接访问存储器（一般是 RAM），在一些数据吞吐量比较大的场合会用到，能大幅提高系统性能。它的主要工作就是搬移数据，比如把来自 USB 端口的数据搬移到 SRAM 中（反过来也可以）。

AHB 总线上还有“以太网 MAC”，这是常见的有线网络的硬件接口，所以这个芯片带有网络功能，当然要实现其功能还需要外围配套的硬件以及大量软件支持，包括 TCP/IP 协议栈等。

这里有个有趣的地方：GPIO 是挂在 AHB 上的。一般而言，GPIO 是挂在 APB 上的，那么为什么会需要这样的设计呢？举几个例子，户外 LED 广告屏幕、简易型示波器、UWB（Ultra-wideband，超宽频）定位等，这些应用需要 GPIO 有非常高的响应速度。

AHB 总线上还有“APB 桥接器”。很好理解，它就是用来将 APB 挂在 AHB 下面。从这个结构看，APB 的速度和性能肯定低于 AHB，从 AHB 和 APB 的命名来看，也非常直观。此时有人会想，为什么不把所有设备都挂在 AHB 上呢？原因是 AHB 直接和内核通信，其寻址方式非常复杂，而且 AHB 自带“仲裁”机制，也就是说出现访问冲突时会有硬件来协调。把所有设备挂在 AHB 上会导致系统复杂度呈指数级上升（这意味着成本上升），同时系统功耗会大幅度升高，这是芯片设计工程师所不愿看到的。

从图 1-4 中可以看到，在 AHB 下面有两个 APB，分别是“APB1”和“APB2”，APB 的总线时钟速度只有 AHB 总线速度的一半。APB 上挂的接口或设备很多，后面章节会讲到。

最后，还需要关注 RCC（Reset Clock Controller，复位与时钟控制）模块，该模块本身非常简单，就是把来自时钟源的时钟分配到不同的功能模块。这些分配出去的时钟是可以用软件配置和调整的。因此，在使用不同的模块时要留意其时钟分配情况，这是实际工作中很容易忽略的地方。

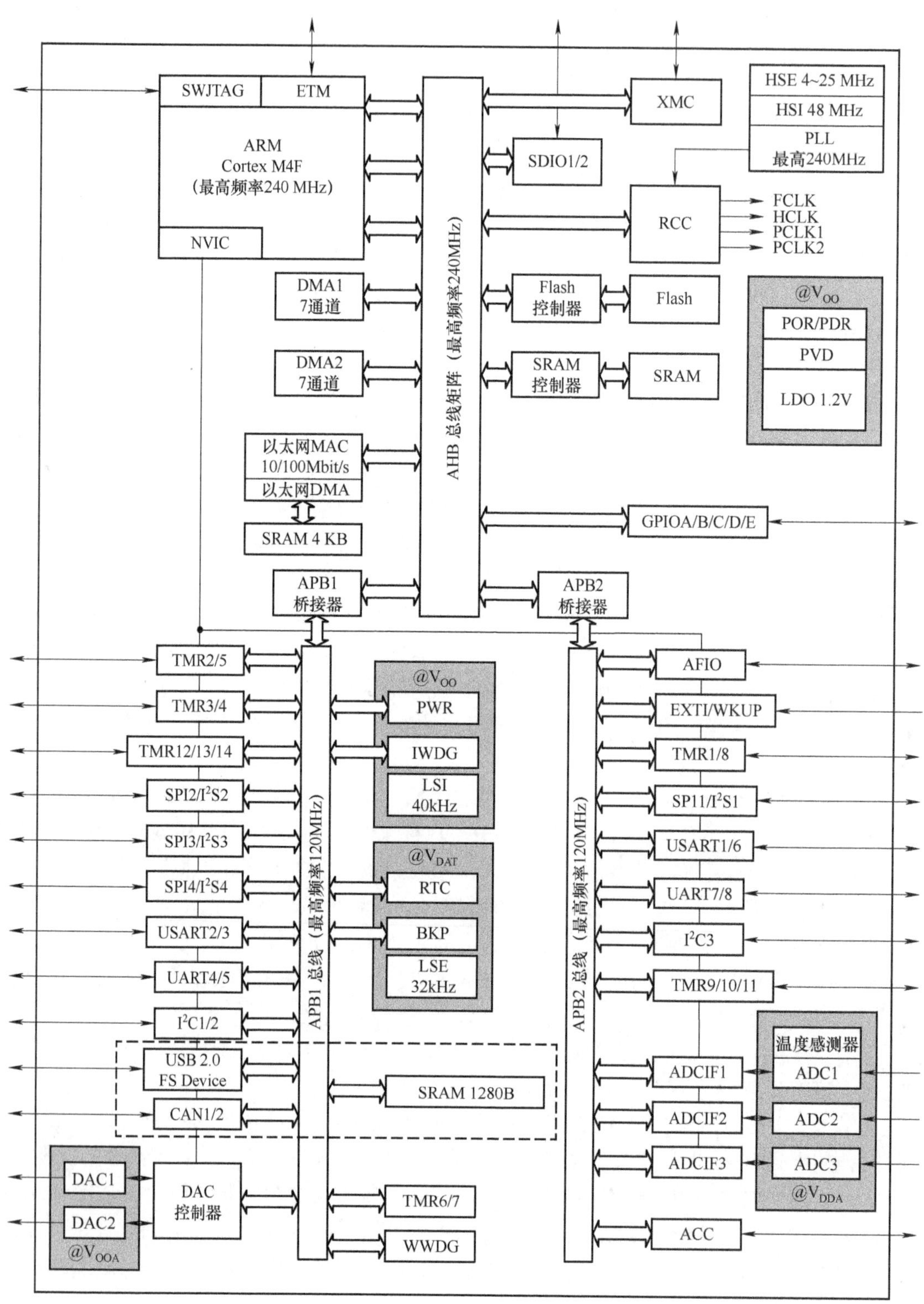

图 1-4　AT32F407 系列系统框图

1.3　内核架构

接下来再把视野进一步聚焦到芯片的内核上，如图 1-5 所示。

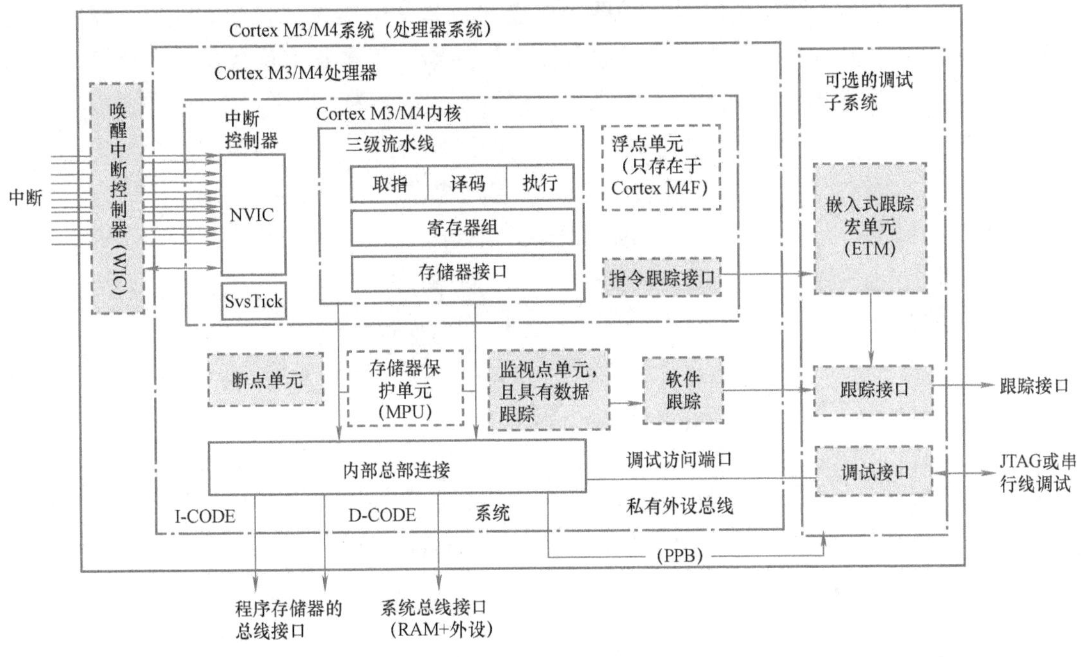

图 1-5　ARM Cortex M3/M4 系列处理器框图

其实内核的核心就是“取指、译码（解码）、执行”，这个部分体现了程序执行的核心思想，也是“冯·诺伊曼架构”的重要体现。简单来说，就是从存储器（比如 Flash）中把代码读取出来，然后翻译一下，最后执行。在这里需要提及寄存器组。寄存器组其实也是 RAM，只不过这些 RAM 位于内核中，是专门为内核服务的。为什么不用外置的普通 RAM 呢？这是从效率角度考虑的。寄存器在内核中，因此内核可以直接访问和操作它，速度和操作内核本身一样快。所有的指令都必须加载到内核的寄存器中才能执行，但是内核中的寄存器一般不会很多（这是从系统复杂度和成本角度考虑的），早期的 ARM 内核架构基本就是 16 个寄存器。这些寄存器专门服务于内核，为了和其他外围器件的寄存器区分，又称为特殊功能寄存器。但是随着 ARM 架构的不断升级，其功能越来越强大，内部的特殊功能寄存器也变多了，比如增加了专门处理浮点数的寄存器、专门负责 DSP 指令的寄存器等。但是原来的 16 个“创始人”一直存在。后面介绍到汇编语言的时候还会有更深入的解释，这里就不展开了。

框图中的 NVIC（Nested Vectored Interrupt Controller，嵌套向量中断控制器）需要强调一下。想想程序执行的时候如果有外界的事件需要处理该怎么办？比如说你正在听音乐，突然想切换到下一首，那么按下“下一首”键后播放器就自动停止当前的音乐，去播放下一首音乐。对于 MCU 来说，它本来正在不断地把音乐文件里的数据做解码和播放的工作，此时一个按键动作导致了一个中断（Interrupt），于是 MCU 就要停下手头的工作，看看外界到底发生了什么。原来是按下了“下一首”键，所以 MCU 先把音乐停掉，再找到下一个音乐文件继续工作。因此，中断就是打断 MCU 当前的工作，告诉 MCU 需要处理一些其他事情。

这里的“向量”和数学里的向量是两个概念，只是一个比较贴切的类比。向量是有方向的，而中断有很多类型。刚才讲到按键可以产生中断，很多其他设备也能产生中断，所以，必须对中断源进行区分，给每个不同的中断编码。区分的结果是，几乎每个外部事件产生的中断都能定位到一个特定的“号码”。那些脑洞大开的芯片设计者就把这个特定的“号码”称为中断向量（因为从源到目标有方向性）或中断矢量（Vector）。

这里的“嵌套”是指，当 MCU 正在处理一个中断的时候，又出现了另一个中段，那么 MCU 可以停下当前处理的中断而去执行新的中断。中断是非常重要的功能，后面会有专门的篇幅来详细介绍。

再看一下图 1-5 中的最右侧部分，这部分是和调试相关的。将仿真调试部分的电路放在内核里，调试起来就比较流畅，而且可以支持比较高阶的调试功能，有助于工程师分析和解决问题。

作为工程师，当接触到一个新平台或 MCU 时，首先要了解其芯片本身的一些基本特性，这项工作可以解决“做什么”的问题。接着要考虑这个平台或 MCU 应该如何调试，需要什么样的软件和硬件，这是解决“怎么做”的问题。本书所用硬件平台的软件可以在网站 https：//www. keil. com/中下载，下载页面如图 1-6 所示，本书后面会解释如何使用。

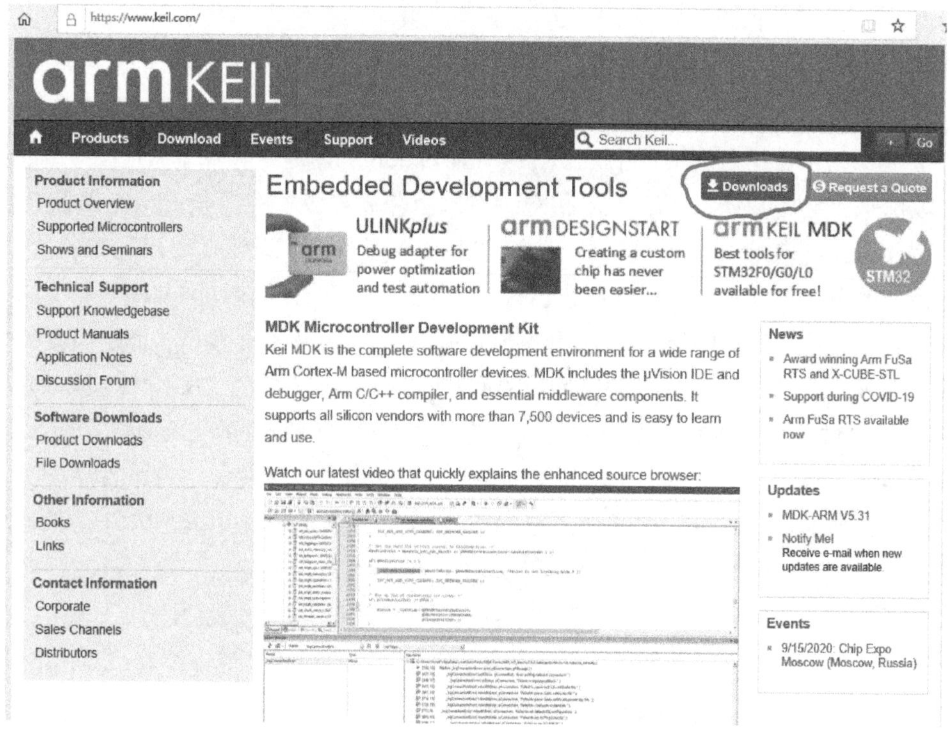

图 1-6　KEIL 下载页面

第 2 章　大脑是人类与动物的主要区别所在——单片机架构

第 1 章对嵌入式系统及其框架、单片机及其框架做了初步的介绍。本章会对单片机的架构进行更深入的探讨，为后面深刻理解软件如何运行做好铺垫。

2.1 计算机的发展

从表面上看，人类会思考，思考的物质基础是大脑，思考本身就是“软件”。霍金说过，人类对自身的了解也许还不如对宇宙了解得多，所以人们现在还无法解释这套“软件”是如何在大脑之中运行的。幸运的是，人类创造的机器还是比较容易理解的。计算机就是一个会“思考”的机器，计算机设计之初是用来做特定计算工作的，所以直到现在还称之为“计算机”。1936 年，图灵提出了“图灵机”的概念，随后在二战中制造了“炸弹机”（图灵机的一种实现），用于破解德国 Enigma（恩尼格玛密码机）。图 2-1 来自电影《模仿游戏》，讲述的就是这段二战历史。而第一台“电子计算机”也诞生于二战期间，是阿坦那索夫和贝利发明的 ABC。

图 2-1　电影《模仿游戏》

后来的计算机依照冯·诺依曼架构把原来单纯的计算用途拓展到了更广阔的空间，于是通用计算机出现了。人们熟知的 ENIAC（见图 2-2）就是第一台“通用电子计算机”。直到现在，主流计算机还在沿用冯·诺依曼架构。未来随着量子计算技术的成熟，也许会有颠覆性的架构出现，让我们拭目以待。

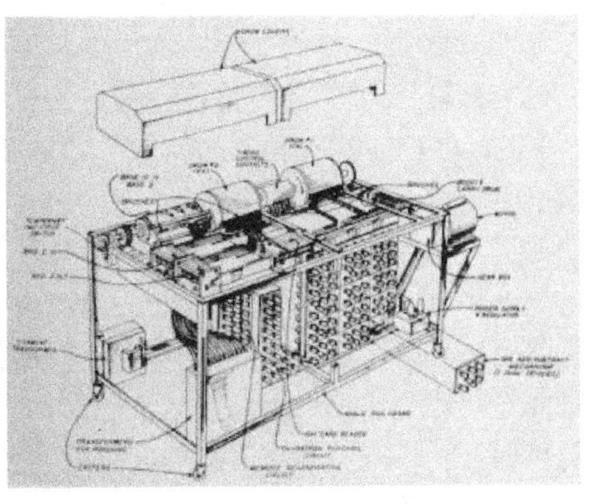

图 2-2　ENIAC

冯·诺依曼架构遵循图灵机原理，明确定义了中央处理器（CPU）和存储器的概念，当然还有输入/输出系统。CPU 只负责读取指令、翻译指令，最后执行指令，而存储器就必须负责保存指令和数据，供 CPU 读取和保存结果。

这就是前文中看到的 MCU 内核中的核心部分，而这里的存储器就是前文中提及的 MCU 内核中的寄存器组（请注意，并不是指 RAM 和 Flash）。

取指就是图 2-3 中的“读取”部分，即 CPU 把即将执行的指令从存储器中读取出来（保存到内部寄存器组中）。CPU 中有个 *PC*（Program Counter，程序计数器）寄存器，这是所有 CPU 寄存器中最重要的一个，后面为了避免和个人计算机 PC 相混淆，程序寄存器全部用斜体字表示。它的功能非常简单，就是一个简单的累加计数器，每次上电都从一个特定数值开始累加，而这个数值就是程序存储器的起始地址。指令的读取是通过将 *PC* 寄存器的值作为地址来访问存储器，再由存储器返回该地址中保存的指令。这有些像 C 语言里的程序指针，所以有时候会称 *PC* 为程序指针（实际情况是 C 语言借鉴了 *PC* 的原理而延伸出了指针的概念）。而“地址”就是程序中的指令在存储器中保存的位置。这些被读取的指令会保存在一个特别的指令寄存器中（独立于前面提到的 16 个寄存器）。现代 CPU 为了提高代码执行效率，一般会预先将 *PC* 所指向的地址及其后面的一段代码同时缓存到一个特别的存储器中，避免每次都要通过总线来访问存储器，这个特别的缓存就是 CPU 规格参数中的 Cache。Cache 的执行速度也非常快，但是成本很高。

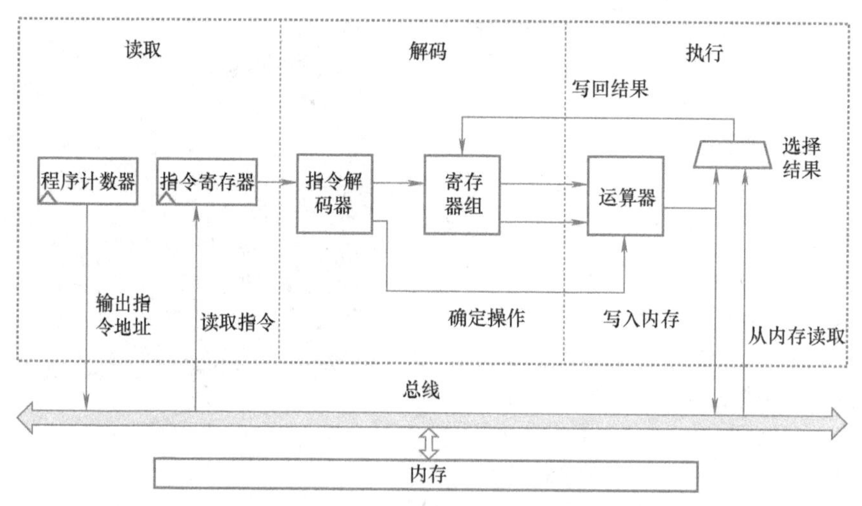

图 2-3　CPU 内核结构框图

解码就是 CPU 将指令寄存器中的指令进行翻译。指令有很多种，有的负责运算，有的负责对存储器和外围设备进行读写，有的控制下一条指令的走向（比如程序中的跳转指令），还有对 CPU 进行控制的指令（比如睡眠）。所有这些指令都被定义成一串二进制的编码（因为计算机只认识二进制），这些指令由 CPU 中的解码器模块进行解码。

最后，CPU 对解码器翻译出来的操作进行处理，处理结果可以保存在内部的寄存器或者存储器中。从图 2-3 中可以看到，所有的指令和操作数都是先保存到内部寄存器后再统一由运算器来实现运算。现代 CPU 为了提高代码执行效率，当解码器工作的时候，允许前面的取指模块预先去读取下一条指令，这种模式就称为二级流水线。以此类推，当执行模块在运行的时候，CPU 也可以开始执行下一项解码工作，而读取模块将读取当前执行指令的下一条指令了。很明显，这就是三级流水线。

2.2 单片机只能理解二进制“语言”

前面讲了指令是怎么执行的，而程序是由一组指令组成的。当然，在执行程序前先要有程序。计算机是机器，无法理解人类的语言，它只能理解人类事先安排好的各种简单指令。机器可以直接执行的指令是用二进制（Binary）来表达的，这就是 Binary 文件（. bin）的由来。Binary 文件就是把计算机可以直接执行的指令和数据按照一定的顺序组织在一起形成的文件，但是，用二进制表示的指令非常难于记忆和使用。如果工程师都用二进制指令来编程，那简直是个灾难（但是直接用二进制来写程序是可以的，最初的计算机编程就是用很多的开关或者打孔纸带来作为程序输入的）。于是人们又想了个办法，把每个二进制的指令用一个简单的英文缩写来表示，比如“MOV R0, #0x12”表示将数值“0x12”保存到寄存器 R0 中。这些英文缩写和二进制指令一一对应，而且非常短小精悍，可以用一个非常简单的专用软件来转换。这个专用的软件就是汇编器，是编译器的雏形，现代编译器非常强大且复杂。那些短小精悍的英文缩写统称为指令集，直接用指令集编写软件的方式称为汇编语言。后面还会进一步解释汇编语言，这里就不展开了。

现在想让单片机完成一个计算：“1 + 2 = ?”。假设你是个大师级工程师，二进制指令烂熟于心，不需要用任何其他有助记忆的编程语言，可以直接在存储器里写下这个程序，见表 2-1。

表 2-1　一个虚拟的二进制程序示例

存储器单元的编号（地址）	存储器单元内容	说明
0x00	0x01	加法操作的二进制指令
0x01	0x01	第一个操作数
0x02	0x02	第二个操作数
0x03	?	存放结果的地方
0x04	xxx	其他指令
0x05	xxx	其他操作数
⋮	⋮	⋮

在这里假定加法指令为 0x01，这个指令会告诉 CPU 将要完成一个加法工作，并且应去指令后第一个存储单元（编号为 0x01）里取第一个操作数，然后去指令后第二个存储单元（编号为 0x02）里取第二个操作数，运算结束后把结果保存到指令后第三个存储单元（编号为 0x03）中。

从上面的二进制程序来看，存储器里存储了指令和数据，CPU 启动的时候 *PC* 被固定为一个值，一般是 0，所以从编号为 0x00 的存储单元去取指，然后 *PC* 自动累加 1，从编号为 0x01 的存储单元取出第一个操作数，*PC* 再累加，从编号为 0x02 的存储单元取出第二个操作数，最后运算，并将运算结果保存在编号为 0x03 的存储单元（因为 *PC* 又累加了 1）……如此不断执行下去。图 2-4 是另一个存储器和地址的示意图。

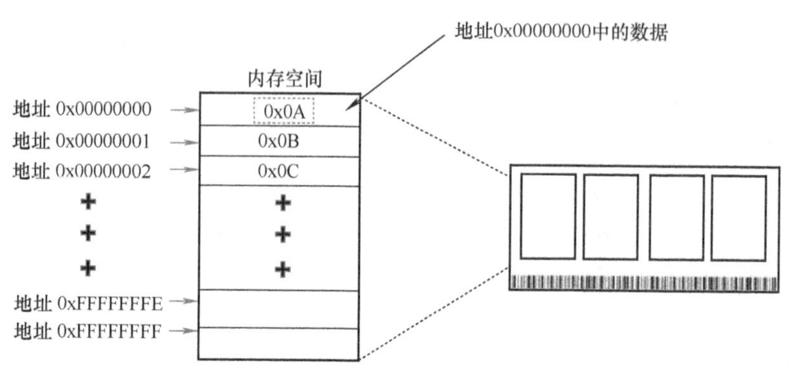

图 2-4　存储器和地址

上面的程序非常简单，读者可以把计算机的执行结果填写在合适的格子里。后面还会更深入地介绍这方面的内容，本书遵循自上而下、由浅入深的原则，力求将知识点完整、有效地呈现出来。

言归正传，有人会问 *PC* 如果累加满了该怎么办？这是个非常好的问题，如果能想到这个问题，那你非常有工程师的潜质。这个问题其实会引出两个问题。

1. *PC* 为什么会满？

在上面的程序里，*PC* 是一个 8 位宽的计数器，不断地加 1。8 位的计数器只能覆盖 2^8 个整数，即 0 ~ 255，自然很容易就能加满。这个存储器只有 256 个存储单元，这显然不够。怎么办呢？把 *PC* 的位宽扩展到 16 位，就能覆盖 65536 个存储单元（64KB）；如果扩展到 32 位，就能覆盖 4GB 个存储单元，这就是“寻址宽度”。为什么以前的计算机只能支持 4GB 内存？这是由内核决定的。现代计算机还有更多的手段来扩展，这里不深究。

人们常说的 MCU 位数与此也有关系。严格地说，MCU 的位数是指运算器的位数，大家可以在图 2-3 里找到。这里不深究运算器里的结构，但可以举个例子。假如运算器是 8 位，那么 CPU 一次只能处理 0 ~ 255 范围内的整数，超出这个范围的整数需要经过多次处理。在设计芯片的时候为了做到性能最优，往往把寻址宽度和运算器的宽度设计成一样。

2. *PC* 满了怎么办？

这个问题就比较好回答了，满了自然就从 0 重新开始。但是实际上，根本就不会满。按照上述程序的状态，*PC* 会不断地加 1，如果 *PC* 位数很大，这个程序会非常庞大，这是不现实的。这个简单的问题导致了所有的程序都是循环往复的，也就是说当程序执行到某个地方的时候一定会返回到前面某处。这就是所有基础的程序框架都存在一个大的循环体的本质原因。

2.3 输入/输出设备

看完核心部分，再把视野往外拓展一些，看一下什么是输入/输出（I/O）。输入/输出负责和外部交换数据。对于个人计算机而言，输入设备就是鼠标和键盘等，最常见的输出设备就是显示器。对于 MCU 而言，就没那么明显。比如一些按键、某些模拟信号，还有来自其他芯片的数据等都是通过输入设备接入 MCU 的，而一些 LED、模拟信号输出，还有输出给其他芯片的接口都是 MCU 的输出设备。

MCU 怎么控制或访问这些输入/输出设备呢？主要有两种方式，一种称为存储器映射，另一种称为端口映射。在嵌入式系统中以第一种方式最为常见，因此下面着重解释。

从前面看到 MCU 内核中有自己专用的寄存器，输入/输出设备一般挂在其 APB 总线上，它们也有自己的专用寄存器。MCU 通过修改这些寄存器的值来控制设备或发送数据，然后通过读取这些寄存器来得到设备的状态或数据。可以这么说，所有的设备都是通过寄存器来控制和访问的。那么 MCU 内核怎么访问这些寄存器呢？很简单，把这些寄存器映射到存储器的地址上即可，如图 2-5 所示。

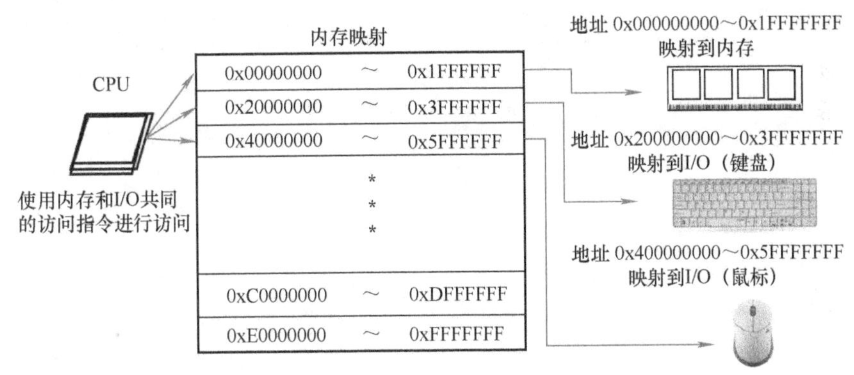

图 2-5　存储器映射

这里又出现了一个让人有点不安的词汇：“映射”，以后经常会碰到，在脑海里翻译成“等于”即可。其实就是用各种方法让 MCU 内核在访问这些外围设备的寄存器时，就像是在访问一个普通的存储器地址。这种做法非常简单和直观，但是要求使用者留意，不要把正常的内存地址和寄存器映射的内存地址弄混。

2.4　什么是总线

在前面提到过总线，比如 AHB 和 APB。那么什么是总线呢？其实就是 CPU 和存储器、I/O 等其他设备交换数据的通道。总线将一组信号线连接到多个设备上由其共享，用同样的信号线来彼此通信。因为总线是共享的，所以一定会出现冲突的情况，此时往往有仲裁器来负责调停和调度，如图 2-6 所示。

为什么这样做呢？不能在每个设备之间架设独立的通信线，使其更加高效吗？当然可以，但是会太复杂、太贵。

总线一般还可细分成控制总线、数据总线和地址总线。数据总线用来负责单纯的数据交换，地址总线用来指定要访问的设备地址以及设备内存储器或者寄存器的地址，控制总线负责总线访问的控制，比如读或者写。各个信号的时序及进行数据交换的规则称为总线协议。为了避免总线冲突，在通过总线访问设备的时候需要有某些规则，这些规则由仲裁器负责执行。图 2-7 所示为一个总线传输的过程示意图。

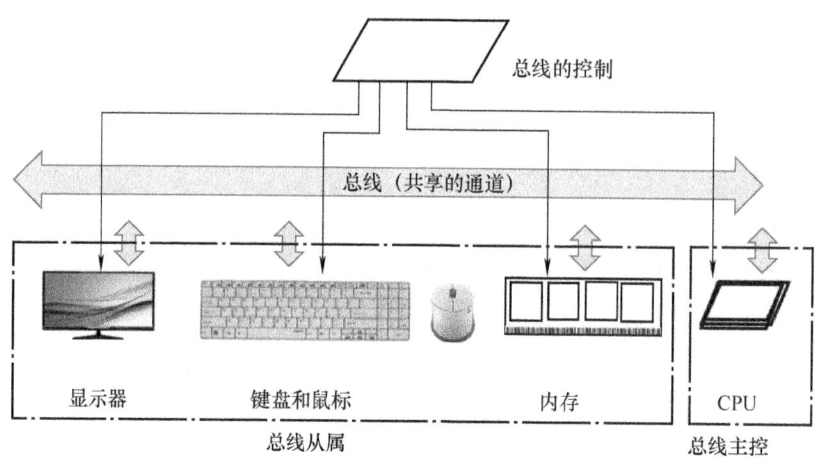

图 2-6　总线示例

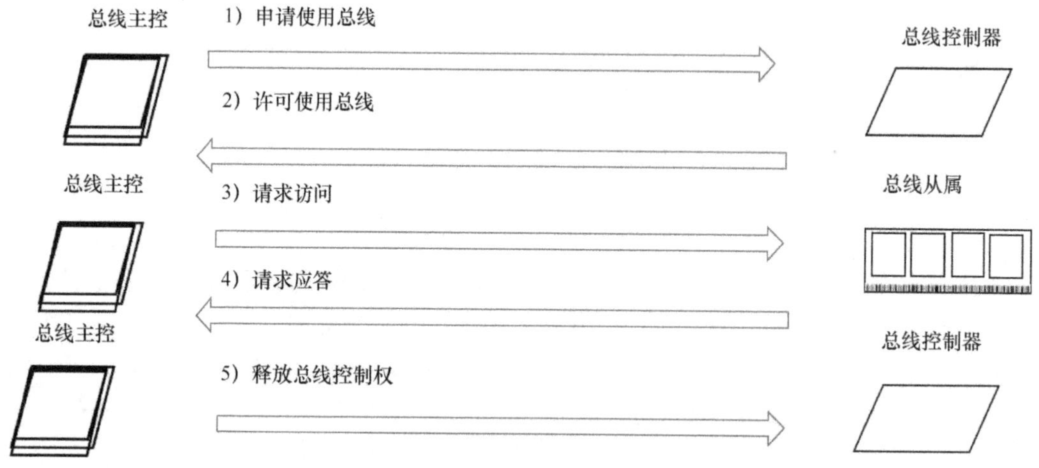

图 2-7　总线传输过程示意图

一次总线传输细分成五个步骤。

1）申请使用总线：向总线仲裁器申请总线使用权。

2）许可使用总线：若无其他设备在使用总线，那么仲裁器会授予使用总线的权利，称为总线控制权。

3）请求访问：在总线上发起对设备的访问请求。

4）请求应答：被访问的设备会给出应答。

5）释放总线控制权：访问结束后必须通知总线仲裁器释放总线控制权。

这个过程看起来不复杂，因为没有考虑优先级的问题，实际上除此之外为了提高总线利用率还有更多的因素要考虑。随着技术进步，嵌入式系统也会有多核的情况，在这种情况下总线的效率瓶颈越来越突出，也许不久的将来会有其他的解决方案出现。

顺便提一下，AHB 有总线仲裁机制，但是 APB 没有。为什么？当然还是那个词——权衡。能从这个不同之处看出更多问题或者特性吗？留给大家自己思考。

2.5 数字电路大厦的砖块——锁存器

很多人对于总线时序总是非常疑惑，所以有必要在此添加一些相关内容，以便于更快理解后面涉及总线及时序的内容。

人们常说的数字电路有两大类：组合逻辑电路和时序逻辑电路。从名字就能看出，时序逻辑电路一定和时间有关系。目前常见的单片机、CPU、DSP、FPGA 等几乎所有可编程器件都可以归为时序逻辑电路（但不能绝对化，这并不意味着这些芯片中没有组合逻辑电路）。时序逻辑电路与时间的关系，体现在哪里呢？这涉及时钟（Clock）。

在系统实现的时候采用从顶部往下分析的方法，把系统分解成很多功能模块，功能模块还要细分成更小的结构，直至分解成一个个数字门和 MOS 管。这和 C 语言里的子函数概念很像，就是化整为零，把一个复杂问题变成一个个简单的小问题。时序电路的出现是为了简化问题。在真实的超大规模数字电路中，存在着数以千万计的门电路。这些门电路先组成一个个小的功能单元，再组成功能性的模块，最后再通过总线连接起来。每一个小结构的具体功能实现复杂度都不同，所以信号处理所花的时间就不同。从宏观层面举个例子，假如要完成 A－B＝？的运算，而 A 和 B 的数据来自不同的功能模块，比如 A 来自 ADC（模数转换器），B 来自内存。当 CPU 读取数据的时候，由于 A 的数据到达速度慢，有可能在读取时 A 中的数据是无效的，导致运算结果出现了错误。到微观层面，即使在一个功能模块中，不同的电路分支运算时间也不同，一定会导致最后的结果出现问题。而芯片内的时钟能解决这个棘手的问题：用最晚的时间作为时钟的最高频率（实际还可以分频等）。按照时钟的频率，算得快的不急着输出结果，等算得慢的结束后，再统一调度。这样就不会乱了，就像乐队的指挥一样，成员要用统一的拍子来演奏，才能协调。

前面解释了芯片里时钟的作用，接下来细致观察一下总线。对于很多人来说，让人内心不安的点可能并不是总线上的时序图本身，而是采样边沿的问题。采样边沿涉及芯片之间或者芯片内总线上的数据如何发送或者读取，这就牵涉到了数字电路里非常重要的锁存器和 D 触发器两种器件。

锁存器，顾名思义，就是能把信号（数字电路里的信号只有 0 和 1）“锁住”的东西，属于一种存储单元。比如一个用与门实现的锁存器如图 2-8 所示。

图 2-8　最简单的锁存器

这个锁存器中，当输入端 A 的电平变为低后，输出 Y 就永远为低了，而不再受到 A 的控制。这是利用循环回路来构建锁存器的核心思想。当然，这个锁存器没有办法做太多的事情，因为只能锁存 0，所以需要对它做些改进。思路是一样的，利用循环回路，用 4 个简单的与非门来实现一个可以锁存任何数据（对于二进制而言，任何数据就是 0 和 1 的组合）的锁存器。

图 2-9 所示的锁存器，就是改进后的锁存器，称为“D 锁存器”。它的输入引脚是两个，一个是输入数据 D，一个是使能引脚 E。输出端也有两个引脚，一个是输出数据 Q，另一个是 Q 的反向电平 $\overline{Q}$。当使能引脚 E 为高电平的时候就会把输入端 D 的电平锁住，然后当使能引脚 E 为低电平的时候，无论输入数据 D 怎么变化，输出都保持前面锁存的数据。看一下 D 锁存器的真值表（表 2-2），上述过程就比较容易理解了。

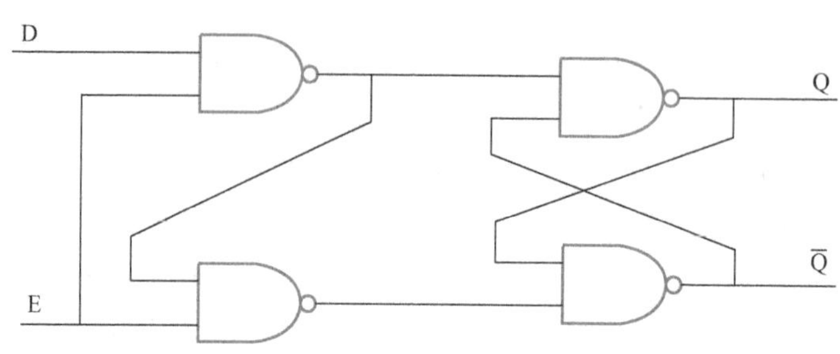

图 2-9　D 锁存器

表 2-2　D 锁存器的真值表

输　入		输　出	
E	D	Q	$\overline{Q}$
0	0	维持前一个数据	维持前一个数据
0	1	维持前一个数据	维持前一个数据
1	0	0	1
1	1	1	0

这是一个很实用的锁存器，可以根据需要来保持数据，其实芯片里大量采用的 SRAM 就是很多锁存器。当然，真实的 SRAM 有很多改进，但是核心原理不变。

回到总线问题。因为总线上的设备需要交换数据，所以数据不能“昙花一现”，锁存器能根据需要将总线上的数据锁定。但是，要保持多久呢？数据在不断地交换，总不能一直保持下去，还需要有个机制来更新数据。于是 D 触发器出现了。

从图 2-10 中看出，输出端没有变化，但是输入端原本的 E 引脚被一个名为 C 的引脚替换了。整个原理图就是把两个 D 锁存器串联了起来，如图 2-10 所示。

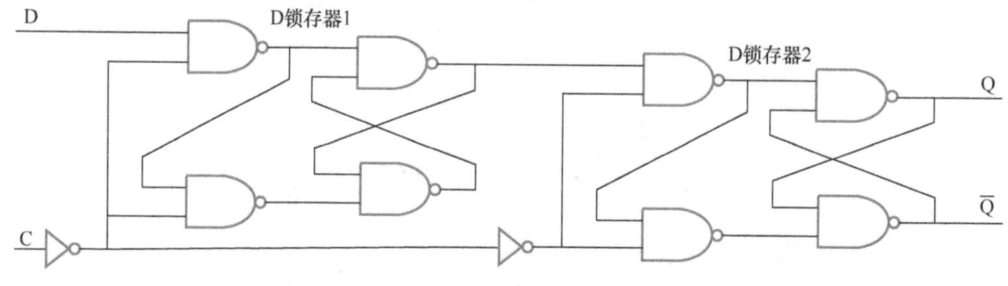

图 2-10　D 触发器原理图

那么 D 触发器如何工作呢？先用一个时序图来代替真值表进行分析，如图 2-10 所示（请注意，“时序”两个字出现了）。

从图 2-12 可以看出，C 引脚信号的每个上升沿会导致 D 引脚的数据被锁存并保持输出。除了 C 引脚的上升沿外，D 引脚的数据变化不会影响 Q 引脚的输出。在 C 引脚上升沿前后的一小段时间内，D 引脚的数据需要保持稳定。这就是数据的建立和保持时间。当然，C 引脚上升沿把数据锁存与从 Q 引脚输出之间也会有一个短暂的延迟。

看到这里应该能发现，C 就是时钟。D 触发器这种根据时钟来锁存并且输出数据的特性被广泛地使用在数字电路中。利用这种特性，就能让所有挂在总线上的外部或者内部设备根据一个统一的时钟来交换数据。同时，凡是依据时钟来交换数据的总线都称为同步总线。

通过以上描述，在后面提到同步总线的时候，大家就能非常好地理解时钟极性和相位的问题了。

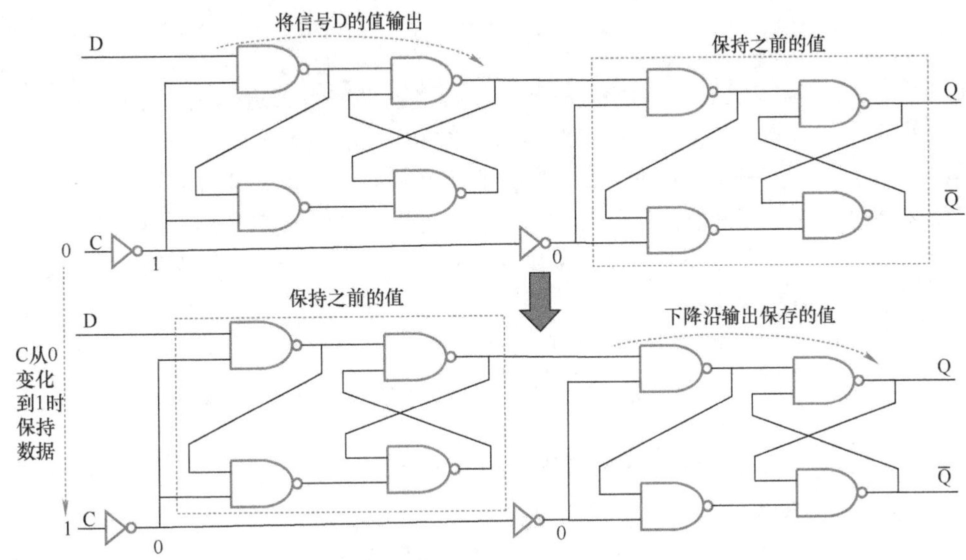

图 2-11　D 触发器工作原理

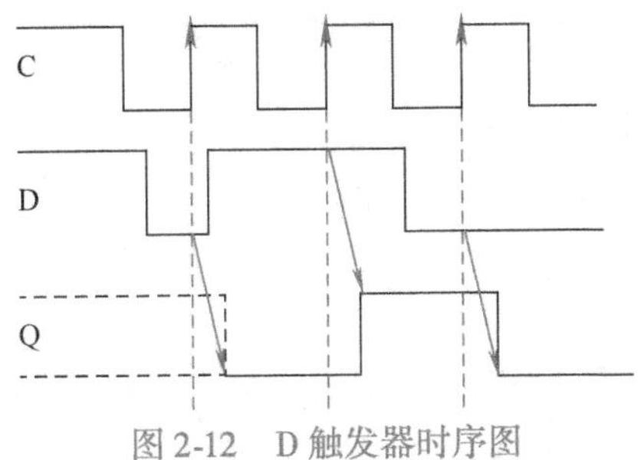

图 2-12　D 触发器时序图

第3章　象形文字的出现——汇编语言

如前所述，计算机是机器，只能理解二进制指令。如果说二进制指令是结绳记事的话，汇编语言就算得上是象形文字了。由于汇编语言和MCU密切相关，不同的MCU或者处理器有不同的汇编语言。本书基于雅特力的AT32F407来讲解，该芯片采用ARM Cortex M4F的内核，所以这里所有的汇编语言都是针对M4F的。ARM Cortex M4F属于ARMv7E-M架构，和ARM Cortex M3属于同一种架构，只是比M3多了一些DSP和浮点运算指令。ARM Cortex M0/M0+属于ARMv6E-M架构。

3.1　为何要了解汇编语言

在C++、Java、Python等高级语言占据主流的今天，为什么还要学习汇编语言这门“古老”的语言呢？笔者认为有两方面原因。

1）这种“古老”的语言代表机器的“思维”模式，如果不能很好地理解机器的“思维”模式，那一定不能成为一个合格的工程师，对于工作中碰到的问题，也会有隔靴搔痒之感，难以触及问题本质。

2）让你看起来很专业。

不管出于哪种原因，汇编语言都值得一学。

3.2　寄存器介绍

汇编语言直接和硬件打交道，而MCU中所有的硬件操作都是基于寄存器的，包括内核本身，所以这里先把和MCU内核相关的16个寄存器展示一下，如图3-1所示。

这16个寄存器全部是32位。R0～R12是通用目的寄存器，可以保存数据、保存地址、当作变量等。其余3个寄存器和软件密切相关，非常重要，因此它们有自己特别的名字，在汇编中可以直接使用它们的名字，而其他寄存器只有编号。

其中，R15是程序计数器，即*PC*，因为前面对*PC*做了比较详细地解释，这里就不再赘述了。总之，*PC*在内核中就是以R15寄存器的形式存在的，在程序中可以用*PC*这个名字来访问，也可以用R15这个名字来访问。

R14也叫链接寄存器（LR）。它的作用很简单。一个主程序调用一个子程序，子程序执行完成后，MCU怎么知道回到哪里去继续执行呢？LR就是用于在执行子程序前保存程序返回的位置，这样当子程序执行完成后就可以从调用的地方继续往下执行。那么如果子程序再调用一个子程序呢？LR的内容会被破坏吗？答案是会，所以程序只能做一次嵌套。那C语言里为什么能实现多层嵌套函数？这就和后面要谈到的堆栈有关了。

再来看R13，它又叫栈指针（SP）。这个寄存器还有两个分身：一个是MSP，另一个是

PSP。在讲解 SP 之前，先要解释一下什么是栈。

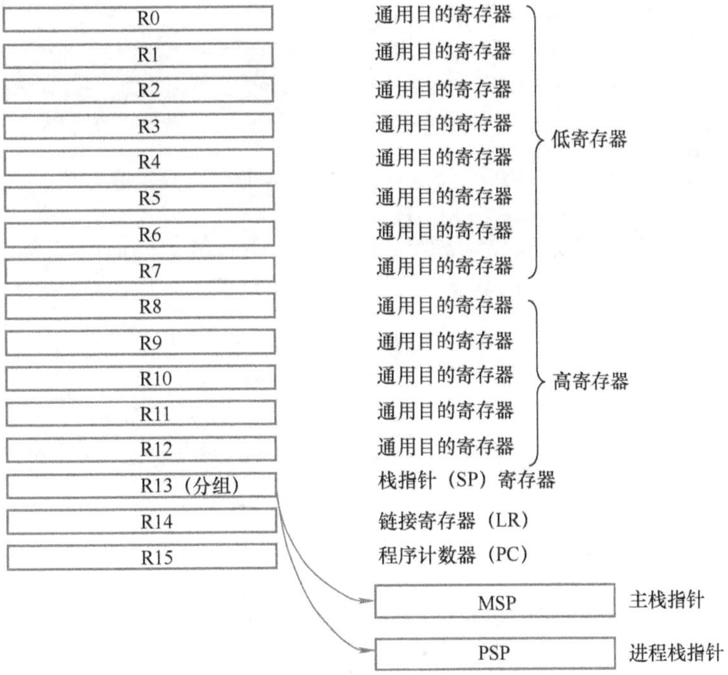

寄存器	说明	
R0	通用目的寄存器	低寄存器
R1	通用目的寄存器	
R2	通用目的寄存器	
R3	通用目的寄存器	
R4	通用目的寄存器	
R5	通用目的寄存器	
R6	通用目的寄存器	
R7	通用目的寄存器	
R8	通用目的寄存器	高寄存器
R9	通用目的寄存器	
R10	通用目的寄存器	
R11	通用目的寄存器	
R12	通用目的寄存器	
R13（分组）	栈指针（SP）寄存器	
R14	链接寄存器（LR）	
R15	程序计数器（PC）	

R13（分组）	
MSP	主栈指针
PSP	进程栈指针

图 3-1　MCU 寄存器组中的寄存器

3.3 什么是栈

数据结构其实就是一种数据的组织和操作方法。栈的操作方法就是“先进后出”，或者说“后进先出”，就是指把数据按先后顺序保存到栈里，从栈里取数据的时候，第一个取出来的是最后保存的数据。比如将｛1，2，3｝三个数据按顺序保存到栈里，先存 1，再存 2，最后存 3，从栈里取出来的时候，操作数据顺序就变成了｛3，2，1｝。

既然是对数据组织和操作的方法，那么就需要有两个基本要素：操作方法和存储空间。操作方法就是“后进先出”。存储空间就是在系统上电的时候需要给栈分配一个存储空间，这部分细节在后面会提到。

为了便于理解，这里结合一个虚拟的例子来讨论。如图 3-2 所示，先用大家比较熟悉的 C 语言来解释。一般而言，程序是存储在程序存储器中，而栈的空间是在 RAM 中，这是为什么呢？笔者先不回答，请把这个问题“缓存”到各位的大脑里。假设系统上电后 *PC* 为 0x00，意味着 *PC* 指向地址 0x00 处，指令将从 0x00 处开始被加载和执行。LR 和 SP 在一般情况下在上电的时候被清零。假设已经将 SP 的值初始化为 0x80（而且这个地址应该位于 RAM 内），0x80 地址内没有内容。在这个例子中，定义 SP 的行为是：“入栈后加 1，出栈后减 1”（不同芯片的 SP 行为会有微小的差异，但不影响其工作逻辑）。

先看一下程序存储器中的程序。这个程序非常简单，就是一个名为 main( ) 的函数，main( ) 函数调用了一个名为 subA( ) 的子函数，然后 subA( ) 内部又调用了一个子函数，名为 subB( )。如果对 C 语言不太熟悉，可以先不追究太多，继续看下去即可。现在让程序运行起来，MCU 会从 *PC* 所指的地方开始取指令，然后逐条执行下去，当 *PC* 指向“subA( )”时，会发生什么呢？

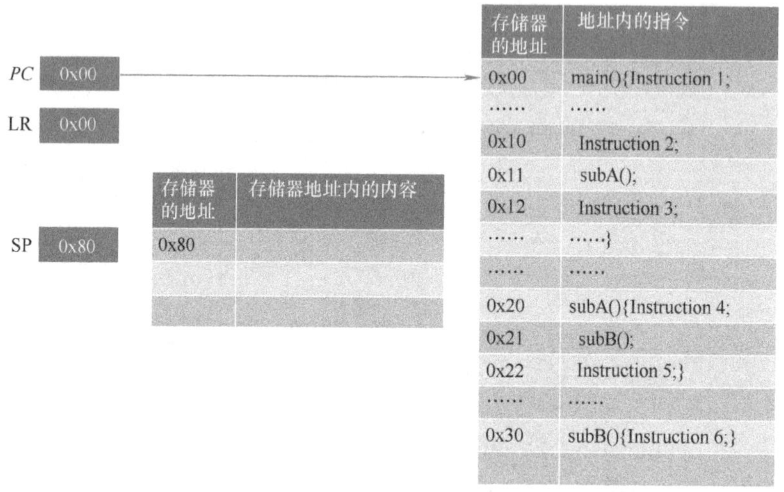

图 3-2　系统上电后的状态

如图 3-3 所示，当 *PC* 指向 subA( ) 时，发现需要调用一个函数，于是启用汇编指令“BL subA”。明明是 C 语言，怎么会出现汇编指令呢？前面解释过，机器只能理解二进制指令，C 语言是无法直接执行的。于是需要一个翻译，编译器就充当了这个人和机器之间的翻译角色。编译器先把 C 语言翻译成汇编指令，然后再把汇编指令翻译成二进制指令，所以“BL subA”汇编指令是编译器产生的，这条指令会将 subA( ) 所在的程序地址 0x20 更新到 *PC* 里，于是 *PC* 就指向了新的子函数 subA( ) 的开始位置。同时，这条指令还会将 subA( ) 调用位置之后的“Instruction 3”所在的地址 0x12 自动保存到 LR 中去。此时的状态如图 3-4 所示。

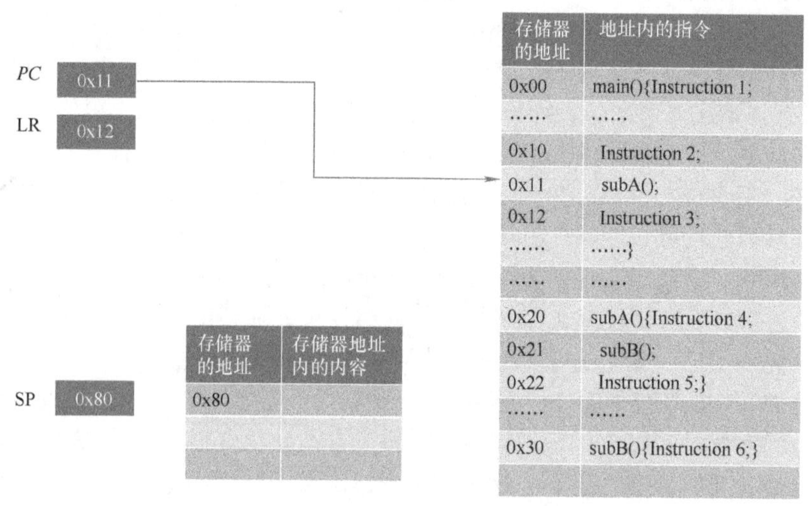

图 3-3　subA( ) 函数调用前的状态

前面提过，如果在 subA( ) 里还要调用其他子函数，那么 LR 的内容会被破坏掉。为了防止这种情况，需要把 LR 的内容找个地方保存一下，于是用到了 SP。在 MCU 开始运行

subA( )的第一条指令“Instruction 4”之前，通过一条特殊的指令可以很方便地利用栈的功能来保存 LR 的值，即“PUSH LR”指令。编译器不是机械地翻译，而是会分析程序，因为 C 语言和汇编语言不是一一对应的（但是汇编语言和二进制语言是一一对应的），所以编译器在需要的地方会自动添加一些必要的汇编指令，在这个场景下就是添加一条“PUSH LR”指令，它的功能是把 LR 的内容保存到 SP 所指向的地址空间，然后让 SP 的值加 1（意味着 SP 指向了下一个地址空间）。PUSH 又称为压栈指令，非常形象，表示把一个数字压到了一个空间中。现在的状态如图 3-5 所示，栈的内容和 SP 的值出现了变化。

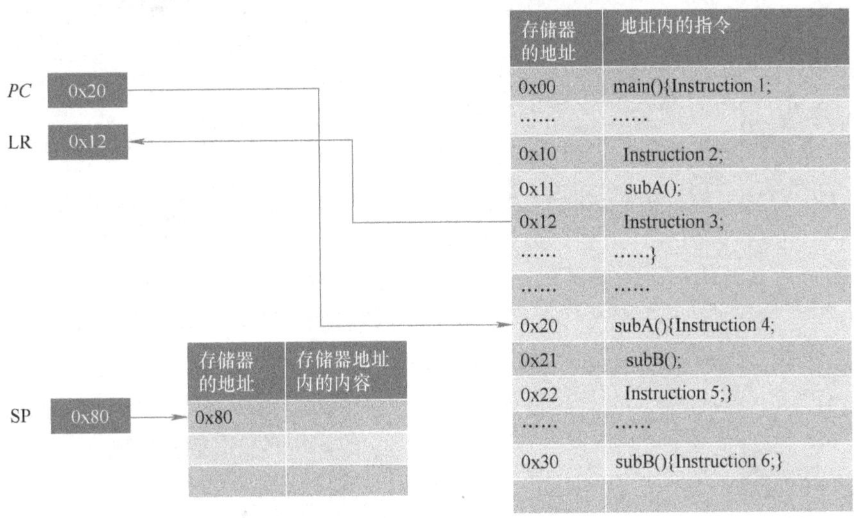

图 3-4　subA( )函数调用时的状态

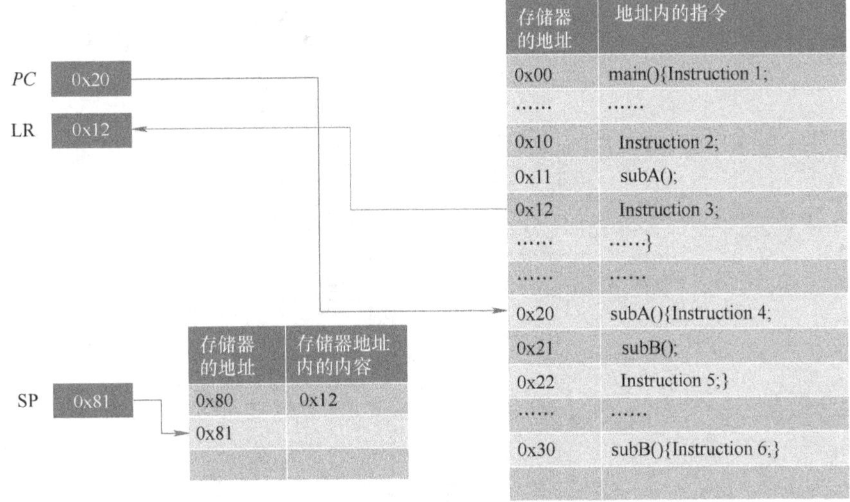

图 3-5　subA( )函数调用后的状态

继续执行程序，subA( )又调用了一个子函数 subB( )。其过程同 main( )调用 subA( )一样，但是栈里的内容变化了，图 3-6 所示为调用 subB( )后的状态。

可以看到，*PC* 已经指向了新的地址，LR 也被更新了。更重要的是栈里多了一个内容，就是 subB( )返回的地址 0x22。

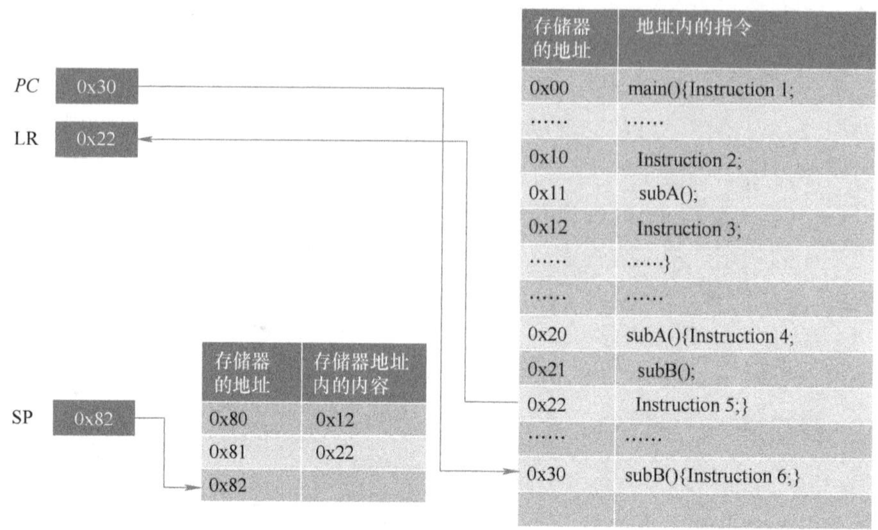

图 3-6　subB( )函数调用后的状态

接下来看看程序返回时发生的事情。subB( )执行完“Instruction 6”后就直接返回了。当 subB( )返回到 subA( )时发生了什么呢？真实情况如图 3-7 所示。

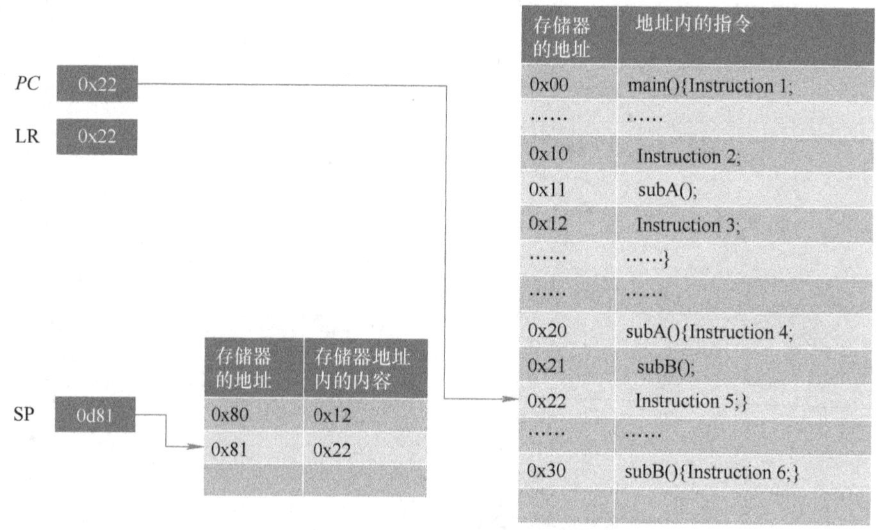

图 3-7　subB( )函数返回时的状态

编译器会安排一个“POP PC”指令。POP 是弹出的意思，就是从栈中取出一个数据，把这个数据赋给 *PC*。所以，POP 指令又称为出栈指令。这样一来，*PC* 自然就指向了调用 subB( )后的第一条指令“Instruction 5”。虽然栈的内容看起来没有变化，但是 SP 本身的值已经减 1 了。从 subA( )返回到 main( )函数的流程与此类似，不再赘述。

3.4　与栈的使用相关的四大原则

从前面的解释里可以看到栈的重要作用，下面是使用栈时的四个关键性原则。

1）栈空间必须在系统初始化的时候定义好。栈一般位于 RAM 中。

2）在嵌入式系统里，RAM 空间非常有限，故栈的空间也非常有限，所以需要对栈的空间做一些人为的预估。如何预估呢？这个问题和程序本身的具体实现高度相关，更多的是依赖经验。

3）由于栈的空间有限，所以函数不能嵌套得太深，否则会导致系统崩溃。这是常见内存泄漏的一种。还有就是尽量不要在函数内部声明巨大的局部数组变量，关于这一点后面说明。如果需要比较大的缓存，可以使用动态内存分配函数，或者声明全局数组。

4）汇编语言的 PUSH 指令和 POP 指令必须成对使用，否则会导致系统崩溃。不过绝大多数情况下人们不会直接使用汇编语言，所以这个问题不常出现。

3.5 其他内核寄存器

在介绍几个关键的内核寄存器之前，先解释一下相关的几条指令。ARM Cortex M4F 的汇编指令按照功能分为以下几类。

1）汇编伪指令。顾名思义，这类指令不是真正的汇编指令，主要是为方便编程而设置的。比如标号。任何一个英文字符或字符串，在一行的开头顶格，后面紧跟个冒号，就是一个标号。标号代表一个地址，类似于 C 语言中的函数名（C 语言中的函数名其实就是代表这个函数的开始地址）。还有 C 语言中常用的宏定义，在汇编语言中也有类似的伪指令。

2）内核寄存器之间的数据传送指令。主要完成内核寄存器间的数据传送，包括内核中特定寄存器的数据写入和读出。

3）存储器访问指令。主要用于将存储器上的数据传送给内核寄存器，或者将内核寄存器上的数据传送给存储器。这里的存储器一般指 RAM。

4）算数、逻辑、位操作等运算指令。常见的有加法、减法、乘法、除法，还有一些 M4F 特有的浮点运算、DSP 运算、饱和运算等。逻辑操作和位操作与 C 语言类似，比如与、或、非、位移、位与等。

5）程序流程控制。和 C 语言里的“if…else…”类似，可以实现程序条件判断和分支执行。

6）特殊指令。比如中断屏蔽、MCU 休眠、异常等。

除了前面谈到的三个最重要的寄存器外，MCU 内核里还有三个常用的特殊功能寄存器。请注意，不要和后面将谈到的芯片外设特殊功能寄存器相混淆。本章提及的所有寄存器都在 MCU 内核中。

表 3-1 中的三个状态寄存器分别对应内核的几个不同运行状态，APSR 提供程序正常运行时的一些状态，IPSR 提供中断时的状态，EPSR 主要提供程序出现分支时的状态。虽然分成了三个状态寄存器，但是从它们的位安排来看，即使糅合到一个寄存器内也不会冲突，这样用一条 MRS 指令就可以把三个状态寄存器的内容拼到一起同时读出，便于程序在需要的时候方便高效地查询状态。分开的原因主要是内核有三种运行模式：特权线程模式、非特权线程模式，以及针对中断或异常处理的特权处理模式，这里暂时不予展开。表 3-2 中是这些寄存器中每个位的含义。

表 3-1　内核状态寄存器

	31	30	29	28	27	26：25	24	23：20	19：16	15：10	9	8：0
APSR	N	Z	C	V	Q				GE			
IPSR												异常
EPSR						ICI/IT	T			ICI/IT		

表 3-2　状态寄存器位描述

位	描　述
N	负号标志
Z	零标志
C	进位（或者是非借位）标志
V	溢出标志
Q	饱和标志
GE［3：0］	大于或等于标志，对应于每个字节
ICI/IT	中断继续指令（ICI 位），IF-THEN 指令状态位，用于条件执行
T	Thumb 状态位，总是 1
异常	表示处理器正在处理的异常的编号

除了上面的三个特殊功能寄存器外，还有三个特殊功能寄存器用于中断控制，见表 3-3。关于这几个寄存器的应用后面再做解释。

表 3-3　中断状态寄存器

	31：8	7：1	0
PRIMASK			0
FAULTMASK			0
BASEPRI		8：3	

最后一个需要提及的特殊功能寄存器是控制寄存器，见表 3-4 和表 3-5，它就是专门用来控制和记录内核运行模式的。

表 3-4　控制寄存器

	31：3	2	1	0
CONTROL		FPCA	SPSEL	nPRIV

表 3-5　控制寄存器位描述

位	描　述
nPRIV	定义线程模式中的特权等级 当该位为 0 时（默认），处理器处于特权线程模式；当该位为 1 时，处理器处于非特权线程模式
SPSEL	定义栈指针的选择 当该位为 0 时（默认），线程模式使用主栈指针 MSP 当该位为 1 时，线程模式使用进程栈指针 PSP 在异常处理模式时，该位始终为 0，且对其进行的写操作会被忽略
FPCA	浮点上下文活跃，只存在于 M4F 内核中。FPCA 在执行浮点指令时会自动置位，在异常入口处被硬件清除

nPRIV 和 SPSEL 可以有不同的组合，见表 3-6。除此之外，还有一些内核寄存器用于浮点数运算，这里不再展开。

表 3-6　nPRIV 和 SPSEL 的不同组合

nPRIV	SPSEL	应用场景
0	0	简单应用，整个应用运行在特权访问等级，主程序和中断处理只会使用一个栈，也就是主栈（MSP）
0	1	具有嵌入式系统的应用，当前执行的任务运行在特权线程模式，当前任务选择使用进程栈指针（PSP），而 MSP 则用于系统内核以及异常处理
1	1	具有嵌入式系统的应用，当前执行的任务运行在非特权线程模式，当前任务选择使用进程栈指针（PSP），系统内核及异常处理使用 MSP
1	0	线程模式运行在非特权访问等级，且使用 MSP。处理模式中可见，而用户任务则一般无法使用，这是因为在多数嵌入式系统中，应用任务的栈和系统内核以及异常处理使用的栈是相互独立的

3.6　常用汇编指令

这并不是一本专门针对汇编语言学习而编写的书，所有的知识都是为了应用服务，所以本节不罗列具体的汇编指令集，只列几个常用的指令，见表 3-7。后面将通过实际的例子边学边用。

表 3-7　常用的几个汇编指令

指令	类型	说明	例子
MOV	汇编指令	寄存器间数据传输	MOV R4, R0; 把 R0 的值赋给 R4
MRS	汇编指令	将数据从特殊寄存器赋值到通用寄存器	MRS R7, PRIMASK; 将数据从 PRIMASK 赋值到 R7
MSR	汇编指令	将数据从通用寄存器设置到特殊寄存器	MSR CONTROL, R2; 将 R2 的数据设置到 CONTROL 寄存器
LDR	伪指令	将一个立即数赋值给寄存器	LDR R0, =0x12345678; 将一个 32 位的立即数赋值给 R0
BL	汇编指令	跳转到标号设置的地址	BL A; 跳转到标号 A 的地址处，返回地址保存在寄存器 LR 中
CBZ	汇编指令	若寄存器为零，则跳转	CBZ R0, exit; 若寄存器 R0 中的值为 0，则跳转到 exit 标号处
PUSH	汇编指令	将寄存器内容压入栈	PUSH {R0, R3, LR}; 将寄存器 R0、R3、LR 的内容保存入栈
POP	汇编指令	将栈中的内容取出	POP {R0, R3, PC}; 将栈中的内容取出保存到 R0、R3、PC 中（将触发跳传）

第 4 章　五脏六腑——单片机外围

前面讨论了单片机的核心部分，这一章把视线转移到那些核心外的功能部件，一般称之为外围或外设（它们都在单片机内，不要和放在芯片外面的设备混淆）。虽然称之为外围，但并不意味着它们不重要。就如同动物，除了大脑外，如果没有五脏六腑，也无法存活。单片机的外围众多，不同的型号和品牌配置也不同。就如不同的动物，其器官和内脏也一定不同，但大体来看还是有共性的。

这一章先对常用的外围做一些介绍，后面会有章节结合学习板来做更细致的应用说明。

4.1　时钟——单片机的心脏

单片机是典型的数字电路，数字电路有个基础元素就是时钟，因为数字电路需要按照统一协调的节奏来工作，与内核需要时钟来分别进行取指、解码、执行一样，外围部件也需要时钟来协调工作。因为其非常重要，所以单片机的时钟设置往往是在系统启动的第一时间进行。

一般而言，单片机系统有两个时钟源，一个称为主时钟，是一个比较高频率的时钟。本书配套学习板中用到的单片机主时钟是通过外加 8MHz 晶振来产生的，通过内部 PLL（Phase-Locked Loop，锁相环）可以倍频到最高 240MHz。如果外部晶振失效，还能自动切换到内部 RC（Resistor Capacitor，阻容）振荡器，内部 RC 振荡器还配有一个自动时钟校准模块（ACC）来确保其频率准确度。经过 PLL 的时钟还可以通过分频器分频（内核能以最高速度运行，但外围器件未必可以用那么高的时钟频率运行，同时还有功耗方面的考量，所以外围器件一般会用一个从主时钟分频后的时钟来运行）后再提供给各个设备。图 4-1 所示为 AT32F407 时钟比较完整的结构框图，称为时钟树。其结构自上而下把一个时钟源分成若干个，每个可以分频输出不同的频率供给其他外围设备使用。就像血管系统从心脏触发，通过主动脉、动脉、毛细血管层层分级，最后到达每个细胞。单片机是典型的数字电路，其中所有的功能部件都需要使用时钟，因此时钟树是非常复杂的，就像人体的血管遍布全身，相当庞大。

从图 4-1 中可以看出，除了一个高频的时钟（一般外接 8MHz 的晶振），还有一个时钟是低频的，一般外接 32.768kHz 晶振。为什么是带小数点的数字呢？大家可能已经发现，32768 正好是 2 的 15 次方，这个频率经过多次二分频后，可以得到精确的“秒”。所以石英表里用的都是这种频率的晶振。在单片机中，往往也会集成一个可以用来计时的功能模块，这个外围称为 RTC（Real Time Clock）。它可以为单片机提供类似于石英表里的时间度量，当然不是所有的应用都会需要。

除了可以精确计时外，这个低频时钟还有个更重要的作用，就是让系统进入低功耗状态。绝大多数嵌入式系统都有低功耗状态，又称为睡眠状态。在这个状态下，主时钟是停止的，只有这个低频时钟在工作，提供一个非常慢的“心率”。当有外界事件（比如按键中断）时，系统可以被唤醒，主时钟被启动，然后进入正常的工作状态。为什么要有睡眠状态呢？对动物而言，可以一直保持清醒状态吗？当然可以，但是这会导致新陈代谢过快而使寿命大打折扣，这对于基因的延续和传递是不利的。同样，对于嵌入式系统而言，一直处于正常状态会导致不必要的能量消耗。另外，绝大多数情况没有需要处理的事件，这些消耗就等于浪费。嵌入式系统有很多应用场景是由电池供电的，所以睡眠状态能节省电量。一般情况下，全功耗运行和睡眠状态的单片机（不是指整个系统）功耗比可以超过 1000。时钟的配置需要结合具体的应用场景，后面会逐渐涉及。

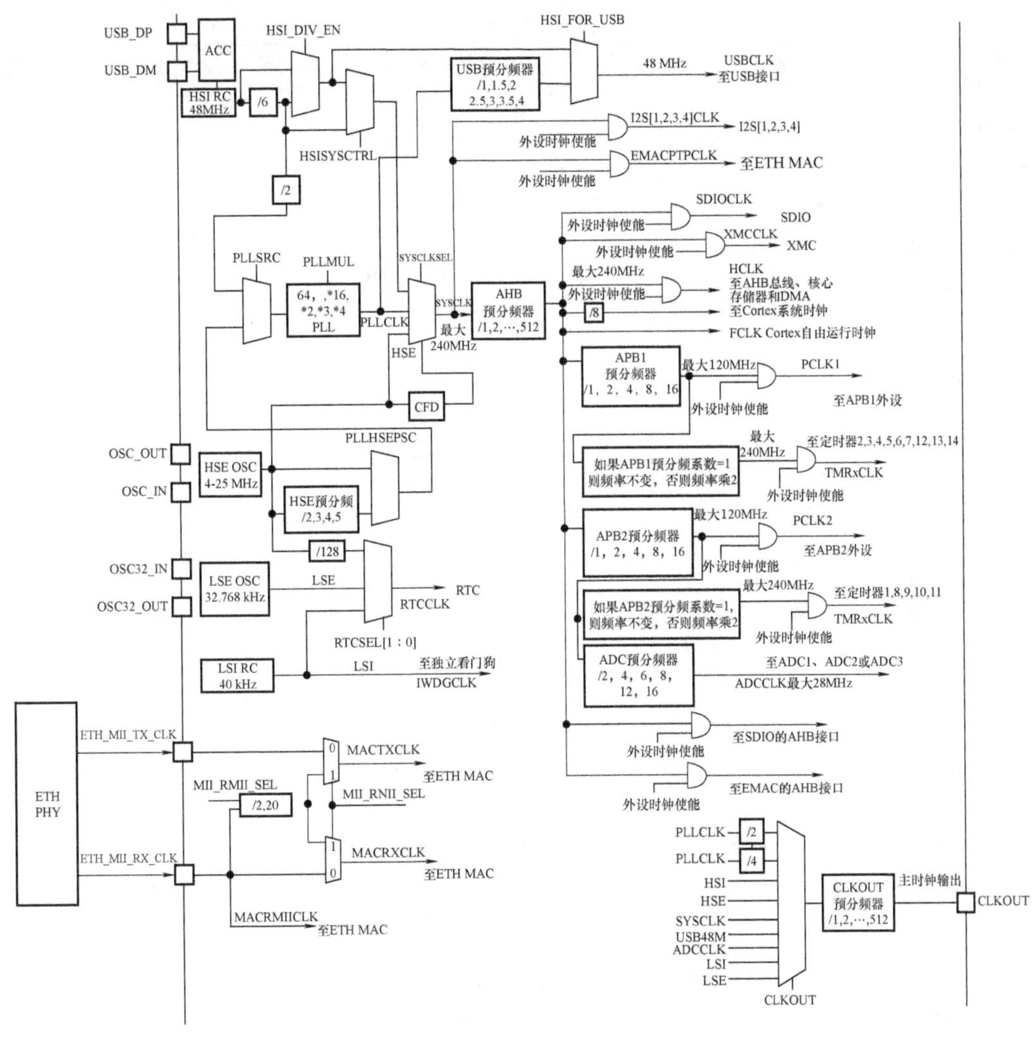

图 4-1　AT32F407 时钟树

HSE—高速外部时钟信号　HSI—高速内部时钟信号　LSI—低速内部时钟信号　LSE—低速外部时钟信号

针对 AT32F407，有三种不同的时钟源可以驱动系统时钟（SYSCLK）：HSI、HSE 和 PLL。系统复位后，HSI 振荡器默认为系统时钟。AT32F407 还允许内部时钟通过 CLKOUT 引脚输出给外部设备或者调试使用。

4.2　标配外围 1——Timer

标配外围即普遍存在，每个单片机都有。Timer 非常基础，也很简单，它是一个计数器，不停地累积来自 Timer 时钟的脉冲个数，当达到预定的计数值后会产生一个中断。当然，针对不同的应用 Timer 也有细分，而且不同的 MCU 有不同数量的 Timer。Timer 的用途非常广泛，但是总的来说，就是产生一定精度的时间片段，而这个时间的基准来自前面谈到的时钟部分。时间到了之后将按指令执行相应的操作。

表 4-1 中为本书所用学习板 MCU 中的 Timer 列表。

表 4-1　Timer 列表

定时器	计数器分辨率	计数器类型	预分频系数	产生 DMA 请求	捕获/比较通道	互补输出
TMR1，TMR8	16 位	向上，向下，向上/下	1 ~ 65536 之间的任意整数	可以	4	有
TMR2，TMR5	32 位	向上，向下，向上/下	1 ~ 65536 之间的任意整数	可以	4	没有
TMR3，TMR4	16 位	向上，向下，向上/下	1 ~ 65536 之间的任意整数	可以	4	没有
TMR9，TMR12	16 位	向上	1 ~ 65536 之间的任意整数	不可以	2	没有
TMR10，TMR11 TMR13，TMR14	16 位	向上	1 ~ 65536 之间的任意整数	不可以	1	没有
TMR6，TMR7	16 位	向上	1 ~ 65536 之间的任意整数	可以	0	没有

从表中可以看出，AT32F407 中的 Timer 资源非常丰富，并针对不同的应用，使用起来非常方便。这里简单介绍一下，不详细展开。

1）TMR1 和 TMR8 的功能比较全面，称为高级控制定时器。这两个定时器可以用于直流无刷电动机控制应用中比较重要的三相 6 路死区插入互补型 PWM 输出。这个名词看起来非常长，暂时不用深究，这里只介绍其应用。其实我们身边应用很多，凡是有直流变频技术的家电都需要它，比如直流变频空调、冰箱、洗衣机，甚至电扇、油烟机、空气净化器等。这是一个特别的使用场景，但是既然称为定时器，那么也可以当作普通的定时器来用。更详细的介绍大家可以从 AT32F407 的数据手册中获得。

2）AT32F407 内部有多达十个通用 Timer。这些 Timer 都可以通过定时器链接功能与高级控制定时器共同工作，提供同步或事件链接功能，可以实现非常复杂的定时功能。

3）基本定时器 TMR6 和 TMR7。这两个定时器主要用于产生 DAC（数模转换器）触发信号，也可当成通用的 16 位时基计数器。

4）独立看门狗（IWDG）和窗口看门狗（WWDG）。这两个定时器主要用于对系统运行做监控。看门狗是个非常形象的名字，就好比一只看家护院的狗，当出现危险的时候会提醒主人。系统运行时，需要在看门狗定时器计数满之前清除计数器内的数值。如果定时器计数满了，便会产生异常中断，或者直接通过硬件复位系统。在很多场合下，系统需要保持稳定持续运行，出现因为某个 bug 导致软件进入死循环等问题时将无法正常清除看门狗计数器，所以自然会将系统重新复位。所以，看门狗的应用在很多嵌入式系统中都存在。那么独立看门狗和窗口看门狗有何区别呢？最重要的区别就是其时钟源不同。独立看门狗有一个专用的时钟源，能最大限度地保持相对系统内其他设备的独立性，所以能提供比较可靠的复位功能，而且可以在系统睡眠的时候继续运行。窗口看门狗的时钟源是主时钟，往往用来做一些预警性的工作，比如，某个任务没有在规定的时间里完成。

5）系统时基定时器（SysTick）。这个定时器主要是给系统使用的，用来产生线程调度用的 Tick。它的用法会在 RTOS（实时操作系统）篇里详细介绍。

4.3 标配外围 2——I^2C 总线接口

I^2C（Inter-Integrated Circuit）总线是由 Philips 公司于 20 世纪 80 年代开发的一种简单的双向二线制同步串行总线。它只需要两根线即可在总线上的器件之间传送信息。从最早的 100kbit/s 的传输速度扩展到 400kbit/s，目前已经可以达到 1Mbit/s 以上。最新版的 I^3C 协议将通信速度提高到了 12.5Mbit/s，而且向下兼容 I^2C 协议，当然，兼容状态下不支持这么高的速度。

I^2C 总线的特点是串行两线（SDA、SCL，不算地线）、半双工、单主设备。两根线的定义也非常简单明了，即数据线（SDA）和时钟线（SCL）。这里强调一下，只要在总线上看到一根时钟线，那么这根总线一般就是同步总线，而且这种总线基本都是主从式的，时钟信号往往由主设备产生。图 4-2 所示为一个典型的 I^2C 总线拓扑图。

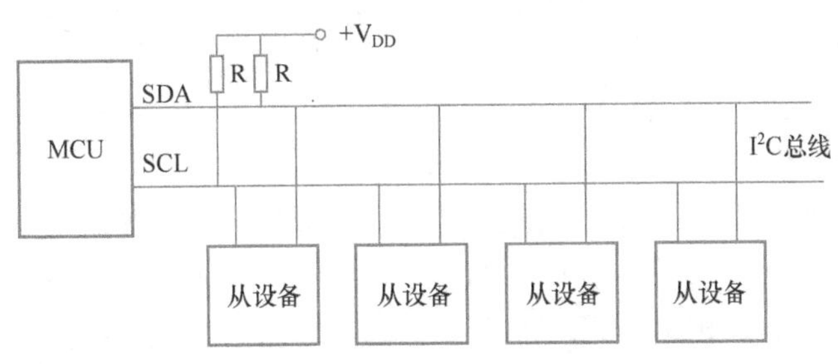

图 4-2　I^2C 总线拓扑图

从图 4-2 中可以看出，有一个主设备和多个从设备，所有的设备都通过两根线连接在一起。需要留意的是，总线上有两个上拉电阻。很多人在硬件设计中会忽略这两个上拉电阻，因为 I^2C 总线的端口是 OD 门（开漏输出），所以如果没有这两个上拉电阻，总线是没有电源驱动的。电阻阻值一般选择几千欧姆到几万欧姆，比如常见的 5.1kΩ。

I^2C 总线设计之初是为了解决 MCU 外围器件（这里的外围器件不是 MCU 内部总线上的外设，是 MCU 芯片外的器件）的控制和访问问题，所以 I^2C 总线上的主设备和从设备之间可以通信，从设备之间是无法通信的。当主设备需要和某个从设备通信的时候，会先在总线上发送该从设备的地址（这个地址一般是由器件供应商或硬件设计人员配置的），从设备地址一般是固定不变的，而且总线上的从设备地址不能重复。当符合该设备地址的从设备接收到这个地址后，会给主设备应答，而其他从设备会忽略该信息。主设备收到对应从设备的应答后，就开始写或者读从设备的数据。具体的总线协议可以从图 4-3 的时序图中看出。该图来自一个标准 I^2C 器件的数据手册，因为工作中的英文应用较多，所以此处不进行翻译，后面的英文示意图也是如此。

图 4-3 是一个典型的 I^2C 写数据的时序图。看似复杂，其实也非常简单。其中有三个重点：

首先，总线空闲时两根线都是高电平状态；其次，所有的访问发起者一定是主设备，从设备之间不能通信；最后，所有的数据必须在 SCL 为高电平时保持稳定，当数据只能在 SCL 为低电平时切换，SCL 是由主设备控制的，从设备不能控制。接下来解读一下图 4-3 中的时序图。

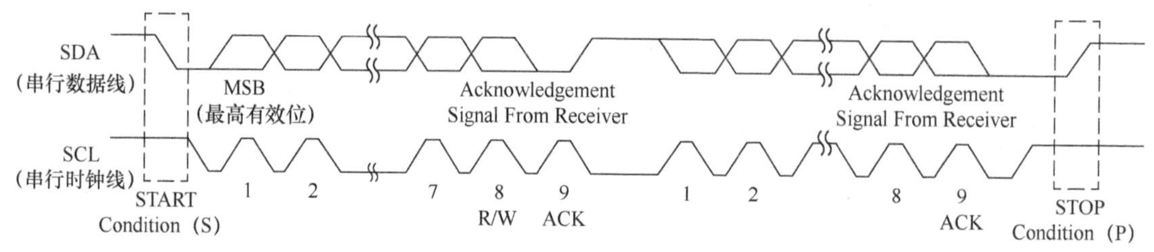

图 4-3　I²C 总线时序图（写数据）

1）主设备发起一个 START 条件，后面简称 S 条件。前面提到过，所有的数据必须在 SCL 为高电平时保持稳定，但图中的 S 条件没有遵守，当 SCL 保持高电平的时候 SDA 由高拉低，这个特别之处就能告诉所有在总线上的从设备工作开始。

2）S 条件后第一个字节的数据是有特殊含义的，称为从设备地址。如前所述，I²C 总线是多设备总线，所以在访问设备前必须先明确要访问哪个设备。I²C 从设备地址一般是 7 位，而字节中剩下的一个位用于告知被访问的从设备主设备接下来是要写数据还是读数据：这个位为 0，就意味着后面的数据是要写入从设备的；如果是 1，就意味着从设备需要把数据传给主设备。从图 4-3 中可以看出，所有的数据在 SCL 为高电平时都是确定不变的，只有当 SCL 为低电平时才能改变。

3）当一个特定的从设备收到和自己匹配的设备地址后，需要给主设备一个应答信号。注意，这个应答信号是由从设备操作的。当主设备发送完第一个字节后，在第 9 个时钟前会把 SDA 线释放掉。因为是 OD 门，所以一旦释放，总线就会被上拉电阻拉高。此时，与访问地址匹配的从设备就可以控制 SDA 线，把它拉低。当第 9 个时钟被主设备释放后，主设备会去检查 SDA 线的状态。如果这时 SDA 线是低电平，那么一定有从设备给出了应答，从设备在应答后检测到 SCL 线被主设备拉低时，需要立即释放 SDA 线（不释放的话有可能会影响后面的时序）。如果此时没有从设备应答，因为有上拉电阻存在，SDA 线处于高电平，所以此次访问就失败了。

4）有了设备应答，后面就非常简单了。主设备按高位在前的顺序把字节按位输出到总线上，直到最后一个数据位，然后会释放 SDA 线，最后再多输出一个时钟，用来等待从设备应答。这和前面的应答方法一样。

5）如果主设备得到应答，那么主设备会在 SCL 第 9 个时钟后为低电平时拉低 SDA 线。当 SCL 线再次变为高电平后，再拉高 SDA 线，产生一个 STOP 条件，简称 P 条件。所以，如果前面第 3）步从设备应答后不及时释放 SDA 线，在这里主设备是没有办法产生 P 条件的。如果没有得到应答，主设备也会产生 P 条件，但是这次数据写入就算作失败了。

那么从设备又如何读取数据呢？过程与写数据类似，后面章节会有相关的例子。

AT32F407 有多达三个 I²C 总线接口，而且内置了硬件 CRC（循环冗余校验）发生/校验器，可以非常方便地为收发数据做校验，提高稳定性，并且可以扩展为 SMBus 2.0。图 4-4 所示为 AT32F407 的 I²C 框图。

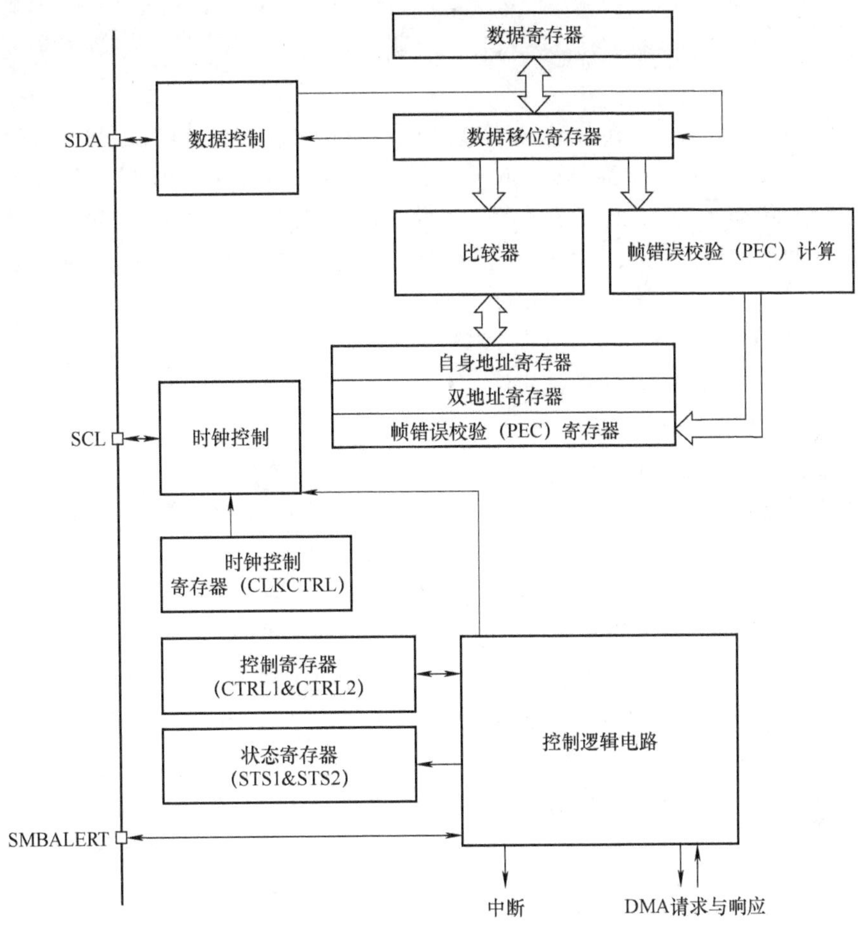

图 4-4 AT32F407 的 I²C 框图

随着系统外围设备的增多，尤其是电源管理的复杂度越来越高，I²C 总线对于外围系统的访问和管理能力开始捉襟见肘，于是系统管理总线（SMBus）被提出。SMBus 对 I²C 进行了扩展，可以满足目前绝大多数的应用需求。本文不对 SMBus 做深入探讨，若读者有兴趣可以基于对 I²C 的了解学习相关资料，如 SMBus 规范（网址：http：//smbus. org/specs/）。表 4-2 为 SMBus 和 I²C 对比表，供大家参考。

表 4-2 SMBus 和 I²C 对比表

	SMBus	I²C
最大传输速度	100kbit/s	400kbit/s
最小传输速度	10kbit/s	无
时钟超时	35ms 时钟超时	无
逻辑电平	固定	等于 VDD
地址类型	保留、动态等	7 位、10 位和广播呼叫从地址
总线协议	支持 9 个总线协议	无协议

4.4 标配外围 3——UART/USART 接口

UART 是 Universal Asynchronous Receiver/Transmitter（通用异步收发器）的简称，而 USART 是 Universal Synchronous/Asynchronous Receiver/Transmitter（通用同步/异步收发器）的简称，所以 UART 是 USART 的一个子集。目前常用的是 UART。USART 能提供更强大的性能，比如通信速度可以达到 7.5Mbit/s，但也会带来更高的功耗和额外的时钟线，使用起来不如 UART 方便。所以本节还是以 UART 为主。

注意，UART 不是一个“总线式”接口，也不需要时钟线。UART 是点对点的串行接口，所以一般如果有多个设备需要使用 UART，就需要 MCU 有多个独立的 UART 接口。AT32F407 有多达 8 个 UART 接口，可以满足非常多的应用需求。

UART 的主要特点是：串行两线（TX 和 RX，不算地线）、全双工、对等。因为是两个设备直接连接的通信接口，而且从硬件上区分了发送数据线和接收数据线，所以就不存在主机和从机的概念，并且是全双工，两个设备可以同时收发数据。因为是异步通信，所以没有时钟线。那么数据怎么同步呢？很简单，首先双方要设定相同的数据收发速度，即波特率（baudrate），然后在数据收发前发送一个起始位，数据发送后增加一个结束位。起始位就是用来给对方提供一个开始计时的标定。图 4-5 是一个典型的 UART 通信数据格式示意图。从图中可以看出，UART 的通信是基于字节的，一个字节 8 位。也有 10 位的 UART 通信方式，但是不太常用。字节前有一个起始位，后面紧跟一个可以配置的奇偶校验位，然后是停止位。如果通信线为空闲状态，没有数据传输，则保持为高电平。

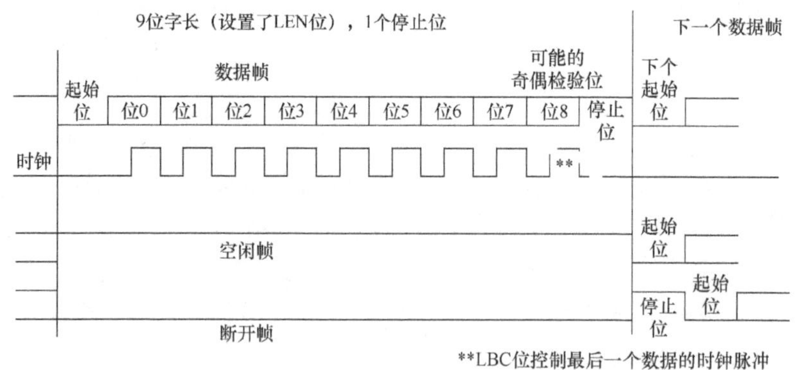

图 4-5　UART 数据格式示意图

注意，在实际使用时假如 MCU 和外部设备 A 用 UART 连接，那么 MCU 的 RX 引脚需要和设备 A 的 TX 引脚相连，而 MCU 的 TX 引脚需要和设备 A 的 RX 引脚相连。这是个简单的逻辑问题，但实际使用时经常出错。

图 4-6 所示为本书配套学习板上 AT32F407 的 USART 框图，看起来很复杂，因为 AT32F407 有多达 8 个 USART 接口，都可以兼容 UART 接口。同时，它还能提供很多兼容功能，比如流控功能。还可兼容 ISO 7816-3、IrDA SIR 和 LIN 标准等，这里不再深入。从框图中可以看出这个 UART 外设的一些基本特性，比如，该 UART 外设可以支持 DMA（后面会对 DMA 做介绍），支持 UART 唤醒 MCU 等功能。

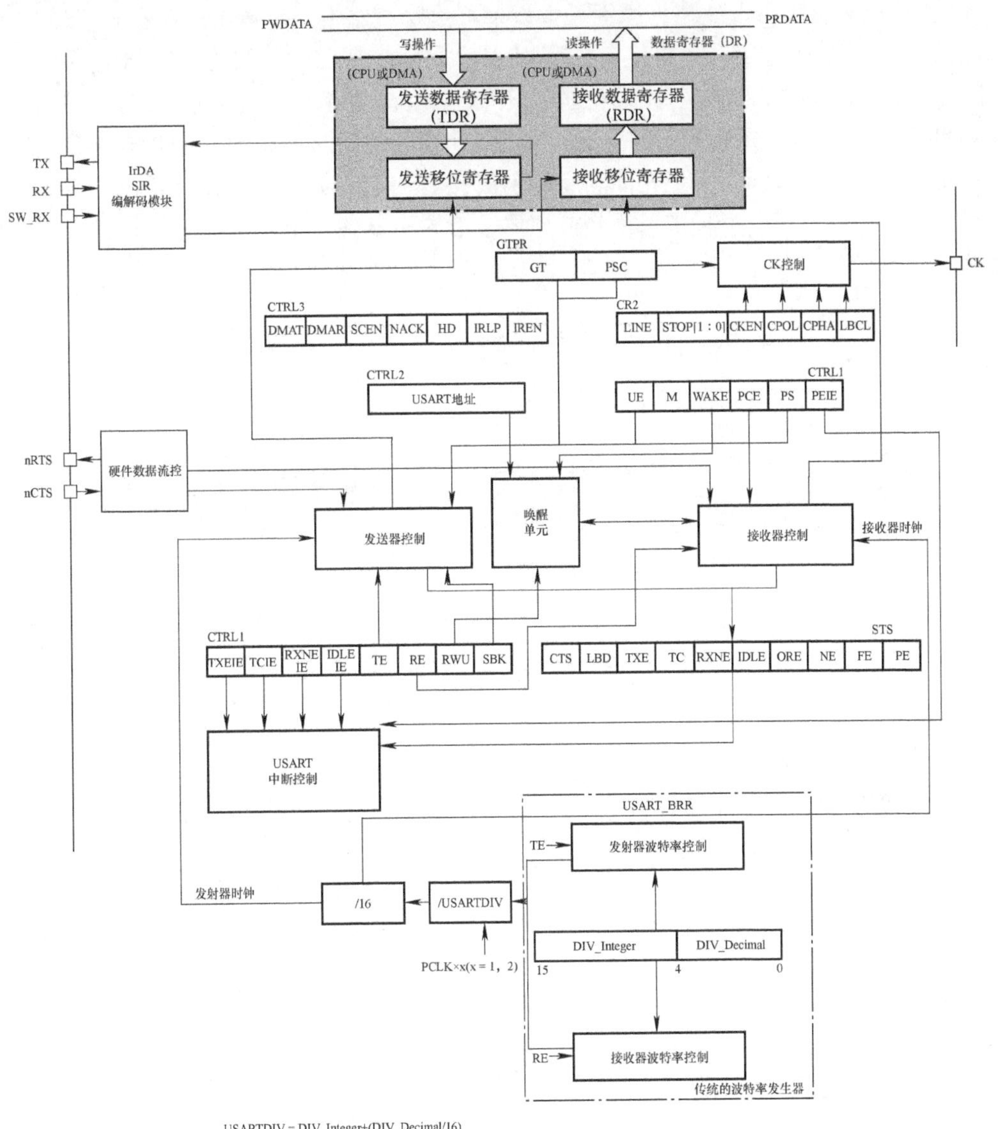

图 4-6　AT32F407 的 USART 框图

4.5　标配外围 4——SPI

SPI（Serial Peripheral Interface），它是一个全双工同步接口。这个接口有时会称为总线，但接口用得更多。最简单的 SPI 只需要三根线（MOSI、MISO 和 SCK）。前面提过，凡是同步接口，就会出现时钟信号线，而且是由主机来产生时钟信号。之所以会有总线的称呼，是因为 SPI 可以通过不同的片选信号来区别不同的设备，并且让这些设备的 MOSI、MISO、SCK 这三根线共享。当然，产生片选信号的也是主机。但是，因为 SPI 没有软件寻址能力，只能通过不同的硬件片选信号来选择设备，严格意义来说不能算是总线。

图 4-7 表示了 SPI 主设备和从设备的电路连接，非常直观。其实，如果只有一个从设

备，主设备的 CS 引脚可以忽略，原因是主设备不需要被选中，而是永远存在。从设备的 SS 引脚可以接地，因为只有一个从设备，所以永远有效。从图中还能发现 SPI 的一个优点，SPI 主设备和从设备的引脚命名比较科学。比如，MISO 就是 Master Input Slave Output 的缩写，MOSI 就是 Master Output Slave Input。所以，在实际使用时不用像 UART 接口那样要考虑发送和接收引脚的对应问题，把相同名字的引脚接在一起就好了。当有多个从设备的时候，就需要从主设备引出多个引脚来选择当前想要通信的从设备。图 4-8 就是一个多从设备的电路连接示意图。

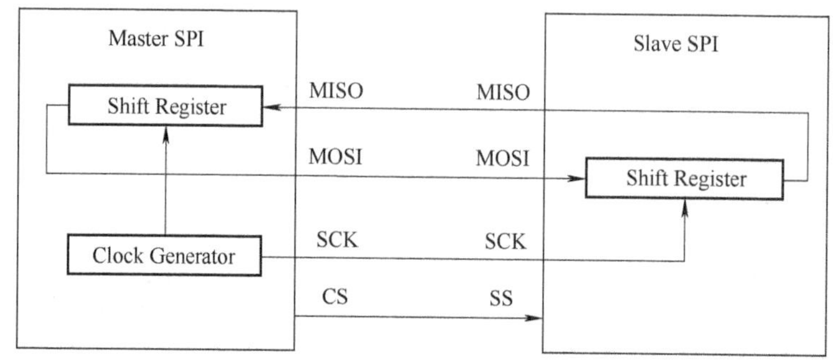

图 4-7　SPI 主设备和从设备的电路连接

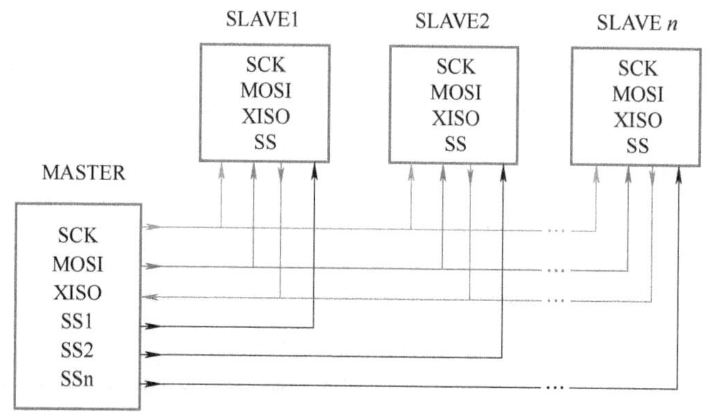

图 4-8　SPI 多个从设备的电路连接

SPI 的特点是高速（AT32F407 可达 50Mbit/s）、全双工，可以 8 位或 16 位传输。常用的 SD 卡接口就是在 SPI 基础上扩展的。AT32F407 有硬件 CRC 生成/校验器，可以提高数据完整性。图 4-9 所示为 AT32F407 中的 SPI 外设框图。

SPI 外设的框图结构还是比较清晰的，请大家自己观察一下。这里强调一下 SPI 在使用中的几个重要问题。

1）主从关系。只有主设备才会提供时钟信号，并且产生片选信号。

2）时钟极性（CPOL）。是指 SCK 在没有数据传输时的状态，即空闲状态下 SCK 的电平。AT32F407 中 CPOL 位为 0 时，SCK 的空闲状态为低；CPOL 位为 1 时，SCK 的空闲状态为高。

3）时钟相位（CPHA）。是指设备应该在时钟的哪个边沿采样数据。AT32F407 中 CPHA 位为 0 时，设备在每个 SCK 时钟周期的第一个边沿采样数据；CPHA 位为 1 时，设备在每个 SCK 时钟周期的第二个边沿采样数据；CPOL 和 CPHA 有四种组合，如图 4-10 和图 4-11 所示。

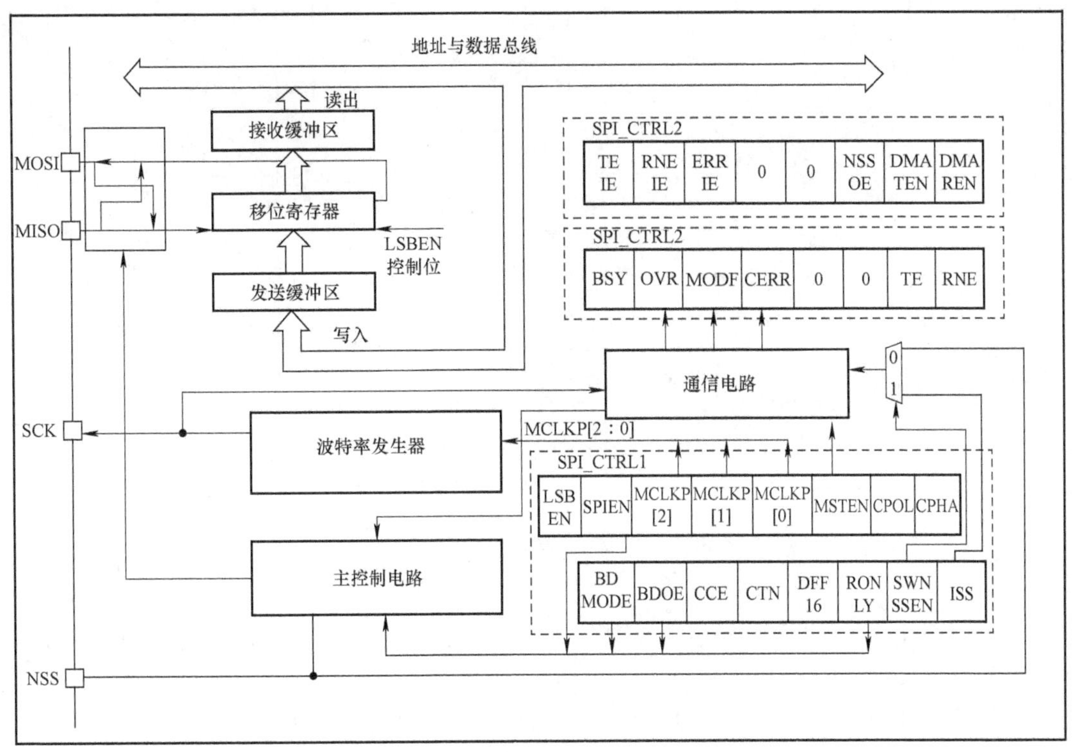

图 4-9　AT32F407 中的 SPI 外设框图

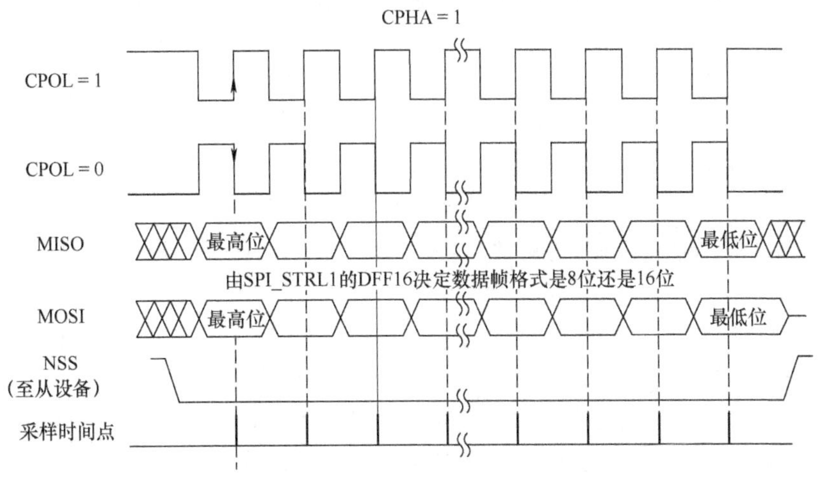

图 4-10　CHPA = 1 时，不同 CPOL 的数据采样时间

4）确定设备的时钟速度。

后面还会针对 SPI 做实际的操作讲解，这里掌握以上概念即可。

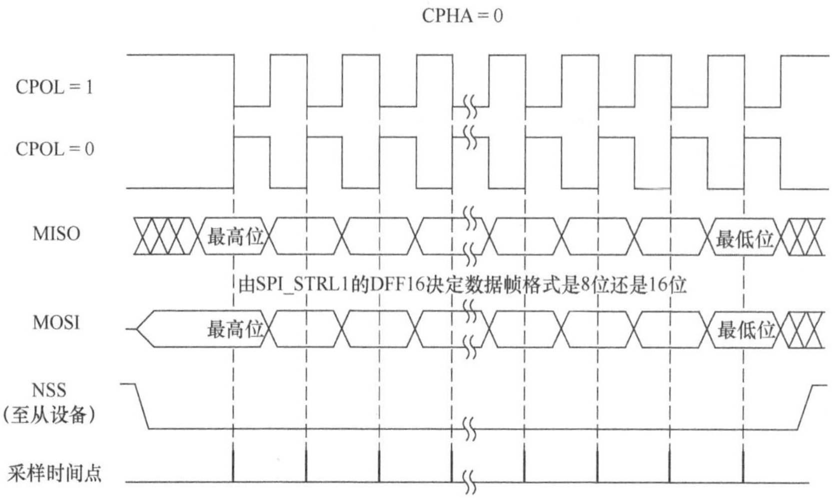

图 4-11　CHPA =0 时，不同 CPOL 的数据采样时间

4.6 标配外围 5——DMA 控制器

前面曾提及 DMA（直接存储器存取），它可以在没有 MCU 内核干预的情况下完成外设和存储器之间或者存储器和存储器之间的高速数据搬移工作。在一些数据量比较大或者实时性要求比较高的场合，可以大大减轻内核负荷，提高系统效率。AT32F407 中有两个独立的 DMA 控制器，共 14 个通道（DMA1 有 7 个，DMA2 有 7 个），每个通道都可以管理来自一个或者多个外设的存储器访问请求。还有一个仲裁器用来协调各个 DMA 请求的优先权（优先权可以在 DMA_ CHCTRLx 寄存器中设置）。图 4-12 所示为 AT32F407 中的 DMA 框图。

从图 4-12 中可以看出，几乎所有的外设都可以向 DMA 控制器提出请求，灵活度非常大。外设向 DMA 控制器发送一个请求信号，DMA 控制器根据通道的优先权处理请求。当 DMA 控制器开始访问发出请求的外设时，DMA 控制器立即发送给它一个应答信号。从 DMA 控制器得到应答信号时，外设立即释放它的请求。一旦外设释放了这个请求，DMA 控制器同时撤销应答信号。如果有更多的请求，外设可以启动下一个周期。每次 DMA 传送由三个操作组成。

1）从外设数据寄存器或指定的存储器地址取数据，第一次传输时的开始地址是 DMA_ CPBAx（x 代表通道号）寄存器指定的外设基地址或存储器单元。

2）存储数据到外设数据寄存器或指示的存储器地址，第一次传输时的开始地址是 DMA_ CMBAx（x 代表通道号）寄存器指定的外设基地址或存储器单元。

3）执行一次 DMA_TCNTx（x 代表通道号）寄存器的递减操作，该寄存器包含未完成的操作数目。

在每次操作前还需要对通道进行选择和配置，传输完成后，DMA 可以根据配置来产生中断，供软件进一步处理。这里没看明白不要紧，后面还会有实践内容再次探讨 DMA。

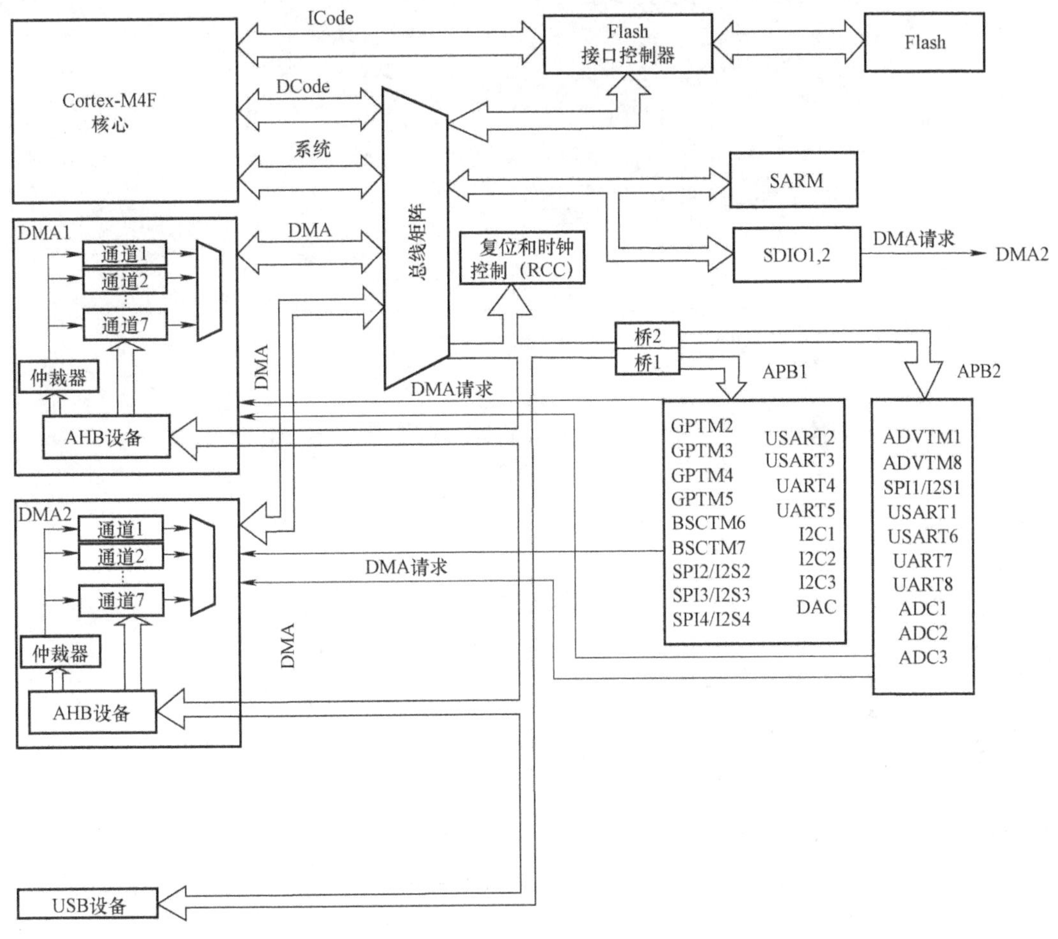

图4-12　AT32F407中的DMA框图

4.7 标配外围6——GPIO

GPIO是任何单片机都有的外围功能模块，它最普通，但也最特别，因为GPIO的使用非常灵活。除了简单地作为一个数字I/O口以外，它还能配置成外部中断的输入引脚，或者外部模拟信号的输入，也可以配置成某个其他外设的专用引脚，比如UART、SPI、DAC等，所以远比人们想象中复杂。图4-13所示为一个GPIO的基本结构，源自AT32F407。

因为GPIO和其他外设相关性较高，不同单片机的GPIO设置方式自然也不同（这里暂时不展开），每个GPIO都可以根据需要来配置。这也是嵌入式系统“软硬不分家”的重要原因之一，如果工程师对外部的硬件设备不了解，根本谈不上编写软件的能力。

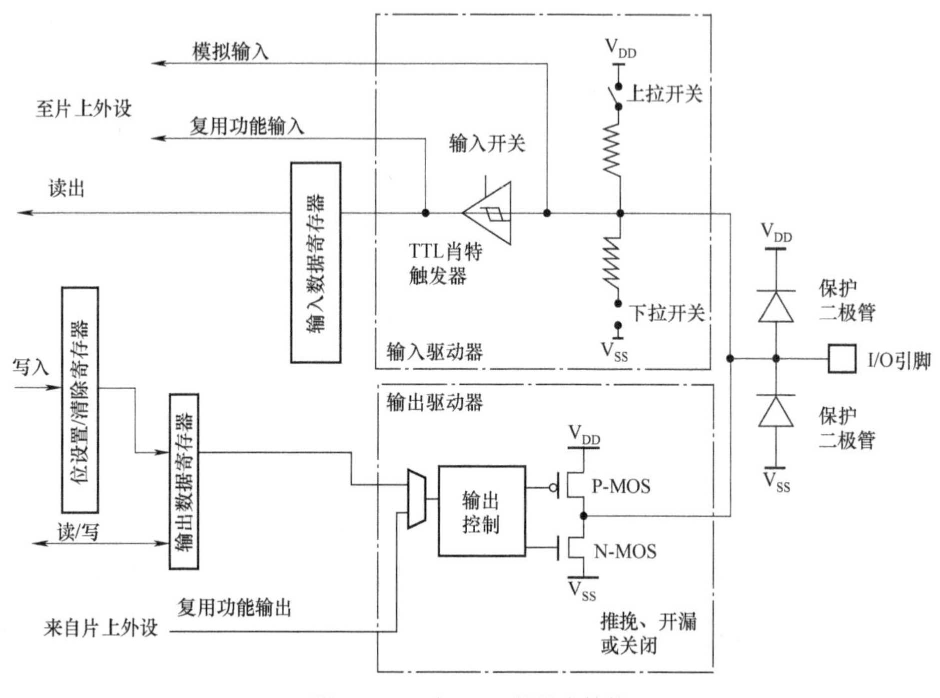

图 4-13　一个 GPIO 的基本结构

4.8　扩展外围 1——I²S 控制器

I²S（Inter-IC Sound）总线又称集成电路内置音频总线，是飞利浦公司为数字音频设备之间的音频数据传输而制订的一种总线标准。前面还讲过 I²C 总线，这两个都是 20 世纪 80 年代的总线标准，沿用至今，快有半个世纪了，让人不禁感慨。特别提醒一下，各位平时不要混淆 I²C 和 I²S 这两个类似的名字。

图 4-14 所示为 AT32F407 的 I²S 框图，看起来与 SPI 有些相似，因为 AT32F407 的 I²S 和 SPI 是一个复用的接口，不能同时存在。通过将寄存器 SPI_I2SCTRL 的 I2SSEL 位设为 1，即可使能 I²S，此时可以把 SPI 用作 I²S 音频接口。I²S 与 SPI 使用大致相同的引脚、标志和中断。I²S 与 SPI 共用三个引脚。

- SD：串行数据（映射至 MOSI 引脚），用来发送和接收 2 路时分复用通道的数据。
- WS：字选（映射至 NSS 引脚），主模式下作为数据控制信号输出，从模式下作为输入。
- CK：串行时钟（映射至 SCK 引脚），主模式下作为时钟信号输出，从模式下作为输入。

I²S 除了和 SPI 复用的三个引脚外，还需要额外的引脚：MCLK。当 I²S 配置为主模式，寄存器 SPI_I2SCLKP 的 I2SMCLKOE 位为 1 时，MCLK 作为额外的时钟信号输出引脚使用。输出时钟信号的频率预先设置为 256 × Fs，其中 Fs 是音频信号的采样频率。

I²S 的配置和 SPI 有些类似，但是还涉及音频的分辨率，比如 16 位、24 位和 32 位，这里先不展开。图 4-15 所示为一个常见的 I²S 时序图。

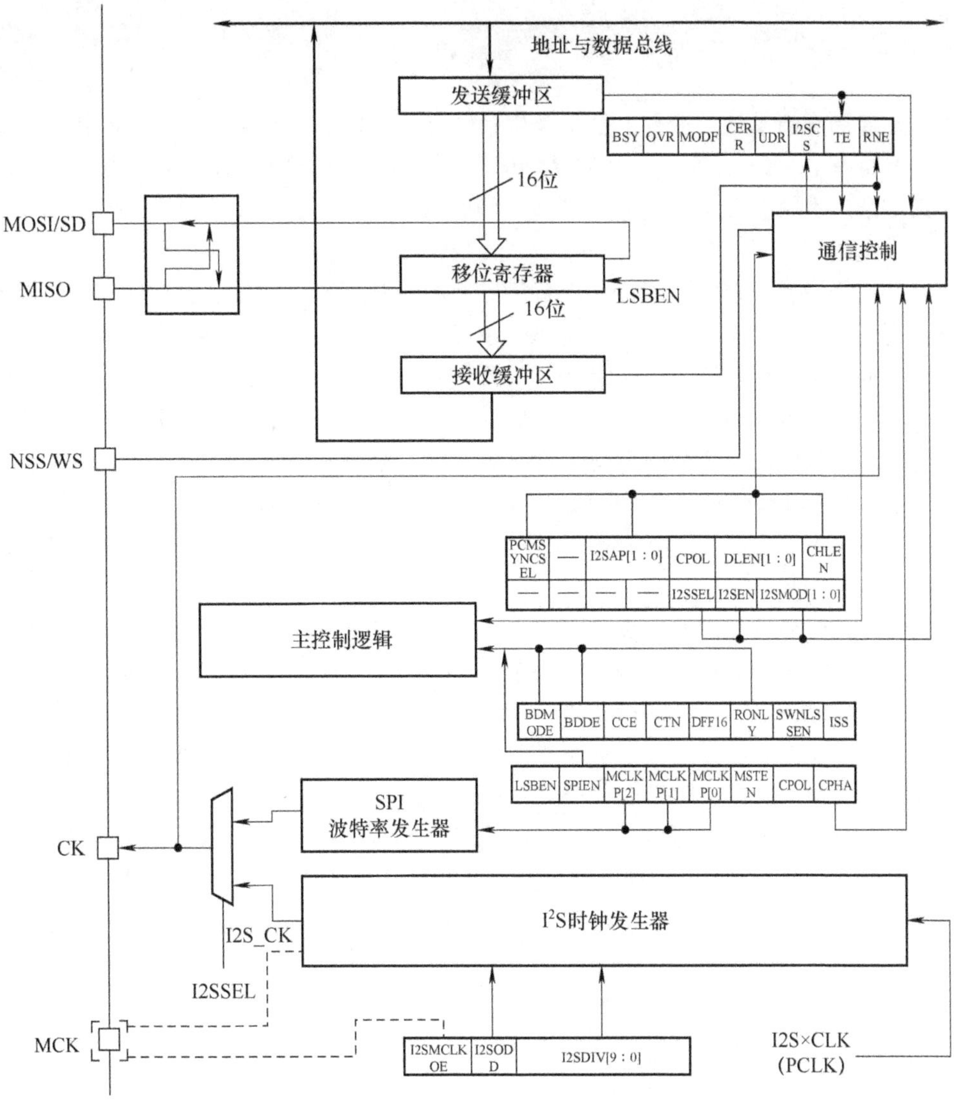

图 4-14　AT32F407 的 I^2S 框图

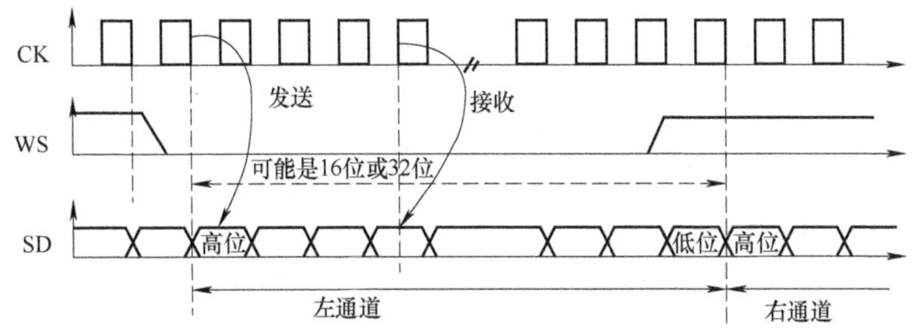

图 4-15　I^2S 时序图

4.9 扩展外围 2——USB 控制器

USB 是通用串行总线的简称，在日常生活和工作中已经非常普及了，它的特点就是即插即用。基本所有的 USB 设备都是“免驱”的，用起来简单方便。但为了方便，USB 协议栈变得极其复杂。本书重点不是讲述 USB 原理和应用，所以对 USB 协议不会做太多的解释，只能点到为止。

USB 总线是设备间总线。请仔细观察一下前面所介绍的总线，除了 UART 也是设备间接口（前面提过，没有把 UART 定义为总线）外，其他总线和接口都是板级总线或接口。这直接影响到硬件接口连接器的规范定义。一般嵌入式系统中板级总线和接口不会对硬件连接器做定义，因为都是用导线直接连接。但是设备之间的连接除了导线以外还必须配备可插拔导线的连接器。因此，一个好的设备间总线规范一定会对其连接器做定义，这样才能保证兼容性。这也是在 USB 设备中会出现 USB Type A 接口、USB Type B 接口、Micro USB 接口、USB Type-C 等各种接口类型名词的原因。当然，不同的接口和 USB 规范版本之间也有一定联系，这里不做展开。

USB 的拓扑逻辑也和前面的板级总线有所差异。板级总线基本都会采用“总线拓扑”，但是 USB 作为设备总线，采用的是“树形拓扑”。如图 4-16 所示，在 USB 规范中存在三种设备：主机/根集线器、普通设备和集线器（Hub）。每个 USB 系统中只能有一个根集线器，它一般存在于计算机的主板上。根集线器下可以接设备也能接集线器，集线器下面也可以继续接集线器或设备。这样就能形成一个倒立的树状图。采用这种拓扑的最大好处是系统的健壮性强，如果有一个分支出现问题，不会影响其他分支（当然，根集线器出了问题整个系统就会出问题）。和前面介绍过的总线类似，USB 系统中也只有一个主机，USB 数据的收发全部由主机来控制。USB 系统中的设备之间是不能绕过主机直接通信的。

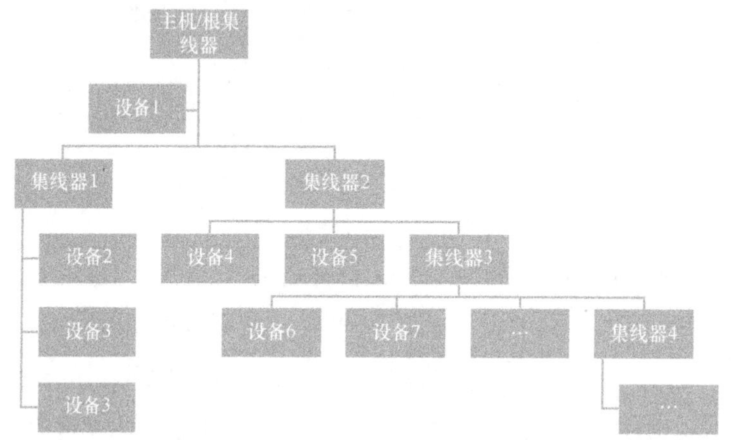

图 4-16 USB 拓扑逻辑

AT32F407 中实现了一个 USB 2.0 全速设备，可以配置 1 ~ 8 个 USB 端点。什么是端点呢？后面会有更多介绍。图 4-17 所示为 AT32F407 的 USB 设备框图。

USB 外设为 PC 主机和单片机之间提供了符合 USB 规范的通信连接。PC 主机和单片机之间的数据传输是通过共享一个专用的数据缓冲区来完成的，该数据缓冲区能被 USB 外设直接访问。这块区域的大小由所使用的端点数目和每个端点最大的数据分组大小所决定，每个端点最多可使用 512/768 字节缓冲区，最多可用于 16 个单向或 8 个双向端点。USB 模块同 PC 主机通信，根据 USB 规范实现令牌分组的检测、数据发送/接收的处理和握手分组的处理。整个传输的格式由硬件完成，其中包括 CRC 的生成和校验。

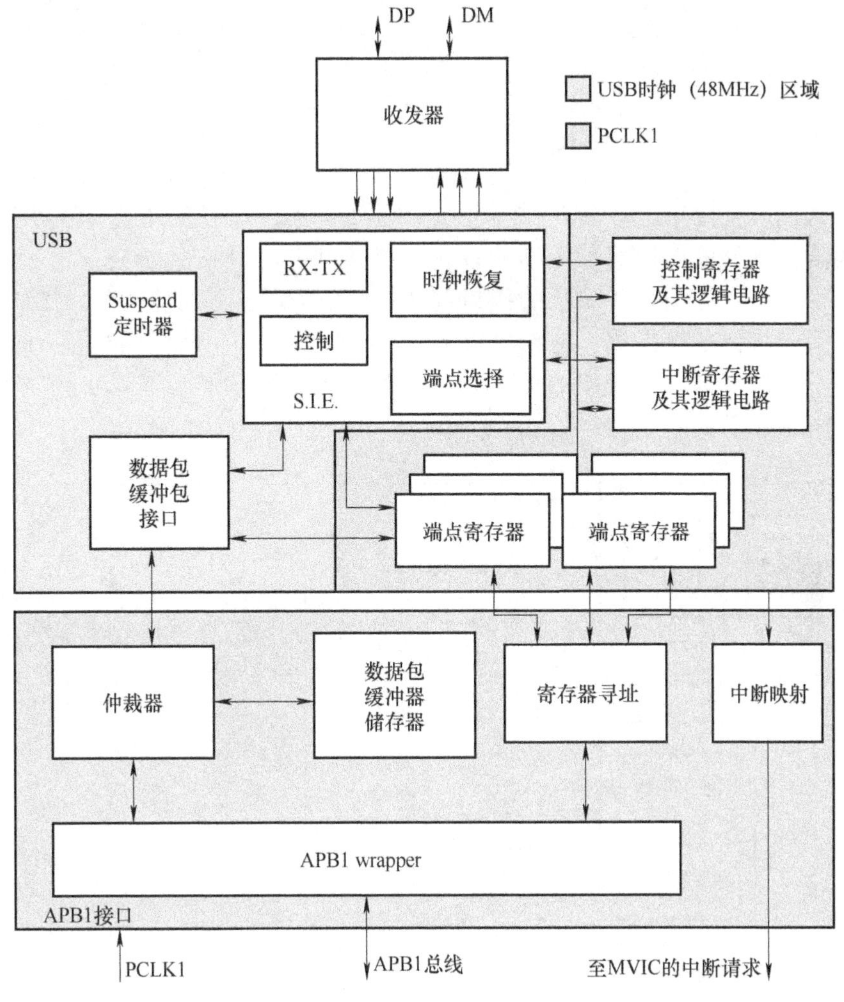

图 4-17　AT32F407 的 USB 设备框图

每个端点都有一个缓冲区描述块，描述该端点使用的缓冲区地址、大小和需要传输的字节数。当 USB 模块识别出一个有效的功能/端点的令牌分组时，如果需要传输数据并且端点已配置，则随之发生相关的数据传输。USB 模块通过一个内部的 16 位寄存器实现端口与专用缓冲区的数据交换。在所有的数据传输完成后，如果需要，则根据传输的方向发送或接收适当的握手分组。在数据传输结束时，USB 模块将触发与端点相关的中断，通过读状态寄存器和/或利用不同的中断处理程序，单片机可以确定哪个端点需要得到服务，或者当产生位填充、格式、CRC、协议、缺失 ACK、缓冲区溢出/缓冲区未满等方面的错误时，单片机可以得知正在进行的是哪种类型的传输。USB 模块对同步传输和高吞吐量的批量传输提供了特殊的双缓冲区机制，在单片机使用一个缓冲区的时候，该机制保证了 USB 外设总是可以使用另一个缓冲区。

相较于其他总线，USB 需要复杂的软件协议支持。这里没有足够的篇幅来详细介绍 USB，不过 USB 也是很常见的一个总线协议，有非常多的网络资料和书籍可供参考。而在本书后面也会基于 AT32F407 给大家展示一个 USB 的例程，帮助大家快速开发自己的 USB 程序。

4.10 扩展外围 3——以太网控制器

本书配套的学习板基于 AT32F407，可以支持以太网应用。AT32F407 的以太网外设支持通过以太网收发数据，符合 IEEE 802.3—2002 标准。以太网外设灵活可调，能适应各种客户需求。该外设支持两种标准接口，以连接到芯片外接的物理层（PHY）模块：IEEE 802.3 协议定义的独立于介质的接口（MII）和简化的独立于介质的接口（RMII）。它适用于各类应用，如交换机、网络接口卡等。类似于 USB，以太网也是一套非常复杂的规范，本书无法对其展开详细的描述，也只能点到为止。图 4-18 所示为 AT32F407 的以太网外设框图。

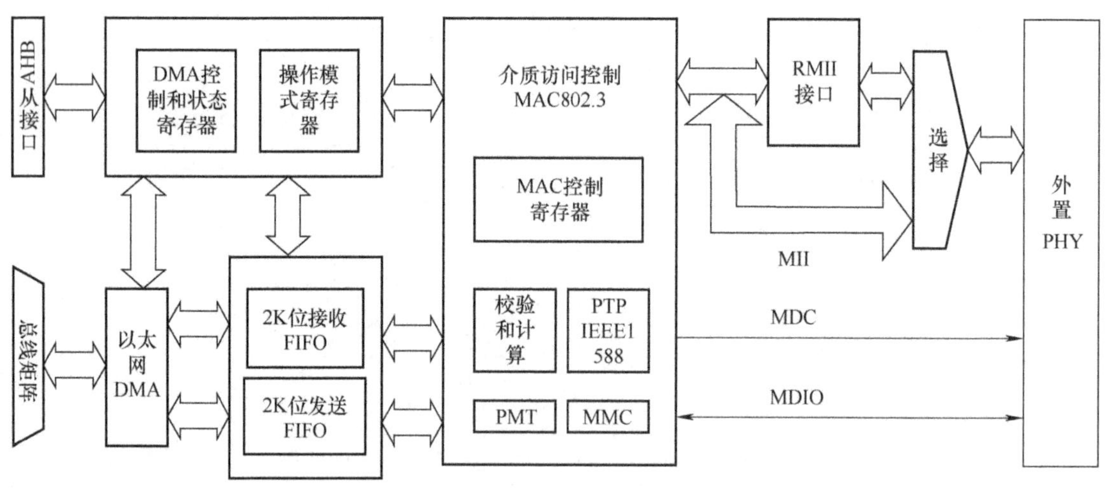

图 4-18　以太网外设框图

注意，这里的“外置 PHY”部分不属于 AT32F407 芯片。根据 ISO 网络协议栈分层，单片机中的这个 MAC 到底处于什么位置呢？

如图 4-19 所示，根据 ISO 的分层模型，单片机中 MAC 和外加的 PHY 属于硬件层，在此之上还需要软件 IP、TCP/UDP 等协议栈的支持。MAC 层和 PHY 层之间采用独立介质接口连接。而 RMII 是基于 MII 的一个简化硬件接口的标准，AT32F407 中的 MAC 可以支持 MII 接口，也可以支持 RMII 接口。受篇幅限制，以太网相关的内容不再展开。业界多习惯使用英文术语，且此外英文不难理解，因此不再译为中文。

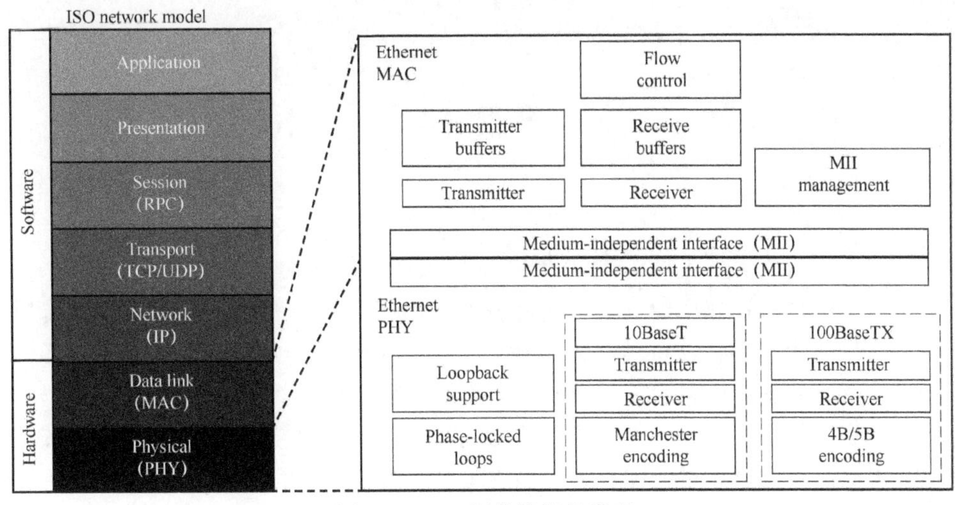

图 4-19　ISO 网络协议栈模型

4.11　扩展外围 4——CAN 控制器

CAN 是控制器局域网络（Controller Area Network）的简称，是以研发和生产汽车电子产品著称的德国 BOSCH 公司于 20 世纪 80 年代开发的，并最终成为国际标准（ISO 11898）。CAN 是国际上应用最广泛的现场总线之一。AT32F407 支持 CAN 2.0A 和 CNA 2.0B 协议版本的主动模式，也是典型的总线拓扑，如图 4-20 所示。

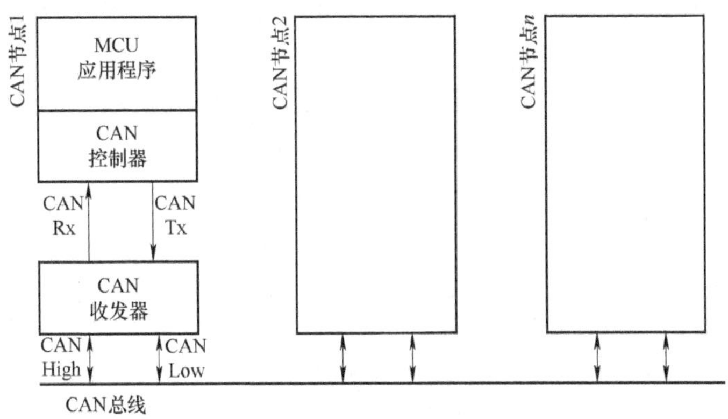

图 4-20　CAN 总线拓扑结构

由于篇幅限制，这里不展开讨论 CAN 总线（在实际使用场景中需要上层的软件支持），只是强调一些 CAN 总线的特点。

1）CAN 总线是多设备总线。

2）CAN 总线上的设备可以对等发送数据。

3）CAN 总线的寻址方式非常特别，不是基于设备的地址，而是基于报文的面向内容的编址方式。

4）由于存在很多设备，而且设备都可以在总线上发送报文，所以其仲裁方式非常有趣。类似于 I^2C 总线的“线与”逻辑。

第 5 章　单片机开发环境

到目前为止，科学家还没搞清楚“意识”是怎么运行在大脑这个硬件载体上的。也许对于生物而言不能像机器那样把软件和硬件分开，但很多迹象表面，思维活动是有规律的。所以，也许有生之年能够看到科学家兴奋地告诉我们，自己脑袋里的“软件”是怎么运行的。这是个非常奇特的逻辑，就像一个机器人搞明白自己是机器人那么有趣。即使如此，还有更奇特的问题。如果人类是生物机器，脑袋里运行了一套“软件”，那么这套“软件”是谁写的？又怎么下载到脑袋里的呢？这些问题难以回答，我们回归正题。幸运的是，我们知道怎么造一台机器，然后怎么把写好的软件下载到机器里。

前面针对单片机的架构和硬件原理做了一些铺垫，也简单讲解了一些软件运行的机制。在实践前，先要对一个关键的工具有所了解，那就是开发环境。开发环境是每个工程师面对一个新的芯片或者平台时需要首先了解的。在 MCU 或 CPU 发展的早期没有“开发环境”的概念，甚至都没有一个像样的编译器。但随着芯片规模和软件规模的扩大，以及应用领域的扩展，需要更方便高效的工具来实现开发。于是编译器、开发环境的概念出现并不断演化和发展。在笔者记忆里，2000 年的时候单片机的编程还全部是基于汇编语言的，非常难于记忆和理解，几乎没有“可移植性”，所以也没有开发环境这个概念。直到几年后出现了可以支持 C 语言编程的单片机编译器，然后基于 PC 软件的发展，编译器做成了图形界面，可以直接编辑和编译软件，再通过一个非常昂贵的专用仿真器来模拟和调试，这就是现在的开发环境的雏形。而且，当时 MCU 的性能和资源有限，很多用 C 语言写的程序编译出来都非常庞大（当时的 C 编译器效率不高），所以很多场合也没办法直接使用。

单片机的开发环境有很多，常见的是 Keil 和 IAR，还有基于 GCC 的免费版本。GCC 虽然是免费版本，但功能非常强大，很多大型项目都会用 GCC 来作为编译器和开发环境，但是 GCC 的强大带来的副作用是非常庞杂。作为初学者，用现成的图形开发环境比较容易上手，而且在实际开发中，用得也比较多。所以本书采用图形化的工具来实现所有的案例。Keil 和 IAR 都是商业收费软件，作为个人学习工具可以使用其体验受限版本。Keil 和 IAR 的使用方式非常类似，本书基于 Keil 进行讲解。

5.1 开发环境安装

Keil 可以从其官网下载（网址为 https：//www. keil. com/），如图 5-1 所示。MDK-ARM 有四个可用版本，分别是 MDK-Lite（免费评估版）、MDK-Essential、MDK-Plus、MDK-Professional。所有版本均提供一个完善的 C / C ++ 开发环境，其中 MDK-Professional 还包含大量的中间库。下载后不输入 license 会自动默认为 MDK-Lite 版本。MDK-Lite 版本是受限版本，代码量不能超过 32KB，也没有 ARM 的一些中间件，其他功能与 MDK-Professional 类似。

单击页面上的“Downloads”按钮，如果是第一次使用，会弹出一个注册的页面，请自己完成并提交。然后会出现下载链接，如图 5-2 所示。

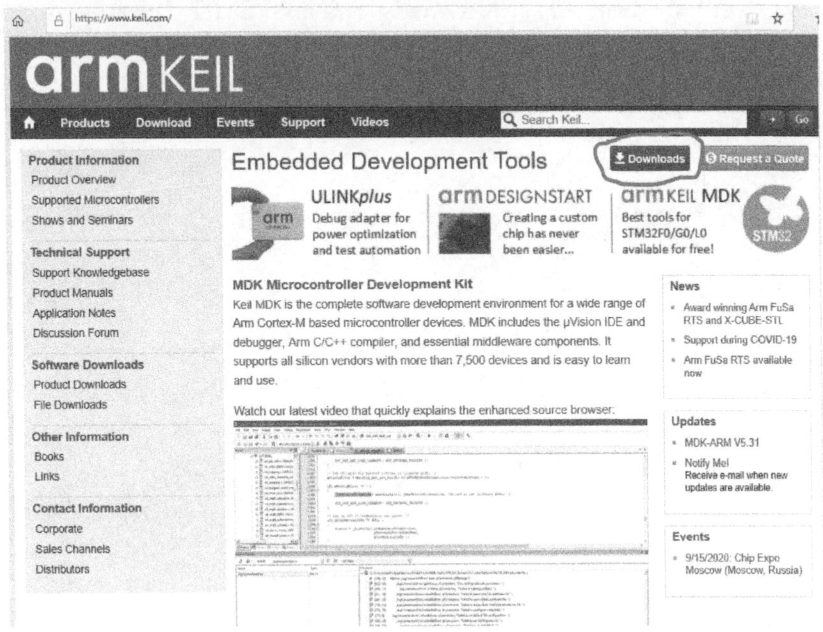

图 5-1　Keil 官网下载页面

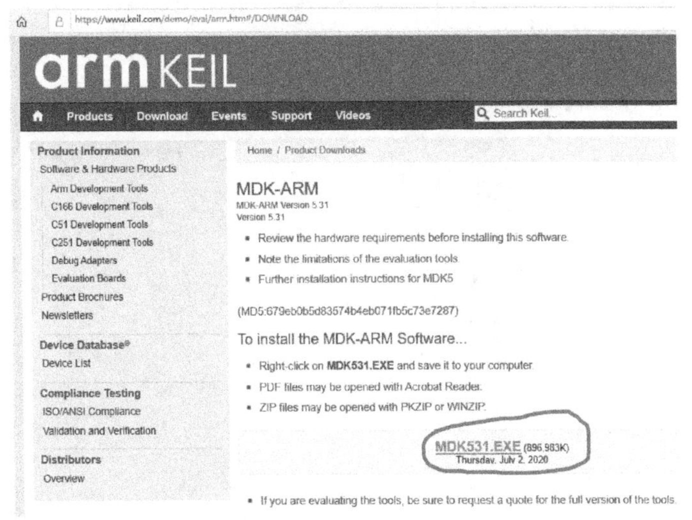

图 5-2　Keil 官网下载链接

Keil 目前只支持 Windows 系统，如果你用的是 Linux 或 Mac 系统，那么比较好的办法是使用虚拟机，但是运行效率会降低，这里不再深入讨论。下载安装包后，双击可运行程序，开始安装。安装过程中按照引导步骤完成即可。期间会安装一些工具包和驱动，可以根据需要选择，全部接受也没问题。另外，不建议修改默认安装路径，因为很多升级包都采用默认安装路径，修改后会很麻烦。

安装完毕后还需要手动安装一个支持包。在本书附带电子资源的文件里可以找到“Pack_Keil_AT32F4xx_V1.3.1.zip”文件，解压后找到可执行文件，双击安装。如果前面的安装没有修改默认路径的话，简单地连续进入下一步就好了。然后，还需要安装一个仿真器驱动程序。请在“…\ SDK \ AT-Link_V1. 2. 20 \ Artery_ATLink-USART_DriverInstall”中找到可执行文件来安装。安装完毕后，就可以试用了。

运行 Keil。几乎所有的 IDE 开端都是新建工程。在菜单栏选择“Project”→“New μVision Project”，如图 5-3 所示。

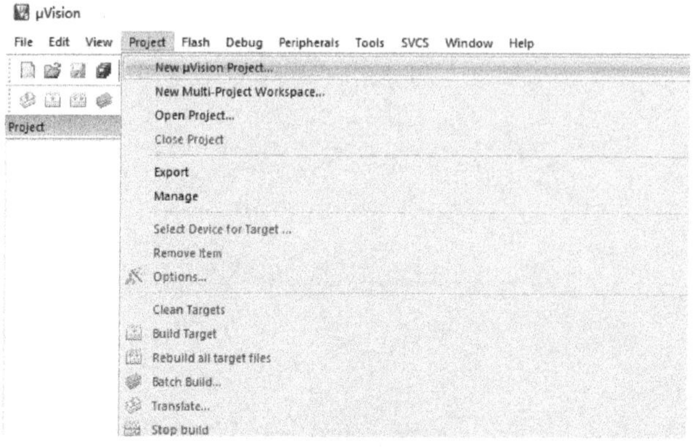

图 5-3　新建工程

新建工程后会弹出一个对话框供用户选择工程的保存路径，请自行设置。然后会弹出一个设备选择对话框，如图 5-4 所示，如果前面的支持包安装正常，就可以从下拉列表框里发现“ArteryTek AT32F4xx Devices”的设备。

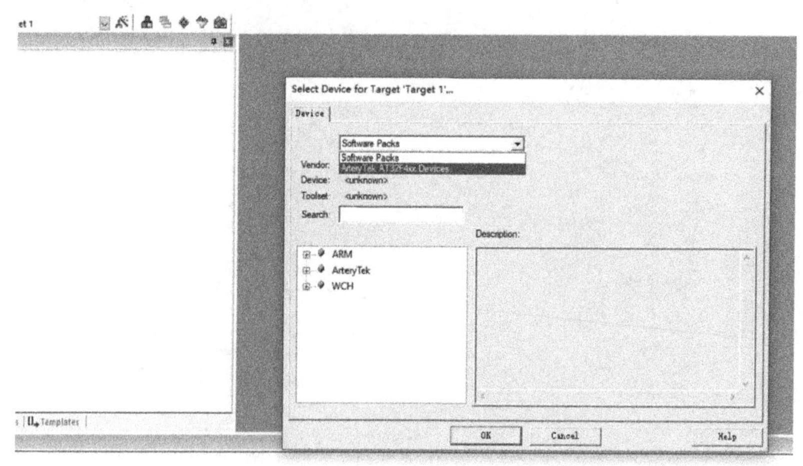

图 5-4　新建工程时选择设备

然后展开对话框下面列表里的“ArteryTek”，如图 5-5 所示，在列表里找到“AT32F407VGT7”这个选项，这是本书学习板上芯片的具体型号，再单击“OK”按钮。

工程生成的时候可能会提醒复制一些文件，不用理会，确定即可。软件还会提示输入新建工程的名字和保存路径，为了后面讲解方便，统一将工程命名为“sample0”，然后在 Keil 的工程窗口就能看到新建的工程了，如图 5-6 所示。但是，该工程里只有一个文件，而且是汇编的。没关系，这里仅强调熟悉环境，以建立工程、编译、调试、配置为主，所以不用研究具体的代码。

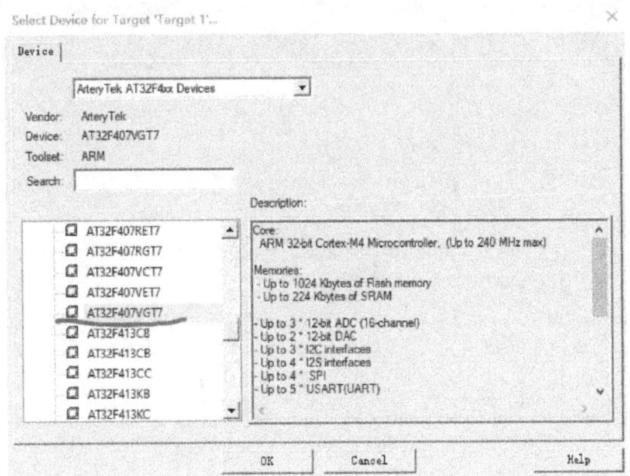

图 5-5　新建工程选择芯片型号

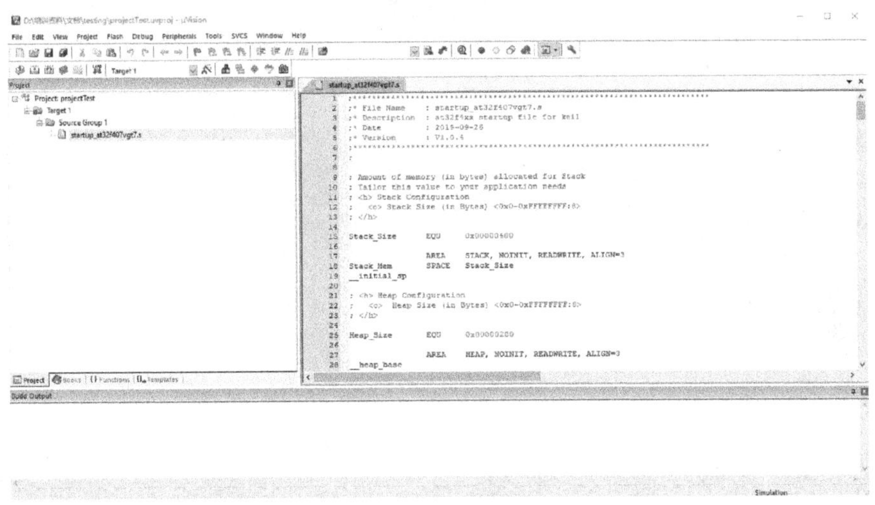

图 5-6　sample0 工程

工程建好了，接下来熟悉一下 Keil 的工作界面和最常用的几个功能，如图 5-7 所示。

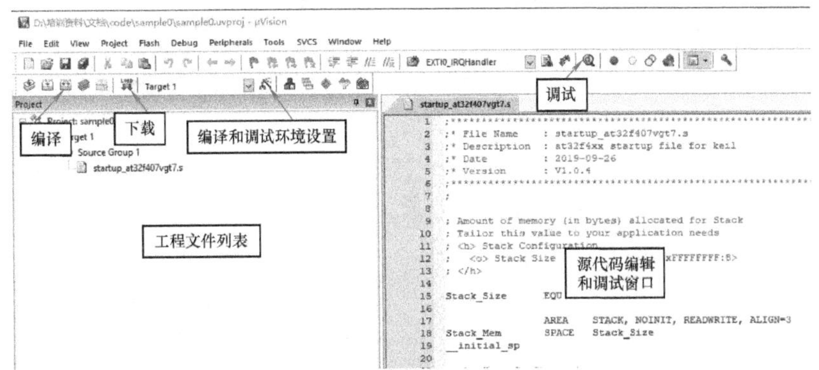

图 5-7　Keil 工作界面

默认情况下，整个工作界面被分成左右两个窗口，左边显示的是工程中的文件，右边是当前文件的内容，可以直接编辑。常用的功能是编译、下载和调试。编译和调试环境的设置按钮一般在工程建立后就配置好，在项目开发中一般不会改变。尝试对新建的工程进行编译。单击编译按钮，不出意外地出现了错误，如图 5-8 所示。

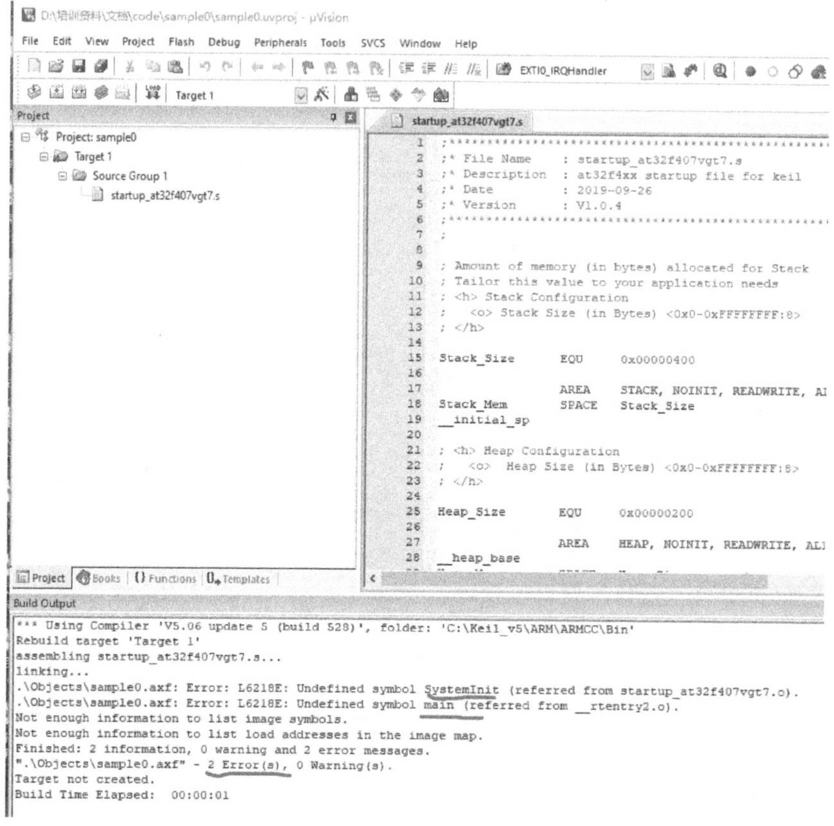

图 5-8　sample0 编译错误

这个编译错误的原因后面详细解释。因为这里的主要目标是熟悉开发环境，所以先走一下流程。单击保存按钮，保存工程，如图 5-9 所示。

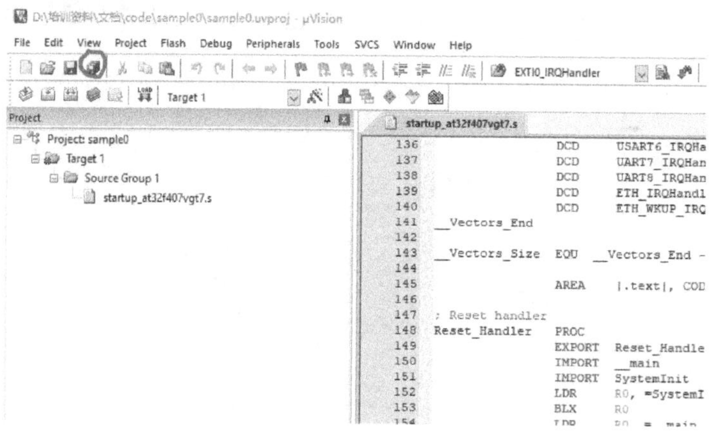

图 5-9　保存 sample0 工程

从随书下载文件中找到“SDK \ AT32F4xx_StdPeriph_Lib_V1. 1. 8 \ Project \ AT_START_F407 \ Templates \ MDK_v5 \ ”下面的“Template. uvprojx”文件。以“uvprojx”为扩展名的

文件是 Keil 的工程文件，其中包括工程需要的所有信息，双击后打开，如图 5-10所示。

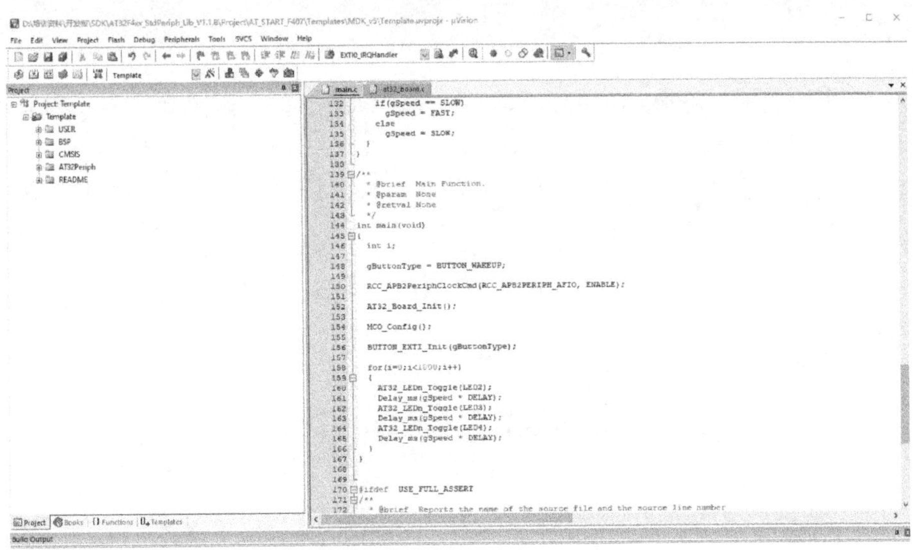

图 5-10　Template 工程

这是一个示例工程，不会出问题。重复一下前面的做法，单击编译按钮，看一下结果，如图 5-11 所示。

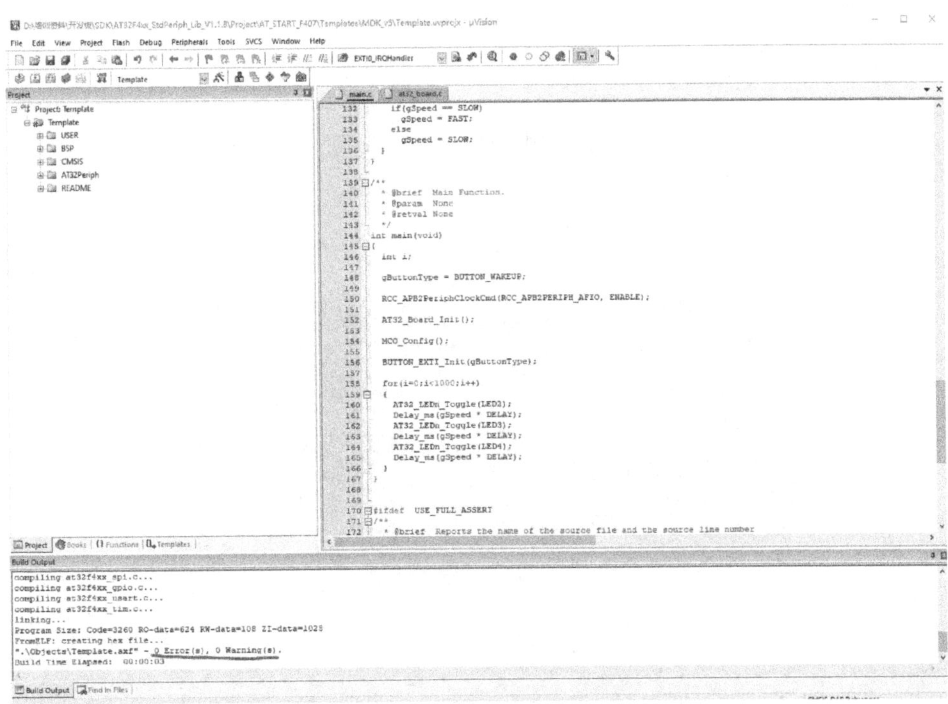

图 5-11　Template 工程编译结果

不出所料，没有问题。如果运行时出现了意外，请联系笔者。接下来要让这个工程运行起来，但在这之前，先要熟悉一下硬件环境。同时，大家也将深刻理解，为什么嵌入式系统的开发是软硬不分家的。

5.2 认识学习板

请拿出与书配套的学习板，如果没有购买，那继续读下去也会有所收获。该学习板的核心是 AT32F407，功能全面而强大，当然尺寸也比较大。ARTERY 提供全面的产品线，但实际情况下不一定需要这么多引脚的封装，可以根据具体情况选择合适的芯片。图 5-12 和图 5-13是学习板的框图和实物图。

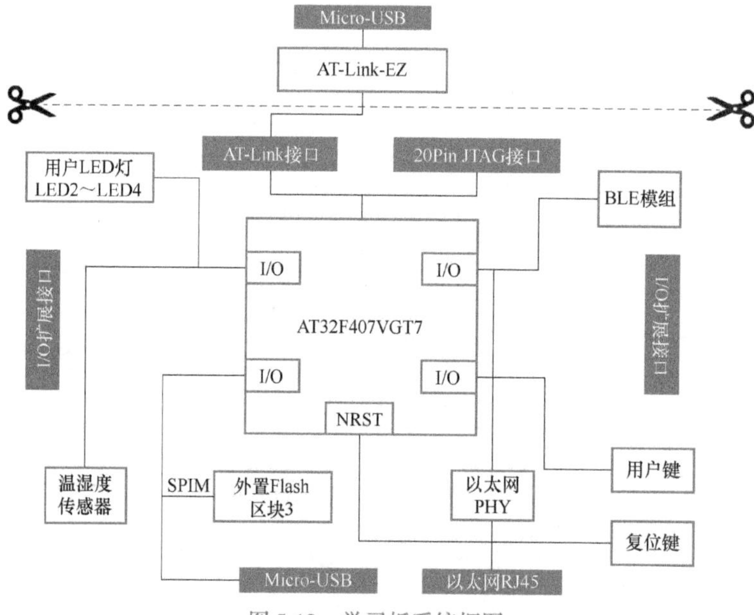

图 5-12　学习板系统框图

图 5-13　学习板实物图

先来熟悉一下硬件，请在下载资料里的“\ 开发板”位置找到“AT32_Demo_Board. pdf”文件。该文件是开发板的原理图，共 8 页，第 1 页是板载 AT-Link-EZ 仿真器的电路，这里先不解释。所以请从第 2 页开始，这是开发板 MCU 部分。可以看到这部分并不复杂，只有一个单片机和外围的简单电路，包括两个晶振。其实，这就是最小系统。请注意三个地方，如图 5-14 所示。

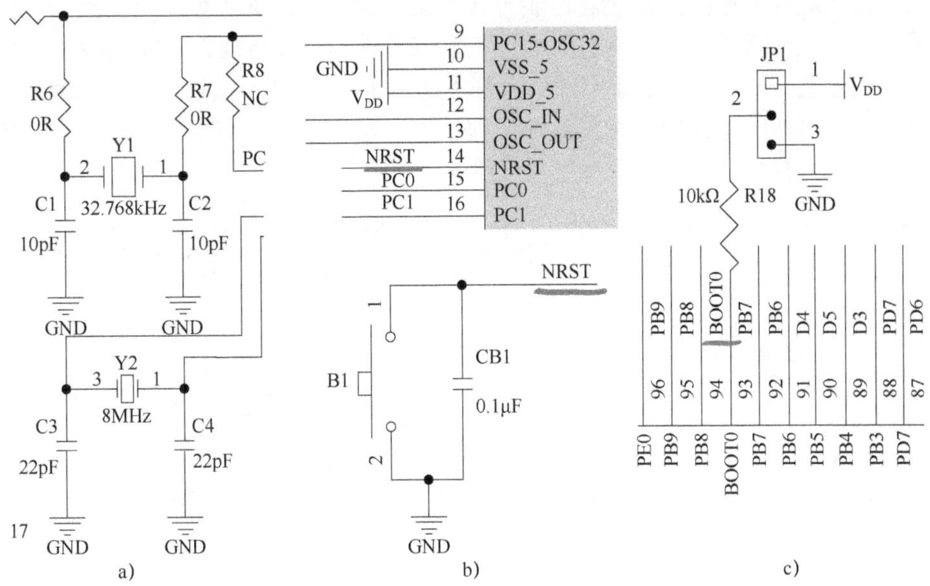

图 5-14　时钟电路、复位按键、单片机启动模式选择跳线
a）时钟电路　b）复位按键　c）单片机启动模式选择跳线

图 5-14 中，从左往右看，分别是时钟电路、复位按键和单片机启动模式选择跳线。时钟电路不再解释，每个单片机都需要，作为工程师在设计电路的时候主要注意具体的晶振频率和匹配电容，需要结合具体的芯片型号和项目中需要单片机运行在哪个频率上来确定。复位按键一般也是必需的，“NRST”是一个网络标号，具有相同网络标号可以理解成连接在一起，所以从文件中可以看到在单片机的 14 引脚也有这个标号，这意味着按键“B1”的 1 引脚和单片机的 14 引脚连通。需要注意的是，从这个连接方式可以看出，AT32F407 的复位有效信号是低电平，“B1”按下，导致 14 引脚接地，所以芯片会复位。另外，这里没有上拉电阻，是因为芯片内部有上拉电阻，在外部电路上就不需要另外增加一个上拉电阻了，这种设计可以最大限度地减少外部器件的数量。名为“CB1”的电容是为了减少按键按下和弹起时接触点产生的噪声，不能省去。“B1”在板子上的具体位置就是有一个“RESET”下标的按键。启动模式选择跳线是可以控制单片机在启动的时候选择启动方式的，可以选择从芯片内部 Flash 启动，或者从外部扩展 Flash 启动。这里不进行展开，请选择默认接地的连接方式。

看到 PDF 文件的第 3 页，需要注意的地方是和后面的实验相关的两个部分：用户按键和 LED。从图 5-15a 看到，有一个名为“B2”的按键连接到了标号“A0”，而第 2 页中单片机的 23 引脚也连接到了标号“A0”。单片机 23 引脚的名字是“PA0-WKUP”，暗示着这个引脚是可以唤醒单片机的。“B2”下面有一个下拉电阻“R23”，意味着这个信号是高电平或上升沿触发的。为何这里不需要在“R23”旁边并联一个电容来减少按键噪声呢？很有可能是因为需要用到边沿触发，电容可以有效减少噪声，但同时也把陡峭的边沿变成了缓慢的斜坡，不利于边沿检测。

图 5-15b 的原理图有三颗 LED，它们分别连接到标号“PD13”“PD14”“PD15”上，在 PDF 文件第 2 页的单片机原理图上可以找到，相同的标号和单片机的第 60、61 和 62 引脚相连。从这个连接方法上可以看出，LED 正极都被拉高，所以是共阳极接法。如果想让 LED 变亮，那么相应的引脚输出低电平就可以了。注意三个串联在 LED 上的电阻，这是限流电

阻，其大小需要结合单片机引脚的输出能力来确定：太大了，虽然很安全，但是 LED 只能发出微弱的光线，甚至亮不了；太小了，会导致电流过大，容易烧毁 LED 或者单片机的引脚。不过根据经验，单片机的电流驱动能力基本都在 3～5mA，所以这里用 1kΩ 的限流电阻是比较合理的。当然，作为工程师，要严谨、严谨、再严谨。图 5-16 所示的 AT32F407 规格书中关于 I/O 口的参数，在随书资料里可以找到。

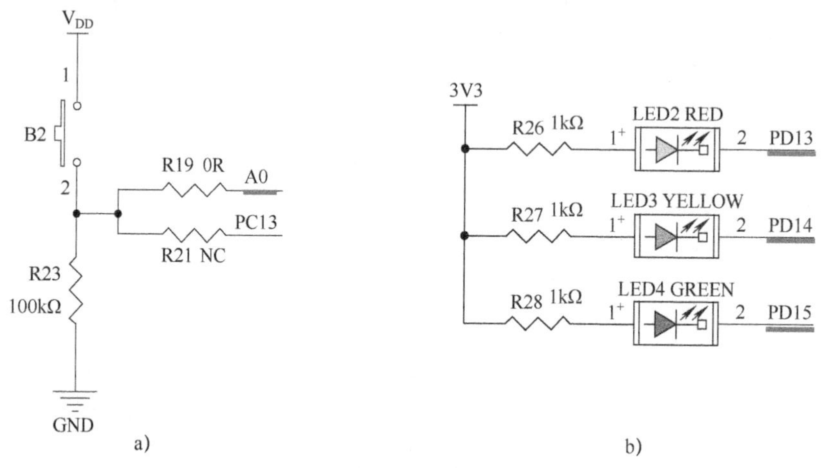

图 5-15　用户按键和 LED

a）用户按键　b）LED

表41. 输出电压特性

符号	参数	条件	最小值	最大值	单位
极大电流推动/吸入能力					
V_{OL}	输出低电平	CMOS端口，$I_{IO}=15mA$	—	0.4	V
V_{OH}	输出高电平		$V_{DD}-0.4$	—	
V_{OL}	输出低电平	TTL端口，$I_{IO}=6mA$	—	0.4	V
V_{OH}	输出高电平		2.4	—	
V_{OL}(1)	输出低电平	$I_{IO}=45mA$	—	1.3	V
V_{OH}(1)	输出高电平		$V_{DD}-1.3$		
较大电流推动/吸入能力					
V_{OL}	输出低电平	CMOS端口，$I_{IO}=6mA$	—	0.4	V
V_{OH}	输出高电平		$V_{DD}-0.4$	—	
V_{OL}	输出低电平	TTL端口，$I_{IO}=3mA$	—	0.4	V
V_{OH}	输出高电平		2.4	—	
V_{OL}(1)	输出低电平	$I_{IO}=20mA$	—	1.3	V
V_{OH}(1)	输出高电平		$V_{DD}-1.3$	—	
适中电流推动/吸入能力					
V_{OL}	输出低电平	CMOS端口，$I_{IO}=4mA$	—	0.4	V
V_{OH}	输出高电平		$V_{DD}-0.4$	—	
V_{OL}	输出低电平	TTL端口，$I_{IO}=2mA$	—	0.4	V
V_{OH}	输出高电平		2.4	—	
V_{OL}(1)	输出低电平	$I_{IO}=10mA$	—	1.3	V
V_{OH}(1)	输出高电平		$V_{DD}-1.3$	—	

(1) 由综合评估得出，不在生产中测试。

图 5-16　AT32F407 的 I/O 口驱动能力

接着看第 4 页，这是描述学习板上扩展接口的。为了方便快速开发，该扩展接口有一个被设计成了兼容 Arduino 的形式。请注意这只是硬件兼容，软件还是要自己完成。

第 5 页是以太网接口，细节不再展开。本书配套的资料里有针对以太网的软件例程。

第 6 页是温度和湿度传感器，以及外接 BLE 模组的连接图。后面讲到 I^2C 总线的时候会介绍如何用 I^2C 总线读取温度和湿度。这里需要注意的是一个名为“J14”的跳线。在实际使用时，需要把这个跳线连接上。

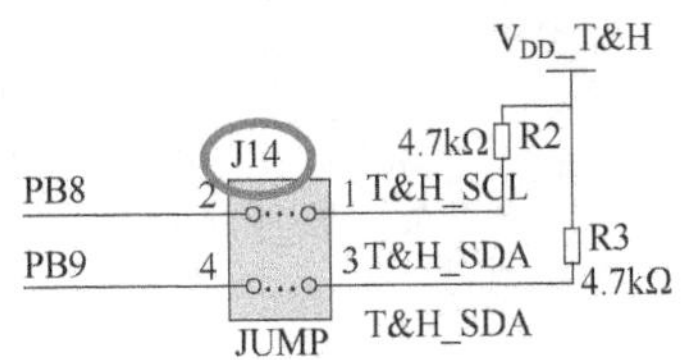

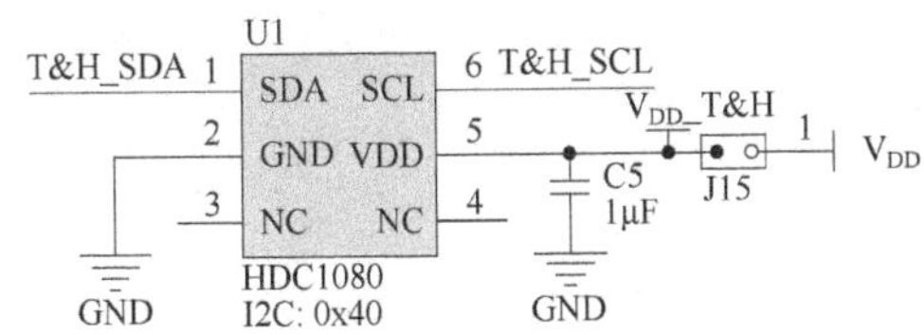

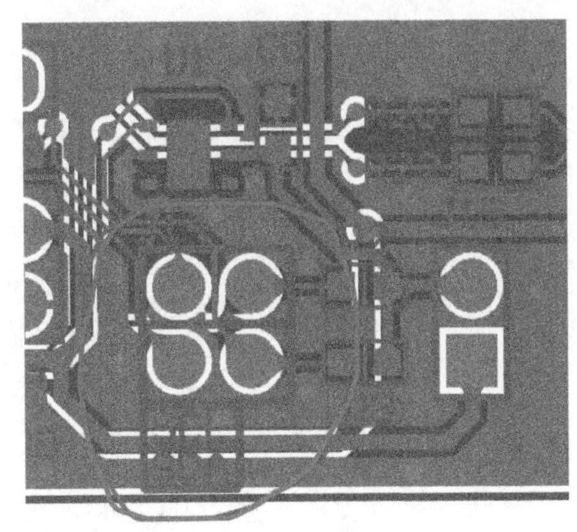

图 5-17　温度传感器 I^2C 的跳线

第 7 页是 PCB Layout 文件的正面俯视图，如图 5-17 所示，这里先不多做解释。

最后一页是 PCB 上所有元器件的 BOM（Bill of Materials，物料清单），也不展开了。

硬件介绍完毕后，可以将学习板和 PC 连接起来，然后把前面编译成功的软件下载到学习板上运行一下，看看效果。

5.3 下载和调试

准备好学习板，请按图 5-18，把学习板附带的 USB 线的一头插入板载调试器的 MicroUSB接口，另一头自然是连接计算机。如果前面的驱动安装正常，此时就能自动识别出仿真器。

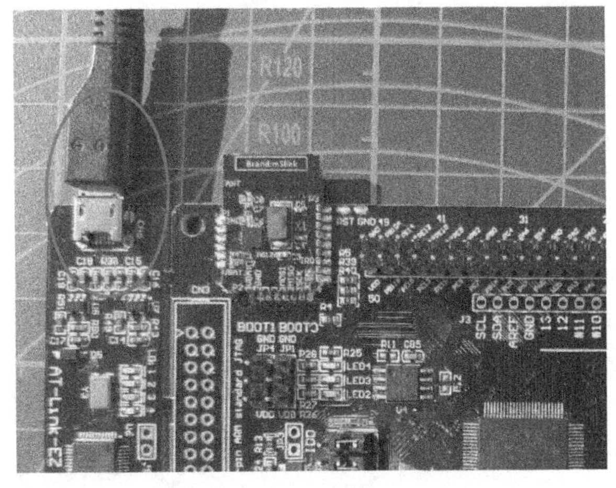

图 5-18　连接 PC 和学习板

为了确认 Keil 能正确识别学习板，单击魔法棒按钮，如图 5-19 所示。

单击后，弹出工程设置对话框，找到“Debug”选项卡，确保已选“Use”单选按钮，然后再单击右边的“Settings”按钮，如图 5-20 所示。

从弹开的 Cortex-M Target Driver Setup 对话框中，可以看到图 5-21 画线部分的字就表示仿真器连接正常。如果没有显示，很可能是连接不良或者前面的驱动程序没有正常安装，请尝试重新安装。

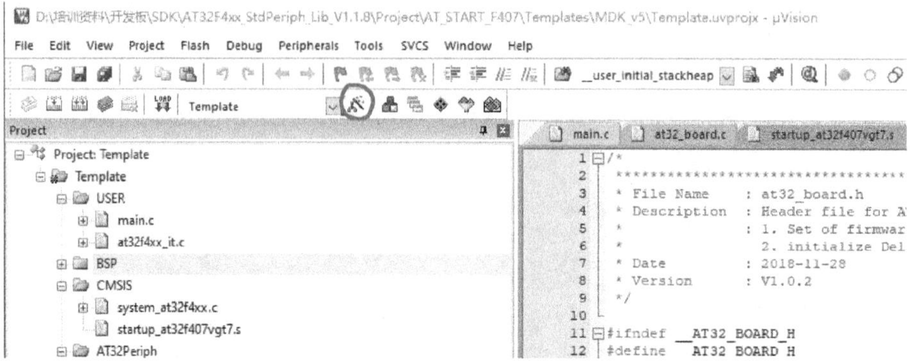

图 5-19　魔法棒按钮

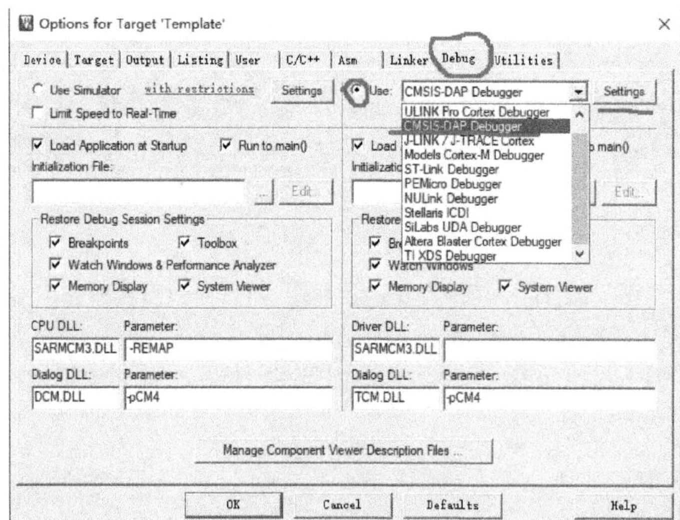

图 5-20　工程设置对话框

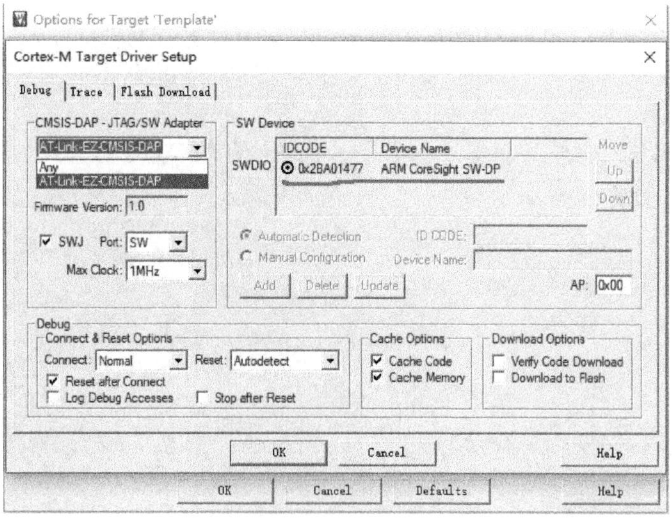

图 5-21　Cortex-M Target Driver Setup 对话框

关闭对话框，直接单击程序下载按钮，如图 5-22 所示。下载过程很快，下载完成的状态图如图 5-23 所示。

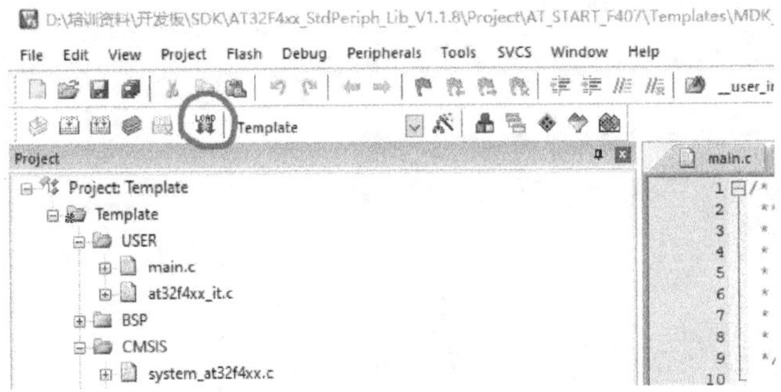

图 5-22　程序下载按钮

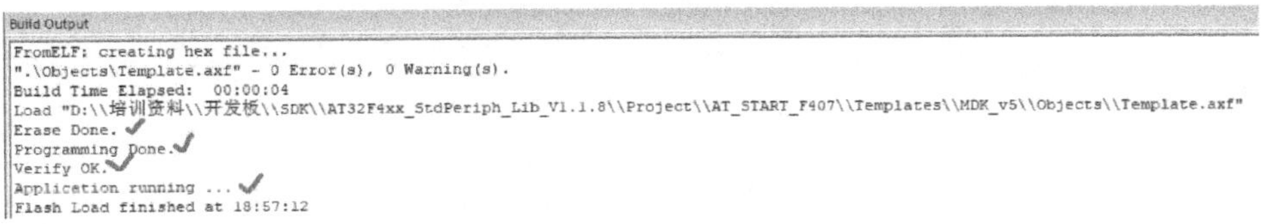

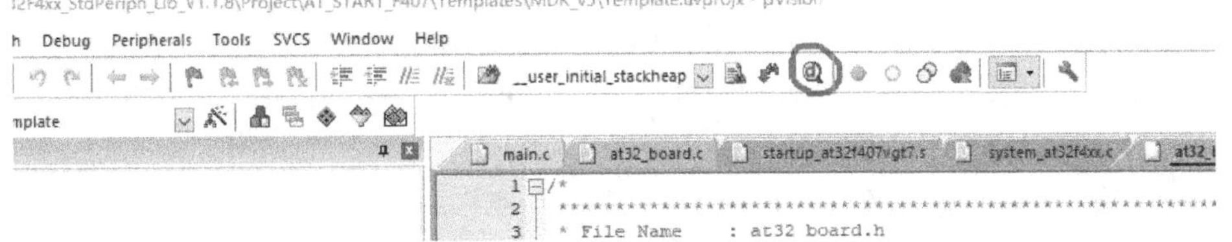

图 5-23　程序下载完毕

观察一下，应该看到板子上有三个 LED 灯在轮流闪烁。为了方便后面实验，这里把调试也讲一下。请单击调试按钮，如图 5-24 所示。然后会出现很多窗口，如图 5-25 所示，其中标注了常用的功能区，高级调试功能后面遇到时会讲解。

图 5-24　程序调试按钮

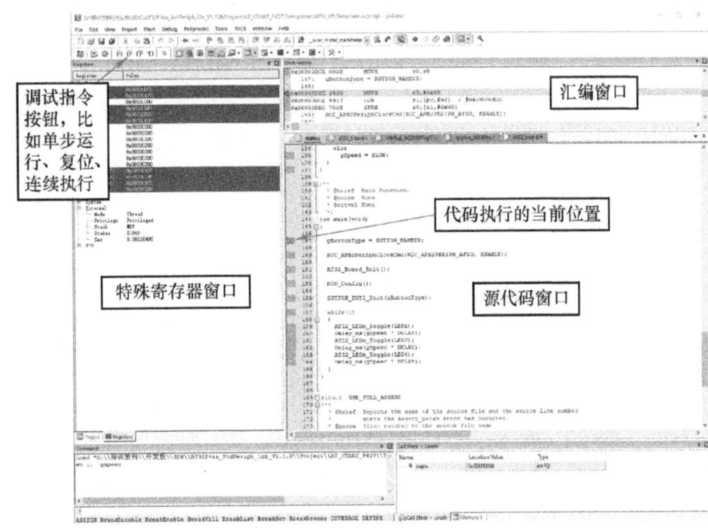

图 5-25　程序调试界面

单步运行按钮如图 5-26 所示。

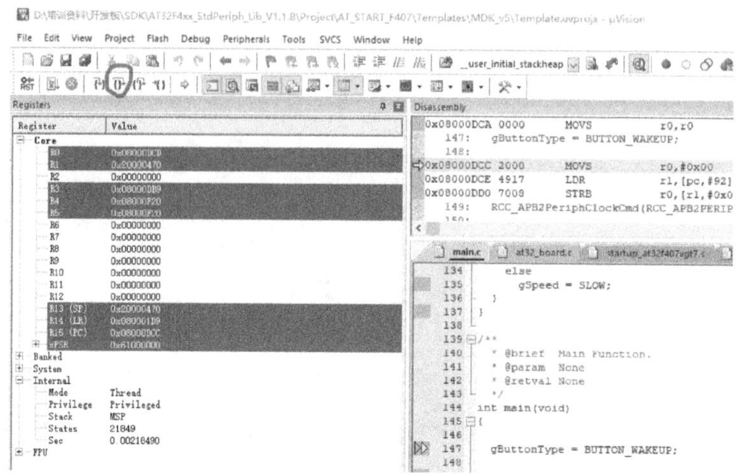

图 5-26　单步运行按钮

单步运行有四种不同的类型，从图标上看很相似，都是一个箭头和一对大括号。大括号其实就是表示函数，很形象。其功能从左往右分别如下。

1）单步运行，如果遇到函数调用则进入该函数。

2）单步运行，如果遇到函数调用则跳过该函数，直接到函数后第一句指令。

3）单步运行，直接跳出该函数，到调用处后的第一句指令。

4）单步运行到函数调用处。

练习单步运行时，可以多留意上面的汇编语言和下面的 C 语言是怎么对应的，这是最直接的学习方法。如果不知道程序运行到哪里了，就单击“RST”按钮，使程序复位。再次单击调试按钮，就回到正常的界面。

这里给大家留个问题：为何调试的时候程序直接停在 main 函数的开始处，代码不是从“startup_at32f407vgt7. s”开始的吗？

第 6 章　大脑怎么思考——单片机如何运行

工程师最辛苦的地方也许就在于需要不停地学习，但这也许正是工程师乐此不疲的地方。学习的最佳方法是：接受→实践→理解→接受→实践→理解……不断往复。“接受”就是“不求甚解”或者“拿来主义”，很多东西看不懂，那没关系，然后就是去实践，在实践中找到问题的关键点，最后再返回去观察和理解当时让你觉得“不可理喻”的问题。不断重复这个过程，就能融会贯通。

前面讲了一些单片机的工作原理和汇编语言，但是没有把这些概念和知识贯穿起来。接下来就按照学习方法的逻辑，灌输了一些知识以后，在实践中找出答案。

6.1 从分析编译错误开始

前面遗留了一个问题，现在开始研究。还记得图 5-8 中的编译错误吗？从当时保存工程的地方找到“code \ sample0 \ sample0. uvproj”工程文件，然后双击它，打开开发环境，单击编译按钮，如图 6-1 所示，从编译输出信息可以看出有两个错误，是“SystemInit”和“main”没有定义。“Undefined symbol”一般是指在程序中调用了一个函数，但是函数体没有找到。可是这个代码是从哪里来的？明明什么代码都还没写呢。其实开发环境不只是编译和调试代码，还会自动添加一些必要的“标准化”代码。比如“startup_xxxx. s”，这几乎是所有基于 ARM 架构的单片机运行时真正的第一段代码，开发环境往往会自动把它生成并添加到工程里。但是不同单片机的代码不同，那开发环境怎么知道呢？没关系，继续看下去，这个问题会逐渐清晰。

按图 6-1 查找，在工程中找到调用这两个函数的地方。幸好这个工程只有一个文件，所以很容易就能找到文件，但因为是汇编语言，所以可能找起来有些吃力。这里先把它标识出来，然后自上而下查看。为了便于讲解，笔者直接用图 6-2 中的程序行号作为标号。

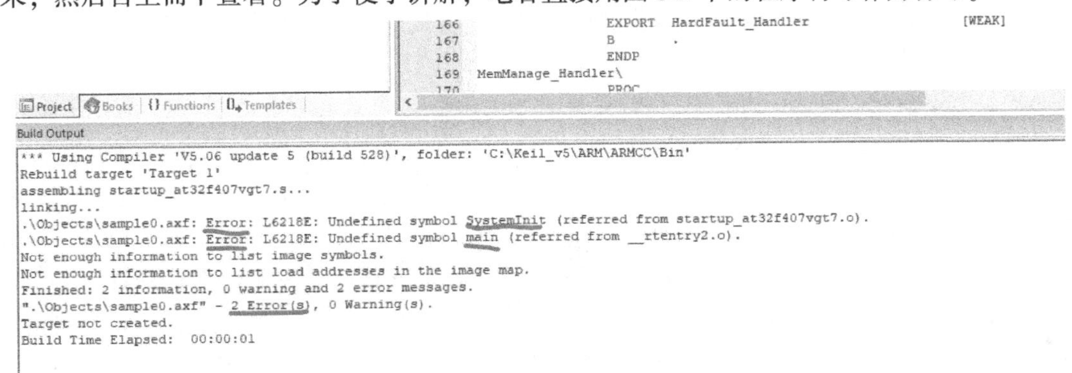

图 6-1　sample0 工程错误信息

146
147 ; Reset handler
148 Reset_Handler PROC
149 EXPORT Reset_Handler [WEAK]
150 IMPORT __main
151 IMPORT SystemInit
152 LDR R0, =SystemInit
153 BLX R0
154 LDR R0, =__main
155 BX R0
156 ENDP
157

图 6-2　sample0 工程错误调用入口

147 行：分号在汇编语言里是注释的意思，相当于 C 语言中的“//”。

148 行：Reset_Handler PROC。在汇编语言中，“PROC”（process 的简写）是一个定义子程序的伪指令，一般子程序以“xxx PROC”开头，以“ENDP”结尾，子程序在 C 语言里又叫子函数（后面会把子函数和子程序混用）。这里就是定义了一个名为“Reset_Handler”的子程序。请慢慢地习惯，在汇编语言中要下意识地把所有的“名字”和“标号”看作地址，或者用 C 语言的习惯来说，看作一个指针。

149 行：EXPORT Reset_Handler [WEAK]。这也是一个伪指令，“EXPORT”有点像 C 语言里的“extern”关键字，表示可以在其他地方找到这个子函数并调用。从字面上理解就是把这个名字“导出”，这样其他的地方就能发现并使用它。后面的“[WEAK]”是提示编译器，如果在程序中出现同名的子程序，那么就用那个同名子程序来替代。从字面上理解，就是这个定义比较“弱”，能被其他更“强”的定义所替代。

150 行：IMPORT _main。“IMPORT”看字面意思也比较好理解，类似于 C 语言中的“include”，就是告诉编译器这个函数不在本文件里，需要在其他地方找。那“main”前面的下画线呢？这个下画线是 Keil 编译器规定的一个特殊符号。它的意思是先调用 ARM 提供的库内部的一个程序，做一些必要的初始化动作（比如分散加载、初始化栈），然后再调用真正的 C 语言中的 main 函数。总之，150 行可以理解为在这里会调用外部的 C 语言中的 main 函数。图 6-3 所示为 ARM 官方资料中的一张图，非常清晰地描述了从启动到调用真正 main 函数之间的流程。

151 行：IMPORT SystemInit。和上面类似，这一句就是告诉编译器，需要“导入”一个外部的子程序供后面使用。

152 行：LDR R0，=SystemInit。这就是正式的执行代码了。LDR 是一个 32 位指令，用来把一些东西（立即数、地址、变量等）加载到寄存器中。后面的 R0 就是目标寄存器。前面提过，内核中有一些通用寄存器，R0 就是其中之一。等号后面是一个地址。地址不是一个常数吗，为什么这里是一个函数名？别忘了前面刚提过的“好习惯”：请把所有的标号和函数名下意识地转换为这个函数的入口地址。所以在这里就是把 SystemInit 函数的入口地址取出来，赋给寄存器 R0。

153 行：BLX R0。这是一句典型的跳转指令，在跳转的同时会保存前面提到过的 LR 寄存器的值，还会切换内核状态。这里只需要知道它是一个跳转指令，使得内核跳转到 R0 寄存器中内容所指向的存储器地址去执行指令。这就是 C 语言中的函数调用。在 C 语言中不会有显性的指令来调用函数，而是在需要调用的地方写下被调用函数的函数名（如果需要参数，还要写好参数）。

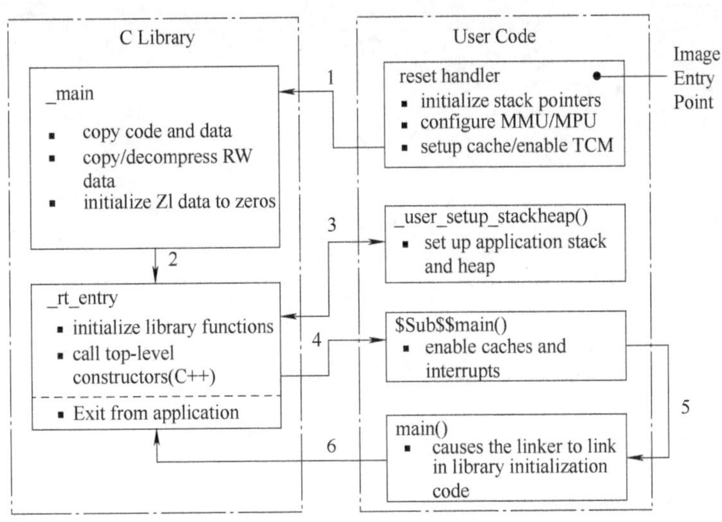

图 6-3　ARM 启动流程图

154 行：LDR R0，=_main。这一行和 152 行类似，就是把函数地址加载到 R0 寄存器中。

155 行：BX R0。这也是一个跳转指令。与 BLX 的区别是，它不用保存 LR 寄存器。那函数返回怎么办呢？好问题。一般情况下 main 函数是不会返回的，如果返回了，程序就结束了；程序结束了，MCU 就没用了。这也是通常 main 函数里都有一个无限循环体的原因。

156 行：ENDP。汇编语言里的子程序以“PROC”开始，以“ENDP”结束。

6.2　从汇编文件中探索

“那一天，不知什么原因我决定跑一趟，所以我跑到路的尽头。当我到达那里，觉得也许可以跑到镇边。当我到达镇边，我想也许我能跑遍绿茵堡。当我跑遍绿茵堡，我想既然已经跑了这么远，也许可以跑遍亚拉巴马州。于是我这么做了，一直跑，直到到达了海边。我想既然跑了这么远，何不掉头继续跑，当我跑到另一个海边，我想既然跑了那么远，也许不如掉头继续跑下去……”

引自电影《阿甘正传》

既然我们已经看到了这里，何不再多看看呢？现在从头看一下这个汇编文件吧，如图 6-4 所示。

```
; *****************************************************************************
; *  File Name     : startup_at32f407vgt7.s
; *  Description   : at32f4xx startup file for keil
; *  Date          : 2019-09-26
; *  Version       : V1.0.4
; *****************************************************************************
;
; Amount of memory (in bytes) allocated for Stack
; Tailor this value to your application needs
; <h> Stack Configuration
;     <o> Stack Size (in Bytes) <0x0-0xFFFFFFFF:8>
; </h>
Stack_Size      EQU     0x00000400
                AREA    STACK, NOINIT, READWRITE, ALIGN=3
Stack_Mem       SPACE   Stack_Size
_initial_sp
; <h> Heap Configuration
;     <o>  Heap Size (in Bytes) <0x0-0xFFFFFFFF:8>
; </h>
Heap_Size       EQU     0x00000200
                AREA    HEAP, NOINIT, READWRITE, ALIGN=3
_heap_base
Heap_Mem        SPACE   Heap_Size
_heap_limit
                PRESERVE8
                THUMB
; Vector Table Mapped to Address 0 at Reset
                AREA    RESET, DATA, READONLY
                EXPORT  _Vectors
                EXPORT  _Vectors_End
                EXPORT  _Vectors_Size
_Vectors        DCD     _initial_sp                ; Top of Stack
                DCD     Reset_Handler              ; Reset Handler
                DCD     NMI_Handler                ; NMI Handler
                DCD     HardFault_Handler          ; Hard Fault Handler
                DCD     MemManage_Handler          ; MPU Fault Handler
                DCD     BusFault_Handler           ; Bus Fault Handler
                DCD     UsageFault_Handler         ; Usage Fault Handler
                DCD     0                          ; Reserved
                DCD     0                          ; Reserved
                DCD     0                          ; Reserved
                DCD     0                          ; Reserved
                DCD     SVC_Handler                ; SVCall Handler
                DCD     DebugMon_Handler           ; Debug Monitor Handler
                DCD     0                          ; Reserved
                DCD     PendSV_Handler             ; PendSV Handler
                DCD     SysTick_Handler            ; SysTick Handler
                ; External Interrupts
```

图 6-4　sample0 工程启动代码

```
                DCD     WWDG_IRQHandler                    ; Window Watchdog
                DCD     PVD_IRQHandler                     ; PVD through EXTI Line detect
                DCD     TAMPER_IRQHandler                  ; Tamper
                DCD     RTC_IRQHandler                     ; RTC
                DCD     FLASH_IRQHandler                   ; Flash
                DCD     RCC_IRQHandler                     ; RCC
                DCD     EXTI0_IRQHandler                   ; EXTI Line 0
                DCD     EXTI1_IRQHandler                   ; EXTI Line 1
                DCD     EXTI2_IRQHandler                   ; EXTI Line 2
                DCD     EXTI3_IRQHandler                   ; EXTI Line 3
                DCD     EXTI4_IRQHandler                   ; EXTI Line 4
                DCD     DMA1_Channel1_IRQHandler           ; DMA1 Channel 1
                DCD     DMA1_Channel2_IRQHandler           ; DMA1 Channel 2
                DCD     DMA1_Channel3_IRQHandler           ; DMA1 Channel 3
                DCD     DMA1_Channel4_IRQHandler           ; DMA1 Channel 4
                DCD     DMA1_Channel5_IRQHandler           ; DMA1 Channel 5
                DCD     DMA1_Channel6_IRQHandler           ; DMA1 Channel 6
                DCD     DMA1_Channel7_IRQHandler           ; DMA1 Channel 7
                DCD     ADC1_2_IRQHandler                  ; ADC1 & ADC2
                DCD     USB_HP_CAN1_TX_IRQHandler          ; USB High Priority or CAN1 TX
                DCD     USB_LP_CAN1_RX0_IRQHandler         ; USB Low  Priority or CAN1 RX0
                DCD     CAN1_RX1_IRQHandler                ; CAN1 RX1
                DCD     CAN1_SCE_IRQHandler                ; CAN1 SCE
                DCD     EXTI9_5_IRQHandler                 ; EXTI Line [9: 5]
                DCD     TMR1_BRK_TMR9_IRQHandler           ; TMR1 Break and TMR9
                DCD     TMR1_OV_TMR10_IRQHandler           ; TMR1 Update and TMR10
                DCD     TMR1_TRG_COM_TMR11_IRQHandler      ; TMR1 Trigger and Commutation and TMR11
                DCD     TMR1_CC_IRQHandler                 ; TMR1 Capture Compare
                DCD     TMR2_GLOBAL_IRQHandler             ; TMR2
                DCD     TMR3_GLOBAL_IRQHandler             ; TMR3
                DCD     TMR4_GLOBAL_IRQHandler             ; TMR4
                DCD     I2C1_EV_IRQHandler                 ; I2C1 Event
                DCD     I2C1_ER_IRQHandler                 ; I2C1 Error
                DCD     I2C2_EV_IRQHandler                 ; I2C2 Event
                DCD     I2C2_ER_IRQHandler                 ; I2C2 Error
                DCD     SPI1_IRQHandler                    ; SPI1
                DCD     SPI2_I2S2EXT_IRQHandler            ; SPI2 & I2S2EXT
                DCD     USART1_IRQHandler                  ; USART1
                DCD     USART2_IRQHandler                  ; USART2
                DCD     USART3_IRQHandler                  ; USART3
                DCD     EXTI15_10_IRQHandler               ; EXTI Line [15: 10]
                DCD     RTCAlarm_IRQHandler                ; RTC Alarm through EXTI Line
                DCD     USBWakeUp_IRQHandler               ; USB Wakeup from suspend
                DCD     TMR8_BRK_TMR12_IRQHandler          ; TMR8 Break and TMR12
                DCD     TMR8_OV_TMR13_IRQHandler           ; TMR8 Update and TMR13
                DCD     TMR8_TRG_COM_TMR14_IRQHandler      ; TMR8 Trigger and Commutation and TMR14
                 DCD     TMR8_CC_IRQHandler                ; TMR8 Capture Compare
                 DCD     ADC3_IRQHandler                   ; ADC3
                 DCD     XMC_IRQHandler                    ; XMC
                 DCD     SDIO1_IRQHandler                  ; SDIO1
                 DCD     TMR5_GLOBAL_IRQHandler            ; TMR5
                 DCD     SPI3_I2S3EXT_IRQHandler           ; SPI3 & I2S3EXT
                 DCD     UART4_IRQHandler                  ; UART4
                 DCD     UART5_IRQHandler                  ; UART5
                 DCD     TMR6_GLOBAL_IRQHandler            ; TMR6
                 DCD     TMR7_GLOBAL_IRQHandler            ; TMR7
                 DCD     DMA2_Channel1_IRQHandler          ; DMA2 Channel1
```

图 6-4　sample0 工程启动代码（续）

```
                DCD     DMA2_Channel2_IRQHandler            ; DMA2 Channel2
                DCD     DMA2_Channel3_IRQHandler            ; DMA2 Channel3
                DCD     DMA2_Channel4_5_IRQHandler          ; DMA2 Channel4 & Channel5
                DCD     SDIO2_IRQHandler                    ; SDIO2
                DCD     I2C3_EV_IRQHandler                  ; I2C3 Event
                DCD     I2C3_ER_IRQHandler                  ; I2C3 Error
                DCD     SPI4_IRQHandler                     ; SPI4
                DCD     0                                   ; Reserved
                DCD     0                                   ; Reserved
                DCD     0                                   ; Reserved
                DCD     0                                   ; Reserved
                DCD     CAN2_TX_IRQHandler                  ; CAN2 TX
                DCD     CAN2_RX0_IRQHandler                 ; CAN2 RX0
                DCD     CAN2_RX1_IRQHandler                 ; CAN2 RX1
                DCD     CAN2_SCE_IRQHandler                 ; CAN2 SCE
                DCD     ACC_IRQHandler                      ; ACC
                DCD     USB_HP_IRQHandler                   ; USB HP
                DCD     USB_LP_IRQHandler                   ; USB LP
                DCD     DMA2_Channel6_7_IRQHandler          ; DMA2 Channel6 & Channel7
                DCD     USART6_IRQHandler                   ; USART6
                DCD     UART7_IRQHandler                    ; UART7
                DCD     UART8_IRQHandler                    ; UART8
                DCD     ETH_IRQHandler                      ; ETH
                DCD     ETH_WKUP_IRQHandler                 ; ETH_WKUP
_Vectors_End

_Vectors_Size   EQU     _Vectors_End - _Vectors

                AREA    |.text|, CODE, READONLY

; Reset handler
Reset_Handler   PROC
                EXPORT  Reset_Handler                       [WEAK]
                IMPORT  _main
                IMPORT  SystemInit
                LDR     R0, =SystemInit
                BLX     R0
                LDR     R0, =_main
                BX      R0
                ENDP

; Dummy Exception Handlers (infinite loops which can be modified)

NMI_Handler     PROC
                EXPORT  NMI_Handler                         [WEAK]
                B       .
                ENDP
HardFault_Handler\
                PROC
                EXPORT  HardFault_Handler                   [WEAK]
                B       .
                ENDP
MemManage_Handler\
                PROC
                EXPORT  MemManage_Handler                   [WEAK]
                B       .
                ENDP
BusFault_Handler\
                PROC
```

图 6-4 sample0 工程启动代码（续）

```
                EXPORT  BusFault_Handler                   [WEAK]
                B       .
                ENDP
UsageFault_Handler\
                PROC
                EXPORT  UsageFault_Handler                 [WEAK]
                B       .
                ENDP
SVC_Handler     PROC
                EXPORT  SVC_Handler                        [WEAK]
                B       .
                ENDP
DebugMon_Handler\
                PROC
                EXPORT  DebugMon_Handler                   [WEAK]
                B       .
                ENDP
PendSV_Handler  PROC
                EXPORT  PendSV_Handler                     [WEAK]
                B       .
                ENDP
SysTick_Handler PROC
                EXPORT  SysTick_Handler                    [WEAK]
                B       .
                ENDP

Default_Handler PROC

                EXPORT  WWDG_IRQHandler                    [WEAK]
                EXPORT  PVD_IRQHandler                     [WEAK]
                EXPORT  TAMPER_IRQHandler                  [WEAK]
                EXPORT  RTC_IRQHandler                     [WEAK]
                EXPORT  FLASH_IRQHandler                   [WEAK]
                EXPORT  RCC_IRQHandler                     [WEAK]
                EXPORT  EXTI0_IRQHandler                   [WEAK]
                EXPORT  EXTI1_IRQHandler                   [WEAK]
                EXPORT  EXTI2_IRQHandler                   [WEAK]
                EXPORT  EXTI3_IRQHandler                   [WEAK]
                EXPORT  EXTI4_IRQHandler                   [WEAK]
                EXPORT  DMA1_Channel1_IRQHandler           [WEAK]
                EXPORT  DMA1_Channel2_IRQHandler        [WEAK]
                EXPORT  DMA1_Channel3_IRQHandler        [WEAK]
                EXPORT  DMA1_Channel4_IRQHandler        [WEAK]
                EXPORT  DMA1_Channel5_IRQHandler        [WEAK]
                EXPORT  DMA1_Channel6_IRQHandler        [WEAK]
                EXPORT  DMA1_Channel7_IRQHandler        [WEAK]
                EXPORT  ADC1_2_IRQHandler               [WEAK]
                EXPORT  USB_HP_CAN1_TX_IRQHandler       [WEAK]
                EXPORT  USB_LP_CAN1_RX0_IRQHandler      [WEAK]
                EXPORT  CAN1_RX1_IRQHandler             [WEAK]
                EXPORT  CAN1_SCE_IRQHandler             [WEAK]
                EXPORT  EXTI9_5_IRQHandler              [WEAK]
                EXPORT  TMR1_BRK_TMR9_IRQHandler        [WEAK]
                EXPORT  TMR1_OV_TMR10_IRQHandler        [WEAK]
                EXPORT  TMR1_TRG_COM_TMR11_IRQHandler   [WEAK]
                EXPORT  TMR1_CC_IRQHandler              [WEAK]
                EXPORT  TMR2_GLOBAL_IRQHandler          [WEAK]
                EXPORT  TMR3_GLOBAL_IRQHandler          [WEAK]
                EXPORT  TMR4_GLOBAL_IRQHandler          [WEAK]
```

图 6-4　sample0 工程启动代码（续）

```
                EXPORT  I2C1_EV_IRQHandler                      [WEAK]
                EXPORT  I2C1_ER_IRQHandler                      [WEAK]
                EXPORT  I2C2_EV_IRQHandler                      [WEAK]
                EXPORT  I2C2_ER_IRQHandler                      [WEAK]
                EXPORT  SPI1_IRQHandler                         [WEAK]
                EXPORT  SPI2_I2S2EXT_IRQHandler                 [WEAK]
                EXPORT  USART1_IRQHandler                       [WEAK]
                EXPORT  USART2_IRQHandler                       [WEAK]
                EXPORT  USART3_IRQHandler                       [WEAK]
                EXPORT  EXTI15_10_IRQHandler                    [WEAK]
                EXPORT  RTCAlarm_IRQHandler                     [WEAK]
                EXPORT  USBWakeUp_IRQHandler                    [WEAK]
                EXPORT  TMR8_BRK_TMR12_IRQHandler               [WEAK]
                EXPORT  TMR8_OV_TMR13_IRQHandler                [WEAK]
                EXPORT  TMR8_TRG_COM_TMR14_IRQHandler           [WEAK]
                EXPORT  TMR8_CC_IRQHandler                      [WEAK]
                EXPORT  ADC3_IRQHandler                         [WEAK]
                EXPORT  XMC_IRQHandler                          [WEAK]
                EXPORT  SDIO1_IRQHandler                        [WEAK]
                EXPORT  TMR5_GLOBAL_IRQHandler                  [WEAK]
                EXPORT  SPI3_I2S3EXT_IRQHandler                 [WEAK]
                EXPORT  UART4_IRQHandler                        [WEAK]
                EXPORT  UART5_IRQHandler                        [WEAK]
                EXPORT  TMR6_GLOBAL_IRQHandler                  [WEAK]
                EXPORT  TMR7_GLOBAL_IRQHandler                  [WEAK]
                EXPORT  DMA2_Channel1_IRQHandler                [WEAK]
                EXPORT  DMA2_Channel2_IRQHandler                [WEAK]
                EXPORT  DMA2_Channel3_IRQHandler                [WEAK]
                EXPORT  DMA2_Channel4_5_IRQHandler              [WEAK]
                EXPORT  SDIO2_IRQHandler                        [WEAK]
                EXPORT  I2C3_EV_IRQHandler                      [WEAK]
                EXPORT  I2C3_ER_IRQHandler                      [WEAK]
                EXPORT  SPI4_IRQHandler                         [WEAK]
                EXPORT  CAN2_TX_IRQHandler                      [WEAK]
                EXPORT  CAN2_RX0_IRQHandler                     [WEAK]
                EXPORT  CAN2_RX1_IRQHandler                     [WEAK]
                EXPORT  CAN2_SCE_IRQHandler                     [WEAK]
                EXPORT  ACC_IRQHandler                          [WEAK]
                EXPORT  USB_HP_IRQHandler                       [WEAK]
                EXPORT  USB_LP_IRQHandler                       [WEAK]
                EXPORT  DMA2_Channel6_7_IRQHandler              [WEAK]
                EXPORT  USART6_IRQHandler                       [WEAK]
                EXPORT  UART7_IRQHandler                        [WEAK]
                EXPORT  UART8_IRQHandler                        [WEAK]
                EXPORT  ETH_IRQHandler                          [WEAK]
                EXPORT  ETH_WKUP_IRQHandler                     [WEAK]

WWDG_IRQHandler
PVD_IRQHandler
TAMPER_IRQHandler
RTC_IRQHandler
FLASH_IRQHandler
RCC_IRQHandler
EXTI0_IRQHandler
EXTI1_IRQHandler
EXTI2_IRQHandler
EXTI3_IRQHandler
EXTI4_IRQHandler
DMA1_Channel1_IRQHandler
```

图 6-4　sample0 工程启动代码（续）

```
DMA1_Channel2_IRQHandler
DMA1_Channel3_IRQHandler
DMA1_Channel4_IRQHandler
DMA1_Channel5_IRQHandler
DMA1_Channel6_IRQHandler
DMA1_Channel7_IRQHandler
ADC1_2_IRQHandler
USB_HP_CAN1_TX_IRQHandler
USB_LP_CAN1_RX0_IRQHandler
CAN1_RX1_IRQHandler
CAN1_SCE_IRQHandler
EXTI9_5_IRQHandler
TMR1_BRK_TMR9_IRQHandler
TMR1_OV_TMR10_IRQHandler
TMR1_TRG_COM_TMR11_IRQHandler
TMR1_CC_IRQHandler
TMR2_GLOBAL_IRQHandler
TMR3_GLOBAL_IRQHandler
TMR4_GLOBAL_IRQHandler
I2C1_EV_IRQHandler
I2C1_ER_IRQHandler
I2C2_EV_IRQHandler
I2C2_ER_IRQHandler
SPI1_IRQHandler
SPI2_I2S2EXT_IRQHandler
USART1_IRQHandler
USART2_IRQHandler
USART3_IRQHandler
EXTI15_10_IRQHandler
RTCAlarm_IRQHandler
USBWakeUp_IRQHandler
TMR8_BRK_TMR12_IRQHandler
TMR8_OV_TMR13_IRQHandler
TMR8_TRG_COM_TMR14_IRQHandler
TMR8_CC_IRQHandler
ADC3_IRQHandler
XMC_IRQHandler
SDIO1_IRQHandler
TMR5_GLOBAL_IRQHandler
SPI3_I2S3EXT_IRQHandler
UART4_IRQHandler
UART5_IRQHandler
TMR6_GLOBAL_IRQHandler
TMR7_GLOBAL_IRQHandler
DMA2_Channel1_IRQHandler
DMA2_Channel2_IRQHandler
DMA2_Channel3_IRQHandler
DMA2_Channel4_5_IRQHandler
SDIO2_IRQHandler
I2C3_EV_IRQHandler
I2C3_ER_IRQHandler
SPI4_IRQHandler
CAN2_TX_IRQHandler
CAN2_RX0_IRQHandler
CAN2_RX1_IRQHandler
CAN2_SCE_IRQHandler
ACC_IRQHandler
USB_HP_IRQHandler
USB_LP_IRQHandler
```

图 6-4　sample0 工程启动代码（续）

```
353. DMA2_Channel6_7_IRQHandler
354. USART6_IRQHandler
355. UART7_IRQHandler
356. UART8_IRQHandler
357. ETH_IRQHandler
358. ETH_WKUP_IRQHandler
359.                 B       .
360.
361.                 ENDP
362.
363.                 ALIGN
364.
365. ; *******************************************************************************
366. ; User Stack and Heap initialization
367. ; *******************************************************************************
368.                 IF      :DEF:__MICROLIB
369.
370.                 EXPORT  __initial_sp
371.                 EXPORT  __heap_base
372.                 EXPORT  __heap_limit
373.
374.                 ELSE
375.
376.                 IMPORT  __use_two_region_memory
377.                 EXPORT  __user_initial_stackheap
378.
379. __user_initial_stackheap
380.
381.                 LDR     R0, =  Heap_Mem
382.                 LDR     R1, = (Stack_Mem + Stack_Size)
383.                 LDR     R2, = (Heap_Mem +  Heap_Size)
384.                 LDR     R3, = Stack_Mem
385.                 BX      LR
386.
387.                 ALIGN
388.
389.                 ENDIF
390.
391.                 END
```

图 6-4　sample0 工程启动代码（续）

15 行：Stack_Size EQU 0x00000400。“EQU”是汇编语言中的一个伪指令，意思和 C 语言中的“#define”一样，就是给出一个宏定义，这个宏定义的名字是“Stack_Size”，凡是出现这个名字的地方就用值“0x00000400”来替换。那为何不能直接用这个数值呢？很简单，为了容易记忆和理解。而且如果这个数值用在了很多地方，但是有一天发现想要把这个数值修改一下，岂不是要一个个找出来，然后手动修改，还很容易漏改。所以，如果有宏定义，那么只要修改一句话就好了，编译器会自动帮你处理其他地方。顺便提一下，前面直接用数值的方法，术语为“hard coding”，在工作中请“hard working”，但不要“hard coding”。这里推荐一本书给各位：《代码大全（第 2 版）》。

17 行：AREA STACK，NOINIT，READWRITE，ALIGN = 3。“AREA”是汇编语言中的一个伪指令，它告诉编译器，请保留一个空间（这个空间放在哪里呢），然后给这个空间起名为“STACK”——栈。是不是有些熟悉？从名字可以推断这个空间就是给栈使用的。这个空间不需要初始化所以是“NOINIT”（或者全部初始化为0）。空间的属性是可以读也可以写，所以是“READWRITE”。“ALIGN = 3”的意思是告诉编译器，这个空间的“粒度”是2^3，即$2^3 = 8$个字节。为什么不是4字节对齐呢？留给大家自己思考。注意，有些行的开头是空格，这是汇编语言的规定格式。除了名字、标号和注释顶格书写，其他指令不能顶格写，必须有空格。

18行：Stack_Mem SPACE Stack_Size。“SPACE”是汇编语言里的一个伪指令，意思是从这条指令当前的位置开始保留一个空间，空间的大小就是第15行定义的值，这个空间叫“Stack_Mem”。注意，前面定义的栈大小是0x00000400，意味着栈的大小是1024个字节，不是1024×8 = 8192。不要和对齐方式搞混，对齐方式是针对MCU访问存储器时而言的。记得刚才那个问题吗？“AREA”所申请保留的空间放在哪里呢？就从“SPACE”所在的地方开始。那“SPACE”又在哪里？它的位置是由编译器生成的。而且汇编语言的空间结构是“扁平化”的。汇编语言和二进制机器指令一一对应，所以编写汇编程序的顺序基本上就是真实机器码排列的顺序（当然，如果打开了编译器优化，可能会出现不同）。

19行：_initial_sp。这是一个标号。再次提醒，在汇编语言中请把标号理解为一个地址。所以这个标号代表了SP寄存器的初始地址（也就是栈的起始地址）。SP是前面讲过的内核寄存器中的一个，专门给栈用，会受“POP”和“PUSH”指令影响。“PUSH”会把一个要保护的数据压入栈，然后让SP指针加1；而“POP”则相反，会把要保护的数据从栈中取出来，同时让SP指针减1。实际情况是，栈有两种“生长”方向，在ARM系统中，“PUSH”指令导致SP指针减8，“POP”指令导致SP指针加8，这种方式是倒序生长方式。同时，它不是加减1，而是8。这是17行“ALIGN = 3”的原因。到这里，刚才的问题也自然得到了解决，因为是倒序生长，所以这个标号（地址）放在“SPACE”的后面。

25行：Heap_Size EQU 0x00000200。与18行类似，不再赘述。

27行：AREA HEAP，NOINIT，READWRITE，ALIGN = 3。与17行类似，但是此处需要补充一些知识。前面对栈解释得比较多，但对“Heap”（堆）没有提到过。主要的原因是内核没有专门的寄存器来管理它，而是全部由软件来管理。“堆”就是一堆RAM，当需要RAM的时候就从堆里拿，用完了就放回堆里。什么情况下会用到堆呢？比较直观的就是在C语言里调用malloc()之类的动态内存分配函数的时候，会从堆里取；调用free()的时候，会还给堆。因为堆的空间有限（整个RAM的空间都有限），所以在编程的时候如果忘记free()，就会很容易出现内存分配失败的错误。当然，当分配一个比堆的容量还要大的内存空间时，也会如此。

28行：_heap_base。这是一个标号，表示堆的起始位置。记得把它看作一个地址。

29行：Heap_Mem SPACE Heap_Size。与前面定义栈空间一样，就不重复了。

30行：_heap_limit。这也是一个标号，表示堆空间的结束。

32行：PRESERVE8。这是一个伪指令，告诉编译器对后面的代码进行8字节对齐。

33行：THUMB。这是伪指令，告诉编译器后面的汇编代码符合统一汇编语言格式。

37行：AREA RESET，DATA，READONLY。“AREA”伪指令告诉编译器，从这里开始是一个独立的不可分割的数据或代码段。“RESET”是这个段的名字，“DATA”表明这是个数据段，而不是代码段。“READONLY”说明这些数据是只读的、不可修改的。一旦出现

“READONLY”，一般情况下，这个段就会被编译器定位在 Flash 上。根据前面所讲的，MCU 上电后总是从一个固定的位置开始取指并执行指令，而这是本书第一个定位在 Flash 上的段，这个固定的位置往往就是 Flash 的起始地址。所以，这个段可以理解为真正的 MCU 开始执行代码的地方。但是定义成了数据，而不是执行代码，那怎么执行呢？不急，继续往后看。

38 行：EXPORT _Vectors。38 ~40 行不多做解释，读者根据前面的内容举一反三即可。

39 行：EXPORT _Vectors_End。

40 行：EXPORT _Vectors_Size。

42 行：_Vectors DCD _initial_sp ; Top of Stack。“_Vectors”顶格，说明这是一个标号。“DCD”是一个伪指令，告诉编译器在当前位置保留 2 个字（4 个字节）的空位，空位里放“_initial_sp”所代表的地址。

这里又出现了“向量”。前面谈到过向量这个概念，还记不记得 NVIC（Nested Vectored Interrupt Controller，嵌套向量中断控制器）？它的功能是，当 MCU 在做某件事情的时候，若外界有其他事件需要处理就可以通过触发一个中断来打断 MCU 当前的事情，让 MCU 去紧急处理该事件。在实际情况中，MCU 上电或者被 Reset 也可以看作是一个外部的事件。只是上电这个事件之前，MCU 是什么都不干的（也干不了什么）。而 Reset 就是让 MCU 停下所有事情，从头来过。所以，从逻辑角度把 MCU 上电、Reset 和其他外部事件统一看待，这样就简化了逻辑。简单来说，就是外部环境出现了变化，需要 MCU 立即去响应。

为了应对所有外部可能出现的事件，需要对它们做个梳理和归类，然后给每个事件分配一个特定的处理这个事件的小程序。根据这个思路，需要要做两件事：第一，整理一张表，把所有的事件罗列一下；第二，在表里把处理每个事件的小程序入口地址放进去。当外部事件发生时，通过查表找到对应的小程序地址入口，然后就能执行所需的小程序功能。这张表就叫“向量表”。

这张向量表一般放在 Flash 最开始的位置。而 42 行就是这个向量表的开始。这同时也解释了为什么在 Flash 的开头定义了一个数据区而不是代码区：因为这个数据区是存储这张表的。这张表非常重要，它决定了 MCU 怎么响应外部事件，而且和芯片本身的设计密切相关，所以一般情况下是不需要修改的。

再回到 42 行指令。数据区的第一个格子被“_initial_sp”占用了，而“_initial_sp”代表了栈的起始位置。所以栈在 MCU 系统中有非常重要的作用。因为初始化栈的工作一般交给 ARM 提供的库来代劳（就是前面提过的“_main”子程序），所以一般看不到具体的代码。

43 行：DCD Reset_Handler ; Reset Handler。与上一行类似，告诉编译器在当前位置保留两个字的空间，然后在空间里放入“Reset_Handler”的入口地址。

“Reset_Handler”就是 MCU 上电和 Reset 的外部事件入口。前面提到过，当 MCU 上电的时候 *PC* 会被赋予一个固定的值，但是有一些细节当时没讲。真实的情况是，MCU 上电或 Reset 的时候，硬件会根据事件的类型到向量表里查找对应的位置，并且把这个位置的数据赋给 *PC*，而这个位置保存了程序的入口地址。结合前面第 148 行的解释，是不是有豁然开朗之感？至此，我们就知道了单片机到底是怎么跑起来的。

44 行：DCD NMI_Handler ; NMI Handler。和前面一样，在当前位置放一个处理不可屏蔽中断（None Mask Interrupt）的程序入口地址。“NMI_Handler”是几乎所有 MCU 都有的一个中断事件，凡是被定义为不可屏蔽中断的事件无论如何都是会被 MCU 处理的。

45 行：DCD HardFault_Handler ; Hard Fault Handler。当某些硬件运行出现错误的时候会

触发这个中断，并从这个入口去运行程序。

46～140 行与前面的行类似，不再赘述。比较特殊的是“DCD 0”，表示这个格子里没有内容。ARM 芯片的种类繁多，不同的 ARM 芯片能处理的外部事件是不同的。为了兼容，向量表的大小基本不变，但是表格里的内容就完全根据具体的芯片来安排了。如果有些事件不能处理，就填入“DCD 0”。

141 行：_Vectors_End。有了前面的经验，这一行读者可以自行理解。

143 行：_Vectors_Size EQU _Vectors_End-_Vectors。这部分也比较好理解，就是计算一下向量表的大小。前面反复提过汇编语言中的标号要当作一个地址来理解，所以向量表的大小自然是结束的地址减去开始的地址。这里有一个小问题：向量表的大小应该是结束地址减去开始地址再加 1，难道作者写错了？这个问题还是留给读者自己去思考。

145 行：AREA |.text|，CODE，READONLY。这里又定义了一个段，“|.text|”习惯上被称为代码段，是个特定的名字，不能修改。它表明这是真正可执行的代码指令，一般也是位于 Flash 中。这个段的后面就是代码了。读者会很欣喜地发现，这个代码段一开始就是“Reset_Handler”。

从 148 行到 156 行前面解释过了，这里略过。

160 行：NMI_Handler PROC。不可屏蔽事件的处理程序入口。

161 行：EXPORT NMI_Handler [WEAK]。这一句前面也解释过，但这里再次强调一下“[WEAK]”的作用。它是告诉编译器，如果其他文件中有一个子程序或函数被命名为“NMI_Handler”，那么就用那个程序来替代这里的程序。

162 行：B .。这是一个汇编跳转指令，后面跟了一个“.”，意思是跳到自己的位置。“自己跳到自己的位置”，意思就是这是一个死循环。为什么用死循环呢？结合 161 行里的“[WEAK]”一起考虑，就能理解了。“NMI_Handler”必须要其他代码来处理，如果没有，那么系统就会陷入死循环。这种处理方式称为“陷阱”，是一种常见的软件错误处理方式。

163 行：ENDP。代表结束处理程序，与 PROC 对应。

从 164 行到 200 行，解释从略。

从 202 行到 361 行，看起来非常复杂，仔细和前面比较，就会发现它们是前面很多处理函数的列表，204 行到 280 行相当于函数的声明，282 行～358 行表示函数的入口地址。非常重要的一些事件不在列表中。

363 行：ALIGN。和前面的含义类似，因为前面已经用过“ALIGN=3”，所以这里没有改变，就不需要再次设置了。

368 行：IF：DEF：_MICROLIB。这是一个伪指令，用于判断有没有定义“_MICROLIB”宏。和 C 语言中的“#ifdef……#else……#endif”相似。MICROLIB 是 ARM 提供的一个库，包含了一些关键但又比较通用的程序。所以这里就当作“_MICROLIB”已经定义了，后面会指出它在哪里被定义的。

从 370 行到 372 行不再解释。

374 行：ELSE。如果前面的“IF”指令为假，就执行“ELSE”后面的代码。因为在实际应用中会使用 MICROLIB 库，所以后面的就不多介绍了，有兴趣的读者可以先自己学习一下。

通过这一章的学习读者基本理解了单片机如何运行，但还没有解决编译错误的问题。这个问题的解答将放在后面。

第7章　现代语言的产生——C语言

人类语言的产生是为了彼此之间的交流，同时也起到了知识传递和积累的作用。从最早的打结记事（这个很像二进制），到象形文字（有点像汇编语言），再到表意文字（这个很像高级语言），经历了漫长的演化。计算机语言是为了人和机器间的交流而产生的。从二进制，到汇编语言，最后到高级语言，和人类语言的发展非常类似。

C语言的诞生和UNIX有着不解之缘。20世纪60年代，美国AT&T公司贝尔实验室的研究员肯·汤普森和丹尼斯·里奇是Multics项目的参与者，他们对于星际航行非常痴迷，整天想着设计一款模拟在太阳系中航行的电子游戏——Space Travel。当时Multics项目目标设得太高，最后被迫停止。肯·汤普森和丹尼斯·里奇都闲着发慌，于是找到了一台空闲的机器——PDP-7。这台机器没有操作系统，而游戏必须使用操作系统才好玩，所以他们为PDP-7开发一个简单的操作系统，这个操作系统只能给两个人同时使用。同事们嘲笑他们开发的操作系统和当时规划的Multics不可同日而语，于是起了个外号“Unics”，正好和Multics相反。后来肯·汤普森把Unics改为UNIX。至此，大名鼎鼎的UNIX纪元开始，当时是1970年，所以UNIX的时间戳是从1970年1月1日开始计算的。

在开发UNIX的过程中，肯·汤普森发明了B语言。丹尼斯·里奇在B语言的基础上做了改进，使其更加成熟可靠。他取了B语言（BCPL）的第二个字母作为这种语言的名字，这就是至今还在用的C语言。接下来肯·汤普森和丹尼斯·里奇共同用C语言重写了UNIX，结果非常好。他们于1974年共同发表了一篇关于UNIX的论文“The UNIX Time Sharing System”，这标志着UNIX的成熟。

接下来的Linux和UNIX又有着血脉关系，而GNU和Linux一脉相承，GNU又是开源运动的领头者。这一系列改变了日常生活的故事充满了“任性、执着、有趣”。这里就不再展开了，有兴趣的话可以自己去查找资料。

图7-1是C语言发展的一个简单历程图。人们常说的“ANSI C”也叫C89，如今最新的C语言标准是于2017年发布的，称为C17。C语言是普适性最强的（没有之一）计算机程序编辑语言，它不仅有高级编程语言的功用，还具有汇编语言的优点，因此相对于其他编程语言，C语言也称为中级语言。它比汇编语言更倾向于自然语言，更灵活，更容易理解和维护。但是很多资料中还是会把C语言列为高级语言，因为它具有很多高级语言的特征，比如结构体（struct）这样的数据组织结构。本书把C语言和其他高级语言区别出来，从前面的内容里也可以看出很多端倪。在单片机系统里，MCU启动后只做少量的工作就能直接调用C语言中的程序，而且在C语言中也会碰到直接嵌入汇编语言的情况（尤其是在一些算法优化的场合），可见C语言和汇编语言的结合是非常紧密的。真正的高级语言抽象程度更高，几乎无法直接嵌入汇编语言。有些高级语言甚至不需要编译，称为解释型语言，比如Java、Python。这些语言的特点是编写起来非常方便，往往一句话就能完成很多事情，而且跨平台的能力很强，不需要程序员对底层的硬件有太多的了解。那为什么本书不大力推广和

使用？原因非常简单，为了方便而付出的代价就是效率。高级语言的执行效率低下，实时性差，而占用的存储空间往往是低级语言的数倍。“生活就是不停地权衡和妥协”，在单片机系统里，存储器容量和 MCU 的运算资源像金子一样宝贵（存储器是芯片里最占用成本的部分），而且嵌入式系统强调实时性，需要对外界事件进行及时处理和响应，因此在嵌入式系统里往往不会采用高级语言这样“奢侈”的编程方法。

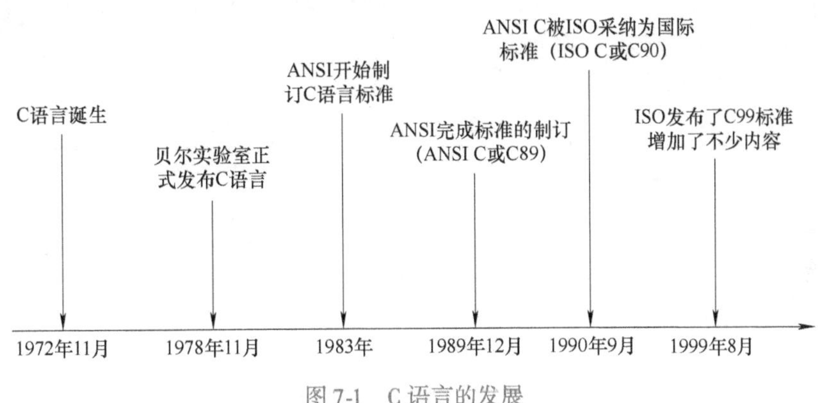

图 7-1　C 语言的发展

因为本书面向相关专业的毕业生或职场新人，所以不再详细讲解 C 语言。但是考虑到大学里学习 C 语言的时候基本处于“空中楼阁”状态，很难体会其中的奥妙，所以本书会强调一些重点。本书的编写方法与大学教材有些区别，即跟着实际的例子来讲，而不再系统性地讲解 C 语言。等看完实际的例子，再返回去看 C 语言教材，或许就会豁然开朗了。记住这个学习方法：接受→实践→理解→接受→实践→理解……这是一个无限循环。

7.1　解决编译错误

前面那个编译错误还没解决，现在大家的基础知识应该够用了，花些时间来解决这个问题。先回忆一下错误信息（见图 6-1），找到工程“sample0”，打开后编译，在编译输出的地方就能看到错误信息。首先把目标锁定在 SystemInit 上。理论上应该手动编写它，但是在实际工作中，我们不需要这么做。根据 ARM 的架构，系统启动代码都会自动调用这个函数，而芯片的供应商会实现它，以加快产品的推广和应用速度，避免工程师在此做大量的工作。这样做有利有弊。好处当然是方便，但坏处就是让工程师都变成了“码农”。人总是有惰性的，别人做得越多，自己一定会做得越少。在本书中，笔者尽量把一些本质性的东西体现出来，但考虑到篇幅和实际的场景，在某些环节只能做简化。

言归正传，SystemInit 不需要自己实现，找到它就好。它一般在原厂提供的 SDK（Software Development Kit，软件开发包）中，而且名字通常是“system_xxxx. c”。按照这个规律，可以在“…\SDK\AT32F4xx_StdPeriph_Lib_V1. 1. 8\Project\AT_START_F407\Template\”目录下面找到“system_at32f4xx. c”。在记事本里打开该文件，然后搜索一下，果然发现了 SystemInit，如图 7-2 所示。

既然从错误信息上看是工程中缺少了 SystemInit（）函数，那就尝试把这个文件添加到工程中。怎么添加？首先把文件复制到 sample0 工程所在的目录下，然后用 Keil 打开sample0

工程，在左侧的工程目录窗口里，右击“Source Group 1”，在弹出的快捷菜单中选择“Add Existing Files to Group 'Source Group1 '”，如图 7-3 所示。

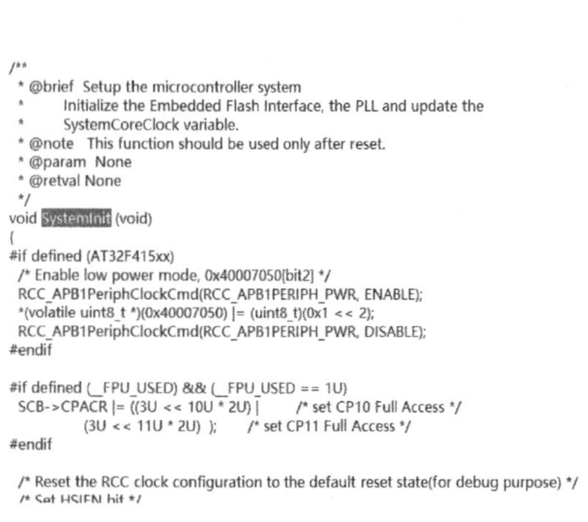

图 7-2 system_at32f4xx. c 中的 SystemInit( ) 函数

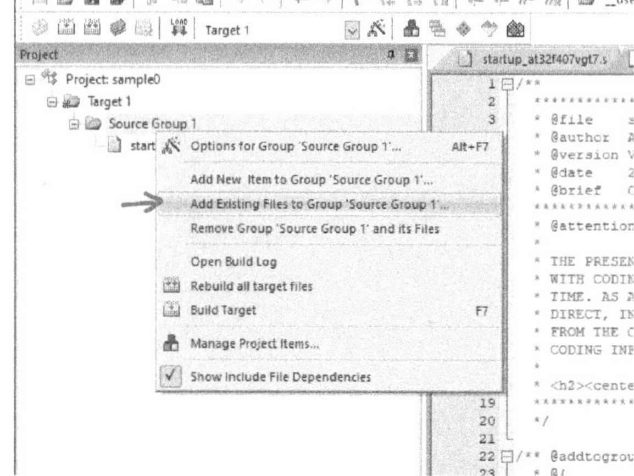

图 7-3 添加文件到工程

把“system_at32f4xx. c”所在的路径输入到弹出的对话框中，然后单击“Add”按钮，如图 7-4 所示。之后就能在工程里发现刚刚添加的文件了，如图 7-5 所示。

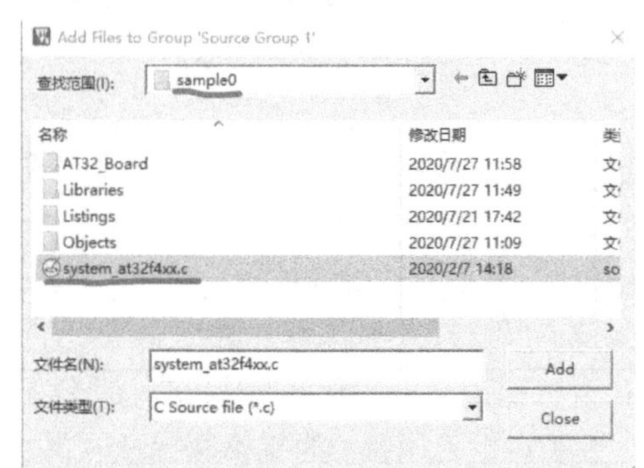

图 7-4 找到“system_at32f4xx. c”并添加到工程

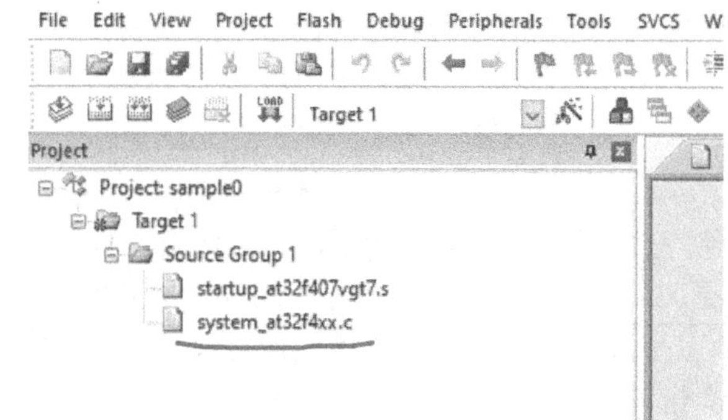

图 7-5 “system_at32f4xx. c”被添加到工程

重新编译一下。如果一切顺利，你会发现图 7-6 所示的错误（作为工程师，我们永远在和错误做斗争）。

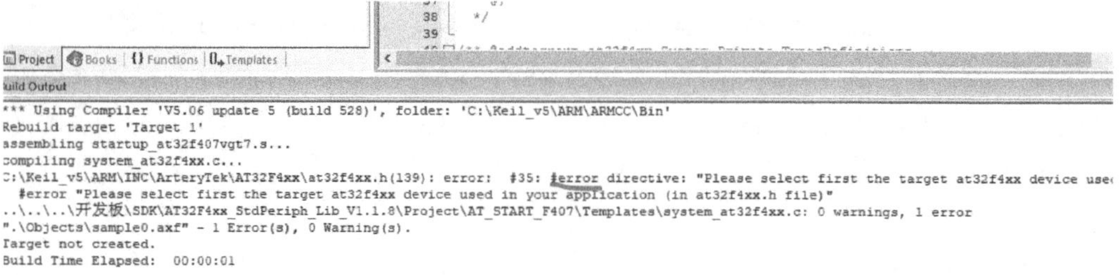

图 7-6 新的错误信息

图 7-6 中的错误从字面上看是让选择目标设备，但是创建工程的时候不是已经选择过了吗？是的，但是前面忽略了一个重要的工作，即除了在创建工程时需要选择芯片或平台，还需要对工程做些配置。现在回过头来配置一下。单击工程配置按钮（有点像魔法棒，本书就简称其为魔法棒按钮），如图 7-7 所示。

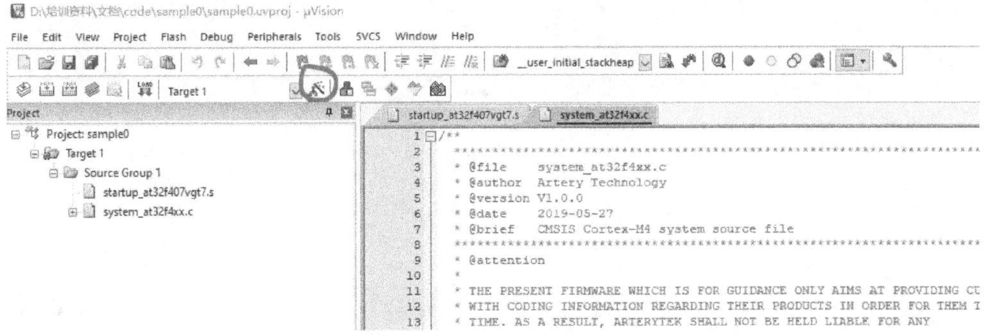

图 7-7　魔法棒按钮

单击魔法棒按钮后会弹出一个配置对话框，如图 7-8 所示，里面有很多配置选项卡。，首先看“Device”选项卡。

这个选项卡在创建工程的时候用到过，主要是选择合适的芯片，不用修改。切换到后面的“Target”选项卡，如图 7-9 所示。在编译器版本（ARM Compiler）中选择默认选项，同时勾选“Use MicroLIB”复选框。留意一下看上去类似于存储地址的内容，这里暂且不展开，先留给各位自己去思考。提示一下，这里的地址就是单片机的存储器起始地址和大小，其中包括 Flash 的起始地址和 RAM 的起始地址和大小。

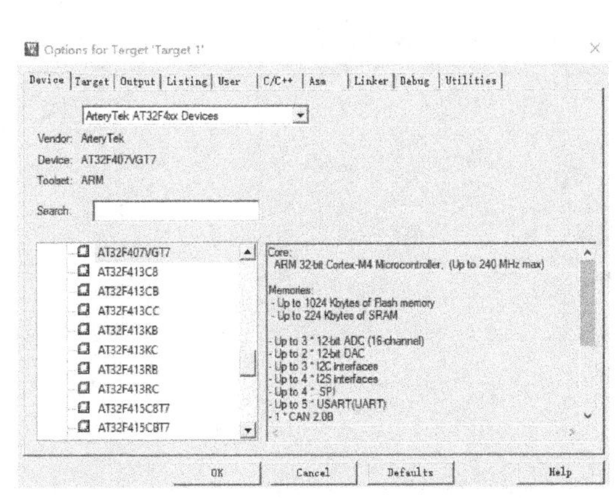

图 7-8　“Device”选项卡

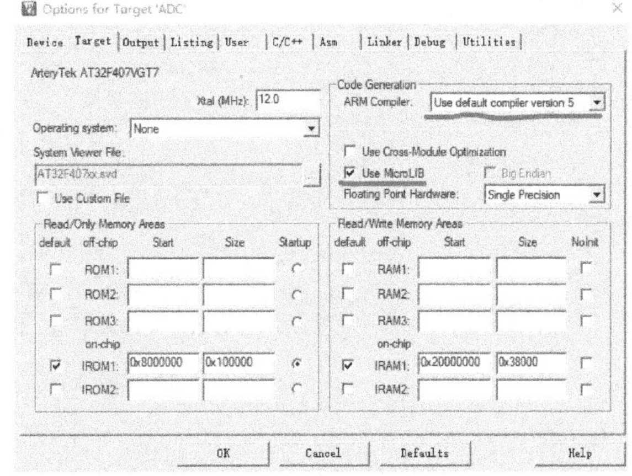

图 7-9　“Target”选项卡

前面在讲解汇编语言的时候提到过“_MICROLIB”，当时留下一个问题，就是不知道在哪里定义了这个宏。现在答案揭晓，这个宏就是通过“Use MicroLIB”项来定义的。然后切换到“Output”选项卡，如图 7-10 所示，把输出文件选项的三个复选框都选上。

后面的“Listing”选项卡主要用于控制生成一些中间文件，帮助工程师深入了解编译器的输出信息。目前还不涉及，所以先跳过不讲。“User”选项卡用于控制编译器行为，一般不需要修改，跳过。接着来到“C/C ++”选项卡，这里有些要注意的地方，如图 7-11 所示。

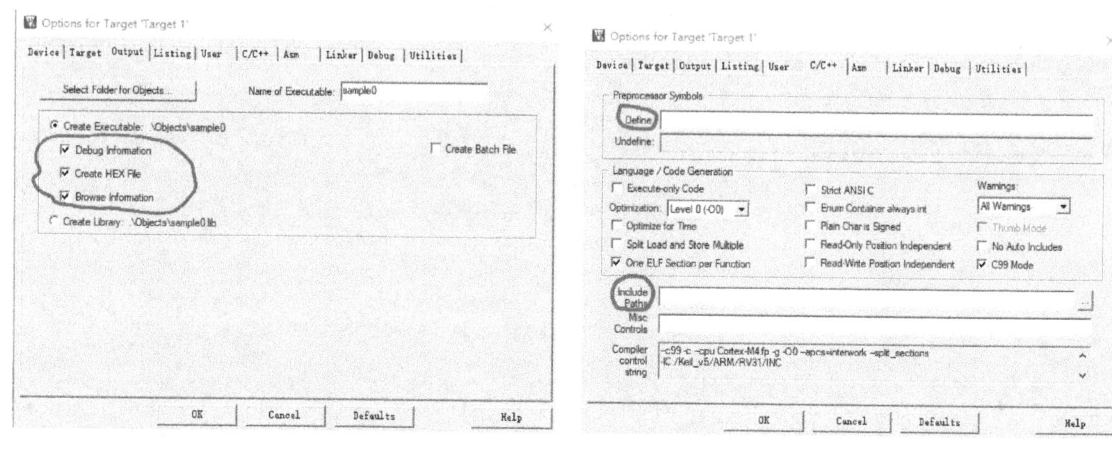

图 7-10 “Output”选项卡

图 7-11 “C/C ++”选项卡

“Define”项指的是项目中的宏定义，在一些大型工程中，很难把某些全局性的宏定义在每个需要的文件中都写一下，而且分散在多个文件中会导致维护很困难。此时可以利用“Define”项来定义。在这里的宏定义是全局性质的，工程中的所有 C 代码都可以被涵盖。因为后续会采用一些现成的代码，所以我们就照猫画虎，把一些现成代码中需要的宏定义填写进去，每个宏定义之间用逗号分隔，如图 7-12 所示。

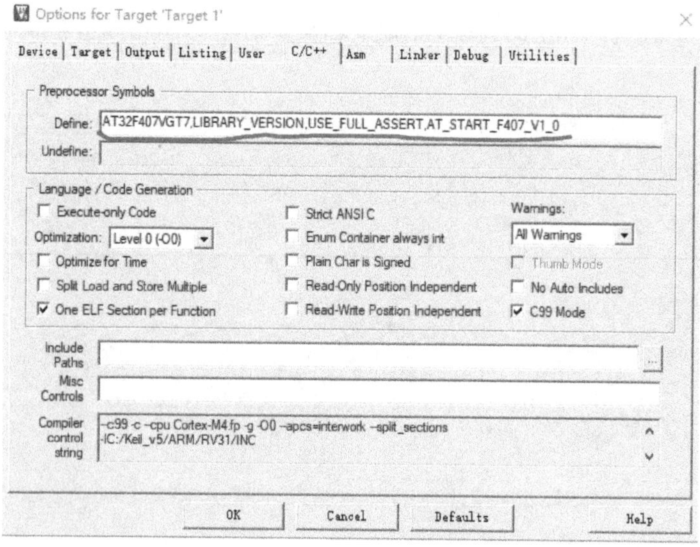

图 7-12 填写宏定义

接下来看图 7-11 中下面的“Include Paths”项。这个非常好理解，就是填写一下代码中所引用的头文件路径，否则编译器找不到。单击后面的“…”按钮，会弹出一个对话框，如图 7-13 所示。其内容就是路径列表，现在是空白的，添加路径时需要单击圆圈里的添加路径按钮，之后会出现一个新的行，并且在行后面会有一个“…”按钮，可手动选择路径。

为方便起见，先把一些需要用到的头文件复制过来，然后再来配置。

首先找到“…\SDK\AT32F4xx_StdPeriph_Lib_V1.1.8\Libraries”这个目录，把整个“Libraries”文件夹复制到 sample0 工程所在的目录下。还有一个是“…\SDK\AT32F4xx_StdPeriph_Lib_V1.1.8\Project\AT32_Board”，请把“AT32_Board”文件夹也全部复制到 sample0 工程所在目录下，如图 7-14 所示。

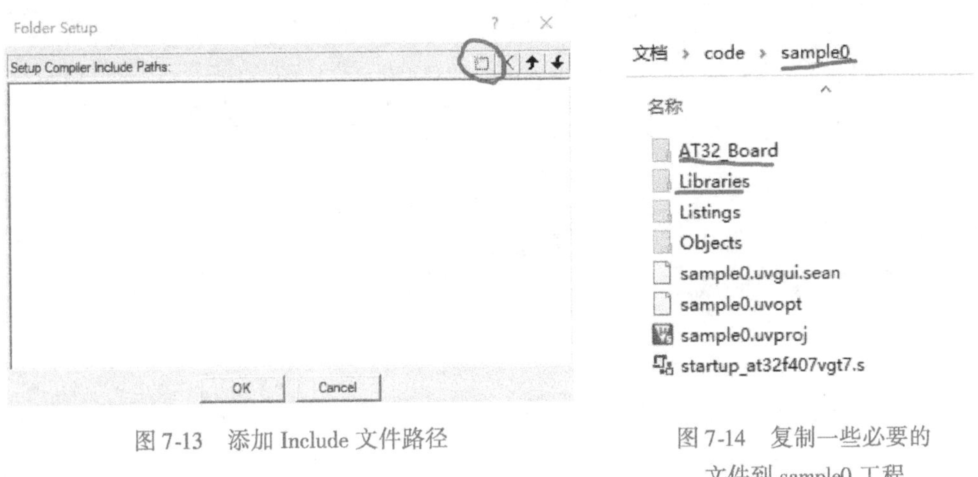

图 7-13　添加 Include 文件路径

图 7-14　复制一些必要的文件到 sample0 工程

然后继续设置图 7-13 里的内容。把下面这些路径添加到路径窗口中。添加后的状态如图 7-15 所示。

“…\sample0\Libraries\AT32F4xx_StdPeriph_Driver\inc”

“…\sample0\Libraries\CMSIS\CM4\CoreSupport”

“…\sample0\Libraries\CMSIS\CM4\DeviceSupport”

“…\sample0\AT32_Board”

“…\sample0”

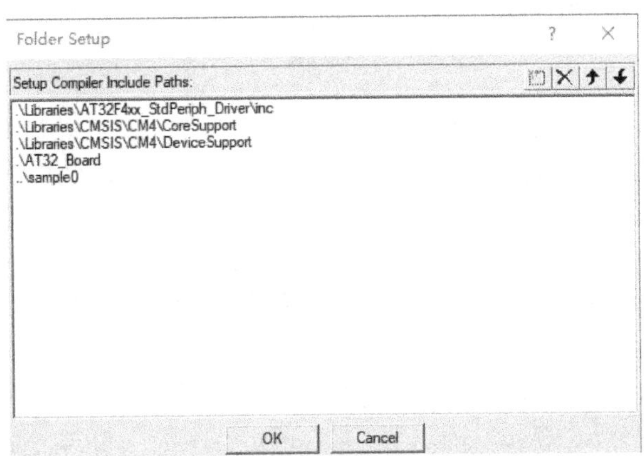

图 7-15　添加头文件路径

添加完毕后，单击“OK”按钮，回到“C/C ++”选项卡。接下来先跳过“Asm”和“Linker”选项卡，直接来到“Debug”选项卡。请先按照图 7-16 来配置。

“Debug”选项卡主要是对调试用的仿真器进行配置。学习板可以使用板载仿真器，因此不需要另外配置 Jlink 仿真器。当然，学习板是支持 Jlink 的，而且使用 Jlink 可以有更高阶的调试功能，这里不再展开。在“Debug”选项卡中选择“CMSIS-DAP Debugger”，然后单击右侧的“Settings”按钮。如果学习板的仿真 USB 端口已经和计算机连接，并且已安装驱动程序，那么会有图 7-17 所示的结果。

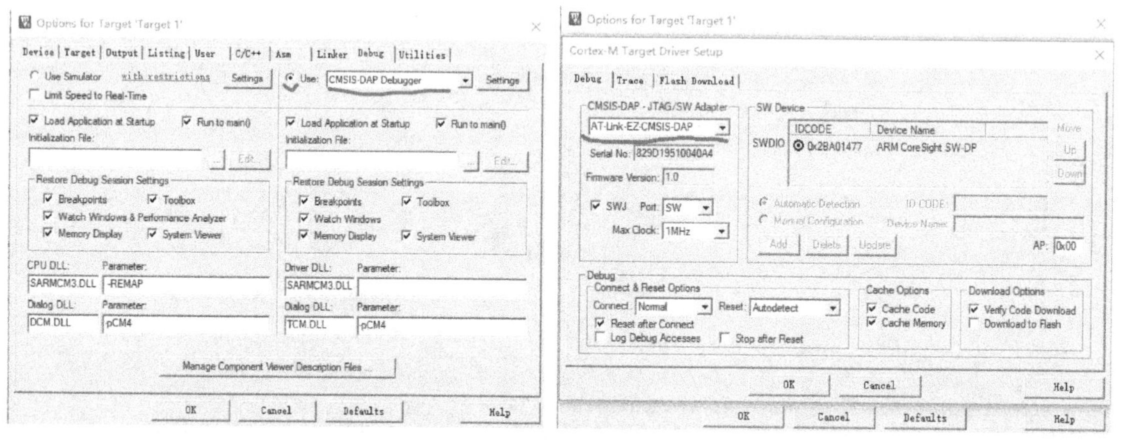

图 7-16　“Debug”选项卡

图 7-17　仿真器被识别出来

基本配置就此结束，后面遇到相关选项时还会进一步加以解释。单击“OK”按钮，直到关闭配置页。回到主界面，重新单击编译按钮，会出现新的错误，如图 7-18 所示。

```
Build Output
*** Using Compiler 'V5.06 update 5 (build 528)', folder: 'C:\Keil_v5\ARM\ARMCC\Bin'
Rebuild target 'Target 1'
assembling startup_at32f407vgt7.s...
compiling system_at32f4xx.c...
linking...
.\Objects\sample0.axf: Error: L6218E: Undefined symbol RCC_StepModeCmd (referred from system_at32f4xx.o).
.\Objects\sample0.axf: Error: L6218E: Undefined symbol main (referred from __rtentry2.o).
Not enough information to list image symbols.
Not enough information to list load addresses in the image map.
Finished: 2 information, 0 warning and 2 error messages.
".\Objects\sample0.axf" - 2 Error(s), 0 Warning(s).
Target not created.
Build Time Elapsed:  00:00:01
```

图 7-18　缺少 RCC_StepModeCmd 函数的实现

经过分析，原来是在“system_at32f4xx. c”文件中调用了“RCC_StepModeCmd”函数，但是这个函数根本没有实现过。再仔细查看“system_at32f4xx. c”文件，它还调用了很多我们没实现过的函数。没关系，这些文件基本都是原厂会准备好的，我们往工程里面添加就好了（提示：“…\sample0\AT32_Board\”下面的“at32_board. c”和“…\sample0\Libraries\AT32F4xx_StdPeriph_Driver\src\”下面所有的 C 文件）。添加好后，再次单击编译按钮，发现还有错误，如图 7-19 所示。

继续找文件。在“…\ SDK\AT32F4xx_StdPeriph_Lib_V1. 1. 8\Project\AT_START_F407\Templates\”里面找到“at32f4xx_conf. h”“at32f4xx_it. c”“at32f4xx_it. h”，这三个文件之前没有复制过，为简单起见，把它们全部复制到“sample0”工程路径下。然后把“at32f4xx_it. c”添加到工程中，再次编译，编译还是不通过，而且错误原因是一样的。继续研究，我们发现刚才所有添加的程序中都没有“assert_failed”函数的实现。其实这个函数是应该在 main 函数内实现的，但是前面根本没有添加过 main 函数。那么就把“…\ SDK\

AT32F4xx_StdPeriph_Lib_V1. 1. 8\Project\AT_START_F407\Templates\” 下面的 main 函数也复制过来，并且添加到工程里。重新编译，这次终于没有错误了，如图 7-20 所示。

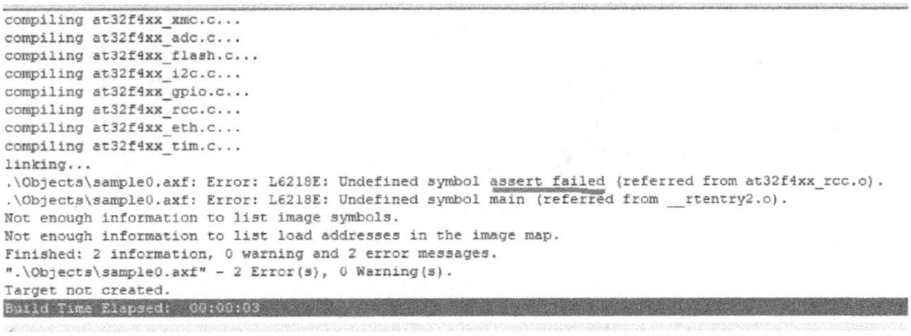

```
compiling at32f4xx_xmc.c...
compiling at32f4xx_adc.c...
compiling at32f4xx_flash.c...
compiling at32f4xx_i2c.c...
compiling at32f4xx_gpio.c...
compiling at32f4xx_rcc.c...
compiling at32f4xx_eth.c...
compiling at32f4xx_tim.c...
linking...
.\Objects\sample0.axf: Error: L6218E: Undefined symbol assert_failed (referred from at32f4xx_rcc.o).
.\Objects\sample0.axf: Error: L6218E: Undefined symbol main (referred from __rtentry2.o).
Not enough information to list image symbols.
Not enough information to list load addresses in the image map.
Finished: 2 information, 0 warning and 2 error messages.
".\Objects\sample0.axf" - 2 Error(s), 0 Warning(s).
Target not created.
Build Time Elapsed:  00:00:03
```

图 7-19　缺少 assert_failed 函数的实现

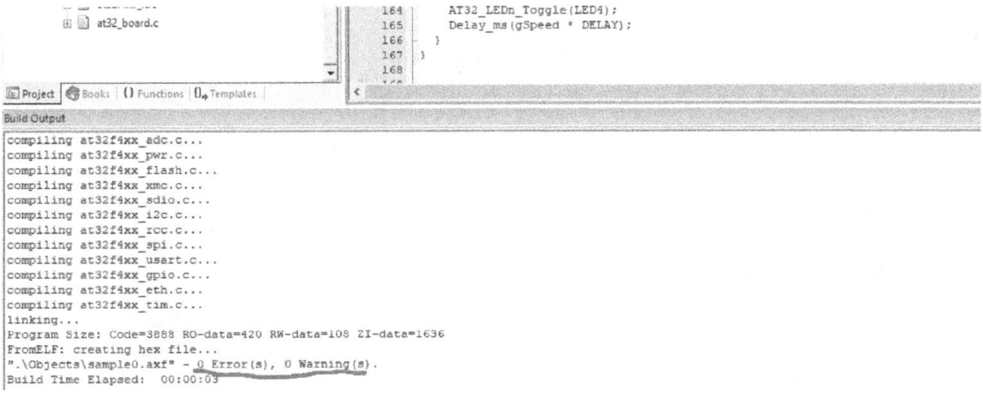

```
164      AT32_LEDn_Toggle(LED4);
165      Delay_ms(gSpeed * DELAY);
166    }
167  }
168
```

```
compiling at32f4xx_adc.c...
compiling at32f4xx_pwr.c...
compiling at32f4xx_flash.c...
compiling at32f4xx_xmc.c...
compiling at32f4xx_sdio.c...
compiling at32f4xx_i2c.c...
compiling at32f4xx_rcc.c...
compiling at32f4xx_spi.c...
compiling at32f4xx_usart.c...
compiling at32f4xx_gpio.c...
compiling at32f4xx_eth.c...
compiling at32f4xx_tim.c...
linking...
Program Size: Code=3888 RO-data=420 RW-data=108 ZI-data=1636
FromELF: creating hex file...
".\Objects\sample0.axf" - 0 Error(s), 0 Warning(s).
Build Time Elapsed:  00:00:03
```

图 7-20　成功编译的工程

大功告成。但是，为什么费这么大功夫？直接用 “…\ SDK\AT32F4xx_StdPeriph_Lib_V1. 1. 8\Project\AT_START_F407\Templates\MDK_v5” 里的名为 “Template. uvprojx” 的工程不就行了吗？的确，如果只是工作，笔者会毫不犹豫地选择这个简单快捷的方法。但是，通过这个画蛇添足的方法能帮助各位更清楚地了解工程的创建过程。从头到尾把这么多文件或代码一个个地展示出来，又让大家对于工程的建立和编辑过程有比较深刻的了解不大可能，那就只能如此展开了。同时，笔者也希望在这里给各位展示一个常见的工作场景，那就是不断出现各种编译错误，然后想办法去解决。在实际工作中，尤其是团队配合的时候，很多代码都是别人写的，你该如何把别人的代码整合到自己的程序中？最简单的方法就是调用别人写好的函数，然后把函数实现文件添加到工程中去。这是一个最基本的操作，也是最基本的团队合作形式。

7.2　复习一下 C 语言

终于把前面遗留的问题解决了，先不急着运行，还是看看代码，把前面的知识融合一下，顺便复习一下 C 语言。先从汇编代码中第一个调用的 SystemInit 函数开始。SystemInit 的实现在哪里呢？既然前面的工程编译通过，就可以用 Keil 的自带功能来找。更强大的代码浏览软件是 source insight，有兴趣的可以去学习。在 Keil 的左侧工程文件目录窗口双击“startup_at32f407vgt7. s”文件，于是在右侧的代码编辑窗口就打开了一个编辑页，如图 7-21 所示。

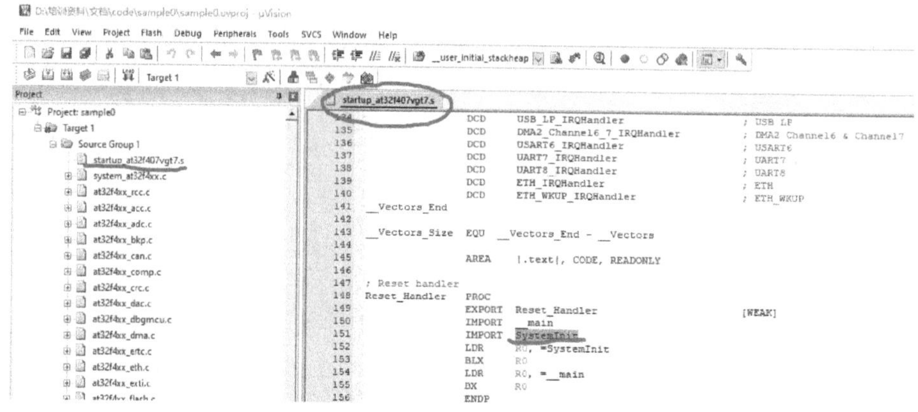

图 7-21　打开 startup_at32f407vgt7. s 文件

然后在代码编辑窗口中找到“SystemInit”，把光标移到此处，光标变为插入符的状态。双击选中 SystemInit，再右击，弹出图 7-22 所示的快捷菜单，选择“Go To Definition of ‘SystemInit’”。

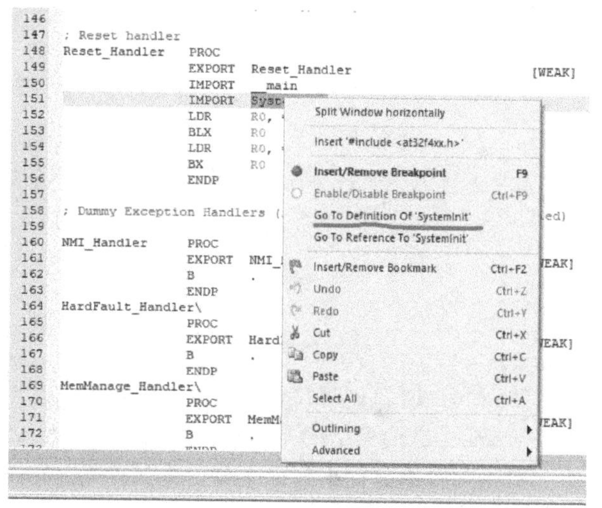

图 7-22　寻找 SystemInit 函数的实现

你会欣喜地发现，代码编辑窗口自动打开了一个新的文件，而且在代码行标的位置有一个小三角，这个小三角正好指向一行代码，它就是 SystemInit 函数的实现，如图 7-23 所示。

浏览一下这个函数，其实并没有什么特别的地方，它主要是针对系统的时钟做配置。既然如此，再看看第二个调用的函数 main。用同样的方法可以找到这个函数的实现，不过这里要再强调一下，“_main”是一个内置的函数，可以完成一些栈和堆的设置，而且从代码浏览的角度看是找不到的，我们能看到的是“main. c”文件中的 main 函数，如图 7-24 所示。

这个 main 函数非常清晰简洁，开头几行还是做一些初始化工作。为了方便讲解，笔者将注释直接标注在代码行上了。

这些注释比较粗略，如图 7-25 所示，后面会有针对性地详细解释，此处更关心软件的架构。从图 7-24 中的代码可以看出，main 函数总体上就是一个死循环。在前面的汇编语言解释部分分析过，汇编指令调用 main 函数后就不再考虑“回来”了，所以 C 语言的代码架构就是：初始化→循环体。这个例子里的循环体工作非常简单，就是轮流点亮 LED 灯，代码运行起来的效果类似于一个“跑马灯”。在后面还会回到这个例子来细聊，各位可以用前面讲解的方法编译下载，看一下学习板实际的运行效果。

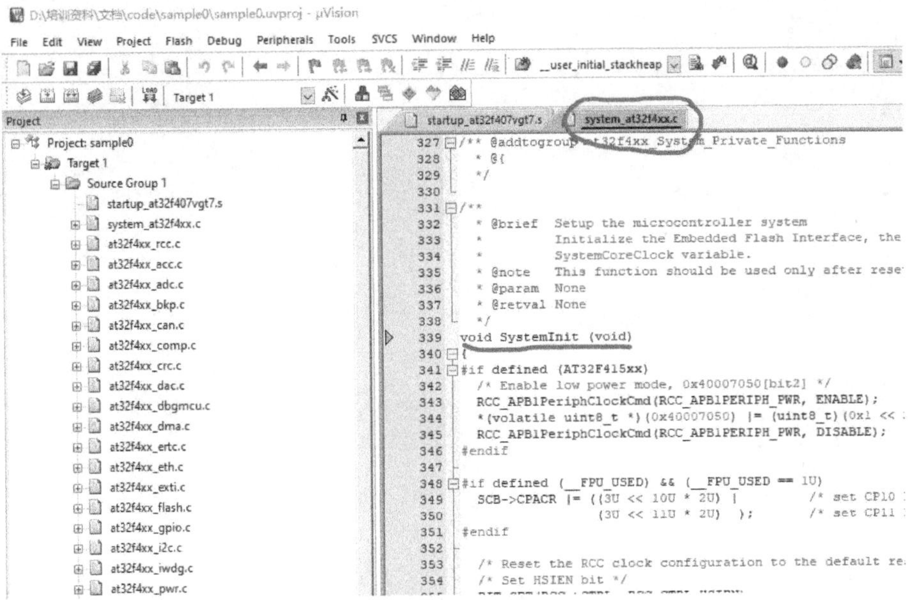

图 7-23　SystemInit 函数的实现

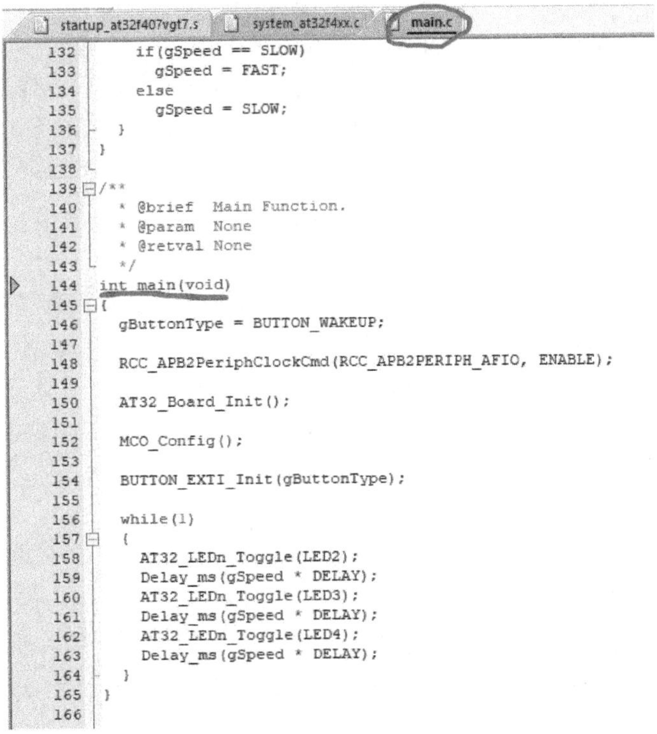

图 7-24　main 函数的实现

```c
/**
  * @brief  Main Function.
  * @param  None
  * @retval None
  */
int main(void)
{
  gButtonType = BUTTON_WAKEUP; // 定义按键，赋初值，在这里没有实际作用，后面会初始化

  RCC_APB2PeriphClockCmd(RCC_APB2PERIPH_AFIO, ENABLE);  // 使能APB2总线上的I/O复用模块的时钟
                                                       // I/O复用模块可以将芯片内的不同功能映射到I/O上

  AT32_Board_Init();  // 在这个函数里会对按键、LED等功能做初始化
                      // 如果进入函数体内，可以看到按键被定义在USER标号的按键上

  MCO_Config();  /引配置时钟输出引脚

  BUTTON_EXTI_Init(gButtonType);  // 配置中断源，把按键的事件联系到中断源上

  while(1)
  {
    AT32_LEDn_Toggle(LED2);  // 反转LED2的状态
    Delay_ms(gSpeed * DELAY); // 延迟一段时间
    AT32_LEDn_Toggle(LED3);   // 反转LED3的状态
    Delay_ms(gSpeed * DELAY); // 延迟一段时间
    AT32_LEDn_Toggle(LED4);  //反转LED4的状态
    Delay_ms(gSpeed * DELAY);  //延迟一段时间
  }
}
```

图 7-25　添加了注释的 main 函数

7.3　指针、结构体和链表

前面解决了编译问题，让一个工程正常运行了起来，终于找到了 C 语言中最常见的主函数，但是 C 语言基础不是太好的读者可能还是觉得一团雾水。C 语言本身是一个非常成熟和系统化的编程语言，本书无法为大家从头到尾讲解一遍，不过可以在这里帮助大家解决一些 C 语言中最容易让人觉得“难以捉摸”的问题，比如结构体和指针，当然还有和指针密切相关的数据结构——链表。

虽然不能从头到尾讲解，但是切入主题前还是需要简单的基础铺垫。任何编程语言都有类似的一些特性。

1）常量和变量。计算机最初是用来计算的，既然要计算自然离不开变量和常量，而且变量和常量都是有不同类型的。一般而言它们分成以下几类：整型、浮点型，以及字符串等。数组是某种变量或常量的列表。之所以要定义这些类型，主要是因为计算机是机器，不同类型的变量或常量运算的方法是不同的，必须明确地告诉计算机在使用什么类型的数据。

2）数学运算。这个就不多解释了，就是加减乘除和一些特殊的运算，比如指数运算、开方运算等。

3）逻辑运算，又称布尔运算。它是计算机不可或缺的运算，因为计算机是机器，它不会像人脑那样进行“模糊”判断，因此需要有一套严密的运算方法告诉计算机程序该怎么执行程序。事实上，计算机中的数学运算也是通过逻辑运算来实现的。逻辑运算最大的特点就是，只需要通过 0 和 1 两个数字就能取代所有的十进制运算。而计算机本质上就是“开关”的组合，开和关正好对应 1 和 0。

4）赋值语句。赋值最常见的就是用“ = ”来表示。比如“a = 1 + 1；”就是一个赋值语句，把“1 + 1”的结果传递给变量 a。换句话说，这是个数据搬移或复制的过程。当然，在 C 语言中，变量在使用前要先定义，定义的作用就是告诉计算机变量类型（假设

是“int a;”)。所以，a 的值就是 2。有基础的读者可能觉得这非常简单，没必要多讲，但是这体现了计算机系统一些本质。变量 a 一旦声明，计算机就会在内存中准备一个空间给它，然后把赋值号右边的运算结果存储到变量 a 所在的内存中。a 这个变量对于人类而言就是个抽象的符号，但对于计算机而言是实实在在的内存单元，这个单元的大小一般以字节为单位，不同的数据类型会占用不同的字节数。这一特性在谈到指针的时候会有更多体现。

5）分支语句。最常见的分支语句就是条件判断语句，比如“if…else…”类的，还有就是“switch…case…”类的。总之，就是根据条件判断的结果去执行程序的不同部分。条件判断是指逻辑运算的结果。

6）循环语句。常见的循环语句有“for…”和“while…”语句，这里不再展开。

7）函数调用。最后，所有的编程语言都有子程序或者子函数的概念。子程序或者子函数就是把一大段程序切割成不同的功能块，然后单独组织，这样便于程序的阅读和维护。

7.3.1　指针

上面讲的都是 C 语言的基本特性，看起来很简单，那为何还要做那么多铺垫？凑字数？当然不是，如果细心你就能发现前面铺垫中的要点。对，就是最不起眼的第四条。从前面的内容中，读者应该已经发现一些线索：笔者反复强调单片机的启动方式、流程、内存，甚至是汇编语言。主要原因是，大家必须用“计算机”的角度去思考程序，这样很多东西都非常容易理解。计算机就是把数据和指令从内存取出来，然后做运算，最后把结果放回内存；程序就是放在程序存储器上的一长列二进制数据；变量放在内存中特定位置的一个寄存器或存储单元。说到这里自然会有读者提出疑问，那计算机是怎么知道程序和变量放在哪个地方？

此时就不得不提一下前面被刻意隐藏的东西——编译器（隐藏的原因是因为编译器太复杂了)。计算机本身只是个机器，它不会知道具体的程序或者变量放在哪里，计算机启动的时候只知道从特定的位置去找第一条指令，然后再从第一条指令后面一个位置去找第二条指令，如此往复，所以才有了 *PC*（程序计数器)。所有程序或者变量存放的位置都有一个“门牌号”，就是地址，这个地址和 *PC* 里面的数据是对应起来的。地址是线性递增的，就像“门牌号”是从小到大排列的。重点是程序和变量到底放在哪个“房间”里，这是由编译器安排的。遇到“a = 1 + 1;”时，编译器会自动在内存中把变量 a 转换成一个内存的地址，换句话说就是给变量安排了一个“房间”，至于“房间”里面放什么，就要看程序的要求了。当然也不能乱放，必须放入和 a 类型相同的内容。程序也是由编译器安排顺序和位置的。编译器是任何“编译型”编程语言的基石，除了“编译型”编程语言还有“解释型”编程语言，比如 Java、Python 等。不过目前 C 语言是最经典的“编译型”编程语言，没有之一。编译器是相当复杂的，涉及非常多的数学知识，远比编程语言本身复杂得多。有趣的是，C 编译器本身也是用 C 语言实现的。

回到正题，总之，如何安排地址的问题编译器已经帮你解决了。你所要理解的就是，所有的变量和程序在机器中都是以地址的形态安排的，即每个指令、变量或者常量都被安排了一个存储单元（“房间”)，这些存储单元从小到大排列，其编号就是地址。机器里不会存在人类所写下的抽象符号或者名字，只会存在二进制表示的指令、数据和地址。

有了以上的基本概念，大家就能非常容易地去理解 C 语言中最令人烦恼的指针概念了。

指针本身其实是一个变量类型，换句话说，它本身也是内存中的一个单元，所以指针有自己的“门牌号”（地址）。但是，这个单元里放的是一种特定类型的数据，是其他“门牌号”。用术语来说就是这个变量里存储着其他变量（程序也可以）的地址，更专业的说法就是这个指针指向某个变量（指针这个名字其实是非常形象的）。所以本质上讲指针就是保存其他变量地址的变量。

如图 7-26 所示，假设前面的“a = 1 + 1;”语句让编译器在内存中安排了内存空间（这只是假设，事实上 1 是常数，常数一般不会被安排到内存中），程序又定义了一个指针变量 ＊p，类型和 a 相同（就是告诉编译器这个指针里保存了哪种变量的地址），并且执行了语句“p = &a;”。于是编译器又在内存的地址空间中安排了一个位置给指针 p。为了区分普通变量和指针变量，C 语言规定，凡是在变量声明的时候在前面加“＊”就表示它是一个指针变量，同时这个指针只能保存声明时定义类型变量的地址。如果把指针的类型声明成“void ＊p”，意思就是这个指针 p 会根据需要指向不同类型的变量。但是，这要求编程者非常了解这个指针的用途。

存储器地址	存储器内容	在程序中的符号
0x0000	1	1
0x0001	1	1
0x0002	2	a
0x0003	…	…
0x0004	0x0002	*p
0x0005	…	…
0x0006	…	…

图 7-26　指针的示意图

接下来继续解释“p = &a;”。在 C 语言中，变量 a 前面加个“&”的意思是赋给指针变量 p 的是变量 a 所在位置的地址，所以之后指针 p 里的内容是 a 的地址，而不是 a 的数值。当需要使用变量 a 的地址时，直接用 p 就可以，当需要使用变量 a 的值时，就用 ＊p 来表示。这样指针的灵活性就体现出来了，通过它既能找到 a 的“门牌号”，也能找到“房间”里变量 a 的数值。

为了更直观些，下面直接在代码里做些工作来验证上面的说法。请打开本书下载资料“C_test”目录下的“test”工程。在工程中有图 7-27 所示的语句。

```
/**
  * @brief  Main Function.
  * @param  None
  * @retval None
  */
int main(void)
{
  int a=1,b=2,c=3;
  int *p=0;

  RCC_APB2PeriphClockCmd(RCC_APB2PERIPH_AFIO, ENABLE);
  AT32_Board_Init();

  UART_Print_Init(115200);

  while(1)
  {
    AT32_LEDn_Toggle(LED2);  // 反转LED2的状态
    Delay_ms(DELAY); // delay一段时间
    AT32_LEDn_Toggle(LED3);   // 反转LED3的状态
    Delay_ms(DELAY); // delay一段时间
    AT32_LEDn_Toggle(LED4);  //反转LED4的状态
    Delay_ms(DELAY);  // delay一段时间
    //printf("Hello World~! \n\r");

    p=&c;

    printf("c address is 0x%x, c=%d\n", (uint32_t)&c,c);
    printf("p=0x%x, *p=%d\n",(uint32_t)p,*p);
  }
}
```

图 7-27　指针测试代码

代码中先声明了三个整型变量 a、b 和 c，声明的同时也给它们赋了值。还声明了一个指向整型变量的指针 p。一个良好的习惯是，无论指针变量当前用不用，在声明的时候都要赋值（通常为 0 或者是 NULL），避免在使用的时候出现疏忽而让指针变量“乱指”（术语叫野指针）。声明好以后，在主循环体内把变量 c 的地址赋给了 p，然后从串口输出一些数据。从串口打印数据的细节在后面探讨，这里只关心和 C

语言本身相关的内容和实验的结果。打印的内容分两部分，一部分是 p 本身的内容，另一部分是 p 指向的变量值。打印的结果从串口输出到 PC 的串口工具界面，如图 7-28 所示。

从结果可以看出，指针变量 p 的值是 "0x20000468"，它是变量 c 所在的内存地址，而 * p 的值是 3，是变量 c 的值。从中可以直观地体会指针和变量的关系。指针本身也是个变量，既然是变量，就需要有地方存储，所以指针变量也有自己的地址，如果一个指针变量指向了另一个指针变量，那就非常复杂了。在后面链表的部分就能对此有充分体会。

图 7-28 指针测试代码的显示结果

现在总结一下。指针是个变量，但是它和其他所有的变量都不同，它保存的是 "别人所在的门牌号"，因此可以通过指针变量来找到变量的物理地址和该物理地址中的内容（也就所指向的变量值）。顺便再提一下，子程序或者函数也有自己的存储地址，通过编译器编译后函数名就是一个函数的入口地址。既然函数名也是个地址，那就意味着，通过指针这个强大的变量也能直接调用函数。函数指针就是这个意思。所以指针变量是 C 语言中最强大的变量，没有之一，用它可以访问有访问权限的任何地址空间。C 语言之所以被称为中级语言也是因为它。但是这也是把双刃剑，不妥当的指针操作极易引起系统崩溃，于是很多高级语言中把指针这个变量类型取消了（其实只是对程序员而言不能用而已）。

7.3.2 结构体

结构体也是一种变量类型，它和普通变量的区别就是，它是一些（相同或不同类型）变量的结合体。为什么需要把这些变量放在一起？一个个用不是很方便么？的确如此，所以一般情况下不会用到结构体，但这不意味着结构体没有用，相反，结构体的 "打包" 特性在很多场合用起来更加方便。

例如最常见的学生信息数据库，每条信息包含学号、姓名、性别、生日等信息。有两种做法来实现这个数据表。

方法一：假设有 40 个学生，那么先定义一个代表学号的数组 "uint16 No [40];"，然后定义一个代表姓名的数组 "char pName [40];"。注意 C 语言中没有字符串变量，只有字符变量，字符串就是一串字符组成的数组，数组是有长度的。为了方便，同时提高灵活性，这里用字符串指针来实现。因为有 40 个学生，需要 40 个指向学生姓名的指针，所以定义成一个指针数组，每个元素都是一个字符串指针。再定义一个代表性别的数组 "uint8 Gender [40];"，最后定义一个代表生日的数组 "uint32 Birthday [40];"。思考一下当需要查询一个学生的信息时你该怎么做？假设已经知道了学号，那么首先要从代表学号的数组里找到对应的学号，然后记录一下这个学号在数组的第几个元素里，也就是数组的索引或下标；接下来需要用这个下标到其他几个数组里去找对应的信息。方案看起来很完美。再假设你发现录入有错误，两个学生的性别信息搞错了，你需要把他们的信息对调过来。当然没问题，可是如果仔细想想，你会发现修改的流程是非常烦琐的。还有一种情况，假如你需要把这个数据表通过网络上传到服务器，该怎么做？很简单，先传输代表学号的数组，然后传输代表姓名的数组，再传输代表性别的数组，最后传输代表生日的数组，接收端也按这个顺序保存数组。但是假如在传输过程中出现了误差，导致某个数组的数据损坏，那就麻烦了。因为整张数据表的内容被分割在四个独立的数组中，它们之间其实没有直接的逻辑对应关系，想要修复或者纠错就非常麻烦。既然四个数组间有横向逻辑，那么是不是能用更符合逻辑的方法来组织呢？

方法二：仍然是 40 个学生，需要同样的信息。这次换个思路，把每个学生的所有信息作为一个“数组”来组织。但是数组必须是相同的数据类型，而每个学生的信息却是不同的数据类型。这正是结构体登场的时刻。前面提到过，结构体可以把不同类型的变量“打包”在一起。如何“打包”呢？按照 C 语言语法定义图 7-29 所示的结构体。完整的代码见“…\C-test\table. c”和“…\C-test\table. h”。

具体的语法这里不解释，但要强调的是，这个定义其实不会在单片机系统中留下任何痕迹，结构体定义是给编译器看的。它会告诉编译器，接下来要把这些数据组织在一起，并且把这种组织方法叫作“student”。之后就能用这个自己创造的变量来声明真实的变量了。声明和定义其实都不会在单片机上留下任何痕迹，都是为了告诉编译器：“接下来要用这些变量或者数据结构来实现代码了，你编译的时候看清楚，帮忙组织好，别报错”。只有声明的变量在代码里被使用，编译器才会认真地对待，安排一个合适的内存空间给它（编译器真的很复杂，也很强大）。声明一个结构体变量，然后使用它，如图 7-30 所示。

```
//定义一个结构体
typedef struct   //C语言语法，定义结构体的指令
{
  uint16_t No;
  char *pName;
  uint8_t Gender;
  uint32_t Birthday;
} student;  //新定义的结构体可以有个变量类型的名字，以后就能用这个名字去声明结构体变量
```

图 7-29　定义结构体

```
//定义一个结构体
typedef struct   //C语言语法，定义结构体的指令
{
  uint16_t No;
  char *pName;
  uint8_t Gender;
  uint32_t Birthday;
} student;  //新定义的结构体可以有个变量类型的名字，以后就能用这个名字去声明结构体变量

/* Extern variables ---------------------------------------------------------*/

/* Private variables --------------------------------------------------------*/
student students[STUDUENTS_NUM]={0};  //声明一个结构体数组，数组中每个元素都是一个结构体
```

图 7-30　声明结构体变量

从图 7-30 看出，可以直接用结构体声明时给结构体命名的“student”来定义真正的变量。一个结构体只代表一个学生的信息，而现在需要 40 个学生的信息，也就是需要 40 个结构体变量，所以也就非常自然地能想到要声明一个数组，这个数组中每个元素都是一个结构体。变量有了，那怎么用呢？

因为 C 语言中没有字符串变量，所有的字符串都是用字符数组来表示的，动态赋值或修改字符串的内容比较烦琐，不是本书的重点，所以在程序中直接声明一些名字字符串，如图 7-31 所示。

解决了字符串的问题，其他的就简单了。为了方便和实现代码的模块化，最好不要直接去操作定义好的结构体数组。良好的习惯是封装一下，用专门的子函数来操作它，如图 7-32 所示。

```
//为了方便操作，预定义好一个全局的字符串表
char *gpNameTable[]=
{
  "Colin",
  "Geogrge",
  "Remon",
  "Eric",
  "Quentin",
  "White",
  "Sean",
  "Daniel"
};
```

图 7-31　声明一个名字表常量

从这个函数的实现方法能够看出如何操作结构体中的每个变量：只要在结构体的名字后面加“.”和具体的变量名，就可以像访问普通单个变量一样访问它们了。因为这里声明的是一个结构体数组，不是单个结构体，所以在 students 后面要有个“[ ]”来选择数组中一个具体的元素。接下来，再用类似的方法写个函数来专门显示结构体中的数据，便于直观的体验，如图 7-33 所示。

```
//定义一个函数来写学生信息
void tableRecoder(uint16_t index, uint16_t no, char *name, uint8_t gender, uint32_t birthday)
{
  students[index].No=no;
  students[index].pName = name;
  students[index].Gender = gender; //1代表男, 0代表女
  students[index].Birthday = birthday;
}
```

图 7-32　实现一个函数来写 students 结构体数组中的数据

```
//定义一个函数根据输入的学号在表中查找，如果找到就把学生的所有信息都显示出来
void showStudentInfo(uint16_t no)
{
  uint16_t i,len;
  len = STUDUENTS_NUM;

  printf("students table size is %d\n", len);

  for(i=0; i < len; i++ )
  {
    if(students[i].No == no)
    {
      printf("Found [%d], \tName=%s, \tgender=%d, \tbirthday=%d\n",
              students[i].No, students[i].pName,students[i].Gender,students[i].Birthday);
      break;
    }
  }
  if(i==len)
    printf("Failed~! Not found the No.\n");
}
```

图 7-33　实现一个函数来查找 students 结构体数组中的数据并显示

从这个函数的实现上可以看出，画线的部分是在读取结构体数组中的某个元素，然后把结构体中具体的变量读取出来。至此，写和读的操作函数都完成了，接着再写一个操作它们的函数（见图 7-34），并看一下结果。

```
//定义一个测试用函数
void tableTest(void)
{
  //初始化数据表
  tableRecoder(0,1,gpNameTable[0],0,19950101);
  tableRecoder(1,2,gpNameTable[1],1,19950202);
  tableRecoder(2,3,gpNameTable[2],1,19950303);
  tableRecoder(3,4,gpNameTable[3],0,19950404);
  tableRecoder(4,5,gpNameTable[4],1,19950505);
  tableRecoder(5,6,gpNameTable[5],0,19950606);
  tableRecoder(6,7,gpNameTable[6],1,19950707);
  tableRecoder(7,8,gpNameTable[7],0,19950808);
  //显示数据表中某个学号的学生信息
  showStudentInfo(1);
  //显示数据表中某个学号的学生信息
  showStudentInfo(5);
}
```

图 7-34　students 结构体的写和读操作流程

从程序中看出，一共初始化了 8 条学生信息，这里没有太多需要解释的东西，除了一些小细节。比如，C 语言中所有的数组都是从 0 开始的，但是学号一般不会从 0 开始编号，请留意。在主函数部分调用这个 tableTest( ) 函数，然后编译下载，看一下结果。

如图 7-35 所示，结果符合预期。最后总结

一下，结构体本身并不复杂，它只是数据的一种组织方式。利用结构体可以把很多不同类型的数据“打包”在一起，形成一个有逻辑关系的整体。在操作层面，结构体形成了一个独立的变量类型，方便使用和操作。另外，结构体是面向对象编程的基础。

```
students table size is 40
Found [1],      Name=Colin,      gender=0,          birthday=19950101
students table size is 40
Found [5],      Name=Quentin,    gender=1,          birthday=19950505
```

图 7-35　students 结构体的写和读操作的输出结果

7.3.3　链表

有了指针和结构体的知识后，再来看看让很多大学生在 C 语言这门课程中抓狂的另一概念——链表。首先，链表是一种数据结构，直白地讲就是把数据组织起来的方法。其次，链表没有统一的标准，其实现有很大的灵活性。前面用结构体数组的方式组织了一张学生的信息表，但是这种方式存在一些弊端。最大的问题就是，学生信息表的大小很难预先定义。在例子中，我们假设学生是 40 个，对于一个班而言人数足够，但如果这个表是针对学校的？而且，班级之间的人数有所不同，那么用这种方式来组织信息就很麻烦。例子中预先定义了 40 个人，然后定义了一个结构体数组，这个数组包含了 40 个结构体，但是实际使用时只用到了 8 个，多出来的结构体也是要占用空间的，岂不是非常不划算？还有个问题，如果要往这个表里插入一个学生信息，那会非常麻烦。总之，结构体的灵活度太差。而用链表就能解决这个问题。

链表是一种组织动态数据的好办法，它其实就是结构体和指针的综合运用。下面用链表来重新实现一下前面的学生信息表，使得这个学生信息表可以动态添加和删除学生信息。这里需要先强调一下，链表的运用往往会结合动态内存分配，而动态内存分配往往和 RTOS 相关。由于 RTOS 的内容在后面，所以这里先忽略这个问题。为了例子的完整性，此处还是会静态创建一个结构体数组来模拟动态的内存分配，建议各位先不关注这个问题。

为了便于阅读，先在工程中新建一个文件，名为“linkedList. c”，之后会把所有和链表相关的代码放到这个文件中。整体思路是把每个学生的信息用一个结构体来组织（这和前面一样），但是不再用结构体数组的形式把这些结构体串起来，而是让每个结构体“独立存在”；同时在结构体中添加两个指针，用指针把这些独立的结构体串起来。为什么用指针可以把这些独立的结构体串起来呢？前面讲过，指针记录了地址，所以它有能力访问任何变量和函数。那么结构体作为一种变量，用指针访问也是可以的，而且这种访问方式和前面用指针访问一个简单的变量没有任何区别。

图 7-36 就是将要实现的一个链表的拓扑示意图。可以看到，每个结构体里除了正常的数据外，还多了两个指针，一个指针指向后面的结构体，另一个指针指向前面的结构体，这就形成了一个典型的双向链表。在实际使用中，相对于双向链表，还有一种就是单向链表。双向链表的好处是可以从两个方向去检索数据，单向链表就只能从一个方向去检索。当然，单向链表的操作相对于双向链表要简单些。本小节的例子以双向链表为基础。在这个链表例子中包含两个重要的概念。

1）代表链表开头的“Header”。这其实就是一个指针，指向链表中第一个结构体。在链表的实现中还有一种非常有意思的环形链表，它没有头和尾，循环往复，这里不予展开。

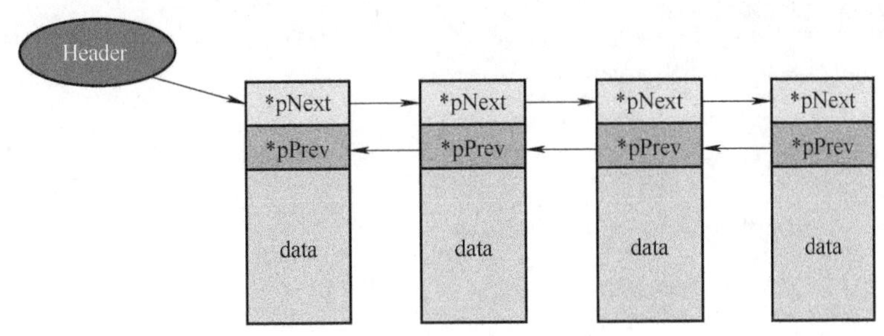

图 7-36　双向链表示意图

2）节点（Node）。节点就是一个独立的结构体。因为在链表操作中其实不关心具体的结构体如何实现，所以总说结构体就显得很不“专业”。后面如果把结构体称作节点，请不要觉得奇怪。

最后再强调一下，在图 7-36 中，每个节点有两个指针，代表指针的箭头看起来是指向前一个指针的位置，这么理解是不对的，但这里确实很容易造成混淆。节点中的指针指向的是前面或者后面的结构体首地址。

下面就根据以上定义来看看怎么实现数据链表。当然首先要定义数据结构，也就是节点的结构体，如图 7-37 所示。

```
//定义一个结构体给链表
typedef struct node //C语言语法，定义结构体的指令
{
  struct node *pNext;  //定义一个指向后面结构体的指针
  struct node *pPrev;  //定义一个指向前面结构体的指针
  student info;     //本节点的实际数据结构体
  uint8_t freeOrNot; //定义一个特别的标志用来辅助模拟内存分配，和链表本身关系不大
} studentNode;  //新定义的结构体可以有个变量类型的名字，以后就能用这个名字去声明结构体变量
```

图 7-37　双向链表节点定义

在图 7-37 中定义了两个指向结构体的指针，一个叫“ * pNext”，它负责指向后一个节点，另一个叫“ * pPrev”，它负责指向前一个节点。有点复杂的地方是，这两个指针的定义类型是这个结构体自己的类型，也就是在定义这个结构体的同时，又在结构体里定义了一个指向自己类型的指针。但是不用纠结，这只是一种语法形式而已，直接用就好。在两个指针后面又定义了一个结构体，这是真正保存数据的结构体，和前面结构体例子中的定义一样。结构体是可以嵌套的，这也是面向对象概念的雏形，大家可以认为这个节点“继承”了前面的学生信息结构体。最后，在结构体中定义了一个标记，这是用来辅助模拟动态内存分配的，不是重点，可以忽略。

节点定义完成，接下来开始考虑具体的操作。先建立一个链表，然后要实现在链表中插入数据和删除数据。再具体些，就是需要有针对链表的添加节点、插入节点和删除节点的操作函数。

先看看怎么建立链表。建立链表的过程其实就是在一个空的链表末尾不断地添加新的节点，所以先来实现 appendInfo( ) 函数，如图 7-38 所示。对于空的链表，第一个就是末尾，因此可以用来从无到有创建一个链表。当然，在此之前已经声明了一个全局变量“ * pHeader”，就是链表里代表表头的指针。再次强调一下，指针操作非常“危险”，所以要保持良好的编写习惯，如此时要注意任何指针在定义的时候请赋值 0 或者 NULL。

为了便于理解，这里给出了函数的流程图，如图 7-39 所示。

```c
//在链表最后添加新的信息
static uint16_t appendInfo(uint16_t no, char *name, uint8_t gender, uint32_t birthday)
{
  studentNode *p = pHeader, *pNewNode=NULL;

  if(pHeader == NULL) //先要检查一下链表是不是是空的
  {
    pHeader = getMemery();
    if(pHeader == NULL)
    {
      printf("something wrong, cannot get memory~!\n");
      return 0;
    }
    //给链表里第一个节点赋值
    pHeader ->info.No=no;
    pHeader ->info.pName = name;
    pHeader ->info.Gender = gender; //1代表男，0代表女
    pHeader ->info.Birthday = birthday;
    //设置第一个节点的指针
    pHeader ->pPrev = NULL; //第一个节点的前一个节点是空的
    pHeader ->pNext = NULL;  //第一个节点后面还没有数据所以为空
  }
  else //如果链表不为空，需要先找到链表的尾部
  {
    while(p ->pNext != NULL)
    {
      p=p->pNext;
    }

    //找到后申请内存
    pNewNode=getMemery();
    if(pNewNode == NULL)
    {
      printf("something wrong, cannot get memory~!\n");
      return 0;
    }
    p->pNext=pNewNode;

    //给新的节点赋值
    pNewNode->info.No = no;
    pNewNode->info.pName = name;
    pNewNode->info.Gender = gender; //1代表男，0代表女
    pNewNode->info.Birthday = birthday;
    pNewNode ->pNext = NULL;
    pNewNode ->pPrev = NULL;

    //设置新节点的指针
    pNewNode->pPrev = p;
    pNewNode->pNext = NULL;
  }
  return 1;
}
```

图 7-38　appendInfo( ) 函数的实现

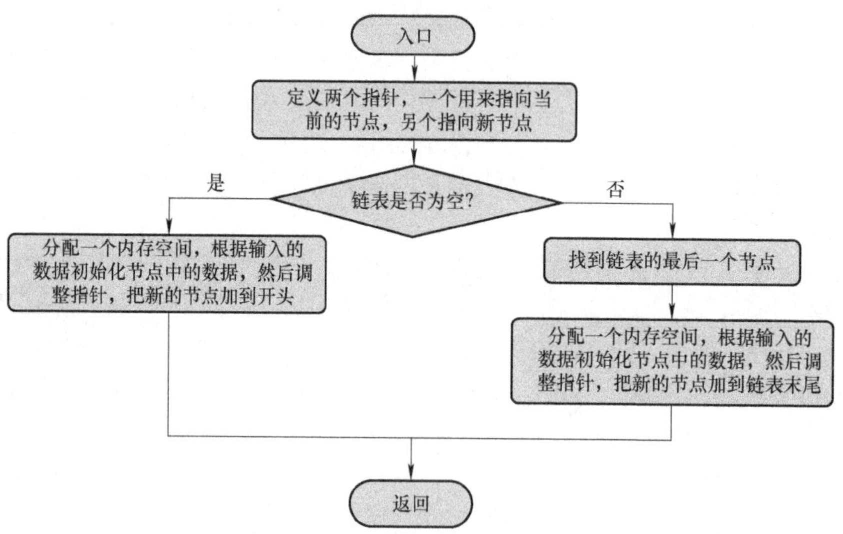

图 7-39　appendInfo( ) 函数的流程图

请结合源代码和流程图来研究函数的具体实现过程。为了更直观，再给出两个静态的状态图，一个是在空的链表里添加了一个节点的状态，还有一个就是添加第二个节点后的状态，如图 7-40 所示。

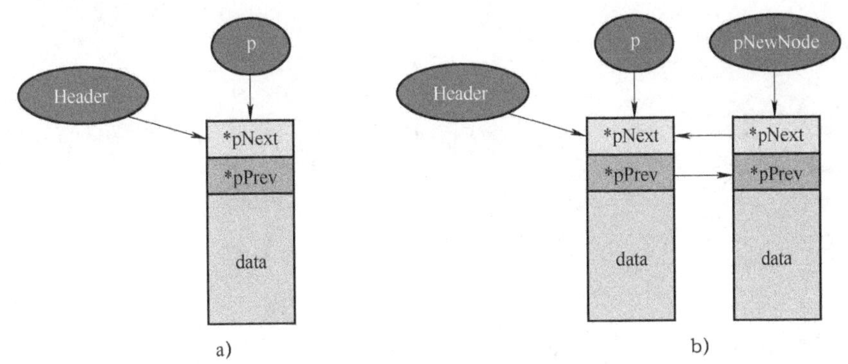

图 7-40　添加第一个和第二个节点的链表状态

a）添加第一个节点的状态　b）添加第二个节点的状态

利用 appendInfo( ) 函数，已经可以从无到有地建立一个链表了。接下来根据源代码自上而下的浏览顺序，实现一个辅助性质的函数 getHandlerFromNo( )，如图 7-41 所示。这个函数就是根据用户输入的学号找到具体的节点，然后返回该节点的地址。其代码看起来非常简单，但笔者反而想解释一下，原因是简单的东西容易讲透彻，而复杂一点的东西都是由简单的原理堆砌起来的，所以更适合进行研究。下面具体讲解其中的代码。

```
96  //根据给定的学号在链表里找到相应的节点并返回其地址
97  static studentNode *getHandlerFromNo(uint16_t searchNo)
98  {
99    studentNode *p = pHeader;
100
101   while(p != NULL)
102   {
103     if(p->info.No==searchNo)
104     {
105       return p;
106     }
107     p=p->pNext;
108   }
109   return NULL;
110 }
```

图 7-41　getHandlerFromNo( ) 函数的实现

第 99 行定义了一个指向节点的指针 p，同时把链表的头指针值赋给了 p，也就是 p 指向了链表中第一个节点。

第 101 行做了一个循环体。这个循环体里首先判断 p 是否为空，为空就意味着链表里没有节点，是个空链表，自然什么都不用做；如果 p 不为空，那就意味着链表里有节点存在，将会进入循环体。

第 103 行是在循环体内判断一下 p 指向的节点中，学号是否和传入的参数相同。这里特别说一下“ -> ”和 “. ” 的区别，这也是很多人对于链表操作不太明白的地方。“ -> ” 是 C 语言中规定的用指针访问结构体内数据的一个操作符；“. ” 是 C 语言中规定的用结构体名来访问结构体内数据的操作符。因此第 103 行的意思就是：p 指向的节点中，info 结构体的 No 值是否等于 searchNo 的值。

第 105 行是指，如果相等，那就找到了需要的节点，返回 p 即可。

第 107 行是指，如果不相等，那就需要继续往后搜索。怎么访问后面的节点？只要让 p 这个指针变量等于 p 所指节点中的 pNext 就好了。因为节点中的 pNext 保存了下一个节点的地址，所以只要 p 根据节点中的 pNext 搜索下去，就能找到最后一个节点。相反，如果 p 沿着 pPrev 所指路径向前搜索，就能找到第一个节点。

第 109 行是指，如果执行到这里，就意味着没有找到合适的节点，返回空。

接下来看一下常用的链表操作：插入节点。一般情况下它还分为前向插入和后向插入两种情况，但原理都一样，这里选择以前向插入为例，如图 7-42 所示。

```
//在链表中间插入新的信息
//找到给定的学号信息后，把新的信息插到该信息前面
static uint16_t insertBefore(uint16_t searchNo, uint16_t newNo, char *newName, uint8_t newGender, uint32_t newBirthday)
{
  studentNode *p = NULL;
  studentNode *pNewNode = NULL;
  studentNode *pPrevNode=NULL, *pNextNode=NULL; //为了逻辑上看起来更清晰，多定义两个指针来指向当前节点的前后节点

  //在链表里搜索给定学号的节点
  p=getHandlerFromNo(searchNo);
  if(p == NULL)
  {
    printf("can not find the item~!\n");
    return 0;
  }

  pPrevNode=p->pPrev;
  pNextNode=p;

  //分配新的内存给新的节点
  pNewNode = getMemery();
  if(pNewNode == NULL)
  {
    printf("something wrong, cannot get memory~!\n");
    return 0;
  }

  //将新节点的信息根据传入信息初始化
  pNewNode ->info.No=newNo;
  pNewNode ->info.pName = newName;
  pNewNode ->info.Gender = newGender; //1代表男，0代表女
  pNewNode ->info.Birthday = newBirthday;
  pNewNode ->pNext = NULL;
  pNewNode ->pPrev = NULL;

  if(pPrevNode == NULL) //如果要在第一个节点前插入
  {
    pHeader=pNewNode;
    pNewNode->pNext=pNextNode;
    pNewNode->pPrev=NULL;

    pNextNode->pPrev=pNewNode;
  }
  else
  {
    //通过修改指针将新的节点插入链表，为了避免混乱，先把新的节点链接进去
    pNewNode->pNext=pNextNode;
    pNewNode->pPrev=pPrevNode;
    //再更新新节点前节点的指针
    pPrevNode->pNext = pNewNode;
    //最后更新新节点后节点的指针
    pNextNode->pPrev = pNewNode;
  }
  return 1;
}
```

图 7-42　insertBefore ( ) 函数的实现

为了帮助读者更容易地阅读代码，这里给出了函数的流程图（见图 7-43），以及插入节点前后的状态图（见图 7-44 和图 7-45）。请对照起来仔细分析，篇幅受限，笔者不再一一解释。

接下来看下一个链表操作函数 deleteInfo( )，它将指定节点从链表里删除，如图 7-46 所示。

这里同样给出了函数的流程图和操作前后的状态图，如图 7-47 ~ 图 7-49 所示。

还需要一个显示链表数据的函数，取名为“showLinkedList( )”，如图 7-50 所示。

最后是实际的操作函数，如图 7-51 所示，其结果如图 7-52 所示，请参考整个源代码仔细分析。

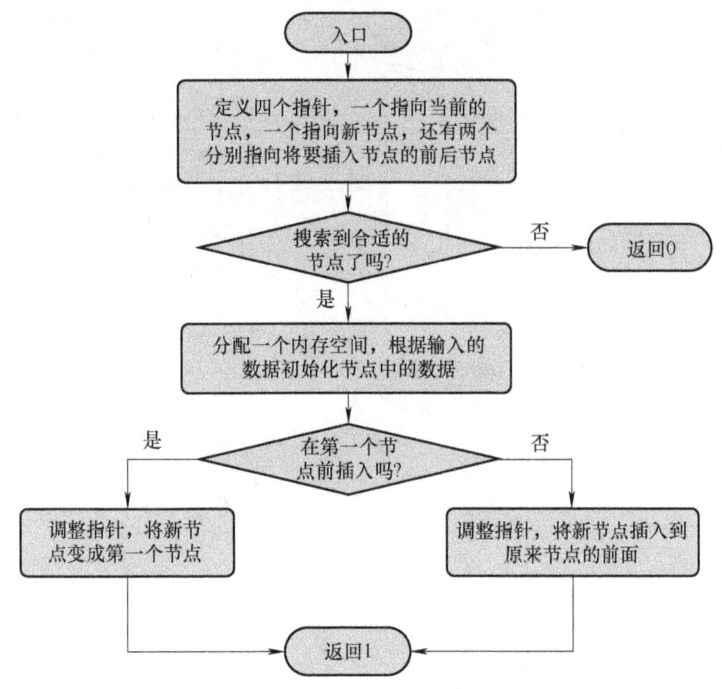

图 7-43 insertBefore ( ) 函数的流程图

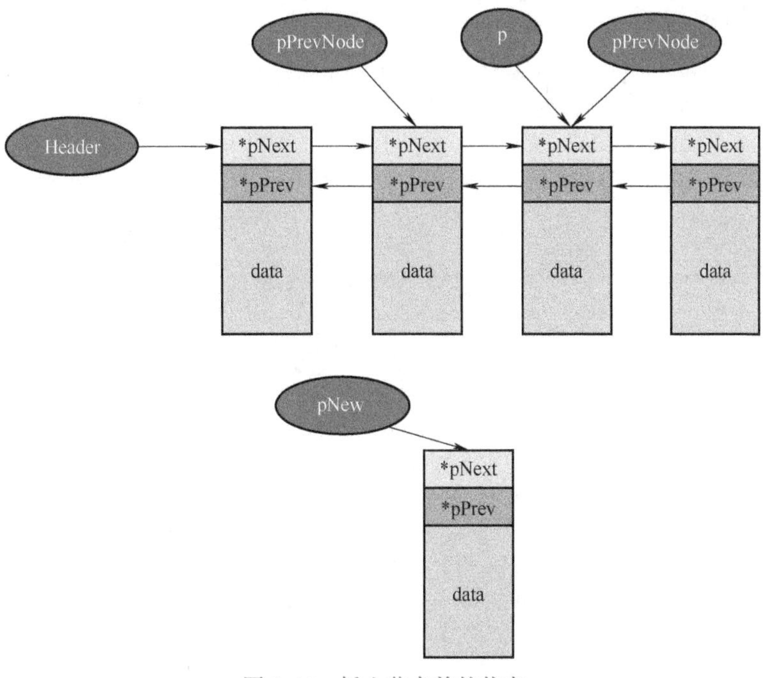

图 7-44 插入节点前的状态

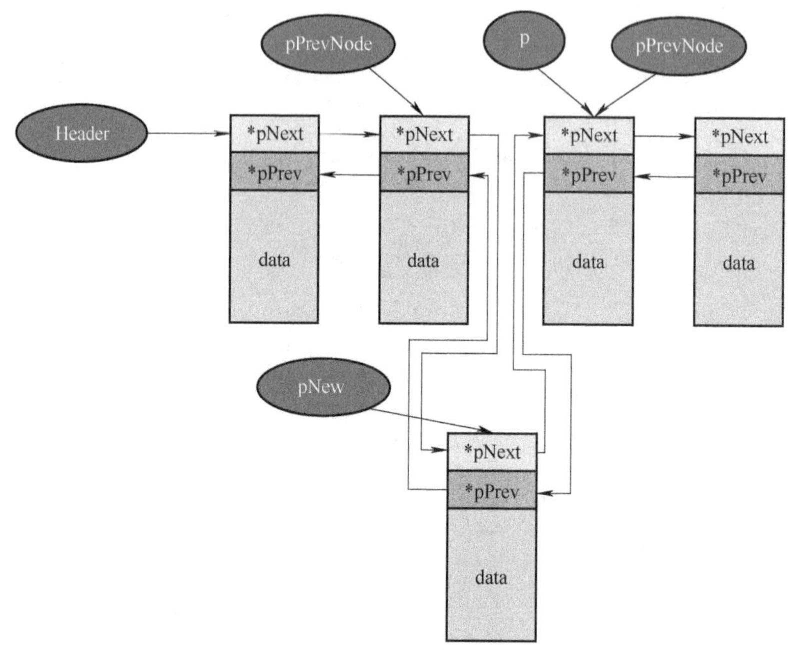

图 7-45　插入节点后的状态

```
//从链表里删除某条信息
static uint16_t deleteInfo(uint16_t searchNo)
{
  studentNode *p = getHandlerFromNo(searchNo);
  studentNode *pPrevNode=NULL, *pNextNode=NULL; //为了逻辑上看起来更清晰，多定义两个指针来指向当前节点的前后节点

  if(p == NULL)
  {
    printf("can not find the item~!\n");
    return 0;
  }

  pPrevNode=p->pPrev;
  pNextNode=p->pNext;

  if((pPrevNode != NULL)&&(pNextNode==NULL)) //如果要删除的是最后一个节点
  {
    pPrevNode->pNext = NULL;
  }
  else if((pPrevNode == NULL)&&(pNextNode != NULL)) //如果要删除的是第一个节点
  {
    pHeader = pNextNode;
    pNextNode->pPrev=NULL;
  }
  else
  {
    //将要被删除的信息从链表里脱离出来
    pPrevNode->pNext=pNextNode;
    pNextNode->pPrev=pPrevNode;
  }

  //释放节点占用的内存
  freeMemery(p);
}
```

图 7-46　deleteInfo( ) 函数的实现

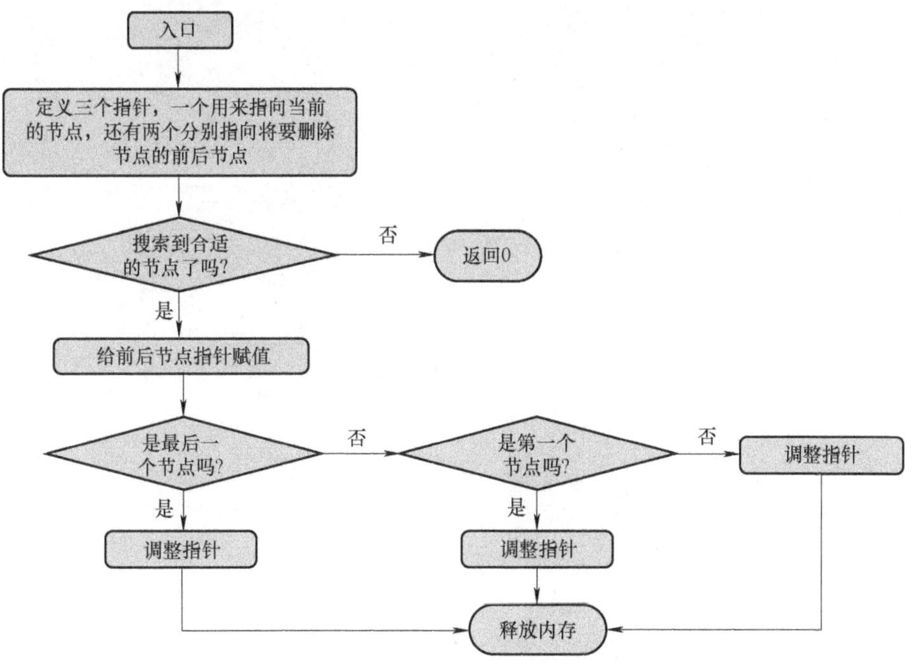

图7-47　deleteInfo( )函数流程图

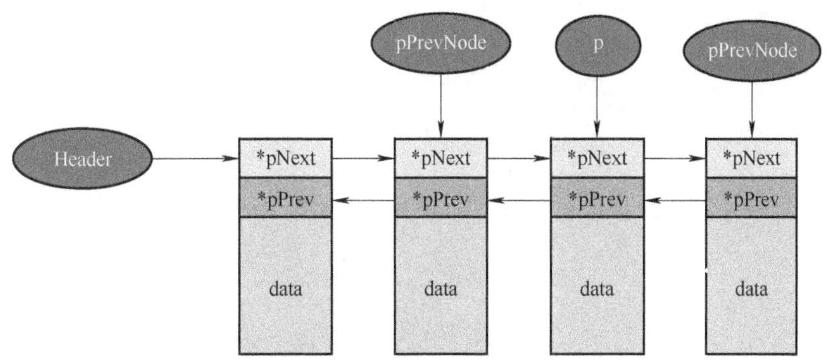

图7-48　删除节点前的状态

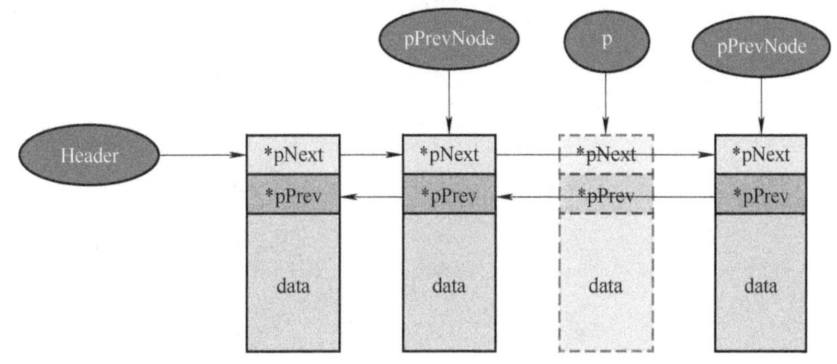

图7-49　删除节点后的状态

```
//显示整个链表
static void showLinkedList(void)
{
    uint16_t i=0;
    studentNode *p = pHeader;
    printf("=========list start=========\n");
    while(p != NULL)
    {
        i++;
        printf("[%d]: No=%d, \tName=%s, \tgender=%d,  \tbirthday=%d\n",
                        i, p->info.No, p->info.pName, p->info.Gender, p->info.Birthday);
        p=p->pNext;
    }
    printf("=========list end=========\n\n");
}
```

图 7-50　showLinkedList( )的实现

```
//创建一个用于测试链表的函数
void LinkedListTest(void)
{
    //先在链表里添加三个人的信息
    appendInfo(1,gpNameTable[0],0,19950101);
    appendInfo(2,gpNameTable[1],1,19950202);
    appendInfo(3,gpNameTable[2],1,19950303);
    //显示链表中的内容
    showLinkedList();

    //在学号为2的信息前插入新信息
    insertBefore(2,4,gpNameTable[3],0,19950404);
    //显示链表中的内容
    showLinkedList();

    //删除学号为1的信息
    deleteInfo(1);
    //在学号为3的信息前插入新信息
    insertBefore(3,6,gpNameTable[5],0,19950606);
    //显示链表中的内容
    showLinkedList();

    //在学号为4的信息前插入新信息
    insertBefore(4,5,gpNameTable[4],1,19950505);
    //显示链表中的内容
    showLinkedList();

    //删除学号为3的信息
    deleteInfo(3);
    //显示链表中的内容
    showLinkedList();
}
```

图 7-51　测试链表用函数的实现

```
数据接收                                                    UartAssist V4.3.2

=========list start=========
[1]: No=4,      Name=Eric,       gender=0,          birthday=19950404
[2]: No=2,      Name=Geogrge,    gender=1,          birthday=19950202
[3]: No=6,      Name=White,      gender=0,          birthday=19950606
[4]: No=3,      Name=Remon,      gender=1,          birthday=19950303
=========list end=========

=========list start=========
[1]: No=5,      Name=Quentin,    gender=1,          birthday=19950505
[2]: No=4,      Name=Eric,       gender=0,          birthday=19950404
[3]: No=2,      Name=Geogrge,    gender=1,          birthday=19950202
[4]: No=6,      Name=White,      gender=0,          birthday=19950606
[5]: No=3,      Name=Remon,      gender=1,          birthday=19950303
=========list end=========

=========list start=========
[1]: No=5,      Name=Quentin,    gender=1,          birthday=19950505
[2]: No=4,      Name=Eric,       gender=0,          birthday=19950404
[3]: No=2,      Name=Geogrge,    gender=1,          birthday=19950202
[4]: No=6,      Name=White,      gender=0,          birthday=19950606
=========list end=========
```

图 7-52　测试链表用函数的结果

第 8 章　Hello, World!

几乎所有的编程语言学习开始时都会有“Hello, World!”环节。那么这个不成文的默契从何而来？这也和 C 语言的诞生有关。1978 年，布莱恩 · 克尼汉在和 C 语言之父丹尼斯 · 里奇合著的书《C 程序设计语言》中引用了一个例子，这个例子可以在计算机终端显示一行字符串，而这个字符串就是“Hello, World!”。

当布莱恩 · 克尼汉被问及为什么选择“Hello, World!”时，他回答说：“我好像看过一幅漫画，讲述一颗鸡蛋和一只小鸡的故事，在那幅漫画中，小鸡说了一句‘Hello, World!’”。这是一个不经意的变革，充满了传奇，却又朴实无华。随着 C 语言的普及，这个例子被广泛作为编程语言入门教程的第一个实例。

对于现代计算机而言，这个例子的象征性大于实用性，往往一带而过，是一种对过往传奇的致敬。但在嵌入式系统中，要想完成这个简单的“Hello, World!”还是要付出不少代价的。原因很简单，很多嵌入式系统根本没有显示器，那么在哪里显示它们？答案是用串口。

8.1　单片机怎么实现 printf( )

凡是有一些 C 语言基础的读者对 printf( ) 这个函数都不会陌生，因为在 PC 上学习 C 语言的时候一定用这个函数在屏幕上输出过那激动人心的一串字符“Hello, World!”。笔者还记得老师在讲解的时候也是“一笔带过”。printf( ) 是一个结构化的字符串输出函数，可以把需要显示的信息通过整个函数输出到默认的终端上，我们都记住了它的用法，并且到处使用。毕竟，和计算机交流时用字符串最方便。遗憾的是，绝大多数老师往往只是告诉了我们这个结果，而不会深入探讨细节。由于篇幅限制，本书也无法非常深入地解释具体机制，但是我们能从有限的一些资料中有所发现。

printf( ) 已经纳入标准 C 语言库中，使用方便，但这带来的坏处是很难看到实现的细节。前面在讲解单片机启动流程的时候，曾提到过一个“_main”函数？它是在调用用户自己的 main 函数前被调用，有一些初始化工作被“_main”函数实现，比如堆栈的初始化。其实，还有一个重要的工作就是在这个阶段完成 C 语言库的初始化。printf( ) 是一个标准库函数，自然可以在标准可能存在的地方找到。于是要从 Keil 的安装目录去寻找线索。假如安装时没有修改安装目录，那么在“C：\Keil_v5\ARM\ARMCC\include”目录下应该能找到一个常见的头文件“stdio. h”，也就是人们常说的标准输入输出头文件。打开这个文件，能找到声明“extern _ARMABI int printf (const char * _restrict /* format */, ...) _attribute_ ((_nonnull_ (1)));”。“extern”就不解释了。“_ARMABI”是一个伪指令，表示这是一个针对 ARM 的二进制接口，换句话说就是库的接口。“_attribute_ ((_nonnull_ (1)))”表示调用函数时第一个参数不能为空。

这看起来是我们能看到的最深入的部分，但是还不能解答前面的疑问。printf( ) 是在输出终端显示一个字符串，而字符串是由一个个字符组成的，换句话说，printf( )是通过不断调用另一个更基础的函数 fputc( )来实现的，而且对于这个标准库函数而言，一定是要结合特定硬件来实现 fputc( )功能。以此为线索，再尝试寻找一下 fputc( )函数。从逻辑层面可以非常容易地定位所要搜寻的范围，那就是“at32_board. c”文件，因为凡是和特定的硬件或者芯片相关的重要函数，一般都放在一个名为“xxx_board. c”的文件里。但也不要绝对化。幸运的是，本书所用的芯片还是比较符合常理的，在这个文件的开头就有相关代码。

如图 8-1 所示，fputc( )函数最终通过一个名为“USART_SendData( )”的函数来实现，而 USART_SendData( )函数正如前面所说，是通过串口来输出的。至此，我们又向前迈进了一大步：通过这个简单的例子理清了 ARM 库和具体实现的关系。

```
/*
 ************************************************************************
 * File Name    : at_board.c
 * Description  : 1. Set of firmware functions to manage Leds, push-button and COM ports.
 *                2. initialize Delay Function and USB
 * Date         : 2018-11-28
 * Version      : V1.0.2
 ************************************************************************
 */

#include "at32_board.h"
#include "stdio.h"


#ifdef __GNUC__
  /* With GCC/RAISONANCE, small printf (option LD Linker->Libraries->Small printf
     set to 'Yes') calls __io_putchar() */
  #define PUTCHAR_PROTOTYPE int __io_putchar(int ch)
#else
  #define PUTCHAR_PROTOTYPE int fputc(int ch, FILE *f)
#endif /* __GNUC__ */

/*delay macros*/
#define STEP_DELAY_MS 500

/*AT-START LED resouce array*/
GPIO_Type *LED_GPIO_PORT[LED_NUM] = {LED1_GPIO, LED2_GPIO, LED3_GPIO, LED4_GPIO};
uint16_t LED_GPIO_PIN[LED_NUM]    = {LED1_PIN, LED2_PIN, LED3_PIN, LED4_PIN};
uint32_t LED_GPIO_RCC_CLK[LED_NUM] = {LED1_GPIO_RCC_CLK, LED2_GPIO_RCC_CLK, LED3_GPIO_RCC_CLK, LED4_GPIO_RCC_CLK};

/*AT-START Button resouce arry*/
GPIO_Type *BUTTON_GPIO_PORT[BUTTON_NUM] = {BUTTON_WAKEUP_GPIO, BUTTON_USER_KEY_GPIO};
uint16_t BUTTON_GPIO_PIN[BUTTON_NUM]    = {BUTTON_WAKEUP_PIN, BUTTON_USER_KEY_PIN};
uint32_t BUTTON_GPIO_RCC_CLK [BUTTON_NUM] = {BUTTON_WAKEUP_RCC_CLK, BUTTON_USER_KEY_RCC_CLK};

/*delay variable*/
static __IO float fac_us;
static __IO float fac_ms;

/**
  * @brief  Retargets the C library printf function to the USART.
  * @param  None
  * @retval None
  */
PUTCHAR_PROTOTYPE
{
  USART_SendData(AT32_PRINT_UART, ch);
  while ( USART_GetFlagStatus(AT32_PRINT_UART, USART_FLAG_TRAC) == RESET );
  return ch;
}
```

图 8-1 fputc( )函数的实现

接下来继续讨论如何实现输出字符串。新建工程，命名为“sample1”，内容和 sample0 一样。重新创建工程一则再熟悉一下建立工程和配置工程的流程，二来可以保留第一个工作成果，后续如果需要还能参考。

使用串口非常简单，只需要做两件事情。

1）调用初始化程序 UART_Print_Init( )。这个函数只有一个参数需要设置，就是波特率，简单来说就是传输速度。比如设置为 9600 意味着每秒大约传输 9600 个有效编码元。有效编码元并不等同于有效的位，但是大约等同。波特率越高传输速度就越快，但是也不建议设置太高。首先硬件本身支持的速度是有上限的（AT32F407 的上限高达 6. 25Mbit/s）；其次，接收方也要能达到同样的速度；最后，速度太高会占用过多的系统资源，功耗也会提高。所以，人们常用的波特率是 115200。波特率这个概念其实有些老旧，但是大家都比较习惯用它。波特率的数值都比较奇怪，这源自最早的调制解调器和 RS232 标准。最早的标准是 2400Hz 的信号，后来在提速的时候考虑到兼容性问题，都基于 2400 倍频。现在的 UART 速度可以灵活设置，只要不超过芯片支持的最高速度就可以。另外，收发两端的速度应该设置成一样。

2）使用：直接调用 printf( ) 函数，如图 8-2 所示。

```
/**
  * @brief  Main Function.
  * @param  None
  * @retval None
  */
int main(void)
{
  gButtonType = BUTTON_WAKEUP; // 定义按键，赋初值，在这里没有实际作用，后面会初始化

  RCC_APB2PeriphClockCmd(RCC_APB2PERIPH_AFIO, ENABLE);  // 使能APB2总线上的I/O复用模块时钟
                                                        // I/O复用模块可以将芯片内的不同功能映射到I/O上

  AT32_Board_Init();  // 在这个函数里会对按键、LED等功能做初始化
                      // 如果进入函数体内，就可以看到按键被定义在USER标号的按键上

  MCO_Config();  // 配置时钟输出引脚

  BUTTON_EXTI_Init(gButtonType);  // 配置中断源，把按键的事件联系到中断源上

  UART_Print_Init(115200);  //调用初始化程序，并设置波特率为115200

  while(1)
  {
    AT32_LEDn_Toggle(LED2);  // 反转LED2的状态
    Delay_ms(gSpeed * DELAY); //  延迟一段时间
    AT32_LEDn_Toggle(LED3);   // 反转LED3的状态
    Delay_ms(gSpeed * DELAY); //  延迟一段时间
    AT32_LEDn_Toggle(LED4);  //反转LED4的状态
    Delay_ms(gSpeed * DELAY);  //延迟一段时间
    printf("Hello World~! \n"); //从串口输出字符串
  }
}
```

图 8-2　在 sample1 工程的 main 函数中添加两行代码

最后，请单击编译按钮，编译将顺利完成。

8.2　串口的使用

既然讲到了 UART，那么这个学习板有个小细节需要提一下。一般情况下，从 UART 输出的字符串或者数据需要通过一个转换器连接电脑，然后在 PC 端使用串口调试工具才能正常显示。这就意味着还需要另外准备一个转换器来连接电脑，常见的是 USB to UART 转换器，还需要通过杜邦线或其他手段连接板子上的接口和转换器，使用起来不太方便。而本书配套学习板上的 UART 直接连到了前面提到过的板载调试器上，用一根 USB 调试线连接板载调试器后，既能调试，也可以用 PC 上的串口调试软件连接串口，不需要额外的设备，非常方便。

前面的工程编译好了，接下来要实际测试一下。请用学习板附带的 USB 线连接 PC 和板子，然后单击下载按钮。在默认配置下，下载结束后 MCU 不会自动开始运行，所以为了让程序运行，需要按一下“RESET”按钮。也可以单击 Keil 中的调试按钮，弹出调试界面后，再单击连续运行按钮，如图 8-3 所示。

此时，程序就开始运行了。打开一个串口调试工具（如果没有，可以在本书配套的下载资料里找到“mSlinkSerialPortTool. exe”并安装，如图 8-4 所示），选择串口端口号。因为是 USB 虚拟出来的串口，所以每台 PC 上的端口号不一样，笔者的 PC 端口号是“COM15”。请按图 8-4 所示的配置来设置串口调试工具，配置后单击“打开端口”按钮，然后就是“见证奇迹的时刻”，如图 8-5 所示。

我们终于看到了“Hello World ~ !”。它是学习板对你说出的第一句话，它会不断地重复。

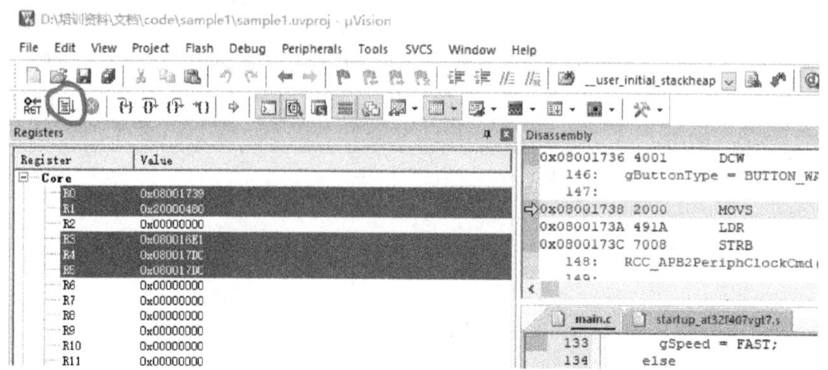

图 8-3　在调试界面单击连续运行按钮

图 8-4　串口调试工具界面

图 8-5　“Hello World ~ !” 从串口调试器工具中显示出来

第9章　中　　断

前面已经提过中断的概念，中断就是停止当前的工作去做另外一件事情，做完后再返回继续原来的工作。这样理解没有问题，但可以再深入一些。在嵌入式系统里，中断是驱动所有事件的源头。

9.1 中断是事件驱动的核心

试想，作为人而言，所有的行为都来自感知。有来自外部世界的，比如视觉、听觉、嗅觉、触觉等；也有来自自身的，比如饥饿、口渴、困乏等。根据这些感知（或者称之为"事件"），人会有相应的行为：饿了就去找吃的，困了就休息。总之，一切行为都来自事件，先有事件再有行为（或称之为"响应"）。当然，量子世界颠覆了这个因果关系，所以量子计算是不适合这种思维模式的。

在嵌入式系统中，所有的处理也要基于特定的事件，在没有事件的时候，绝大多数的状态是"睡觉"。嵌入式系统中的事件，基本都是由"中断"触发的，比如，来自外界的按键、其他外设的中断信号，来自于内部的时钟等，甚至于上电、掉电、复位这些事件，也被包含在中断之中。因此，大家对于中断的理解应该更加宽泛：任何改变软件、硬件状态的事件都可以理解为中断。拓展了这个概念后，大家在后面的内容中就会更自然地理解一些问题。

在中断的世界中，人们习惯称一个事件的处理程序为 XXX Handler。"Handler" 的本意是操作者、搬运工、驯兽师，在软件领域它变成了一个专用术语"句柄"，这个术语其实还是比较形象的：每个中断代表发生了一个事件，然后自然需要完成一定的操作。当提到一个句柄的时候，就把它联想成针对某个事件的处理函数。在面向对象的编程中，句柄还被赋予了更多的含义，比如打开了一个文件，那么这个文件就被赋予了一个句柄，后续对于这个文件的操作都通过这个句柄来实现。

9.2 异常和中断

ARM 架构里引入了"异常"的概念。异常指的是来自芯片内部的一些事件，比如总线错误、上电 Reset、SVC、调试监控等，其实和中断相似，所以在后面笔者会混用"异常"和"中断"这两个词。既然中断这么重要，就先看一下到底有哪些中断。不同芯片的中断数量和名称有所区别。还是直接看代码，请打开 sample1 工程，然后打开"startup_at32f407vgt7. s"文件，找到中断向量表，如图 9-1 所示。下面进行代码讲解。

42 行：前面解释过，这是向量表入口，是栈的起始位置值。

43 行：这就是系统上电或者硬件 Reset 时的中断入口。这里有一个名为"Reset_Handler"的程序入口，在本文件的第 148 行可以找到这个程序的本体。

```
42 __Vectors        DCD     __initial_sp               ; Top of Stack
43                  DCD     Reset_Handler              ; Reset Handler
44                  DCD     NMI_Handler                ; NMI Handler
45                  DCD     HardFault_Handler          ; Hard Fault Handler
46                  DCD     MemManage_Handler          ; MPU Fault Handler
47                  DCD     BusFault_Handler           ; Bus Fault Handler
48                  DCD     UsageFault_Handler         ; Usage Fault Handler
49                  DCD     0                          ; Reserved
50                  DCD     0                          ; Reserved
51                  DCD     0                          ; Reserved
52                  DCD     0                          ; Reserved
53                  DCD     SVC_Handler                ; SVCall Handler
54                  DCD     DebugMon_Handler           ; Debug Monitor Handler
55                  DCD     0                          ; Reserved
56                  DCD     PendSV_Handler             ; PendSV Handler
57                  DCD     SysTick_Handler            ; SysTick Handler
58
59                  ; External Interrupts
60                  DCD     WWDG_IRQHandler            ; Window Watchdog
61                  DCD     PVD_IRQHandler             ; PVD through EXTI Line detect
62                  DCD     TAMPER_IRQHandler          ; Tamper
63                  DCD     RTC_IRQHandler             ; RTC
64                  DCD     FLASH_IRQHandler           ; Flash
65                  DCD     RCC_IRQHandler             ; RCC
66                  DCD     EXTI0_IRQHandler           ; EXTI Line 0
67                  DCD     EXTI1_IRQHandler           ; EXTI Line 1
68                  DCD     EXTI2_IRQHandler           ; EXTI Line 2
69                  DCD     EXTI3_IRQHandler           ; EXTI Line 3
70                  DCD     EXTI4_IRQHandler           ; EXTI Line 4
71                  DCD     DMA1_Channel1_IRQHandler   ; DMA1 Channel 1
72                  DCD     DMA1_Channel2_IRQHandler   ; DMA1 Channel 2
73                  DCD     DMA1_Channel3_IRQHandler   ; DMA1 Channel 3
74                  DCD     DMA1_Channel4_IRQHandler   ; DMA1 Channel 4
75                  DCD     DMA1_Channel5_IRQHandler   ; DMA1 Channel 5
76                  DCD     DMA1_Channel6_IRQHandler   ; DMA1 Channel 6
77                  DCD     DMA1_Channel7_IRQHandler   ; DMA1 Channel 7
78                  DCD     ADC1_2_IRQHandler          ; ADC1 & ADC2
79                  DCD     USB_HP_CAN1_TX_IRQHandler  ; USB High Priority or CAN1 TX
80                  DCD     USB_LP_CAN1_RX0_IRQHandler ; USB Low  Priority or CAN1 RX0
81                  DCD     CAN1_RX1_IRQHandler        ; CAN1 RX1
82                  DCD     CAN1_SCE_IRQHandler        ; CAN1 SCE
83                  DCD     EXTI9_5_IRQHandler         ; EXTI Line [9:5]
84                  DCD     TMR1_BRK_TMR9_IRQHandler   ; TMR1 Break and TMR9
85                  DCD     TMR1_OV_TMR10_IRQHandler   ; TMR1 Update and TMR10
86                  DCD     TMR1_TRG_COM_TMR11_IRQHandler  ; TMR1 Trigger and Commutation and TMR11
87                  DCD     TMR1_CC_IRQHandler         ; TMR1 Capture Compare
```

图 9-1　中断向量表

44 行：一个不可屏蔽中断，有一个名为“NMI_Handler”的句柄。NMI 是“Non Maskable Interrupt”的简称，来自外部事件。普通的中断可以在软件中被屏蔽，因为软件可能在处理一些非常重要的事情而不希望被打断。系统里只有这一个不可屏蔽中断。

45 行：硬件错误中断。HardFault_Handler，顾名思义就是当某些硬件操作出现故障或冲突的时候会产生这个中断。

46 行：内存管理错误中断。

47 行：总线错误中断。

48 行：使用错误中断。往往是在不合适的状态下使用了某个被禁止使用的指令时发生。

49 ~ 52 行：保留，没有使用。

53 行：系统服务调用。一般是为操作系统准备的。

54 行：调试监控句柄。

56 行：可挂起的系统服务请求。也是为操作系统准备的。

57 行：系统节拍时钟句柄。也是为操作系统准备的，没有操作系统的时候也能当作普通的定时器来用。

内核相关的中断到此为止，后面都是外部中断。注意，这个“外部”不是指芯片外部，而是指 MCU 内核的外部。后面的中断句柄非常多，一般不需要修改，有兴趣可以自己浏览一下。

讲到这里，再提一下这个特殊的寄存器 VTOR。它允许用户修改中断向量表的位置。前面提过，中断向量表是放在 Flash 的起始位置的，这样 MCU 就可以在上电的时候直接进入 Reset_Handler 开始运行程序。但是在实际情况中，还可能出现其他的情况。比如带有 Boot ROM 的单片机。Boot ROM 是一个特殊的存储器，往往在芯片出厂的时候就被编程了，这个程序是不能修改的，并且其程序空间往往是存储器访问地址的开始一段，如图 9-2 所示。

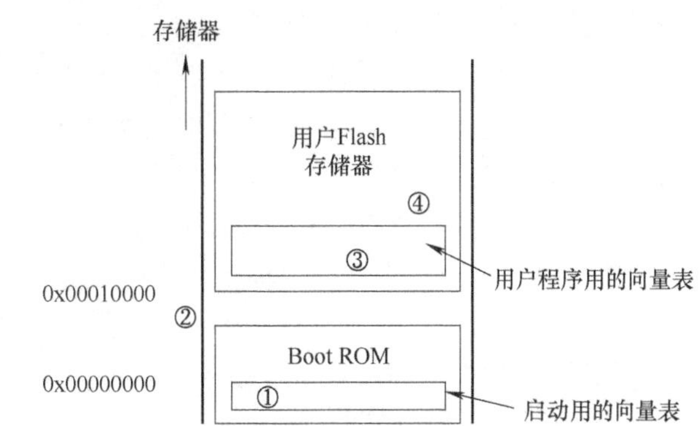

图 9-2　中断向量表重定位

在这种情况下，MCU 启动后自然会先运行 Boot ROM 中的程序。当 Boot ROM 中的程序结束时，会重置 VTOR 寄存器，把向量表的地址指向用户程序所在的 Flash，然后运行用户程序。这种应用往往比较复杂，而芯片厂商希望减少用户理解和使用的复杂度，所以预先对芯片的一些关键寄存器和功能做了配置。在 Linux、Android、Windows 等多任务操作系统中经常见到的 Boot loader 就是这类方法，当然其复杂度要高于这里的情况。

还有一种情况是比较高级的应用。当把程序存储在一个外部设备时，若芯片内部的程序希望加载一个来自外部的程序（比如 SD 卡上一个编译好的程序），那么也可以用到这个机制，如图 9-3 所示。

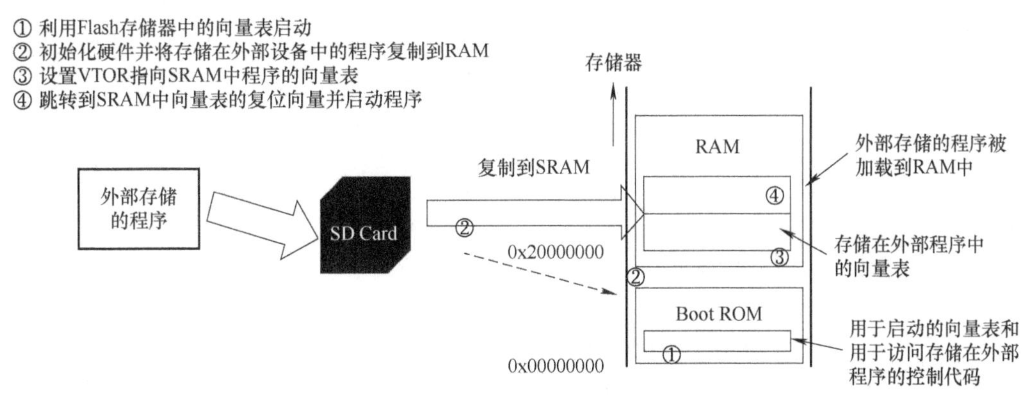

图 9-3　从外部存储器加载程序

内部程序从 Flash 启动，然后将外部程序复制到 RAM 中，再重置 VTOR 寄存器，最后跳转到 RAM 中执行程序。这种方式有点像 PC 的启动模式，因为 PC 的程序全部存储在硬盘上，程序运行时都要加载到 RAM 中。还有一些其他情况，这里就不一一介绍了。

中断有很多，而且可以嵌套，即当 MCU 处理一个中断的时候可以由另一个中断来打断当前的中断。能不能打断当前的中断就决定于中断的优先级（中断的优先级越高数字越小)。中断也可以被屏蔽，但不要混淆屏蔽和优先级的概念。用一个生活场景来举例，比如，一位男士在和漂亮姑娘搭讪，如果屏蔽了“帅哥，游泳、健身了解一下”事件，那么当他拿到姑娘微信后，也不会理会推销员的请求，但是如果他的确有减肥的想法，那么拿到姑娘的微信后，他会回过头去找推销员了解一下。这就是屏蔽和优先级的差异。同时大家也能从中体会到中断处理程序必须非常简短。比如，和姑娘搭讪不会一直聊下去，一定是拿到微信或电话号码后就结束当前任务了（当然，被拒绝也会结束任务）。处理中断的时候，处理器是处于特别状态的，而且中断处理时间太长其他低优先级的事件也就无法响应了。试想，为了拿到姑娘的联系方式耗费了很长时间，推销员可能已经离开了。

总之，中断会打断正常的 MCU 程序处理流程，需要特别对待，尽量不要在中断程序里做太多的事情，往往只是设置一个标志，或把关键数据临时保存一下，然后退出中断，让程序去处理更多的事情。有操作系统的场合往往只是发消息给特定的线程处理。在中断函数里不要出现循环语句或者“delay( )”这样的函数，否则容易影响整个系统的时序，比如导致其他低优先级的中断无法及时响应。也不要在中断函数里定义非常大的局部变量，比如一个大数组，因为这很容易导致栈溢出，让系统崩溃。在有操作系统的场合，还有其他注意事项，这里不再介绍。

9.3 按键中断

本书偏向应用和实践，所以本节仍以一个真实的例子为主。接着用 sample1 工程。前面用这个工程输出了“Hello World ~!”，其实这个例子里也包含按键中断。

注意，在分析代码前，请确保已打开 sample1 工程并且完成了编译、下载，然后运行一下。这个例子会模拟一个“跑马灯”。按下板子上的“USER”键，你会发现每次按下后“跑马灯”的速度会变化。

如图 9-4 所示，main 函数里调用了一个按键中断初始化函数。这个函数的本体在“main. c”文件的第 81 行，如图 9-5 所示。

```
  */
int main(void)
{
  gButtonType = BUTTON_WAKEUP; // 定义按键，赋初值，在这里没有实际作用，后面会初始化

  RCC_APB2PeriphClockCmd(RCC_APB2PERIPH_AFIO, ENABLE);  // 使能APB2总线上的I/O复用模块时钟
                                                        // I/O复用模块可以将芯片内的不同功能映射到I/O上

  AT32_Board_Init();  // 在这个函数里会对按键、LED等功能做初始化
                      // 如果进入函数体内，可以看到按键被定义在USER标号的按键上

  MCO_Config();  // 配置时钟输出引脚

  BUTTON_EXTI_Init(gButtonType);  // 配置中断源，把按键的事件联系到中断源上

  UART_Print_Init(115200);  //调用初始化程序，并设置波特率为115200

  while(1)
  {
    AT32_LEDn_Toggle(LED2);  // 反转LED2的状态
    Delay_ms(gSpeed * DELAY); // 延迟一段时间
    AT32_LEDn_Toggle(LED3);   // 反转LED3的状态
    Delay_ms(gSpeed * DELAY); // 延迟一段时间
    AT32_LEDn_Toggle(LED4);  //反转LED4的状态
    Delay_ms(gSpeed * DELAY);  //延迟一段时间
    printf("Hello World~! \n"); //从串口输出字符串
  }
}
```

图 9-4　调用按键中断初始化函数

```
/**
  * @brief  Configure Button EXTI
  * @param  Button: Specifies the Button to be configured.
  * @retval None
  */
void BUTTON_EXTI_Init(BUTTON_Type button)
{
  EXTI_InitType EXTI_InitStructure;    //声明一个专用的结构体，用于配置中断线
  NVIC_InitType NVIC_InitStructure;    //声明一个专用的结构体，用于配置中断控制器

  GPIO_EXTILineConfig(BUTTON_EXTI_SOURCE_PORT[button], BUTTON_EXTI_SOURCE_PIN[button]); //调用一个专用函数来将内部中断线和外部引脚相连
  EXTI_StructInit(&EXTI_InitStructure);  //将前面声明的结构体中的内容用默认值做初始化
  //---------根据实际情况初始化按键中断结构体
  EXTI_InitStructure.EXTI_Line = BUTTON_EXTI_LINE[button];
  EXTI_InitStructure.EXTI_Mode = EXTI_Mode_Interrupt;
  EXTI_InitStructure.EXTI_LineEnable = ENABLE;
  EXTI_InitStructure.EXTI_Trigger = EXTI_Trigger_Rising;
  EXTI_Init(&EXTI_InitStructure); // 用结构体中的内容来初始化中断线
  //---------根据实际情况初始化中断控制器结构体
  NVIC_InitStructure.NVIC_IRQChannel = BUTTON_EXTI_IRQ[button];
  NVIC_InitStructure.NVIC_IRQChannelCmd = ENABLE;
  NVIC_InitStructure.NVIC_IRQChannelPreemptionPriority = 1;
  NVIC_InitStructure.NVIC_IRQChannelSubPriority = 1;
  NVIC_Init(&NVIC_InitStructure); // 用结构体中的内容来初始化中断控制器
}
```

图 9-5　按键中断初始化函数本体

接下来需要找到中断处理函数，或者句柄。同样，在“main. c”文件里能找到两个看起来像句柄的函数：“EXTI0_IRQHandler”和“EXTI15_10_IRQHandler”。到底是哪个？既然是实践，那能不能通过动手试验的方法来判断？有两种方法可以试试。

首先可以考虑设置断点（break point）。进入调试模式后，在所要设置断点的代码行前单击一下就会产生一个红点，如图 9-6 所示，然后单击运行按钮就可以观察程序会不会停在

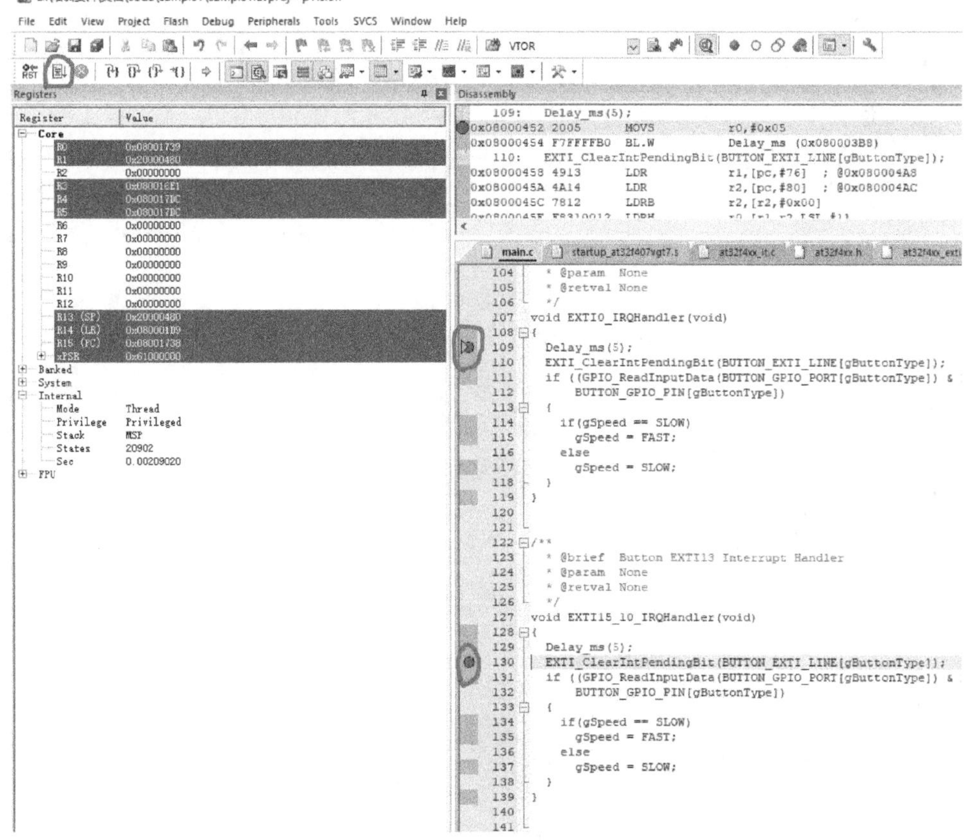

图 9-6　设置调试断点

设置断点的地方。想要取消断点，就停止程序运行，然后再次单击这个红点。设置断点后单击运行按钮，会观察到板子上的“跑马灯”在闪烁，然后按下板子上的“USER”键，就能看到调试窗口停在了“EXTI0_IRQHandler”内的断点上，同时“跑马灯”也停止了。这说明按下按键后产生的中断来到了“EXTI0_IRQHandler”句柄。再次单击运行按钮，让程序继续运行下去，此时板子上的“跑马灯”又开始闪烁了；按下“USER”键，程序又会停在同一个位置。重复几次这样的操作会发现，程序始终不会停在“EXTI15_10_IRQHandler”的断点上。此时基本可以确定，这个函数目前没有作用。当然为了谨慎起见，可以不同时设置两个断点，而是分别设置断点，看一下是不是真的不会运行“EXTI15_10_IRQHandler”，这个工作请各位自己来完成。

在继续分析前，先思考一个问题。有没有发现程序正常运行时，通过按“USER”键会让“跑马灯”的闪烁速度发生变化，但是在刚才的断点实验中，“跑马灯”的速度好像不会变化？这是为何？

第二个调试方法是利用串口 printf。这次用 printf 输出“ I am here”。在刚才的两个中断函数中添加两个 printf 语句，看看效果。注意，之所以把这个方法列为第二个方法，是因为 printf 函数其实很复杂，也比较耗费时间，一般笔者不会在中断函数中使用。但这是一个展示用 printf 来调试程序的机会，所以就试试吧。添加新的 printf 语句时，也把原来的 printf 语句注释掉，如图 9-7 所示。

```
void EXTI0_IRQHandler(void)
{
  Delay_ms(5);
  EXTI_ClearIntPendingBit(BUTTON_EXTI_LINE[gButtonType]);
  if ((GPIO_ReadInputData(BUTTON_GPIO_PORT[gButtonType]) & BUTTON_GPIO_PIN[gButtonType]) == \
      BUTTON_GPIO_PIN[gButtonType])
  {
    if(gSpeed == SLOW)
      gSpeed = FAST;
    else
      gSpeed = SLOW;
  }
  printf("I am here : %s \n", __func__);
}


/**
  * @brief  Button EXTI13 Interrupt Handler
  * @param  None
  * @retval None
  */
void EXTI15_10_IRQHandler(void)
{
  Delay_ms(5);
  EXTI_ClearIntPendingBit(BUTTON_EXTI_LINE[gButtonType]);
  if ((GPIO_ReadInputData(BUTTON_GPIO_PORT[gButtonType]) & BUTTON_GPIO_PIN[gButtonType]) == \
      BUTTON_GPIO_PIN[gButtonType])
  {
    if(gSpeed == SLOW)
      gSpeed = FAST;
    else
      gSpeed = SLOW;
  }
  printf("I am here : %s \n", __func__);
}
```

图 9-7 用 printf 来调试

重新编译、下载，然后按一下“RESET”键，“跑马灯”将正常运行。然后打开串口调试工具，按照前面介绍的方法连接、设置串口，并打开串口。现在按下“USER”键看看效果。每按下一次就会在屏幕上输出一句话，而且每次都一样，如图 9-8 所示。因此可以确定，程序没有运行到“EXTI15_10_IRQHandler”中。

顺便提一下，这里的 printf 函数中用了“_func_”保留字，它会让 printf 函数把当前所在的函数名打印出来，非常方便。

接着来看一个前面刻意隐藏的问题：GPIO 的中断怎么关联到具体的中断号上？不同的芯片有不同的方法。AT32F407 内部有 20 根中断线负责外部事件，其中有 16 根线可以和外部 GPIO 连接，对应关系如图 9-9 所示。

图 9-8　用 printf 调试的结果

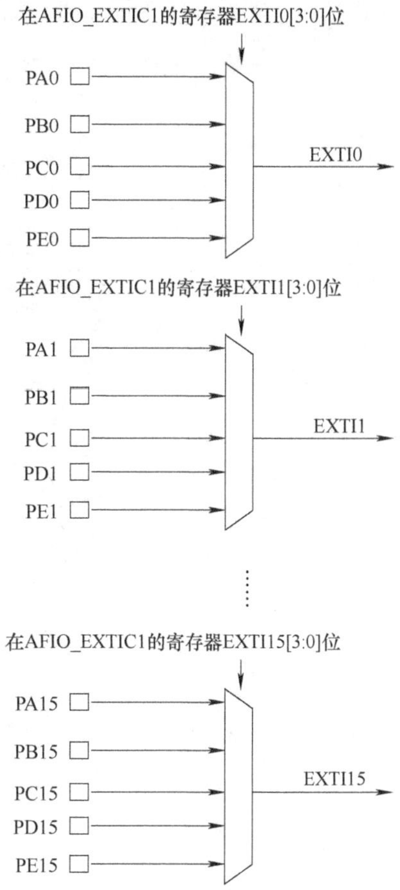

图 9-9　GPIO 和内部中断线的对应关系

五个 GPIO 端口分别是 PA（Port A）、PB（Port B）、PC（Port C）、PD（Port D）和 PE（Port E），每个端口有 16 个 GPIO，一共 80 个 GPIO 都可以产生中断。

再看一下学习板上的硬件连接。从图 9-10 可以看出，硬件连接是把按键接到了 PA0 上，PC13 是悬空的。了解电路板构成的读者可以在学习板的反面找到 R19 和 R21 这两个电阻的位置进行 DIY。

再从芯片启动部分（就是那个唯一的“. s”文件）找到一些信息。从图 9-11 中可以看出，16 个中断线被连接到了中断控制器的 7 个中断号上。

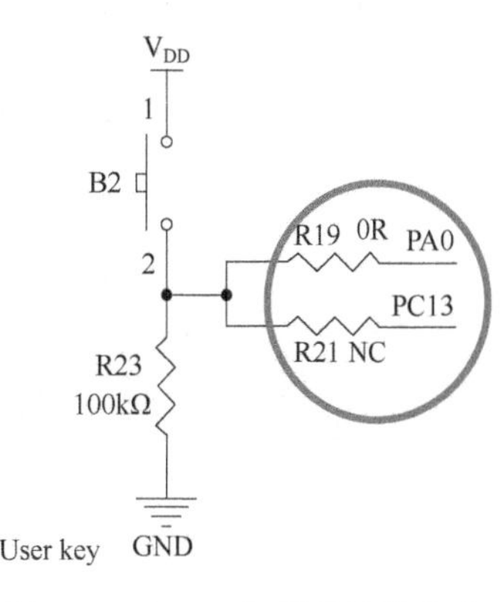

图 9-10　“USER”键的连接方式

数据手册上的信息、学习板上的硬件信息，以及代码非常清晰。此时再回到图 9-5，对其理解会更加深入。整个 GPIO 中断初始化需要两部分，先是把外部引脚和内部中断线关联起来，然后将内部中断线和内核的中断控制器关联起来。

至此，按键中断的例子已经完成了。总结一下：中断使用前要初始化，必须有中断处理函数，中断处理函数中不要做太多事情。这个例子非常完美地展示了如何在中断函数中记录一些状态，然后在主程序中根据状态来调整运行方式，比如调整“跑马灯”的速度。

```
                DCD     RCC_IRQHandler                  ; RCC
                DCD     EXTI0_IRQHandler                ; EXTI Line 0
                DCD     EXTI1_IRQHandler                ; EXTI Line 1
                DCD     EXTI2_IRQHandler                ; EXTI Line 2
                DCD     EXTI3_IRQHandler                ; EXTI Line 3
                DCD     EXTI4_IRQHandler                ; EXTI Line 4
                DCD     DMA1_Channel1_IRQHandler        ; DMA1 Channel 1
                DCD     DMA1_Channel2_IRQHandler        ; DMA1 Channel 2
                DCD     DMA1_Channel3_IRQHandler        ; DMA1 Channel 3
                DCD     DMA1_Channel4_IRQHandler        ; DMA1 Channel 4
                DCD     DMA1_Channel5_IRQHandler        ; DMA1 Channel 5
                DCD     DMA1_Channel6_IRQHandler        ; DMA1 Channel 6
                DCD     DMA1_Channel7_IRQHandler        ; DMA1 Channel 7
                DCD     ADC1_2_IRQHandler               ; ADC1 & ADC2
                DCD     USB_HP_CAN1_TX_IRQHandler       ; USB High Priority or CAN1 TX
                DCD     USB_LP_CAN1_RX0_IRQHandler      ; USB Low  Priority or CAN1 RX0
                DCD     CAN1_RX1_IRQHandler             ; CAN1 RX1
                DCD     CAN1_SCE_IRQHandler             ; CAN1 SCE
                DCD     EXTI9_5_IRQHandler              ; EXTI Line [9:5]
                DCD     TMR1_BRK_TMR9_IRQHandler        ; TMR1 Break and TMR9
                DCD     TMR1_OV_TMR10_IRQHandler        ; TMR1 Update and TMR10
                DCD     TMR1_TRG_COM_TMR11_IRQHandler   ; TMR1 Trigger and Commutation and TMR11
                DCD     TMR1_CC_IRQHandler              ; TMR1 Capture Compare
                DCD     TMR2_GLOBAL_IRQHandler          ; TMR2
                DCD     TMR3_GLOBAL_IRQHandler          ; TMR3
                DCD     TMR4_GLOBAL_IRQHandler          ; TMR4
                DCD     I2C1_EV_IRQHandler              ; I2C1 Event
                DCD     I2C1_ER_IRQHandler              ; I2C1 Error
                DCD     I2C2_EV_IRQHandler              ; I2C2 Event
                DCD     I2C2_ER_IRQHandler              ; I2C2 Error
                DCD     SPI1_IRQHandler                 ; SPI1
                DCD     SPI2_I2S2EXT_IRQHandler         ; SPI2 & I2S2EXT
                DCD     USART1_IRQHandler               ; USART1
                DCD     USART2_IRQHandler               ; USART2
                DCD     USART3_IRQHandler               ; USART3
                DCD     EXTI15_10_IRQHandler            ; EXTI Line [15:10]
```

图 9-11　外部中断线在中断向量表里的位置

第 10 章　I²C 总线实验

这里谈到的总线不是指芯片内部 AHB、APB 之类的总线，而是指芯片外部的总线。本书以实践为主，所以本章将针对学习板上的一些总线做实际的演示和分析。这部分内容是本书“正式实践”的开始，尽可能让大家体验完整的嵌入式系统编程过程。

前面对 I²C 总线有过简单的介绍，本章开始相关实验，同时更深入地学习。I²C 总线在实际场景中使用非常多，是一种常见的板级总线。为方便起见，本章用学习板上的一个温湿度传感器来进行实验。温湿度传感器是非常常见的低速器件，基本都是采用 I²C 总线接口。

10.1 看一下原理图

做任何实验时首先都要了解一下硬件，所以我们先看一下原理图。各位可以从下载资料中找到“AT32_Demo_Board. pdf”，在该文档的第 6 页可以找到图 10-1 所示原理图。

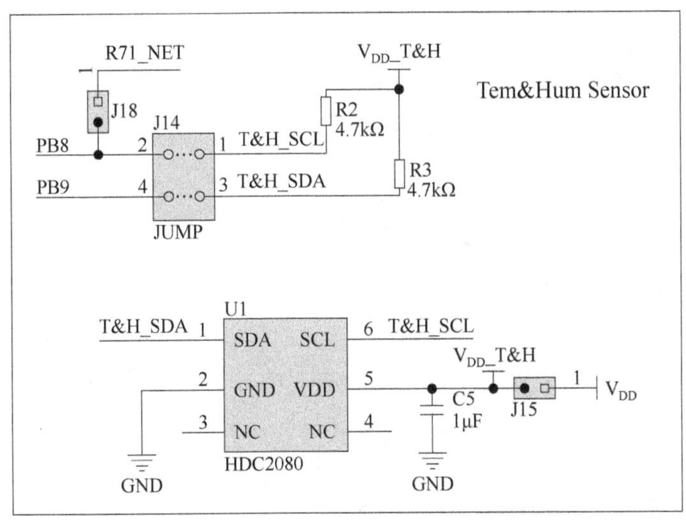

图 10-1　温湿度传感器原理图

从原理图中可以看到，需要将两个上拉电阻 R2 和 R3 连通，I²C 总线的“SCL”和“SDA”分别接到 PB8（Port B 的 8 脚）和 PB9（Port B 的 9 脚）引脚上。同时留意一下 T18 跳线：因为 GPIO 有限，所以这个引脚是硬件复用的。如果调试 I²C 功能，请断开这个引脚；如果调试以太网功能，请连接这个引脚。这是非常重要的信息，在编写单片机软件的时候要根据这两个引脚的硬件功能来配置。原理图上还有一个 J14，这是一个跳线，所以在实际操作的时候还要在学习板上将跳线连接，才能将 HDC2080 的 SCL 和 SDA 两个引脚连通。另外，由于 GPIO 数量的限制，SCL 和以太网芯片的一个 TX 引脚在硬件层面是复用的，做 I²C 实验时需要把 SCL 引脚和以太网芯片断开。这就是嵌入式系统工程师需要软硬结合的体现之一，了解引脚连接什么才能正确编程。

10.2 看一下数据手册

接下来看一下器件的功能。在下载资料中找到“HDC2080. pdf”，这是温湿度传感器的数据手册。在数据手册第一页就能看到芯片的官方推荐硬件接线图，如图 10-2 所示。

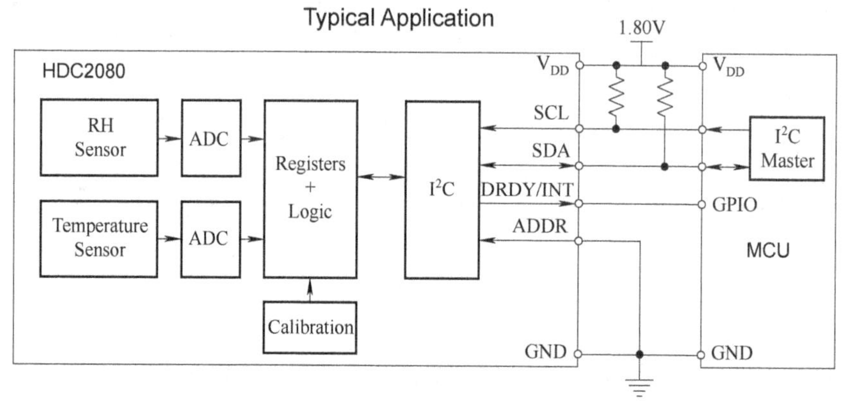

图 10-2　温湿度传感器典型接线图

首先将图 10-2 和图 10-1 做个比较，就会发现除了电源和地以外，图 10-1 只接了 SCL 线和 SDA 线，另外两根线 DRDY/INT 和 ADDR 没有连接。这是为什么呢？在实际工作中，这种问题是需要重点关注的。如果这是疏忽，那么将导致硬件无法正常工作。大家先带着这个问题继续看下去。

然后看看数据手册中的信息，比如供电范围、精度、功耗、工作温度范围、抗静电等级，这些在真实的项目中是必须看的。在硬件设计时，还要注意封装信息。对于编程而言，最重要的是三个地方：哪些引脚接到了单片机上？这个芯片的 I^2C 从设备地址是什么？如何访问寄存器？

如图 10-3 所示，从数据手册第三页的引脚定义表中可以看到，没有连接的 ADDR 引脚是用来选择从设备地址的。因为是输入引脚，理论上必须要接具体的电平。但是手册上提到，这个引脚可以悬空，悬空状态就是接地的状态（芯片内部有下拉电阻）。所以这个引脚没有外接的原因找到了。而 DRDY/INT 引脚是一个输出引脚，从图 10-3 中的信息可以猜测，这个引脚是用来输出中断或指示 MCU 数据准备就绪的，应该是一个需要连接到单片机上的引脚。保留问题继续探索。

I^2C 总线上可以同时连接很多设备，但只能有一个主设备，在这里主设备就是单片机。主设备访问不同的从设备需要有不同的从设备地址。那么从设备地址在哪里呢？是从芯片的数据手册里找出来的，一般是由芯片厂商定义的，也有一些芯片可以让用户自己配置。这个芯片的从设备地址是 0x40。

接下来看一下 PDF 文件中总线的时序图。一般来说 I^2C 总线的时序是标准的，前面解释过，这里就不再重复了。

最后看一下芯片寄存器的描述，这对编程来说是至关重要的，不了解芯片寄存器就无法访问和操作芯片，无法进行其程序编写。

建议各位读者先仔细阅读一下数据手册，然后再和本书的解释对应起来学习。

Pin Functions

PIN		I/O	DESCRIPTION
NAME	NO.		
SDA	1	I/O	Serial data line for I²C, open-drain; requires a pullup resistor to V_{DD}
GND	2	G	Ground
ADDR	3	I	Address select pin – leave unconnected or hardwired to V_{DD} or GND. Unconnected slave address: 1000000 GND: slave address: 1000000 V_{DD}: slave address: 1000001
DRDY/INT	4	O	Data ready/Interrupt. Push-pull output
V_{DD}	5	P	Positive Supply Voltage
SCL	6	I	Serial clock line for I²C, open-drain; requires a pullup resistor to V_{DD}

图 10-3　温湿度传感器引脚定义表

从图 10-4 来看，寄存器很多，但本章的实验所需要的不多。这里关注的主要就是温度和湿度，而前面四个寄存器就是温度和湿度的寄存器。最后四个寄存器是芯片的 ID 和厂商的 ID，可以用来验证软件或者硬件是否正常工作。在调试一个芯片的时候，往往先去读取设备标识号，以确认芯片是正常工作的，如果读出来的设备标识号是不正确的，那就不用继续往下进行了，后面的执行也会有问题，这是实际工作中的小经验。

Table 6. Register Map

ADDRESS (HEX)	NAME	RESET VALUE	DESCRIPTION
0x00	TEMPERATURE LOW	00000000	Temperature [7:0]
0x01	TEMPERATURE HIGH	00000000	Temperature [15:8]
0x02	HUMIDITY LOW	00000000	Humidity [7:0]
0x03	HUMIDITY HIGH	00000000	Humidity [15:8]
0x04	INTERRUPT/DRDY	00000000	DataReady and interrupt configuration
0x05	TEMPERATURE MAX	00000000	Maximum measured temperature (Not supported in Auto Measurement Mode)
0x06	HUMIDITY MAX	00000000	Maximum measured humidity (Not supported in Auto Measurement Mode)
0x07	INTERRUPT ENABLE	00000000	Interrupt Enable
0x08	TEMP_OFFSET_ADJUST	00000000	Temperature offset adjustment
0x09	HUM_OFFSET_ADJUST	00000000	Humidity offset adjustment
0x0A	TEMP_THR_L	00000000	Temperature Threshold Low
0x0B	TEMP_THR_H	11111111	Temperature Threshold High
0x0C	RH_THR_L	00000000	Humidity threshold Low
0x0D	RH_THR_H	11111111	Humidity threshold High
0x0E	RESET&DRDY/INT CONF	00000000	Soft Reset and Interrupt Configuration
0x0F	MEASUREMENT CONFIGURATION	00000000	Measurement configuration
0xFC	MANUFACTURER ID LOW	01001001	Manufacturer ID Low
0xFD	MANUFACTURER ID HIGH	01010100	Manufacturer ID High
0xFE	DEVICE ID LOW	11010000	Device ID Low
0xFF	DEVICE ID HIGH	00000111	Device ID High

图 10-4　温湿度传感器寄存器表

再看一下数据手册，分析访问这些寄存器的方法。要点如下。

1）温度和湿度寄存器都是 16 位的，但是 I²C 总线访问以 8 位为一个单位，所以如果要读取一个温湿度数据，需要访问两次。

2）芯片里有一个地址指针，上电的时候指向 0x00 位置，即温度传感器所在的位置。每次读取完，地址指针自动加 1，所以可以连续读取温度和湿度数据。如果要再次读取温度数据，就需要先把这个地址指针重新设置为 0x00。

3）地址指针的设置通过写操作完成，在 I^2C 输出从设备地址后，直接跟上一个值，就代表地址指针的位置。

4）HDC2080 有两种测量触发模式，一种是自动测量，一种是通过软件来触发单次测量。设置两种模式的原因是考虑到系统功耗，测量频率越高，功耗自然也就越大。

5）温度和湿度寄存器是只读的。

6）可以在 HDC2080 中设置温度、湿度阈值，当温度或湿度达到该阈值时会输出中断。输出中断的电平也是可以通过寄存器配置的，不过这里没有用到。

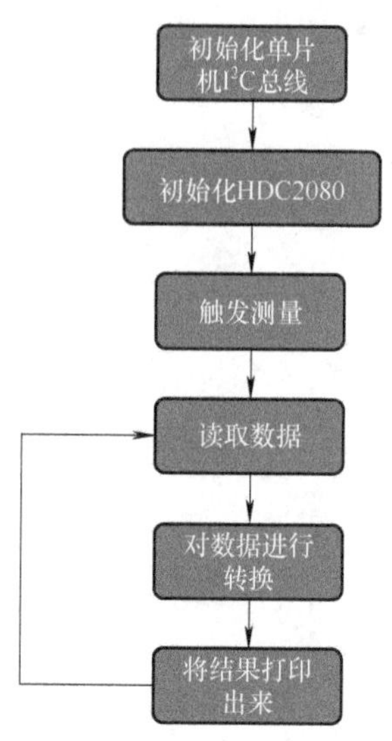

图 10-5　温湿度读取流程

读取温湿度的程序控制流程如图 10-5 所示。

其中，比较关键的部分是 HDC2080 的读写。从数据手册第 16 页可以找到图 10-6 所示的描述，这部分和后面的 I^2C 程序实现密切关联，所以讲解程序的时候会对照说明。

Table 2. Write Single Byte

Master	START	Slave address (W)		Address		DATA		STOP
Slave			ACK		ACK		ACK	

Table 3. Write Multi Byte

Master	START	Slave address (W)		Address		DATA		DATA		....	STOP
Slave			ACK		ACK		ACK		ACK		

Table 4. Read Single Byte

Master	START	Slave address (W)		Address		Start	Slave address (R)			NACK	STOP
Slave			ACK		ACK			ACK	DATA		

Table 5. Read Multi Byte

Master	START	Slave address (W)		Address		Start	Slave address (R)			ACK		ACK	......	NACK	STOP
Slave			ACK		ACK			ACK	DATA		DATA				

图 10-6　HDC2080 I^2C 操作流程

现在需要考虑读取出来的数据如何转换成常见的温度值和湿度值。这部分也能从数据手册里找到，如图 10-7 所示。

$$\text{Temperature}(^\circ\text{C}) = \left(\frac{\text{TEMPERATURE}[15:0]}{2^{16}}\right) \times 165 - 40$$

$$\text{Humidity}(\%\text{RH}) = \left(\frac{\text{HUMIDITY}[15:0]}{2^{16}}\right) \times 100$$

图 10-7　温湿度数据转换公式

至此，关于如何使用这个芯片已经基本分析完成，但是还没有查看配置寄存器的信息。

作为工程师，这也是需要关注的，如图 10-8 所示。

Table 36. Address 0x0E Configuration Field Descriptions

BIT	FIELD	TYPE	RESET	DESCRIPTION
7	SOFT_RES	R/W	0	0 = Normal Operation mode, this bit is self-clear 1 = Soft Reset EEPROM value reload and registers reset
[6:4]	AMM[2:0]	R/W	000	Auto Measurement Mode (AMM) 000 = Disabled. Initiate measurement via I²C 001 = 1/120Hz (1 samples every 2 minutes) 010 = 1/60Hz (1 samples every minute) 011 = 0.1Hz (1 samples every 10 seconds) 100 = 0.2 Hz (1 samples every 5 second) 101 = 1Hz (1 samples every second) 110 = 2Hz (2 samples every second) 111 = 5Hz (5 samples every second)
3	HEAT_EN	R/W	0	0 = Heater off 1 = Heater on
2	DRDY/INT_EN	R/W	0	DRDY/INT_EN pin configuration 0 = High Z 1 = Enable
1	INT_POL	R/W	0	Interrupt polarity 0 = Active Low 1 = Active High
0	INT_MODE	R/W	0	Interrupt mode 0 = Level sensitive 1 = Comparator mode

图 10-8 配置寄存器描述

从图 10-8 中可以看到，这个芯片可以软件复位，也可以定义采样模式和采样频率，当然，采样频率越高功耗就越高。本章的例子先不关心功耗问题，但是实际项目中是要关注的。需要留意的是这里面的“HEAT_EN”。从字面上看，它是加热器的意思。这是芯片出厂校准时要用的，通过把加热器加热到一个特定的温度来校准温度传感器的值。还能用来去湿，如果设备会经常暴露在高湿度环境，就可以加热去湿后再测量。一般而言，它不需要配置，但是作为一个工程师，在实际项目中要有这些概念。如果项目对精度要求比较高，或者产品的工作环境比较恶劣，那就可能需要用软件来处理。

除了配置寄存器表，还能看到一个测量配置寄存器表（见图 10-9）。记住一个规律，凡是命名为“配置 XXX”的寄存器，一定都是非常重要的东西，作为工程师，必须都浏览一遍。

Table 38. Address 0x0F Measurement Configuration Field Descriptions

BIT	FIELD	TYPE	RESET	DESCRIPTION
7:6	TRES[1:0]	R/W	00	Temperature resolution 00: 14 bit 01: 11 bit 10: 9 bit 11: NA
5:4	HRES[1:0]	R/W	00	Humidity resolution 00: 14 bit 01: 11 bit 10: 9 bit 11: NA
3	RES	R/W	0	Reserved
2:1	MEAS_CONF[1:0]	R/W	00	Measurement configuration 00: Humidity + Temperature 01: Temperature only 10: NA 11: NA
0	MEAS_TRIG	R/W	0	Measurement trigger 0: no action 1: Start measurement Self-clearing bit when measurement completed

图 10-9 测量配置寄存器描述

从这个寄存器描述表中可以发现，芯片的采样精度是可以设置的，不同的采样精度会对功耗带来影响。也可以只测量温度而不测量湿度。最后一行是“MEAS_TRIG”，即测量触发，原来这个芯片不是设置了自动采样就会工作的，而是必须先触发一下。

数据手册就分析到这里。在编程前，还要多留意一下数据手册中关于硬件设计的部分，请自己阅读，比如供电范围、布局建议等。一定要关注细节。

10.3 准备一个新的工程

重新建立一个工程，命名为“sample3”。如果创建失败则参考下载资料里的同名目录。在实际工作中，人们希望尽可能地复用代码，因此先分析一下原来的工程里哪些内容可以直接用。

代码的启动部分不需要修改，直接进入 main 函数。在 main 函数中，时钟配置函数需要修改一下，还要配置 I^2C 的引脚等内容。为了看起来更规范些，可以把所有和 I^2C 相关的操作放到一个独立的文件中。在项目管理窗口中右击“Source Group 1”，然后选择“Add New Item to Group ‘Source Group 1’”，如图 10-10 所示。

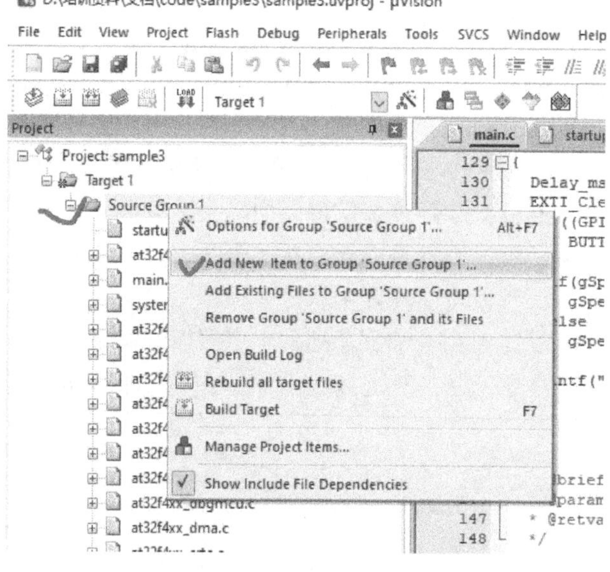

图 10-10 向工程中添加新的文件

如图 10-11 所示，选择文件类型为 .c 文件。为了一目了然，将这个文件命名为“HDC2080_Driver. c”，然后单击“Add”按钮，此时新的文件就出现在了文件列表里。在继续操作前，有必要做些整理。从目前的文件列表里看，文件都放在一起，相当不专业，对于维护来说也是非常糟糕的做法，所以需要像在 PC 里整理文件一样，把工程里的文件归类。方法很简单，右击“Target1”，然后添加新的组，如图 10-12 所示。添加后的结果如图 10-13 所示。

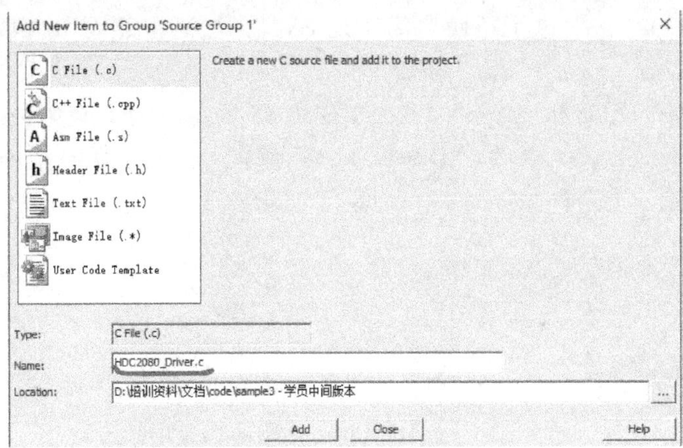

图 10-11　选择文件类型并且命名新文件

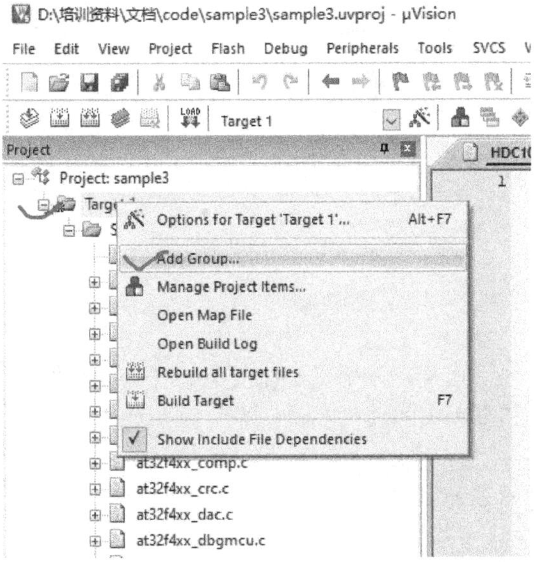

图 10-12　添加新的组

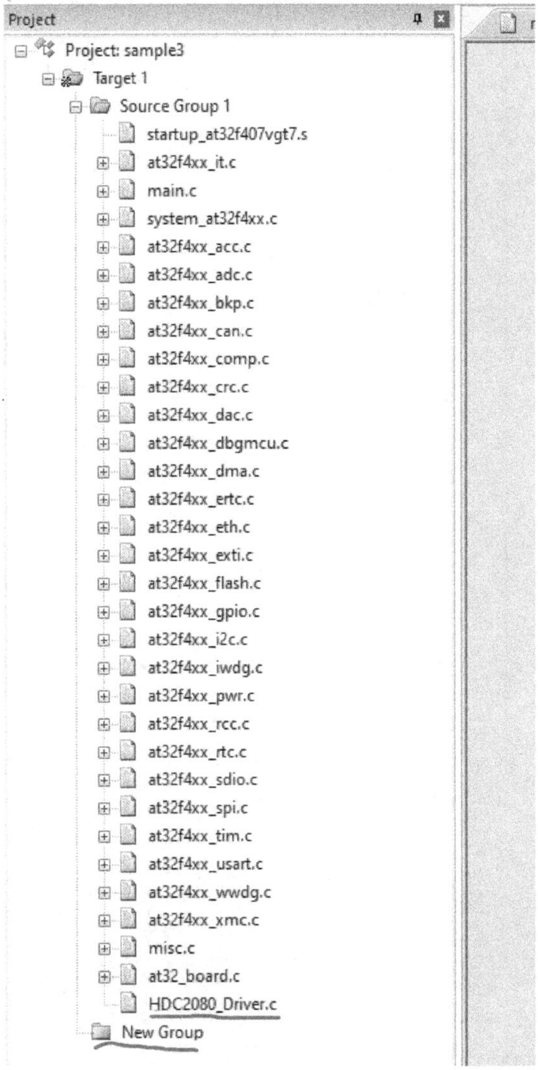

图 10-13　新的组被添加到工程中

单击“New Group”，把这个组命名为“Drivers”，然后按照图 10-14 将一些文件放入“Drivers”组。

接着创建“Startup”组和“App”组，如图 10-15 所示。为了避免大家混淆“Drivers”和“HDC2080_Driver. c”中的“Driver”，笔者把“HDC2080_Driver. c”改成了“HDC2080. c”。另外，也将“Target 1”改成了“Sample3”。

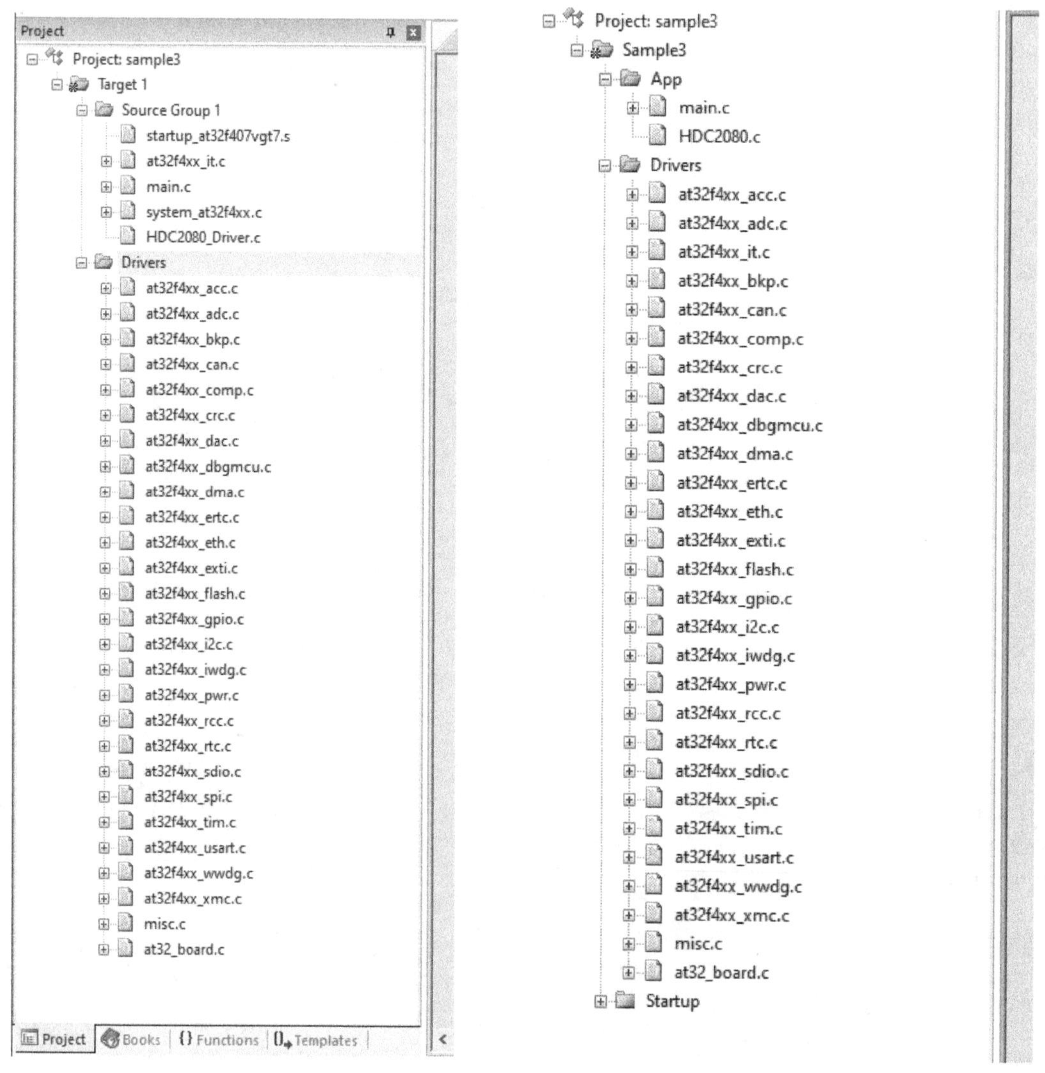

图 10-14 “Drivers”组中的文件　　　　图 10-15 “Startup”组和“App”组

现在工程看起来整洁多了，单击编译按钮，运行正常。分组不会改变文件在磁盘上的位置，所以比较正规的做法是让磁盘上的文件布局和工程中的文件布局一致，维护和查找起来就非常方便。这个工作请读者自己完成。

这里可以梳理一下软件的架构（工程师需要有系统思维）。首先看一个最简单的软件架构，如图 10-16 所示，刚才整理好的 sample3 工程就比较符合这个架构。

该架构自下而上分别是硬件层、驱动层、BSP、硬件抽象层、应用层。浅色部分一般由原厂 SDK 提供，所以这部分代码一般不会改动。较深颜色的部分是由用户自己完成并维护的。前面整理的“Drivers”组包含的就是驱动层的代码。BSP 被称为板级支持包，主要针对特定的开发板，Sample3 工程中的“at32_board. c”就属于这一层，但是它比较简单，所以放到了驱动层。“HDC2080. c”文件属于硬件抽象层，因为它针对一个具体的硬件，需要基于底层驱动编写访问程序。main 程序是用户应用程序。“Startup”组的文件可以认为是支持库，标准的 C 语言数学运算库以及 printf 函数等也是支持库。有些支持库是 ARM 直接提供的，可能看不到。再讲一下中断，因为中断非常重要，而且和应用有关。一般情况下，中断程序的“框架”是由原厂或板子供应商提供的，但是具体的中断实现和管理需要用户根据自己的功能需求来完成，因此图 10-16 中的“中断”部分用更深的颜色来表示。

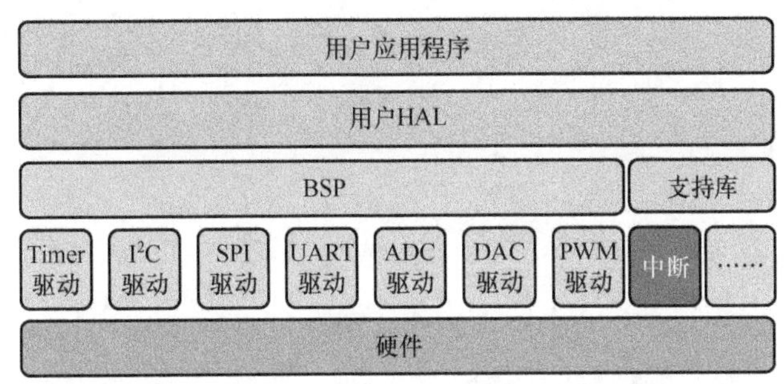

图 10-16　最简单的单片机软件架构

10.4　开始工作

接下来开始改造代码。根据前面的知识，最底层的驱动其实是由原厂准备好的，因此可以直接使用，这部分代码在“at32f4xx_i2c. c”中。从无到有实现一个新功能时，需要注意以下几个问题。

1）把功能定义到哪个引脚上？

2）相关功能的时钟配置了吗？

3）相关功能需要用到哪些中断？

4）相关功能怎么初始化？

5）相关功能如何收发数据？

6）是否有必要启用 DMA？

首先，这种低速设备往往不需要启用 DMA，这是第六个问题的答案。

再看第三个问题。一般温湿度测量这种实时性要求不高的场合（不要绝对化，嵌入式系统设计是随机应变的）没有必要使用中断，而且这里的硬件设计也没有把中断引脚连接到单片机上，所以此处不用中断。

打开“HDC2080. c”文件，把操作 HDC2080 的代码都放到这个文件中。在新的代码里一般先考虑头文件。前面解释过，“at32_board. c”属于 BSP 类的板级支持文件，所以这个文件对于板子上的外围总线访问是有一定支持的。根据经验，C 语言中的“. h”和“. c”往往是相互对应的，所以很容易就能找到“at32_board. h”。添加这个可能用到的头文件。考虑到后面会需要通过 printf 来调试和看结果，将“stdio. h”头文件也添加进来。文件的开头应该有一段对这个文件的简短说明，这是良好的编程习惯，如图 10-17 所示。

HDC2080.c　main.c　startup_at32f407vgt7.s　at32f4xx_it.c　at32f4xx.h　at32f4xx_exti.h　misc.h

```
/**
  **************************************************************************
  * @file     HDC2080.c
  * @author   mSlink Technology
  * @version  V0.0.1
  * @date     2020-08-12
  * @brief    HDC2080 access program body
  **************************************************************************
  * @attention
  *
  * THE PRESENT FIRMWARE WHICH IS FOR GUIDANCE ONLY AIMS AT PROVIDING CUSTOMERS
  * WITH CODING INFORMATION REGARDING THEIR PRODUCTS IN ORDER FOR THEM TO SAVE
  * TIME. AS A RESULT, ARTERYTEK SHALL NOT BE HELD LIABLE FOR ANY
  * DIRECT, INDIRECT OR CONSEQUENTIAL DAMAGES WITH RESPECT TO ANY CLAIMS ARISING
  * FROM THE CONTENT OF SUCH FIRMWARE AND/OR THE USE MADE BY CUSTOMERS OF THE
  * CODING INFORMATION CONTAINED HEREIN IN CONNECTION WITH THEIR PRODUCTS.
  *
  * <h2><center>&copy; COPYRIGHT 2020 mSlink </center></h2>
  **************************************************************************
  */

/* Includes ------------------------------------------------------------------*/
#include <stdio.h>
#include "at32_board.h"
```

图 10-17　HDC2080. c 文件的开头

这个开头的说明部分是符合一定格式的，这种格式往往遵循 Doxygen 工程文档生成工具的要求。换句话说，如果养成良好的注释习惯，那么代码写完通过 Doxygen 转换后，可以直接生成一个完整的带索引的 HTML 文档。这对于工程的维护来说是非常有价值的。

根据原理图，HDC2080 的 SCL 和 SDA 分别接到 PB8 和 PB9 引脚上，所以先要定义一下。同时，I^2C 总线上有主从设备之分。在本章的应用中，单片机是主设备，HDC2080 是从设备。雅特力单片机的 I^2C 功能非常强大，有三个 I^2C 模块，可以做主设备也可以做从设备。但是，这里不用单片机内的硬件 I^2C 模块来简单地演示，而是提高要求，用软件控制 GPIO 来模拟整个 I^2C 时序，实现控制和温湿度数据读取。也许你会提出异议，既然面向实际，那么实际情况可以使用现成的 I^2C 硬件设备，没必要绕道而行。其实不是如此，I^2C 的时序要求导致使用硬件 I^2C 的复杂度非常高，处理不好反而容易出问题。另外，I^2C 硬件的引脚配置位置是受限的，不是所有 GPIO 都能配置成硬件 I^2C 的功能引脚，因此在硬件设计上也比较麻烦。而用 GPIO 软件模拟 I^2C 功能就不会存在这些问题。最后，因为 I^2C 总线比较慢，用 GPIO 软件模拟完全可以满足要求。当然，为了学习，如果能用 GPIO 软件模拟一下 I^2C 的时序也非常值得。所以，权衡利弊，笔者决定带大家“绕个路”，也许你能发现不同的风景。

回到前面的问题，我们先要定义单片机的哪两个引脚连接到 I^2C 总线。最直观的办法就是定义两个宏，但是这两个宏笔者建议放到“at32_board. h”中去。理由非常简单：因为它们也可以看作板级支持的一部分。参考图 10-18 中的具体代码，其中有一个看似简单的字符串“GPIOB”，但单片机如何明白这是“GPIOB”呢？作为嵌入式系统工程师，一定要深入分析一下。

将光标放在“GPIOB”的位置上，然后右击，在弹出的快捷菜单中选择“Go To Definition of ‘GPIOB’”，如图 10-19 所示。注意，做这些操作前请确保工程是成功编译过的，如果没有，则 IDE 还没有在内部建立符号链接，所以无法执行这个命令。

```
#define USB_DM_PIN          GPIO_Pins_11

#define USB_GPIO            GPIOA
#define USB_GPIO_RCC_CLK    RCC_APB2PERIPH_GPIOA

/*define I2C pin*/
#define I2C_SCL_PIN   GPIO_Pins_8 // 定义实现I2C SCL功能的gpio号码
#define I2C_SDA_PIN   GPIO_Pins_9 // 定义实现I2C SCL功能的gpio号码
#define I2C_PORT      GPIOB       // 定义端口
#define I2C_GPIO_RCC_CLK   RCC_APB2PERIPH_GPIOB  //定义时钟


/*AT_START LED*/
typedef enum
{
  LED1 = 0,
```

图 10-18　at32_board. h 文件的宏定义

```
/*define I2C pin*/
#define I2C_SCL_PIN   GPIO_Pins_8 // 定义实现I2C SCL功能的GPIO号码
#define I2C_SDA_PIN   GPIO_Pins_9 // 定义实现I2C SCL功能的GPIO号码
#define I2C_PORT      GPIOB
#define I2C_GPIO_RCC_CLK

/*AT_START LED*/
typedef enum
{
  LED1 = 0,
  LED2,
  LED3,
  LED4
}LED_Type;

#define LED_NUM      4

#if defined (AT_START_F4
/*have no LED1*/
#define LED1_PIN
#define LED1_GPIO
#define LED1_GPIO_RCC_CLK          0
```

Split Window horizontally
Go To Definition Of 'GPIOB'
Go To Reference To 'GPIOB'
Insert/Remove Bookmark　Ctrl+F2
Undo　Ctrl+Z
Redo　Ctrl+Y
Cut　Ctrl+X
Copy　Ctrl+C
Paste　Ctrl+V
Select All　Ctrl+A
Outlining
Advanced

图 10-19　寻找 GPIOB 的定义

可以发现，GPIOB 这个宏在“at32f4xx. h”中定义过，是一个名为“GPIOB_BASE”的项目。如图 10-20 所示，好奇心驱使我们继续探索，用前面的办法看看“GPIOB_BASE”到底是什么，于是发现了图 10-21 所示的信息。

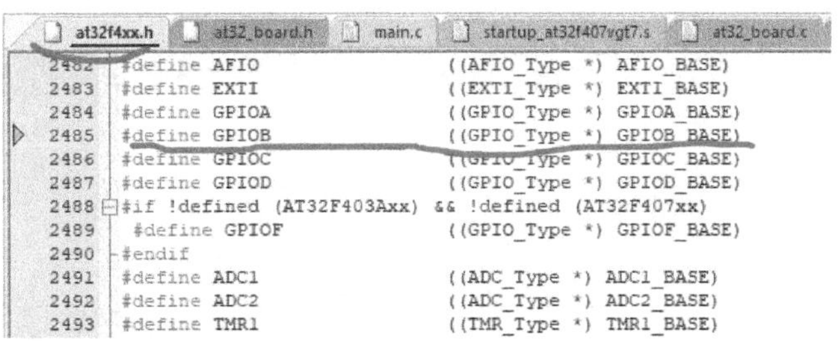

图 10-20　GPIOB 的定义

接着查找“APB2PERIPH_BASE”的定义，如图 10-22 所示，又涉及到“PERIPH_BASE”这个宏，如图 10-23 所示。经过一连串的俄罗斯套娃游戏，最后找到了“PERIPH_BASE”，可以看到所有“XXX_BASE”都和 16 进制数有关。为了方便讲解，整理如下。

- PERIPH_BASE：0x40000000。
- APB2PERIPH_BASE：0x40010000。
- GPIOB_BASE：0x40010C00。

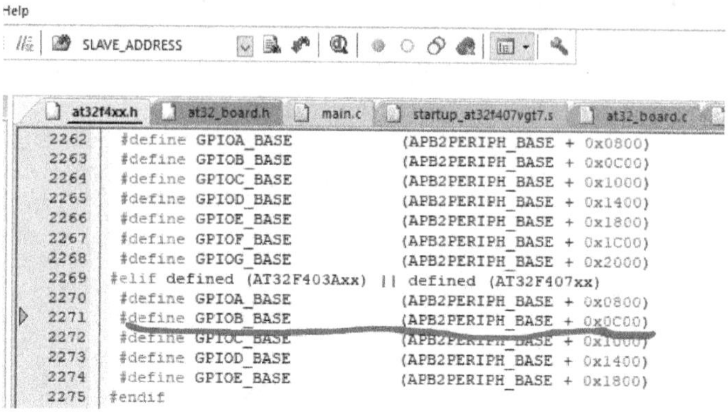

```
  #define GPIOA_BASE              (APB2PERIPH_BASE + 0x0800)
  #define GPIOB_BASE              (APB2PERIPH_BASE + 0x0C00)
  #define GPIOC_BASE              (APB2PERIPH_BASE + 0x1000)
  #define GPIOD_BASE              (APB2PERIPH_BASE + 0x1400)
  #define GPIOE_BASE              (APB2PERIPH_BASE + 0x1800)
  #define GPIOF_BASE              (APB2PERIPH_BASE + 0x1C00)
  #define GPIOG_BASE              (APB2PERIPH_BASE + 0x2000)
#elif defined (AT32F403Axx) || defined (AT32F407xx)
  #define GPIOA_BASE              (APB2PERIPH_BASE + 0x0800)
  #define GPIOB_BASE              (APB2PERIPH_BASE + 0x0C00)
  #define GPIOC_BASE              (APB2PERIPH_BASE + 0x1000)
  #define GPIOD_BASE              (APB2PERIPH_BASE + 0x1400)
  #define GPIOE_BASE              (APB2PERIPH_BASE + 0x1800)
#endif
```

图 10-21　GPIOB_BASE 的定义

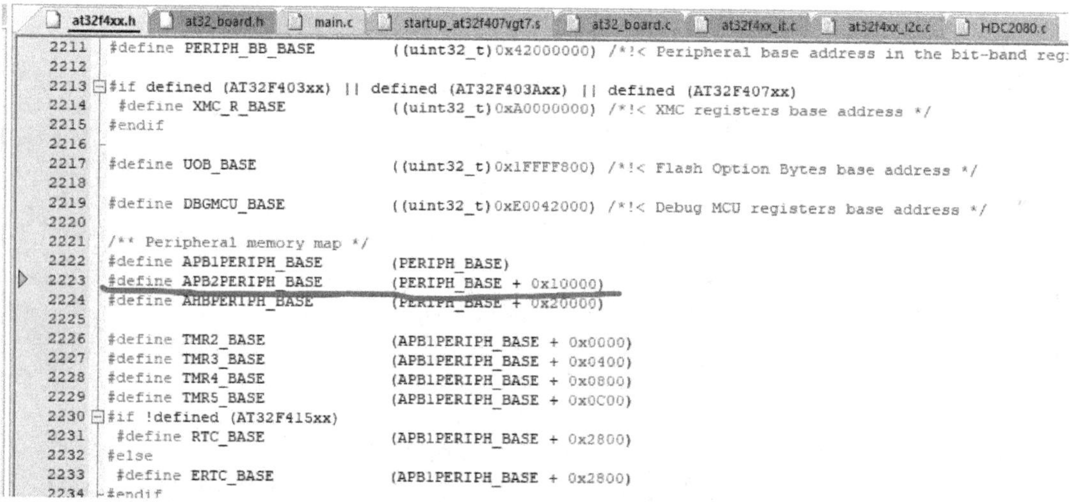

```
#define PERIPH_BB_BASE          ((uint32_t)0x42000000) /*!< Peripheral base address in the bit-band reg:

#if defined (AT32F403xx) || defined (AT32F403Axx) || defined (AT32F407xx)
 #define XMC_R_BASE             ((uint32_t)0xA0000000) /*!< XMC registers base address */
#endif

#define UOB_BASE                ((uint32_t)0x1FFFF800) /*!< Flash Option Bytes base address */

#define DBGMCU_BASE             ((uint32_t)0xE0042000) /*!< Debug MCU registers base address */

/** Peripheral memory map */
#define APB1PERIPH_BASE         (PERIPH_BASE)
#define APB2PERIPH_BASE         (PERIPH_BASE + 0x10000)
#define AHBPERIPH_BASE          (PERIPH_BASE + 0x20000)

#define TMR2_BASE               (APB1PERIPH_BASE + 0x0000)
#define TMR3_BASE               (APB1PERIPH_BASE + 0x0400)
#define TMR4_BASE               (APB1PERIPH_BASE + 0x0800)
#define TMR5_BASE               (APB1PERIPH_BASE + 0x0C00)
#if !defined (AT32F415xx)
 #define RTC_BASE               (APB1PERIPH_BASE + 0x2800)
#else
 #define ERTC_BASE              (APB1PERIPH_BASE + 0x2800)
#endif
```

图 10-22　APB2PERIPH_BASE 的定义

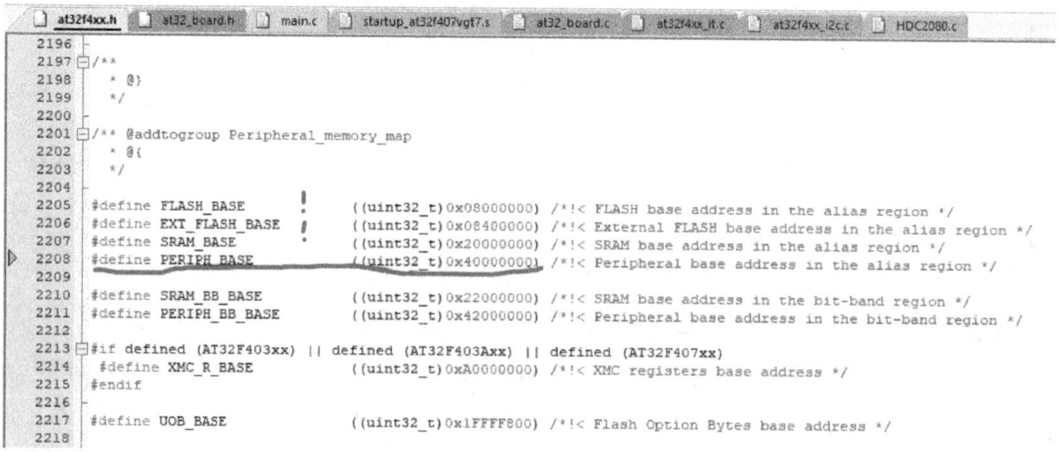

```
/**
  * @}
  */

/** @addtogroup Peripheral_memory_map
  * @{
  */

#define FLASH_BASE              ((uint32_t)0x08000000) /*!< FLASH base address in the alias region */
#define EXT_FLASH_BASE          ((uint32_t)0x08400000) /*!< External FLASH base address in the alias region */
#define SRAM_BASE               ((uint32_t)0x20000000) /*!< SRAM base address in the alias region */
#define PERIPH_BASE             ((uint32_t)0x40000000) /*!< Peripheral base address in the alias region */

#define SRAM_BB_BASE            ((uint32_t)0x22000000) /*!< SRAM base address in the bit-band region */
#define PERIPH_BB_BASE          ((uint32_t)0x42000000) /*!< Peripheral base address in the bit-band region */

#if defined (AT32F403xx) || defined (AT32F403Axx) || defined (AT32F407xx)
 #define XMC_R_BASE             ((uint32_t)0xA0000000) /*!< XMC registers base address */
#endif

#define UOB_BASE                ((uint32_t)0x1FFFF800) /*!< Flash Option Bytes base address */
```

图 10-23　PERIPH_BASE 的定义

下面将它们和硬件对应起来。在“RM_AT32F403A_407_V1.01.pdf”的第 47 页能找到图 10-24 所示的信息，这就是外围模块的映射地址起始位置。在第 48 页能发现图 10-25 所示的信息。

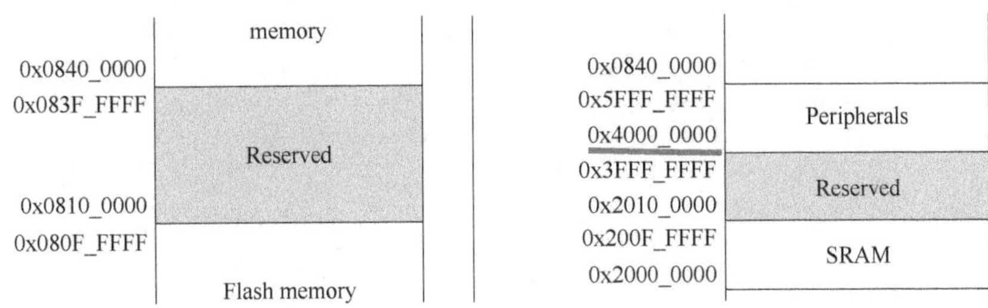

图 10-24　外围器件的映射地址起始位置

0x4001 2000 - 0x4001 23FF	保留	
0x4001 1C00 - 0x4001 1FFF	保留	
0x4001 1800 - 0x4001 1BFF	GPIO端口E	参见7.5节
0x4001 1400 - 0x4001 17FF	GPIO端口D	参见7.5节
0x4001 1000 - 0x4001 13FF	GPIO端口C	参见7.5节
0x4001 0C00 - 0x4001 0FFF	GPIO端口B	参见7.5节
0x4001 0800 - 0x4001 0BFF	GPIO端口A	参见7.5节
0x4001 0400 - 0x4001 07FF	EXTI	参见8.3节
0x4001 0000 - 0x4001 03FF	AFIO	参见7.5节
0x4000 8400 - 0x4000 FFFF	保留	

图 10-25　端口 B 的映射起始地址

至此，“GPIOB”的含义就明了了：它是一个地址，这个地址是 GPIOB 控制寄存器的起始位置。要控制一个 GPIO，一个寄存器是不够的，需要一簇。

从图 10-26 的 GPIO 基本结构上就能看出，针对一个 GPIO 至少有三个寄存器，这还不算时钟配置寄存器以及中断相关的寄存器。而且每个 GPIO 可以有多种驱动模式，比如推挽输出、开漏输出、输入上拉、输入下拉等。此外不再展开，后面的 I²C 实践课中会用到开漏输出的模式。

回到软件。此时你可能会想，为啥要这样“套娃”呢？你慢慢就会理解其奥妙和必要性。同时，你应该更能感受到软硬结合的重要性了。我们也应该感谢原厂的工程师，他们为了让我们更容易地使用单片机，做了很多工作。作为对别人劳动成果的尊重，我们在遇到问题的时候一定要先思考再提问。实事求是、有理有据是工程师的核心素养。以上内容只粗略解释了“GPIOB”的定义问题，请各位多花时间去探索“GPIO_Pin_8”和“GPIO_Pin_9”的定义问题。

在 HDC2080.c 文件中已经添加了两个头文件，如图 10-27 所示。一般在头文件引用写完后会加一些宏定义。于是我们很自然地想到一个必需的宏定义：I²C 从设备地址。那么根据原理图和数据手册，从设备地址是 0x40，为何代码中写的是 0x80？请自己先思考一下。

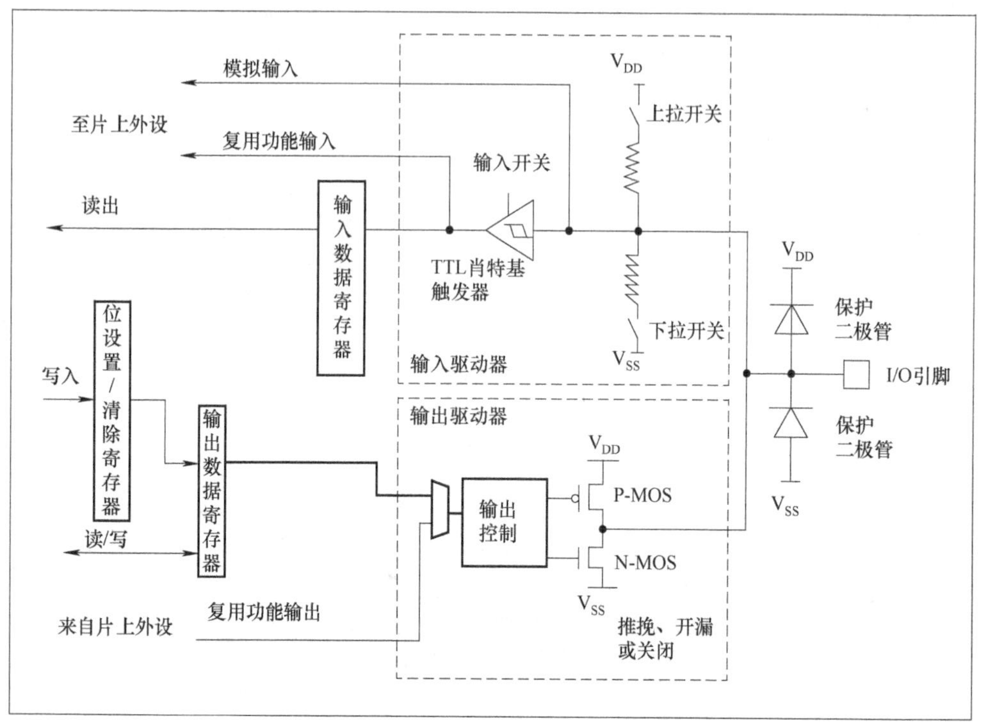

图 10-26　一个 GPIO 端口位的基本结构

```
  * TIME. AS A RESULT, ARTERYTEK SHALL NOT BE HELD LIABLE FOR ANY
  * DIRECT, INDIRECT OR CONSEQUENTIAL DAMAGES WITH RESPECT TO ANY CLAIMS ARISING
  * FROM THE CONTENT OF SUCH FIRMWARE AND/OR THE USE MADE BY CUSTOMERS OF THE
  * CODING INFORMATION CONTAINED HEREIN IN CONNECTION WITH THEIR PRODUCTS.
  *
  * <h2><center>&copy; COPYRIGHT 2020 mSlink </center></h2>
  ******************************************************************************
  */

/* Includes ------------------------------------------------------------------*/
#include <stdio.h>
#include "at32_board.h"

/* Macros --------------------------------------------------------------------*/
#define SLAVE_ADDRESS  0x80 //定义HDC2080的从设备地址，7位模式

```

图 10-27　从设备地址宏定义

准备工作基本完成，现在开始写代码吧。还记得前面的六个问题么？到此为止，所做分析只解决了软件和硬件引脚的对应问题，接下来要解决单片机的配置问题和时钟问题。笔者首先想到的是把这些问题放到一个函数里统一解决，并给这个函数起了名为“SW_I2C_Init()”。对于在软件中经常调用的函数笔者会用“小驼峰式”，就是首个单词全部小写，后面的单词首字母大写，中间不用下画线；对于在软件中很少调用或者只在程序开始调用一次的初始化函数，用大写加下画线的形式；对于变量全部采用“小驼峰式”，但是对于全局变量会在最前面加“g”（global），对于指针型变量就在前面加“p”（pointer）。至于代码写作风格，也可以用很长的篇幅来讨论，而且笔者认为没有对错之分，唯一的目的就是便于阅读和维护，帮助减少错误。你可以有自己的代码风格，但如果是团队合作，请在项目一开始就协

商好代码风格，便于交流和维护，这项“面子工程”能提高工作效率。图 10-28 所示为 SW_I2C_Init( ) 函数的实现，请先自己浏览并分析一下。

```
/**
  * @brief  Initializes peripherals used by the I2C HDC1080 driver, use interrupt mode
  * @param  None
  * @retval None
  */
void SW_I2C_Init(void)
{
  GPIO_InitType  GPIO_InitStructure; // 定义GPIO 配置参数结构体
  /*Enable the I2C GPIO Clock*/
  RCC_APB2PeriphClockCmd(I2C_GPIO_RCC_CLK, ENABLE);

  /** GPIO configuration*/
  GPIO_InitStructure.GPIO_Pins =  I2C_SCL_PIN | I2C_SDA_PIN;  // 配置I2C的引脚
  GPIO_InitStructure.GPIO_MaxSpeed = GPIO_MaxSpeed_50MHz;  // 配置GPIO端口的时钟
  GPIO_InitStructure.GPIO_Mode = GPIO_Mode_OUT_OD;    // 配置GPIO 为开漏输出
  GPIO_Init(I2C_PORT, &GPIO_InitStructure);  //调用GPIO配置函数

  GPIO_SetBits(I2C_PORT,I2C_SDA_PIN); //OD输出1意味着释放 SDA 线
  GPIO_SetBits(I2C_PORT,I2C_SCL_PIN); //OD输出1意味着释放 SCL 线

  Delay_us(20); //等待GPIO配置稳定
  printf("HDC2080 I2C init done\n");
}
```

图 10-28　SW_I2C_Init( ) 函数的实现

这个函数首先定义了一个用于初始化 GPIO 的结构体，这个结构体的定义是 BSP 里面完成的，可以直接用。第一句可执行的语句是对时钟的配置，接着是对用于模拟 I^2C 的 GPIO 做配置。需要强调的是，GPIO 模式必须选择开漏输出，这是和 I^2C 总线的定义相关的，在后面进一步编程的时候会有所体现。初始化 GPIO 后，要让总线进入空闲状态。I^2C 总线的空闲状态就是 SDA 和 SCL 都被释放，电平为高。这里用了 BSP 提供的操作函数“GPIO_SetBits( )”（再次感谢帮我们写了 BSP 的人）。这个函数能让程序以位操作的模式把特定的 GPIO 变成输出逻辑 1 的状态。因为这里使用了开漏输出，所以当输出逻辑 1 的时候，其实就是释放了 GPIO 的状态，然后自然就被上拉电阻拉高了，此时 GPIO 没有驱动能力。相应地，有一个函数是“GPIO_ResetBits( )”，它让程序能用位操作的模式把特定的 GPIO 变成输出逻辑 0 的状态。因为是开漏输出，当输出 0 时，会把电平变成低，而且 GPIO 有驱动能力。所以，一旦设备把总线拉低，其他设备是没有能力把总线恢复成高电平的，如果强制恢复，那就是“两虎相争，必有一伤”。所以开漏输出模式有着“线与”的特点。

程序中先释放 SDA 线再释放 SCL 线，这个顺序是有讲究的。请回忆 I^2C 总线标准的时序图。如果在 SCL 线为高的时候，SDA 线由高变低是一个 Start 信号，而由低到高是一个 Stop 信号。在学习板上，有外部设备连接的情况下不能假设外部设备没有处于“ready”状态。而且，当运行到程序时，电源都已经稳定多时了。所以必须仔细考虑，不要引起误操作。

程序最后又调用了一个函数“Delay_us( )”。它可以让程序以微秒为单位实现一个延时。这个延时是必要的，因为配置 GPIO 和总线时，硬件要完成这些工作是需要一些时间的。别忘了，内核的运行速度是比外围设备高的。当然，未必需要延时那么久，但是考虑到板子外部的低速设备，稳妥起见还是多留些时间。初始化操作只在系统启动时做一次，所以慢一点问题不大。

接下来就要开始初始化 HDC2080 这个设备了。现在先根据前面的讲解梳理一下要初始化 HDC2080 需要做些什么：需要配置一下配置寄存器，并让它实现自动采样。采样频率就

设为一秒一次。其实对于温湿度这种变化缓慢的信号来说这个采样频率也有些高了，但是对于学习来说没什么影响。如果太慢了，会看不清变化。需要配置的寄存器是 HDC2080 的 0x0E 寄存器，把这个寄存器的值设定为 0x50。目标明确后，开始考虑 I^2C 的细节。

如果你第一次尝试这样的工作，很可能是毫无头绪的。没关系，下面从零开始。先要有一个名为“HDC2080_Init( )”的函数，然后把通过 I^2C 来初始化 HDC2080 的所有代码都放在里面，如图 10-29 所示。

```
/**
  * @brief  config HDC2080 on auto measurement mode for every second
  * @param  None
  * @retval 0: ERROT reture; 1:success reture
  */
u8 HDC2080_Init(void)
{
   u8 ret=0;

   Delay_ms(5); //根据HDC2080数据手册的指导，设备上电后至少需要3ms的时间来准备数据

   //--------------初始化配置寄存器，将采样模式设定为自动采样，每秒一次--------------
   genStart(); //发送Start信号
   ret=shiftOutData8(SLAVE_ADDRESS);//发送从设备地址，写模式最低位是0
   if(ret == 0)
   {
     printf("ERROR: send slave address no ACK !\n");
     return 0;
   }

   ret=shiftOutData8(0x0E); //发送配置寄存器地址
   if(ret == 0)
   {
     printf("ERROR: send register address no ACK !\n");
     return 0;
   }

   ret=shiftOutData8(0x50); //发送配置寄存器值，设置为自动采样模式，每秒采样一次
   if(ret == 0)
   {
     printf("ERROR: send register data no ACK !\n");
     return 0;
   }

   ret=genStop(); //发送Stop信号

   if(ret) printf("HDC2080 init sucess\n");
   else printf("HDC2080 init fail\n");

   return ret;
}
```

图 10-29　HDC2080_Init( ) 函数的实现（学员版软件）

从 I^2C 的总线标准里可知，一个 I^2C 读或者写操作能拆分成更小的单元，比如产生 Start 信号、产生 Stop 信号。另外，还需要实现一个移位输出的功能。既然如此，那就进一步拆分，再定义三个子函数：genStart( ) 负责产生 Start 信号；genStop( ) 负责产生 Stop 信号；还有 shiftOutData8( ) 负责往总线上移位输出数据，其中的“8”是为了说明这个函数只负责 8 位（一个字节）数据的移位输出操作。

如图 10-30 所示，在 genStart( ) 函数的定义前面加了关键字“static”，表示这个文件以外的程序是无法发现和调用这个函数的。因为 HDC2080 是针对这个设备操作所有实现的集合，外部程序只要调用高层的函数就可以，我们希望隐蔽底层操作硬件的动作。程序的开头还是释放总线，初始化的时候做过。这个函数会被频繁调用，因此需要在开始的时候确保总线是空闲的。后面的几个语句前面都有，需要注意的是，要让 SCL 线为高电平时，就拉低 SDA 线。从示波器上可以看出波形，如图 10-31 所示，黄色是 SCL 线的信号波形，蓝色是 SDA 线的信号波形，符合预期。

```c
/**
  * @brief  GPIO SW I2C generate start condition
  * @param  None
  * @retval None
  * note: after calling, SDA & SCL line will keep low
  */
static void genStart(void)
{
  GPIO_SetBits(GPIOB,I2C_SDA_PIN); //先释放SDA线
  GPIO_SetBits(GPIOB,I2C_SCL_PIN); //再释放SCL线

  Delay_us(4);  //保持一段时间
  GPIO_ResetBits(GPIOB,I2C_SDA_PIN); //在SCL线为高的状态下，拉低SDA线，表示一个开始标记
  Delay_us(4);  //保持一段时间
  GPIO_ResetBits(GPIOB,I2C_SCL_PIN); //拉低SCL线
  Delay_us(8);  //保持一段时间
  //GPIO_SetBits(GPIOx,I2C_SDA_PIN); //不需要释放SDA线，因为后面的数据可能会变化
  //GPIO_SetBits(GPIOx,I2C_SCL_PIN); //不能释放SCL线，因为只能在SCL为低的情况下改变数据
}
```

图 10-30　genStart( ) 函数的实现

产生 Start 信号后，就要开始往总线上搬移数据了。因为是单线总线，所以需要把一个字节按从高到低的顺序（从高到低发送还是从低到高发送是由总线标准决定的）一位一位地移上去，所以相应的函数也叫位移函数。shiftOutData8( ) 的名字就是这么来的。请自己浏览一下整个函数，如图 10-32 所示，其实也不复杂，其过程就是每次更新 SDA 上的数据时需要确保 SCL 线是低电平，更新完毕后，再把 SCL 线拉高，并保持一段时间以便让从设备有时间去读取数据，如此循环 8 次。需要强调的是，当最后一个位被发送以后，需要等待设备应答。这个时候要提前释放 SDA 线，否则设备无法去控制它。当拉高 SCL 线时应该去判断一下 SDA 线是否被设备拉低，以便确认设备是否给出了应答，所以这里出现一个新的函数“GPIO_ReadInputDataBit( )”，顾名思义，就是以读位的方式获取 GPIO 的状态。这是底层支持包自带的函数，可以直接使用。当然，笔者还是建议大家去看一下底层的代码，同时和单片机数据手册的相关部分做个对比，这是快速进阶的最好办法。

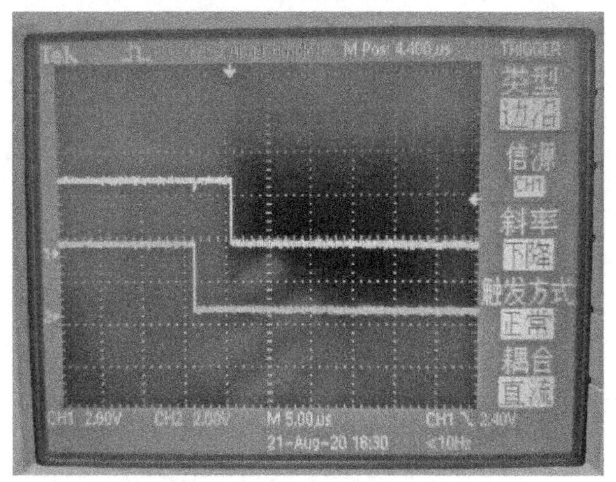

图 10-31　genStart( ) 函数在示波器上生成的信号

当读取应答的值后，请不要释放 SCL 线，因为这个移位输出函数有可能会在一次通信中被反复调用。如果没有多次调用，输出结束后，根据 I²C 协议需要产生 Stop 信号。如果释放 SCL 线，SDA 线就没有办法随意调整了。因此，当读取完来自设备的应答信号后，不要释放 SCL 线。当然，现在 SDA 线本来就处于释放状态，否则设备也没有办法应答。

为了完成配置，还需要完成生成 Stop 信号的代码，如图 10-33 所示。程序里面多了一个确认 SDA 线状态的步骤。如果设备工作异常，有可能没有释放 SDA 线，后面的工作也就没有办法继续了。根据 I²C 协议，Stop 信号需要在 SCL 保持为高的时候让 SDA 线从低到高，

这从代码里可以看得很清楚，就不多解释了。

```c
/**
 * @brief  GPIO SW I2C shift data to device,8bit mode
 * @param  data: send data to device
 * @retval 0: means no ACK, 1: means detected ACK
 * note: after calling, normally SDA should be high, SCL line will keep low
 */
static u8 shiftOutData8(u8 data)
{
  u8 i;
  u8 shiftbit=0x80; //定义一个比较变量来检测数据中每一位的值，I2C总线是先输出高位
  u8 ret=0;

  for(i=0;i<8;i++)
  {
    if(shiftbit & data)
    {
      GPIO_SetBits(GPIOB,I2C_SDA_PIN); //释放SDA线，意味着输出1
    }
    else
    {
      GPIO_ResetBits(GPIOB,I2C_SDA_PIN); //拉低SDA线，意味着输出0
    }
    Delay_us(4);  //保持一段时间
    GPIO_SetBits(GPIOB,I2C_SCL_PIN); //释放SCL线
    Delay_us(8);  //保持一段时间
    GPIO_ResetBits(GPIOB,I2C_SCL_PIN); //拉低SCL线，便于下一次数据输出
    shiftbit=shiftbit>>1; //移位比较变量
    Delay_us(4);  //保持一段时间
  }

  GPIO_SetBits(GPIOB,I2C_SDA_PIN); //释放SDA线，以便让设备产生ACK信号
  Delay_us(8);  //保持一段时间，以便让设备产生ACK信号
  GPIO_SetBits(GPIOB,I2C_SCL_PIN); //释放SCL线
  Delay_us(4);  //保持一段时间
  ret=GPIO_ReadInputDataBit(GPIOB, I2C_SDA_PIN); //读取SDA线的状态，以便判断是否有应答
  GPIO_ResetBits(GPIOB,I2C_SCL_PIN); //拉低SCL线，通知设备主设备已经接收了应答，但不要释放，以便于后面产生Stop条件或继续发送数据
  Delay_us(4);  //保持一段时间

  if(ret) return 0; //如果SDA线为高，意味着没有应答
  else return 1;    //如果SDA线为低，意味着有应答
}
```

图 10-32　shiftOutData8( )函数的实现

```c
static u8 genStop(void)
{
  u8 ret=0;

  ret=GPIO_ReadInputDataBit(GPIOB, I2C_SDA_PIN); //读取SDA线的状态，判断是否被释放
  if(ret == 0)
  {
    GPIO_SetBits(GPIOB,I2C_SDA_PIN); //释放SDA线
    GPIO_SetBits(GPIOB,I2C_SCL_PIN); //释放SCL线
    return 0; //如果SDA线没有被释放，就有问题，返回。
  }

  GPIO_ResetBits(GPIOB,I2C_SDA_PIN); //拉低SDA线，以产生Stop信号
  Delay_us(4);  //保持一段时间
  GPIO_SetBits(GPIOB,I2C_SCL_PIN); //释放SCL线，以产生Stop信号
  Delay_us(4);  //保持一段时间
  GPIO_SetBits(GPIOB,I2C_SDA_PIN); //释放SDA线，发送Stop信号
  Delay_us(12);  //保持一段时间
  return ret;
}
```

图 10-33　genStop( )的实现

有了上面三个函数，就可以完成所有的写操作，配置 HDC2080 的寄存器当然就是一种写操作。现在开始配置吧。先在 main 函数里调用刚才准备的两个函数，一个是“SW_I2C_Init( )”，还有一个就是“HDC2080_Init( )”。因为这两个函数是在 HDC2080. c 中实现的，所以比较正规的做法是，再编辑一个 HDC2080. h 头文件，然后把所有相关的声明都放进去。但是因为需要从外部调用的函数不多，就不这么做了。只要在 main. c 文件的开头部分声明要调用的几个函数是外部函数即可。

main. c 文件中还同时声明了另外三个函数，如图 10-34 所示。从名字上就能看出，它们

一个负责读取温湿度数据，一个负责读取设备 ID，还有一个负责转换读取的数据。后面会讲到这三个函数的实现。声明以后就可以在 main( ) 函数中调用前面准备好的那两个函数了。因为是初始化函数，所以在程序的开始部分调用一次就可以了，不要放到 main( ) 函数的大循环里去，如图 10-35 所示。

```
/* Extern function -----------------------------------------------------------*/
extern void SW_I2C_Init(void);
extern u8 HDC2080_Init(void);
extern u8 readHDC2080Data(u8 *pBuffer, u8 size);
extern u8 readHDC2080ID(u8 *pBuffer, u8 size);
extern void calTempAndHumi(u8 *pBuffer, float *pTemp, float *pHumi);

```

图 10-34　main. c 文件中的外部函数声明

```
UART_Print_Init(115200);  //调用初始化程序，并设置波特率为115200

SW_I2C_Init(); //初始化用于访问HDC2080的I2C总线
HDC2080_Init();  //初始化HDC2080
ret=readHDC2080ID(receiveBuffer, 2);
printf("ID [%x,%x]\n",receiveBuffer[0],receiveBuffer[1]);

while(1)
{
  AT32_LEDn_Toggle(LED2);  // 反转LED2的状态
```

图 10-35　main( ) 函数中调用初始化程序

"积木"都准备好了，现在回到 HDC2080_Init( ) 这个函数，看看怎么把这些积木搭起来，完成工作。回到图 10-29，这部分代码里已经把前面完成的那些"积木"拼在了一起。它首先调用了一个延时函数，主要为了确保上电后外围设备已经正常进入可以操作的状态；然后调用了 genStart( ) 函数，产生 Start 信号；接着调用 shiftOutData8( ) 函数，发送从设备地址。因为现在要配置设备，所以自然是写操作。根据 I²C 协议，从设备地址的最后一位代表着后面要对从设备进行的操作，0 是写，1 是读。移位输出函数里会判断设备是否有应答，如果有应答，则意味着设备接收到了数据，如果没有则会返回 0，因此可以通过判断函数的返回值得知设备访问是否成功。如果不成功，则打印一句出错的信息，然后返回。发送完从设备地址，就要告诉设备需要写哪个寄存器，于是还需要调用一次 shiftOutData8( ) 来发送寄存器地址。如果设备正确接收了寄存器的地址，就把寄存器的值发送出去。最后，调用 genStop( ) 函数来结束本次写操作。好了，不是很复杂吧？

接下来就是编译和运行。运行后没有什么明显的结果（除非设备没有应答，导致出错）。但是，做项目就是这么一步一步进行的，欲速则不达。实际上，从示波器上可以看出具体的 I²C 波形，如图 10-36 所示。

从这个波形图中能够看到，设备是有应答的。当然，如果没有应答程序就会打印错误信息，然后返回。用这个图形对着代码仔细地分析一下，对于时序的了解会变得非常清晰。

配置完毕，那么是不是就能开始读取数据了呢？从笔者的个人风格来说，一般不会急于去操作，而是先读取一下设备的 ID 信息。为什么呢？还是那句话，嵌入式系统是软硬结合的，当出现一个问题的时候，首先要做的不是简单地去看代码到底出了什么问题，而是先判断到底是硬件问题还是软件问题。这是嵌入式系统开发中最基础的逻辑。在自己实际操作的

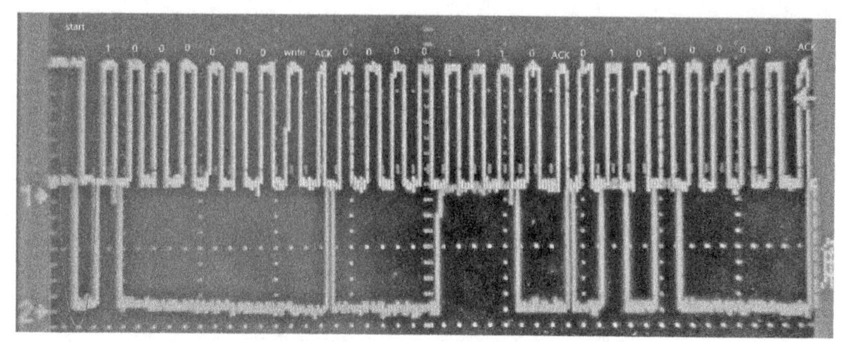

图 10-36　HDC2080_Init( ) 函数的执行波形

时候，为了避免出问题后再返回来查找，需要有意识地去做些确定性工作。从前面的波形看出，虽然设备是有应答的，但是以此来确定硬件没有问题是不够充分的。所以，笔者决定还是先读取一下设备 ID，然后和数据手册比较一下。如果设备 ID 读出来也是正常的，那就有非常充分的理由相信硬件是没有问题的。那么，如果设备 ID 读出来是不正常的，就能区分是硬件问题还是软件问题吗？严格来说不是，只是这样能节约解决问题的时间，或者在项目中及早发现问题。

讲了这么多，主要是为了让各位体验实际工作中解决问题的思路和良好的习惯。现在开始读取设备 ID。还记得设备 ID 是哪几个寄存器吗？其实有多个可以读取，这里选择“0xFE”和“0xFF”。仍然把读取 ID 的任务放在一个函数中，取名为“readHDC2080ID( )”。前面设置设备的时候准备了一些“积木”，但是这些“积木”都是用于写操作的，还少了一块用于读操作的“积木”。给这“积木”起名为“shiftInData8( )”。如图 10-37 所示，其实

```c
/**
  * @brief  GPIO SW I2C shift data from device,8bit mode
  * @param  needACKorNot: 1, means generate ACK after received data; 0, means no need generate ACK
  * @retval received data
  * note: after calling, SDA not define, SCL line will keep low
  */
static u8 shiftInData8(u8 needACKorNot)
{
  u8 i;
  u16 shiftbyte=0; //定义一个移位变量
  u8 ret=0;
  for(i=0;i<8;i++)
  {
    GPIO_SetBits(GPIOB,I2C_SDA_PIN); //释放SDA线，让设备来控制SDA线
    Delay_us(4);  //保持一段时间
    GPIO_SetBits(GPIOB,I2C_SCL_PIN); //释放SCL线
    Delay_us(4);  //保持一段时间
    ret=GPIO_ReadInputDataBit(GPIOB, I2C_SDA_PIN); //读取SDA线的状态
    shiftbyte |= ret;
    shiftbyte = shiftbyte << 1;
    Delay_us(4);  //保持一段时间
    GPIO_ResetBits(GPIOB,I2C_SCL_PIN); //拉低SCL线，通知设备可以更新数据
    Delay_us(4);  //保持一段时间
  }

  if(needACKorNot)
  {
    GPIO_ResetBits(GPIOB,I2C_SDA_PIN); //拉低SDA线，准备产生应答

  }
  else
  {
    GPIO_SetBits(GPIOB,I2C_SDA_PIN); //释放SDA线，产生无应答信号

  }
  Delay_us(4);  //保持一段时间
  GPIO_SetBits(GPIOB,I2C_SCL_PIN); //释放SCL线
  Delay_us(4);  //保持一段时间
  GPIO_ResetBits(GPIOB,I2C_SCL_PIN); //拉低SCL线
  Delay_us(4);  //保持一段时间

  return (u8)shiftbyte;
}
```

图 10-37　shiftInData8( ) 函数

现方法与前面类似，不同的地方在于，移位的时候是从低位往高位移动，所以采用“左移”方式。因为来自设备的数据是先发高位，所以收到的数据也是高位在前。还有就是应答方式，读取操作是主设备给从设备发送应答信号。而且根据图 10-6，读取的数据最后一个字节不需要给出应答信号，或者可以给出一个为高电平的应答信号 NACK，所以需要给这个函数一个参数，以便于后面使用时告诉 shiftInData8( )到底给出 ACK 还是 NACK。函数的返回值自然就是读取的数据。

好了，“积木”完成，开始实现 readHDC2080ID( )函数。

如图 10-38 所示，这个函数开头省略了延时函数，因为先调用了配置函数。当然，考虑到配置函数和这个读取 ID 的函数之间的顺序可以互换，也可以把这个延时函数加上去，这样看起来更可靠。整个函数的实现和前面的配置函数相似，不同的是要考虑连续读取的情况。因为 ID 是两个字节，所以最好设置一个参数来控制读取的字节数。既然可以读取多个字节，那么也需要有个存储返回数据的 buffer，所以在函数的实现中加入了一个 buffer 指针和一个数据量大小的参数。根据 I²C 协议读取规范，先要通过一个“伪写”操作来告诉设备到底从哪个寄存器开始读取数据。在程序开头 genStart( )后发送从地址的地方，还是采用“写”模式，然后写入需要访问的寄存器地址。注意，当写入要访问的寄存器地址后，还要再次调用 genStart( )函数来产生一个开始信号，因为实际的操作是“读”而不是“写”，前面的“伪写”操作只是告诉设备要从哪里开始读取而已，接下来才是真正的读取操作。此时需要再次发送从设备的地址，同时要把最低位置为 1，表明一个读操作即将开始，然后根

```
/**
  * @brief  Read HDC2080 ID NUMBER
  * @param  Buffer address, buffer size
  * @retval erro code
  */
u8 readHDC2080ID(u8 *pBuffer, u8 size)
{
  u8 ret=0;
  u16 i;

  genStart(); //发送Start信号
  ret=shiftOutData8(SLAVE_ADDRESS);//发送从设备地址，写模式最低位是0
  if(ret == 0)
  {
    printf("ERROR: send slave address no ACK !\n");
    return 0;
  }

  ret=shiftOutData8(0xFE); //发送ID寄存器起始地址
  if(ret == 0)
  {
    printf("ERROR: send register address no ACK !\n");
    return 0;
  }

  genStart(); //再次发送Start信号
  ret=shiftOutData8(SLAVE_ADDRESS|0x01);//发送从设备地址，读模式最低位是1，触发读取操作
  for(i=0;i<size-1;i++)
  {
    pBuffer[i]=shiftInData8(1); //前面的数据需要ACK
  }

  pBuffer[i]=shiftInData8(0); //最后一个数据不需要ACK

  ret=genStop(); //发送Stop信号

  return ret;
}
```

图 10-38　readHDC2080ID ( )函数

据实际要读取的数据长度来反复调用 shiftInData8( ) 函数，同时利用指针将数据保存到 buffer 中。当读取到最后一个字节时，需要特殊处理，产生一个 NACK 信号。最后发送 Stop 信号。

至此，就完成了读取 ID 的工作。和前面一样，readHDC2080ID( ) 只要在 main( ) 中调用一次，笔者把这个函数放在了配置函数调用后面，如图 10-34 所示。别忘记在 main. c 中声明这个外部函数。

编译运行一下看看结果。打开串口调试软件。按照图 10-39 设置好后单击“打开监听”按钮，然后按学习板上的复位按钮后，可以在软件的“接收区”里打印出一些信息。

图 10-39　readHDC2080ID ( ) 函数打印的信息

看起来好像很正常，但是很遗憾，这个不对。HDC2080 数据手册上 ID 的值应该是“0xD0 0x07”，但这里显示出来的是“0xA0 0x0E”。这是为什么呢？先排除硬件问题。考虑到波形不错、有数据输出、设备也有应答，硬件问题基本可以排除。接着考虑软件问题。在此之前，先比较一下这两组数据，看看有什么规律。还可以看看数据的波形。

仔细核对表 10-1，就能发现一些端倪。将表格下面一行的数据整体右移一位就能对上了。换句话说，也许软件里移位的地方有错误。这是和 shiftInData8 ( ) 函数相关的，如图 10-37所示。仔细看一下，原来是多移了一位，修改后的代码如图 10-40所示。

表 10-1　正确和实际的数据比较

正确的数据	D 1　1　0　1	0 0　0　0　0	0 0　0　0　0	7 0　1　1　1
实际的数据	A 1　0　1　0	0 0　0　0　0	0 0　0　0　0	E 1　1　1　0

```c
/**
  * @brief  GPIO SW I2C shift data from device,8bit mode
  * @param  needACKorNot: 1, means generate ACK after received data; 0, means no need generate ACK
  * @retval received data
  * note: after calling, SDA not define, SCL line will keep low
  */
static u8 shiftInData8(u8 needACKorNot)
{
  u8 i;
  u16 shiftbyte=0; //定义一个移位变量
  u8 ret=0;
  for(i=0;i<8;i++)
  {
    GPIO_SetBits(GPIOB,I2C_SDA_PIN); //释放SDA线，让设备来控制SDA线
    Delay_us(4);  //保持一段时间
    GPIO_SetBits(GPIOB,I2C_SCL_PIN); //释放SCL线
    Delay_us(4);  //保持一段时间
    ret=GPIO_ReadInputDataBit(GPIOB, I2C_SDA_PIN); //读取SDA线的状态
    shiftbyte |= ret;
    shiftbyte = shiftbyte << 1;
    Delay_us(4);  //保持一段时间
    GPIO_ResetBits(GPIOB,I2C_SCL_PIN); //拉低SCL线，通知设备可以更新数据
    Delay_us(4);  //保持一段时间
  }

  shiftbyte = shiftbyte >> 1; //把循环里多移的1位给修复一下

  if(needACKorNot)
  {
    GPIO_ResetBits(GPIOB,I2C_SDA_PIN); //拉低SDA线，准备产生应答

  }
  else
  {
    GPIO_SetBits(GPIOB,I2C_SDA_PIN); //释放SDA线，产生无应答信号

  }
  Delay_us(4);  //保持一段时间
  GPIO_SetBits(GPIOB,I2C_SCL_PIN); //释放SCL线
  Delay_us(4);  //保持一段时间
  GPIO_ResetBits(GPIOB,I2C_SCL_PIN); //拉低SCL线
  Delay_us(4);  //保持一段时间

  return (u8)shiftbyte;
}
```

图 10-40　修改后的 shiftInData8( ) 函数

再次编译下载，用同样的办法看一下结果，如图 10-41 所示。成功!

图 10-41　修改 shiftInData8( ) 函数后的运行结果

接下来就可以继续读取数据了。创建一个函数，把所有读取数据的操作放进去，起名为“readHDC2080Data( )”，如图 10-42 所示。同样需要传递两个参数，一个是保存数据用的 buffer 指针，还有一个是读取的数据大小。

另外，不要忘记在 main. c 文件的开头声明这个外部函数。同时根据 HDC2080 的手册把数据转换一下，所以还要另外准备一个数据转换的函数，名为“calTempAndHumi( )”，如

图 10-43所示。这个函数需要三个参数，一个是从设备中读取的原始数据，另外两个就是返回计算结果的温度和湿度值。

```
/**
  * @brief  Read temperature and humidiyt data from HDC1080 by the I2C
  * @param  Buffer address, buffer size
  * @retval erro code
  */
u8 readHDC2080Data(u8 *pBuffer, u8 size)
{
  u8 ret=0;
  u16 i;

  genStart(); //发送Start信号
  ret=shiftOutData8(SLAVE_ADDRESS);//发送从设备地址，写模式最低位是0
  if(ret == 0)
  {
    printf("ERROR: send slave address no ACK !\n");
    return 0;
  }

  ret=shiftOutData8(0x00); //发送温度寄存器起始地址
  if(ret == 0)
  {
    printf("ERROR: send register address no ACK !\n");
    return 0;
  }

  genStart(); //发送Start信号
  ret=shiftOutData8(SLAVE_ADDRESS|0x01);//发送从设备地址，读模式最低位是1，触发读取操作
  for(i=0;i<size-1;i++)
  {
    pBuffer[i]=shiftInData8(1); //前面的数据需要ACK
  }

  pBuffer[i]=shiftInData8(0); //最后一个数据不需要ACK

  ret=genStop(); //发送Stop信号

  return ret;
}
```

图 10-42　readHDC2080Data( )函数的实现

```
/**
  * @brief  Read HDC2080 ID NUMBER
  * @param  buffer:Buffer address; pTemp: temperature value; pHumi: humidity value
  * @retval None
  */
void calTempAndHumi(u8 *pBuffer, float *pTemp, float *pHumi)
{
  u16 temp,humi;

  temp = ((u16)pBuffer[0]&0x00ff) + ((u16)pBuffer[1]<<8)&0xff00 ;
  humi = ((u16)pBuffer[2]&0x00ff) + ((u16)pBuffer[3]<<8)&0xff00 ;

  *pTemp = (float)((temp*165)/65536 -40);
  *pHumi = (float)((humi*100)/65536);
}
```

图 10-43　calTempAndHumi ( )函数的实现

做完这些，可以再次编译下载，然后运行观察结果。考虑到篇幅问题，这里不再啰唆。但是还得提一下，现在实现的函数有三个“坑”。如果你在实践中发现不正常，那很正常。笔者希望你能自己分析并解决这三个问题。

另外再提一点，以上代码还没有考虑温度校准的问题，但在实际项目中是需要考虑的。请自己思考一下该如何操作。

第 11 章　其他总线实验

单片机的外围总线非常丰富，受篇幅限制，本书无法详细解释，因此接下来的节奏会快一些，各位有时间还是要自己结合代码深入看一下。

11.1　SPIM 之分散加载实验

前面的课程介绍过 SPI 总线，它也是一种串行总线，但是速度要远高于 I^2C 总线，总线时钟可以达到几十兆赫兹。SPI 也有几种不同的模式，比如单线模式、四线模式、SDIO 模式，可以满足不同的要求。SPI 和 I^2C 最大的区别是采用了硬件的片选引脚来寻址从设备，因此效率更高。当然，其缺点是硬件开销大。AT32F407 的 SPI 端口可以配置为 SPI 或者 I^2S（同步数字音频）接口，并且支持多种模式。学习板上外置了一个容量比较大（但与手机无法相提并论）的外置 Flash。AT32F407 可以将外置 Flash 映射到内部寻址空间中，也就是可以把外部的 Flash 当作内部的程序和数据存储器来使用，因此其 SPI 又被命名为 SPIM（SPI Flash Memory）。同时，AT32F407 的 SPIM 和 USB 接口是复用的，因此当启用 SPIM 接口时，USB 接口将无法使用。SPIM 的操作模式和 SPI 非常类似，最大的不同是 SPIM 接口只支持半字（16 位）或字（32 位）操作，这是因为程序执行的时候 MCU 内核只能以半字或字的方式来访问程序存储区。

图 11-1 是程序存储器的地址映射表，从中可以看到外部存储器的映射地址，这就是 SPIM 可以访问的地址。同样先看一下硬件原理图。一般情况下外置程序 Flash 为了提高程序

块		名称	地址范围	长度（字节）
主存储器	块1（Bank1）512KB	页0	0x0800 0000 - 0x0800 07FF	2K
		页1	0x0800 0800 - 0x0800 0FFF	2K
		页2	0x0800 1000 - 0x0800 17FF	2K
		页3	0x0800 1800 - 0x0800 1FFF	2K
		页4	0x0800 2000 - 0x0800 27FF	2K
		⋮	⋮	⋮
		页255	0x0807 F800 - 0x0807 FFFF	2K
	块2（Bank2）512KB	页256	0x0808 0000 - 0x0808 07FF	2K
		页257	0x0808 0800 - 0x0808 0FFF	2K
		页258	0x0808 1000 - 0x0808 17FF	2K
		页259	0x0808 1800 - 0x0808 1FFF	2K
		页260	0x0808 2000 - 0x0808 27FF	2K
		⋮	⋮	⋮
		页511	0x080F F800 - 0x080F FFFF	2K
外部存储器	块3（Bank3）		0x0840 0000 - 0x0940 0000	16M

图 11-1　外部程序存储器的地址映射

执行效率，都会采用四线制，即采用四根双向数据线（半双工）。

从图 11-2 中可以看出，需要把板子上的 JP8 跳线全部切换到左边（图 11-3），否则无法正常实验。

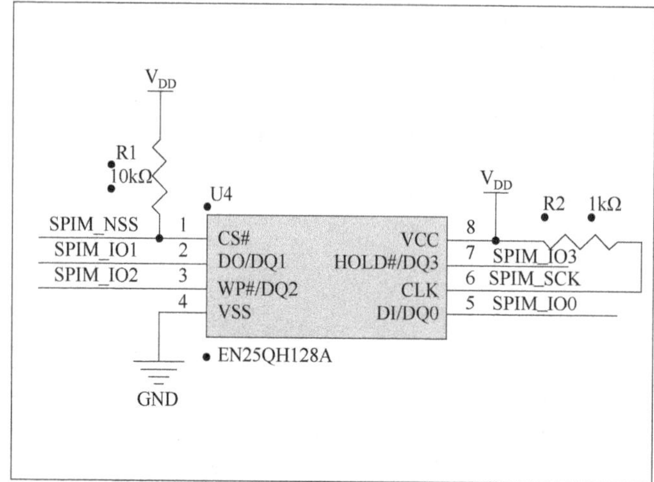

图 11-2　外部程序存储器的原理图

请从资料中找出“EN25QH128A. PDF”数据手册，这个手册稍微大些。先关注时序图，如图 11-4。可以看到，外部 Flash 是在时钟上升沿采样数据。

从图 11-4 中可以学习到基本的 Flash 访问方法。首先输出指令（CMD），指令一般是 8 位的；接下来输出要访问的地址（ADR），地址是 24 位的，和输出指令一样从四根线上以 4 位为单位输出；最后紧跟着输出数据（DA）。

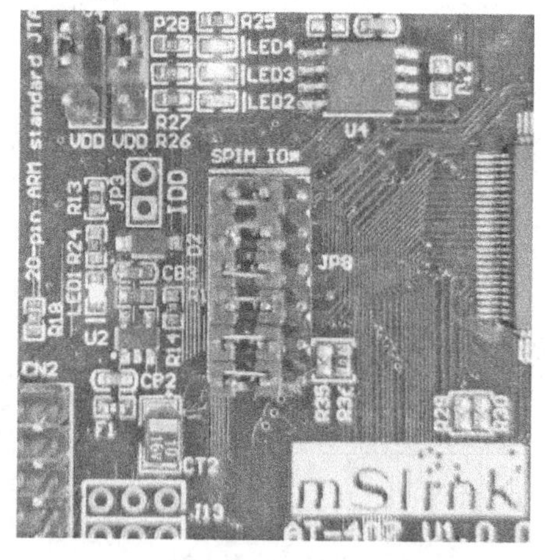

图 11-3　外部程序存储器的跳线选择

Flash 的读操作比较简单，但是写操作比较复杂，需要经过擦除和写两个步骤，两个步骤之间有比较长的操作等待时间。而且 Flash 的写操作是以页（Page）为单位的，单个字节的写也会转换成页操作。因此，Flash 适合用来做程序存储器，或者大规模的数据存储器，因为程序存储器不会经常修改内容，正常情况下只有读操作，而大容量的数据存储器也类似，一般不会频繁被写。由于篇幅关系，这里不对 Flash 的操作细节做深入分析。最好的学习方法还是仔细研读数据手册。

接下来看看怎么操作外部程序存储器。因为外部存储器的配置比较复杂，对于时序的要求比较高，所以往往是芯片原厂提供一个比较容易使用的驱动程序，作为开发者只需直接调用即可。还是先建立一个工程，命名为“sample4”。为了方便复用代码，请把“AT32_Board”和“Libraries”文件夹从其他工程里（比如已有的“sample3-XXX”中的内容）复制到“sample4”文件夹中。还有“at32f4xx_conf. h”、“at32f4xx_it. c”、“at32f4xx_it. h”、“startup_at32f407vgt7. s”、“system_at32f4xx. c”和“main. c”这几个文件也一并复制到“sam-

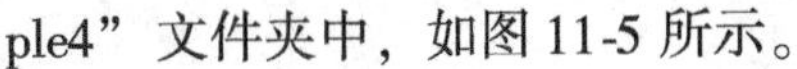
ple4”文件夹中，如图 11-5 所示。

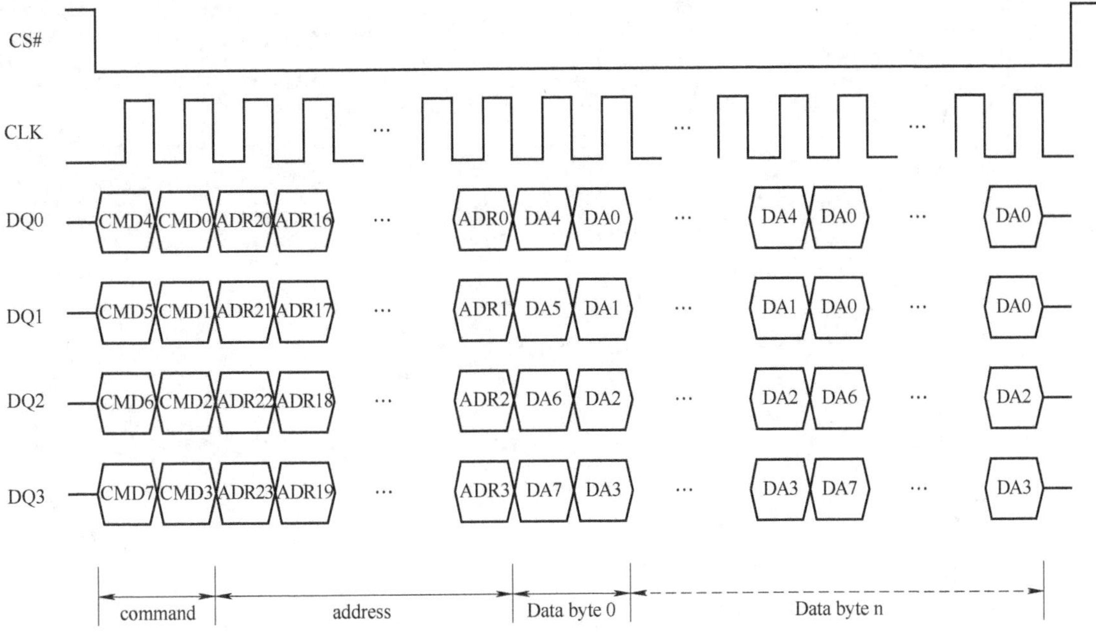

图 11-4　外部程序存储器的时序图

在工程配置的时候请注意，选择“Software Packs”选项，否则后面添加其他配置的时候会出问题。

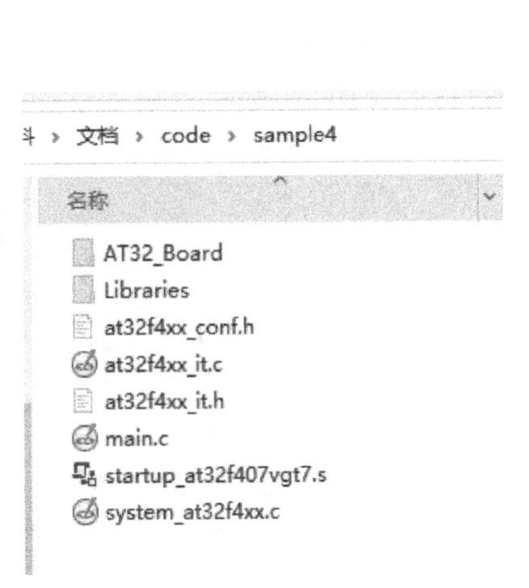

图 11-5 “sample4”文件夹中的文件

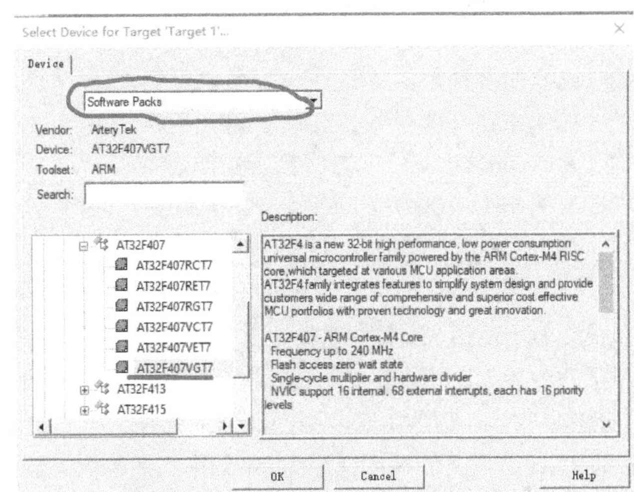

图 11-6　sample4 工程配置选项

这个工程建立后，里面是没有任何文件的，需要添加文件并分组，最后如图 11-7 所示。

接下来配置一下工程，请单击“魔法棒”按钮。首先关注“Target”选项卡，如图 11-8 所示，要点是外部 Flash 被映射到了从“0x8400000”开始的位置，因此需要配置“IROM2”选项，在不需要外扩程序存储器时是不需要配置的。

图 11-7　sample4 工程中的文件

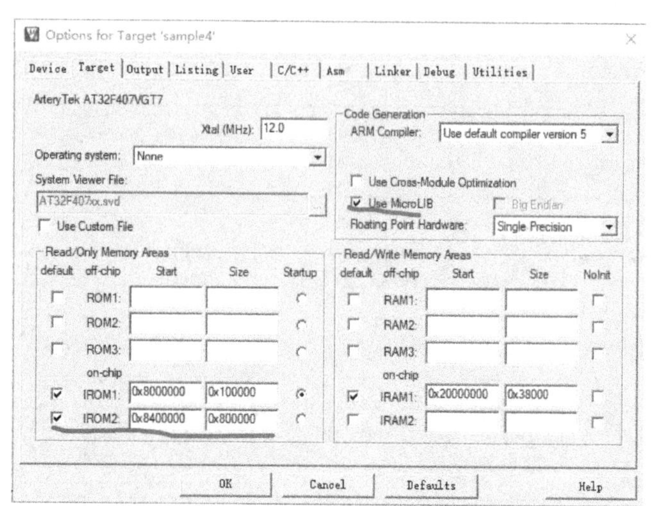

图 11-8　“Target”选项卡

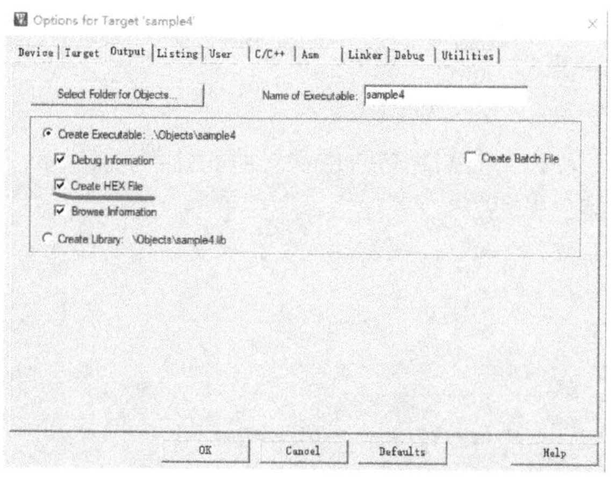

图 11-9　“Output”选项卡

然后切换到“Output”选项卡，不要忘记把生成 HEX 文件的选项勾上，如图 11-9所示。

接着切换到“C/C＋＋”选项卡，如图 11-10 所示。这里和前面一样，需要添加一些宏定义，以及头文件的搜索路径。

继续看“Linker”页，如图 11-11 所示。这里的设置非常重要，直接决定代码是否能编译到外部存储器上。加载一个名为“externalCode. sct”的文件，这个文件看起来如图 11-12 所示，称为分散加载文件，单击“Edit”按钮可以打开。

正常情况下这个文件由 Keil IDE 自动生成，不出现图 11-12 中画圈的部分。这个文件的作用是为链接器在程序存储器中安排程序位置时做参考，因此，通过修改这个文件可以让代码安排到存储器的不同位置。这就是“分散加载”一词的由来。画圈的部分就是这次实验需要做的事情，其大致意思就是把“externalCode. c”文件（编译后为 . o 文件）中的内容放到从“0x08400000”开始的位置，而这个位置正好是外接 Flash 被映射的起始地址。复杂些的分散加载文件还可以针对某些函数做定义，同时，还可以把代码编译定位到 RAM 中予以执行（一些对速度要求非常高的应用可以采用这样的办法，但是需要编写一个复制程序，把 Flash 中的程序复制到 RAM 中）。

既然谈到这里，我们再简单了解这个文件。它是编译器在编译过程中产生的，它会对程序中所有的变量、函数入口等地址做出安排，称为 map 文件。在 Keil 中一般编译后会生成在“Listings”文件夹下，此处工程生成的就是“sample4. map”。举个例子，这里的分散加载实验中，main( ) 函数和 externalCodeRun( ) 函数位于不同的地址空间。可以用记事本程序打开这个 map 文件，也可以在 Keil 中右击工程目录选择“Open Map File”来查看。

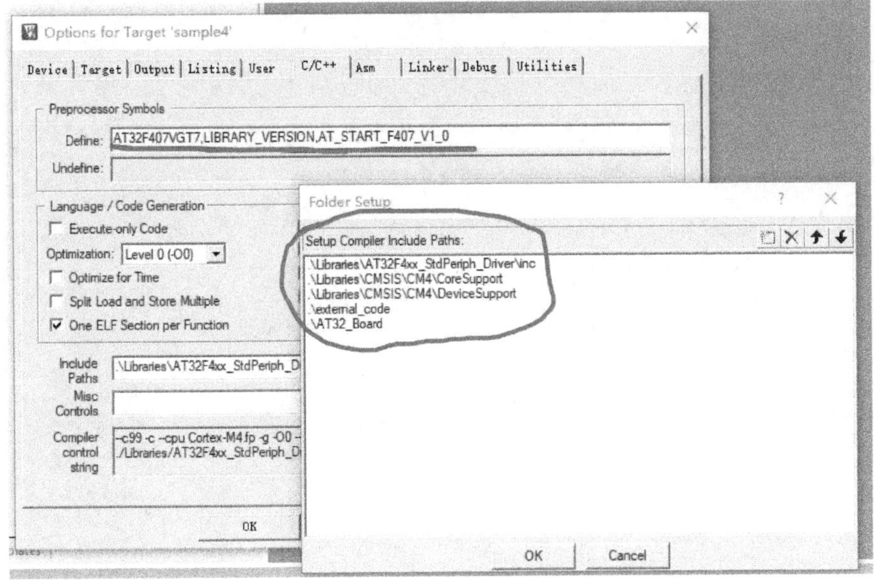

图 11-10　“C/C++”选项卡

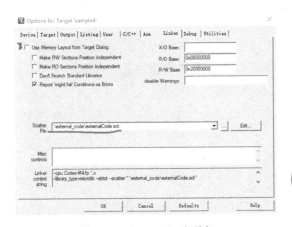

图 11-11　“Linker”选项卡

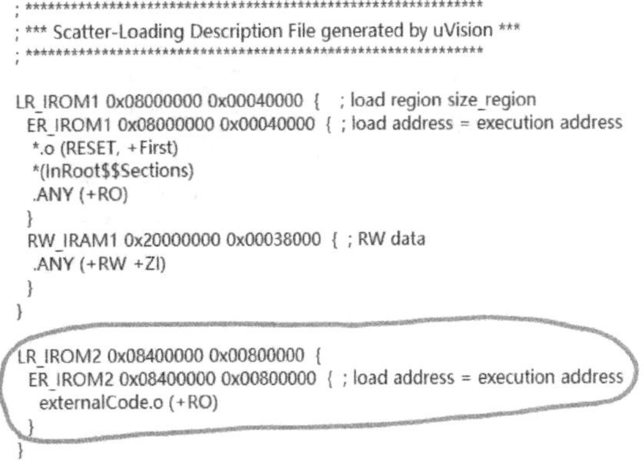

```
; *************************************************************
; *** Scatter-Loading Description File generated by uVision ***
; *************************************************************

LR_IROM1 0x08000000 0x00040000  {    ; load region size_region
  ER_IROM1 0x08000000 0x00040000  {  ; load address = execution address
   *.o (RESET, +First)
   *(InRoot$$Sections)
   .ANY (+RO)
  }
  RW_IRAM1 0x20000000 0x00038000  {  ; RW data
   .ANY (+RW +ZI)
  }
}

LR_IROM2 0x08400000 0x00800000  {
  ER_IROM2 0x08400000 0x00800000  {  ; load address = execution address
   externalCode.o (+RO)
  }
}
```

图 11-12　sample4 工程中的分散加载文件

如图 11-13 所示，main( )函数的起始地址是 0x0800123D，是内部 Flash 的地址。还能看到 main( )函数属于 main. c 文件。而 externalCodeRun( )函数的起始地址是 0x08400001，是外部 Flash 的地址。它位于 externalCode. c 文件。这两个地址为何都是奇数？前文中有说过 4 字

```
main                        0x0800132d   Thumb Code   64  main.o(i.main)
Region$$Table$$Base         0x080013a4   Number        0  anon$$obj.o(Region$$Table)
Region$$Table$$Limit        0x080013c4   Number        0  anon$$obj.o(Region$$Table)
externalCodeRun             0x08400001   Thumb Code   28  externalcode.o(i.externalCodeRun)
SystemCoreClock             0x20000000   Data          4  system_at32f4xx.o(.data)
AHBPscTable                 0x20000004   Data         16  system_at32f4xx.o(.data)
LED_GPIO_PORT               0x20000024   Data         16  at32_board.o(.data)
LED_GPIO_PIN                0x20000034   Data          8  at32_board.o(.data)
LED_GPIO_RCC_CLK            0x2000003c   Data         16  at32_board.o(.data)
```

图 11-13　sample4 工程中的 map 文件

节/8 字节对齐相关的东西。理论上偶数才对吧？之所以为奇数，是 ARM 的规定。对于 M4F 内核，指令最后一位必须置为 1。具体的就不展开了，有兴趣的读者可以去找一些 ARM 内核架构类的资料看一下。

最后一个关键的配置在“Debug”选项卡中，如图 11-14 所示。

选择正确的仿真器型号后单击“Settings”按钮，然后在弹出的对话框中打开“Flash Download”选项卡，再单击“Add”按钮，如图 11-15 所示。

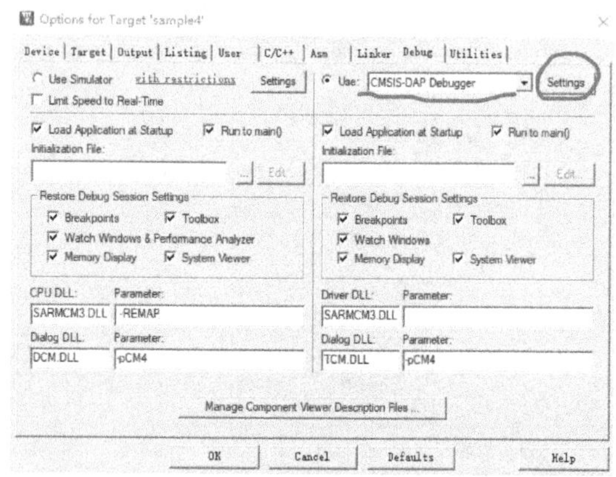

图 11-14 “Debug”选项卡

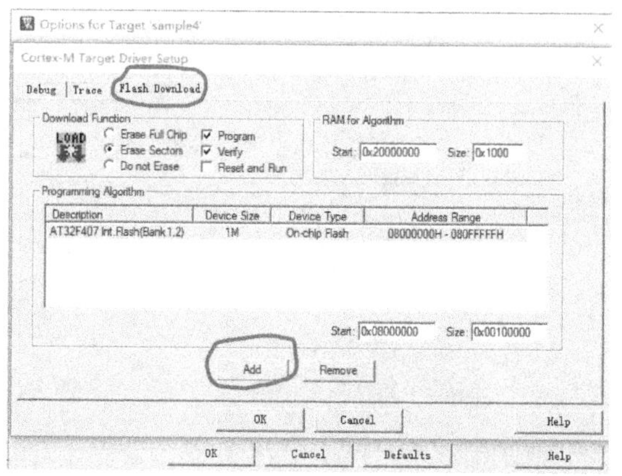

图 11-15 “Flash Download”选项卡

这里主要用来配置仿真器下载，因为需要把代码分别下载到两个不同的区域，一个是内部 Flash（这部分一般是默认的），另一个是外部的 Flash，因此需要添加一个描述文件。

请按照图 11-16 选择“AT32F407_EXT_TPYE2_REMAP1_GENERAL.FLM”文件，然后单击“Add”按钮。之后回到“Flash Download”选项卡（见图 11-17），在列表里就会出现新添加的文件。

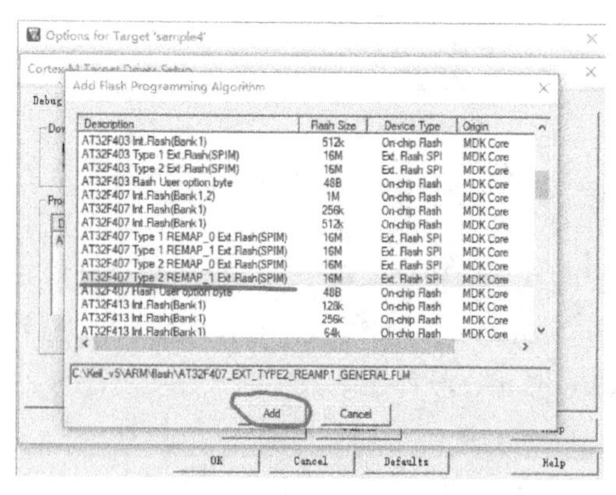

图11-16 sample4 工程添加外部 Flash 的描述文件

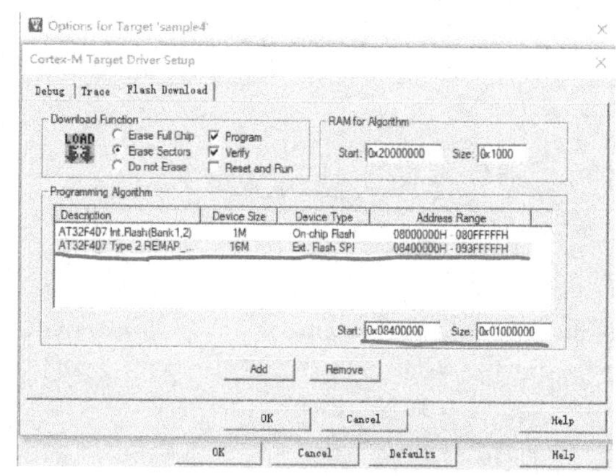

图 11-17 sample4 工程添加的描述文件

这里有一个小 bug：必须添加两遍相同的外部 Flash 描述文件，编译并下载一次，此时会报错，但再次下载就好了，同时添加的列表里也就只剩下两个 Flash 描述文件了。但这不影响后面的工作。

这个工程里有些文件是本来就存在的，其功能非常简单，比较麻烦的是一些配置，希望通过这个工程让大家了解分散加载机制。所以请大家自己研读一下代码，很好理解。

编译和运行一下，从图 11-18 中的结果可以看出代码处于不同的地址空间。完美！

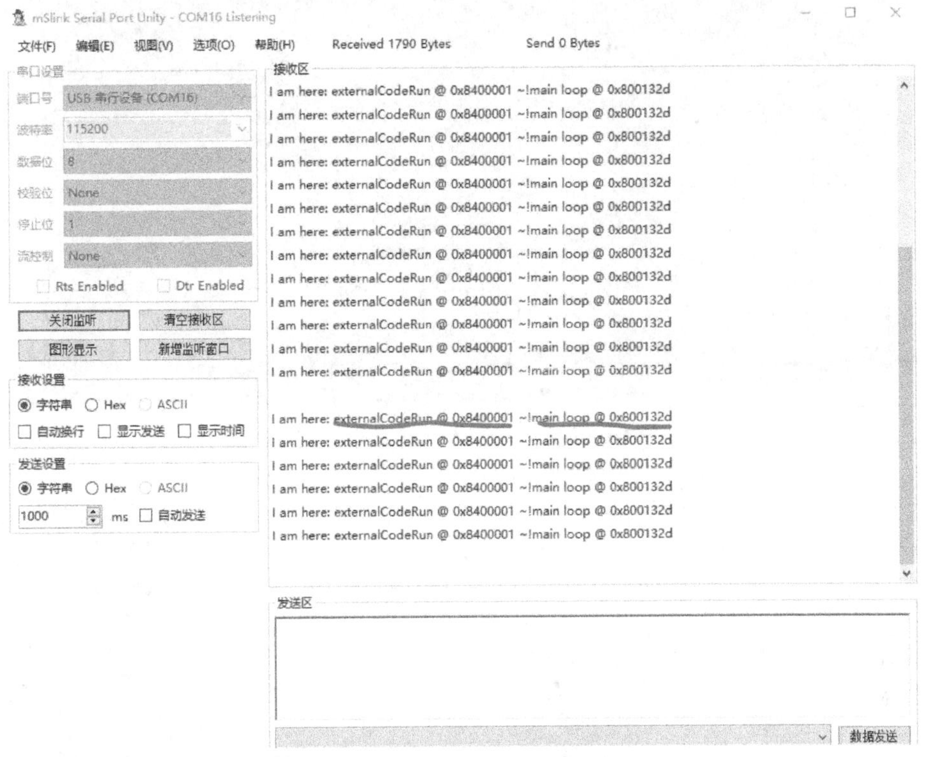

图 11-18　sample4 工程的运行结果

11.2　SPI 总线实验

前面介绍了 SPIM 的用法，为了和 SPIM 区别，这里特意再增加 SPI 总线的实验。实验对象还是外接的 Flash，这次不把它当作一个程序存储器，而是当作一个保存一些数据的 Flash 来用，所以需要读写其中的数据。

同样，先研究硬件。在前面做 SPIM 的实验时，板子上的硬件已经连接到了 SPIM 的接口上，因此需要把原来的 SPIM 接口断开，用学习板配套的杜邦线动手飞线。

请参考图 11-19，并按照如下的对应关系来飞线。

SPI_SCK（JP8 PIN1）→ PA5（J3 “13”）

SPI_NSS（JP8 PIN4）→PA4（J6 “A2”）

SPI_MOSI（JP8 PIN7）→ PA7（J3 “#11”）

SPI_MISO（JP8 PIN10）→ PA6（J3 “12”）

飞完这四根线，还要飞两根线（见图 11-20），因为现在用的是普通 SPI 模式，所以 Flash 的 WP 和 HOLD 引脚需要被拉高，这两个引脚也就是 JP8 上的 SPIM_IO2 和 SPIM_IO3。这两个 Pin 需要连接到一个高电平上，这里是用杜邦线连到 JP1 和 JP4 的 Pin 1。

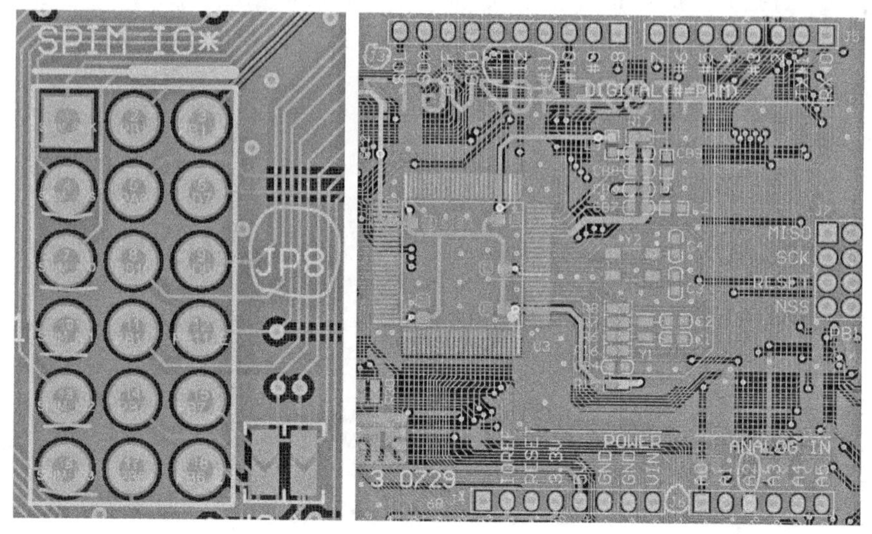

图 11-19　JP8、J3、J6 的 Pin 定义

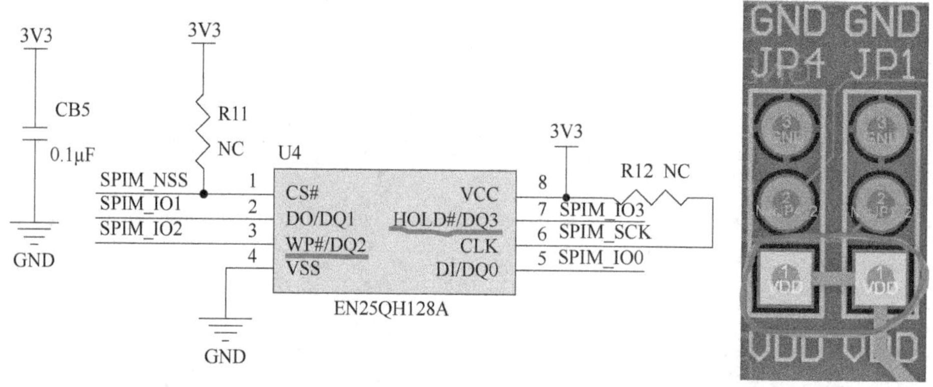

图 11-20　JP1、JP4 的 Pin 1 连接到 SPIM_IO2 和 SPIM_IO3

最终的飞线看上去如图 11-21 所示。

下面来研究软件。理论上要看看数据手册，但是在前面 SPIM 接口部分我们已经大致了解了一下，这里不再重复，建议各位常备数据手册。标准的 SPI 接口驱动程序已经由原厂准备好了，只需调用而已。是为了节约时间，笔者已经帮助各位建立了工程。请打开工程 sample5，工程内部的文件组织类似于图 11-22 的样子。

看一下代码的执行方法。还记得前面提过的六个问题吗？为了加深印象这里再提一下。

1）把功能定义到哪个引脚上？

2）相关功能的时钟配置了吗？

3）相关的功能需要用到哪些中断？

4）相关的功能怎么初始化？

5）相关的功能如何收发数据？

6）是否有必要启用 DMA？

图 11-21 SPI 接口飞线图

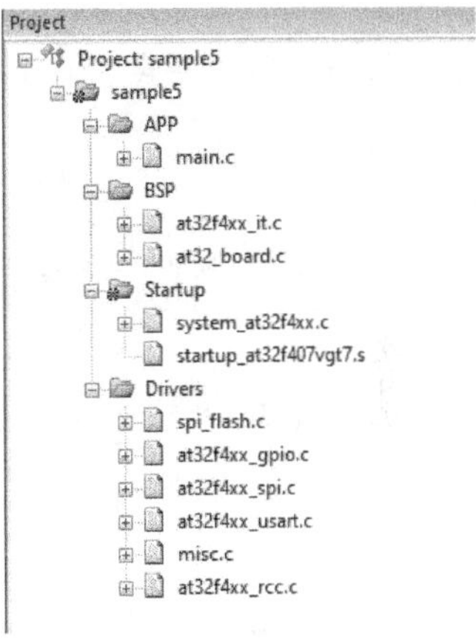

图 11-22 sample5 工程的文件组织形式

先解决第一个问题。根据前面数据手册和硬件飞线的情况，在“spi_flash.h”文件里找到图 11-23 所示的定义。

```
/* SPI define -----------------------------------------------------------------*/
/*
 * SPI_MODE
 * 0 --> DMA
 * 1 --> pooling
 */
#define SPI_MODE                    1

#define BUF_SIZE                    SPIF_PAGE_SIZE
#define FLASH_SPI                   SPI1
#define SPIx_RCC_CLK                RCC_APB2PERIPH_SPI1
#define SPIx_GPIO_RCC_CLK           RCC_APB2PERIPH_GPIOA
#define SPIx_PIN_NSS                GPIO_Pins_4
#define SPIx_PORT_NSS               GPIOA
#define SPIx_PIN_SCK                GPIO_Pins_5
#define SPIx_PORT_SCK               GPIOA
#define SPIx_PIN_MISO               GPIO_Pins_6
#define SPIx_PORT_MISO              GPIOA
#define SPIx_PIN_MOSI               GPIO_Pins_7
#define SPIx_PORT_MOSI              GPIOA

#define SPIx_DMA                    DMA1
#define SPIx_DMA_RCC_CLK            RCC_AHBPERIPH_DMA1
#define SPIx_Rx_DMA_Channel         DMA1_Channel2
#define SPIx_Rx_DMA_FLAG            DMA1_FLAG_TC2
#define SPIx_Tx_DMA_Channel         DMA1_Channel3
#define SPIx_Tx_DMA_FLAG            DMA1_FLAG_TC3

#define FLASH_CS_HIGH()             GPIO_SetBits(SPIx_PORT_NSS, SPIx_PIN_NSS)
#define FLASH_CS_LOW()              GPIO_ResetBits(SPIx_PORT_NSS, SPIx_PIN_NSS)

/* Flash define ---------------------------------------------------------------*/
#define W25Q80   0xEF13
#define W25Q16   0xEF14
#define W25Q32   0xEF15
#define W25Q64   0xEF16
#define W25Q128 0xEF17   /* 16MB, the range of address:0~0xFFFF FF */
#define EN25QH128A  0x1C17  //如果更换了其他型号的Flash，请自行添加ID

#define SPIF_CHIP_SIZE              0x1000000
#define SPIF_SECTOR_SIZE            4096
#define SPIF_PAGE_SIZE              256
```

图 11-23 sample5 工程的 SPI 引脚定义以及 Flash 容量等信息

这个定义中同时解决了最后一个问题，不需要启用 DMA。至于 DMA 怎么用，后面的章节里会涉及，不用着急。需要强调的是，Flash 的 ID 与 Flash 芯片的定义不同，因为市面上 Flash 的引脚和控制方法基本是通用的，但是不同的 Flash 对于时序等细节还是有些差异的。在实际项目中经常因为软件不去确认 ID 就开始工作，而采购部门有时候为了降低成本换了同类型的 Flash，导致系统无法工作或者工作不稳定。为了确保软件的健壮性，有必要在访问 Flash 前读取一下 ID 值。

接下来就看一下主程序的代码，如图 11-24 所示。

```
int main(void)
{
  /*!< At this stage the microcontroller clock setting is already configured,
       this is done through SystemInit() function which is called from startup
       file (startup_at32f403_xx.s) before to branch to application main.
       To reconfigure the default setting of SystemInit() function, refer to
       system_at32f4xx.c file
     */
  uint32_t i, Id;

  TxDataInit();  //初始化发送数据用的buffer

  UART_Print_Init(115200);

  AT32_Board_Init();

  SpiFlash_Init();

  Id = SpiFlash_ReadID();    //读取EN25QH128A的设备ID并判断是否正确
  if(Id != EN25QH128A)
  {
    printf("Spi flash init error!\r\n");
    for(i=0;i<50;i++)
    {
     AT32_LEDn_Toggle(LED2);
     AT32_LEDn_Toggle(LED3);
     Delay_ms(100);
    }
    return 1;
  }
  else
  {
    printf("Check ID success! ID: %x\r\n", Id);
  }
```

图 11-24　sample5 工程 main( ) 函数内的初始化流程

图 11-24 所示代码无需太多需要解释，因为很多内容在前面出现过。仅注意一下“SpiFlash_Init( )”，这个函数在“spi_flash. c”中。

如图 11-25 所示，自上而下观察代码，其步骤非常清晰。

1）初始化 SPI 模块的时钟。

2）初始化 SPI 的引脚。

3）初始化 SPI 硬件模块。这部分做了注释，请将其和前面的知识衔接起来。其中比较关键的是时钟采样边沿的确定。好在这里选择的 Flash 支持兼容模式，无论是在第一个边沿还是在第二个边沿数据都不会变化。但在实际工作中，最好不要对此报以侥幸心理。

接下来看一下读取 Flash ID 的函数实现。这部分比较简单，代码里也做了注释，大家自己浏览一下即可，如图 11-26 所示。

```
uint8_t SpiFlash_Init(void)
{
  GPIO_InitType GPIO_InitStructure;
  SPI_InitType  SPI_InitStructure;

  RCC_APB2PeriphClockCmd(SPIx_RCC_CLK | SPIx_GPIO_RCC_CLK, ENABLE);
  RCC_AHBPeriphClockCmd(SPIx_DMA_RCC_CLK, ENABLE);

  /* Configure SPI_FLASH pins*/
  GPIO_InitStructure.GPIO_Pins =  SPIx_PIN_MOSI;
  GPIO_InitStructure.GPIO_MaxSpeed = GPIO_MaxSpeed_50MHz;
  GPIO_InitStructure.GPIO_Mode = GPIO_Mode_AF_PP;
  GPIO_Init(SPIx_PORT_MOSI, &GPIO_InitStructure);

  GPIO_InitStructure.GPIO_Pins = SPIx_PIN_MISO;
  GPIO_InitStructure.GPIO_MaxSpeed = GPIO_MaxSpeed_50MHz;
  GPIO_InitStructure.GPIO_Mode = GPIO_Mode_IN_FLOATING;
  GPIO_Init(SPIx_PORT_MISO, &GPIO_InitStructure);

  GPIO_InitStructure.GPIO_Pins = SPIx_PIN_NSS;
  GPIO_InitStructure.GPIO_MaxSpeed = GPIO_MaxSpeed_50MHz;
  GPIO_InitStructure.GPIO_Mode = GPIO_Mode_OUT_PP;
  GPIO_Init(SPIx_PORT_NSS, &GPIO_InitStructure);

  GPIO_InitStructure.GPIO_Pins =  SPIx_PIN_SCK;
  GPIO_InitStructure.GPIO_MaxSpeed = GPIO_MaxSpeed_50MHz;
  GPIO_InitStructure.GPIO_Mode = GPIO_Mode_AF_PP;
  GPIO_Init(SPIx_PORT_SCK, &GPIO_InitStructure);

  FLASH_CS_HIGH();
  /* SPI_FLASH configuration ----------------------------------------------------------*/
  SPI_InitStructure.SPI_TransMode = SPI_TRANSMODE_FULLDUPLEX;  //全双工模式
  SPI_InitStructure.SPI_CPHA = SPI_CPHA_2EDGE;    //第二个时钟边沿采样数据
  SPI_InitStructure.SPI_CPOL = SPI_CPOL_HIGH;  //总线空闲状态时时钟线为高
  SPI_InitStructure.SPI_CPOLY = 0;       //指定用于CRC校验的多项式，这里不不开启
  SPI_InitStructure.SPI_FirstBit = SPI_FIRSTBIT_MSB;  //数据收发高位在前
  SPI_InitStructure.SPI_FrameSize = SPI_FRAMESIZE_8BIT;  //数据以字节(8bit)为单位
  SPI_InitStructure.SPI_MCLKP = SPI_MCLKP_32;  //SPI 时钟32分频
  SPI_InitStructure.SPI_NSSSEL = SPI_NSSSEL_SOFT; //软件控制CS管脚
  SPI_InitStructure.SPI_Mode = SPI_MODE_MASTER; //单片机时主机模式
  SPI_Init(FLASH_SPI, &SPI_InitStructure);

  /* Enable SPI module */
  SPI_Enable(FLASH_SPI, ENABLE);

}
```

图 11-25　sample5 工程 SpiFlash_Init( ) 函数内的初始化流程

```
/**
  * @brief  Read device ID
  * @param  none
  * @retval device ID
  */
uint16_t SpiFlash_ReadID(void)
{
  uint16_t wReceiveData = 0;
  FLASH_CS_LOW(); //拉低片选
  SPI_WriteByte(SPIF_ManufactDeviceID); //发送读取ID指令
  SPI_WriteByte(0x00);  //根据Flash数据手册说明，发送dummy数据
  SPI_WriteByte(0x00);  //根据Flash数据手册说明，发送dummy数据
  SPI_WriteByte(0x00);  //发送读取ID数据的模式
  wReceiveData|=SPI_ReadByte() << 8; //读取高字节数据
  wReceiveData|=SPI_ReadByte();  //读取低字节数据
  FLASH_CS_HIGH(); //拉高片选
  return wReceiveData;
}
```

图 11-26　sample5 工程 SpiFlash_ReadID( ) 函数内的流程

回到 main( ) 函数，继续看后面的操作，如图 11-27 所示。

```
  {
    printf("Check ID success! ID: %x\r\n", Id);
  }

  /* Erase sector */
  SpiFlash_Erase_Sector(FLASH_TEST_ADDR / SPIF_SECTOR_SIZE); //Flash在写以前必须先擦除
  /* Write Data */
  SpiFlash_Write(Buffer_Tx, FLASH_TEST_ADDR, BUF_SIZE);  //写Flash
  /* Read Data */
  SpiFlash_Read(Buffer_Rx, FLASH_TEST_ADDR, BUF_SIZE); //读Flash

  /* Printf read data */
  printf("Read Data: ");
  for(i=0; i<BUF_SIZE; i++)
  {
    printf("%x ", Buffer_Rx[i]);
  }
  printf("\r\n");

  /* Check the correctness of written data */
  TransferStatus = Buffercmp(Buffer_Tx, Buffer_Rx, BUF_SIZE);

  /* TransferStatus = PASSED, if the transmitted and received data
     are equal */
  /* TransferStatus = FAILED, if the transmitted and received data
     are different */
  /* if passed ,LED2 lights */
  if(TransferStatus==PASSED)
  {
    AT32_LEDn_ON(LED2);
  }
  else
  {
    AT32_LEDn_OFF(LED2);
  }

  while (1)
  {}
}
```

图 11-27　sample5 工程 main( ) 函数内的写和读流程

main( ) 函数这部分的主流程也非常清晰，从中能学到的是在对 Flash 进行写操作前必须把要写的区域擦除，而且无论写多少数据，都必须是 sector 大小的整数倍，这个值需要从 Flash 的数据手册中得到，如图 11-28 所示。这个信息和前面“spi_flash. h”里看到的信息一致。主函数会先擦除要写数据的区域，然后执行写操作，接着再把写入的数据读取出来，最后把读出的数据和写入的数据做个比较，判断是否正确。做完这些主程序就陷入死循环，不做任何事情了。请不要把这个写 Flash 的测试流程放到循环体内，原因很简单，Flash 的擦除和写是有次数限制的，一般是反复擦写 10 万次，如果把这个测试程序放到主循环里，估计没几天这个器件就被报废了。

64K Block	32K Block	Sector	Address range	
255	511	4095	FFF000h	FFFFFFh
		⋮	⋮	⋮
	510	4080	FFF000h	FF0FFFh
254	509	4079	FEF000h	FEFFFFh
		⋮	⋮	⋮
	508	4064	FE0000h	FE0FFFh
253	507	4063	FDF000h	FDFFFFh
		⋮	⋮	⋮

图 11-28　Flash 数据手册中关于 sector 大小的信息

看完流程，再深入观察一下其中涉及的三个函数。

首先是擦除操作，这部分非常清晰，如图 11-29 所示的注释。

```
/**
  * @brief  Erase a sector data
  * @param  dwDstAddr: Sector address to erase
  * @retval none
  */
void SpiFlash_Erase_Sector(uint32_t dwDstAddr)
{
  dwDstAddr*=SPIF_SECTOR_SIZE; // translate sector address to byte address
  SpiFlash_Write_Enable();    //发送指令使能擦除操作
  SpiFlash_Wait_Busy();  //读取Flash中的状态寄存器，直到Flash空闲下来
  FLASH_CS_LOW(); //拉低CS
  SPI_WriteByte(SPIF_SectorErase); //发送擦除指令
  SPI_WriteByte((uint8_t)((dwDstAddr) >> 16));  //发送擦除操作的地址
  SPI_WriteByte((uint8_t)((dwDstAddr) >> 8));
  SPI_WriteByte((uint8_t)dwDstAddr);
  FLASH_CS_HIGH(); //拉高CS
  SpiFlash_Wait_Busy(); //Flash的擦除和写操作耗时都比较长，一般要到几个毫秒，相对于单片机而言非常长久，因此要等待Flash操作完成
}
```

图 11-29　SpiFlash_Erase_Sector( ) 函数的操作流程

然后看看写操作，这个函数比较长，这里就不完整粘贴了，如图 11-30 所示，各位可以直接看资料中的代码，其中也做了关键注释。核心点就是前面反复提及的，擦除和写操作都必须是 sector 大小的整数倍，如果不是，那么程序需要自己凑整再写入。还有就是每次写完一个 sector 时要等待 Flash 操作完成才能继续。

```
/**
  * @brief  Write data to flash
  * @param  pbBuffer: buffer name
  * @param  dwWriteAddr: buffer address
  * @param  dwNumByteToWrite: buffer length
  * @retval none
  */
void SpiFlash_Write(uint8_t* pbBuffer, uint32_t dwWriteAddr, uint32_t dwNumByteToWrite)
{
  uint32_t dwSectorPos;
  uint16_t wSectorOffset;
  uint16_t wSectorRemain;
  uint16_t i;
  uint8_t * SpiFlash_BUF;
  SpiFlash_BUF = SpiFlash_SectorBuf;
  dwSectorPos = dwWriteAddr / SPIF_SECTOR_SIZE; // sector address
  wSectorOffset = dwWriteAddr % SPIF_SECTOR_SIZE; // address offset in a sector
  wSectorRemain = SPIF_SECTOR_SIZE - wSectorOffset; // the remain in a sector
  if(dwNumByteToWrite <= wSectorRemain) //确保要写入的数据大小是sector的整数倍
  {
    wSectorRemain = dwNumByteToWrite; // smaller than a sector size  //如果不是整数倍那么就凑整
  }
  while(1)
  {
    //为了可靠操作，在任何写入操作前先要对该区域做个判断，看看是不是真的被擦除过
    //Flash被擦除后，所有的字节都是0xFF
    SpiFlash_Read(SpiFlash_BUF, dwSectorPos * SPIF_SECTOR_SIZE, SPIF_SECTOR_SIZE); // read a sector
    for(i=0; i<wSectorRemain; i++)
    {
      if(SpiFlash_BUF[wSectorOffset + i]!=0xFF)
      {
        break; //t here are some data not equal 0xFF, so this secotr needs erased
      }
    }
```

图 11-30　SpiFlash_Write ( ) 函数的操作流程

最后再看一下读操作。这部分和前面读取 ID 的操作类似，不多解释，如图 11-31 所示。

后面的数据比较函数也比较简单，不再解释。那么来看一下程序运行起来的实际结果。请编译、下载，然后打开串口测试软件。测试结果如图 11-32 所示，符合预期。

```c
/**
  * @brief  Read data from flash
  * @param  pbBuffer: buffer name
  * @param  dwReadAddr: buffer address
  * @param  dwNumByteToRead: buffer length
  * @retval none
  */
void SpiFlash_Read(uint8_t* pbBuffer, uint32_t dwReadAddr, uint32_t dwNumByteToRead)
{
   FLASH_CS_LOW();  //拉低片选
   SPI_WriteByte(SPIF_ReadData); // 发送读数据指令
   SPI_WriteByte((uint8_t)((dwReadAddr) >> 16)); //发送24位地址中的最高字节
   SPI_WriteByte((uint8_t)((dwReadAddr) >> 8)); //发送24位地址中的中间字节
   SPI_WriteByte((uint8_t)dwReadAddr); //发送24位地址中的低字节
   SPI_ReadBytes(pbBuffer,dwNumByteToRead); //读取数据
   FLASH_CS_HIGH(); //拉高片选
}
```

图 11-31　SpiFlash_Read ( ) 函数的操作流程

图 11-32　sample5 工程的执行结果

11.3　USB 总线实验

USB 总线是一套比较复杂的总线协议，内容非常多。Linux 的 UHCI 驱动开发者曾经说过："USB 文档是彻头彻尾的邪恶。委员会写的东西大部分都是废话，你最好忽略。"所以这里就不对"邪恶"的东西深入探讨了，还是听从前辈的话，大部分忽略吧。有兴趣"打怪"的读者请自己努力，祝你顺利！

USB 是高速串行总线，采用树状拓扑，总线上只能有一个根节点，PC 上的 USB 口就是根节点。不过 PC 上有些 USB 口是"伪"根节点，其实是个板载的 HUB。树上的分支节点就是 HUB。HUB 可以带更多的 HUB，一层层扩充下去，最终的叶子节点一定是从设备。所

以 U 盘、USB 摄像头、USB 鼠标和键盘、仿真器、USB 转串口等都是从设备。USB 总线上的设备（包括 HUB 在内）是有最大数量限制的，一般而言是 127 个，层级也最多 7 层（包括根）。但实际情况是不会支持那么多，还要看具体的实现，有软件问题也有物理问题。USB 协议是可以对设备供电的，USB 2.0 对外供电能力的上限是 500mA，如果 127 个设备都接满将达到 63.5A。USB 3.0 如果带有 PD 功能，那么就更不可能了。软件层面，设备太多，负荷太重，严重影响性能。所以一般来说 USB 能支持的设备也就十几个。

USB 协议中数据的每次“传输（Transfer）”是基于一个或多个“事务（Transaction）”的，而一个传输事务由一个或多个“包（Packet）”组成，每个包又由一个或多个“域（Sync）”构成。这有点像套娃游戏，可以理解成 TCP/IP 里的包，也是在不同的协议层中一层层打包。这样做的好处是，数据被结构化和模块化了，在不同层级做修改或者数据处理时不会影响其他层级。当然，其坏处是人们查看起来非常痛苦。

这四个层级中分别有不同的数据类型定义。

1）传输的类型有中断传输、批量传输、同步传输和控制传输。从这四种传输类型能发现，USB 协议其实是针对不同的设备类型做了很多工作。中断传输的特点就是针对实时性高，但是数据量不大的设备，比如鼠标、键盘等应用。批量传输也很容易理解，U 盘就是典型的批量数据传输的例子，特点就是数据量大，但是对实时性要求不高。同步传输也有非常直观的应用，那就是 USB 音频、视频的传输，这类数据对时间的间隔要求非常高，比如说视频中的帧率是固定的，所以必须要在相等的时间内将数据传输完。控制传输是专门用来传输控制指令的。

2）事务可以分为 in 事务、out 事务和 setup 事务。

3）包可分为令牌包（setup）、数据包（data）、握手包（ack）和特殊包。

4）域可分为同步域（sync）、标识域（pid）、地址域（addr）、端点域（endp）、帧号域（fram）、数据域（data）和校验域（crc）。

对于此处的应用而言，当一个 USB 设备插入主机或者 HUB 时，主机会要求设备传递几个“描述符（Descriptor）”，这几个描述符将决定后面主机把设备当作什么来对待，比如说，键盘还是 U 盘（它们的行为不一样）。一般而言有四种描述符，这四种描述符也是有套娃关系的，如图 11-33 所示。

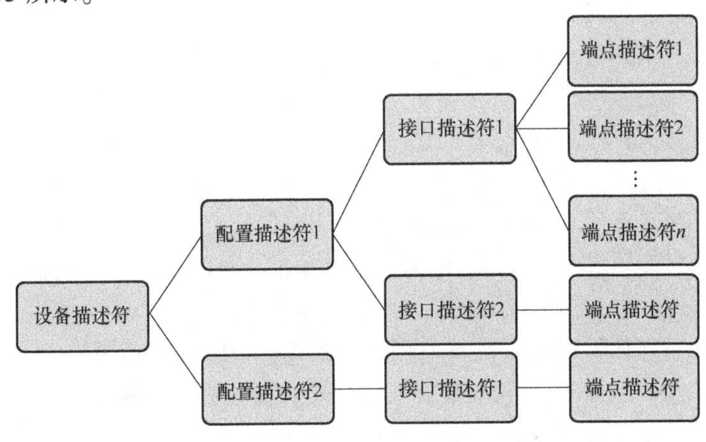

图 11-33　USB 描述符分层

1）设备描述符（device descriptor）。

2）配置描述符（configure descriptor）。

3）接口描述符（interface descriptor）。

4）端点描述符（endpoint descriptor）。

一个设备只能有一个设备描述符。设备描述符比较简单，主要是描述设备大类、设备采用的协议版本、设备的生产厂商、产品的 ID、产品的序列号等比较粗泛的信息。例如：

```
DEVICE DESCRIPTOR
    bLength: 18
    bDescriptorType: 0x01 (DEVICE)
    bcdUSB: 0x0200
    bDeviceClass: Miscellaneous (0xef)
    bDeviceSubClass: 2
    bDeviceProtocol: 1 (Interface Association Descriptor)
    bMaxPacketSize0: 64
    idVendor: Marvell Semiconductor, Inc. (0x1286)
    idProduct: Unknown (0x4e31)
    bcdDevice: 0x0100
    iManufacturer: 1
    iProduct: 2
    iSerialNumber: 3
bNumConfigurations: 1
```

配置描述符能够比较具体地描述设备细节，设备可以有多个配置描述符，但是在同一时刻只能有一个配置描述符有效。配置描述符的例子如下：

```
CONFIGURATION DESCRIPTOR
    bLength: 9
    bDescriptorType: 0x02 (CONFIGURATION)
    wTotalLength: 121
    bNumInterfaces: 4
    bConfigurationValue: 1
    iConfiguration: 0
    Configuration bmAttributes: 0xc0  SELF-POWERED  NO REMOTE-WAKEUP
        1. . . . . . . = Must be 1: Must be 1 for USB 1.1 and higher
        . 1. . . . . . = Self-Powered: This device is SELF-POWERED
        . . 0. . . . . = Remote Wakeup: This device does NOT support remote wakeup
    bMaxPower: 250  (500mA)
```

通过接口描述符才能看出设备的具体类型，如键盘、U 盘或者摄像头等。接口描述符可以同时有多个，比如一个 USB 音箱既要有按键设备也要有音频流设备。

```
INTERFACE DESCRIPTOR (2.0): class Vendor Specific
    bLength: 9
```

bDescriptorType：0x04（INTERFACE）
bInterfaceNumber：2
bAlternateSetting：0
bNumEndpoints：2
bInterfaceClass：Vendor Specific（0xff）
bInterfaceSubClass：0x00
bInterfaceProtocol：0x00
iInterface：8

一个接口描述符包含多个端点描述符，端点描述符分为很多种类，比如控制端点（CONTROL）、中断端点（INTERRUPT）、批量端点（BULK）、同步端点（ISOCHRONOUS），和前面对传输种类的描述相对应。

有了描述符，接下来就能把设备进一步细分，所以类（Class）的概念就应运而生。其实在前面的设备描述符里就有三个字段是定义设备类的。

bDeviceClass：Miscellaneous（0xef）
bDeviceSubClass：2
bDeviceProtocol：1（Interface Association Descriptor）

类的具体描述可以在 https：//www. usb. org/defined-class-codes 中找，本书就不展开了。

USB 的通信是点对点的，一般是主机和设备之间。这个通信的逻辑信道在 USB 协议里称为管道（Pipe）。一个设备里可以有多个管道，分别负责传输不同类型的数据，管道两端称为端点（Endpoint）。其逻辑拓扑如图 11-34 所示。

一个 USB 设备从插入到正常通信一般经历两步：枚举和正常的数据传输。枚举是设备能被正常识别的关键。当设备插入主机后，主机通过硬件（一般是通过总线上一个上拉电阻被分压，不同的分压代表不同的设备速度类型）发现有设备接入总线，于是主机先强制总线进入复位状态（D+和D-都为低，保持10ms），然后发送一个"Get_Descriptor"的命令，要求设备上传设备描述符。这里有个问题，前面提到设备和主机的通信逻辑上是通过管道来进行的，那么在这个阶段，用哪个管道和端点呢？这是非常好的问题，USB 协议规定了默认管道和端点，就是端点0。任何设备都必须配置好端点0，用来响应最初的配置和控制，因此这个端点的类型也都是控制端点，必须能支持标准请求（Standard Request）。同时，端点0必须支持双向传输，其他的端点可以是单向的。前面设备描述符里的第八个字节代表端点0的最大包大小。接下来主机会给设备分配一个地址，然后用新的地址和设备完成各种通信，设备响应相应的请求后就完成了枚举的工作，如图 11-35 所示。

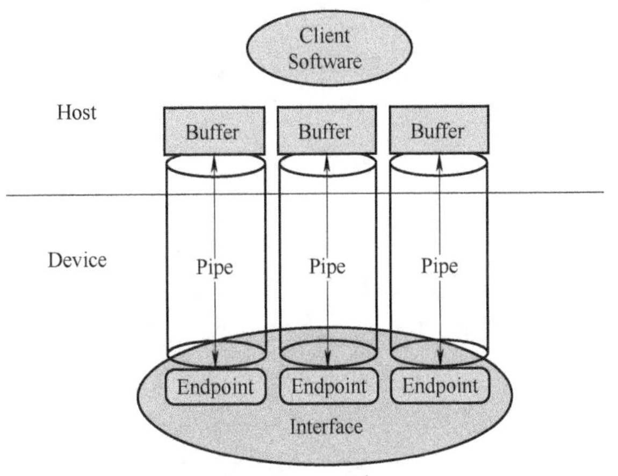

图 11-34　USB 传输的逻辑结构

下面就来看看怎么实际操作。此次的实验目的是用 CDC Class 来实现一个简单的数据上下行例子。还是先看看硬件是怎么接的，如图 11-36 所示。

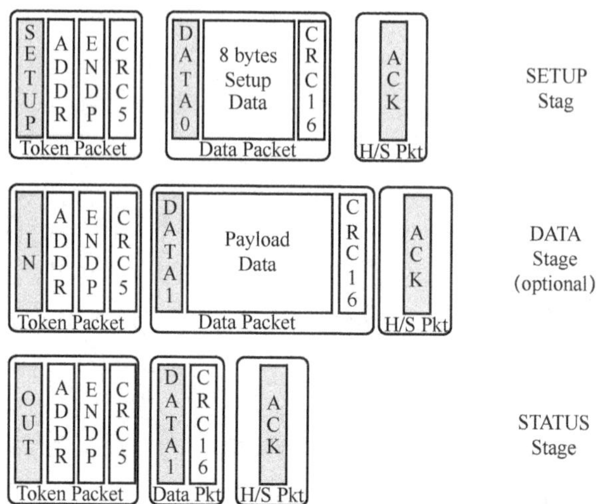

图 11-35　USB 传输枚举过程中的一个控制传输过程

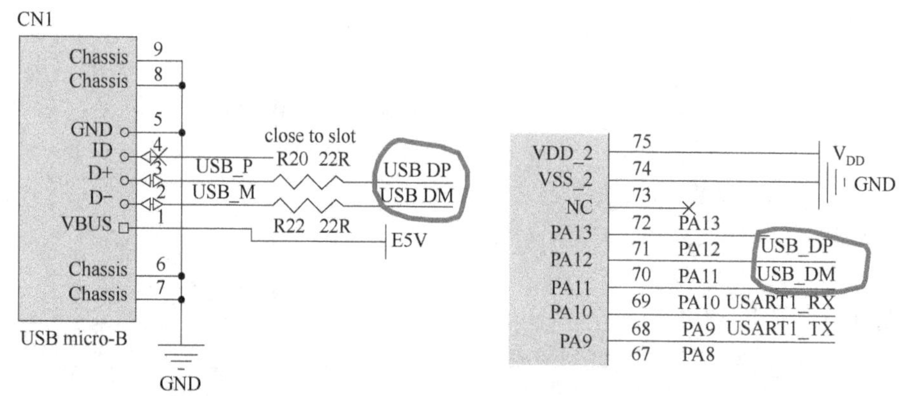

图 11-36　USB 的硬件连接原理图

USB 协议非常复杂，但是硬件非常简单，只有一对差分数据线，而且这个数据线是直接从 AT32F407 连接到 USB 连接器（Connector）上的。在硬件设计上需要留意的是，USB 的差分数据线属于高速信号线，因此这两根线要放在同一层，互相靠近，等长。在正常的设备中，一般还要在这两根线接上防止 ESD（静电释放）的器件，这在我们的板子上省略了。接下来看一下 USB 模块的硬件框图。

从图 11-37 中可以看到，USB 模块的时钟域被分成了两部分，一部分是 48MHz，这是 USB 协议规范中规定的；另一部分是 PCLK1。USB 模块中有独立的数据缓冲区，用来接收和发送数据。更多细节可以阅读 AT32F407 数据手册。

再看一下代码。USB 例程位于 sample6 工程中。工程的代码组织结构如图 11-38 所示。

为了便于各位观察和学习，工程将 USB 硬件驱动部分和其他驱动部分分开了，同时有一部分和 USB 协议相关的操作代码被放到了“BSP”部分，这样的层次非常清晰。接下来还是从主函数开始看大的流程。

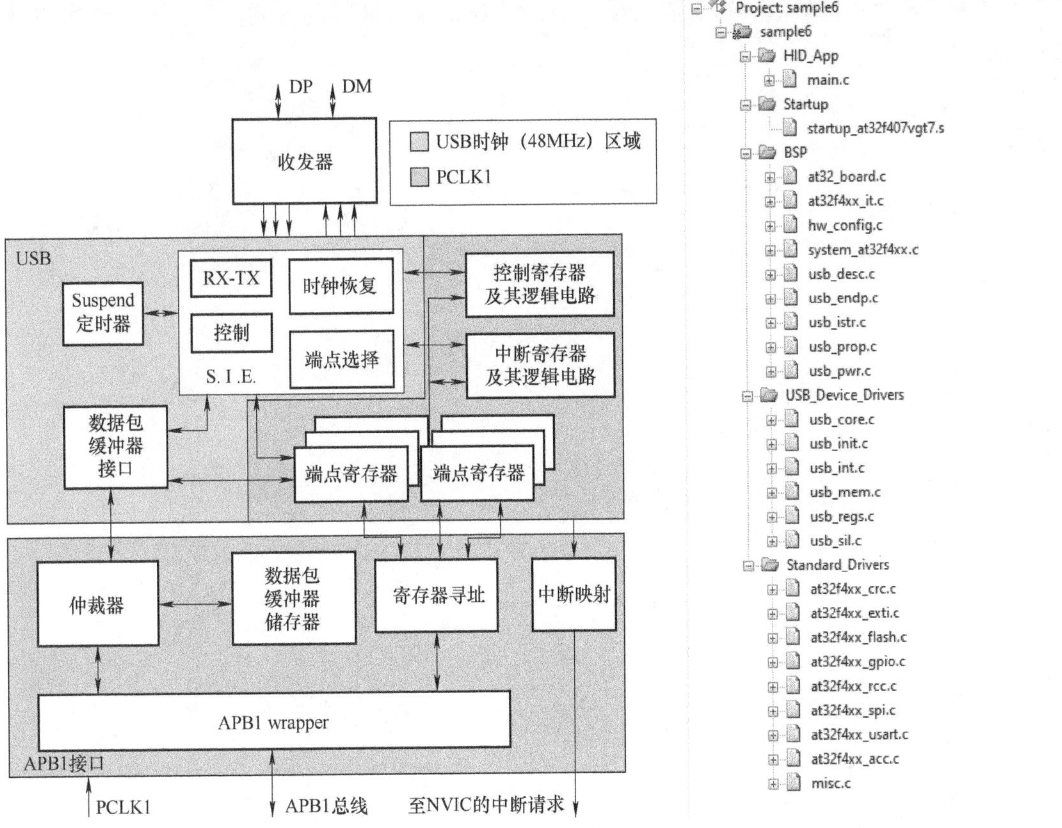

图 11-37　AT32F407 中的 USB 模块框图

图 11-38　sample6 工程的代码组织结构

图 11-39 所示代码的流程非常简单，只是在一些初始化之后进入一个主循环，不断地接收和发送数据。关于 GPIO、时钟和中断的初始化请各位自己研读。在继续从主函数追溯下去之前，先看几个比较重要的头文件。一般情况下，头文件是定义系统中关键常数的地方，所以也最容易在头文件里发现一些全局性的线索。既然这个例程是 USB 例程，那就找和 USB 功能相关的头文件。按此思路，你应该会注意到"usb_conf. h"，那么先看看它能带来什么信息。

由于代码比较长，这里就不放完整的内容了。图 11-40 所示的部分代码里有对端点个数的定义，定义了三个端点。前面说过，一个设备至少要有端点 0，所以从这个定义可以看出，代码里还启用了端点 1 和端点 2。同时也发现，代码里定义了针对端点 0 和端点 1 的 buffer 起始位置。请注意，这个 buffer 是位于 RAM 的，具体是在 USB 硬件模块中的缓冲区。那为什么没看到对于端点 2 的 buffer 定义呢？很简单，端点 2 没有用到数据缓冲区。再往下看，文件中还有对端点事件操作的函数定义，这里不再展开。

回到 main( ) 函数，关注一下 USB_Init( ) 函数，如图 11-41 所示。这个函数中是一些配置信息。但是，只要再往前跨一步就会发现自己掉入了一个巨大的"坑"，尤其是对于 C 语言基础不好的读者，一定会有影响。作为一本指南类书籍，有必要主动"跳坑"，尽可能给大家带来新的视野。所以，让我们鼓足勇气往下看。首先看看第一句，设备的配置信息。这是一个结构体，在"usb_init. c"文件里能找到它的声明。这个结构体如图 11-42 所示。它定义了一些配置参数，最后一行又嵌套了一个结构体，是对端点的控制信息，有兴趣可以继续深入看看。

```
/**
  * @brief  Main program
  * @param  None
  * @retval None
  */
int main(void)
{
    /*AT START F4xx board initialize
    * Include LED, Button
    */
    AT32_Board_Init();

    /*USB GPIO configure*/
    AT32_USB_GPIO_init();

    /*Enable USB Interrut*/
    USB_Interrupts_Config();

    /*Set USB Clock, USB Clock must 48MHz and clock source is HSE or HSI*/
    Set_USBClock(USBCLK_FROM_HSI);

    /*if use USB SRAM_Size = 768 Byte, default is 512 Byte*/
    //Set_USB768ByteMode();

    /* USB protocol and register initialize*/
    USB_Init();

    while(1)
    {

      recvLen = CDC_Receive_DATA(usb_recvBuffer, 256);
        if ( recvLen > 0 )
        {
          /*recvive data from USB*/
          /*Send data to PC Host*/
          sendLen = CDC_Send_DATA(usb_recvBuffer, recvLen);
        }else
        {
          /*no data recv*/
          Delay_ms(500);
        }


    }
}
```

图 11-39　sample6 工程中的 main( ) 函数

```
/*-------------------------------------------------------------*/
#define EP_NUM      (3)

/*-------------------------------------------------------------*/
/* --------------   Buffer Description Table   -----------------*/
/*-------------------------------------------------------------*/
/* buffer table base address */
/* buffer table base address */
#define BTABLE_ADDRESS        (0x00)

/* EP0  */
/* rx/tx buffer base address */
#define ENDP0_RXADDR          (0x18)
#define ENDP0_TXADDR          (0x58)

/* EP1  */
/* tx buffer base address */
#define ENDP1_TXADDR          (0x100)
#define ENDP1_RXADDR          (0x180)

/* EP1  */
/* tx buffer base address */
//#define ENDP2_TXADDR          (0x110)
//#define ENDP2_RXADDR          (0x190)
```

图 11-40　“usb_conf. h”中的部分内容

```
/*******************************************************************************
* Function Name  : USB_Init
* Description    : USB system initialization
* Input          : None.
* Output         : None.
* Return         : None.
*******************************************************************************/
/**
  * @brief  USB system initialization.
  * @param  None.
  * @retval None.
  */
void USB_Init(void)
{
  pInformation = &Device_Info;  //配置设备信息
  pInformation->ControlState = 2; //设定设备类别属于Base Class 02h(Communications Device Class)
  pProperty = &Device_Property;  //配置设备行为描述
  pUser_Standard_Requests = &User_Standard_Requests; //配置用户可以响应的请求信息
  /* Initialize devices one by one */
  pProperty->Init();
}
```

图 11-41　USB_Init( )函数

```
typedef struct _DEVICE_INFO
{
  uint8_t USBbmRequestType;       /* bmRequestType */
  uint8_t USBbRequest;            /* bRequest */
  uint16_t_uint8_t USBwValues;        /* wValue */
  uint16_t_uint8_t USBwIndexs;        /* wIndex */
  uint16_t_uint8_t USBwLengths;       /* wLength */

  uint8_t ControlState;           /* of type CONTROL_STATE */
  uint8_t Current_Feature;
  uint8_t Current_Configuration;   /* Selected configuration */
  uint8_t Current_Interface;       /* Selected interface of current configuration */
  uint8_t Current_AlternateSetting;/* Selected Alternate Setting of current
                                    interface*/

  ENDPOINT_INFO Ctrl_Info;
}DEVICE_INFO;
```

图 11-42　Device_Info 结构体的定义

接下来，把目光放到另一个结构体上。Device_Property 结构体的类型在“usb_core. h”中，如图 11-43 所示，这意味着这个结构体和 USB 协议的操作密切相关。定义很长，不过代码里有非常多的注释，请根据注释自己看一下。简短地说，这个结构体中就是定义了一些函数指针，这些函数指针会被初始化成具体的函数，在 USB 协议的交互中会被调用。C 语言基础不太好的读者对于函数指针会有些费解。其实非常好理解，汇编语言中的子程序名字其实就代表这个子程序的入口地址，而 C 语言中的函数也是这样的。利用这个特性可以安排一个指针，只要在需要的时候把函数的“名字”赋给这个指针，这个指针就代表了那个函数。当然，C 语言标准强化了这部分，不但能让这个指针代表函数，还能定义好参数和返回值。

USB_Init( )函数里还出现了一个结构体 User_Standard_Requests，其定义也能在“usb_core. h”文件里找到，如图 11-44 所示。这里面又是一些函数指针，每行代码有简短的说明。USB_Init( )函数的最后一句就是调用初始化程序，这就是函数指针的调用方法。

回到 main( )函数，后面的部分比较简单，就是不断处理来自 USB 的数据，或者发送数据到 PC 端。细节请大家自己琢磨，这里仅仅提一些要点。

```
typedef struct _DEVICE_PROP
{
  void (*Init)(void);        /* Initialize the device */
  void (*Reset)(void);       /* Reset routine of this device */

  /* Device dependent process after the status stage */
  void (*Process_Status_IN)(void);
  void (*Process_Status_OUT)(void);

  /* Procedure of process on setup stage of a class specified request with data stage */
  /* All class specified requests with data stage are processed in Class_Data_Setup
   Class_Data_Setup()
    responses to check all special requests and fills ENDPOINT_INFO
    according to the request
    If IN tokens are expected, then wLength & wOffset will be filled
    with the total transferring bytes and the starting position
    If OUT tokens are expected, then rLength & rOffset will be filled
    with the total expected bytes and the starting position in the buffer

    If the request is valid, Class_Data_Setup returns SUCCESS, else UNSUPPORT

   CAUTION:
    Since GET_CONFIGURATION & GET_INTERFACE are highly related to
    the individual classes, they will be checked and processed here.
  */
  RESULT (*Class_Data_Setup)(uint8_t RequestNo);

  /* Procedure of process on setup stage of a class specified request without data stage */
  /* All class specified requests without data stage are processed in Class_NoData_Setup
   Class_NoData_Setup
    responses to check all special requests and perform the request

   CAUTION:
    Since SET_CONFIGURATION & SET_INTERFACE are highly related to
    the individual classes, they will be checked and processed here.
  */
  RESULT (*Class_NoData_Setup)(uint8_t RequestNo);

  /*Class_Get_Interface_Setting
   This function is used by the file usb_core.c to test if the selected Interface
   and Alternate Setting (uint8_t Interface, uint8_t AlternateSetting) are supported by
   the application.
   This function is writing by user. It should return "SUCCESS" if the Interface
   and Alternate Setting are supported by the application or "UNSUPPORT" if they
   are not supported. */

  RESULT  (*Class_Get_Interface_Setting)(uint8_t Interface, uint8_t AlternateSetting);

```

图 11-43　Device_Property 结构体定义的部分内容

```
typedef struct _USER_STANDARD_REQUESTS
{
  void (*User_GetConfiguration)(void);      /* Get Configuration */
  void (*User_SetConfiguration)(void);      /* Set Configuration */
  void (*User_GetInterface)(void);          /* Get Interface */
  void (*User_SetInterface)(void);          /* Set Interface */
  void (*User_GetStatus)(void);             /* Get Status */
  void (*User_ClearFeature)(void);          /* Clear Feature */
  void (*User_SetEndPointFeature)(void);    /* Set Endpoint Feature */
  void (*User_SetDeviceFeature)(void);      /* Set Device Feature */
  void (*User_SetDeviceAddress)(void);      /* Set Device Address */
}
USER_STANDARD_REQUESTS;
```

图 11-44　User_Standard_Requests 结构体的定义

本章的代码通过 USB 中断来驱动，然后所有和 PC 端的交互都是通过 USB 外设中的 buffer 完成的，所以很多信息可以从“usb_int. c”文件中找到。另外，前面谈到的那些描述符可以在“usb_desc. c”文件中找到。

现在请编译、下载这个代码，下载完毕后把插在调试口的 USB 线拔下来，插到板子上和网口在同一边的 USB 口上。或者如果有多余的 USB 线，也可以直接插上去，另一头连接 PC，如图 11-45 所示。

图 11-45　Native USB 接口

然后在下载的资料里找到“Artery_UsbHid_Demo. exe”，双击运行，会出现图 11-46 所示的界面，单击“Communication view”按钮后会出现图 11-47 所示的界面。

大家可以通过按板子上的“USER”键来观察 PC 上的软件反应，也可以通过勾选“Leds”栏里的复选框来观察板子上 LED 的行为。在最下面的输入框里请先设定要发送的数据长度，单击“Write”按钮后可以看到上面的文本框里显示了写入设备的数据。

本章讲得比较粗泛，主要是为了避免涉及太多 USB 协议的东西，本书附带的资料是很好的参考，请结合强大的搜索引擎深入探索吧。

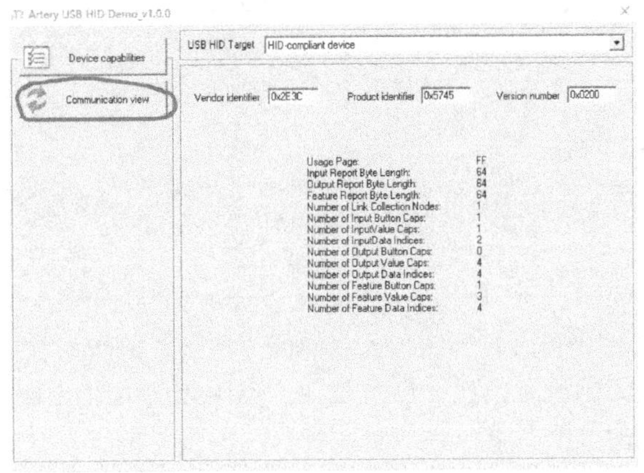

图 11-46　Artery_UsbHid_Demo 运行主界面

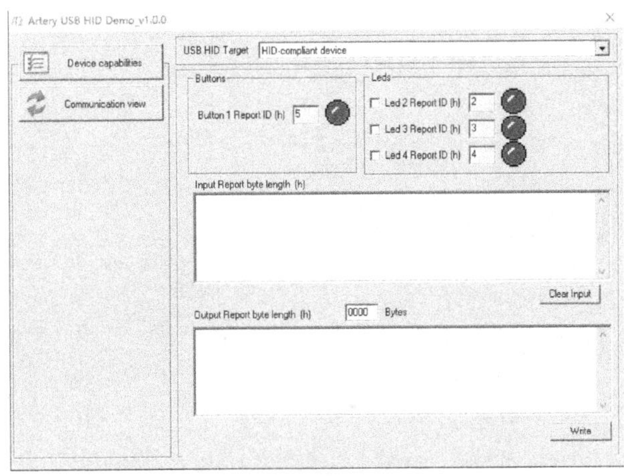

图 11-47　Artery_UsbHid_Demo 运行测试界面

第 12 章　DAC 原理和实践

DAC（Digital to Analog Convertor）是把数字信号转换成真实世界模拟信号的手段之一（见图 12-1）。DAC 有非常多的实现方法，这里首先简单介绍一下电阻网络型 DAC。

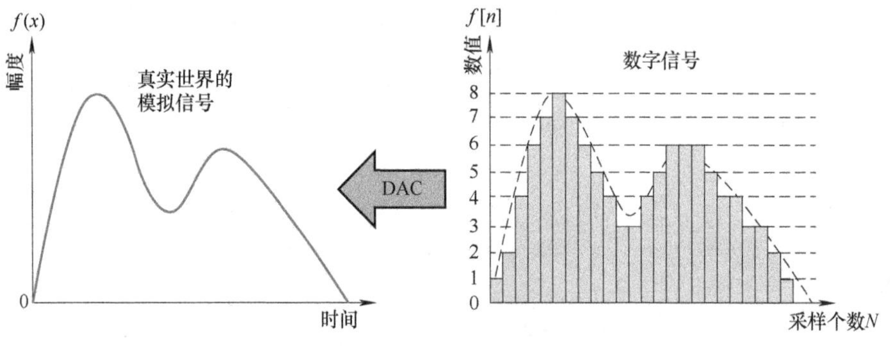

图 12-1　DAC 的原理

12.1 DAC 原理

图 12-2 所示电路模拟了一个 4 位的 DAC，分析起来非常简单。数字开关 *D*3 ~ *D*0 用来控制S0 ~ S3。当 *D*x 位为 1 时开关拨向左边，*D*x 位为 0 时开关拨向右边。理想运放有两个特点，一是把两个输入端的电流看作 0，也就是输入电阻无穷大（虚断）；二是把两个输入端

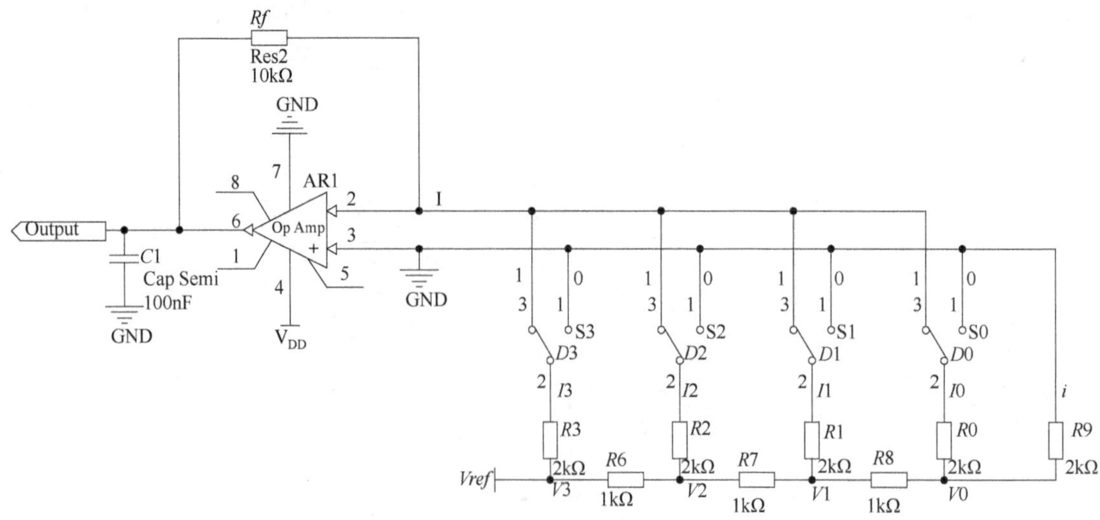

图 12-2　倒 T 型电阻网络 DAC 原理图

的电平看作相等（虚短）。无论数字开关拨动到哪里，因为运放的特性，$R0\sim R3$ 和 $R9$ 的上面的一端都是看作接地，也就是说电平不变。电阻网络的左边一端是参考电压 $Vref$。图 12-2中标出了各个节点的电压，$V3 = Vref$。流经 $R0\sim R3$ 和 $R9$ 的电流分别是 $I0\sim I3$ 和 i。

从电阻网络的右边往左边看来进行电路分析。因为 $V0 = i\cdot 2\text{k}\Omega = I0\cdot 2\text{k}\Omega$，所以 $I0 = i$，流经 $R8$ 的电流就是 $I0 + i = 2i$，且 $V1 = 2i\cdot 1\text{k}\Omega + V0$。$I1 = V1/2\text{k}\Omega =$ $(2i\cdot 1K + V0)/2\text{k}\Omega =$ $i + V0/2\text{k}\Omega = i + i = 2i$，所以流经 $R7$ 的电流是 $I1 + 2i = 4i$。以此类推，流经 $R6$ 的电流是 $8i$，而从 $V3$ 看的话，总的电流是 $16i$，且 $I0 = i$，$I1 = 2i$，$I2 = 4i$，$I3 = 8i$。

电路的参数分析完了，再看看它怎么工作。流经运放负端的总电流 $I = D3\cdot I3 + D2\cdot I2 + D1\cdot I1 + D0\cdot I0 = D3\cdot 8i + D2\cdot 4i + D1\cdot 2i + D0\cdot i$。这里的 $D0\sim D3$ 都是二进制数，因此只有 0 和 1 两种状态。假设 $D3\sim D0 = 0x5 = 0101b$，把每一位代入公式，此时 $I = 0\cdot 8i + 1\cdot 4i + 0\cdot 2i + 1\cdot i = 5i$。再如 $D3\sim D0 = 0x9 = 1001b$，代入公式，则 $I = 1\cdot 8i + 0\cdot 4i + 0\cdot 2i + 1\cdot i = 9i$。可以看到，流经运放负端的总电流是 i 的整数倍，并且这个倍数是由二进制数 $D3\sim D0$ 来表示的。前面提过虚断的概念，所以总电流 I 不会流入运放负端，而是经过 Rf，于是在运放输出端的电压就变成了 $Vout = Rf\cdot I = Rf\,(D3\cdot 8i + D2\cdot 4i + D1\cdot 2i + D0\cdot i)$，电压自然也就变成了受 $D3\sim D0$ 的直接控制。至此，一个 4 位的电压输出型 DAC 完成了。因为电阻网络的排列看起来对称性很好，而且有点像倒过来写的字母“T”，所以完整的名字是“倒 T 型电阻网络 DAC”。只要增加电阻网络就能增加 DAC 的位数。当然，实际情况没那么简单，因为电阻是有差异的，同时电阻是会随环境变化而变化的，运放也不可能是理想运放。各种因素掺杂在一起，就会对 DAC 的性能带来巨大影响。尤其是当位数变多时，这种微小的差异将被指数级放大，这里不再展开了。

DAC 的主要参数指标是速度、分辨率、转换误差。速度容易理解。分辨率是指 DAC 能输出的最小电压值，一般用最小输出值和最大输出值的比值来表示，$\frac{U_{\text{LSB}}}{U_{\text{OutMax}}} = \frac{1}{2^n - 1}$。转换误差一般是指 DAC 理论输出的最大值和实际输出值之差，这个差值一般要求小于 $\frac{U_{\text{LSB}}}{2}$。

12.2 DAC 实验

既然是实践，理论就不多说了。因为 AT32F407 集成了一个 12 位的 DAC，所以先看数据手册中关于 DAC 的描述。

从图 12-3 所示的框图中能得到的信息是，这个 DAC 的数据宽度是 12 位，可以用 Timer 来定时触发输出，也支持外部引脚触发输出，还能支持 DMA。更多的细节请自己研读数据手册。

新建工程，名字是“sample7”，目标是用 Timer 2 来做定时，然后用 Timer 2 的定时来触发一个 DAC 的输出。Timer 2 是一个通用的 16 位定时器。工程中将定义两个 DAC 通道，同时输出两路正弦波信号，而且会打开 DMA 功能。为了方便，sample7 工程已经建立，但是 main( ) 函数是空白的。下面基于这个工程来一步一步完成代码。

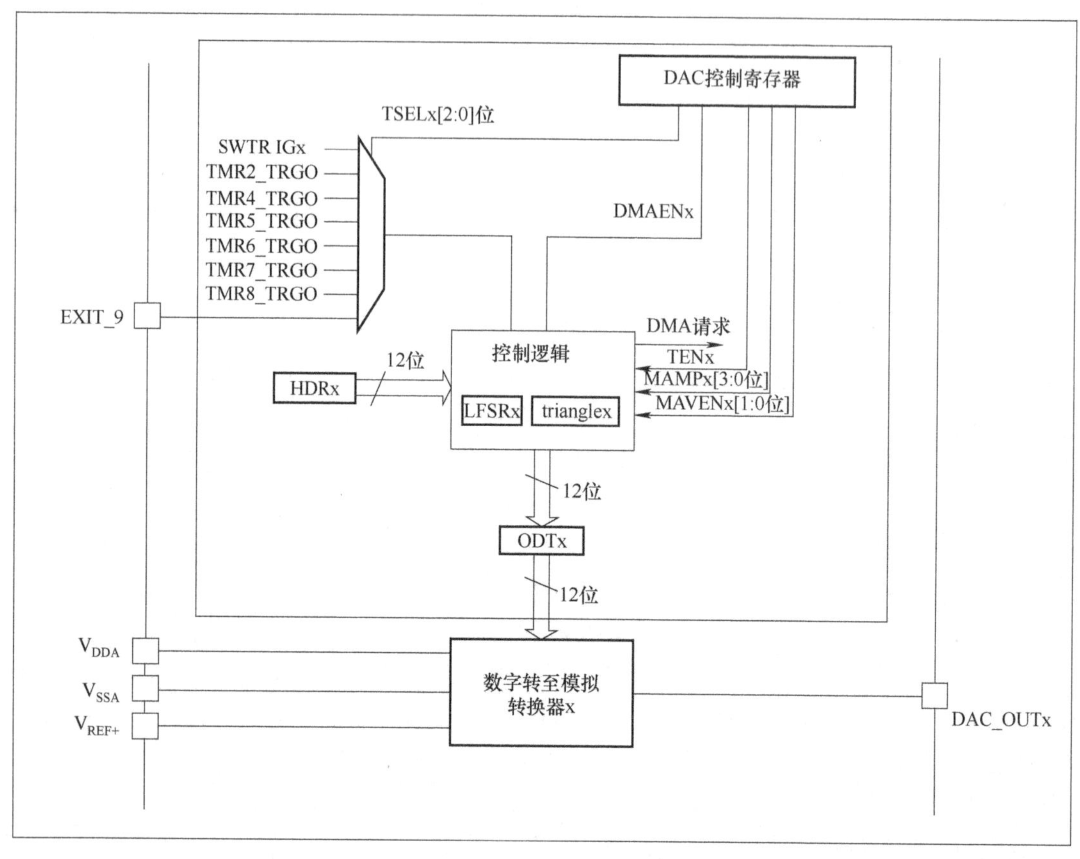

图 12-3　AT32F407 的 DAC 框图

打开空的 main( ) 函数，先把常用的初始化函数加进去，如图 12-4 所示，然后编译一下，看看是否正常运行（永远是先确定硬件是正常的）。

```
/**
  * @brief   Main program.
  * @param  None
  * @retval None
  */
int main(void)
{
  AT32_Board_Init();
  UART_Print_Init(115200);

  while (1)
  {
    printf("hello~!");
  }
}
```

图 12-4　最简单的 main( ) 函数

因为要生成一个正弦波信号，所以先要考虑怎么准备数据。为了提高效率，最好先把一个周期的正弦波信号数值保存下来，然后再用 DMA 方式自动更新输出的数据。所以先定义一个全局数组，然后用 C 语言自带的数学运算函数来算出需要的数据。根据这个思路完成的代码如图 12-5 所示。其中需要注意的地方是，12 位的 DAC 取值范围是 0 ~ 4095，没有负数。同时，代码中将正弦波的一个周期分成了 32 份。

```
/**
  * @brief  initialize sine data table
  * @param  None
  * @retval None
  */
void initSineData(void)
{
  uint16_t i;

  printf("sine talbe = {\n");
  for(i=0;i<TABLE_SIZE;i++)
  {
    gSine12bitTable[i] = (UINT16)(2047*sin((2*PI/TABLE_SIZE)*i)+2047);
    printf("\t[%d]=%d\n",i,gSine12bitTable[i]);
  }
  printf("}\n");
}

```

图 12-5　完成数据初始化工作

接下来要添加其他必要的初始化函数。当然还是优先考虑时钟部分的初始化，如图 12-6所示。这部分比较简单，就不逐一解释了，它就是把需要用到的各个功能模块的时钟都打开。

```
/**
  * @brief  Configures the different system clocks.
  * @param  None
  * @retval None
  */
void RCC_Configuration(void)
{
  /* Enable peripheral clocks ------------------------------------------------*/

  /* DMA2 clock enable */
  RCC_AHBPeriphClockCmd(RCC_AHBPERIPH_DMA2, ENABLE);

  /* GPIOA Periph clock enable */
  RCC_APB2PeriphClockCmd(RCC_APB2PERIPH_GPIOA, ENABLE);
  /* DAC Periph clock enable */
  RCC_APB1PeriphClockCmd(RCC_APB1PERIPH_DAC, ENABLE);
  /* TIM2 Periph clock enable */
  RCC_APB1PeriphClockCmd(RCC_APB1PERIPH_TMR2, ENABLE);
}

```

图 12-6　完成时钟初始化工作

接下来要考虑配置一下 DAC 的输出口。因为单片机的 GPIO 是复用的，所以需要定义从哪个引脚输出模拟信号。从图 12-7 中可以看出是使用了 GPIO 端口 A 的第 4 引脚和第 5 引脚。

因为需要用 Timer 2 来定时并触发 DAC 操作，所以需要对 Timer 2 进行特别的初始化，如图 12-8 所示。

```
/**
  * @brief  Configures the different GPIO ports.
  * @param  None
  * @retval None
  */
void GPIO_Configuration(void)
{
  GPIO_InitType GPIO_InitStructure;

  /* Once the DAC channel is enabled, the corresponding GPIO pin is automatically
     connected to the DAC converter. In order to avoid parasitic consumption,
     the GPIO pin should be configured in analog */
  GPIO_InitStructure.GPIO_Pins =  GPIO_Pins_4 | GPIO_Pins_5;
  GPIO_InitStructure.GPIO_Mode = GPIO_Mode_IN_ANALOG;
  GPIO_Init(GPIOA, &GPIO_InitStructure);
}
```

图 12-7　完成 GPIO 初始化工作

```
void timer2Init(void)
{
  TMR_TimerBaseInitType     TMR_TimeBaseStructure;

  /* Time base configuration */
  TMR_TimeBaseStructInit(&TMR_TimeBaseStructure);
  TMR_TimeBaseStructure.TMR_Period = 0x1D4;     //设置Timer的自动加载值,实现一个16KHz的正弦波
  TMR_TimeBaseStructure.TMR_DIV = 0x0;
  TMR_TimeBaseStructure.TMR_ClockDivision = 0x0;
  TMR_TimeBaseStructure.TMR_CounterMode = TMR_CounterDIR_Up;
  TMR_TimeBaseInit(TMR2, &TMR_TimeBaseStructure);

  /* TIM2 TRGO selection */
  TMR_SelectOutputTrigger(TMR2, TMR_TRGOSource_Update);

}
```

图 12-8　完成 Timer 2 初始化工作

因为是第一次使用 Timer，所以借此机会来熟悉一下。当然首先是打开数据手册，找到和 Timer 相关的内容。

图 12-9 中的框图看起来还是较为复杂的，不过可以先关注需要使用的功能。比如画圈的部分，通用 Timer 可以自动触发 DAC 或者 ADC 工作，不需要内核干预就能确保定时准确。Timer 有一个预分频器，可以把来自主时钟的 Clock 做分频后再给 Timer 使用，这样 Timer 的计时范围就更灵活。Timer 达到配置的计时数值后，会从自动加载寄存器中自动加载计数值。比较/捕获寄存器可以比较 Timer 的计数值，当有符合的数值时，根据配置输出高或者低，一般用来实现比较高阶的 PWM 波，或者用来计算外部输入的脉冲宽度。

如图 12-10 所示，回到代码，接下来需要配置 DAC。从初始化流程看，需要设定 DAC 触发源，这里设置成 Timer 2。AT32F407 中有两个 DAC，可以同时工作，能自动在输出波形上叠加三角波（主要用于改善变化缓慢的波形中的阶梯），还能自动产生噪声，功能非常强大。但是，本章的实验需要 DAC 根据数据生成正弦波，而且频率比较高，所以三角波生成功能需要关闭。AT32F407 的 DAC 还配备有输出缓冲，可以提高驱动能力，能直接驱动外部负载（注意，具体驱动能力请自己在数据手册中翻阅，切勿随意驱动一些大功率的东西，避免烧坏）。最后，这段代码使能了两个 DAC。注意，这里只是初始化了 DAC，并没有真正开始工作。

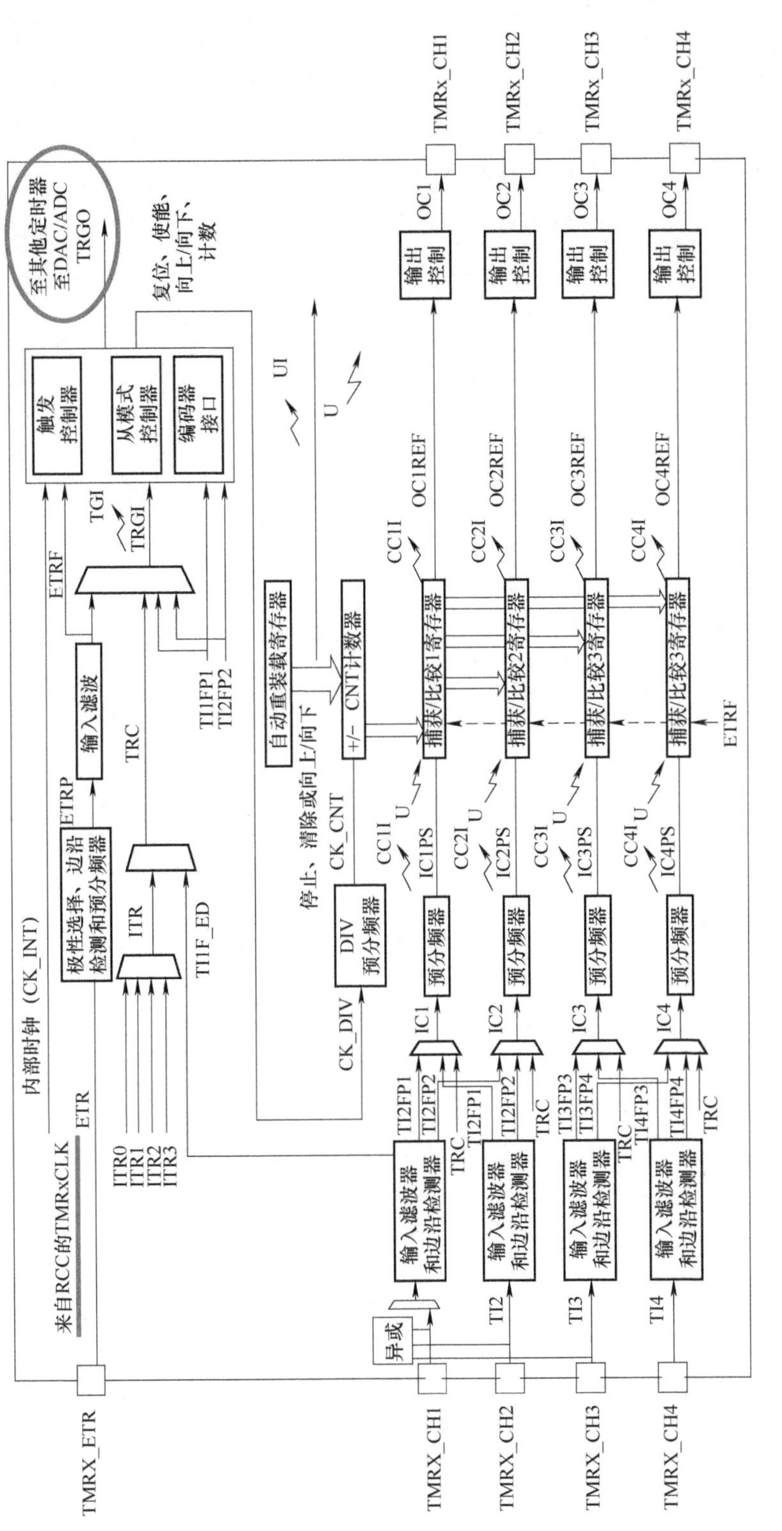

图12-9　通用Timer模块的框图

```
/**
  * @brief  Configures DAC.
  * @param  None
  * @retval None
  */
void initDAC(void)
{
  DAC_InitType             DAC_InitStructure;

    /* DAC channell Configuration */
  DAC_StructInit(&DAC_InitStructure);
  DAC_InitStructure.DAC_Trigger = DAC_Trigger_TMR2_TRGO;
  DAC_InitStructure.DAC_WaveGeneration = DAC_WaveGeneration_None;
  DAC_InitStructure.DAC_OutputBuffer = DAC_OutputBuffer_Enable;
  DAC_Init(DAC_Channel_1, &DAC_InitStructure);

  /* DAC channel2 Configuration */
  DAC_Init(DAC_Channel_2, &DAC_InitStructure);
}
```

图 12-10　完成 DAC 初始化工作

继续初始化最后一个部分：DMA，如图 12-11 所示。DMA 是一个非常强大的功能，它可以在内核不干预的情况下自动完成数据的复制工作，而且复制的方向是非常灵活的，可以从 RAM 复制到外设的寄存器中，也可以从外设的寄存器复制到 RAM 中，还可以在 RAM 的地址空间内。灵活使用 DMA 模块，可以极大地提高系统的处理能力。注意，图 12-11 画线部分的作用请思考一下。

```
/**
  * @brief  Configures DMA for DAC output data.
  * @param  None
  * @retval None
  */
void initDMA(void)
{
  DMA_InitType   DMA_InitStructure;
  uint32_t Idx = 0;

    /* Fill Sine32bit table */
  for (Idx = 0; Idx < 32; Idx++)
  {
    gDualSine12bit[Idx] = (gSine12bitTable[Idx] << 16) + (gSine12bitTable[Idx]);
  }

  /* DMA2 channel4 configuration */
  DMA_Reset(DMA2_Channel4);

  DMA_DefaultInitParaConfig(&DMA_InitStructure);
  DMA_InitStructure.DMA_PeripheralBaseAddr = DAC_DHR12RD_Address;
  DMA_InitStructure.DMA_MemoryBaseAddr = (uint32_t)& gDualSine12bit;
  DMA_InitStructure.DMA_Direction = DMA_DIR_PERIPHERALDST;
  DMA_InitStructure.DMA_BufferSize = TABLE_SIZE;
  DMA_InitStructure.DMA_PeripheralInc = DMA_PERIPHERALINC_DISABLE;
  DMA_InitStructure.DMA_MemoryInc = DMA_MEMORYINC_ENABLE;
  DMA_InitStructure.DMA_PeripheralDataWidth = DMA_PERIPHERALDATAWIDTH_WORD;
  DMA_InitStructure.DMA_MemoryDataWidth = DMA_MEMORYDATAWIDTH_WORD;
  DMA_InitStructure.DMA_Mode = DMA_MODE_CIRCULAR;
  DMA_InitStructure.DMA_Priority = DMA_PRIORITY_HIGH;
  DMA_InitStructure.DMA_MTOM = DMA_MEMTOMEM_DISABLE;

  DMA_Init(DMA2_Channel4, &DMA_InitStructure);

}
```

图 12-11　完成 DMA 初始化工作

初始化工作完成，接下来把 main( ) 函数写完，如图 12-12 所示。

主循环里只需要做些“杂事”，剩下的就交给硬件。编译、下载代码，然后会发现一个严重的问题：怎么观察输出波形呢？只能用示波器了。那没有示波器该怎么办呢？别急，后面会讲其他办法。现在先找到输出引脚，在 J2 的第 29 和 30 PIN，从板子的丝印上也能找到，如图 12-13 所示。

```
int main(void)
{
  AT32_Board_Init();

  /* System Clocks Configuration */
  RCC_Configuration();
  /* Once the DAC channel is enabled, the corresponding GPIO pin is automatically
    connected to the DAC converter. In order to avoid parasitic consumption,
    the GPIO pin should be configured in analog */
  GPIO_Configuration();
  /* TIM2 Configuration */
  timer2Init();
  /* DAC Configuration */
  initDAC();

  UART_Print_Init(115200);

  initSineData();

  /* DMA Configuration */
  initDMA();


  while (1)
  {
    printf("I am working~! \n");
    Delay_ms(500);
  }

}
```

图 12-12　完成 main( ) 函数

图 12-13　PA4、PA5 在板子上的位置

连好示波器，等待结果。但是，示波器上没有反应。各位想想哪里出了问题？正常的波形应该如图 12-14 所示。

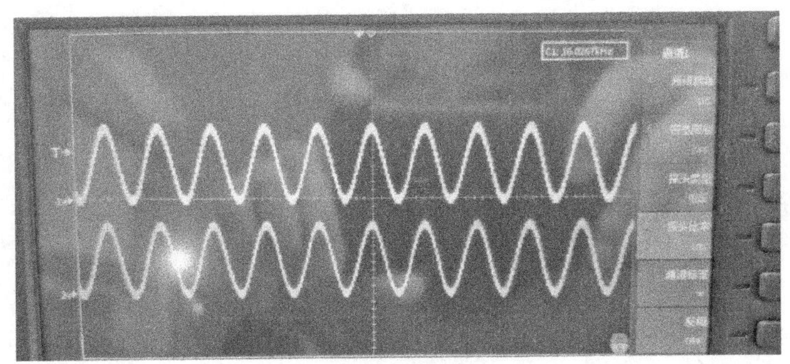

图 12-14　PA4、PA5 的输出信号

第 13 章　ADC 原理和实践

ADC（Analog to Digital Convertor）是将真实世界中的模拟信号转换成单片机能处理的数字信号的手段（见图 13-1）。ADC 的实现方法有很多，主要根据其速度、精度和功耗来分类。下面简单介绍一下，不会深入展开，给大家提供些“谈资”，提高大家的专业性。

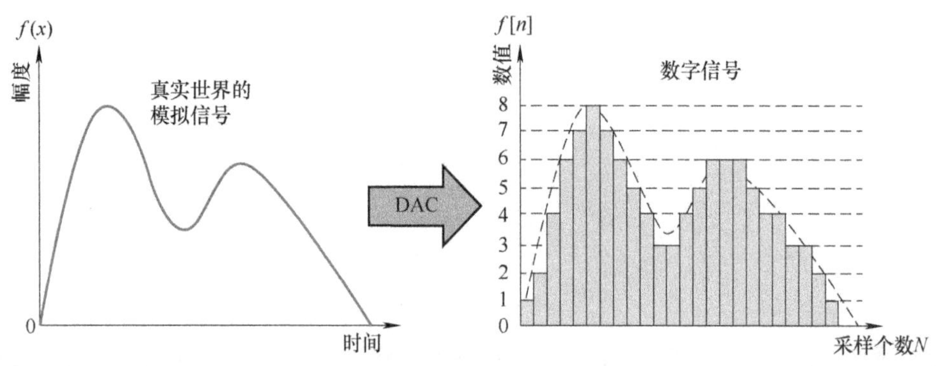

图 13-1　ADC 的原理

Flash 型 ADC 是转换速度最快的一种结构。在该结构中，输入的模拟信号直接和类似温度计码的阈值对比，从而立刻得到对应的温度计数字码。这种结构虽然很快，但是对于 N 位的 ADC，需要 $N=2^n-1$ 个比较器，每个比较器的精度都需要达到 N 位，其功耗和成本都会随着精度提高而呈指数级提高。

插值型 ADC 可以在一定程度上对芯片功耗和芯片面积做折中，采用相对较少的预放大器，在比较阵列前端。这些放大器的输出可以通过电阻或电容分压的方式来进行插值，并输入到比较器阵列。相比 Flash ADC，这种结构大大减少了预放大器的数目和比较阈值的数目，但是比较器的数目仍然是 2^n-1。

折叠型 ADC 是另一种降低功耗和成本问题的方法。在这种结构中，输入信号被划分成几个相等的阈值区段。通过特别的前端预放大电路设计，输入信号先折叠到相同的阈值区段，在这个区段进行 ADC 转换。输入信号被折叠的区段越多，共同阈值区段越小，所需要的比较器就越少。然而在这种结构中，前端的模拟折叠电路是个难点，这个电路既需要很好的幅度线性，也需要满足要求的线性相位。

多步 ADC 转换器是将输出的 N 位划分成几个部分：$n1$，$n2$，$n3$，…，以实现更多位的模拟数字转换。转换器工作的时候，第一步转换出 $n1$ 位数，第二步转换出 $n2$ 位数……。这些转换过程中的比较器可以复用，多步 ADC 转换器一共需要的比较器是 $N=2^{\max\{ni\}}-1$，这样可以大大减少比较器的数目和功耗。

流水线结构 ADC（Pipelined-ADC）和逐次逼近 ADC（Successive-Approximation ADC，SAR ADC）是两种典型的常用多步 ADC 结构。在流水线结构的 ADC 中，流水线第一级转换 $n1$ 位，第二级转换 $n2$ 位……因此在这种结构中很容易实现高速转换。然而，其两级流水线之间的模拟信号是需要重新采样的，由于不匹配所引起的精度下降会一直存在，并影响最终精度。在 SAR ADC 中，转换位数也被划分为 $n1$，$n2$，…，但是与流水线结构不一样，每一步转换利用的是同一套比较器阵列，由于比较器误差大大减少，这会让最终转换精度有所提高，同时大大降低硬件消耗。

差分累积 ADC（Sigma-delta ADC）的结构与上述完全不一样。在一个差分累积 ADC 中，输入信号和比较阈值之间的差异被转换器当作“量化噪声”来处理，其处理方式就是滤波，输入信号的能量被转换器保存下来，而“量化噪声”被滤除掉。当这种“量化噪声”被滤除之后，就能得到高精度的数字输出。利用差分累积 ADC 可以实现业界最高的转换精度，但是，其滤波器的性能与信号重复采样的次数有关（Over-sampling Rate，OSR），它的实现受限于电路的速度和功耗。幸运的是，当今的深亚微米集成电路工艺正在快速解决这个问题。

13.1　逐次逼近型 ADC 原理

AT32F407 有内置 12 位逐次逼近型 ADC。逐次逼近的概念有点像常用算法中的“二分法”，即对于一个输入信号，不知道它的值，那就先用参考电压的一半来和输入信号做比较，如果大于参考电压的一半，那么再用参考电压的 3/4 来做比较，如果低于参考电压的一半，那么用 1/4 的参考电压来做比较。如此类推下去，直到满足 ADC 的位数。有个问题，比较的电压来自哪里？很简单，来自 DAC 或者一个电阻分压网络。逐次逼近型 ADC 是性价比较高的一种 ADC，但是要实现较高的位数会比较困难。

AT32F407 的 ADC 工作时钟最高不得超过 28MHz。图 13-2 所示为 ADC 的模块框图。

这张图比较复杂，这里简单梳理一下。AT32F407 有 16 个外部 ADC 通道，可以外接很多模拟信号；还有两组内部通道，命名为“常规通道（Regular channel）”和“注入通道（Injected channel）”。两组内部通道的区别是：常规通道共用一个数据寄存器，采样完毕后，需要尽快读取；而注入通道有四个数据寄存器，可以指定注入组中的某个通道独占某个寄存器，这样可以提高转换效率。同时，注入通道的中断优先级也比常规组高，适合用于一些对时间要求比较高的场合，比如 BLDC 控制应用。这两组通道都可以通过扫描模式来快速采样多个外部的模拟信号。ADC 的单次转换时间最少是 0.5μs。当系统时钟是 240MHz 的时候，通过分频配置完毕，ADC 时钟可以以 20MHz 的频率运行，此时的转换时间是 0.7μs。所以，AT32F407 的 ADC 采样频率基本上可以到达 1MHz。图 13-2 中，很大一部分是描述 ADC 触发条件的，可以通过 Timer 来控制 ADC 的采样间隔，也可以通过外部引脚或中断信号来控制 ADC 的采样触发。同时，ADC 也支持 DMA 模式，这样可以大大增加 ADC 的采样效率，降低单片机的负荷。ADC 还有一个模拟看门狗功能，其实就类似一个模拟的电压比较器，可以根据用户设定的阈值来产生中断。

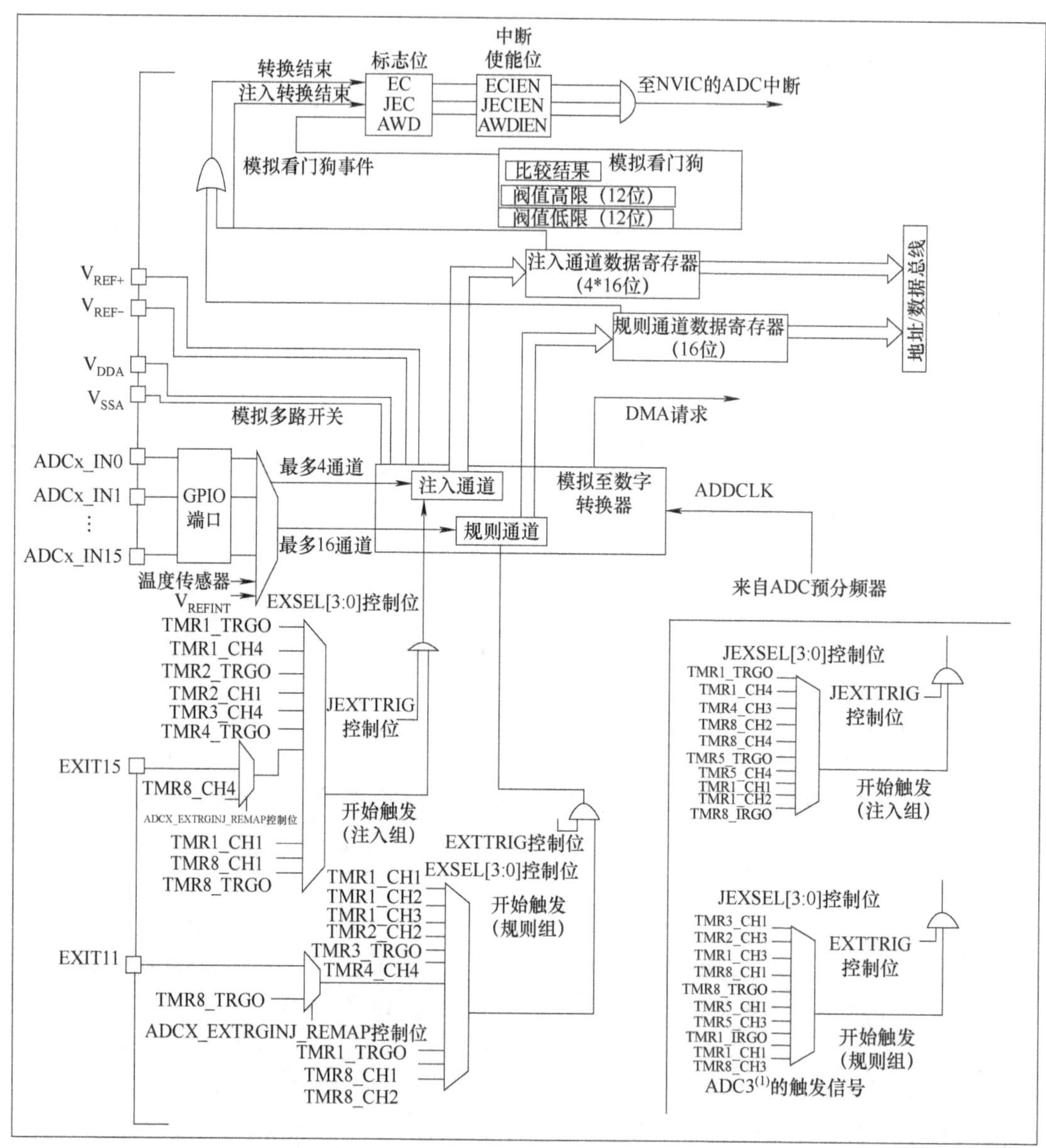

注意：ADC3的规则转换和注入转换触发与ADC1和ADC2的不同。

图 13-2　ADC 框图

13.2 ADC 实验

本节的实验目标是用 ADC1 实现一个带 DMA 的连续采样模式，然后结合之前 DAC 给出的正弦波信号来观察 ADC 的数据，顺便解决上一章留下的问题。

还是先看硬件。之前的 DAC 实验从 PA4 和 PA5 两路同时输出了正弦波信号，本章需要用杜邦线把 DAC 输出的信号接到 ADC 的输入端（定为 PC4，它和 PA4 只间隔了一个引脚），如图 13-3 所示。

图 13-3　ADC 实验用飞线方法

硬件接好后，就可以开始写代码了。由于本章将基于 DAC 实验的内容来扩展，所以就用之前的代码作为基础。笔者重新命名了一个工程 sample8，各位可以在资料里找到。先想一想流程。DAC 部分相当于信号源，已经完成了，此处只要加 ADC 和相关部分的代码。用前面的思维模式，首先考虑硬件引脚的定义，然后是配置时钟，再配置一个 DMA 给 ADC 用，最后配置一下 ADC，把采样数据自动复制到一个 buffer 中，最后想办法看看这个 buffer 中的数据是否无误。注意，sample8 工程中比上一章多了一个“at32f4xx_adc. c”文件。这个应该容易理解。

根据以上思路，先配置 GPIO，如图 13-4 所示。

```
void GPIO_Configuration(void)
{
  GPIO_InitType GPIO_InitStructure;

  /* Once the DAC channel is enabled, the corresponding GPIO pin is automatically
     connected to the DAC converter. In order to avoid parasitic consumption,
     the GPIO pin should be configured in analog */
  GPIO_InitStructure.GPIO_Pins =  GPIO_Pins_4 | GPIO_Pins_5;
  GPIO_InitStructure.GPIO_Mode = GPIO_Mode_IN_ANALOG;
  GPIO_Init(GPIOA, &GPIO_InitStructure);

  /* Configure PC.04 (ADC Channel14) as analog input -------------------------*/
  GPIO_StructInit(&GPIO_InitStructure);
  GPIO_InitStructure.GPIO_Pins = GPIO_Pins_4;
  GPIO_InitStructure.GPIO_Mode = GPIO_Mode_IN_ANALOG;
  GPIO_Init(GPIOC, &GPIO_InitStructure);
}
```

图 13-4　ADC GPIO 配置

然后在原本的时钟配置中增加一些配置，如图 13-5 所示。

因为增加了一个 DMA 给 ADC 的采样数据用，所以需要在原本的 DMA 初始化函数里添加一些内容，如图 13-6 所示。

需要注意的是，根据 DMA 的使用方法，要提前安排一个 buffer 给 DMA，还要说明 buffer 的大小，所以要在文件开头定义一下，如图 13-7 所示。

在声明“ADCConvertedValue[ ]”这个数组的时候特别添加了一个“_IO”关键字。这个关键字其实是被宏定义重新定义了的标准 C 语言里的一个关键字“volatile”。“volatile”关键字可以告诉编译器，不要对这个变量的操作进行优化，因为编译器有自动优化代码的

```
/**
  * @brief  Configures the different system clocks.
  * @param  None
  * @retval None
  */
void RCC_Configuration(void)
{
  /* Enable peripheral clocks ------------------------------------------------*/

  /* ADCCLK = PCLK2/16 */
  RCC_ADCCLKConfig(RCC_APB2CLK_Div16);

  /* Enable DMA1 clocks for ADC*/
  RCC_AHBPeriphClockCmd(RCC_AHBPERIPH_DMA1, ENABLE);

  /* DMA2 clock enable for DAC*/
  RCC_AHBPeriphClockCmd(RCC_AHBPERIPH_DMA2, ENABLE);

  /* GPIOA Periph clock enable */
  RCC_APB2PeriphClockCmd(RCC_APB2PERIPH_GPIOA, ENABLE);

  /* Enable ADC1 and GPIOC clocks */
  RCC_APB2PeriphClockCmd(RCC_APB2PERIPH_ADC1 | RCC_APB2PERIPH_GPIOC, ENABLE);

  /* DAC Periph clock enable */
  RCC_APB1PeriphClockCmd(RCC_APB1PERIPH_DAC, ENABLE);

  /* TIM2 Periph clock enable */
  RCC_APB1PeriphClockCmd(RCC_APB1PERIPH_TMR2, ENABLE);
}
```

图 13-5　时钟配置

```
/**
  * @brief  Configures DMA for DAC output data, and ADC input data.
  * @param  None
  * @retval None
  */
void initDMA(void)
{
  DMA_InitType   DMA_InitStructure;
  uint32_t Idx = 0;

  /* Fill Sine32bit table */
  for (Idx = 0; Idx < TABLE_SIZE; Idx++)
  {
    gDualSine12bit[Idx] = (gSine12bitTable[Idx] << 16) + (gSine12bitTable[Idx]);
  }

  /* DMA1 channel1 configuration for ADC*/
  DMA_Reset(DMA1_Channel1);
  DMA_DefaultInitParaConfig(&DMA_InitStructure);
  DMA_InitStructure.DMA_PeripheralBaseAddr     = (uint32_t)&ADC1->RDOR;
  DMA_InitStructure.DMA_MemoryBaseAddr         = (uint32_t)&ADCConvertedValue;
  DMA_InitStructure.DMA_Direction              = DMA_DIR_PERIPHERALSRC;
  DMA_InitStructure.DMA_BufferSize             = ADC_BUFFER_SIZE;
  DMA_InitStructure.DMA_PeripheralInc          = DMA_PERIPHERALINC_DISABLE;
  DMA_InitStructure.DMA_MemoryInc              = DMA_MEMORYINC_ENABLE;
  DMA_InitStructure.DMA_PeripheralDataWidth    = DMA_PERIPHERALDATAWIDTH_HALFWORD;
  DMA_InitStructure.DMA_MemoryDataWidth        = DMA_MEMORYDATAWIDTH_HALFWORD;
  DMA_InitStructure.DMA_Mode                   = DMA_MODE_CIRCULAR;
  DMA_InitStructure.DMA_Priority               = DMA_PRIORITY_HIGH;
  DMA_InitStructure.DMA_MTOM                   = DMA_MEMTOMEM_DISABLE;
  DMA_Init(DMA1_Channel1, &DMA_InitStructure);

  /* DMA2 channel4 configuration for DAC*/
  DMA_Reset(DMA2_Channel4);
  DMA_DefaultInitParaConfig(&DMA_InitStructure);
  DMA_InitStructure.DMA_PeripheralBaseAddr = DAC_DHR12RD_Address;
  DMA_InitStructure.DMA_MemoryBaseAddr = (uint32_t)& gDualSine12bit;
  DMA_InitStructure.DMA_Direction = DMA_DIR_PERIPHERALDST;
  DMA_InitStructure.DMA_BufferSize = TABLE_SIZE;
  DMA_InitStructure.DMA_PeripheralInc = DMA_PERIPHERALINC_DISABLE;
  DMA_InitStructure.DMA_MemoryInc = DMA_MEMORYINC_ENABLE;
  DMA_InitStructure.DMA_PeripheralDataWidth = DMA_PERIPHERALDATAWIDTH_WORD;
  DMA_InitStructure.DMA_MemoryDataWidth = DMA_MEMORYDATAWIDTH_WORD;
  DMA_InitStructure.DMA_Mode = DMA_MODE_CIRCULAR;
  DMA_InitStructure.DMA_Priority = DMA_PRIORITY_HIGH;
  DMA_InitStructure.DMA_MTOM = DMA_MEMTOMEM_DISABLE;
  DMA_Init(DMA2_Channel4, &DMA_InitStructure);

}
```

图 13-6　DMA 配置

```
  ************************************************************************
  */

#include <math.h>
#include "at32f4xx.h"
#include "at32_board.h"

/* Private typedef -----------------------------------------------------------*/
/* Private define ------------------------------------------------------------*/
#define DAC_DHR12RD_Address      0x40007420  //右对齐寄存器地址
#define PI 3.14159266
#define TABLE_SIZE 32
#define ADC_BUFFER_SIZE 512

/* Private variables ---------------------------------------------------------*/
uint16_t gSine12bitTable[TABLE_SIZE] = {0};
uint32_t gDualSine12bit[TABLE_SIZE] = {0};
__IO uint16_t ADCConvertedValue[ADC_BUFFER_SIZE]={0};
/* Private function prototypes -----------------------------------------------*/

/* Private functions ---------------------------------------------------------*/
/**
  * @brief  initialize sine data table
  * @param  None
  * @retval None
  */
void initSineData(void)
{
```

图 13-7　文件开头的 ADC buffer 相关定义

功能，在生成可执行代码前，编译器会对代码进行“流分析”，能够比较准确地判断出程序中的变量在哪里被赋值、在哪里被读取等。如果同一个变量刚刚读取过，又再次读取，编译器会认为这是冗余的代码，并把它优化掉。为了避免这种情况发生，就需要增加“_IO”关键字。

剩下就是初始化 ADC 了，如图 13-8 所示。ADC 有许多工作模式，这里使用 ADC 的连续转换模式，由软件触发，不需要外部触发。这里多提一句，ADC 的精度受很多因素影响，

```
/**
  * @brief  Configures ADC.
  * @param  None
  * @retval None
  */
void initADC(void)
{
  ADC_InitType ADC_InitStructure;
  /* ADC1 configuration ------------------------------------------------------*/
  ADC_StructInit(&ADC_InitStructure);
  ADC_InitStructure.ADC_Mode                = ADC_Mode_Independent;
  ADC_InitStructure.ADC_ScanMode            = DISABLE;
  ADC_InitStructure.ADC_ContinuousMode      = ENABLE;
  ADC_InitStructure.ADC_ExternalTrig        = ADC_ExternalTrig_None;
  ADC_InitStructure.ADC_DataAlign           = ADC_DataAlign_Right;
  ADC_InitStructure.ADC_NumOfChannel        = 1;
  ADC_Init(ADC1, &ADC_InitStructure);

  /* ADC1 regular channels configuration */
  ADC_RegularChannelConfig(ADC1, ADC_Channel_14, 1, ADC_SampleTime_28_5);

  /* Enable ADC1 DMA */
  ADC_DMACtrl(ADC1, ENABLE);

  /* Enable ADC1 */
  ADC_Ctrl(ADC1, ENABLE);

  /* Enable ADC1 reset calibration register */
  ADC_RstCalibration(ADC1);
  /* Check the end of ADC1 reset calibration register */
  while(ADC_GetResetCalibrationStatus(ADC1));

  /* Start ADC1 calibration */
  ADC_StartCalibration(ADC1);
  /* Check the end of ADC1 calibration */
  while(ADC_GetCalibrationStatus(ADC1));

}
```

图 13-8　ADC 初始化

比如芯片内部的电容、参考电压等，为了尽可能提高 ADC 采样的准确度，AT32F407 自带一个软件校准功能，可以在启动的时候做个校准，用来消除内部电容产生的误差。通过自动校准会产生一个校准值，把这个校准值写入一个特殊的寄存器后，后续的数据就是根据这个校准值校准过的。所以建议每次启动或初始化的时候做一下自动校准。

根据前面碰到过的问题，在真正操作前别忘记打开设备，代码如图 13-9 所示。

```
/**
  * @brief  start DMA, DAC and Timer.
  * @param  None
  * @retval None
  */
void letsGo(void)
{
  /* Enable DMA1 channel1 for ADC*/
  DMA_ChannelEnable(DMA1_Channel1, ENABLE);
  /* Enable DMA2 Channel4 for DAC*/
  DMA_ChannelEnable(DMA2_Channel4, ENABLE);

  /* Enable DAC Channel1: Once the DAC channel1 is enabled, PA.04 is
     automatically connected to the DAC converter. */
  DAC_Ctrl(DAC_Channel_1, ENABLE);
  /* Enable DAC Channel2: Once the DAC channel2 is enabled, PA.05 is
     automatically connected to the DAC converter. */
  DAC_Ctrl(DAC_Channel_2, ENABLE);

  /* Enable DMA for DAC Channel2 */
  DAC_DMACtrl(DAC_Channel_2, ENABLE);

  /* TIM2 enable counter */
  TMR_Cmd(TMR2, ENABLE);

  /* Start ADC1 Software Conversion */
  ADC_SoftwareStartConvCtrl(ADC1, ENABLE);
}
```

图 13-9　启动所有功能

接着看一下 main( ) 函数的实现，如图 13-10 所示。

```
int main(void)
{
  AT32_Board_Init();

  /* System Clocks Configuration */
  RCC_Configuration();
  /* config clock output pin */
  MCO_Config();

  /* Once the DAC channel is enabled, the corresponding GPIO pin is automatically
   connected to the DAC converter. In order to avoid parasitic consumption,
   the GPIO pin should be configured in analog */
  GPIO_Configuration();
  /* TIM2 Configuration */
  timer2Init();
  /* DAC Configuration */
  initDAC();

  UART_Print_Init(115200);

  initSineData();

  /* DMA Configuration */
  initDMA();
  /* ADC Configuration */
  initADC();
  //start
  letsGo();

  while (1)
  {
    while(DMA_GetFlagStatus(DMA1_FLAG_TC1)==0);
    AT32_LEDn_Toggle(LED2);
    DMA_ChannelEnable(DMA1_Channel1, DISABLE);
    DMA_ClearFlag(DMA1_FLAG_TC1);
    printADCRawData();
    Delay_ms(5000);
    DMA_ChannelEnable(DMA1_Channel1, ENABLE);
  }

}
```

图 13-10　main( ) 函数的实现

在 main( ) 函数里有一个 MCO_Config( ) 函数，这个函数在 sample0 工程里出现过，专门用来输出需要测量的内部时钟信号，这里就是为了确认一下 ADC 的时钟是不是被正确配置了。当然也会用到示波器，各位是没必要去研究了。但是在实际工作中经常会碰到类似的问题，所以，在无法确定时钟配置是否正确的情况下，可以采用这种办法。后面还有其他调试方面的小技巧。

在主循环体内，检测了一个“DMA1_FLAG_TC1”标志位，这个标志位为 1 时，表明 DMA 传输完成。如果传输完成，就可以观察一下数据了。有意思的是，笔者特意在这句话后面加了一个 LED2 输出翻转的指令，也是为了测一下 ADC 的采样频率，从示波器上可以测量 LED2 输出引脚的波形，用这个波形的周期除以采样 buffer 的大小，就基本能确定实际的 ADC 采样频率了。在实际工作中这种方法非常好用。然后笔者关闭了 DMA1，因为希望把数据都打印出来，如果连续不断地输出数据，打印的数据就看不清了。关闭 DMA1 后，从串口输出数据。有一个函数专门输出数据，即 printADCRawData( )，如图 13-11 所示。

```
/**
  * @brief   print ADC Raw Data In Buffer to UART.
  * @param  None
  * @retval None
  */
void printADCRawData(void)
{
  uint32_t i;
  printf("===Start of ADC raw data:===\n");
  for(i=0;i<ADC_BUFFER_SIZE;i++)
  {
    printf("%d,",ADCConvertedValue[i]);
  }
  printf("\n===End of ADC raw data===\n");
}
```

图 13-11　将 ADC buffer 中的数据打印出来的函数

编译并运行，从终端上可以看到输出的数据，如图 13-12 所示。

```
数据接收                                                    UartAssist V4.3.2
===Start of ADC raw data:===
3744, 3933, 4049, 4071, 3933, 3489, 3180, 2826, 2042, 1643, 904, 595, 341, 40, 11, 147, 340, 595, 1259, 1642, 2445, 2828, 3178, 3743, 3933, 4064, 4057, 3934, 3490, 3180, 2448, 2041, 1642, 899, 595, 158, 39, 10, 152, 340, 882, 1259, 1642, 244
2, 2827, 3442, 3745, 3935, 4072, 4050, 3794, 3489, 3179, 2442, 2043, 1496, 904, 596, 151, 40, 8, 152, 339, 905, 1260, 1648, 2443, 2826, 3490, 3744, 3934, 4075, 4048, 3744, 3490, 3178, 2443, 2047, 1259, 906, 594, 151, 38, 13, 153, 340, 905, 12
60, 2043, 2442, 2825, 3490, 3743, 4048, 4076, 4047, 3744, 3487, 2828, 2441, 2042, 1259, 905, 340, 150, 38, 22, 152, 595, 905, 1259, 2044, 2442, 3161, 3488, 3744, 4048, 4075, 3934, 3745, 3489, 2826, 2443, 1644, 1260, 905, 340, 152, 20, 35, 15
2, 594, 905, 1642, 2043, 2446, 3181, 3490, 3932, 4047, 4063, 3933, 3743, 3179, 2827, 2442, 1642, 1260, 596, 340, 152, 14, 39, 341, 595, 905, 1643, 2044, 2827, 3179, 3489, 3934, 4050, 4074, 3934, 3745, 3181, 2826, 2041, 1643, 1259, 595, 342,
53, 12, 40, 340, 594, 1261, 1641, 2042, 2826, 3179, 3742, 3934, 4049, 4072, 3934, 3492, 3180, 2826, 2042, 1642, 920, 595, 345, 40, 12, 94, 340, 594, 1260, 1644, 2324, 2825, 3180, 3744, 3934, 4057, 4060, 3934, 3490, 3181, 2705, 2044, 1642, 90
5, 595, 319, 39, 10, 152, 341, 600, 1259, 1642, 2442, 2827, 3179, 3745, 3934, 4072, 4051, 3934, 3489, 3179, 2444, 2042, 1644, 900, 595, 152, 39, 10, 152, 340, 904, 1259, 1643, 2443, 2826, 3491, 3746, 3933, 4072, 4047, 3743, 3489, 3179, 2442,
2042, 1258, 906, 595, 152, 40, 13, 151, 339, 904, 1258, 2043, 2441, 2826, 3490, 3745, 4048, 4075, 4048, 3743, 3490, 2826, 2443, 2042, 1259, 905, 339, 151, 39, 20, 152, 595, 905, 1257, 2043, 2442, 3178, 3489, 3744, 4048, 4074, 3933, 3744, 349
0, 2826, 2442, 1643, 1259, 904, 341, 152, 21, 34, 152, 595, 905, 1642, 2043, 2442, 3180, 3499, 3934, 4049, 4074, 3934, 3743, 3179, 2827, 2444, 1645, 1260, 594, 340, 151, 16, 38, 343, 596, 904, 1642, 2043, 2823, 3179, 3489, 3934, 4048, 4075, 3
934, 3744, 3180, 2826, 2080, 1643, 1260, 595, 340, 74, 11, 39, 340, 593, 1153, 1642, 2043, 2824, 3179, 3643, 3937, 4051, 4070, 3933, 3658, 3178, 2826, 2042, 1643, 1238, 594, 340, 40, 12, 38, 340, 595, 1259, 1643, 2042, 2826, 3181, 3743, 3934
, 4049, 4062, 3934, 3490, 3180, 2827, 2042, 1643, 905, 595, 341, 39, 10, 152, 340, 595, 1259, 1644, 2441, 2826, 3179, 3744, 3935, 4070, 4051, 3933, 3490, 3179, 2443, 2042, 1643, 905, 595, 151, 40, 9, 152, 340, 905, 1259, 1642, 2443, 2826, 349
0, 3744, 3935, 4073, 4049, 3744, 3489, 3181, 2442, 2043, 1261, 899, 596, 152, 38, 12, 152, 343, 905, 1259, 2043, 2442, 2825, 3489, 3744, 4045, 4075, 4049, 3745, 3490, 2827, 2443, 2043, 1259, 906, 341, 153, 40, 18, 152, 596, 905, 1260, 2042, 2
442, 3179, 3489, 3745, 4053, 4078, 3934, 3744, 3488, 2826, 2442, 1642, 1260, 905, 341, 151, 26, 31, 151, 594, 905, 1640, 2042, 2442, 3179, 3489, 3927, 4049, 4074, 3934, 3744, 3206, 2827, 2443,
===End of ADC raw data===
```

图 13-12　将 ADC buffer 中的数据打印出来的结果

虽然结果正确，但是希望各位用自己的方法来验证数据的正确性。笔者的方法是把数据复制到 Excel 里，然后绘制一张图，如图 13-13 所示。

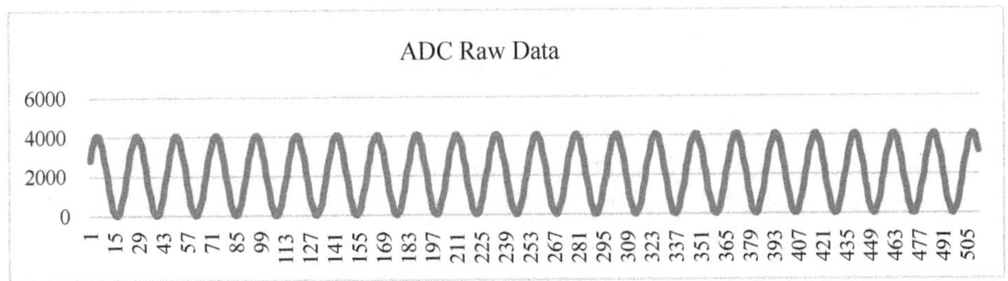

图 13-13　将 ADC buffer 中的数据用 Excel 绘图

第 14 章　什么是傅里叶变换

理工科专业的毕业生基本都学过傅里叶变换，但是其中几乎 90% 的人都没有机会或者无法再去使用傅里叶变换，这个数字应该是保守的。这是一种幸运，也是一种遗憾。之所以如此，是因为很多人毕业后都未必留在自己的专业领域工作，即使留在自己的专业领域也未必从事工程类的工作。剩下从事本专业工程方面工作的毕业生占比就已经非常少了。还有一个原因是很多“高级”应用往往把傅里叶变换纳入到标准库中，使用者只要去调用就可以了。从实用性角度讲这当然非常高效，但有时候也剥夺了一个工程师的“求知欲”。为了满足各位的“求知欲”，本书特别添加了这个能让你自我陶醉的章节。如果依然不能满足各位的“求知欲”，那可以去学习一下量子力学。

虽然本书不是高等数学类书籍，但是为了讲清傅里叶变换，让各位充分理解，还是有必要讲一些数学知识，不过不会讲得太深，也不会像高等数学课程那么枯燥。本着实用的原则，接下来让各位领略一下傅里叶变换的神奇。

14.1 复变函数

因为傅里叶变换是建立在复变函数基础上的，所以还要对复变函数做个简单的介绍。首先介绍复数。复数的诞生不是一蹴而就的，简单来说，是为了求解二次和三次方程而引入的。大数学家欧拉最早用符号 i 来表示 $\sqrt{-1}$，有了 i 之后就可以定义复数了：$C = a + b\mathrm{i}(a, b \in \mathbf{R})$。关于复数的定义以及四则运算这里就不再讲解了。

大家都知道复数是怎么来的，这并不是难点。难点是对其性质的理解。复数处于“复平面”内，而不像实数那样只存在于一根数轴上，因此复数扩大了实数域的维度。读过《三体》的读者对于“降维打击”这个词应该很熟悉，当把数的维度提高后，再进行降维，很多原来在实数域内无法解决的问题就迎刃而解了。复数可以很自然地同矢量（或向量）结合起来。而且复数域上的复数可以很容易地转换为极坐标系上的点。除此以外，复数还有以下非常令人惊讶的性质。

> 无理数发现小插曲：毕达哥拉斯虽然发现了毕达哥拉斯定理（勾股定理），但却非常反感无理数。他对所谓“自然”之美追求狂热，认为无理数的不规律破坏了“自然”之美。他的门生希帕索斯（Hippasus）找到了$\sqrt{2}$并询问他，认为这个数不是有理数，然后被毕达哥拉斯以渎神的罪名溺死了，这被称作第一次数学危机。

史上最美公式：$1+e^{i\pi}=0$（π 和圆有关，e 和钱有关，0 和 1 是基本的数元）。

欧拉公式：

$e^{i\theta}=\cos\theta+i\sin\theta$。

$a+bi=Z=|Z|e^{i\theta}$；$a=|Z|\cos\theta$；$b=|Z|\sin\theta$。

$a+bi=re^{i\theta}$，$\theta=\theta_0+2n\pi$，涉及辐角要考虑多值性。

$(a+bi)\ (a-bi)\ =a^2+b^2$；若 $Z=a+bi$，称 $Z^*=(a-bi)$。

……

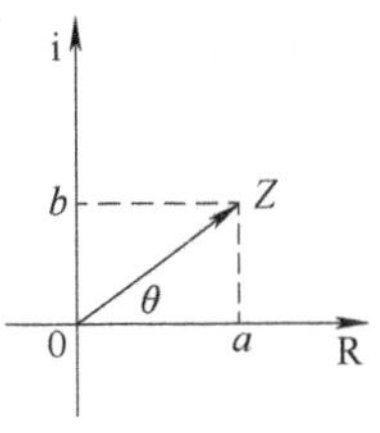

既然复数可以表示成模和辐角的组合，那么复数的乘法也可以看作对其中一个复数的模做放缩的同时对其辐角进行逆时针旋转。比如一个复数乘以 i 就代表将复数逆时针旋转 π/2。

有了复数，就可以定义复变函数了。直观地理解，复变函数就是以复数作为自变量，结果也是复数的函数。需要强调的是，复数是由实部和虚部组成的。换个角度来看，原来的实变函数是针对一个实数做运算，而复变函数是同时针对一对二元实数来运算。例如，有复数 $z=x+iy(x,\ y\in\mathbf{R})$，又有复变函数 $f(z)=u+iv(u,v\in\mathbf{R})$，那么 u 可以看作 x 和 y 的一个函数，同理 v 也可以看作 x 和 y 的一个函数，于是一个复变函数就变成了两个实变函数的组合：$f(z)=u(x,y)+iv(x,y)$。我们可以用研究两个二元实变函数的方法来研究复变函数，当然这两个二元实变函数之间存在着一定的联系。关于高数里对于实变函数极限和导数的定义这里就不展开了。同理，复变函数也有相同的定义，所以当一个复变函数在复数域连续可导时意味着同时要满足两个二元实变函数的连续可导性，于是经典的“柯西-黎曼（Cauchy-Riemann）关系”出现了，公式如下。

设　　$z=x+iy$；$f(z)=u+iv,(x,y,u,v\in\mathbf{R})$

若 $f(z)$ 在区域内某点 z_0 处可导，则

$$\begin{cases}\dfrac{\partial u}{\partial x}=\dfrac{\partial v}{\partial y}\\[2ex]\dfrac{\partial u}{\partial y}=-\dfrac{\partial v}{\partial x}\end{cases}$$

柯西－黎曼关系是定义一个复变函数在复数域内是否“可解析”的重要条件。“可解析”就是指这个函数在一定区域内处处可导。复变函数的几乎所有性质都是围绕柯西-黎曼关系展开的。一般而言，关于复变函数能了解到上述知识已经足够了，因此这里不再继续扩展。

14.2　傅里叶级数

傅里叶级数的由来：大数学家拉格朗日发现某些周期函数可以用一些三角函数的和来近似表示。傅里叶根据这个发现进一步推广，认为所有周期函数都能用一系列三角函数的和来表示。傅里叶为了证明他的猜想做了一系列的工作，证明过程比较有趣，有兴趣可以自己去查找相关资料。这里给出傅里叶级数公式的形式之一：

$$f(x)\ =C+\sum_{n=1}^{\infty}\left(a_n\cos\left(\frac{2\pi n}{T}x\right)+b_n\sin\left(\frac{2\pi n}{T}x\right)\right),C\in\mathbf{R}\qquad(14\text{-}1)$$

式（14-1）里的 C，a_n，b_n是需要另外确定的。第一个 C 对于特定的$f(x)$ 是一个常数。C 的求解比较容易，只要对公式两边同时求积分即可。注意，因为是周期函数，所以只需要对函数做一个周期内的积分。假设原函数的周期 $T=2\pi$，从 $-\pi$ 积分到 π。同时，工程中习惯把 x 改成 t，所以这里也换掉，结果为

$$\int_{-\pi}^{\pi} f(t)\,\mathrm{d}t = \int_{-\pi}^{\pi}\left\{C + \sum_{n=1}^{\infty} a_n\cos\frac{\pi nt}{\pi} + b_n\sin\frac{\pi nt}{\pi}\right\}\mathrm{d}t$$

即

$$\int_{-\pi}^{\pi} f(t)\,\mathrm{d}t = \int_{-\pi}^{\pi} C\mathrm{d}t + \sum_{n=1}^{\infty}\left\{\int_{-\pi}^{\pi} a_n\cos nt\mathrm{d}t + \int_{-\pi}^{\pi} b_n\sin nt\mathrm{d}t\right\} \tag{14-2}$$

因为三角函数在一个周期内的定积分为零，所以式（14-2）简化为

$$\int_{-\pi}^{\pi} f(t)\,\mathrm{d}t = \int_{-\pi}^{\pi} C\mathrm{d}t = 2\pi C$$

因此

$$C = \frac{1}{2\pi}\int_{-\pi}^{\pi} f(t)\,\mathrm{d}t \tag{14-3}$$

所以，C 就是信号在一个周期内关于时间的平均值，也就是信号的“直流分量”（将积分符号直接放到求和符号内是不严谨的，但是这里省略证明）。

再尝试推导一下 a_n。直接推导比较麻烦，先假设 $n=2$，求 a_2是多少。在式（14-1）两边先乘以 $\cos\frac{2\pi}{\pi}t$，即两边乘以 $\cos 2t$。然后对 t 做积分，得

$$\int_{-\pi}^{\pi} f(t)\cos 2t\mathrm{d}t = \int_{-\pi}^{\pi} C\cos 2t\mathrm{d}t + \sum_{n=1}^{\infty}\cos 2t\left\{\int_{-\pi}^{\pi} a_n\cos nt\mathrm{d}t + \int_{-\pi}^{\pi} b_n\sin nt\mathrm{d}t\right\}$$

积分满足叠加原理，所以可以把 $\cos 2t$ 乘进去，即

$$\int_{-\pi}^{\pi} f(t)\cos 2t\mathrm{d}t = \int_{-\pi}^{\pi} C\cos 2t\mathrm{d}t + \sum_{n=1}^{\infty}\left\{\int_{-\pi}^{\pi} a_n\cos nt\cdot\cos 2t\mathrm{d}t + \int_{-\pi}^{\pi} b_n\sin nt\cdot\cos 2t\mathrm{d}t\right\}$$

其中，$\sum_{n=1}^{\infty}\{\cdots\}$ 中有两项，第一项是 $\int_{-\pi}^{\pi} a_n\cos nt\cdot\cos 2t\mathrm{d}t$。用三角函数的积化和差公式将其展开得 $\frac{1}{2}\int_{-\pi}^{\pi} a_n(\cos(n+2)t + \cos(n-2)t)\mathrm{d}t$。这里需要注意，$a_n$ 不是 t 的函数，可以看成常数。所以整个式子当 $n=2$ 时积分为 $a_2\cdot\pi$，其他情况为0（三角函数在一个周期内的积分都为0）。第二项是 $\int_{-\pi}^{\pi} b_n\sin nt\cdot\cos 2t\mathrm{d}t$，采用和前面类似的做法，但是无论何时，第二项求出来的都是0。所以 $\int_{-\pi}^{\pi} f(t)\cos 2t\mathrm{d}t = 0 + \pi a_2$，移项后得 $a_2 = \frac{1}{\pi}\cdot\int_{-\pi}^{\pi} f(t)\cos 2t\mathrm{d}t$。推而广之，$a_n = \frac{1}{\pi}\int_{-\pi}^{\pi} f(t)\cos nt\mathrm{d}t(n\in\mathbf{N})$。同理，$b_n = \frac{1}{\pi}\cdot\int_{-\pi}^{\pi} f(t)\sin nt\mathrm{d}t(n\in\mathbf{N})$。从推导中可以看出一些规律，假设原函数的周期$T=2L$，则角频率 $\omega = \frac{\pi}{L}$，而且这些三角函数中的角频率都是原函数的整数倍。

为了使得级数的表达更加简洁，于是出现了“大杀器”：复数。用“降维打击”是不是能比较容易地确定这几个系数呢？其核心思想就是欧拉公式：

$$e^{ix} = \cos x + i\sin x \tag{14-4}$$

即

$$\cos x = \frac{e^{ix} + e^{-ixt}}{2},\ \sin x = \frac{e^{ix} - e^{-ix}}{2i}$$

经过多次变换后会得到

$$f(t) = \sum_{-\infty}^{+\infty} C_n e^{i\frac{n\pi}{L}t}$$

其中，$C_n = \frac{1}{2L}\int_{-L}^{L} f(t)\, e^{-i\frac{n\pi}{L}t} dt$。

这就是常见的傅里叶级数公式。

那么它对工程师来说有什么意义呢？大自然中存在的所有信号都被认为是连续信号（比如声、光、电、磁），也就是说都可以抽象为一个连续函数 $f(x)$。当需要对这些信号进行处理的时候，就要在计算机中用合适的手段来再现这个信号。怎么如何再现这个信号呢？计算机处理能力是有限的，怎么用有限的能力去“逼近”一个“无限精确”的连续（周期）函数呢？比较有效的做法是近似拟合。用傅里叶级数前几项的和来模拟信号就能还原信号的大部分频率特性，当然具体需要几项就要看应用的精度要求。还有一个问题也随之而来，傅里叶级数可以分解周期函数，那么更一般的非周期函数怎么处理呢？

14.3 傅里叶变换

傅里叶级数主要是处理周期性函数的。在自然界虽然周期信号非常多，但是更常见的是非周期信号。比如说话时，很难想象能用一系列周期音频来表达。为了处理非周期信号，需要将傅里叶级数推广成傅里叶变换。为了方便推导，把前面的傅里叶级数形式做些修改。前面假设周期 T = 2π，这里把它拓展为更一般的形式，令 T = 2L。那么重新总结一下前面的傅里叶级数形式：

$$\begin{cases} f(x) = \frac{a_0}{2} + \sum_{n=1}^{\infty} a_n \cos\frac{2\pi nx}{2L} + b_n \sin\frac{2\pi nx}{2L} \\ a_0 = \frac{1}{L}\int_{-L}^{L} f(x)\,dx \\ a_n = \frac{1}{L}\int_{-L}^{L} f(x)\cos\frac{n\pi x}{L}dx \\ b_n = \frac{1}{L}\int_{-L}^{L} f(x)\sin\frac{n\pi x}{L}dx \end{cases} \tag{14-5}$$

复数形式为

$$f(x) = \sum_{-\infty}^{+\infty} C_n e^{\frac{in\pi x}{L}} \tag{14-6a}$$

$$C_n = \frac{1}{2L}\int_{-L}^{L} f(x)\, e^{\frac{-in\pi}{L}x} dx \tag{14-6b}$$

复数形式的傅里叶级数具有更好的数学性质。为什么呢？很简单，因为 e^x 求导后和原来一样，这样微分方程就更容易求解了。数学、物理和工程领域在数学建模的时候总是喜欢向 e^x 靠拢，所以这里自然也基于复数形式的傅里叶级数来做推导。核心思路也非常简单，就是把原来的周期 T 从一个确定的值拓展到无限大，因为当 T 变为无限大时，就意味着函数不再是周期性的了。

假设 $\alpha_n = \frac{n\pi}{L}$，则 $\Delta\alpha = \alpha_{n+1} - \alpha_n = \frac{\pi}{L}$。当 $L \to \infty$ 时，$\Delta\alpha \to \mathrm{d}\alpha$。然后把它们代入式（14-6a）和式（14-6b），同时为了表达方便，再把 C_n 中的 x 全部替换成 t，以便区分，即

$$f(x) = \sum_{-\infty}^{+\infty} C_n \mathrm{e}^{\mathrm{i}\alpha_n x}$$

其中，$C_n = \frac{\Delta\alpha}{2\pi}\int_{-L}^{L} f(t)\,\mathrm{e}^{-\mathrm{i}\alpha_n t}\mathrm{d}t$。

将 C_n 代入式（14-6b）得到

$$f(x) = \sum_{-\infty}^{+\infty} \left[\frac{\Delta\alpha}{2\pi}\int_{-L}^{L} f(t)\cdot \mathrm{e}^{-\mathrm{i}\alpha_n t}\mathrm{d}t\right]\mathrm{e}^{\mathrm{i}\alpha_n x}$$

把 $\mathrm{e}^{\mathrm{i}\alpha_n x}$ 移到积分部分，同时把 $\Delta\alpha$ 移到最后，可得

$$f(x) = \sum_{-\infty}^{+\infty} \left[\frac{1}{2\pi}\int_{-L}^{L} f(t)\,\mathrm{e}^{\mathrm{i}\alpha_n (x-t)}\mathrm{d}t\right]\Delta\alpha$$

当 $\Delta\alpha \to 0$ 时，就可以把求和符号改成积分符号，α_n 变成 α，$\Delta\alpha$ 变成 $\mathrm{d}\alpha$，于是式子变为

$$f(x) = \frac{1}{2\pi}\int_{-\infty}^{+\infty}\left[\int_{-\infty}^{+\infty} f(t)\,\mathrm{e}^{\mathrm{i}\alpha(x-t)}\mathrm{d}t\right]\mathrm{d}\alpha$$

再整理一下，令中括号中的式子为

$$g(\alpha) = \frac{1}{\sqrt{2\pi}}\cdot\int_{-\infty}^{+\infty} f(t)\,\mathrm{e}^{-\mathrm{i}\alpha t}\mathrm{d}t \tag{14-7}$$

则

$$f(x) = \frac{1}{\sqrt{2\pi}}\int_{-\infty}^{+\infty} g(\alpha)\,\mathrm{e}^{\mathrm{i}\alpha x}\mathrm{d}\alpha \tag{14-8}$$

式（14-7）就是傅里叶变换，而式（14-8）是傅里叶逆变换，所以 $f(t)$ 首先做了一次傅里叶变换，然后做了一次傅里叶逆变换，自然回到原来的 $f(x)$。至此就完成了傅里叶变换的推导，因为篇幅有限，推导过程并不是非常严谨，但是足以说明问题。

在继续后面的内容前，有些问题在这里再次梳理一下。

首先，傅里叶级数是针对周期信号的，展开后如果把每一项画在图上，就是工程领域常见的频谱图。从频谱图上可以看到，每根谱线对应一个频率点，高度由前面探讨的系数大小决定。傅里叶级数的频谱图是离散的。

其次，傅里叶变换是把傅里叶级数中周期函数的周期 T 进行了拓展，当周期变为无限大时就是非周期函数。拓展后，原来的求和也会变成积分，所以傅里叶变换的形式是积分形式而不再是求和形式，同时，变换后的结果也不再是离散的一根根谱线，而是一个连续的函数，如图 14-1 所示。

傅里叶变换的应用非常广泛，在理论方面，由于傅里叶变换的复数形式有很好的数学性

质，而且其逆变换过程的对称性非常好，所以被广泛用于解决微分方程的求解问题。在应用方面，从音视频的压缩和解压缩，到信号处理等各种领域它都广泛存在。

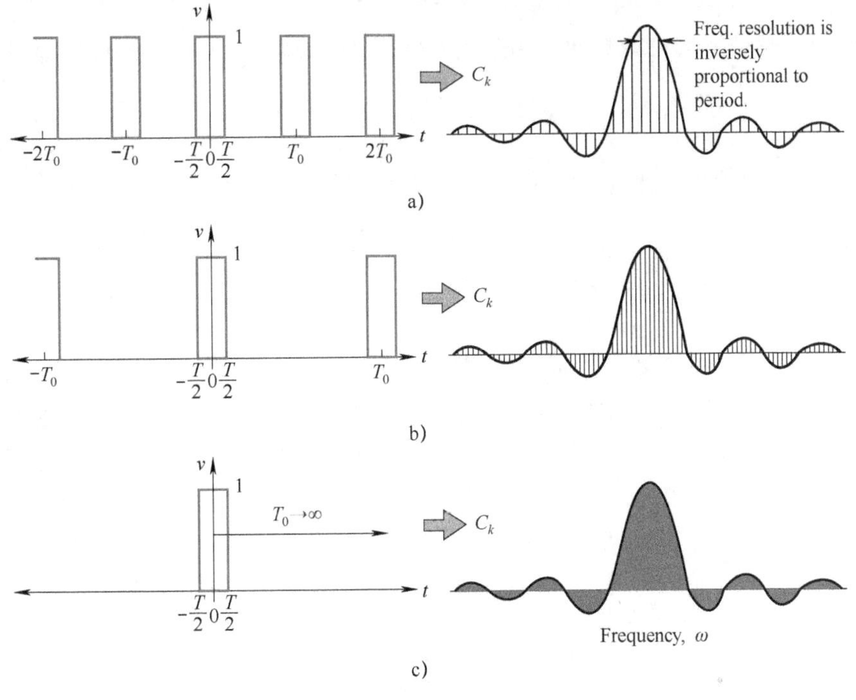

图 14-1 傅里叶级数和傅里叶变换的不同

14.4 快速傅里叶变换

快速傅里叶变换（Fast Fourier Transform，FFT）并不是傅里叶变换的“新版本”，而是数学层面的技术，能使得傅里叶计算更加快速。

在做 FFT 之前，先要介绍一下离散傅里叶变换（Discrete Fourier Transform，DFT）。因为在计算机系统中不可能处理连续的信号（正如前面 ADC 的环节），所以需要把一个现实的连续信号按照采样频率和采样精度转换成离散的数字信号。因此，原始的傅里叶变换是无法直接用来处理离散数字信号的。图 14-2 所示为通过 ADC 把连续信号转化成离散数字信号。

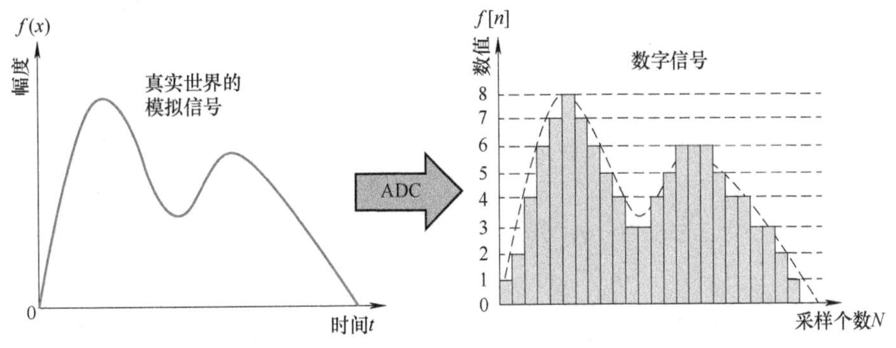

图 14-2 连续信号被转换成离散数字信号

这里需要对傅里叶变换做些改造，以适应离散的数字信号。观察一下原来的傅里叶变换式（14-7）：$g(\alpha) = \frac{1}{\sqrt{2\pi}}\int_{-\infty}^{+\infty} f(t)\,\mathrm{e}^{-\mathrm{i}\alpha t}\mathrm{d}t$。先用$k$和$n$来替换$\alpha$和$t$，因为在习惯中$k$和$n$一般都是用来表示整数或者自然数的。然后把积分符号改成求和符号，整个式子就变成

$$g[k] = \sum_{n=0}^{N-1} f[n]\,\mathrm{e}^{-\mathrm{i}kn}$$

前面的$\frac{1}{\sqrt{2\pi}}$是个常数项系数，所以可以忽略。模拟信号采样得到的数值也是个不带单位的量，所以常数项系数就无关紧要了。函数的小括号变成了方括号，主要是为了更鲜明地和连续函数区分。离散傅里叶变换为

$$g[k] = \sum_{n=0}^{N-1} f[n]\,\mathrm{e}^{-\mathrm{i}kn\left(\frac{2\pi}{N}\right)},\ k,n \in \{0,\mathbf{N}\} \tag{14-9}$$

为什么指数部分“凭空”出现了一个$2\pi/N$呢？首先，N是总的采样点数，所以当N确定后$2\pi/N$就成了一个常数，对于计算来说没有影响。那么为什么要加它呢？因为在采样的时候一次只能记录和处理有限数量的采样值，相当于把原来完整的信号截断了。为了使被截断的数据能平滑过渡，可以假设采样的那段数据是一个周期函数的完整周期。为了能假设成周期函数，就需要加一些东西。$2\pi/N$带有周期性，所以被添加进去。在后面大家能看到周期性的重要性。

离散傅里叶变换还有个非常好的性质：输入数据和输出数据的数量是一样的，这对于计算机处理来说是非常方便的。说到这里，再把离散傅里叶变换的逆变换也补充一下：

$$f[n] = \frac{1}{N}\sum_{k=0}^{N-1} g[k]\,\mathrm{e}^{\mathrm{i}kn\left(\frac{2\pi}{N}\right)} \tag{14-10}$$

有了离散傅里叶变换，计算机就能处理了。但有个问题，这个计算的复杂度有多大呢？假如采样 1024 个点（后面要讲的 FFT 变换采样数据量必须是2^n），那么用离散傅里叶变换需要计算多少次呢？很简单，$g[m]$中的m从 0 开始，每次加 1，后面有个求和符号，就需要计算 1024 次。输入和输出数据一样大，意味着m也需要从 0 变化到 1023，共 1024 个数，所以总的计算量就是$1024 \times 1024 = 1048576$，大约一百万次乘加计算。这不仅对于单片机而言是巨大的计算量，连 PC 也承受不了。尤其是面对实时运算的时候，这更是无法完成的。鉴于此限制，快速傅里叶变换出现了。

先将$\mathrm{e}^{-\mathrm{i}kn\left(\frac{2\pi}{N}\right)}$简化一下，毕竟看起来非常复杂。简化方法也非常简单，当采样点数确定后，意味着$\mathrm{e}^{-\mathrm{i}\left(\frac{2\pi}{N}\right)}$变成了一个常数。当然，它是个复数。所以$\mathrm{e}^{-\mathrm{i}\left(\frac{2\pi}{N}\right)}$用另外一个符号来表示，常见的是用$W_N$，并用$W_N^{kn}$来表示整个$\mathrm{e}^{-\mathrm{i}kn\left(\frac{2\pi}{N}\right)}$。

还可以发现W_N^{kn}有两个特点。

1）对称性：$W_N^{\left(k+\frac{N}{2}\right)n} = -W_N^{kn}$。

2）周期性：$W_N^{(k+N)n} = W_N^{kn}$。

从图 14-3 可以看出，如果有一个向量是$\mathrm{e}^{\mathrm{i}\left(\frac{2\pi}{N}\right)\cdot n}$，$N = 8$，那么$n$每增加 1 向量就逆时针旋转 45°，如果是$\mathrm{e}^{-\mathrm{i}\left(\frac{2\pi}{N}\right)\cdot n}$，就顺时针旋转。这个向量的长度（模）是单位 1，而且$\mathrm{e}^{\mathrm{i}\left(\frac{2\pi}{N}\right)\cdot 0} = -\mathrm{e}^{\mathrm{i}\left(\frac{2\pi}{N}\right)\cdot 4}$，$\mathrm{e}^{\mathrm{i}\left(\frac{2\pi}{N}\right)\cdot 1} = -\mathrm{e}^{\mathrm{i}\left(\frac{2\pi}{N}\right)\cdot 5}$，…，这就是对称性。周期性就不用多说了，向量绕了一圈又回到了出发点。大家需要有一个思维习惯，即看到$\mathrm{e}^{\mathrm{i}x}$这种类型的公式就把它想

象成一个可以旋转的单位向量。这对于工程计算和很多知识的理解是有很大帮助的。

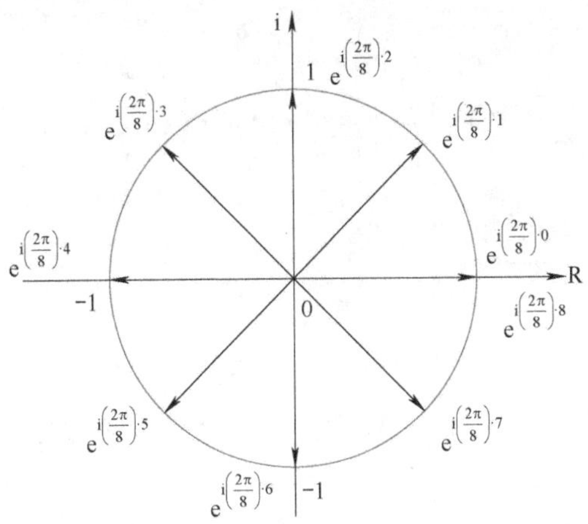

图 14-3　一个旋转向量的对称性和周期性

FFT 正是利用这两个特性来实现快速运算的。首先将 N 个采样数据分成两组。一组是偶数样本，一组是奇数样本。即

$$f_1[n] = f[2n]$$

$$f_2[n] = f[2n+1], n = 0,1,\cdots,\frac{N}{2}-1$$

因为 f_1 和 f_2 是从 $f(n)$ 中抽取得到的，而 $f(n)$ 的数据是以时间先后排序的，所以称此为时间抽取算法。现在 N 点的傅里叶变换可以用抽取序列来表示：

$$g[k] = \sum_{m=0}^{\frac{N}{2}-1} f[2m]\, W_N^{2mk} + \sum_{m=0}^{\frac{N}{2}-1} f[2m+1]\, W_N^{(2m+1)k}$$

$$g[k] = \sum_{m=0}^{\frac{N}{2}-1} f[2m]\, W_N^{2mk} + W_N^k \sum_{m=0}^{\frac{N}{2}-1} f[2m+1]\, W_N^{2mk}$$

$$g[k] = \sum_{m=0}^{\frac{N}{2}-1} f_1[m]\, W_{\frac{N}{2}}^{mk} + W_N^k \sum_{m=0}^{\frac{N}{2}-1} f_2[m]\, W_{\frac{N}{2}}^{mk}$$

$$g[k] = F_1[k] + W_N^k F_2[k], k = 1,2,\cdots,\frac{N}{2}-1$$

其中，$F_1[k]$ 和 $F_2[k]$ 分别代表 $f_1[n]$ 和 $f_2[n]$ 的傅里叶变换。因为前面描述的周期性，使得 $F_1[k] = F_1\left[k+\frac{N}{2}\right]$，$F_2[k] = F_2\left[k+\frac{N}{2}\right]$，同时根据对称性得到 $W_N^k = -W_N^{k+\frac{N}{2}}$。所以下面的等式成立：

$$g[k] = F_1[k] + W_N^k F_2[k], k = 1,2,\cdots,\frac{N}{2}-1$$

$$g\left[k+\frac{N}{2}\right] = F_1[k] - W_N^k F_2[k], k = 1,2,\cdots,\frac{N}{2}-1$$

可以看到，上述方法将一个完整的序列拆成了两个序列，然后分别对两个序列做傅里叶变换，因为对称性和周期性，所以可以简化计算。根据这个核心思想，是不是能继续拆分呢？答案为是。这就是蝶形图的由来。拆分的方法很多，这里只探讨常见的“Radix-2 FFT”

算法，如图 14-4 所示。

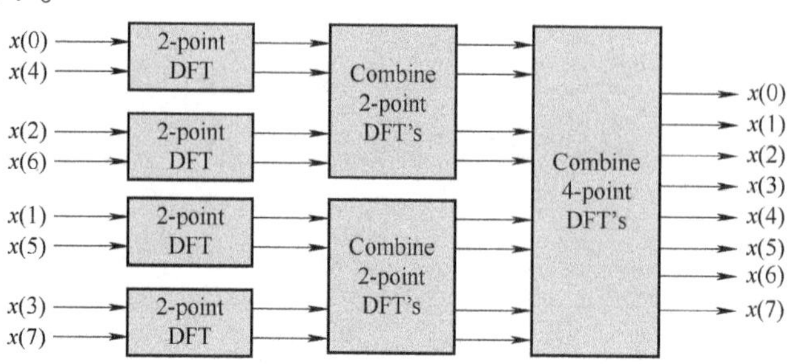

图 14-4　8 个采样点的 FFT 算法框图

图 14-5 所示为一个 8 个点的 FFT 蝶形图例子，仔细观察并总结一下，发现原始的数据序列被“打乱”了，称为变序（其实仍有一定规律）。首先需要像前面讲述的那样按照排列顺序去抽取奇数点和偶数点，然后一分为二再次抽取，如此往复。一共做几次呢？$\log_2 N - 1$ 次。如果 $N = 8$，那么就是要做 2 次，如图 14-6 所示。

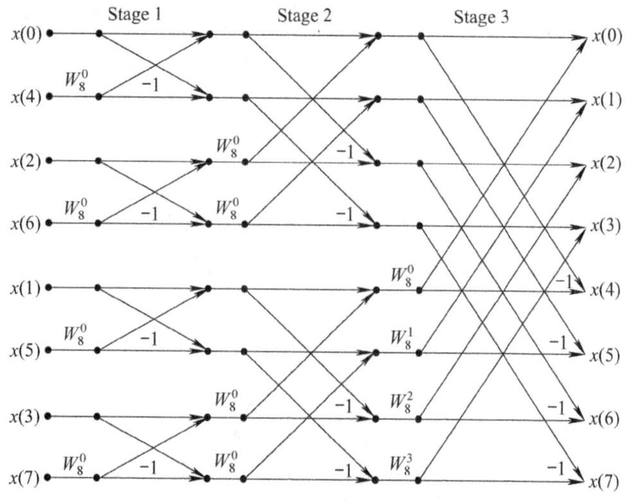

图 14-5　8 个采样点的 FFT 蝶形图

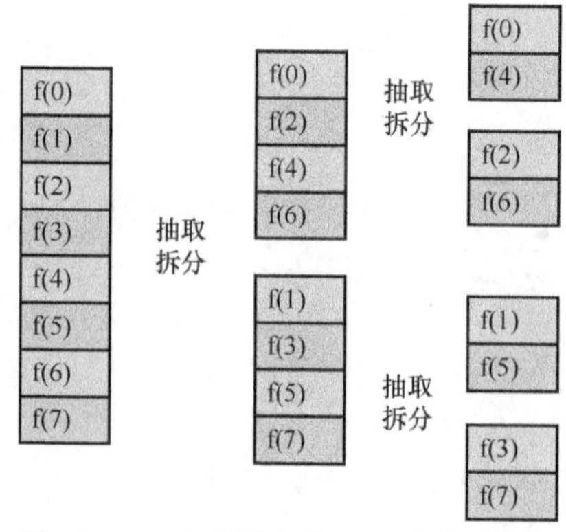

图 14-6　8 个采样点的 FFT 变序示意图

变序完成后，接下来就按照蝶形图的流程来计算。还是以 8 个点为例，手动算一下，要利用周期性和对称性，最后和图 14-7 比对一下。

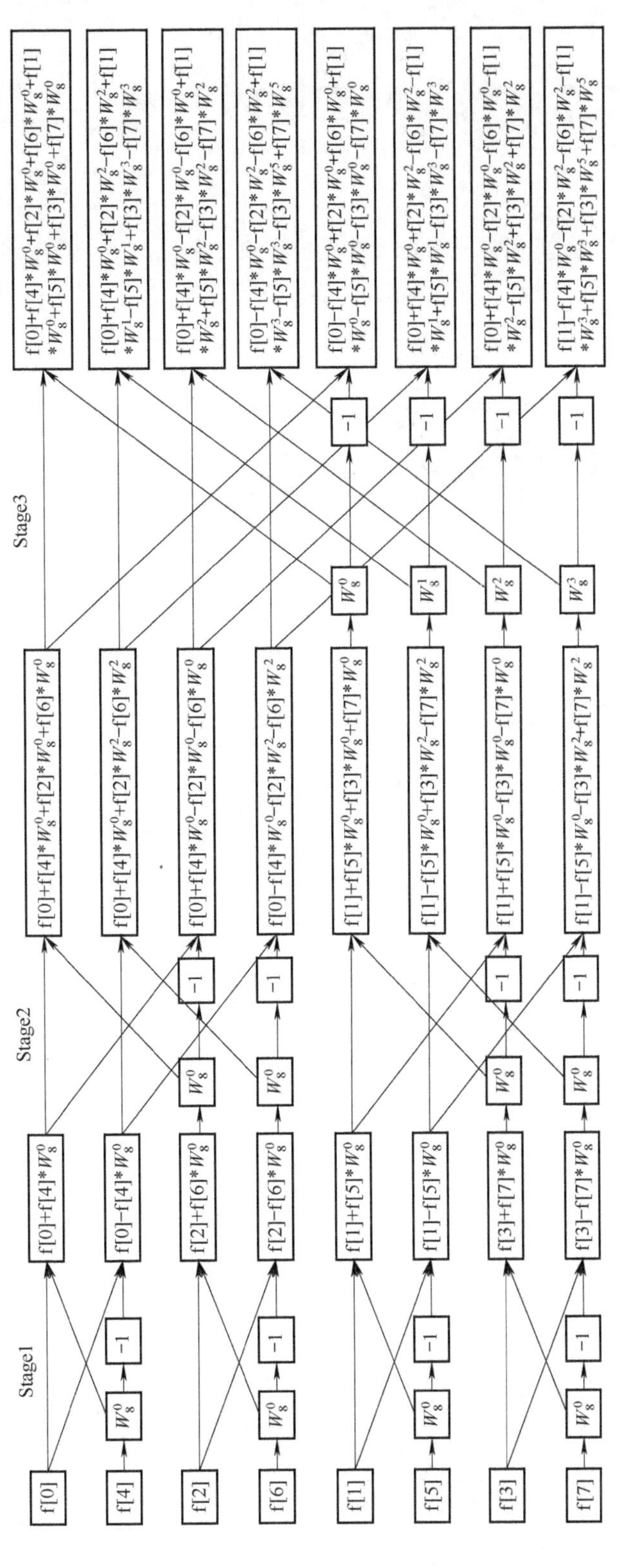

图14-7　8个采样点的FFT计算图

第 15 章　傅里叶变换的 C 语言实现

上一章讲解了傅里叶变换和快速傅里叶变换的原理，接下来就要用代码来试试了。考虑到这部分的代码实现比较花时间，所以笔者预先为各位准备好了一个可以直接运行的工程，名为“sample9”，如图 15-1 所示。

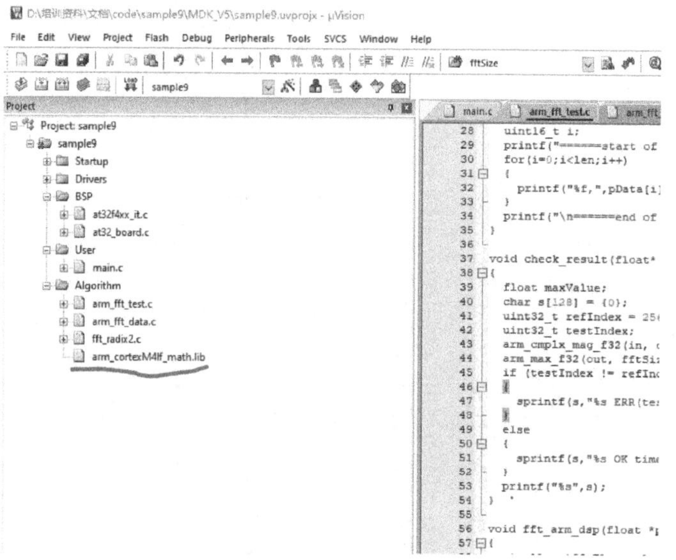

图 15-1　sample9 工程

注意，为了做对比测试，这个工程中不但使用了自己编写的代码，还调用了 ARM 的 DSP 数学库。在调用这个库的时候，需要在编译器设置里增加一个宏定义，否则编译器会报错，如图 15-2 所示。

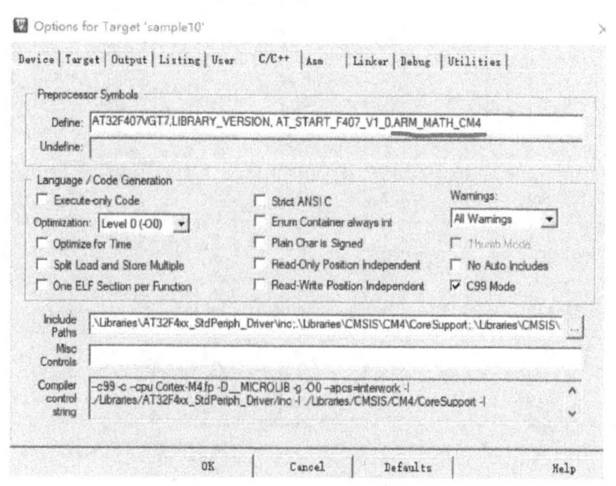

图 15-2　sample9 工程编译器设置

15.1 程序解析

这个工程中需要关心的是使用了哪些函数。因为这个工程主要是做数学运算，所以对硬件来说没有太多要求。为了方便观察，工程中专门建了一个“Algorithm”组，在这个组的文件中需要关注的是“arm_cortexM4lf_math. lib”数学运算库。这个库是 ARM 原生提供的，位于“…\ Libraries \ CMSIS \ Lib \ ARM”目录中。这个库中提供了一些非常有用的数学运算函数，可以直接调用，甚至 FFT 的函数也是写好的，而且是用 DSP 指令实现的。

这个工程将用三种不同的方式来实现对 1024 个采样数据的傅里叶变换。如图 15-3 所示，第一种方式是传统的傅里叶变换，没有做任何的优化；第二种是基-2 快速傅里叶变换；第三种是 ARM 提供的 DSP 指令实现的基-2 快速傅里叶变换。通过运行这三种不同的变换形式可以比较其效率的高低。

```
void fft_test(void)
{
  int32_t size = TEST_LENGTH_SAMPLES * sizeof(float32_t);
  uint32_t ticks=0;

  genTestData();

  fft_radix2_init(N_ORDER,0);
#if 1
  memcpy(testInput, testInput_f32_10khz, size);
  //printData(testInput,TEST_LENGTH_SAMPLES);
  enableSysTickInt();//  timer_start();
  DFT_ref_inplace(testInput);
  ticks=stopSysTick(1);//  t = timer_stop_us();
  check_result(testInput, testOutput, "DFT_ref_inplace", ticks/1000.0f);
  //printData(testOutput,fftSize);
#endif
#if 1
  memcpy(testInput, testInput_f32_10khz, size);
  //printData(testInput,TEST_LENGTH_SAMPLES);
  enableSysTickInt();//  timer_start();
  fft_radix2_inplace(testInput);
  ticks=stopSysTick(1);//  t = timer_stop_us();
  check_result(testInput, testOutput, "fft_radix2_inplace", ticks/1000.0f);
  //printData(testOutput,fftSize);
#endif
  fft_radix2_dispose();

#if 1
  memcpy(testInput, testInput_f32_10khz, size);
  enableSysTickInt();//  timer_start();
  fft_arm_dsp(testInput);
  ticks=stopSysTick(1);//  t = timer_stop_us();
  check_result(testInput, testOutput, "fft_arm_dsp", ticks/1000.0f);
  //printData(testOutput,fftSize);
#endif

}
```

DFT

FFT

FFT_DSP

图 15-3　sample9 工程中用三种不同方式实现傅里叶变换

因为没有硬件需要研究，所以直接看代码。还是先从 main( ) 函数开始。如图 15-4 所示，main( ) 函数的流程非常简单，它调用了一个用来生成测试数据的函数，然后就直接调用 FFT 测试函数了。为了观察方便，FFT 测试函数没有在主循环体内反复调用，主循环体仅做些无关紧要的事情，不用关注。

接下来看看数据生成函数。图 15-5 所示的函数调用了数学库中的 sinf( ) 函数，它能产生一组正弦波信号，用来模拟从实际传感器采集的数据。当然，这个数据非常“干净”，没有任何噪声。对于测试来说，这不重要。这个函数声明了一个全局的浮点数组，这个数组的大小根据宏“TEST_LENGTH_SAMPLES”来确定，例子里用的大小是 2048。前面谈到只对 1024 个采样点做测试，为什么是 2048 这个大小呢？原因很简单，这里用的是复数形式的 FFT，复数有实部和虚部，所以比实际采样数据多一倍，实际的数据放在实部，而虚部全部用 0 来表示，这从 genTestData( ) 函数的初始化过程中就能看出来。同时假定采样频率是正弦波频率的 8 倍，所以每 8 个数据点代表一个周期，在 sinf( ) 函数中用“（PI/4）＊i”来表示。正弦波的取值范围是［-1，+1］，但是在实际情况下，从 ADC 读取的数据是不会出现负值的，因此需要人为添加一个“偏置”。

```
extern void fft_test(void);
extern void genTestData(void);
/**
  * @brief  Main Function.
  * @param  None
  * @retval None
  */
int main(void)
{
  gButtonType = BUTTON_WAKEUP;

  RCC_APB2PeriphClockCmd(RCC_APB2PERIPH_AFIO, ENABLE);

  AT32_Board_Init();

  MCO_Config();
  UART_Print_Init(256000);
  BUTTON_EXTI_Init(gButtonType);
  printf("Artery at32f407 FFT Example\n");
  genTestData();
  fft_test();
  for(;;)
  {
    AT32_LEDn_Toggle(LED2);
    Delay_ms(gSpeed * DELAY);
  }
}

```

图 15-4　sample9 工程中的 main( ) 函数

```
/* ----------------------------------------------------------------------
Test Input signal contains 10KHz signal + Uniformly distributed white noise
** ------------------------------------------------------------------- */
#include "at32f4xx.h"
#include "arm_math.h"
#include "fft_radix2.h"

float32_t testInput_f32_10khz[TEST_LENGTH_SAMPLES] = {0};

void genTestData(void)
{
  uint16_t i;

  //printf("sine talbe = {\n");
  for(i=0;i<TEST_LENGTH_SAMPLES;i+=2)
  {
    testInput_f32_10khz[i] = (float32_t)(3.0*sinf((PI/4)*i)+3.0); //假定每个周期能采样8个点
    //testInput_f32_10khz[i] = (float32_t)(3.0*sinf((PI/4)*i))+(float32_t)(cosf((PI/2+0.6)*i)); //假定
    testInput_f32_10khz[i+1] = (float32_t)(0.0);
    //printf("\t[%d]=%d\n",i,testInput_f32_10khz[i]);
  }
  //printf("}\n");
}
```

图 15-5　测试数据生成函数

接下来看 fft_test( ) 函数，如图 15-6 所示。这个函数整体上看分成三段，就是前面提到的三种傅里叶变换方式。从结构上讲，这三段的流程都一样，即先把测试用数据复制到一个新的 buffer 里，然后打开计时器开始计时，接着调用傅里叶变换的函数，运算结束后停止计时，并读取计时时间，最后检查一下数据是否正确。

```
void fft_test(void)
{
  int32_t size = TEST_LENGTH_SAMPLES * sizeof(float32_t);
  uint32_t ticks=0;

  fft_radix2_init(N_ORDER,0);
#if 1
  memcpy(testInput, testInput_f32_10khz, size);
  //printData(testInput,TEST_LENGTH_SAMPLES);
  enableSysTickInt();//  timer_start();
  DFT_ref_inplace(testInput);
  ticks=stopSysTick(1);//  t = timer_stop_us();
  check_result(testInput, testOutput, 256, "DFT_ref_inplace", ticks/1000.0f);
  //printData(testOutput,fftSize);
#endif
#if 1
  memcpy(testInput, testInput_f32_10khz, size);
  //printData(testInput,TEST_LENGTH_SAMPLES);
  enableSysTickInt();//  timer_start();
  fft_radix2_inplace(testInput);
  ticks=stopSysTick(1);//  t = timer_stop_us();
  check_result(testInput, testOutput, 256, "fft_radix2_inplace", ticks/1000.0f);
  //printData(testOutput,fftSize);
#endif
  fft_radix2_dispose();

#if 1
  memcpy(testInput, testInput_f32_10khz, size);
  enableSysTickInt();//  timer_start();
  fft_arm_dsp(testInput);
  ticks=stopSysTick(1);//  t = timer_stop_us();
  check_result(testInput, testOutput, 256, "fft_arm_dsp", ticks/1000.0f);
  //printData(testOutput,fftSize);
#endif

}
```

图 15-6　FFT 测试函数

函数开始先调用一个 fft_radix2_init( ) 初始化函数，这个函数主要是为了初始化代码中为做 FFT 运算而定义的关键参数和结构体。但是在使用原生的 FFT 运算函数时不需要这个步骤，库函数里会自己维护。

如图 15-7 所示，从这个函数的实现中可以看出，它主要就是对 FFT 的旋转因子做初始化的。因为旋转因子是复数，自然有很多实部和虚部的操作。当这些旋转因子准备好以后，不论采样的波形如何，都可以不用重复计算。这个函数除了准备旋转因子以外，还会预先调整原始采样数据的顺序，这个调整也和前面理论中提到的一样。

初始化函数完成后，每次调用真正的运算函数前要把测试数据复制到一个新的 buffer 中。为什么不直接使用呢？FFT 变换的输入数据和输出数据的个数是一样的，其实可以复用这个输入输出 buffer，但这就意味着输入的数据会被输出数据覆盖掉，所以为了不影响原来的输入数据，程序中另外准备了一个 buffer。当然，在实际情况中，为了节约内存，可以不用这么做，但要强调的是，这种输入和输出复用的函数用起来要非常小心，否则很容易造成错误。

```
static radix2_msg local_msg;

void fft_radix2_init(uint16_t nbits, uint8_t en)
{
  float alpha, c1, s1;
  local_msg.n_order = nbits;
  local_msg.n_sample = 1 << nbits;

//  local_msg.exptab = (cmplx_32fc*)malloc(local_msg.n_sample *sizeof(cmplx_32fc));
//  local_msg.pRedirect = (uint32_t*)malloc(local_msg.n_sample *sizeof(uint32_t));

  { // build array of e^-j2πkn/N
    int32_t m = local_msg.n_sample >>2;
    for (int32_t i=0;i < m; i++)
    {
      alpha = 2.0f * M_PI * i / local_msg.n_sample;
      c1 = cosf(alpha);
      s1 = sinf(alpha);
      //if (!inverse) s1 = -s1;
      local_msg.exptab[i].re = c1;
      local_msg.exptab[i].im = -s1;

      local_msg.exptab[i+m].re = -s1;
      local_msg.exptab[i+m].im = -c1;

      local_msg.exptab[i+2*m].re = -c1;
      local_msg.exptab[i+2*m].im = s1;

      local_msg.exptab[i+3*m].re = s1;
      local_msg.exptab[i+3*m].im = c1;
    }
  }

  fft_radix2_permute();

}
```

图 15-7　FFT 初始化函数

在开始计算前，为了能直观比较三种方式的运行效率，还需要开启一个定时器，这里选用了 ARM 内核中一个名为“SysTick”的 24 位时钟。注意，这个时钟是在内核中的，不是外围设备。一般而言，内核准备这个时钟主要是为了操作系统计时用的，这里没有操作系统，因此可以把它当作普通的计时器。关于这个时钟的描述在芯片的数据手册中是没有的，因为这个时钟是内核自带的。

为了方便各位掌握这个时钟的用法，来看一下 enableSysTickInt( ) 函数是怎么实现的。从图 15-8 所示的代码上看，它非常简单。SysTick 时钟是自动重载累加时钟，当时钟计数器从 1 变为 0 的时候会产生中断（如果中断使能位被置位的话），同时将重载寄存器的内容复制到计数器中，重新开始累加，所以需要根据测试的时间精度来设置这个重载计数器。初始化这个时钟最简单的方法是调用内核支持库中的 SysTick_Config( ) 函数，需要产生 1μs 精度的时钟，所以就除以 1000000。这个函数会使能中断。

SysTick 的中断函数位于“at32f4xx_it. c”文件中。如图 15-9 所示，也非常简单，就是根据中断来累加一个计数器，以便产生微秒和毫秒的计数值。当计时结束时，就调用 stopSysTick( ) 函数来停止，同时获得时间数据，如图 15-10 所示。

再看测试程序的第一个运算函数 DFT_ref_inplace( )，如图 15-11 所示，它是原始的傅里叶变换。这个函数只有一个参数，即输入的数据，运算过程中会把输入数据覆盖掉，所以函数运行结束后，传入 buffer 内的内容就被修改掉了。

```c
extern u32 gTimerUS;
extern u32 gTimerMS;
/**
  * @brief  reset SysTick value for time testing in microsecond and enable interrupt
  * @param  None
  * @retval None
  */
void enableSysTickInt(void)
{
  gTimerUS=0;
  gTimerMS=0;
  SysTick_Config(SystemCoreClock/1000000);
  //SysTick->LOAD = (u32)(fac_us-12);
  //SysTick->VAL = 0x00;
  //SysTick->CTRL |= (SysTick_CTRL_ENABLE_Msk | SysTick_CTRL_TICKINT_Msk);  //enable SysTick and Interrupt
}
```

图 15-8　使能 SysTick 的函数

```c
//Sean modify this function for time testing
void SysTick_Handler(void)
{
  u32 temp;
  temp = SysTick->CTRL;
  mSCounter--;
  gTimerUS++;
  if(mSCounter==0)
  {
    gTimerMS++;
    mSCounter=1000;
  }
}
```

图 15-9　SysTick 的中断函数

```c
/**
  * @brief  stop SysTick and disable interrupt, at same time return current value
  * @param  mS_or_uS: 1 means return value by uS, 0 means return value by mS
  * @retval return time value
  */
u32 stopSysTick(u8 mS_or_uS)
{
  u32 temp;

  if(mS_or_uS)
  {
    temp=gTimerUS;
    gTimerUS=0;
  }
  else
  {
    temp=gTimerMS;
    gTimerMS=0;
  }

  SysTick->CTRL &= ~SysTick_CTRL_ENABLE_Msk; //disable SysTick timer
  SysTick->VAL = 0X00;

  return temp;
}
```

图 15-10　SysTick 的停止并获取时间数据函数

还记得原始的傅里叶变换函数吗？

$$g[k] = \sum_{n=0}^{N-1} f[n]\, e^{-ikn\left(\frac{2\pi}{N}\right)},\ k,n \in \{0,\mathbf{N}\}$$

程序分为两个嵌套的循环体，外循环负责递增 k 值，内循环负责对每个 $g[k]$ 做求和运算。因为是复数，所以程序里有不少复数的运算。代码看起来复杂，仔细琢磨一下还是容易理解的，这里就不多做解释了。运算完毕后，就调用计时器停止函数获取计时器的时间数据。

```
//X(e^jω)= ∑x(n) e^j-ωn
void DFT_ref_inplace(float *pData)
{
  int32_t i, j, k, n2 = local_msg.n_sample * sizeof(cmplx_32fc);
  double tmp_re, tmp_im, s, c;
  cmplx_32fc* q;
  int32_t n_sample= local_msg.n_sample;

  cmplx_32fc *temp = local_msg.exptab2;
  //n2 = n_sample >> 1;
  for (i = 0; i < n_sample; i++)
  {
    tmp_re = 0;
    tmp_im = 0;
    q = (cmplx_32fc*)pData;
    for (j = 0; j < n_sample; j++)
    {
      k = (i * j) & (n_sample - 1);
      c = local_msg.exptab[k].re;
      s = local_msg.exptab[k].im;
      ACMUL(tmp_re, tmp_im, c, s, q->re, q->im);
      q++;
    }
    temp[i].re = (float)tmp_re;
    temp[i].im = (float)tmp_im;
  }
  memcpy(pData, temp, n2);
}
```

图 15-11　DFT_ref_inplace()函数

然后要执行一个检测函数来判断运算是否正确，如图 15-12 所示。这个函数也不复杂。需要注意的是，它有多个输入参数。第一个是输入数据，就是运算完毕后的结果，待检测用；第二个参数是输出数据，为何要输出数据呢？原因是傅里叶变换是复数域的，需要转换成实数输出，才能比较容易地比较和观察；第三个参数“refIndex”比较特别，它是根据测试数据事先计算的一个结果，这个结果应该和实际运算出来的结果一致；后面两个参数都是为了打印信息用的，包括时间信息，就不解释了。函数中主要调用了 ARM 内核支持库中的两个数学函数。arm_cmplx_mag_f32()就是将复数转换成实数的函数，需要有输入数据和输出数据，也就是 check_result()函数的输入和输出数据，还有一个参数就是比较数据的大小；arm_max_f32()函数是在一个数组中寻找最大值，并且将数值和在数组中的位置输出，所以这个函数只需要输入数据，而这个输入数据就是前面转换好的数据，参数“fftSize”的大小是傅里叶变换点数的一半。为何是一半呢？后面会讲到。arm_max_f32()其余两个参数也是一些打印信息。

```
void check_result(float* in, float *out, u32 refIndex, char *n, float time)
{
  float maxValue;
  char s[128] = {0};
  uint32_t testIndex;
  arm_cmplx_mag_f32(in, out, fftSize);
  arm_max_f32(out, fftSize/2, &maxValue, &testIndex);
  if (testIndex != refIndex)
  {
    sprintf(s,"%s ERR(test index=%d) time:%.3f mS\n",n,testIndex,time);
  }
  else
  {
    sprintf(s,"%s OK time:%.3f mS\n",n,time);
  }
  printf("%s",s);
}
```

图 15-12　check_result()函数

接着来看 main( ) 函数的第二部分，即 FFT 算法。这里采用比较常用的基-2 算法，前面的理论章节里讲的也是基-2 算法。其实还有基-4、基-8 算法，效率会比基-2 算法更高一些，这里不再展开。

第二部分除了核心计算函数有变化，其他部分与第一部分一样。图 15-13 所示函数主要就是完成前面理论中谈到的蝶形图。变序的操作在前面初始化时已经完成。这个函数，建议大家对照理论知识来理解，这里不再详细解释。

```
void fft_radix2_inplace(float* pData)
{
    double AR,AI,TR,TI;
    uint32_t fftLen = local_msg.n_sample, loop = 0;
    uint32_t i,x,k,n2 = local_msg.n_sample * sizeof(cmplx_32fc);
    cmplx_32fc* src = (cmplx_32fc*)pData;

    cmplx_32fc* temp = local_msg.exptab2;
    for (x = 0; x < local_msg.n_sample; x++){
      i = local_msg.pRedirect[x]>>1;
      temp[x].re = src[i].re;
      temp[x].im = src[i].im;
    }
    memcpy(pData, temp, n2);

    uint32_t BlockEnd = 1;
    x = fftLen >>1;
    for (uint32_t BlockSize = 2; BlockSize <= fftLen; BlockSize <<= 1)
    {
      for (uint32_t i = 0; i < fftLen; i += BlockSize)
      {
        loop = 0;
        for (uint32_t j = i; j < i + BlockEnd; j++){
          k = j + BlockEnd;
          AR = local_msg.exptab[loop].re;
          AI = local_msg.exptab[loop].im;
          loop += x;
          //TR = AR*pReal[k] + AI*pImag[k];
          //TI = AR*pImag[k] - AI*pReal[k]; //(tr,ti)=x(n+N/2)*exp(-jkw)
          TR = AR * src[k].re - AI * src[k].im;
          TI = AR * src[k].im + AI * src[k].re;

          src[k].re = (src[j].re - (float)TR);
          src[j].re += (float)(TR);
          src[k].im = (src[j].im - (float)TI);
          src[j].im += (float)(TI);
        }
      }
      x >>=1;
      BlockEnd = BlockSize;
    }
}
```

图 15-13　fft_radix2_inplace( ) 函数

第三部分就更简单了，fft_arm_dsp( ) 函数直接调用了系统提供的库函数 arm_dfft_f32( )，如图 15-14 所示，所以很多操作我们看不到。而且这个库使用了 M4F 特有的 DSP 指令集，所以其运行效率更高。库提供的函数有四个参数，第一参数在“arm_const_structs. h”的系统头文件里已经定义好了，根据采样点数选择即可，这里采用“arm_cfft_sR_f32_len1024”；第二个参数是采样数据，和前面一样是复数形式的，不能直接使用采样的实数数据；第三个参数用于指明做 FFT 还是做 IFFT（逆傅里叶变换）；最后一个参数表示是否需要函数自己来做变序操作。

```
void fft_arm_dsp(float *pData)
{
    uint32_t ifftFlag = 0;
    uint32_t doBitReverse = 1;
    /* Process the data through the CFFT/CIFFT module */
    arm_cfft_f32(&arm_cfft_sR_f32_len1024, pData, ifftFlag, doBitReverse);
}
```

图 15-14　fft_arm_dsp( )函数

15.2 测试和分析

编译、下载，没有错误。那么如何看到结果呢？最简单的方法就是把数据打印出来，然后复制到 Excel 里画图。代码里有几个被注释掉的打印语句就是用来打印数据的。不过首先看看代码最原始的结果，然后再尝试看看数据图形化的结果。下载完毕后打开串口调试工具，可以看到三个傅里叶变换的执行结果，如图 15-15 所示。

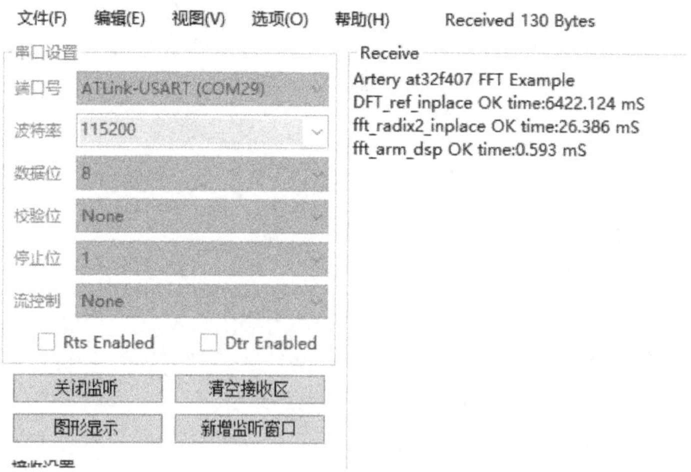

文件(F)　编辑(E)　视图(V)　选项(O)　帮助(H)　Received 130 Bytes

串口设置
端口号 ATLink-USART (COM29)
波特率 115200
数据位 8
校验位 None
停止位 1
流控制 None
Rts Enabled　Dtr Enabled
关闭监听　清空接收区
图形显示　新增监听窗口

Receive
Artery at32f407 FFT Example
DFT_ref_inplace OK time:6422.124 mS
fft_radix2_inplace OK time:26.386 mS
fft_arm_dsp OK time:0.593 mS

图 15-15　FFT 测试程序输出结果

这个结果可以给大家带来非常直观的执行效率对比。对于 1024 个点的数据，原始的 DFT 变换居然需要运行 6 秒多才能完毕，而采用快速傅里叶变换算法，时间就压缩到了约 26 毫秒，相差 200 多倍，可见 FFT 有多强大。再用 M4F 的 DSP 指令，用时连 1 毫秒都不到，比 FFT 又快了 40 几倍，这个运算速度就有比较高的实用性了。当然，只是比较一下效率还不能满足我们的要求和兴趣，还要想办法看看实际的转换数据是什么样的。在代码里打开任意一个运算实例，三个运算结果应该相同。

在代码中打开第一个运算的宏定义（见图 15-16），其他部分的宏定义关闭，同时打开数据打印输出语句，然后编译、下载，并观察串口的数据输出窗口，如图 15-17所示。

```
void fft_test(void)
{
  int32_t size = TEST_LENGTH_SAMPLES * sizeof(float32_t);
  uint32_t ticks=0;

  fft_radix2_init(N_ORDER,0);
#if 1
  memcpy(testInput, testInput_f32_10khz, size);
  //printData(testInput,TEST_LENGTH_SAMPLES);
  enableSysTickInt();//  timer_start();
  DFT_ref_inplace(testInput);
  ticks=stopSysTick(1);//  t = timer_stop_us();
  check_result(testInput, testOutput, 256, "DFT_ref_inplace", ticks/1000.0f);
  printData(testOutput,fftSize);
#endif
#if 0
  memcpy(testInput, testInput_f32_10khz, size);
  //printData(testInput,TEST_LENGTH_SAMPLES);
  enableSysTickInt();//  timer_start();
  fft_radix2_inplace(testInput);
  ticks=stopSysTick(1);//  t = timer_stop_us();
  check_result(testInput, testOutput, 256, "fft_radix2_inplace", ticks/1000.0f);
  //printData(testOutput,fftSize);
#endif
  fft_radix2_dispose();

#if 0
  memcpy(testInput, testInput_f32_10khz, size);
  enableSysTickInt();//  timer_start();
  fft_arm_dsp(testInput);
  ticks=stopSysTick(1);//  t = timer_stop_us();
  check_result(testInput, testOutput, 256, "fft_arm_dsp", ticks/1000.0f);
  //printData(testOutput,fftSize);
#endif

}
```

图 15-16　使能一个 FFT 运算数据打印

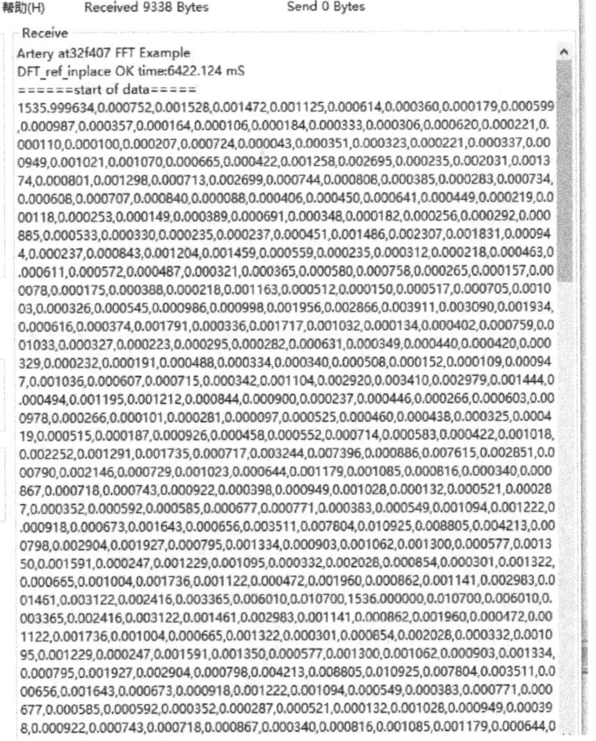

图 15-17　FFT 运算数据打印结果

结果似乎无法辨识啊，没关系，在输出窗口中按下〈Ctrl + A〉组合键，然后按下〈Ctrl + C〉组合键，把这些数据全部复制出来。新建一个记事本文件，按下〈Ctrl + V〉组合键后，简单编辑一下，只留下中间的数据，最后命名保存，比如“DFT_output_raw_data. txt”，如图 15-18 所示。

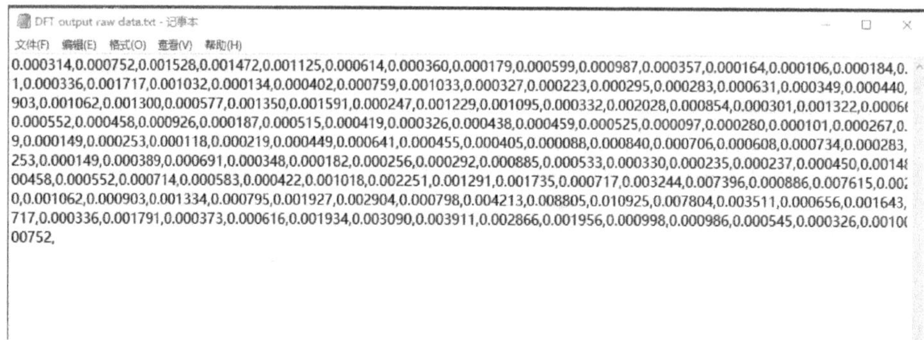

图 15-18　把 FFT 运算数据保存成文本文件

用 Excel 打开这个文本文件，Excel 会弹出一些导入对话框，依次按照图 15-19 ~ 图 15-21进行设置即可。

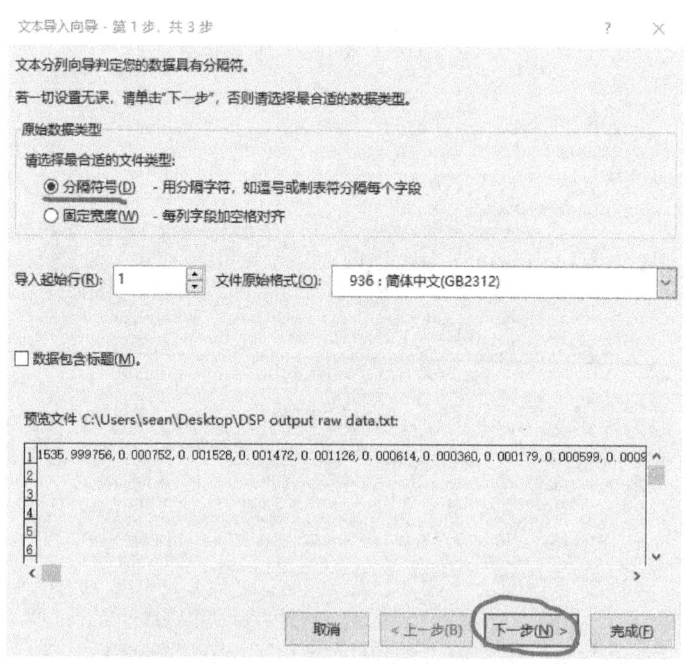

图 15-19　Excel 文本文件导入配置页 1

数据导入后，如图 15-22 所示，绘图结果如图 15-23 所示。

一个单频的波形转换后在频谱中应该只有一根谱线，为什么这里是两根呢？而且好像还是对称的。

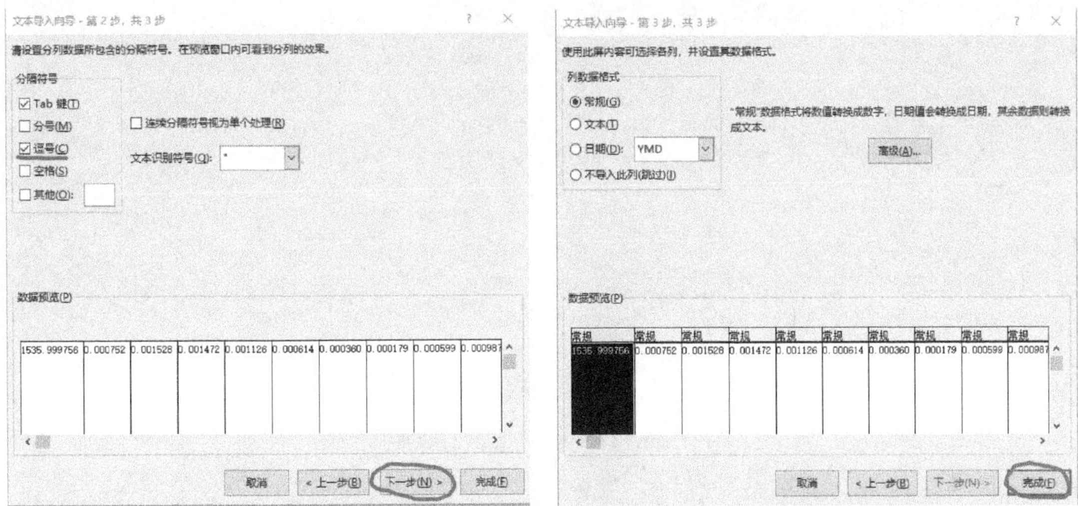

图 15-20　Excel 文本文件导入配置页 2　　图 15-21　Excel 文本文件导入配置页 3

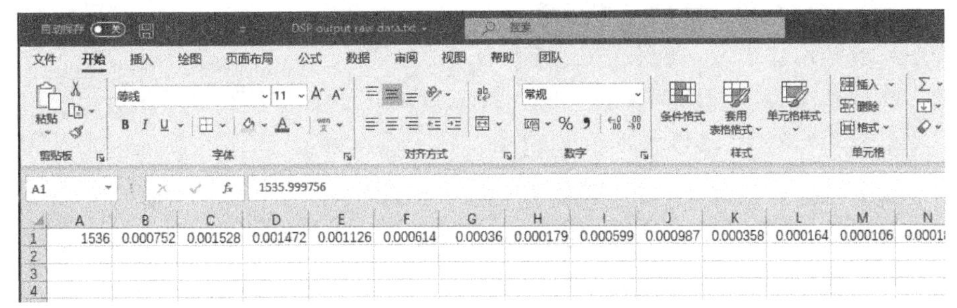

图 15-22　Excel 文本文件导入结果

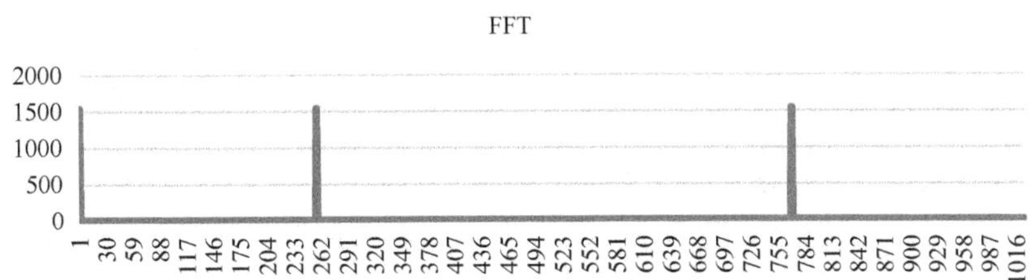

图 15-23　FFT 数据在 Excel 中的图形显示结果

仔细观察图形的最前面，发现还有一根谱线。这个比较容易理解，它是直流分量的谱线。你可以做个非常简单的操作，即把用来测试的数据做些修改，把正弦函数后面加的 1.5 删掉，重新编译下载，然后重复上面的数据导入和绘图工作，就会发现最前面那根谱线消失了。从这个角度讲，你能很容易地理解什么是直流分量。

继续解释为何图形看起来是对称的。其实非常简单，再看一下傅里叶变换的原始公式。

$$g[k] = \sum_{n=0}^{N-1} f[n]\, e^{-ikn\left(\frac{2\pi}{N}\right)},\ k,n \in \{0,\mathbf{N}\}$$

结合实际的例子来思考，采样 1024 个数据点，所以 k 从 0 取值到 1023，n 也是从 0 取值到 1023。为了直观，根据本章的实际例子来写一下公式，如图 15-24 所示。

$$g[0]=f(0)e^{-i0*0*\frac{\pi}{512}}+f(1)e^{-i0*1*\frac{\pi}{512}}+\cdots+f(1022)e^{-i0*1022*\frac{\pi}{512}}+f(1023)e^{-i0*1023*\frac{\pi}{512}} \quad 式(0)$$

$$g[1]=f(0)e^{-i1*0*\frac{\pi}{512}}+f(1)e^{-i1*1*\frac{\pi}{512}}+\ldots+f(1022)e^{-i1*1022*\frac{\pi}{512}}+f(1023)e^{-i1*1023*\frac{\pi}{512}} \quad 式(1)$$

$$g[2]=f(0)e^{-i2*0*\frac{\pi}{512}}+f(1)e^{-i2*1*\frac{\pi}{512}}+\cdots+f(1022)e^{-i2*1022*\frac{\pi}{512}}+f(1023)e^{-i2*1023*\frac{\pi}{512}} \quad 式(2)$$

$$\vdots$$

$$g[1022]=f(0)e^{-i1022*0*\frac{\pi}{512}}+f(1)e^{-i1022*1*\frac{\pi}{512}}+\cdots+f(1022)e^{-i1022*1022*\frac{\pi}{512}}+f(1023)e^{-i1022*1023*\frac{\pi}{512}} \quad 式(3)$$

$$g[1023]=f(0)e^{-i1023*0*\frac{\pi}{512}}+f(1)e^{-i1023*1*\frac{\pi}{512}}+\cdots+f(1022)e^{-i1023*1022*\frac{\pi}{512}}+f(1023)e^{-i1023*1023*\frac{\pi}{512}} \quad 式(4)$$

图 15-24　离散傅里叶变换展开

关注一下式（2）和式（3）中的第二项，发现这两项从复数角度讲是共轭的。以此类推，其实整个 $g[2]$ 和 $g[1022]$ 是共轭的，如图 15-25 所示。共轭的特点就是幅值相同、关于实数轴对称、实部相同、虚部是相反数，因此当把这个复数转换成实数的时候，这两个值完全相等。这就是为图形对称的根本原因。但是注意，这里面要排除式（0）。那么到这里，前面遗留的一个问题就解决了：检查数据是否正确的时候只检测一半，因为另一半和前面的数据是对称的，不用检测。现在我们就能看懂傅里叶变换的图形了。

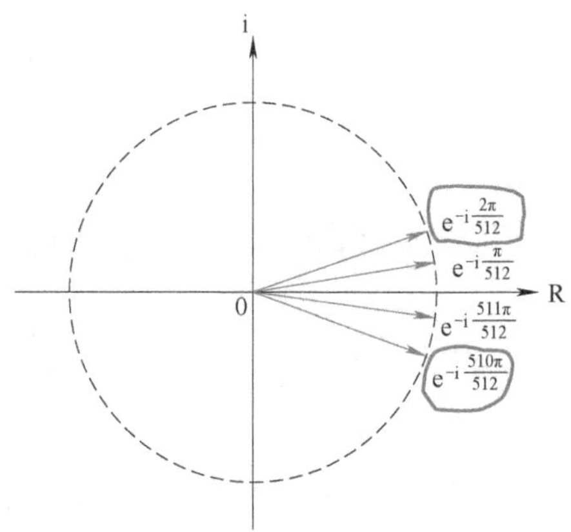

图 15-25　离散傅里叶变换展开中的共轭项

为了加深概念，下面再进一步解释一下横轴和竖轴的物理意义。

1）竖轴代表能量大小。因为傅里叶变换是一些复数关于时间的积分，一个复数随着时间而转动，可以理解为一个波，把波形对时间做积分其实就代表波的能量大小。人们一般只关心这个能量出现在哪里，以及是不是最大的（真实有效的）。

2）横轴代表频率。其实是角频率，但是角频率和频率之间只差了 2π（$\omega=2\pi*f$）这个系数，经过转换后这个系数还会被消去，所以两个频率可以等同看待。横轴的转换很简单，$f(k)=\left(\frac{采样频率}{N}\right)*k(\text{Hz})$，$N$ 就是采样的点数，它等于傅里叶变换的点数，k 就是傅里叶输出数据的编号。

至此，我们才算基本上理解了傅里叶变换，也能转换出相应的频谱了。各位可以自己多做尝试。

第16章　印制电路板设计（PCB Layout）

嵌入式系统“软硬不分家”，大家已经有所体会，接下来进一步和硬件来个“亲密接触”。

任何一个项目都是从硬件开始的，所以本章以硬件为主，设计一个小的电路，比如前面使用过的温度传感器电路。当然，和嵌入式系统编程需要有合适的软件工具类似，硬件设计也离不开软件工具。这里选用比较容易上手的PCB Layout工具Altium Designer作为熟悉硬件设计的工具。其实，Altium Designer是一款比较初级的PCB Layout工具，因为直观、容易理解，所以往往是嵌入式系统工程师优先选择的对象。其他更强大的PCB设计工具（比如Cadence Allegro、PADS等），其使用方法和思路都与此类似，所以如果能对Altium Designer的使用方法有所了解，对其他的工具也可以快速上手。但是，对于这种非常专业的软件，较难找到免费的教育版本，因此本文只能以演示为主，让各位建立一个初步的印象。

为了方便各位入门，请牢记嵌入式系统的硬件设计流程。

1）明确产品功能或者项目要求。这是一个团队协作的任务，但是具有决定性作用，无论软件还是硬件都是从此开始的。项目需求越清楚越好、越细致越好，宁可多花时间也不要在这个环节出现纰漏，否则很容易造成不可挽回的局面。

2）根据产品功能或者项目要求选择合适的器件。这也是一个团队协作的任务。这个环节非常烦琐，一个人不可能对所有的器件都有所了解，只有互相学习和探讨才能得到最优的选择。而且，作为普通码农是不关心器件成本的，但是作为工程师，要有全局观，除了器件能不能用、是否满足要求外，也一定要关注成本是否可以被接受，而这种成本信息就需要采购人员提供。当然，不同的公司项目流程不同，也许你的岗位还不需要关心成本，但是即使如此也要养成良好的习惯。还有一个非常重要的问题，所有器件在选型之时就要考虑如何量产，因为很多器件在生产的时候是需要校准的，东西做得再好，如果无法高效生产和检测（在生产线上，时间、人力和设备都是成本），那也是很难上市的。

3）根据产品或项目需求规划硬件系统。在这一步中，需要关注的几个和硬件相关的问题是：工作的温度范围、是否要低功耗（电池供电还是常供电）、系统电源怎么设计、外围接口需要哪些、产品的体积如何、有无特殊要求（比如防水等级和防静电等级）等。对于常见的产品，一般工业级温度范围就能满足80%的应用要求，而且现在工业级温度范围的芯片和消费级温度范围的芯片价差也不大，所以只有比较苛刻的应用场景才需要特别考虑，比如车载应用。你此时肯定想，那这个就先忽略吧，但是，笔者举两个例子，请思考一下其中的陷阱：智能灯产品怎么确定芯片的温度等级（提示：球泡灯和台灯类应用场景是不同的）？智能水杯该用什么样的温度等级？

一般来说用电池供电的产品都会涉及低功耗的要求，而且如果采用可充电电池，那势必会引入充电管理部分的器件和硬件。因此这个大前提会直接影响系统的电源设计和成本。一旦对低功耗部分有要求，在器件选型阶段就需要考虑选择待机功耗足够低的器件，或者增加一些开关型器件来彻底关断一些外围器件的电源。系统的电源设计还和整个系统中所有器件的供电形式有关，比如不同的器件有不同的电压输入范围，所以需要清楚每个器件的供电电压范围，确保所有器件都能正常供电，并且能涵盖电池可用的电压范围，提高电池利用率。

外围接口的电路设计相对比较简单，研读器件数据手册后基本就能确定接口形式。需要注意的是单片机侧的 I/O 选择，因为单片机的 GPIO 基本都具有复用功能，所以如何合理选择复用端口是需要斟酌的。同时，也要留意中断的选择。

真实的项目都是有尺寸要求的，所以必须根据实际的要求来设计硬件，确保在可接受的体积下把所有东西都放进去。这部分信息其实在明确项目要求的时候就应该确定。当设备中存在电池的时候，就需要考虑电池摆放位置，一般电池摆放位置是不放置器件的；有无线通信功能时，天线周围是需要净空的。这些信息都和实际项目的外壳材料、尺寸、机械结构设计有关。

还有一个很容易被忽略的问题是 ESD（Electrostatic Discharge，静电释放）和 EMC（Electromagnetic Compatibility，电磁兼容性）相关的硬件设计。真实项目都需要考虑电磁兼容性和防静电。这部分的设计需要很多经验，因篇幅所限，本书不再展开，只能让各位有个重要的概念，在工作中予以重视，并积极学习，随着经验增加自然会水到渠成。

最后，在硬件设计的时候需要考虑量产方法。比如，生产好的板子怎么烧写程序、产线上的板子用什么方法来检测等。虽然这不是单纯的硬件问题，但是在硬件层面必须予以考虑，比如在哪里预先设计好测试用的测试点。

实际工作中当然会有更多复杂的问题出现，但是有上述概念可以让你少走弯路。

16.1 硬件设计从熟悉器件开始

按照计划，我们需要做一个温度传感器的板子，那么就要先研读单片机和传感器的数据手册。单纯从硬件的角度，我们需要知道硬件接口该怎么连接。找到 HDC2080 的数据手册中引脚定义的内容，如图 16-1 所示。这部分比较简单，在前面的实验部分也有介绍，这里就不重复了。

HDC2080 的供电范围是 1.62～3.6V。单片机的供电范围根据不同的使用条件有所不同，但是设定为 2.8V 或者 3.3V 都是可以的，如图 16-2 所示。考虑到 3.3V 更常用，这里就选择 3.3V。

多提一句，单片机内部带有电压上电复位和掉电检测电路，因此为了能可靠复位或者准确检测掉电信号，在真实系统中需要对系统的电源做更细致的设计，同时要遵守上电时序，否则有可能导致上电无法工作，或者无法准确检测出掉电时间的问题。图 16-3 所示为 AT32F407 的上电和掉电时序图。

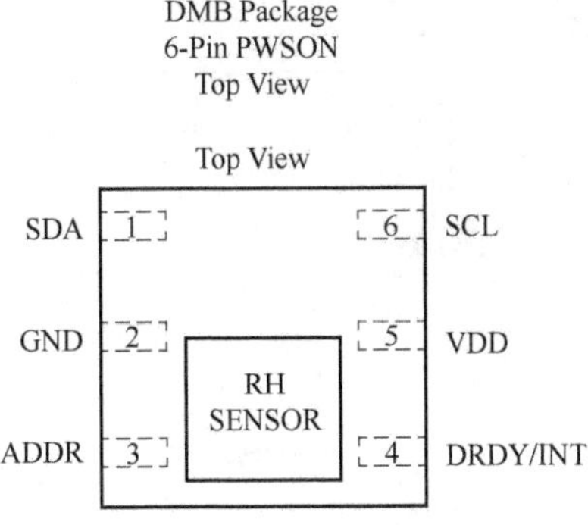

Pin Functions

PIN		I/O	DESCRIPTION
NAME	NO.		
SDA	1	I/O	Serial data line for I^2C，open-drain；requires a pullup resistor to V_{DD}
GND	2	G	Ground
ADDR	3	I	Address select pin-leave unconnected or hardwired to V_{DD} or GND Unconnected slave address: 1000000 GND: slave address: 1000000 V_{DD}: slave address: 1000001
DRDY/INT	4	O	Data ready/Interrupt. Push-pull output
V_{DD}	5	P	Positive Supply Voltage
SCL	6	I	Serial clock line for I2C，open-drain；requires a pullup resistor to V_{DD}

图 16-1　HDC2080 硬件引脚定义

符号	参数	条件		最小值	最大值	单位
f_{HCLK}	内部AHB时钟频率	未使用Flash存储器区块3	$3.1V \leqslant V_{DD} \leqslant 3.6V$	0	240	MHz
			$2.6V \leqslant V_{DD} \leqslant 3.1V$	0	180	
		使用Flash存储器区块3	$3.1V \leqslant V_{DD} \leqslant 3.6V$	0	180	
			$2.6V \leqslant V_{DD} \leqslant 3.1V$	0	160	
f_{PCLK1}	内部APB1时钟频率	—		0	120	MHz
f_{PCLK2}	内部APB2时钟频率	—		0	120	MHz
V_{DD}	标准工作电压	—		2.6	3.6	V
$V_{DDA(1)}$	模拟部分工作电压	必须与$V_{DD}^{(1)}$相同		2.6	3.6	V
V_{BAT}	备份部分工作电压	—		1.8	3.6	V
P_D	功率耗散：$T_A=105℃$	LQFP100		—	326	mW
		LQFP64		—	309	
T_A	环境温度	—		-40	105	℃

（1）建议使用相同的电源为V_{DD}和V_{DDA}供电，在上电和正常操作期间，V_{DD}和V_{DDA}之间最多允许有300mV的差别。

图 16-2　AT32F407 的通用供电条件

还有一些问题在前面的实验中已经讨论过了，这里不再重复。

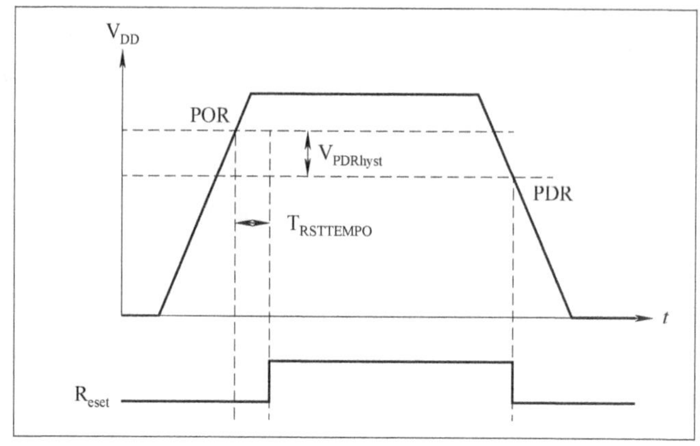

图 16-3　AT32F407 的上电和掉电时序图

16.2 开始画板子

所需的系统非常简单，“客户”也没给我们太多要求，这么好的“客户”实在少见。当然，在现实中碰到这样的客户，你基本可以确定项目是不靠谱的。下面开始画板子。

16.2.1　新建工程

首先确保已经安装 Altium Designer 软件。打开 Altium Designer（简称“AD”）后新建工程，如图 16-4 所示。

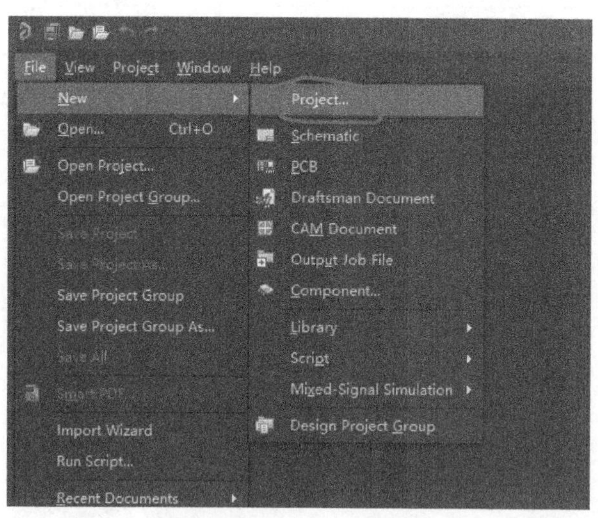

图 16-4　新建 AD 工程

选择“Project”后会弹出图 16-5 所示的“Create Project”对话框，设置工程名字（这里是“temperature”），然后单击“Create”按钮，回到 AD 主界面。此时，工程创建了，但没有内容，如图 16-6 所示。

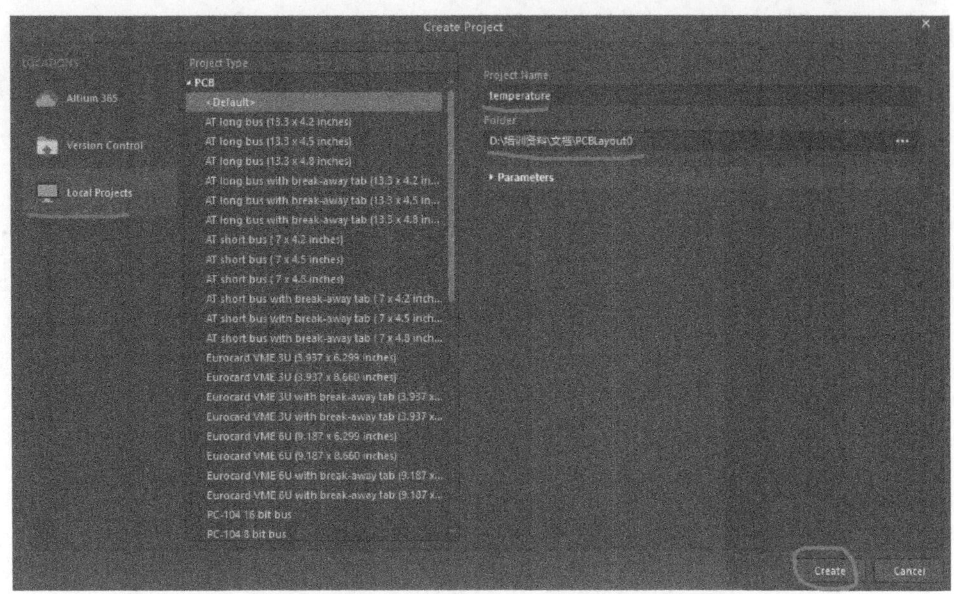

图 16-5　选择工程保存路径和设置名字

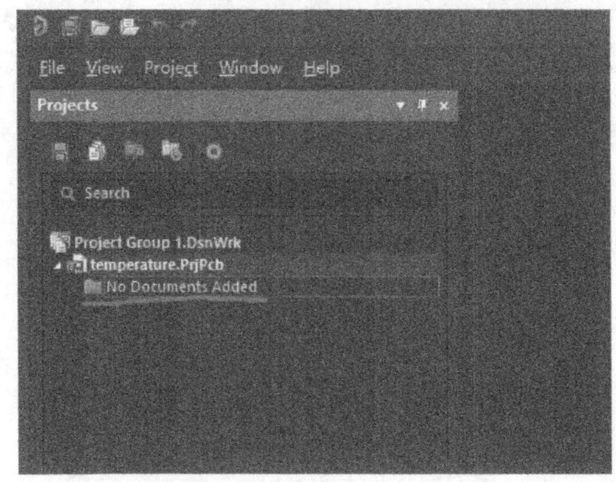

图 16-6　创建了一个空的工程

一般而言，需要先建立原理图，然后再从原理图导出 PCB 文件。右击工程项（见图 16-7），会弹出一个菜单。

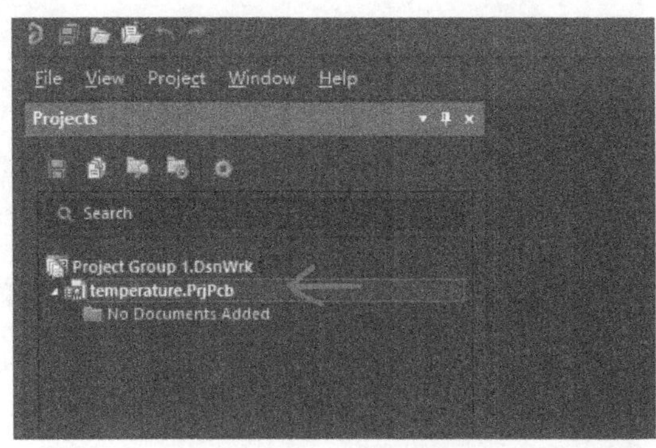

图 16-7　右击工程项

如图 16-8 所示，选择“Schematic”后回到 AD 主界面，产生了一个名为“Sheet1. SchDoc”的原理图文件，按〈Ctrl + S〉组合键保存的时候就能修改文件名字，比如“temperature. SchDoc”。为了方便，再建一个空的 PCB 文件，方法同上，如图 16-9 所示，保存为“temperature. PcbDoc”。

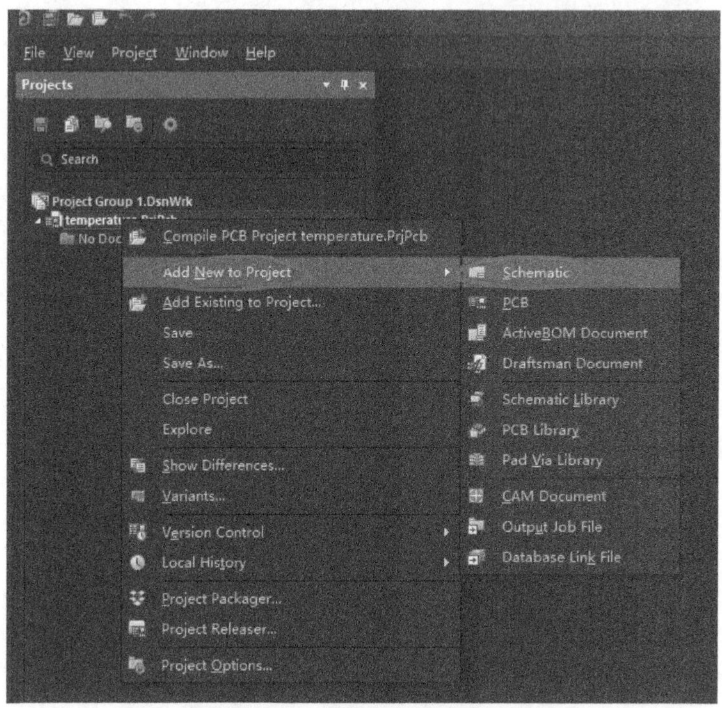

图 16-8　新建原理图文件

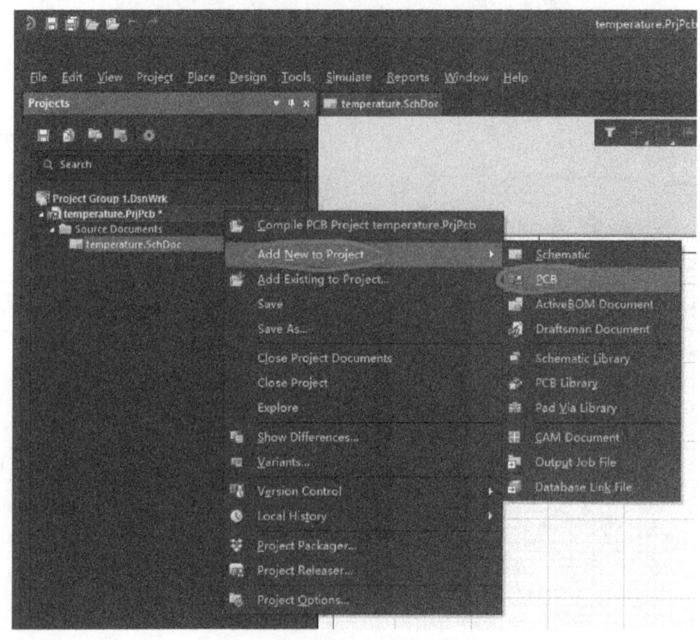

图 16-9　新建 PCB 文件

至此，就基本完成了工程的建立工作，可以开始画图了。先从原理图开始，在工程文件栏里单击原理图文件或者 PCB 文件可以进行切换，或者单击视图上方的选项卡，如图 16-10 所示。

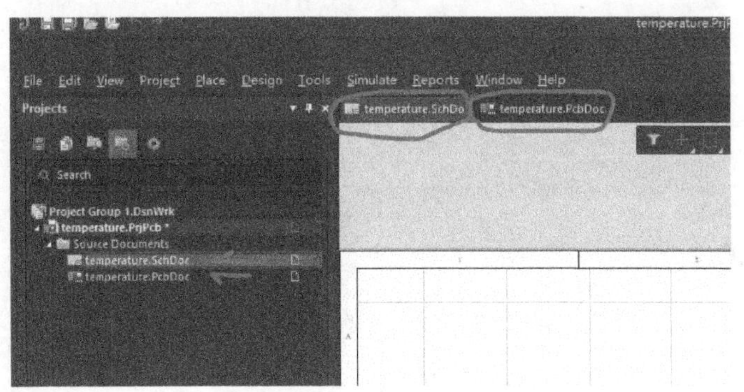

图 16-10　工程中的文件切换

16.2.2　创建原理图库

原理图的绘制工作比较简单，放置器件，然后把线全部连接好就可以了。当然，复杂的原理图还涉及分页等比较高阶的应用，这里就先不展开了。本例中的整个系统只有电源、单片机和温度传感器，作为一个演示案例，其中也省略了调试用的串口、仿真接口等。

即使如此简单，也存在一些问题，如单片机这个器件在哪里呢？怎么放置呢？坏消息是，这个器件软件里是没有的，需要自己创建；好消息是，可以顺便学习一下怎么在原理图里创建自己的器件。

为了创建这个器件，需要先创建一个原理图器件库，创建方法和前面创建原理图文件以及 PCB 文件一样。右击工程名字，添加新的文件，但这次的文件类型选择“Schematic Library”，如图 16-11 所示。

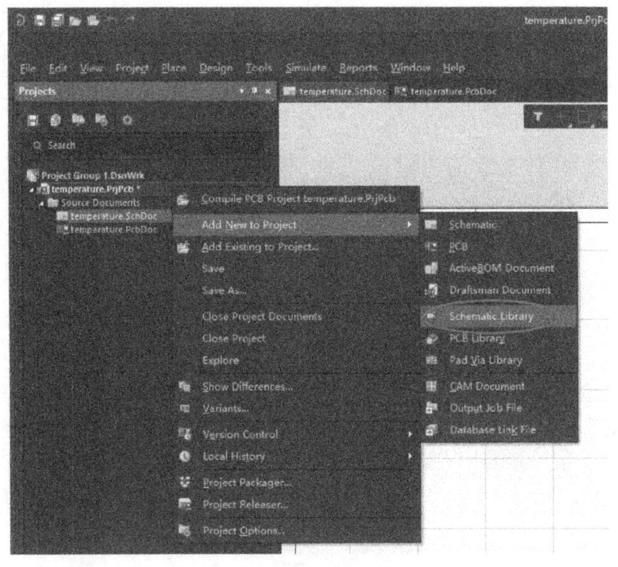

图 16-11　新建原理图库文件

这个文件同样需要在保存的时候定义名字。考虑到实际工作场景，很多库里的器件是可以重复使用的，所以将其命名为“mySchLib. SchLib”。后面会介绍如何添加已有的库。当AD 创建完原理图库的时候会有个默认的空器件“Component_1”，双击这个器件后在 AD 界面最右侧出现了一个属性栏，在这一栏里可以修改器件的名字和其他属性，如图 16-12 和图 16-13所示。

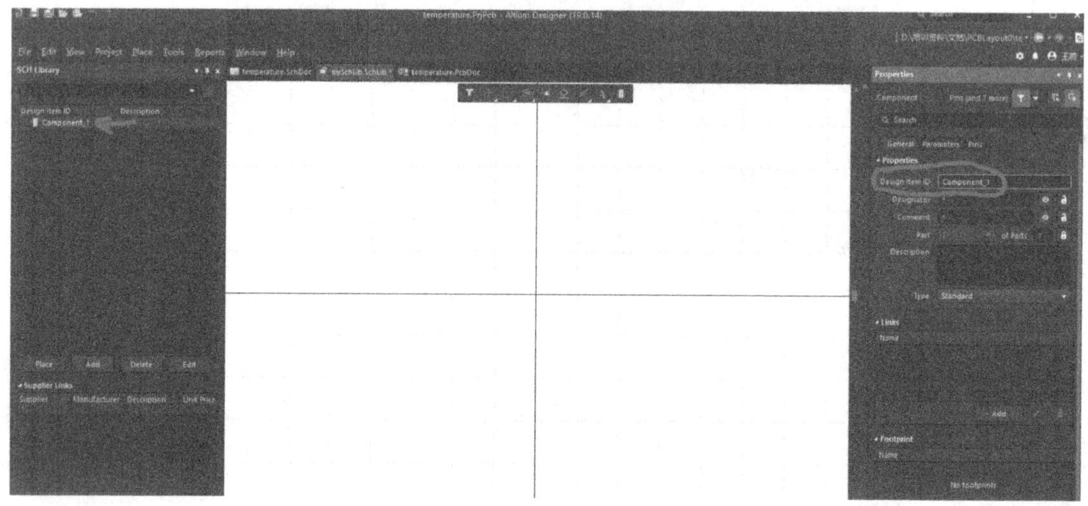

图 16-12　新建原理图库器件的属性

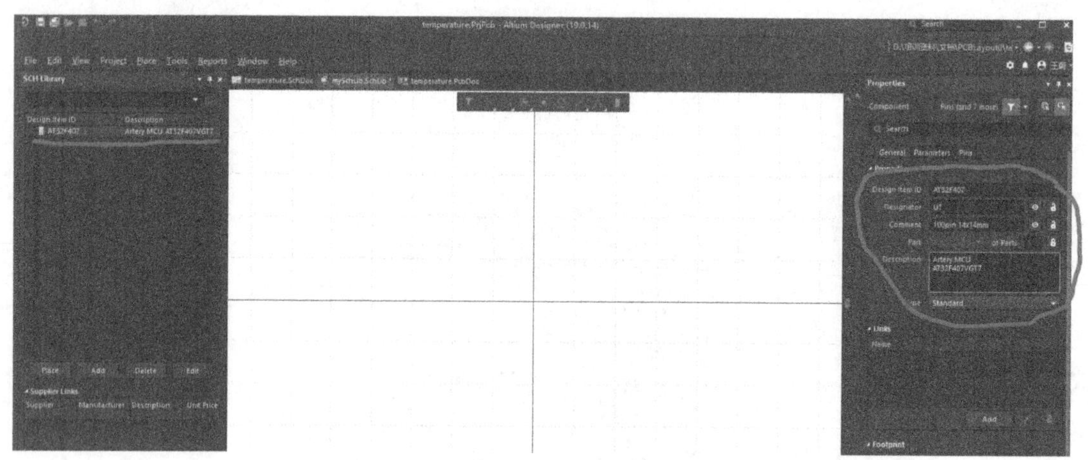

图 16-13　修改器件的属性

接下来添加器件的引脚等其他信息。首先画单片对应的方框。在菜单栏里选择“Place”→“Rectangle”选项，如图 16-14 所示。这个选项就是用于创建一个方框。人们习惯用一个方框来代表器件，如图 16-15所示。

先不用考虑方框的位置和大小，后面再调整。接下来就开始画单片机的引脚。从菜单栏选择“Place”→“Pin”，如图 16-16 所示。

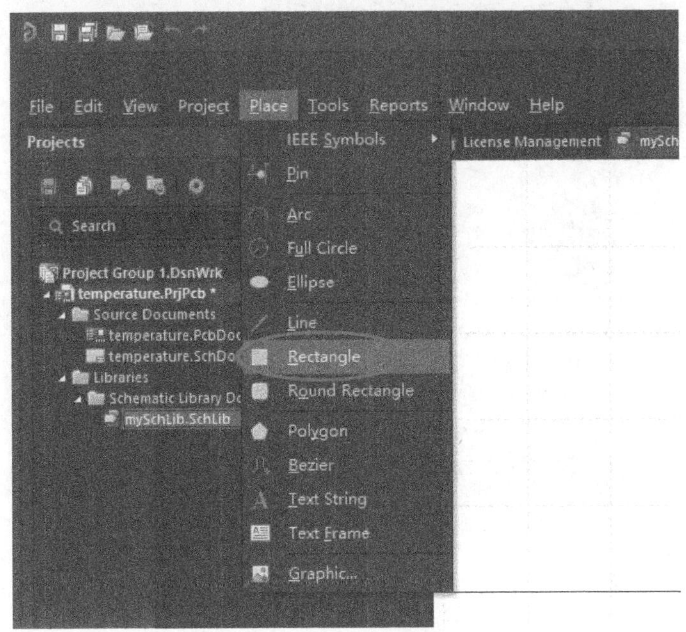

图 16-14　添加方框的菜单项

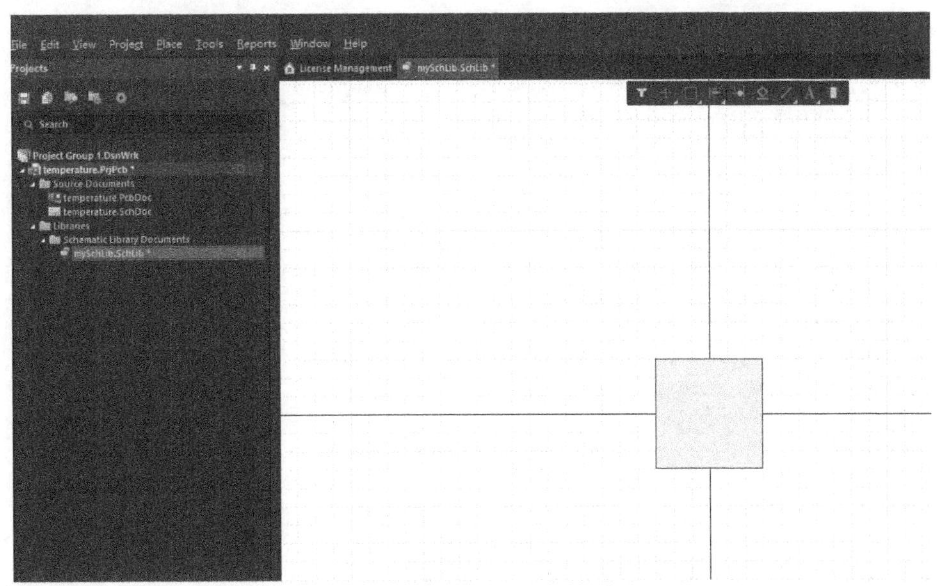

图 16-15　放置方框

对照数据手册把 100 个引脚一个个放好，每个引脚的属性都需要根据数据手册中的名字来设置，包括引脚号和引脚的名字。引脚的电器属性一般选择“Passive”，如图 16-17 所示，主要是为了避免后续工程编译时出现太多错误，而且有时候系统非常复杂。这里就都设置为“Passive”。

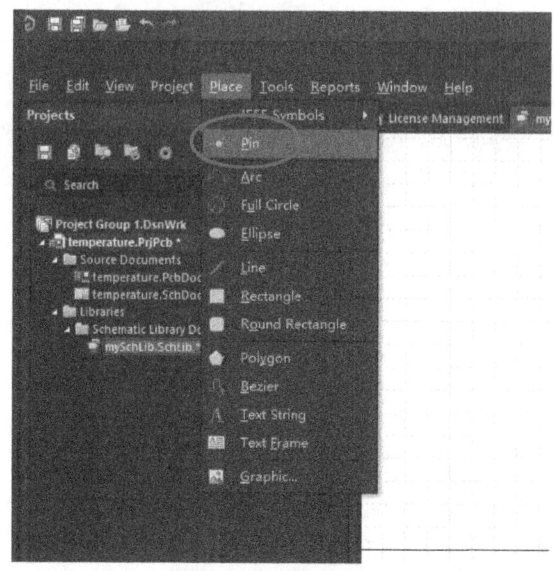

图 16-16　放置引脚

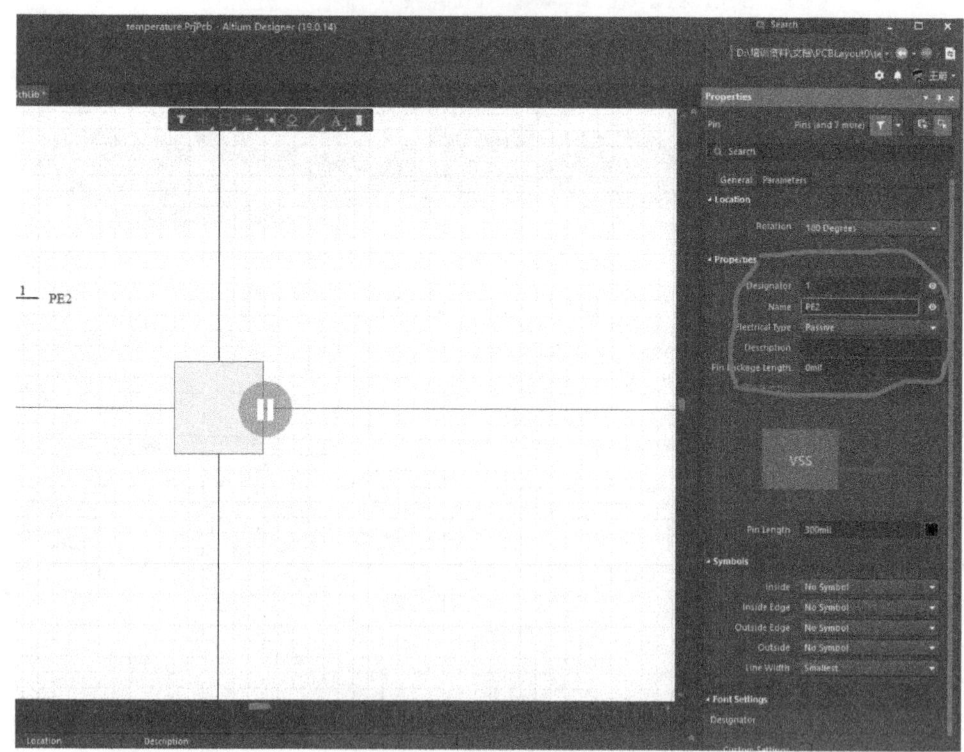

图 16-17　引脚的属性

最后画好的芯片如图 16-18 所示。原理图库里的单片机就完成了。

接下来把这个器件放到原理图中。单击“Place”按钮即可，如图 16-19 和图 16-20 所示。

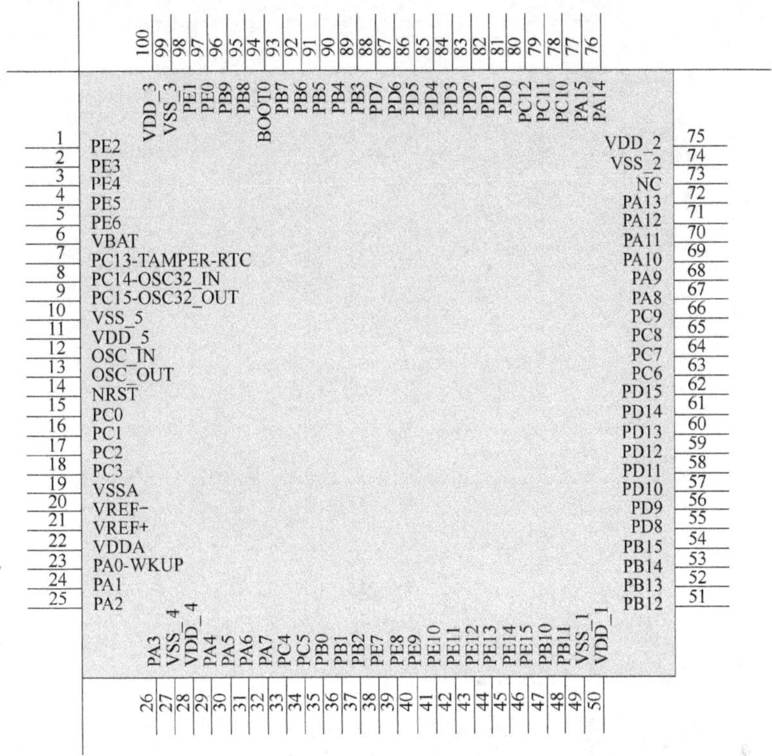

图 16-18　画好的单片机

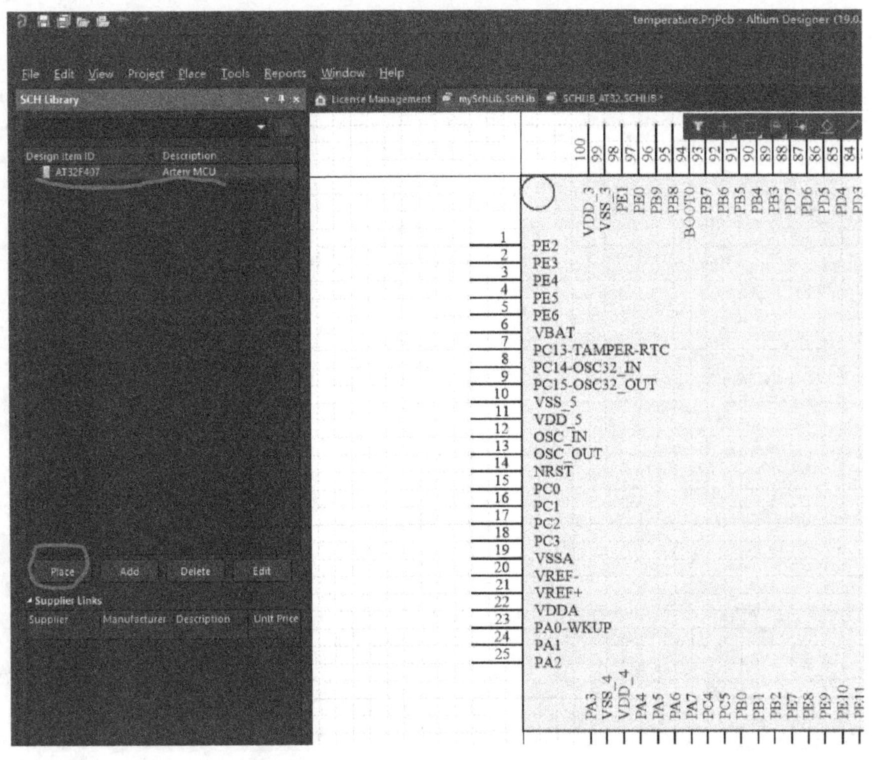

图 16-19　把单片机放置到原理图上

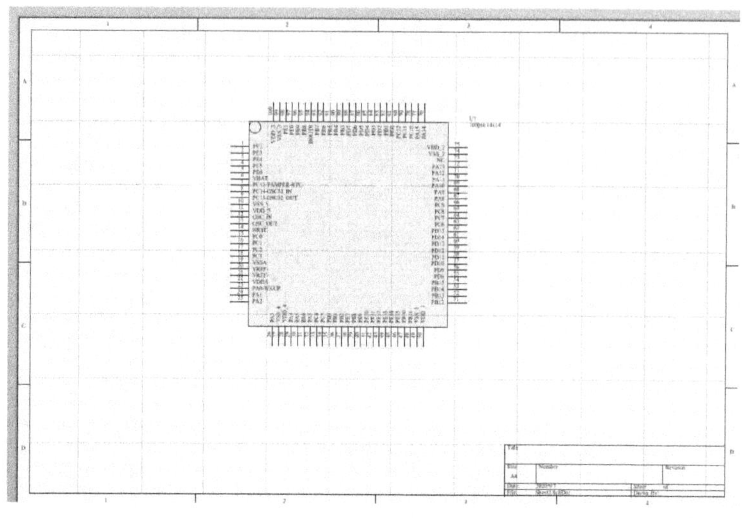

图 16-20　放置了单片机的原理图

这个器件占了很大的图样空间，这是因为选择的原理图版面是 A4 纸张大小的，可以通过设置属性来修改（见图 16-21）。但是笔者不建议修改，因为这样打印的时候会很麻烦。这也就是很多原理图都会画成好几页的原因。

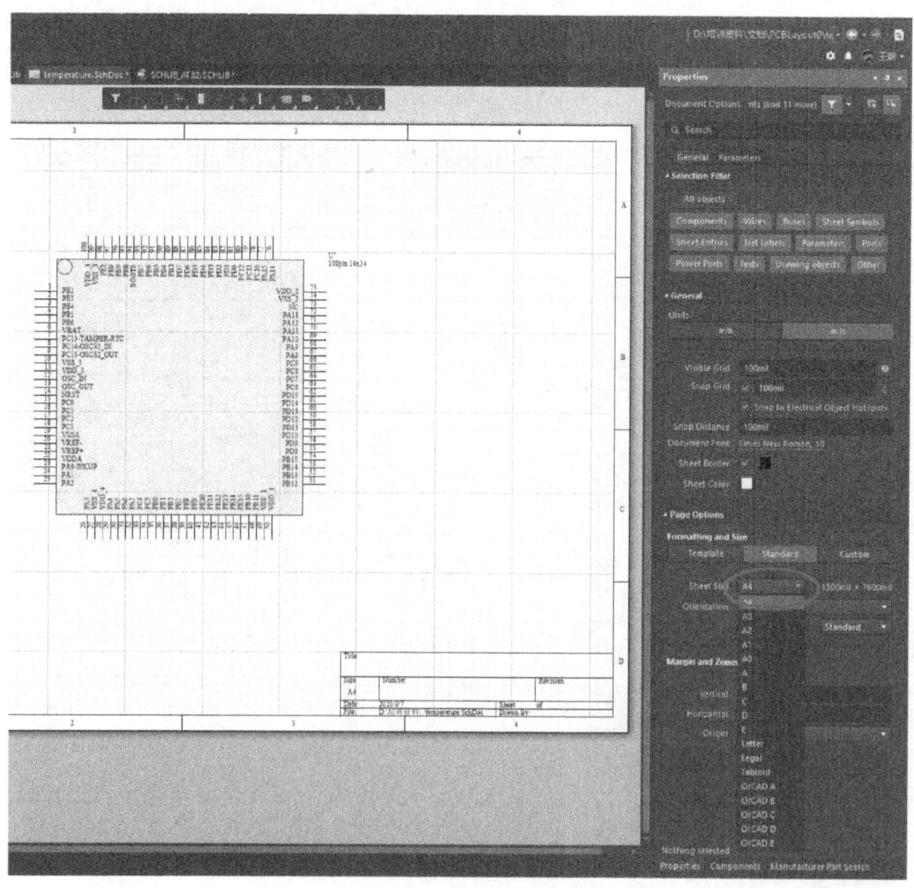

图 16-21　修改原理图的版面大小

绘制多页原理图有很多种方法，最简单的就是直接添加新的原理图文件，然后把各个原理图中的器件用相同的“Net Label”连接起来。当然，专业一些的做法是通过添加“Sheet Symbol”和“Sheet Entry”来实现。

用同样的方法把 HDC2080、USB 连接器和 LDO（RT9080）的原理图库画好，如图 16-22 和图 16-23 所示。

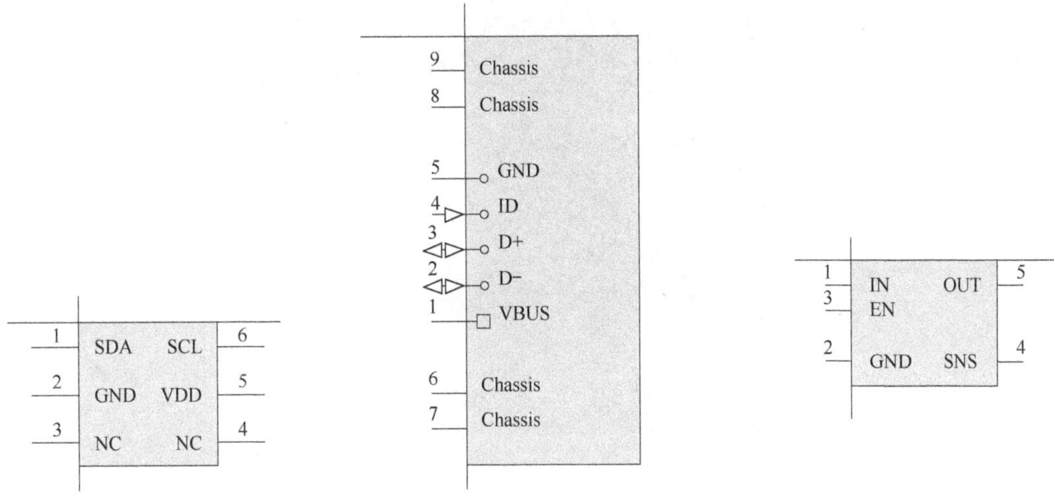

图 16-22　HDC2080 原理图库

图 16-23　USB 连接器和 RT9080N 原理图库

基本的器件完成。为了方便，本书提供了一个已经做好的原理图库，名为“SCHLIB_AT32. SchLib”。先把这个库添加到工程中，便于后面的操作。添加库的方法非常简单，首先打开这个原理图库文件，如图 16-24 所示。这个库文件显示为一个自由文件，也就是还没有包含在工程中，如图 16-25所示。

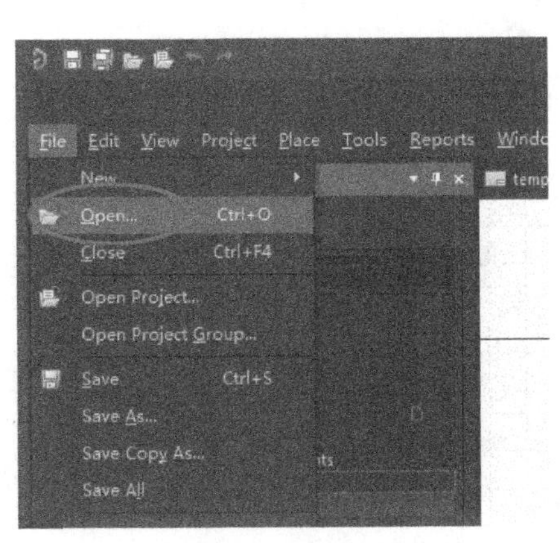

图 16-24　打开文件

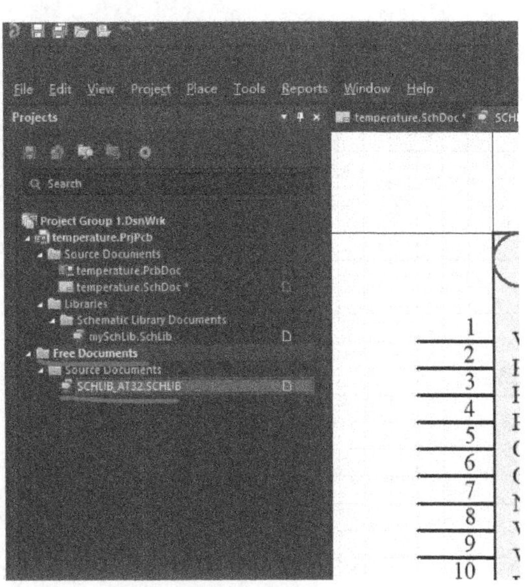

图 16-25　打开的库文件

只要用鼠标将“SCHLIB_ AT32. SCHLIB”这项拖拽到上面的工程中，这个文件就会自动放置在“Libraries \ Schematic Library Documents \ ”目录中，如图 16-26 所示。

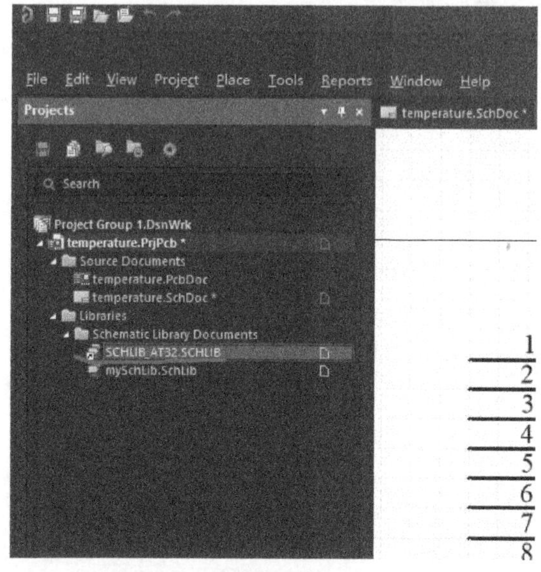

图 16-26　把需要的库文件拖到工程中

为了避免不必要的麻烦，可以把前面建立的“mySchLib. SchLib”文件从工程中移除。这不是真的删除文件，只是从工程中去掉而已。选中要移除的文件，然后右击该文件，就会弹出一个快捷菜单，从中选择“Remove from Project”项，如图 16-27所示。

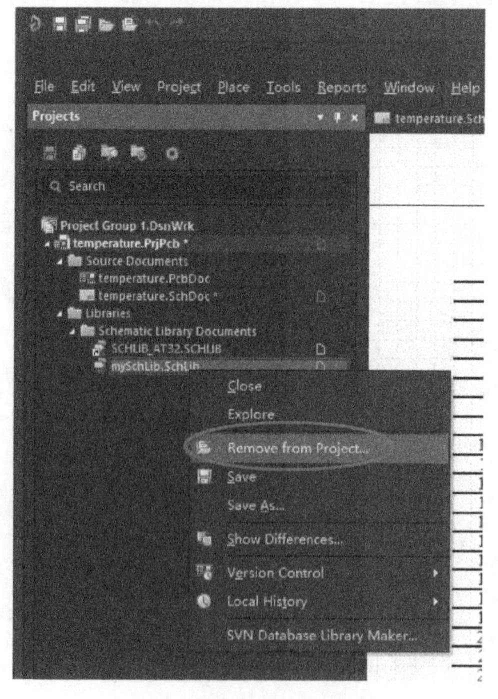

图 16-27　移除工程中的文件

移除后，“mySchLib. SchLib”文件就变成了自由文件，选中、右击，再选中“Close”项，就把它关闭了，在工程列表里也看不到它了。如果原理图库已经比较完善，在正常绘制原理图时，就不需要从库文件里找到器件后再添加到原理图中，而是在原理图里直接放置工程中库文件里的器件。可以直接在绘图区右边的“Components”中把库文件添加进去，这样就不用每次都从库文件里找到器件再放置到原理图中了，如图 16-28 所示。

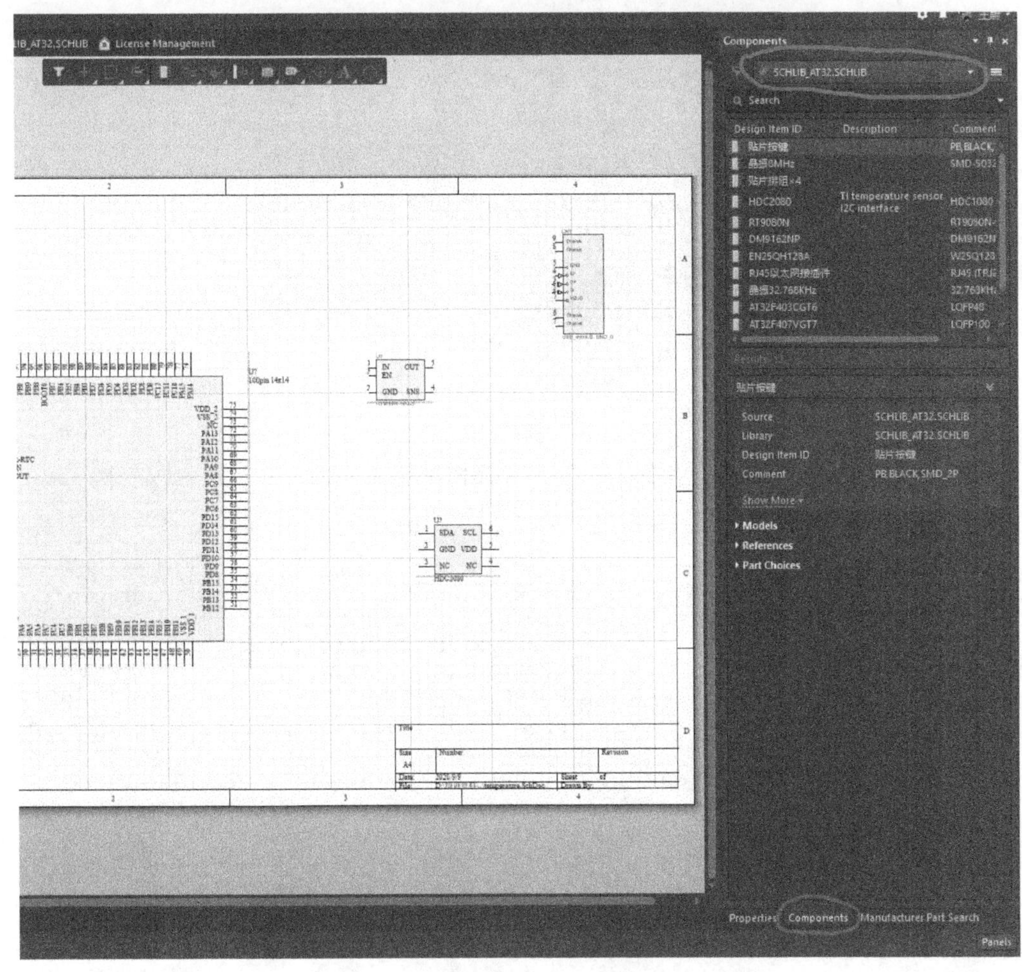

图 16-28　在“Components”中选择库文件和器件

16.2.3　创建器件封装库

摆放好器件后，在正式画图前还有一项工作要做。前面只画了一个图形来代表原理图中的器件，那么在 PCB 上的那些器件呢？所以还需要为自己画的原理图器件配上相应的“Footprint”信息，这个信息用于描述器件在真实 PCB 上的封装大小和焊盘位置，俗称“PCB 库”或“器件封装库”。因为“Footprint”信息有一定的通用性和标准性（不是完全通用和标准），所以一般把它和原理图库分开来，这样有助于复用。下面用 AT32F407 来演示如何建立一个新的封装库，以及在新的库中新建一个新的器件。

器件封装库的创建方法和前面一样，即在菜单栏选择“File”→“New”→“Library”→

“PCB Library”选项，如图 16-29 所示。

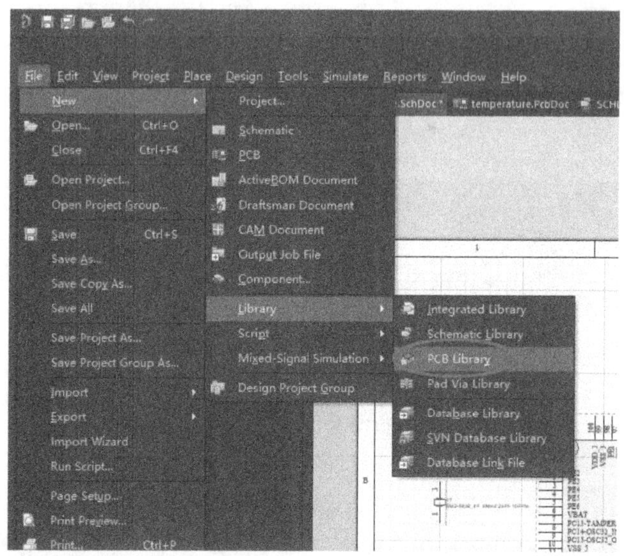

图 16-29 新建一个 PCB 库

新建的库如图 16-30 所示，其页面布局形式和原理图库相似。文件名在保存的时候可以修改，比如改为“myLib. PcbLib”。新建的 PCB 库里会有一个默认的器件，忽略它即可。

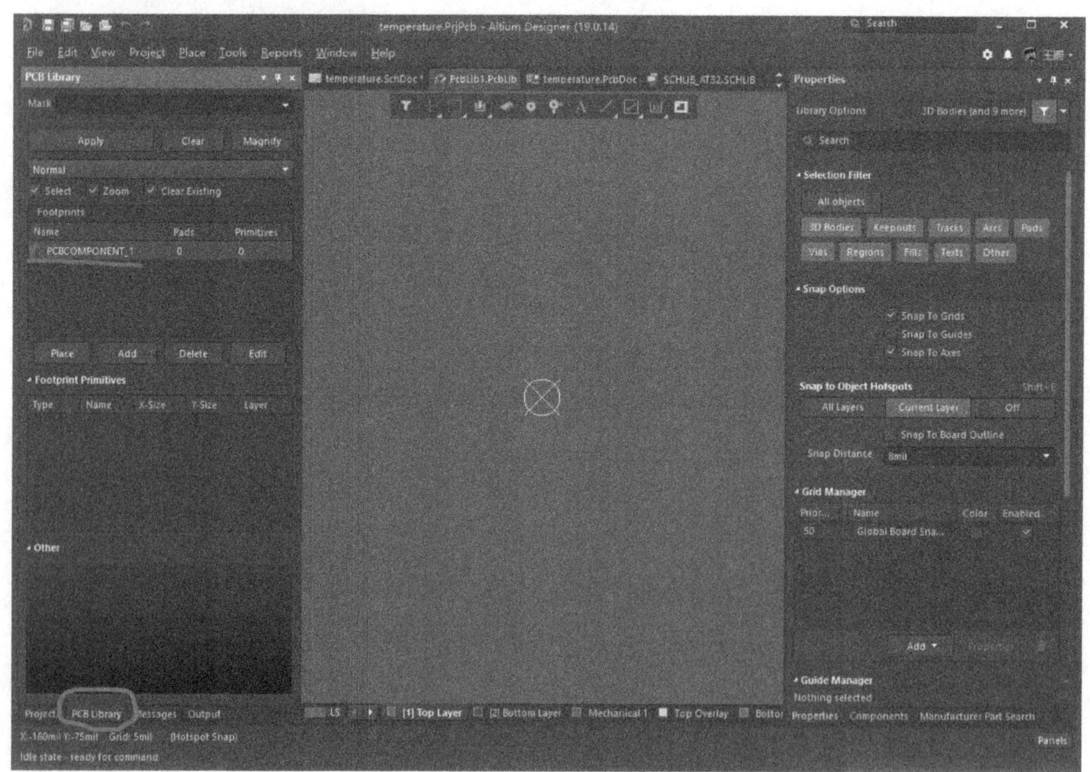

图 16-30 新建的 PCB 库

在做封装库的时候需要看器件数据手册的封装信息，如图 16-31 和图 16-32 所示。

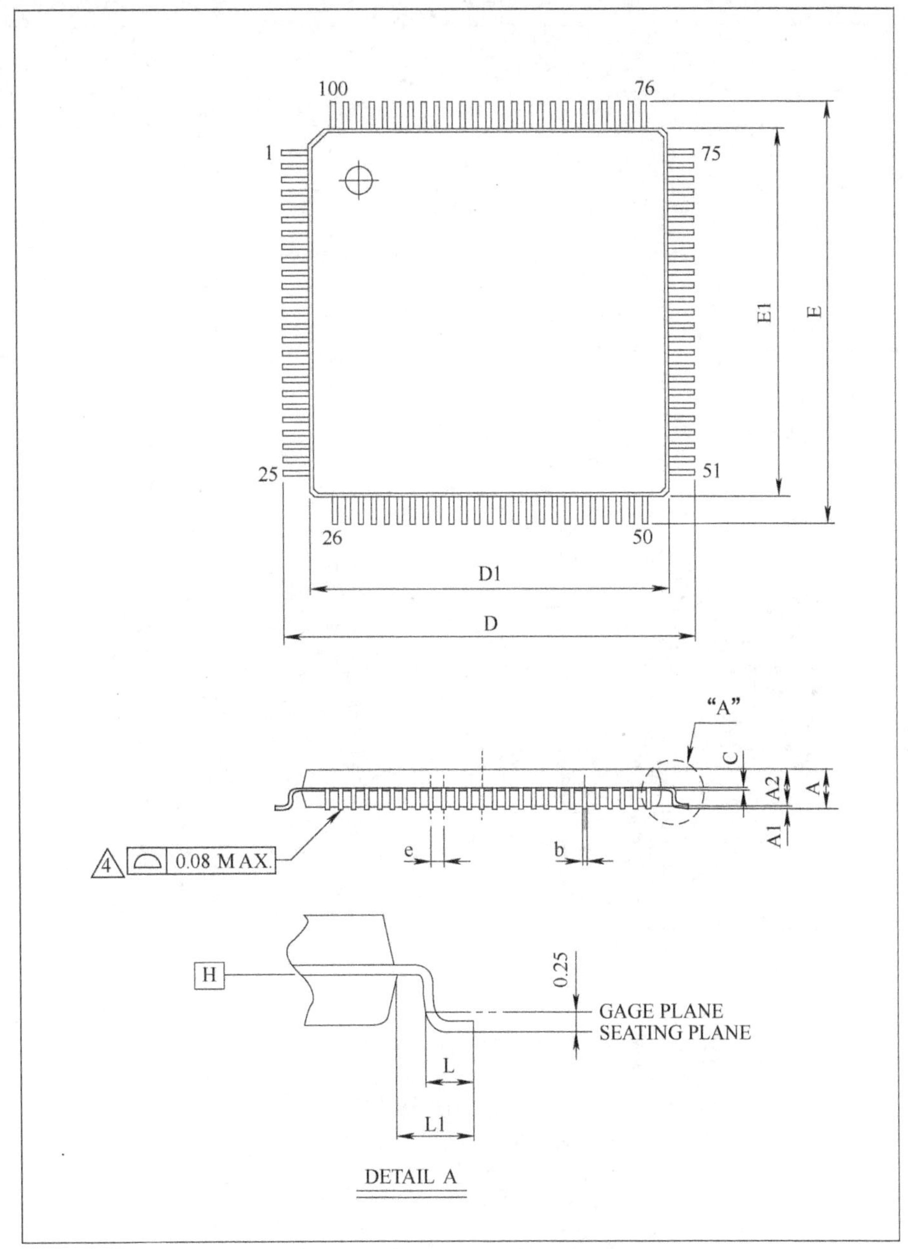

图 16-31　AT32F407 的封装信息

根据这些信息采用器件封装向导来画 AT32F407 的封装。在“Tools”菜单下选择“Footprint Wizard”来打开向导，如图 16-33 所示。

1）在弹出的对话框中单击“Next”按钮，如图 16-34 所示。

2）接着设置封装类型和封装尺寸的单位，单击“Next”按钮，如图 16-35 所示。

3）然后定义每个引脚的尺寸。这个数据来自数据手册，请自己核对。

标号	毫米			英寸[1]		
	最小值	典型值	最大值	最小值	典型值	最大值
A	—	—	1.60	—	—	0.063
A1	0.05	—	0.15	0.002	—	0.006
A2	1.35	1.40	1.45	0.053	0.055	0.057
b	0.17	0.20	0.26	0.007	0.008	0.010
c	0.10	0.127	0.20	0.004	0.005	0.008
D	16.00 BSC			0.630 BSC		
D1	14.00 BSC			0.551 BSC		
E	16.00 BSC			0.630 BSC		
E1	14.00 BSC			0.551 BSC		
e	0.50 BSC			0.020 BSC		
L	0.45	0.60	0.75	0.018	0.024	0.030
L1	1.00 REF			0.039 REF		

(1) 英寸的数值是根据毫米的数据按照3位小数精度转换取整得到的。

图 16-32　AT32F407 的封装信息表

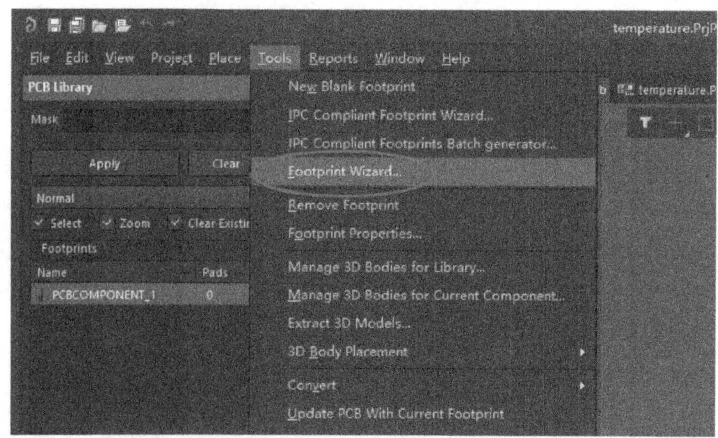

图 16-33　打开封装向导

图 16-34　向导开始

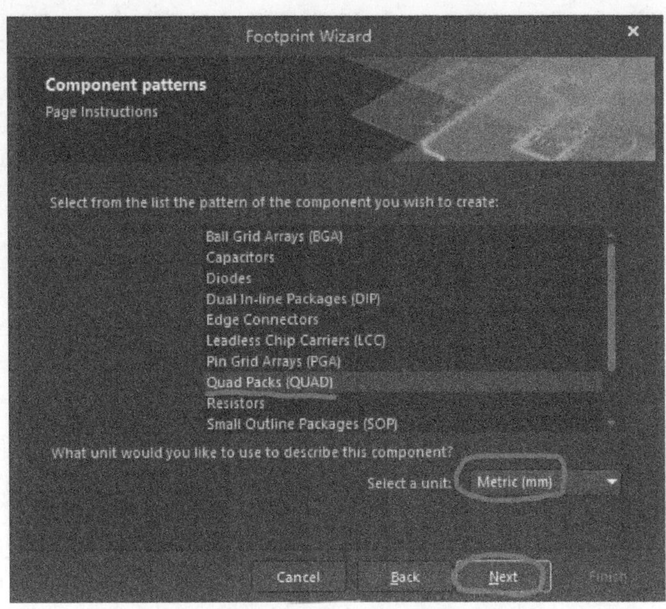

图 16-35　填写封装类型和封装尺寸的单位

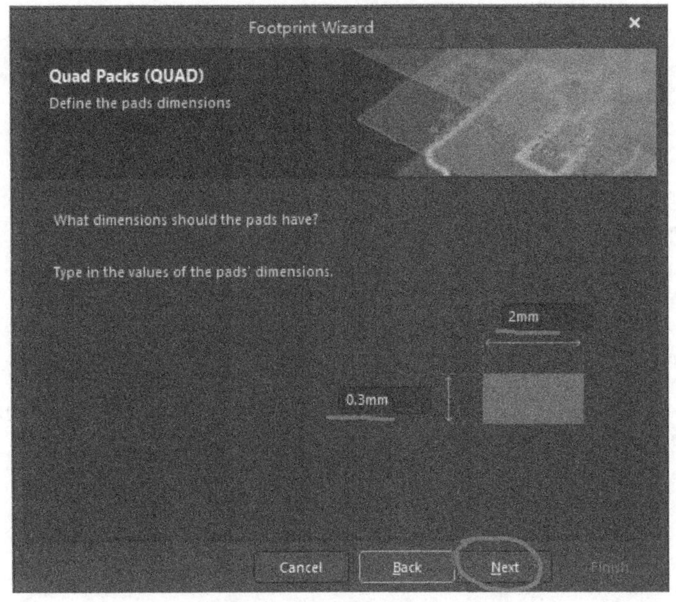

图 16-36　定义引脚的尺寸

4）选择引脚的形状。一般情况下 1 脚的焊盘用圆角表示。直接单击“Next”按钮，如图 16-37 所示。

5）选择封装库丝印的线宽，一般也不用修改。但是如果元器件比较小，线宽就要细一些。单片机的尺寸还是比较大的，所以不修改。单击“Next”按钮，如图 16-38 所示。

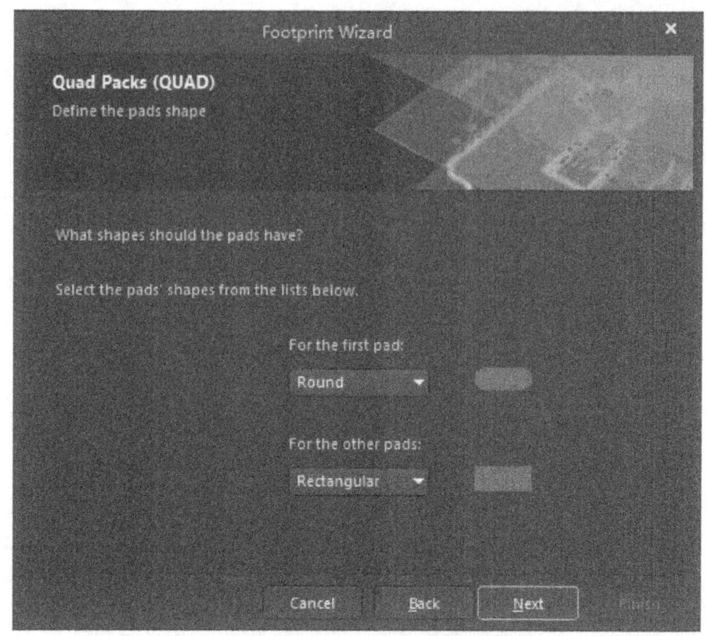

图 16-37　选择引脚形状

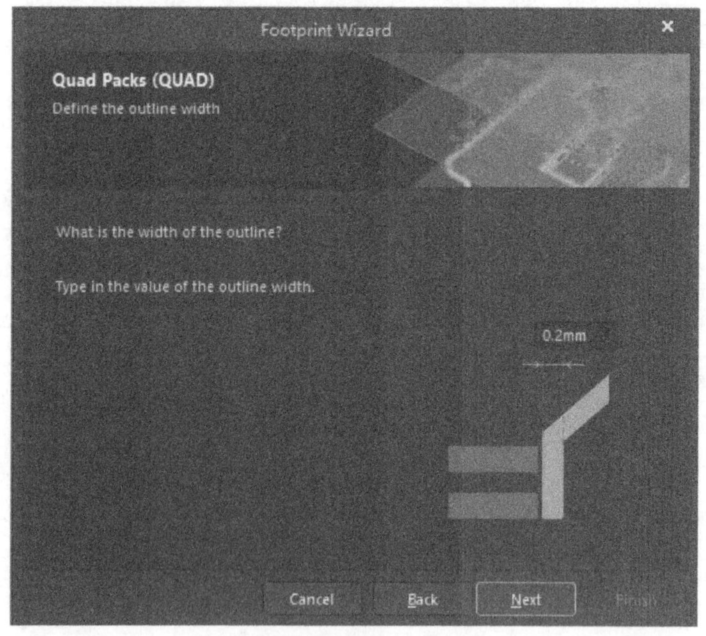

图 16-38　选择丝印线宽

6）接下来这一步是最关键的，需要定义引脚间距及布局，也需要根据数据手册来仔细计算一下，如图 16-39 所示。仍然单击“Next”按钮。

7）下一步是定义引脚标号的递增方向，一般是左上角为 1 脚，逆时针递增，与数据手册中的定义一样，所以不用修改，如图 16-40 所示。单击“Next”按钮。

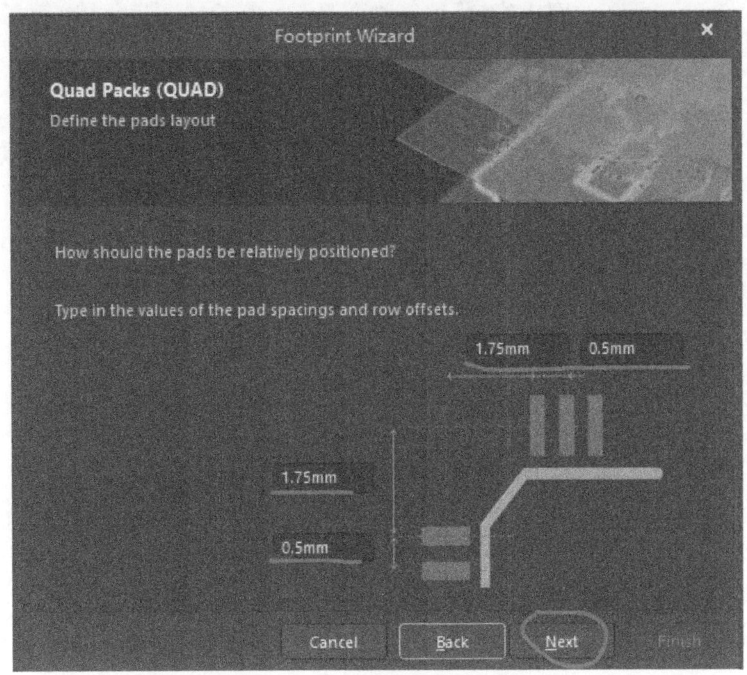

图 16-39　引脚间距和布局设定

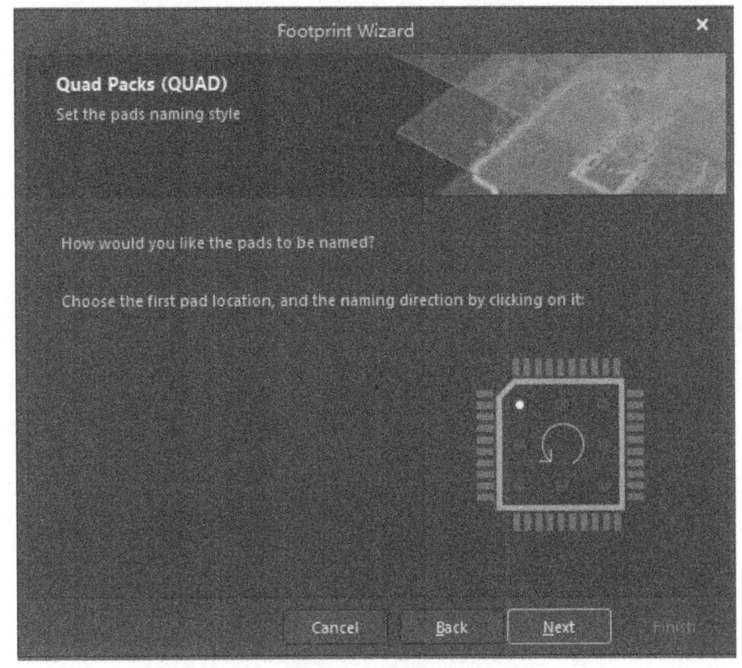

图 16-40　引脚标号的递增方向

8）定义每边的引脚个数。本例的单片机有 100 个引脚，正方形排列，所以每边 25 个引脚，如图 16-41 所示。单击“Next”按钮。

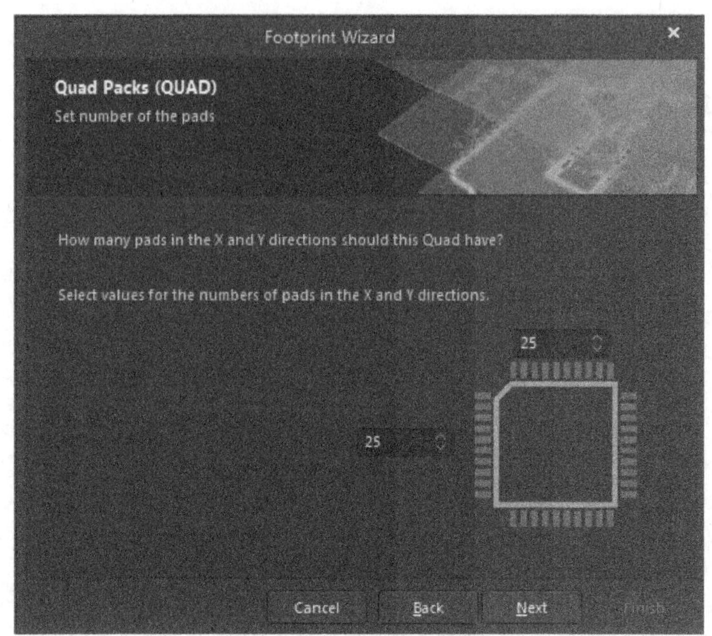

图 16-41　引脚数量定义

9）给封装起个名字，这里就根据数据手册将其命名为“LQFP100-14x14”，如图 16-42 所示，单击“Next”按钮。

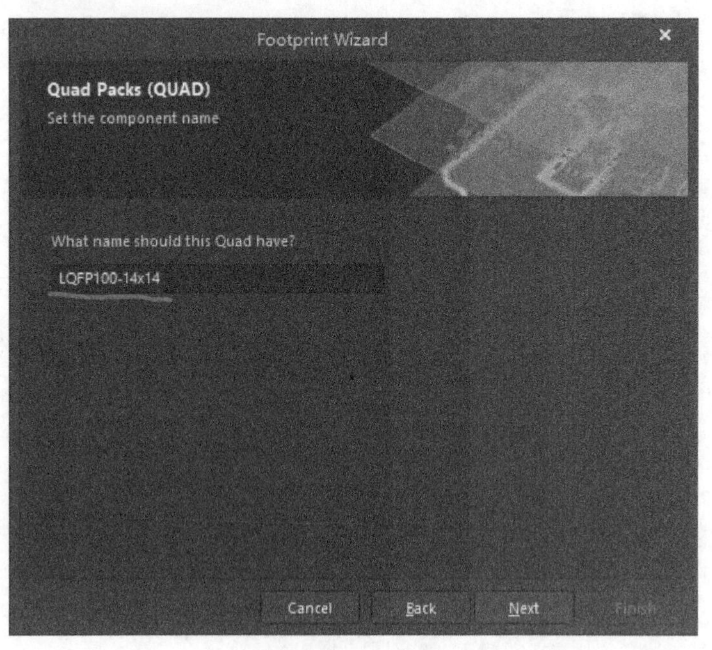

图 16-42　封装命名

10）单击“Finish”按钮，如图 16-43 所示。

封装向导结束后，就能看到新建的封装库器件出现在绘图窗口，如图 16-44 所示。

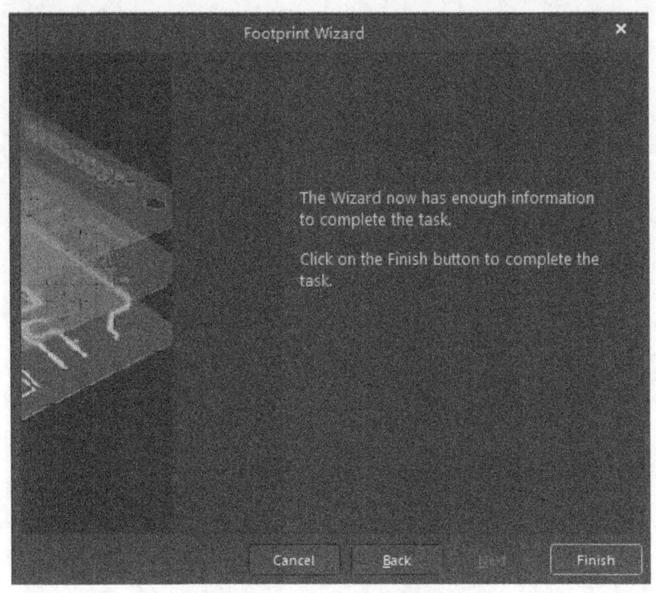

图 16-43　封装向导结束

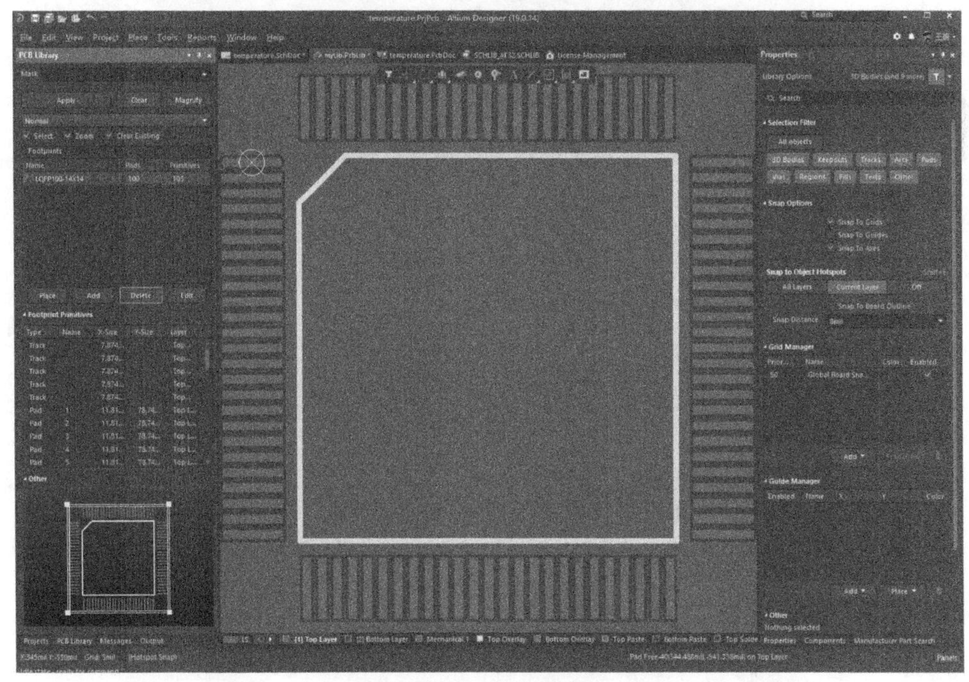

图 16-44　新建的封装器件

利用封装库向导可以大大提高制作器件封装的效率。当然，有时候还需要反复确认尺寸，因为封装库里的尺寸和实际器件的封装尺寸很难直接比较。比较笨的方法是将封装用打印机 1∶1 打印一下，然后把真实器件放上去进行比较，这种方法非常直观。在“File”菜单中选择“Page Setup”项，如图 16-45 所示。

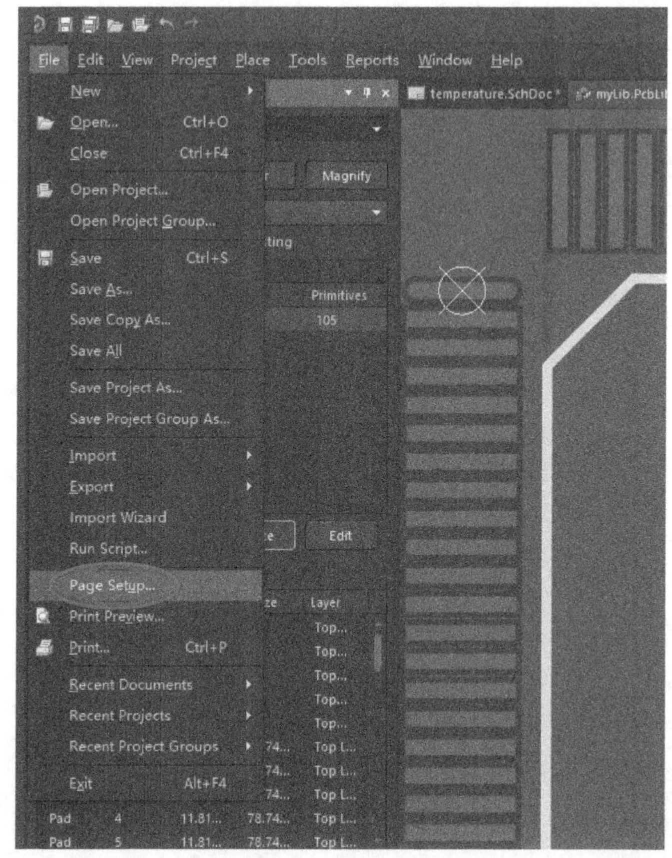

图 16-45　器件的打印设置

在弹出的对话框中选择“Scaled Print（缩放打印）”，然后把“Scale（缩放比例）”设置为 1，最后单击“Print”即可，如图 16-46 所示。

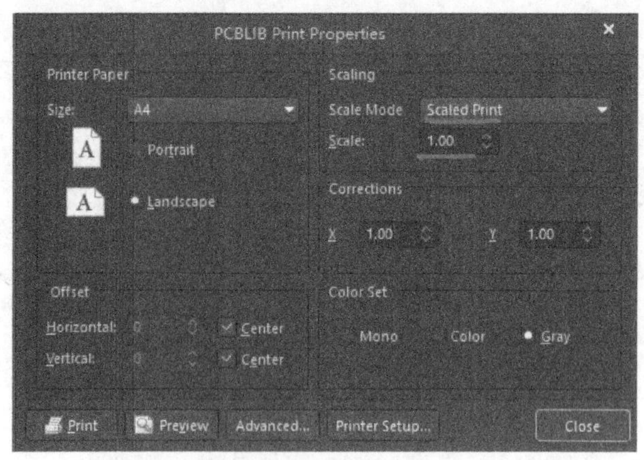

图 16-46　设置打印缩放比例为 1∶1

不过这种做法对于一些非常小的器件而言是不可用的，但是能检查出一些低级错误，比如，如果单位选择错误，就会导致器件的尺寸比例严重变化，这种变化是肉眼可以轻易辨识的。器件封装库最终决定了 PCB 上器件的大小和形态，一旦做错，整个 PCB 将无法使用，所以需要十分谨慎。另外，如果细致核对前面步骤中的一些尺寸设置，就会发现其中的焊盘尺寸和数据手册中引脚的尺寸有些出入，这是刻意留出的余量，因为芯片最终要焊接在焊盘上，焊盘尺寸应该大于芯片的引脚尺寸。

确认好封装的尺寸后，再添加一些封装辅助信息，比如器件的高度。在实际项目中，考虑到模具和外壳的尺寸，器件的高度就变得非常重要。

做法也非常简单，在“Place”菜单下选择“3D Body”，如图 16-47 所示，然后绘图区域的光标会变成叉形，如图 16-48 所示。现在可以画一个任意的多边形，也可以画多个多边形，并且设置不同的高度，但每个多边形需要连笔画完后右击。在这个多边形覆盖区域内的高度可以自由设定，应根据数据手册中器件的高度信息来填写。

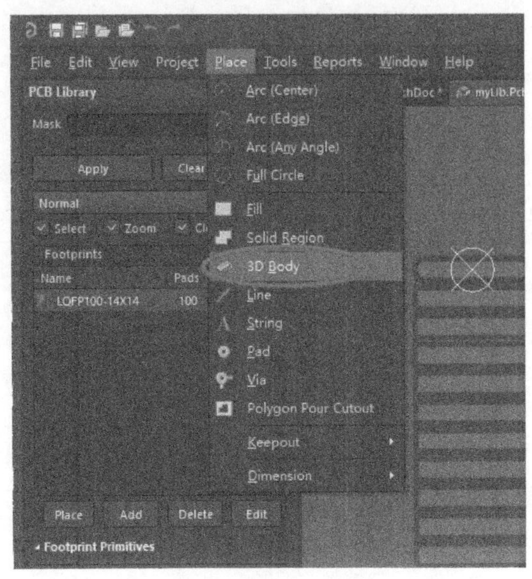

图 16-47　给器件添加 3D 高度信息

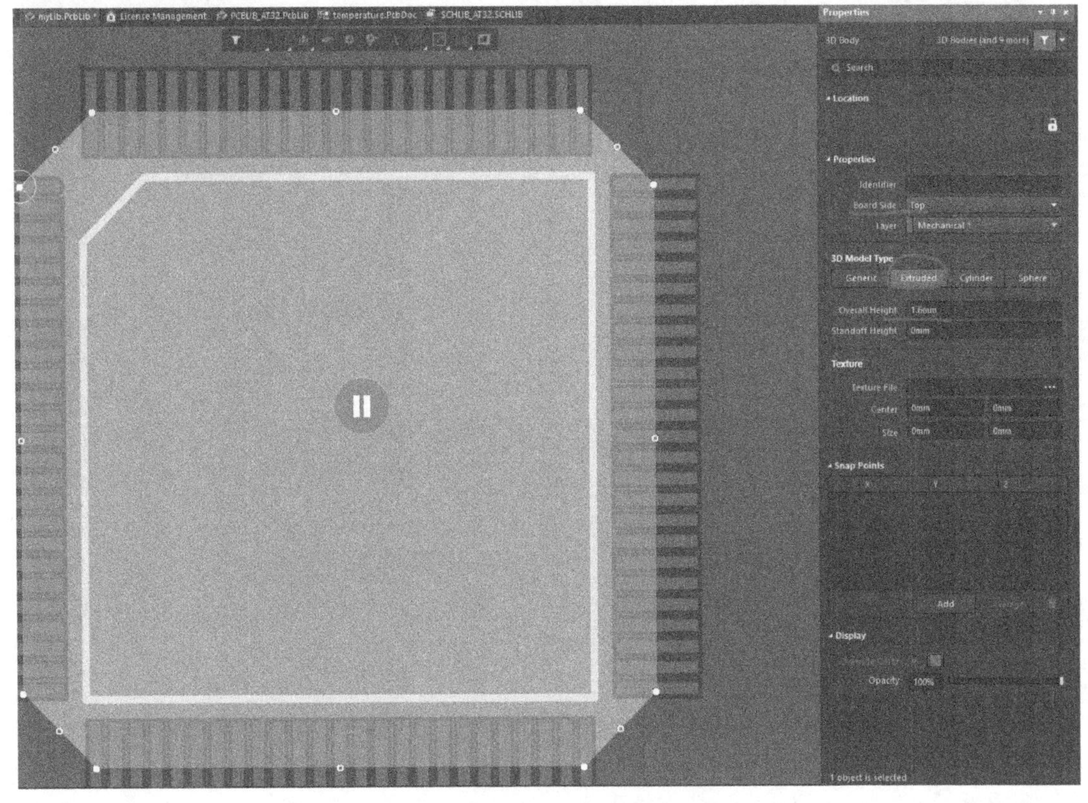

图 16-48　给器件添加高度信息

填好高度信息后，只要按一下数字键〈3〉就可以切换到三维视图，然后按住〈Shift〉键和鼠标右键，就可以从任意角度观察器件，如图 16-49 所示。

观察完毕后，先按一下〈Shift〉键，再按数字键〈2〉，就回到了正常的二维视图。

封装库做好后，可以用添加原理图库到工程的方法把封装库也放到工程中，便于后面的使用。本书为大家准备了一个基本的库文件，名为“PCBLIB_AT32. PcbLib”，为方便起见，后面可以先用这个库。添加库文件的方法就不再复述了。

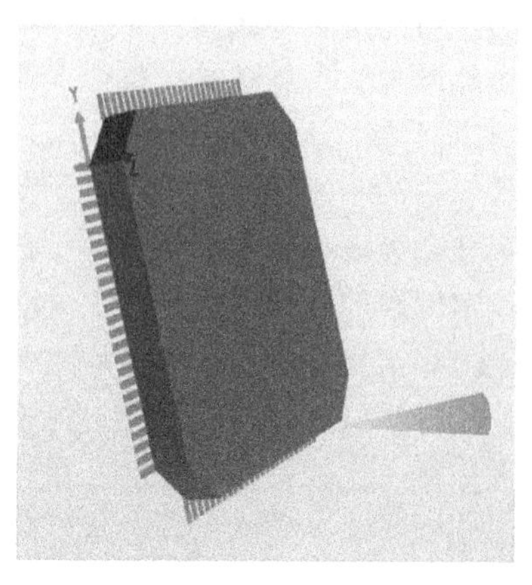

图 16-49　器件的 3D 视图

16. 2. 4　把原理图库中的器件和实际的封装联系起来

接下来要建立原理图库中的器件和 PCB 库中封装的关联。先打开原理图库，选择原理图中的一个器件，然后在右侧的属性栏里添加或者编辑封装库信息，如图 16-50 所示。

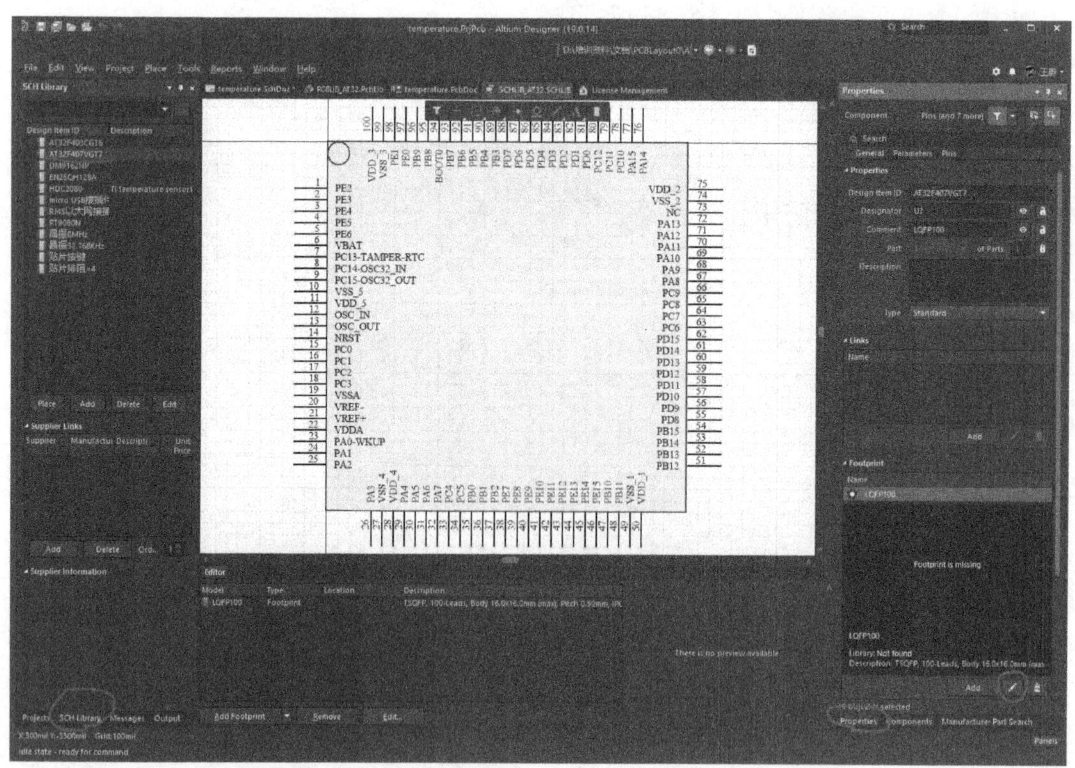

图 16-50　在原理图库中为器件配置封装信息

在弹出的“PCB Model”对话框中单击“Browse”按钮，寻找合适的封装信息，如图 16-51所示。

在弹出的“Browse Libraries”对话框中选择添加到工程里的库文件“PCBLIB_AT32. PcbLib”，在下方的列表框里找到需要的封装信息后单击“OK”按钮，如图 16-52 所示。

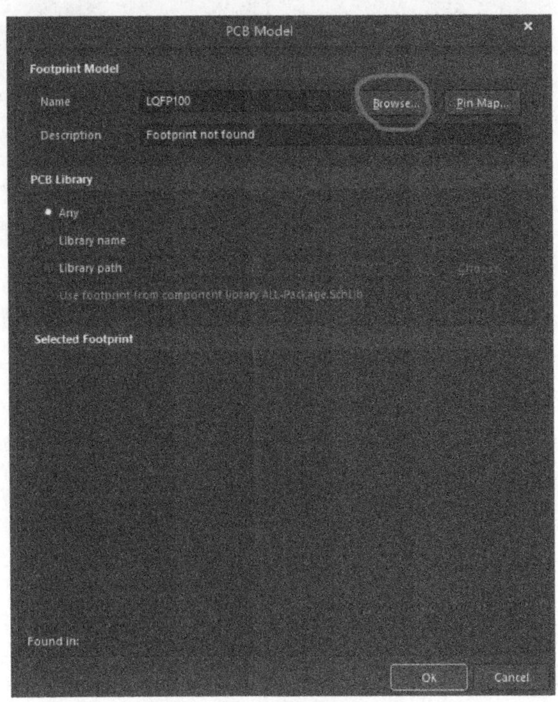

图 16-51　寻找器件封装库

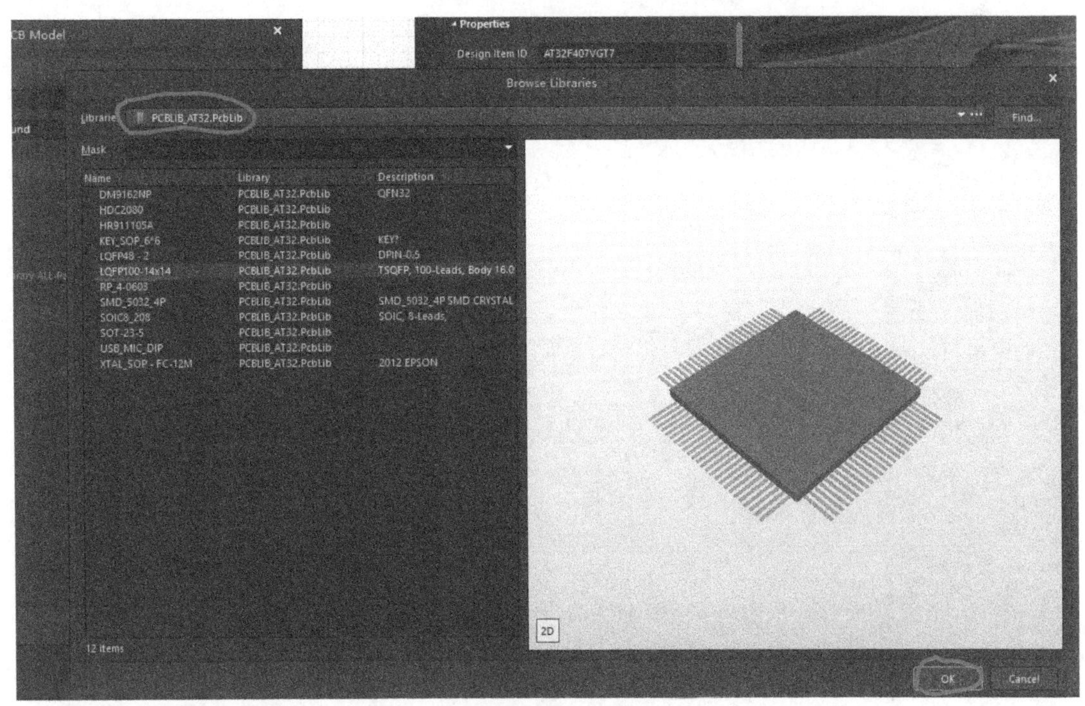

图 16-52　选择器件封装信息

返回“PCB Model”对话框，选择好的封装库会显示出来，如图 16-53 所示。

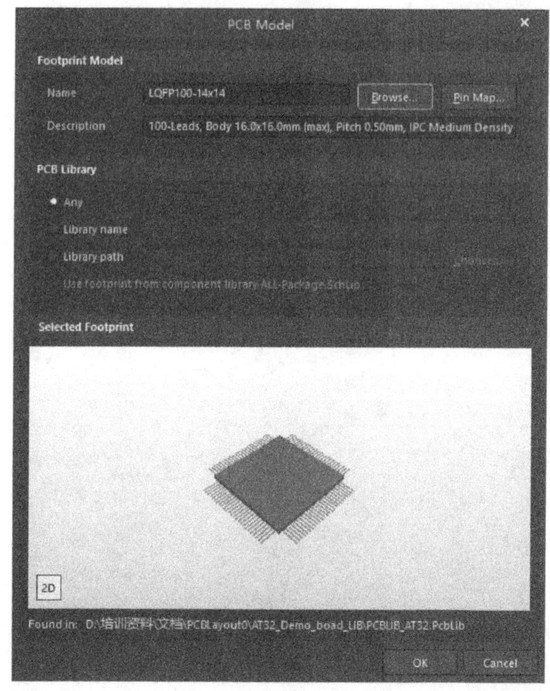

图 16-53　选择的器件封装库

单击“OK”按钮，返回 AD 主界面。此时在原理图库中的器件信息里已经能看到封装的信息了，如图 16-54 所示。然后需要把更新后的原理图库器件信息更新到原理图上去。在

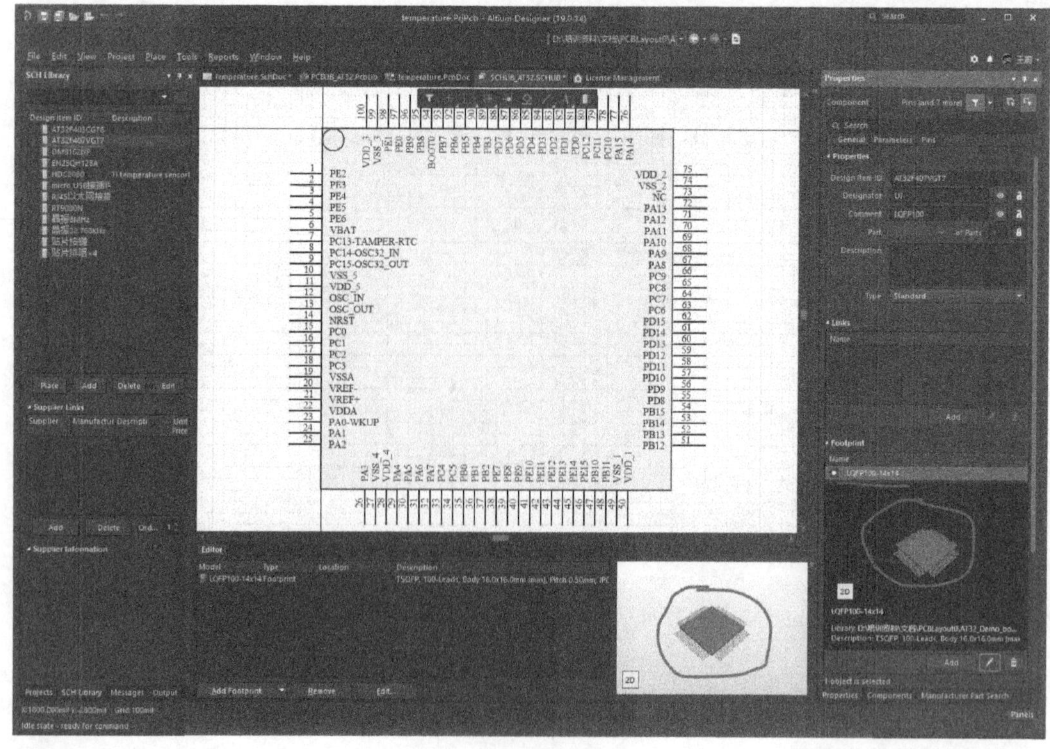

图 16-54　关联好的原理图库器件

“Tools” 菜单里选择 “Update Schematics”，如图 16-55 所示。

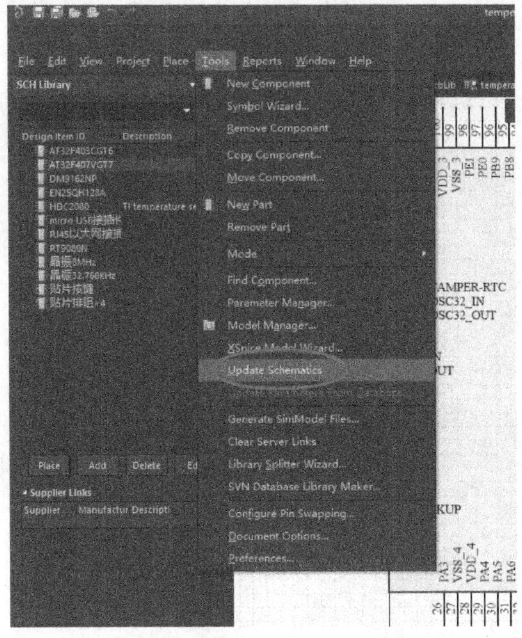

图 16-55　更新原理图库器件信息

还有一种添加关联的方法是直接在原理图里操作。回到原理图界面，然后单击要添加或者修改封装的器件，在界面右侧的属性栏可以看到 “Footprint” 列表框，只需要添加或者编辑列表信息即可，如图 16-56 所示。

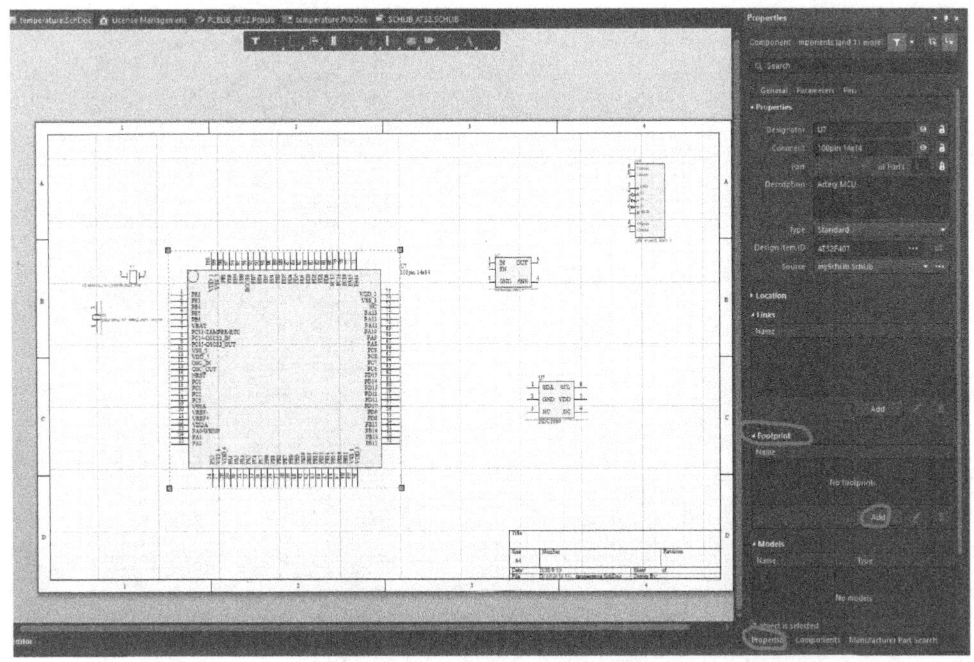

图 16-56　在原理图中添加器件封装信息

单击“Add”按钮后，在弹出的“PCB Model”对话框中单击“Browse”按钮，然后会弹出“Browse Libraries”对话框，选择相应的 PCB 库文件，最后在封装列表里找到需要的封装名字，单击“OK”按钮即可，如图 16-57 所示。

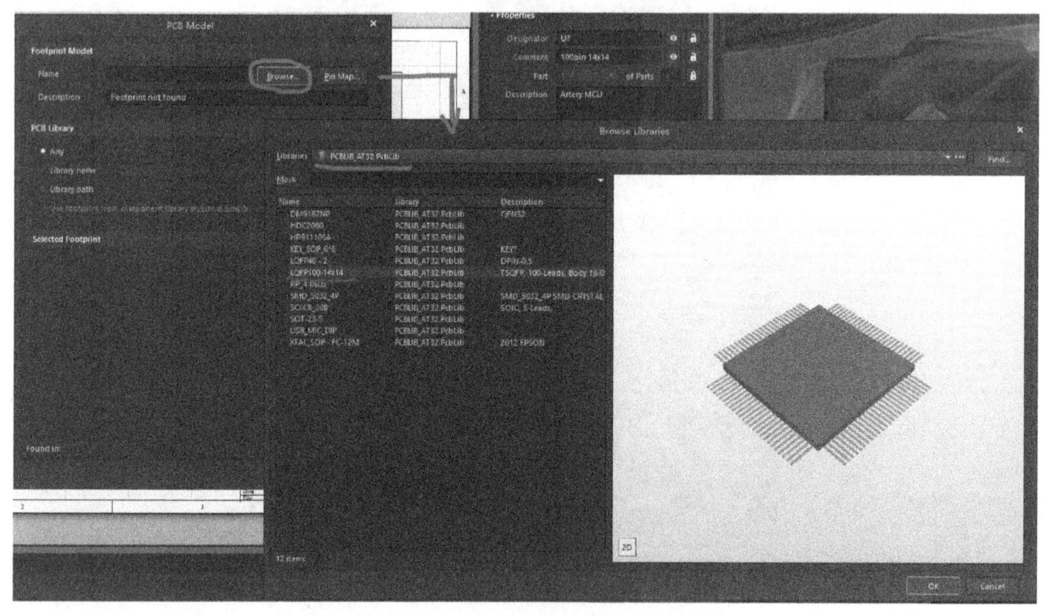

图 16-57　找到封装库并选择相应的封装信息

回到原理图界面后就能看到封装了，如图 16-58 所示。

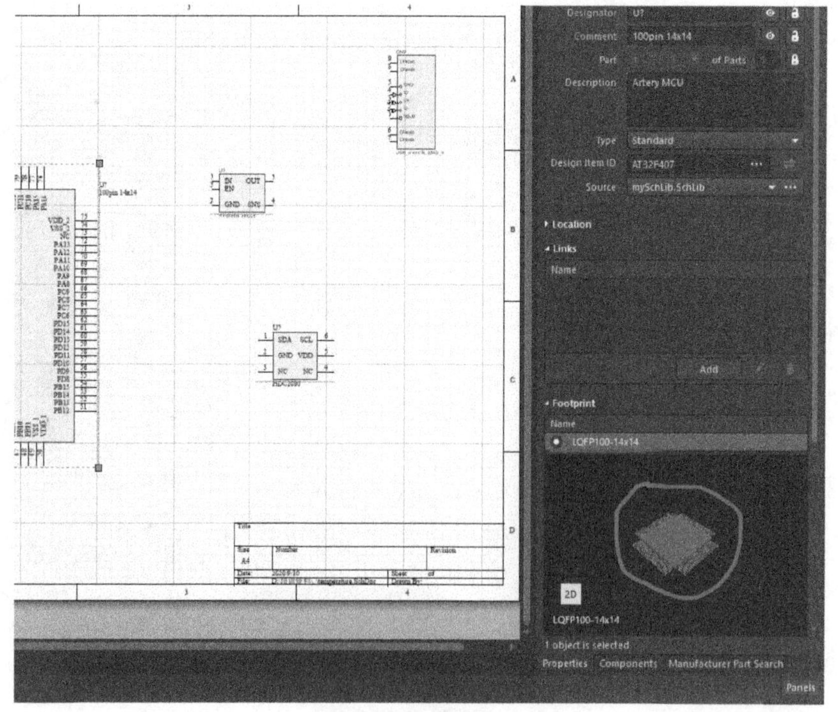

图 16-58　添加过封装的器件

16.2.5　正式绘图

其他的器件创建过程就不重复说明了，接下来开始画图。

首先当然是原理图。把器件（或元件，此后不再说明）拖动到合适的位置，然后参考本书附带资料中的原理图来绘制。如果要旋转器件，只要单击一下器件，器件周围会出现一个绿色的虚线框，此时按下〈Space〉键就会旋转。页面的缩放是按住〈Ctrl〉键并旋转鼠标中间的滚轮即可实现。整个页面的平移可以通过在页面任何地方按住鼠标右键挪动鼠标来实现。

根据参考的原理图，还需要添加一些基础的电阻和电容。在 AD 中，有一些常用器件的原理图库和器件封装库可以使用。比如要放一个电阻，单击原理图空白处，然后按两下〈P〉键（用快捷键时要用英文输入法），这时界面右边变成了“Components”栏，在选择库的下拉列表里选择“Miscellaneous Devices. IntLib”（这是 AD 自带的一个“集成库”，就是把原理图库和封装库做在一个库里。它很强大，但是实际工作中最好分开来做，因为这样灵活性更高），选定这个库后，就能看到库里的器件列表，在这个列表里可以选择一个合适的电阻，如图 16-59 所示。

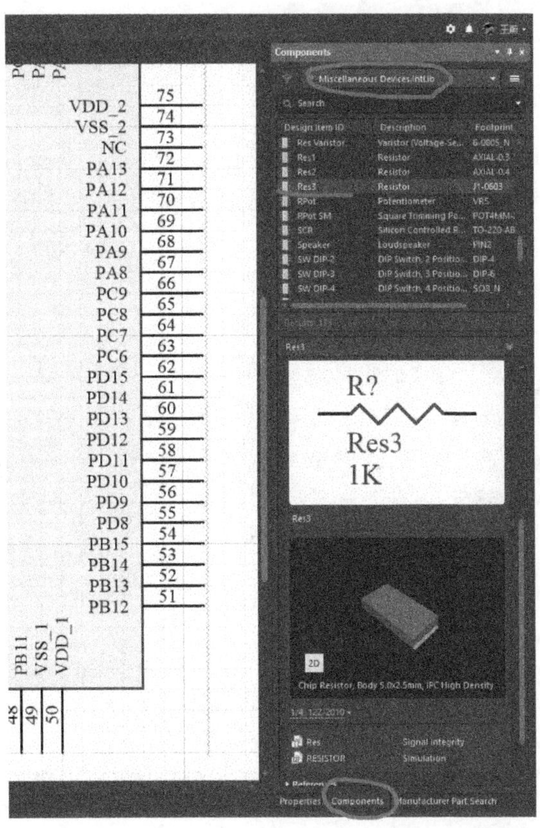

图 16-59　在默认库中选择器件

在这个库中有常见的分立器件，如电阻、电容、二极管、晶体管、MOS 管等。还有另外一个常用的 AD 自带集成库，叫“Miscellaneous Connectors. IntLib”。从名字就能看出，这个库里包含一些常用的接插件或连接器。在列表里选定一个器件并双击，就能将其放置到原理图中了。放置器件后，参考原理图画线。可以使用快捷键，按〈P〉键，再紧接着按〈W〉键，然后箭头光标变成了“米”字形，就可以将器件连接起来了。连线随着鼠标的移动可以一直画下去，画完需要的线后右击结束。篇幅有限，摆放和画线的过程就省略了。

在画图的过程中还要放置电源符号，比如电源和地，如图 16-60 所示。

单击电源图标。一般情况下默认绘制地的符号，但是可以根据要求修改。可以在符号被放置前按下〈Tab〉键，也可以放置后双击符号，激活右侧的属性栏，如图 16-61 所示。

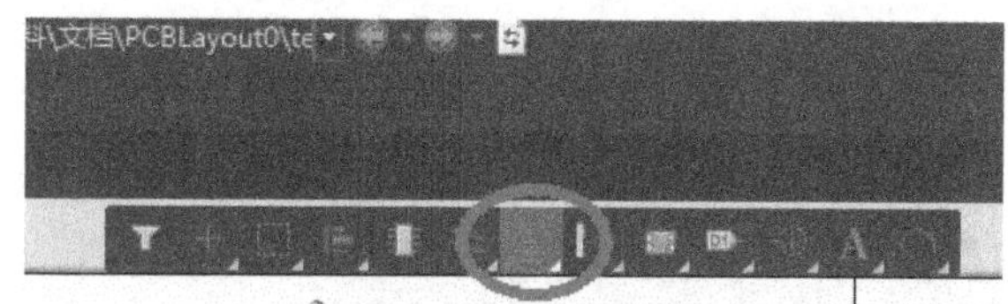

图 16-60　添加电源符号

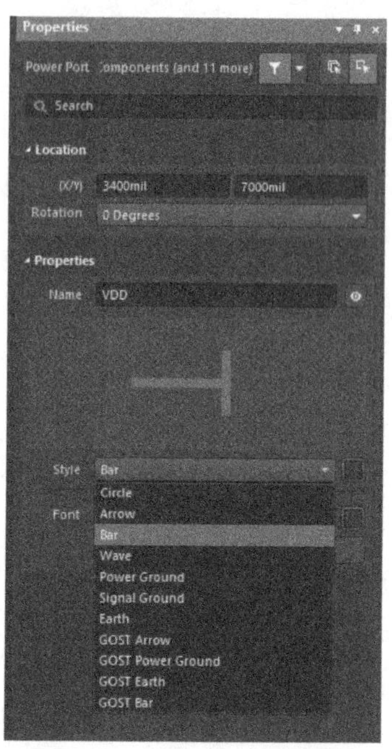

图 16-61　电源符号的属性栏

在属性栏中可以修改符号的名称、形状和颜色等。通常，电源符号是一个横杠，地的符号是三个横杠。如果系统里有多个不同的电源或者地，则可以用不同的名字来表示。注意，这里的名字和后面会讲到的“Net Label”其实是一样的。也就是说，同样名字的电源，AD 会把它们看作是要连接在一起的。

请继续参考原理图来画图。

图 16-62 是画完的原理图，画圈的地方用的就是“Net Label”，可以通过按快捷键〈P〉后紧接着按〈N〉来放置。在放置的时候改成需要的名字。注意，名字相同的“Net Label”意味着物理上是连通的。在画图的时候，有些线画起来太长，如果全部用线来连接，整张图看起来会极其混乱。用“Net Label”可以避免这种问题。而且，即使在不同页中，只要是同一个工程，相同的“Net Label”也是连通的。还有就是前面提过的，电源的名字其实也是“Net Label”，所以有些连接电源的引脚也可以用和电源相同的名字来代替电源符号。

接下来要对原理中的器件进行编号，因为所有从库里取出来的器件都没有具体的编号，而是用一个问号代替。可以在“Tools”菜单中选择“Annotation”来自动编号，如图 16-63 所示。

单击后会弹出一个对话框，如图 16-64 所示。“Order of Processing”下拉列表框里是编号的顺序，一般不用修改。下面有个文件列表（Schematic Sheets To Annotate），一般是统一编号，所以也不用修改。直接单击“All On”按钮，然后单击“Update Changes List”按钮，如图 16-64 所示。

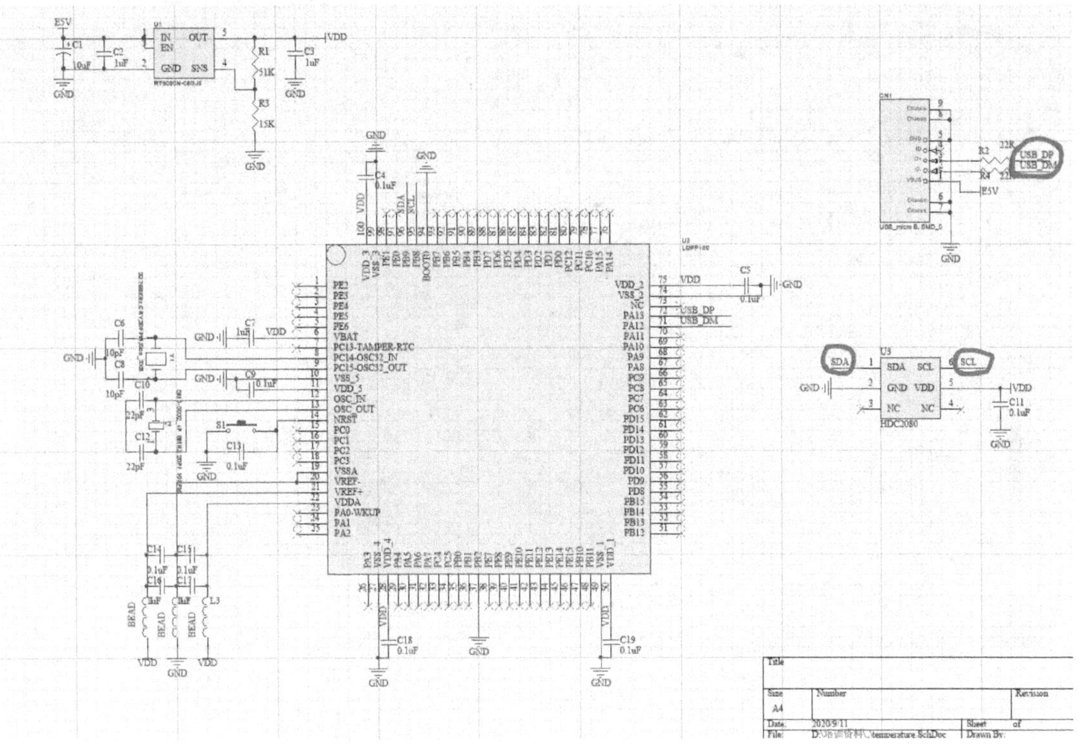

图 16-62　画完的原理图

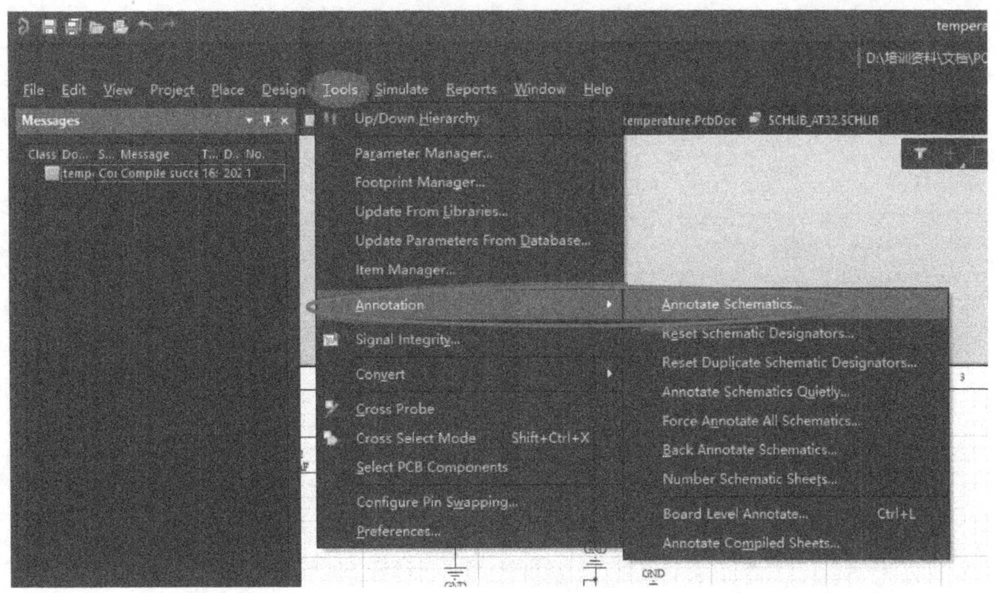

图 16-63　原理图中的器件自动编号

之后会出现一个确认对话框，直接单击“OK”按钮即可。此时图 16-65 中灰色的“Accept Changes（Create ECO）”按钮就变成了可以使用的状态，如图 16-65 所示。

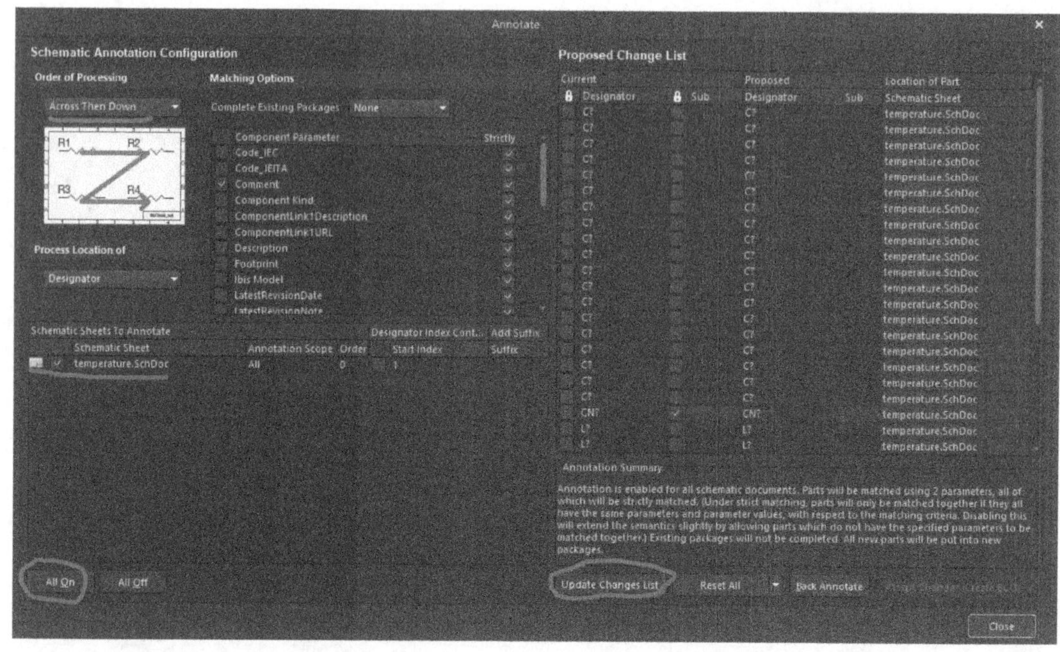

图 16-64　自动编号的设置

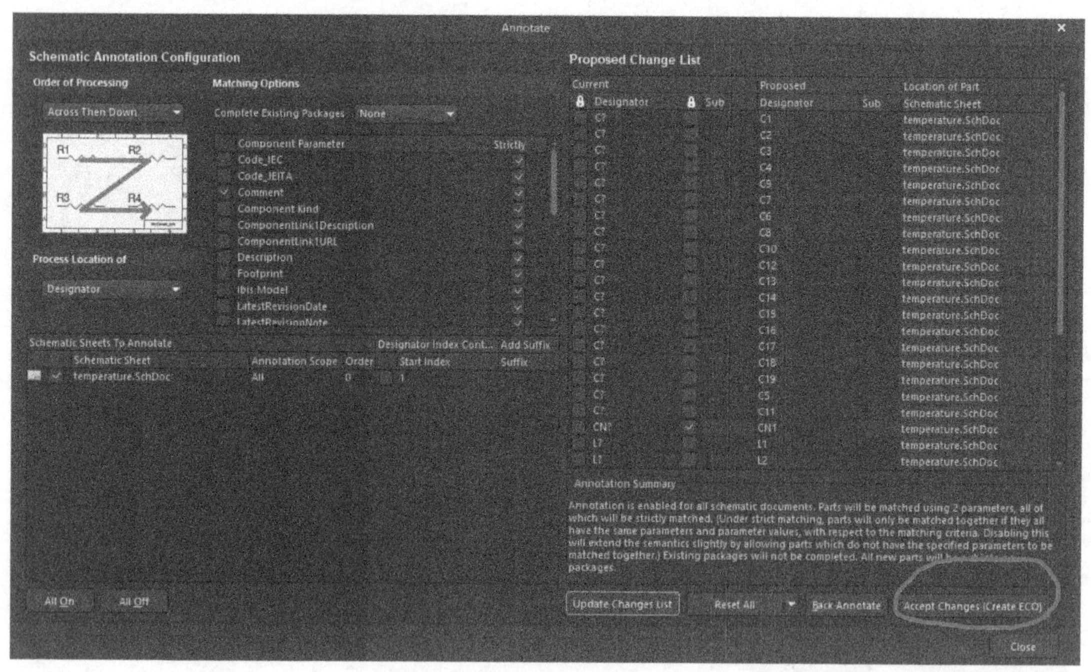

图 16-65　执行自动编号

单击“Accept Changes（Create ECO）”按钮后弹出一个新的对话框。依次单击“Validate”、“Execute Changes”按钮，如果没有错误就直接单击“Close”按钮，如图 16-66 所示。关闭“Annotate”对话框后回到原理图编辑界面，所有的器件都有了一个编号。

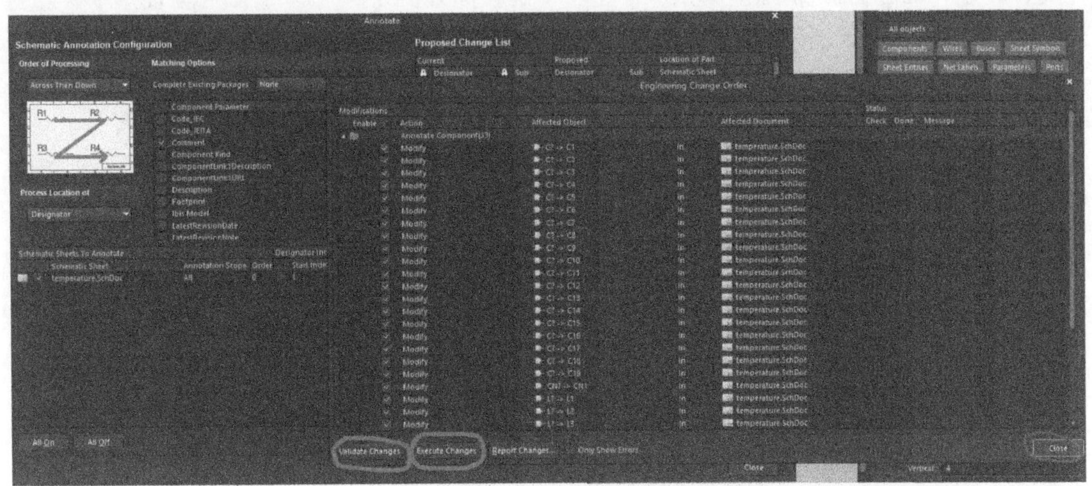

图 16-66　自动编号执行完毕

然后要对原理图文件做个“编译”，这和代码编译是两个概念，只是 AD 内部的一些数据转换工作，同时还会帮助用户自动检查错误，如果编译不通过，就会提示错误信息。编译方法是单击“Project”菜单下的“Compile PCB Project temperature. PrjPcb”，如图 16-67 所示。

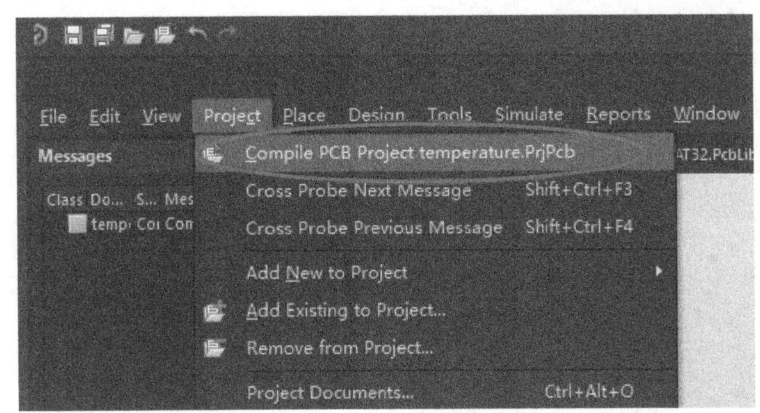

图 16-67　编译原理图文件

单击“Compile PCB Project temperature. PrjPcb”后发现工程有错误，相关位置双击错误信息就能找到，如图 16-68 所示。

仔细看看这个错误（见图 16-69），原来是某个引脚没有适当连接。为什么原理图上其他引脚没有连接不会报错呢？原因是原理图器件在定义这个引脚的时候把引脚的属性设置成了“Input”，如图 16-70 所示。

一旦引脚被设置为“Power”或者“Input”，那么在原理图上就必须给这个引脚设置确定的连接，不能悬空。这就是之前画原理图的时候把所有引脚的电器类型都设置成“Passive”的原因。那么如何修正这个错误呢？有两种方法，一种是在原理图中把这个引脚的电器类型改成“Passive”，但这里不推荐；另一种是在原理图中声明一下：“这个引脚不会使用，请不要报错”。其实，在严谨的项目中，还是要求工程师根据数据手册来设置引脚的电器属性，这是非常好的习惯。如果很多引脚不会使用，那就直接在原理图中设置“Generic No ERC”（忽略 ERC 检查）标志。如何设置呢？很简单，在“Place”菜单中选择“Directives”→“Generic No ERC”，如图 16-71 所示，选择完后，就会出现一个红色的叉，把这个红叉放在出错的引脚上即可，如图 16-72 所示。再次编译就不会出现错误了。

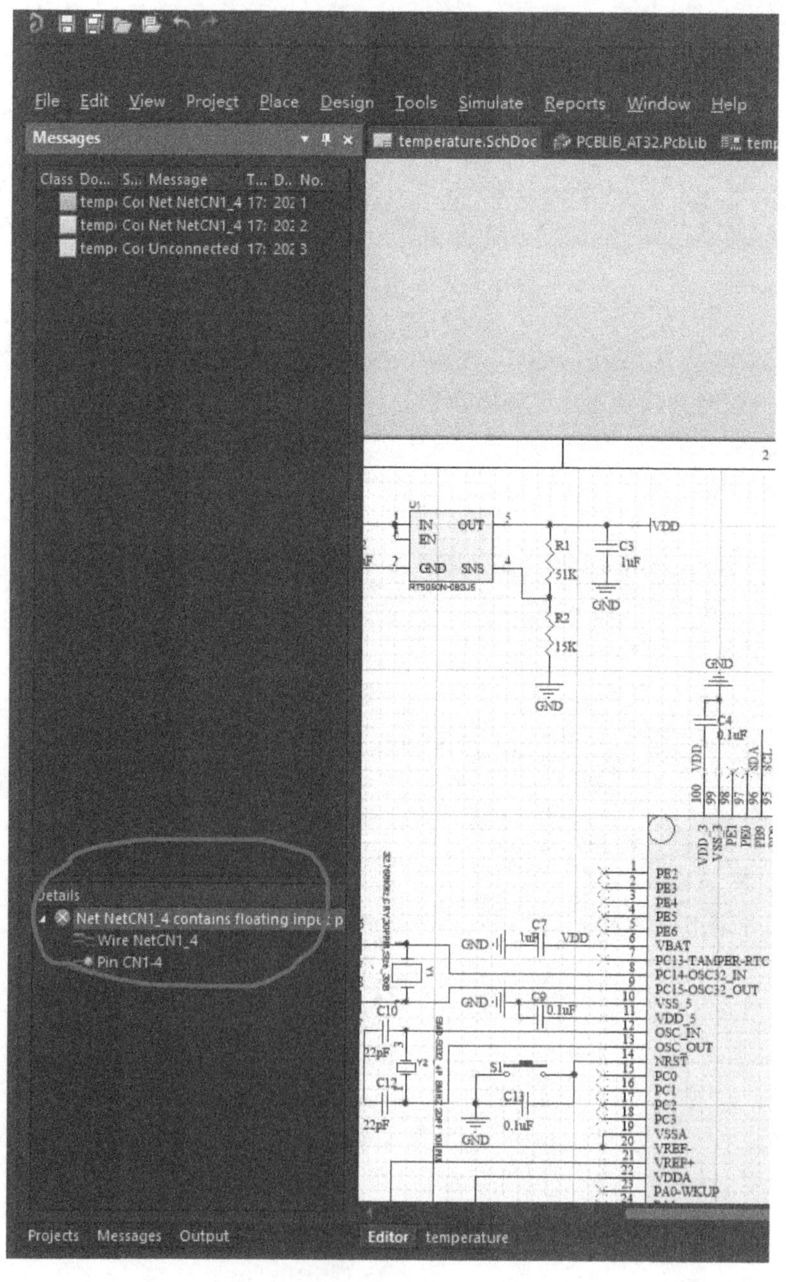

图 16-68　编译原理图文件出现错误

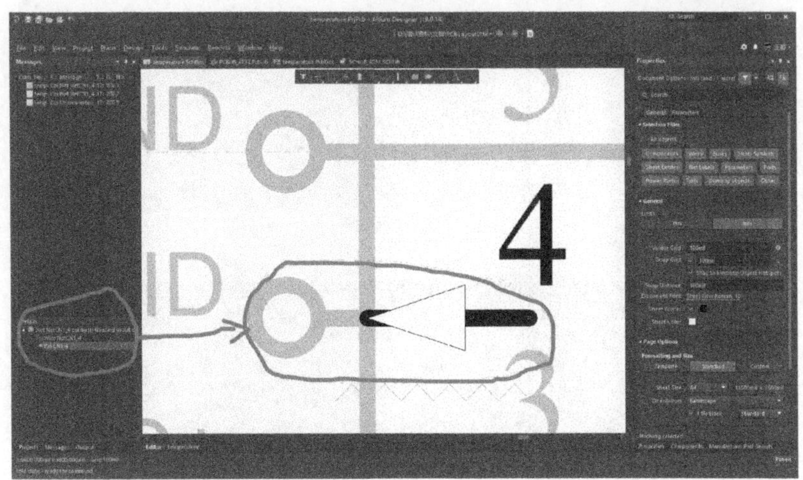

图 16-69　编译原理图文件错误位置

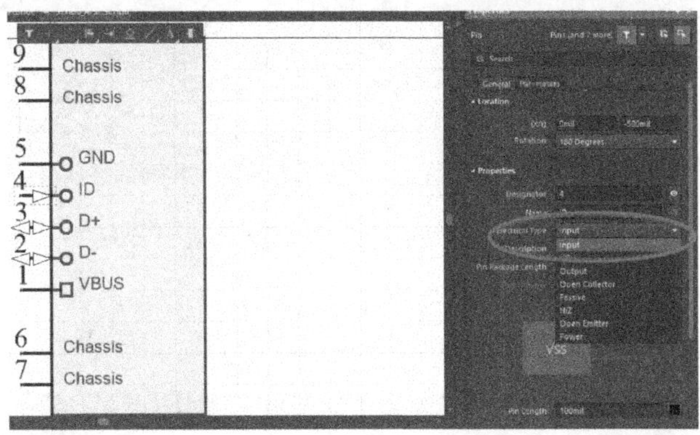

图 16-70　原理图文件的引脚定义

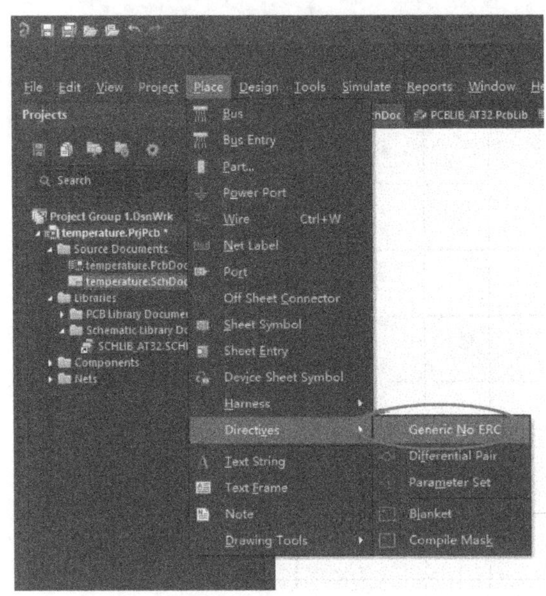

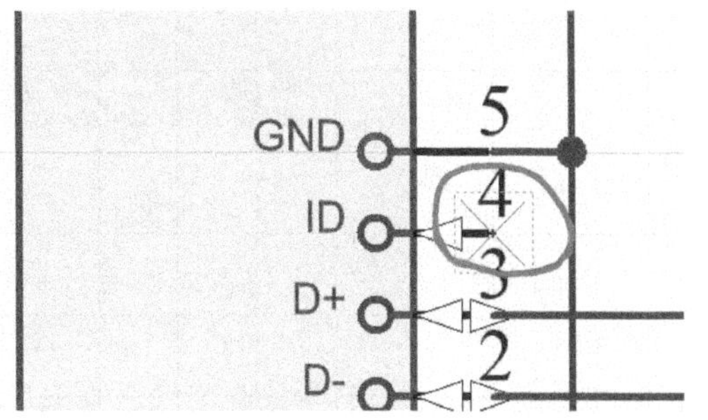

图 16-71　放置忽略 ERC 检查的标志

图 16-72　把忽略标志放在出错的引脚上

16.2.6 Layout

原理图画好了，那么就要开始画板子了。

首先需要把原理图中的内容更新到 PCB 文件。在菜单栏选择“Design”→“Update PCB Document temperature PcbDoc”（一般而言 AD 会自动找到工程中的 PCB 文件），如图 16-73 所示。

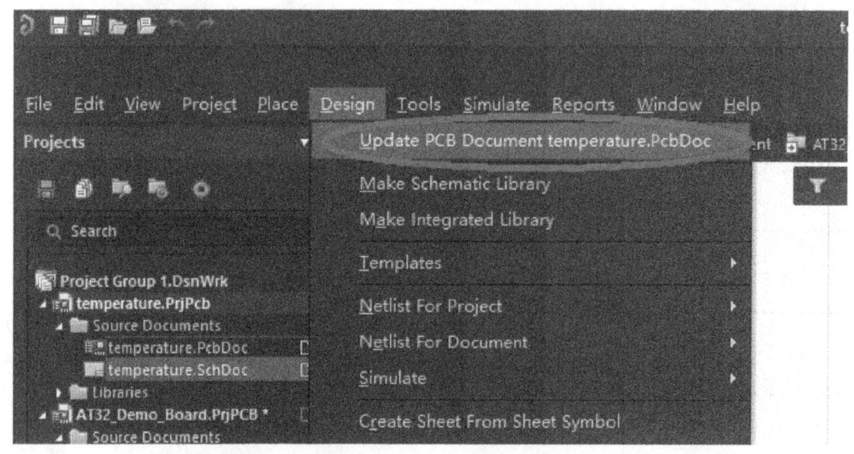

图 16-73　把原理图中的内容更新到 PCB 文件

选择后会弹出一个对话框，显示所有要更新到 PCB 文件中的器件。依次单击“Validate Changes”和“Execute Changes”按钮，如图 16-74 所示。

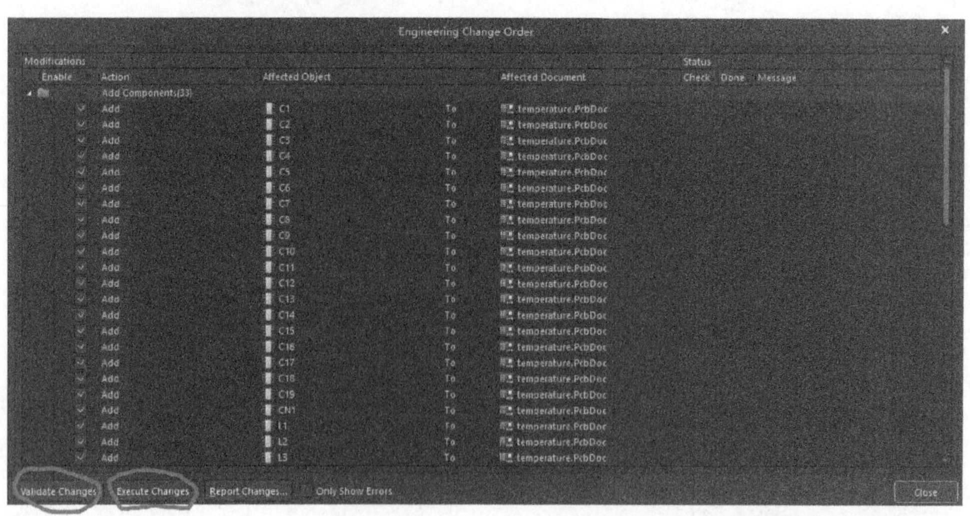

图 16-74　执行更新

如图 16-75 所示，可以看到所有的器件都被放在了黑色 PCB 的外面，只要把器件拖动到合适的位置即可。所有的器件被红色的框圈了起来，这个框称为“ROOM”，顾名思义就是一个空间。在不同的 ROOM 中可以独立配置一些布板规则。一般来说不同原理图文件中的器件会自动放到一个 ROOM 中。如果只有一个原理图文件，那么可以不用 ROOM。

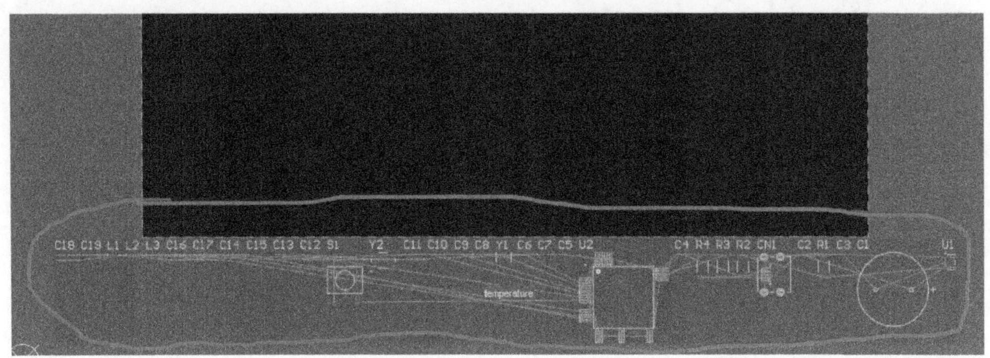

图 16-75　更新了的 PCB

接下来需要确定板子的一些基本要求，比如层数。对于这个简单的板子，两层就够了，但是为了演示，这里使用四层板。在菜单栏选择“Design”→“Layer Stack Manager”，如图 16-76所示。

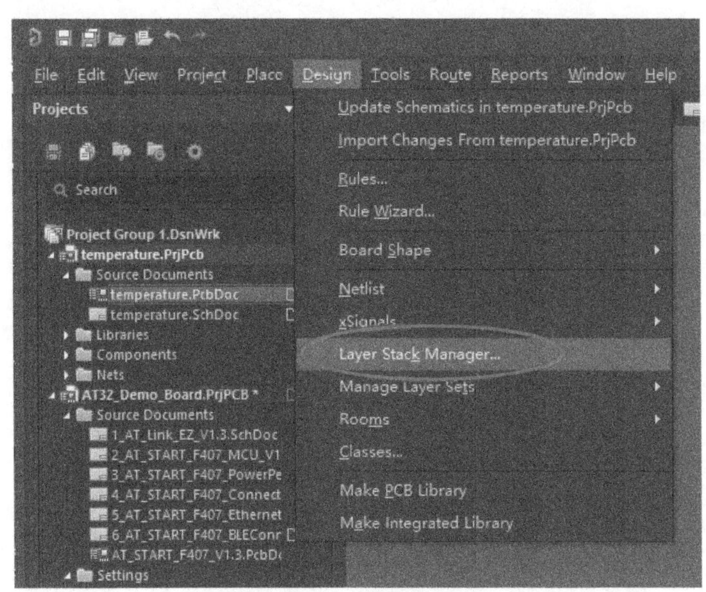

图 16-76　配置板子层数

单击后打开了层管理界面。AD 默认使用两层板，因此能看到图 16-77 所示的层。

图 16-77　层管理界面

这些层的含义见表 16-1。

表 16-1　层的含义

名　字	类　型	解　释
Top Overlay	Overlay	正面丝印层，用来在板子上写字
Top Solder	Solder Mark	正面阻焊层，用来在阻焊层上开窗，比如焊盘
Top Layer	Signal	用来在正面绘制线路
Dielectric 1	Dielectric	介质层，就是一层绝缘材料，常见的是 FR-4
Bottom Layer	Signal	用来在反面绘制线路
Bottom Solder	Solder Mark	反面阻焊层，用来在阻焊层上开窗，比如焊盘
Bottom Overlay	Overlay	反面丝印层，用来在板子上写字

一般情况下只对信号层（Signal）、Top Overlay 和 Bottom Overlay 做操作，其他层不会修改。现在默认是双层板，也就是有正面和反面两个信号层。右击中间的介质层（Dielectric 1），会有一个快捷菜单，然后插入新的层，如图 16-78 所示。

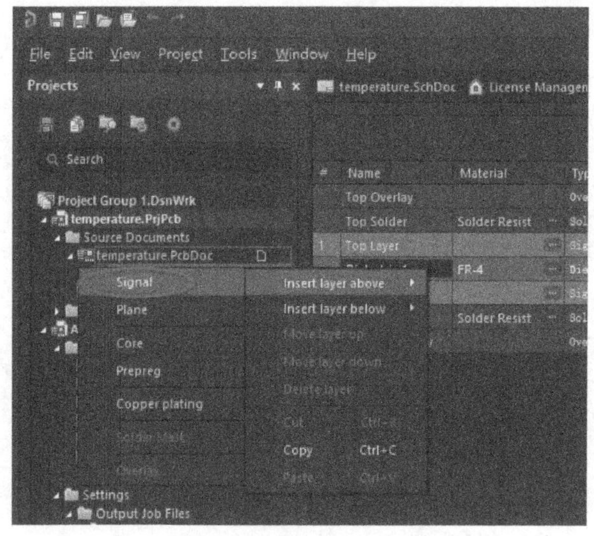

图 16-78　插入层的选项

选择信号层，因为信号层比较灵活，可以走线，也可以覆铜。层的名字也能自己定义，但是这里就不修改了。层是成对添加的，不能只添加一层，如图 16-79 所示。

添加好层就可以关闭这个层管理界面了，关闭后在 PCB 绘图区的下面就会出现刚刚添加的层，如图 16-80 所示。

接下来需要配置一下 Layout 规则，比如默认线宽、保护间距等。在菜单“Design”中选择“Rules”，如图 16-81 所示。

选择后会弹出一个非常复杂的规则设置对话框。下面只演示常用的规则，比如“Clearance”，即保护间距和线宽的设定，如图 16-82 所示。

保护间距是指器件和走线之间要求的最小距离，如果小于这个距离会出现绿色的错误提示。在图 16-82 中，保护间距设为 5mil（英制单位，也可以输入 mm 来变成公制单位，

1mil = 0.0254mm）。对话框下面有个表格，可以独立修改线与线、线与焊盘、线与过孔等的保护距离。设置完毕后不要忘记单击“Apply”按钮。

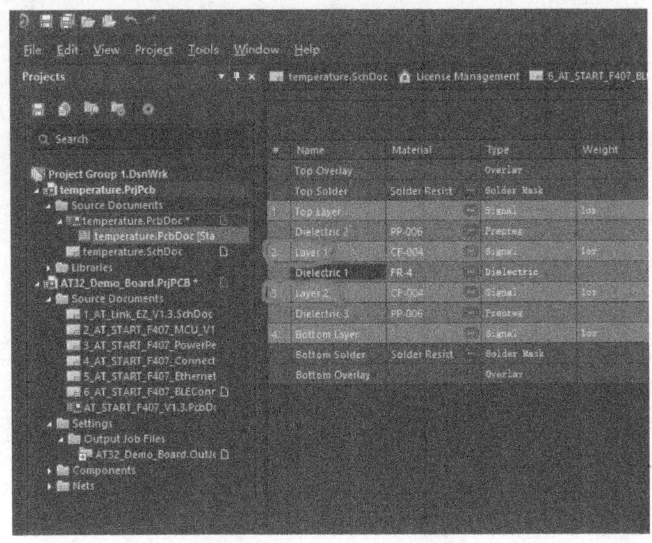

图 16-79　插入两个层

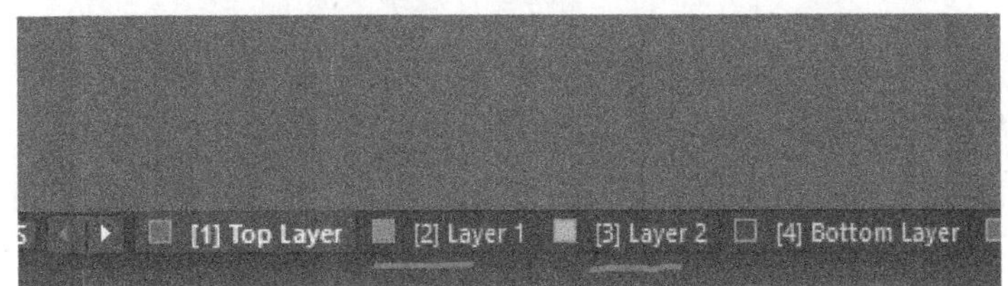

图 16-80　在 PCB 文件中出现了两个新的层

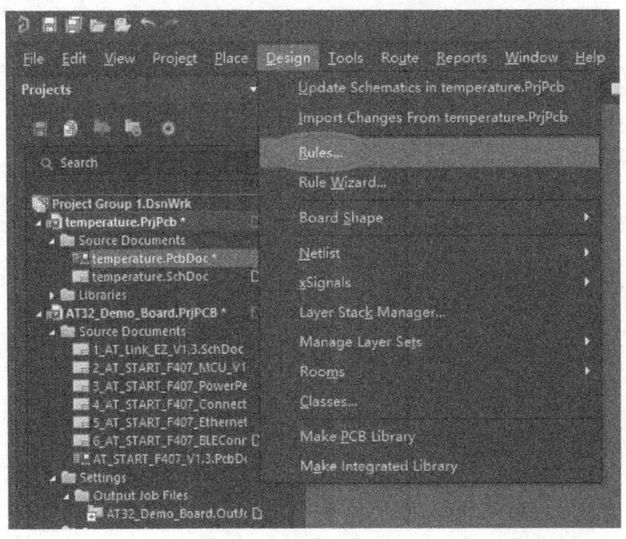

图 16-81　开始配置规则

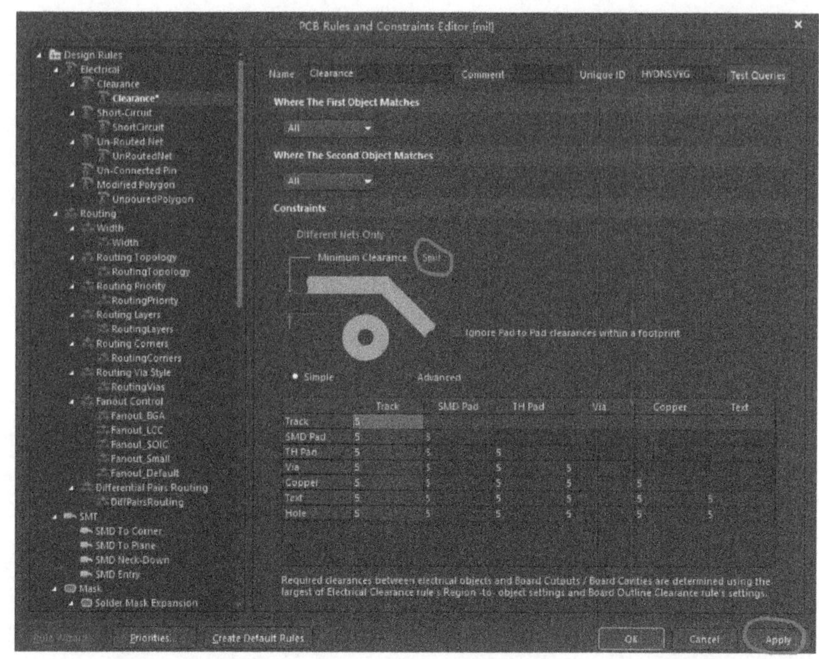

图 16-82　设置保护间距

然后设定一下线宽。请找到左侧的“Width”选项，如图 16-83 所示。设置线宽为：最小 5mil，推荐 10mil，最宽 20mil。线宽的规则适用于所有层。单击“Apply”按钮，最后单击“OK”按钮，退出规则配置对话框，回到 PCB 编辑界面。

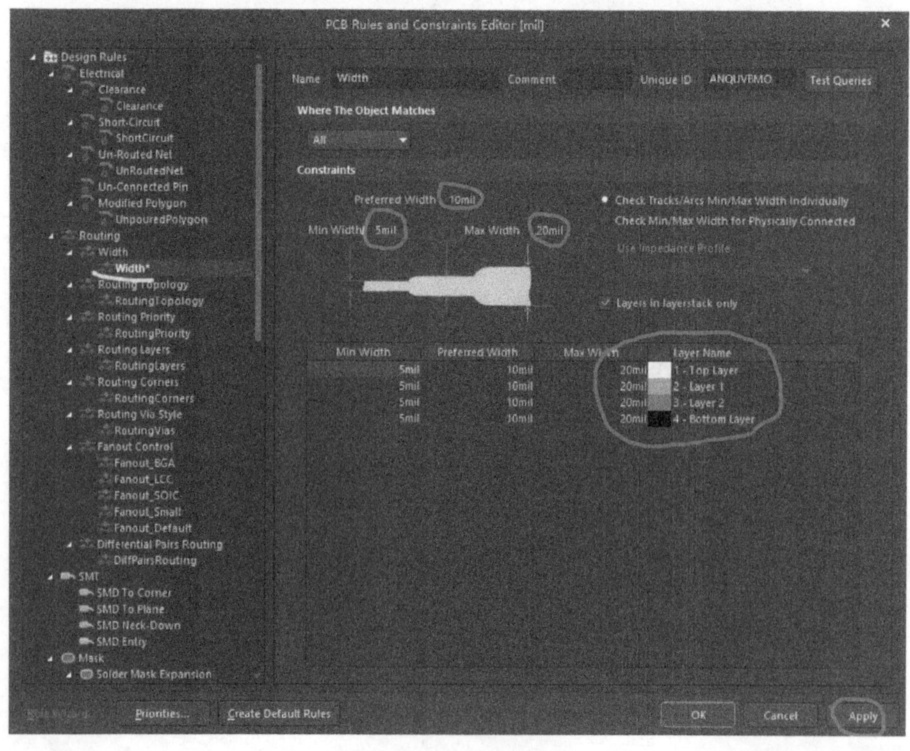

图 16-83　设置线宽

为了方便，可以将 ROOM 删除。只要单击 ROOM 的空白区域、按〈Delete〉键就能删除它。

还需要定义一下板子的尺寸和外观。首先把想要的外观用线条画出来，一般画在机械层（比如“Mechanical 1”层）。单击 PCB 编辑界面下方“Mechanical 1”标签，然后依次按下快捷键〈P〉〈L〉画出图形，如图 16-84 所示。

图 16-84　在 PCB 机械层绘制外框

在实际工作中，需要按照实际尺寸绘制。怎么把握尺寸呢？双击一条线，在右侧属性栏就可以修改其长度，如图 16-85 所示。

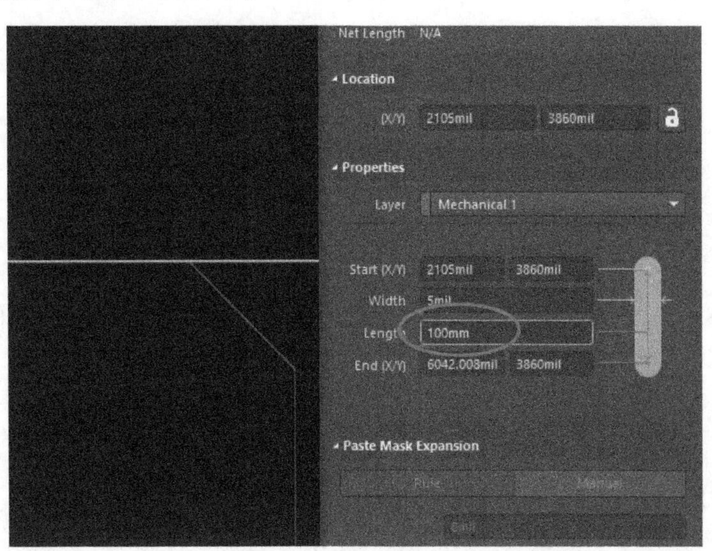

图 16-85　修改线的长度

如果不习惯用英制单位，也可以在 PCB 编辑区按下快捷键〈Q〉，在公制和英制之间切换。注意，这个线框必须闭合，不要有缺口。然后用鼠标拖动出一个窗口全部选中这些线，如图 16-86 和图 16-87 所示。

图 16-86　鼠标拖动全选

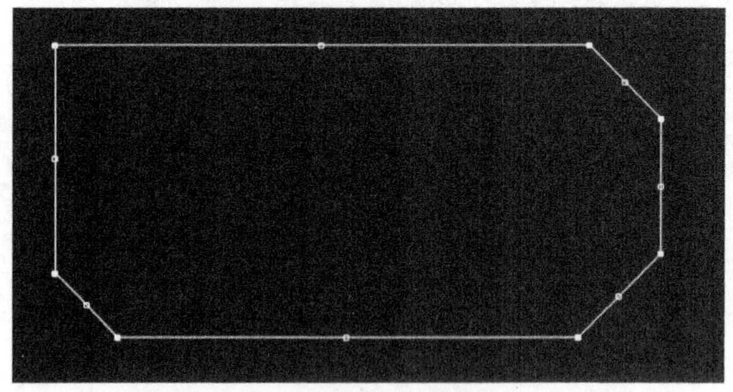

图 16-87　全选后的样子

选中后，在“Design”菜单中选择“Board Shape”→“Define from selected objects”来重新定义板子的外观尺寸，如图 16-88 所示。接着就能看到所希望的板子外观了，如图 16-89所示。

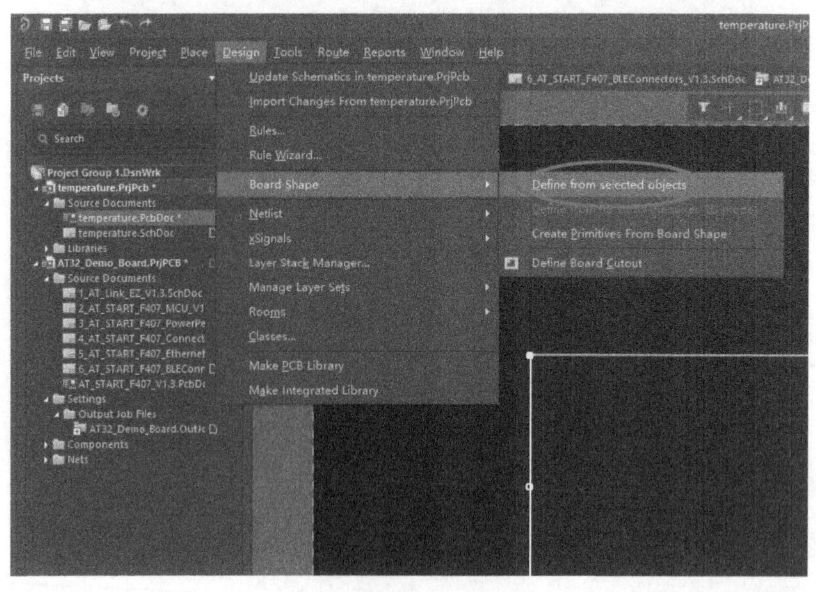

图 16-88　根据线条修改板子外观

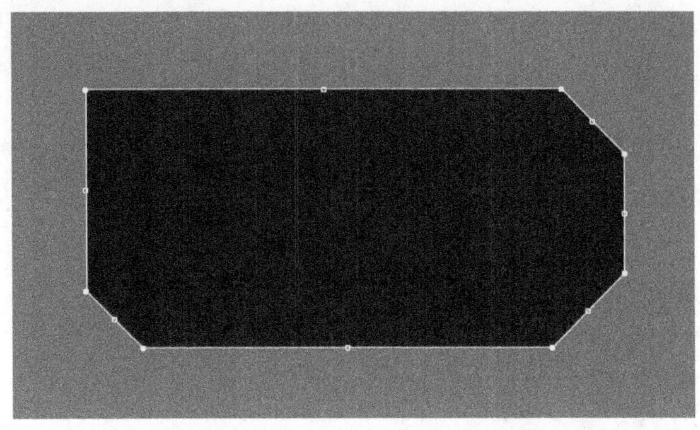

图 16-89　修改后的板子外观

接下来要做的就是用鼠标把器件一个个拖动到目标位置。如果需要旋转器件，只需单击选中器件并按下〈Space〉键，器件就会逆时针旋转（旋转的角度可调，在“Tools”菜单下打开“Preferences”对话框，如图 16-90 所示）。另外，板子的放大、缩小只需要按住〈Ctrl〉键，同时旋转鼠标中间的滚轮即可。板子的移动只需要按住鼠标右键并拖动，到达目标位置后放开右键即可。

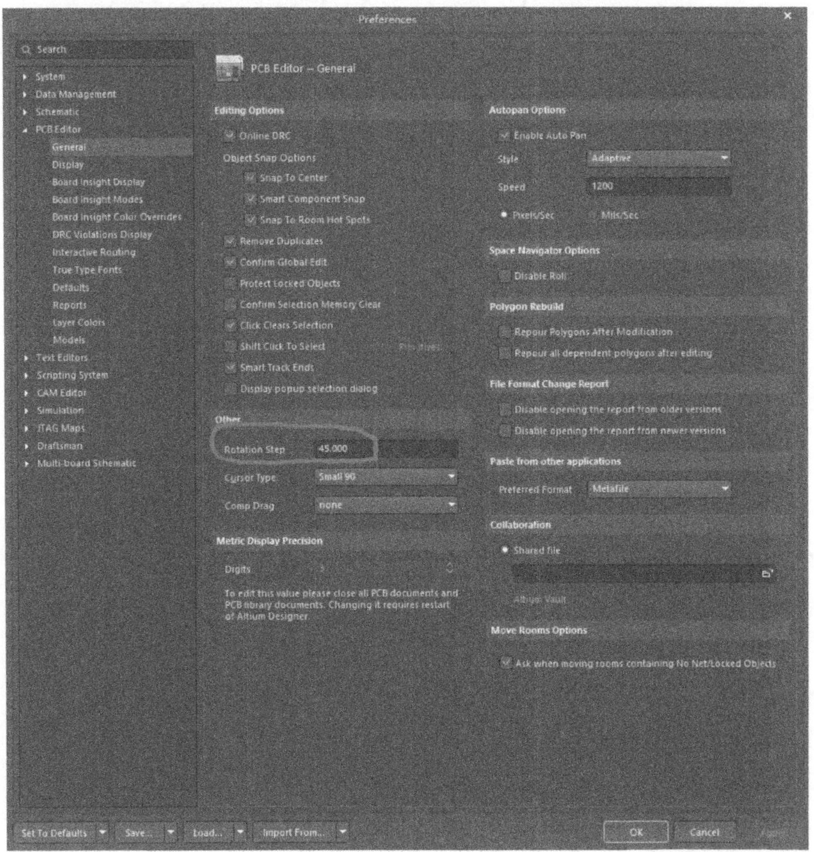

图 16-90 “Preferences” 对话框

这里顺便介绍一个查找器件的方法，当你的系统比较复杂，器件较多时，需要把原理图和 PCB 上的器件对应起来（交叉参考），有个快速的办法就是右击 PCB 编辑区，然后在弹出的快捷菜单中选择“Cross Probe”（见图 16-91），此时光标变成了一个十字，用十字来选择你想查找的器件。此时屏幕一般会闪烁一下，假如现在在 PCB 文件绘图窗口，那么只要再次单击原理图文件，就能发现对应的原理图器件已经圈出来了，同时，原理图中其他部分变成了灰色，如图 16-92 所示。

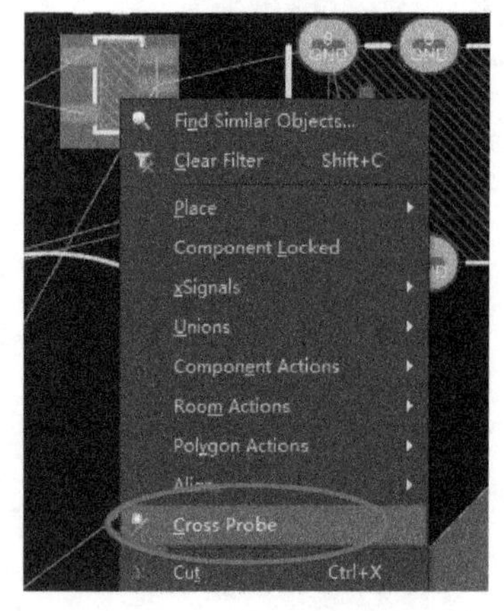

图 16-91　PCB 中的“Cross Probe”选项

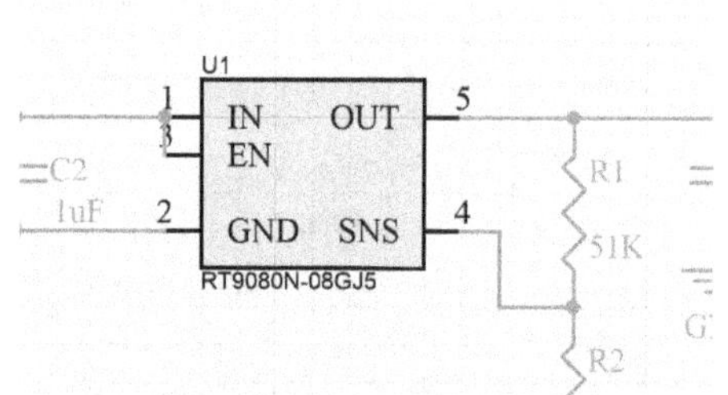

图 16-92　原理图中的交叉参考器件

如果要恢复原理图原来的样子，只要右击原理图编辑区，然后在弹出的快捷菜单中选择“Clear Filter”即可，如图 16-93 所示。反过来，如果要在原理图中找到 PCB 对应的器件，操作方法也一样。当然还有更酷炫的方法，比如分栏，这里就不展开了。

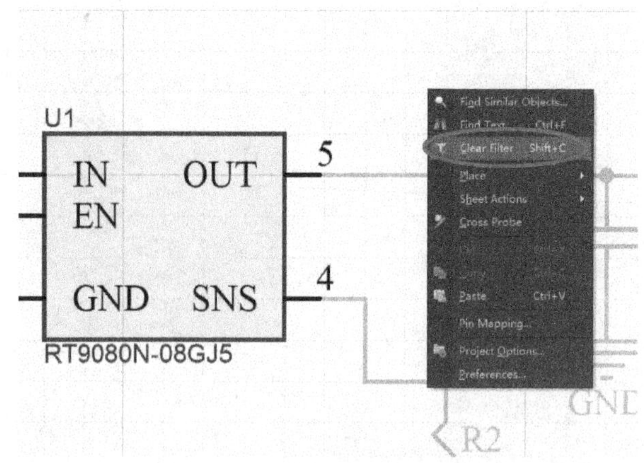

图 16-93　原理图取消交叉参考

如果要把一个器件放置在 PCB 的反面（也就是 Bottom Layer）的话，最快捷的方法是用单击器件，按下快捷键〈L〉就可以把器件快速放置到另外一层。一共只有正反两个面可以摆放器件，每按一下就切换一个面。

所有的器件都摆放妥当后，只要按下快捷键〈P〉后紧跟着按〈T〉键，光标就会变成十字形，此时可以找到对应的引脚用线连接起来。你应该已经留意到，器件之间有很多白色的细线，这些线就是器件之间引脚的逻辑连接（或者称之为“网表”连接）。绘制走线时，不同的网表之间是画不上去的。

走线可以安排在不同的信号层，如果需要穿越一个层，那就需要放置过孔。依次按快捷键〈P〉和〈V〉，然后修改过孔的属性，其中的“Net”是指这个过孔和网表中的哪根线连接，除此之外，还要修改过孔的大小等，如图 16-94 所示。这里不再展开。

有了上面这些知识，就能完成 PCB 的布局和走线了。

如果要生产的话，还需要导出 . gerber 等文件，可以在“File”菜单中选择“Fabrication Outputs”→“Gerber Files”，如图 16-95 所示。当然，还有其他的生产用文件。篇幅有限，这里就不再多说了。

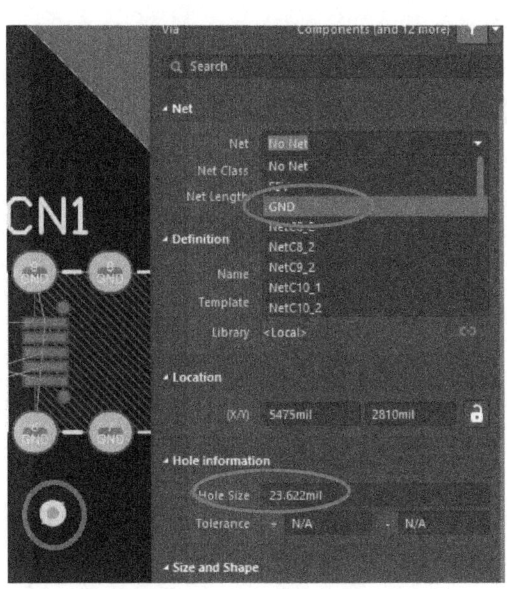

图 16-94 过孔的属性

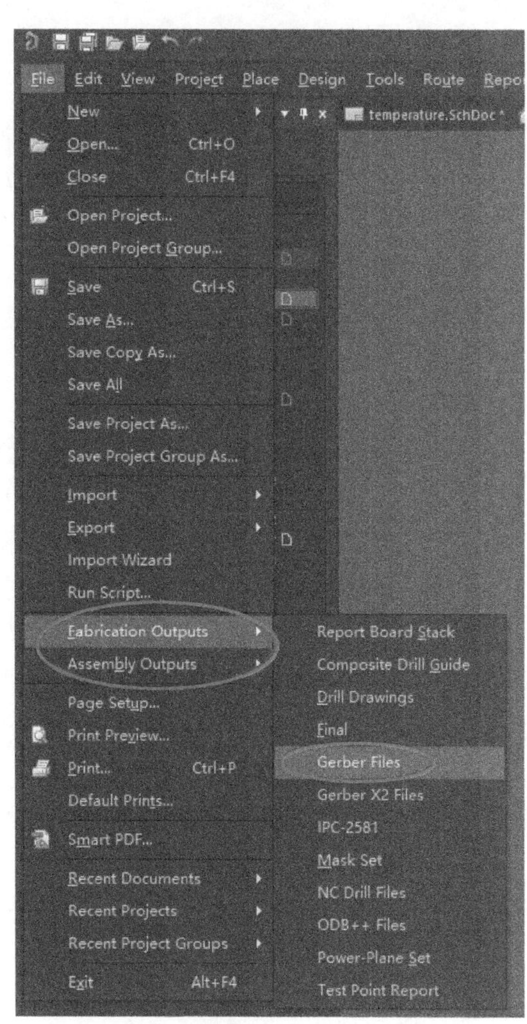

图 16-95 导出制板用 . gerber 文件

Part II

第二篇
RTOS（实时操作系统）

第 17 章　人类吃了智慧果后做的第一件事是用树叶做了件衣服——RTOS 原理
第 18 章　巧妇难为无米之炊——RT-Thread 环境搭建
第 19 章　障眼法——RTOS 如何实现分身术
第 20 章　三头六臂——一起做几个多线程的例程
第 21 章　团结就是力量——线程之间的同步和通信
第 22 章　开始烧脑——RTOS 实践案例
第 23 章　节约是美德——内存管理
第 24 章　家中有粮，心里不慌——中断管理
第 25 章　乾坤大挪移——内核移植
第 26 章　工欲善其事，必先利其器——Env 辅助开发环境和 FinSH 控制台
第 27 章　个人的一小步，人类的一大步——I/O 设备管理
第 28 章　一人之下，万人之上——虚拟文件系统
第 29 章　万物互联——网络框架

第17章　人类吃了智慧果后做的第一件事是用树叶做了件衣服——RTOS原理

17.1 RTOS的发展

实时操作系统（Real Time Operation System，RTOS）的诞生其实要晚于常见的多任务操作系统。原因非常简单，因为单片机的出现晚于PC上的CPU。人们所熟悉的最早的单片机应该是Zilog的Z80。也许从这个名字你能想到的是“只有80后才知道这个东西”，但至少Z80的后代，Intel的8051你应该听说过。如果这个也没听说过，那再想想Intel的8086。从Intel的8086开始，CPU发展进入快车道。PC的开端也来自8086（准确地说是8088）。时间上的顺序是，1978年Intel生产出了8086，而8051是1981年生产的。当然，时间相差不大。8051的出现代表了嵌入式系统的诞生，也标志着PC系统和嵌入式系统分道扬镳。

操作系统只是一个软件，所以必然需要特定的硬件载体。由于嵌入式系统和PC系统的各自发展，使得操作系统的类型出现了分化。针对PC类（包括AP架构）的操作系统一般是以多用户、多任务为主导思想的；而以嵌入式系统为目标的操作系统往往以多任务和实时性为主导思想。因为嵌入式系统的资源和PC类系统的资源不可同日而语，所以嵌入式系统的发展比较缓慢（当然，现在是百花齐放）。早期的嵌入式系统因为资源太少（比如只有256个字节的内存，8KB的ROM）而无法承担操作系统自身的开销，都是处于“裸奔”状态。之所以称之为“裸奔”，并不只是因为没有使用操作系统，还和C编译器没有普及有关。当时的单片机资源非常有限，同时大部分操作是直接针对寄存器的，还要尽量减少子程序的嵌套层数（因为栈是要占用内存的），所以整个程序缺乏模块化和封装，看起来非常不友好，“裸奔”这个词非常形象。

单片机的“裸奔”状态基本持续到2000年以后。有很多资料认为在1981年就有第一个嵌入式系统问世了，名为VRTX32。但是，这个操作系统当时也是运行在8086类PC架构CPU上的，所以不能算是真正意义上的嵌入式系统。20世纪90年代的VxWork、WinCE也被称为嵌入式系统，但也是运行在PC架构上。根据核心篇的定义，本书不将这类操作系统纳入所探讨的RTOS行列。笔者对于嵌入式系统的初次印象来自1992年发布的μC/OS。当然，并不是μC/OS特别突出，只是天时地利人和而已。2000年后，随着大量16位乃至32位的单片机问世，RTOS的发展才进入快车道。2003年业内著名的FreeRTOS面世，2006年国产开源RTOS RT-Thread问世。

随着RTOS的发展，单片机的软件架构也越来越“正规”化。相关资源变得相对充沛，使得RTOS有了用武之地。有了RTOS，软件架构就自然分层了。所以，一切都是顺势而为。如今，嵌入式系统基本已经过渡到了32位，几乎是ARM Cortex系列一统天下。对于32位的单片机，RTOS已经可以做到游刃有余了。既然资源足够，那么何不给自己添置一件体面的衣服呢？当然，也不能绝对化地认为“裸奔”不好，只是越来越多的应用场景需要使用 RTOS，同时使用 RTOS 的成本也将不是问题。

本文将采用国产开源 RTOS RT-Thread。首先，它是开源的，无论对学习还是对工作都非常合适；其次，作为国内的 RTOS 产品，推出至今已经超过十年，其稳定性得到了市场的认可；最后，作为实用性 RTOS 的关键是其功能模块的丰富程度。经过十多年的打磨，RT-Thread 已经具备了从输入输出、文件系统、TCP/IP 到 GUI 等的一系列模块。

17.2 RTOS 的基本原理

前面提到了多任务操作系统，比如 Windows、Android、Linux 等，它们和 RTOS 的根本区别在于实时性。多任务操作系统的侧重点是多任务（或者多用户），RTOS 的侧重点在于实时性。由于侧重点不同，其表现就非常不同。多任务操作系统天生更关注用户的交互，比如显示器、输入方式、巨大的存储空间、复杂的访问权限等，而 RTOS 的表现则是极短的响应时间。多任务操作系统需要处理更多用户界面相关的工作，会导致代码量非常巨大，带来对存储器空间的要求，所以多任务操作系统往往非常庞大，不太适合用于嵌入式系统。对于嵌入式系统而言，为了提高实时性，其设计本身也要追求短小精悍。两个不同的侧重点就造成了架构上的巨大差异。

虽然有差异，但有些基本思想是一致的。

（1）线程（进程）调度

所有能称为操作系统的东西一定具有多线程或者多进程调度机制。因为操作系统最初要解决的核心问题就是如何让 CPU “同时” 做更多的工作，尤其是当 CPU 越来越强大、工作频率越来越高时，怎么才能更充分地“压榨” CPU 的处理能力。有两种方法可以提高效率。

第一种是让所有的工作“排好队”，一个一个做，如图 17-1 所示。这种做法非常自然（自然到不需要操作系统），但是在实际情况下，很多工作的执行时间是不确定的，而且永远不结束，比如键盘处理程序。键盘处理程序永远在等待用户按键，而且也不能预先设定用户什么时候会敲击键盘，那么从时间角度讲，排在键盘处理程序后面的工作将永远无法执行。同时，对于键盘输入这种“龟速”设备，CPU 的性能有些浪费。

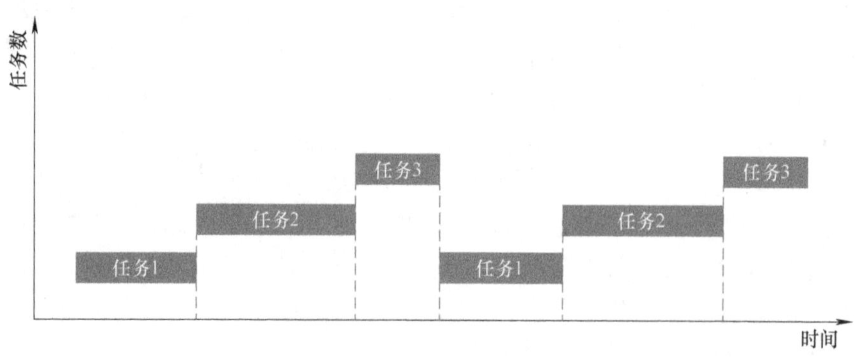

图 17-1 任务的顺序执行

方法二就是让每项工作都做一段时间，之后再去做另外一项工作（可以预先设定这段时间的长度，比如 10ms，它被称为时间片，非常形象）。这样轮流做下去，CPU 的利用率就大大提高了，而且给用户的感觉是 CPU“同时”在做很多件事情。这些需要处理的事情称为线程或者进程，这种做法称为时间片轮询调度，如图 17-2 所示。

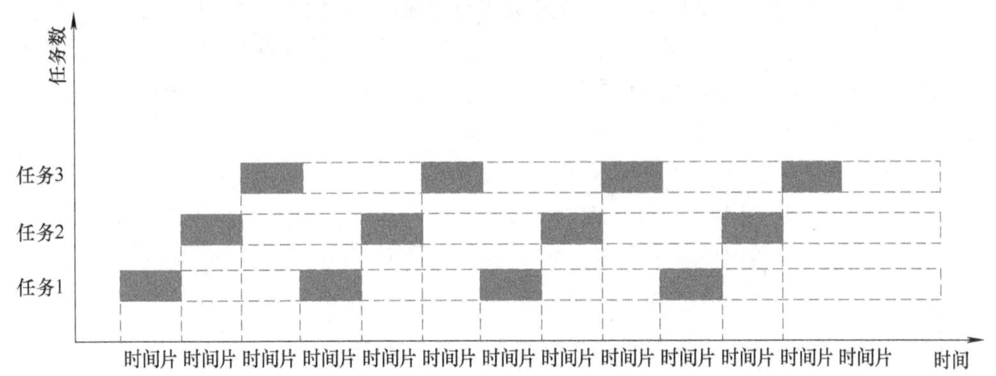

图 17-2　任务的时间片轮询调度

因为不同的事情有不同的重要性，所以简单把要处理的事情“平等对待”不太合适。因此，在时间片轮询调度方法的基础上，需要增加优先级的属性。操作系统根据优先级的高低来运行线程或进程。当高优先级的线程或进程用完自己的时间片或者主动放弃 CPU 使用权时，低优先级的线程或者进程才有可能运行。另外，即使这个时间片是属于低优先级线程或者进程的，如果突然有中断（注意中断是硬件产生的，不是操作系统里的东西）导致要处理一件紧急的事情，这时负责处理这件事情的高优先级线程或者进程就会被操作系统提前运行，直到这个线程或进程执行完毕放弃 CPU 使用权，操作系统才会返回调用前面的低优先级线程或进程。所以这称为抢占式调度。

线程和进程一字之差，但实际区别很大。简单地说，所有的线程都在一个地址空间中，而每个进程都“各自为政”，有自己独立的地址空间。这句话看起来非常抽象。什么是“地址空间”？这个问题深究起来比较复杂，这里只做简单的解释。核心篇中曾探讨过系统是怎么运行的，总结起来就是 MCU 从程序存储器里不断地取指、译码、执行。在取指阶段，MCU 根据 *PC*（Program Counter）的计数值（地址）从具体的程序存储器里读取指令。MCU 能访问的存储器范围称为地址空间，当然这个范围除了程序存储器外还包括可以访问的 RAM 范围。线程和进程都是程序，都是放在程序存储器里的，有什么区别呢？在多任务操作系统中，由于重点就是多用户、多任务，所以需要非常重视隐私。要做的事情 A 和事情 B 完全可能是两个不同用户在操作，即使只有事情 A，也可能是不同的用户在操作。既然是不同的用户在操作，那就应该把操作任务“隔离”开，于是芯片中增加了一个硬件，名为存储管理单元（Memory Management Unit，MMU），CPU 不再直接用物理地址去访问存储区，而是让 MMU 进行逻辑地址转换（或称为地址映射）工作后，再用 MMU 生成的实际物理地址来访问存储器。这样 MMU 就可以把不同的任务代码放在不同的物理地址空间中，但对于 CPU 而言可以是相同的地址。这些代码用到的 RAM 空间也做类似的处理，位于不同的 RAM 物理地址，但对 CPU 而言是同一块地址空间（逻辑地址）。这个改进彻底让多任务操作系统和 RTOS 分道扬镳。它看起来变动不大，但导致很多事情发生了本质的变化。举个例子，所有的多任务操作系统几乎都可以随意安装应用程序，但是还没有 RTOS 可以很方便地在使用过程中安装应用程序。可以随意安装而不会让 CPU 找不到应用程序，主要就是靠 MMU 的这套机制实现的（当然还要有文件系统的配合）。而所有安装在操作系统之上的程序，每一个都是一个进程，它们相互独立，就像“最熟悉的陌生人”。到这里你应该已经能体会到出进程和线程的差异了。地址空间的访问方式是多任务操作系统和 RTOS 最重要的差异，在 RTOS 中往往只存在线程概念。后面的讨论只集中于线程，工作中有时候为了方便交流会把“线程”和“进程”两个词混用，但是你一定要清楚这是两个完全不同的东西。

（2）内存管理

在“裸奔”系统中，很少需要考虑内存管理的问题。实际上内存管理和操作系统之间并不是完全的依赖关系，但是当多个线程“同时”工作的时候，就必须考虑到内存的利用率问题。怎样提高内存利用率呢？很简单，动态的内存使用方式就是效率最高的，即当一个线程需要使用内存的时候，就去申请，用完了就释放，这样不是很大的内存也能让很多线程同时使用。因此，现代 RTOS 都针对内存管理做了很多工作。

（3）中断管理

中断的概念在核心篇中被反复提及和强调，它是硬件产生的，用来通知软件发生了某些事件。在“裸奔”系统中，对中断的处理简单而直接，但是在多线程的工作环境中就比较复杂了，因为当一个中断产生后，需要找到到底是哪个线程要用到这个中断。因此，必须把系统中的中断管理起来，当有硬件中断产生后再根据需要分发给相应的线程。对于 RTOS 而言，中断管理机制必须简洁快速。

（4）线程（进程）通信

每个线程处理不同的事情，进程就是更彻底的“独立王国”。在“裸奔”年代，不存在线程和进程的概念，最多只有子函数或者子程序的概念。对于子函数而言，各个函数之间可以通过全局变量、函数参数和返回值来传递信息，但是线程或者进程之间没有彼此的调用关系（也可以彼此调用，只是这种调用关系和函数调用概念不同）。那么一个线程或者进程的信息怎么传递给另一个线程或者进程呢？解铃还须系铃人，这个工作自然就落在了操作系统身上，操作系统必须提供相应的通信机制（后面会具体谈到）。

以上所述是所有操作系统的基本功能。当然，现代 RTOS 还有很多组件，比如文件系统、TCP/IP、USB、GUI 等。这些组件就像积木一样，可以根据具体要求来添加或者删除，它们一起组成了一个功能强大几乎可以满足所有应用要求的庞大系统。

第 18 章　巧妇难为无米之炊——RT-Thread 环境搭建

从前面的讨论中会发现，RTOS 和具体的实施平台（也就是运行在哪个具体的芯片上）是有密切关系的。操作平台 AT32F407 已经全面支持 RT-Thread（以下简称 RTT）。

针对 RTT 的开发环境有很多，基本能覆盖所有的操作系统。本书主要面向实际工作，针对 Windows 系统和 Keil IDE 来讲解。使用 Linux 系统的读者可以参考 RTT 官网https：//www. rt-thread. org/ 中的资料。如果没有学习板，则可以使用开发环境中的软件仿真来一探究竟。

18.1 工具软件准备

针对 RTT 开发，只要准备两个东西就好了，一个是 Keil（这部分就不展开了），另一个是为了方便用户配置 RTT 而添加的 Env 工具。下面对 Env 做个讲解。

RTOS 有很多组件和配置项，如果用手工方法来一一配置和修改非常容易出错，所以为了提高效率和可靠性，RTT 官方给出了一个配置工具——Env。Env 其实是一个完整的 RTT 开发环境，它基于 Eclipse 的 UI 添加了编译器和调试器组件，可以完成完整的 RTT 开发。但是，为了保证一致性和连贯性，本书不会更换编译开发环境，只是使用 Env 的配置功能。这样做的好处是各位能够继续使用 Keil 开发环境，而不用来回切换不同的环境。

Env 有 Linux 版本，在 Linux 系统下编译工程一般都会用到“make file”架构，对于“make file”的管理和配置一般都用“menuconfig”工具来实现。该工具功能非常强大，而且非常灵活，因此这套机制被延续了下来，即使在 Windows 平台，也采用“menuconfig”来配置 RTT 的工程。

首先需要在官网下载 RTT 的 Env 软件包（https://www. rt-thread. org/page/download. html），如图 18-1 所示。或者在本书提供的资料包里找到“env _ released _ 1. 2. 0. zip”，如图 18-2 所示。其次，Env 的包管理需要通过 Git 来实现，Git 的下载地址是 https://Git-scm. com/downloads 。请根据官网的资料来安装并配置 Git 的工作路径。注意，在 Env 和 Git 的工作路径中不能出现中文和空格。

下载完 Env 后，选个路径，路径必须为全英文，不能出现空格。然后解压缩，双击“env. bat”文件来打开 Env 环境，如图 18-3 所示。

为了方便操作，还要对 Env 控制台做些配置，从而可以在任意文件夹下启动 Env 控制台。在打开的控制台窗口中右击标题栏并选择“Settings”，然后按照图 18-4 所示的设置方法在 Windows 快捷菜单中进行注册。

图 18-1　Env 工具下载界面

dedCourse › Tools › RTOS › env_released_1.2.0

名称	修改日期
local_pkgs	2020/9/27 11:14
packages	2020/9/27 11:14
sample	2020/9/27 11:14
tools	2020/9/27 11:21
Add_Env_To_Right-click_Menu.png	2020/2/29 16:17
ChangeLog.txt	2020/2/29 16:17
env.bat	2020/2/29 16:17
env.exe	2020/2/29 16:17
env_log_err	2020/9/27 11:43
env_log_std	2020/9/27 11:43
Env_User_Manual_zh.pdf	2020/2/29 16:17
Package_Development_Guide_zh.pdf	2020/2/29 16:17

图 18-2　Env 工具包

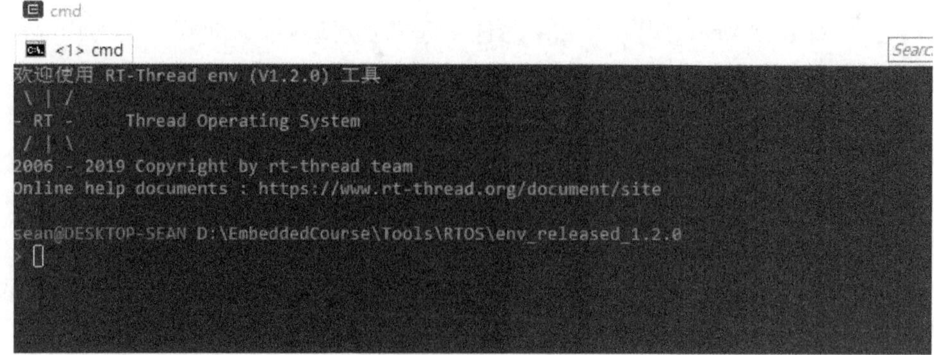

图 18-3　Env 工具界面

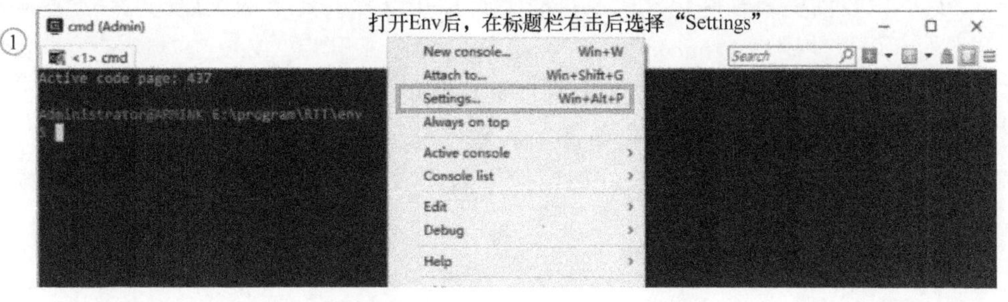

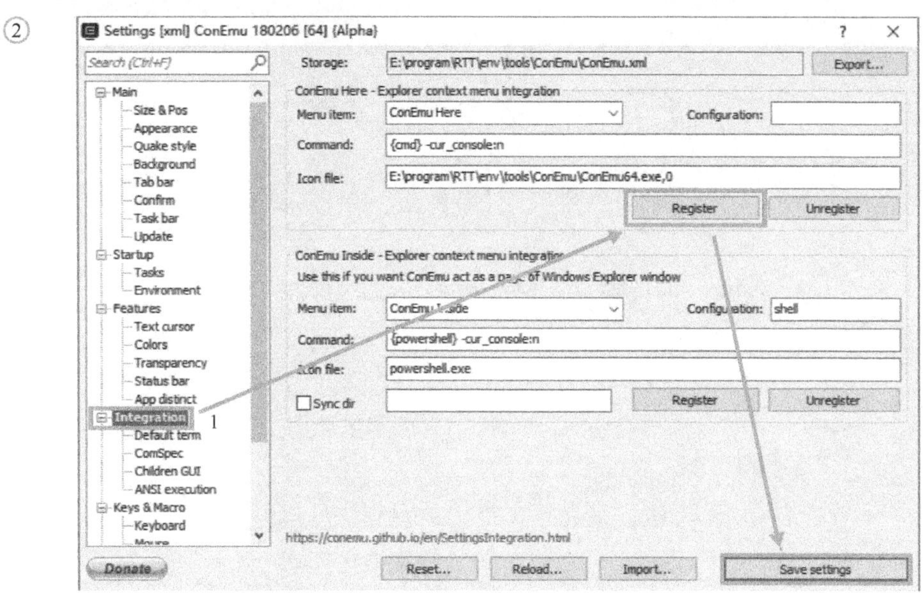

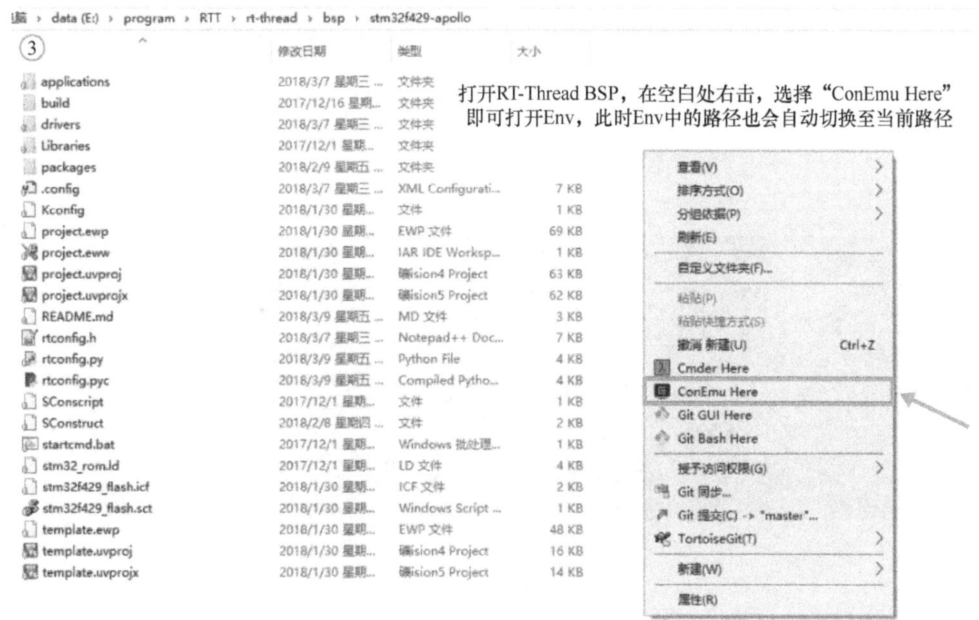

图 18-4　Env 工具配置

Env 工具可以自动更新软件包，以及自动生成 Keil 或者 IAR 下的工程，但是这些功能默认是不开启的，可以使用“menuconfig -s/ --setting”命令来开启。Env 工具所有的配置工作都需要针对具体的 BSP 软件包，因此请先到前面提到的 RTT 官网下载相应的软件包，或者在本书附带的资料包中找到“rt-thread-bsp. 7z”软件包，在全英文的路径下保存并解压缩，如图 18-5 所示。然后在解压缩后的文件夹内使用前面设置过的快捷方式打开 Env 终端，如图 18-6 所示。

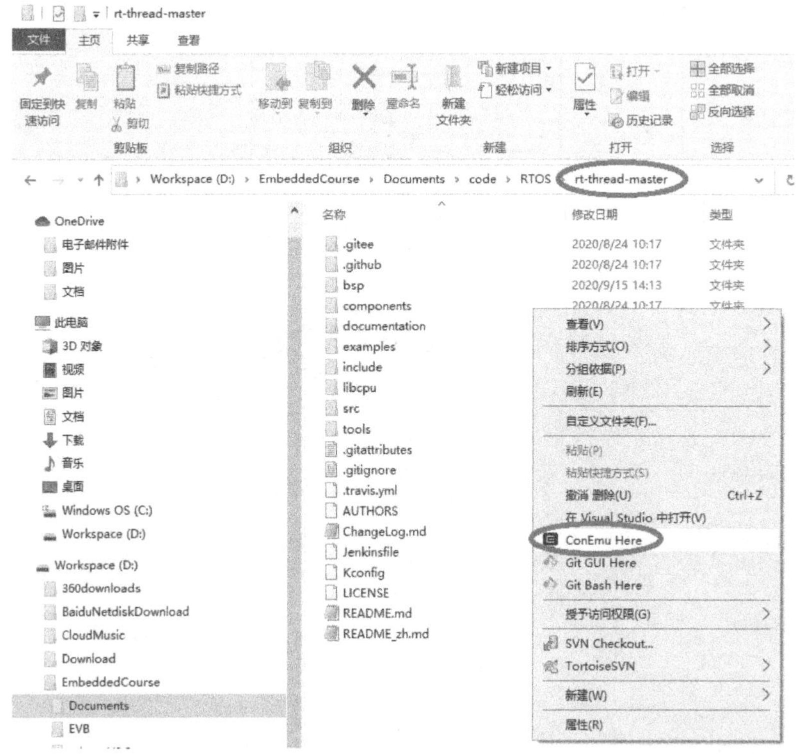

图 18-5　RTT 软件包

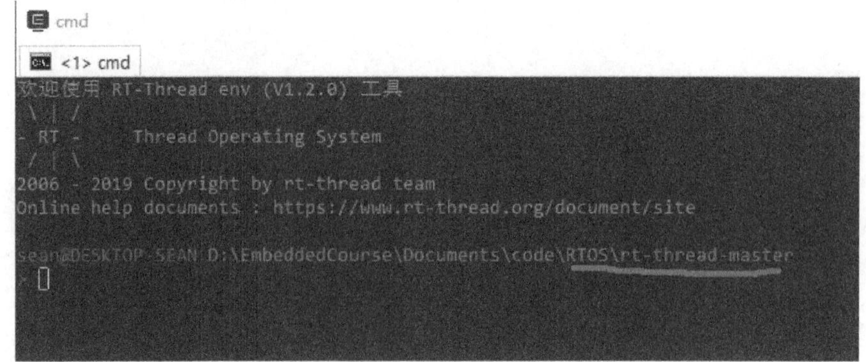

图 18-6　在 RTT 软件包所在目录打开 Env 终端

在终端里输入“menuconfig -s”命令，输入后会出现图 18-7 所示的界面。

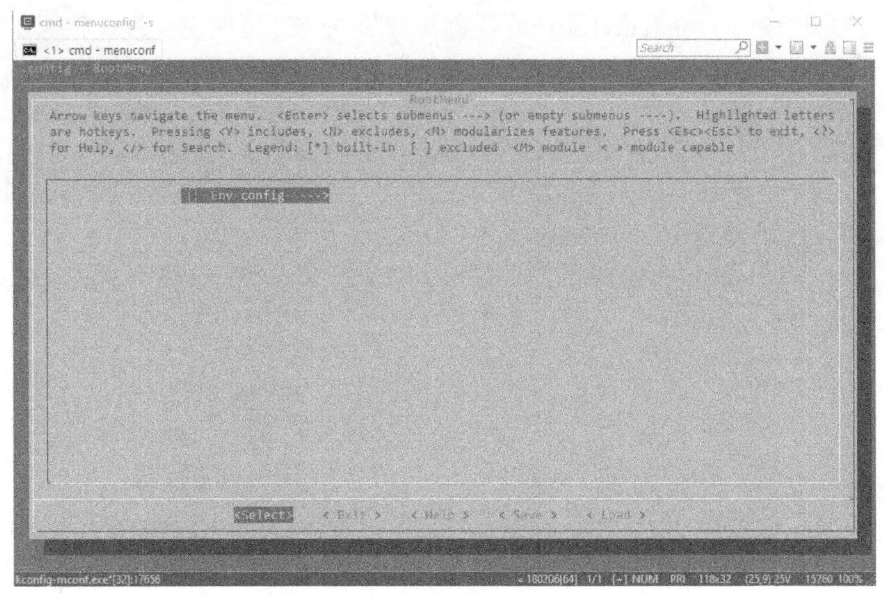

图 18-7　在 RTT 软件包所在文件夹中打开 Env 配置页面

在配置页面按空格〈Space〉键或者〈Enter〉键就能进入子菜单。用上下键可以选择配置项，按〈Space〉键可以使能或者禁止配置项。配置如图 18-8 所示。

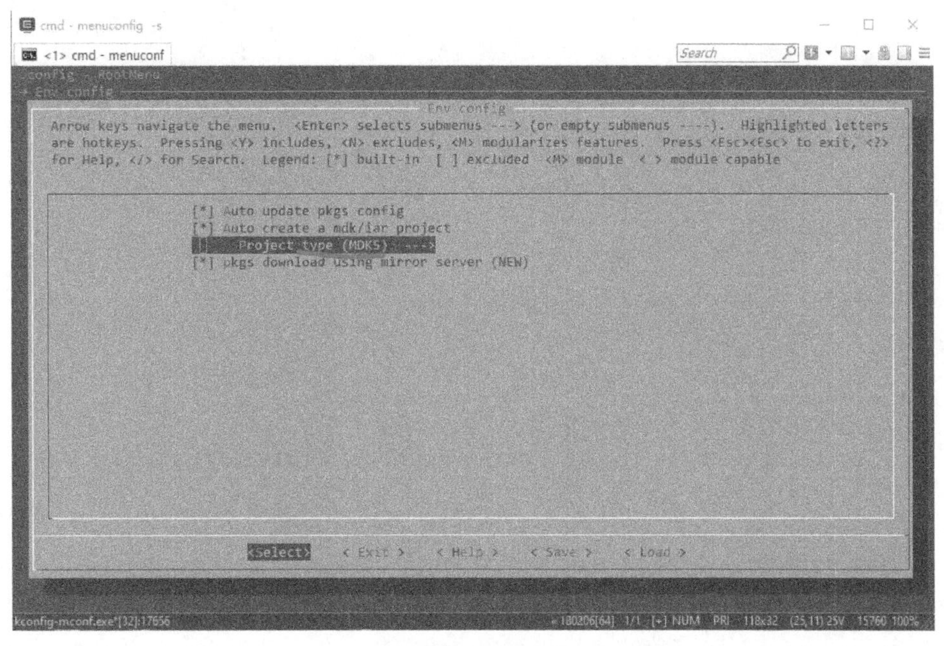

图 18-8　Env 配置

最后，用键盘上的向左、向右键选择“Save”，不用修改文件名，保存后退出。这样就完成了 Env 本身的配置。

因为 RTT 是一个带有丰富组件的 RTOS，所以除了内核以外有丰富的软件包可以选择，但其添加和删除需要基于特定的平台软件包，比如本书是基于 AT32F407。这时 BSP 的概念就比核心篇时更清晰了。在有操作系统的环境中，BSP 是一个非常庞大的基于特定芯片或者板子开发的软件包，其中包括所有对底层软件的支持，它和操作系统的耦合度非常高。而开发者除了需要特定的芯片或板子外，还需要有特定的 BSP 软件包，才能在上面开发功能丰富而强大的应用。作为工程师，如果自己设计系统板就要非常关注板子和 BSP 的配合度，需要反复确认硬件的引脚和功能是不是 BSP 支持的。如果有改动或者冲突，就需要及时和原厂确认，否则很容易带来不必要的麻烦。

先用文件浏览器找到 BSP 的目录，如图 18-9 所示，然后在文件夹中右击，在弹出的快捷菜单里选择“ConEmu Here”，如图 18-10 所示。

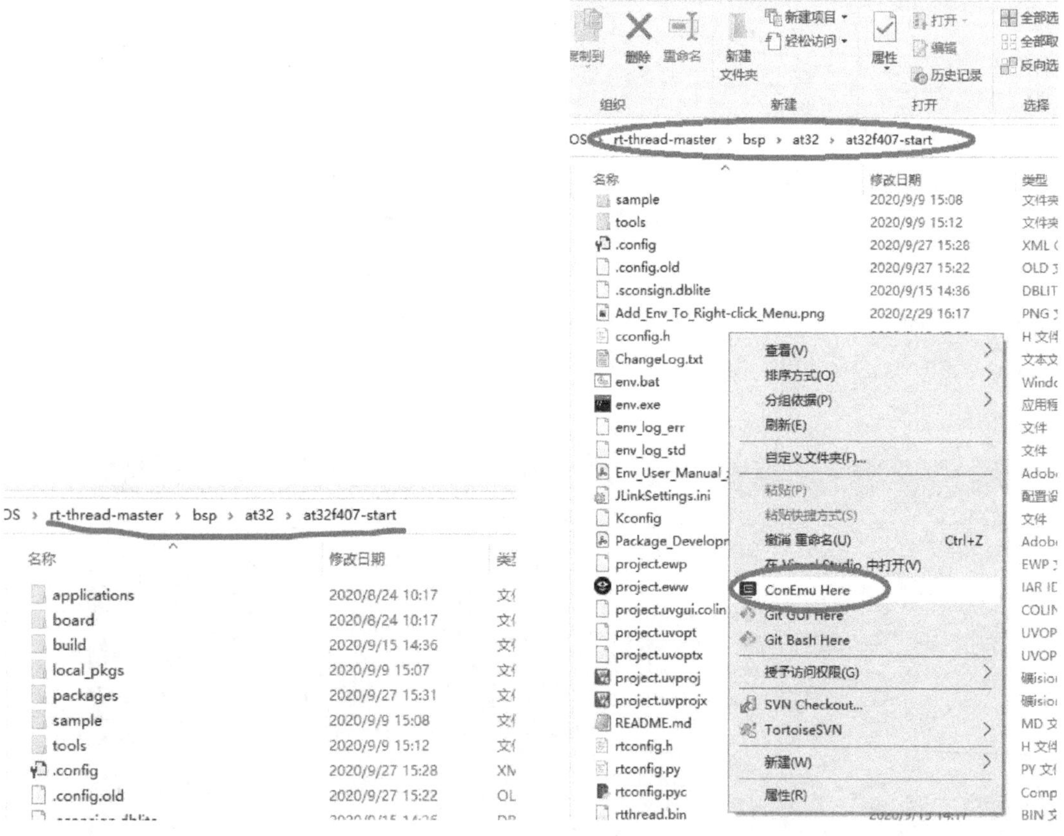

图 18-9　BSP 的目录　　图 18-10　在 AT32F407 的 BSP 目录中打开 Env 终端

在打开的终端中输入“menuconfig”命令后按〈Enter〉键，在终端界面就出现了配置窗口，如图 18-11 所示。这个窗口和前面配置 Env 本身的窗口很像，但是多了一些选项。配置方法也和前面一样。读者可以尝试配置一下，如果配置有问题，那么配置完毕后可以再次输入“menuconfig”来修改。一旦配置结束，Env 会自动根据配置项从网络下载相关的软件包。

RTT 有丰富的软件包，如果不太清楚所选软件包的使用方法，请到https://github.com/RT-Thread-packages 中寻找相关的文档和例子。这里先不添加或者删除任何功能包，直接退出即可。

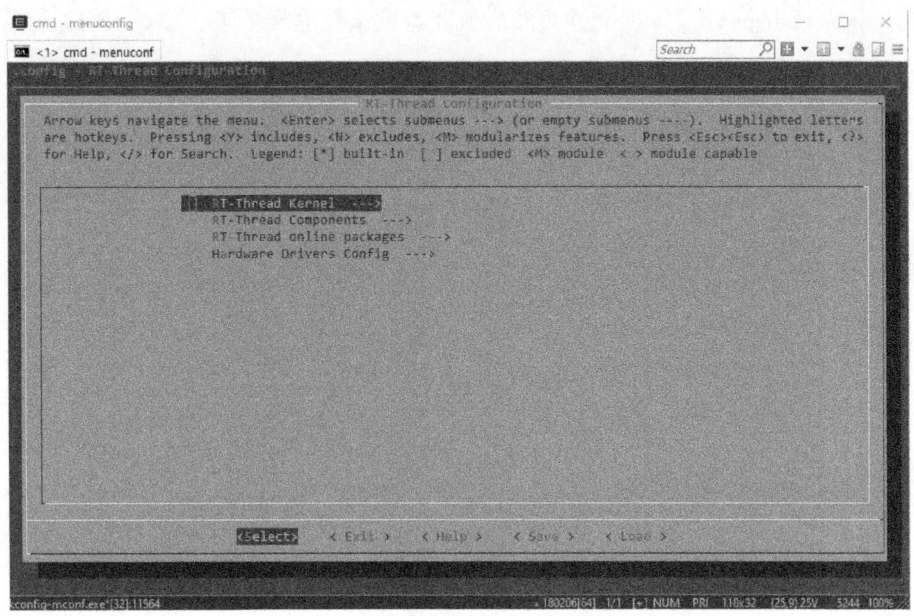

图 18-11　用 Env 对 AT32F407 的软件包做配置

18.2　编译工程

前面已经配置了 Env 来自动生成 Keil 的工程文件，所以每次用 Env 完成配置后，Env 都会去更新 Keil 的工程文件。该文件在“…\ rt-thread-master \ bsp \ at32 \ at32f407-start \ ”目录下，如图 18-12 所示。

RTOS › rt-thread-master › bsp › at32 › at32f407-start　　搜索"at32f407-

名称	修改日期	类型	大小
.config.old	2020/9/28 9:36	OLD 文件	16 KB
.sconsign.dblite	2020/9/15 14:36	DBLITE 文件	0 KB
Add_Env_To_Right-click_Menu.png	2020/2/29 16:17	PNG 文件	359 KB
cconfig.h	2020/9/15 17:22	H 文件	1 KB
ChangeLog.txt	2020/2/29 16:17	文本文档	6 KB
env.bat	2020/2/29 16:17	Windows 批处理...	1 KB
env.exe	2020/2/29 16:17	应用程序	3,618 KB
env_log_err	2020/9/17 9:24	文件	1 KB
env_log_std	2020/9/17 9:24	文件	1 KB
Env_User_Manual_zh.pdf	2020/2/29 16:17	Adobe Acrobat ...	646 KB
EventRecorderStub.scvd	2020/9/28 9:53	SCVD 文件	1 KB
JLinkSettings.ini	2020/8/24 10:17	配置设置	1 KB
Kconfig	2020/9/15 17:22	文件	1 KB
Package_Development_Guide_zh.pdf	2020/2/29 16:17	Adobe Acrobat ...	218 KB
project.ewp	2020/8/24 10:17	EWP 文件	67 KB
project.eww	2020/8/24 10:17	IAR IDE Worksp...	1 KB
project.uvgui.colin	2020/9/15 14:17	COLIN 文件	87 KB
project.uvgui.sean	2020/9/28 9:35	SEAN 文件	86 KB
project.uvguix.sean	2020/9/28 9:37	SEAN 文件	87 KB
project.uvopt	2020/9/15 14:17	UVOPT 文件	45 KB
project.uvoptx	2020/9/28 9:37	UVOPTX 文件	47 KB
project.uvproj	2020/9/15 14:17	礦ision4 Project	39 KB
project.uvprojx	2020/9/28 9:37	礦ision5 Project	39 KB
README.md	2020/8/24 10:17	MD 文件	5 KB
rtconfig.h	2020/9/28 9:36	H 文件	4 KB

图 18-12　Env 生成的 Keil 工程文件

双击“project. uvprojx”工程文件，然后就能看到工程的样子了，如图 18-13 所示。

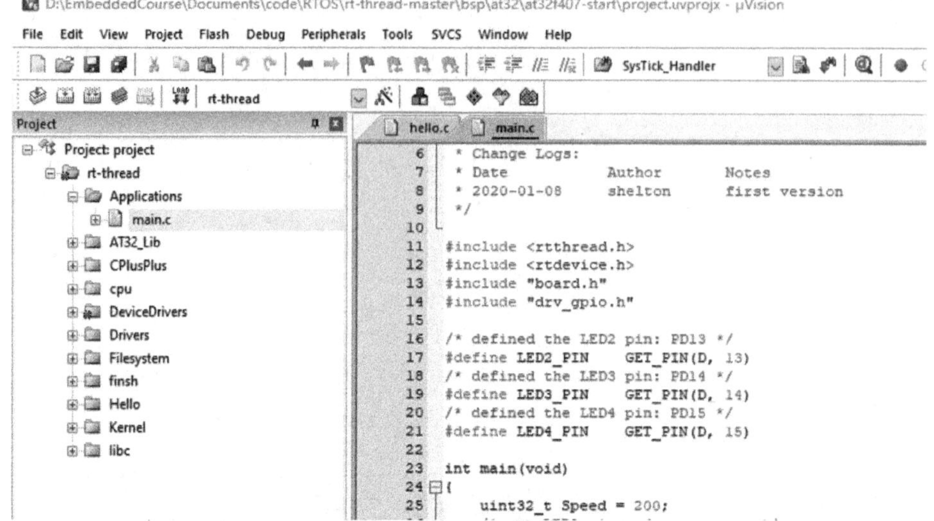

图 18-13　Env 生成的 Keil 工程

这个工程和核心篇中的工程非常类似，只是多了很多以前没有的文件和组。Keil 的环境配置就不在这里重复了，若不清楚请看一下核心篇的内容。单击编译和下载按钮，如果下载报错，请留意一下工程中对仿真器的配置。Env 默认的仿真器是 JLink，而本章要用的是 CMSIS-DAP Debugger，所以请注意修改，如图 18-14所示。

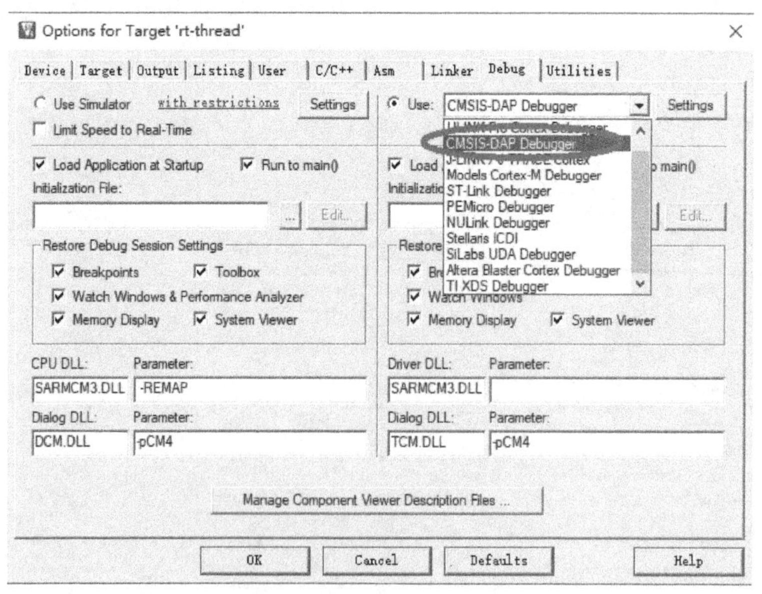

图 18-14　注意工程配置中的仿真器设置

编译下载后，按一下板子上的复位按钮，就能直接运行了。从板子上可以看到，三个 LED 灯在轮流闪烁，类似于核心篇中的第一个例子。也可以用仿真功能研究一下整个程序的流程，后面会慢慢解释。

18.3　调试工程

接下来还要测试一下。为了让用户的开发更加方便，RTT 提供了一个强大的命令行 Shell，通过这个 shell 可以很方便地看到各类参数，所有的打印信息也是从这个 Shell 显示。这和核心篇中使用的串口调试助手有些不同，不过核心思想是一样的，也是通过 UART 来交互字符串组成的命令和信息。

这个工程中已经包含了一个“Hello World ~ !”的打印信息，位于“hello. c”文件的 hello_func( ) 函数中，如图 18-15 所示。

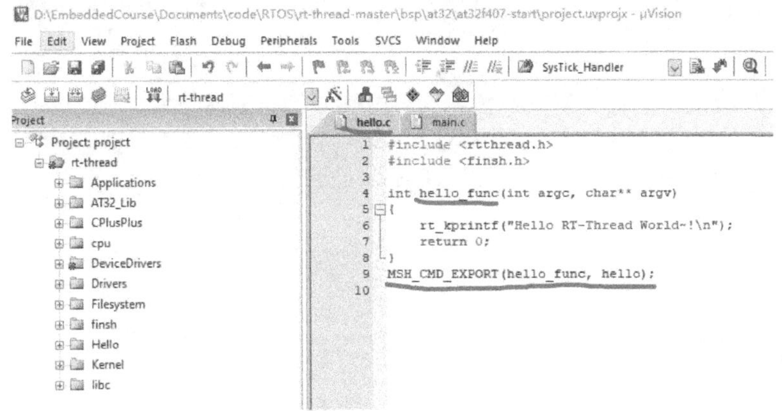

图 18-15　hello_func( ) 函数

首先，这个函数的调用方式和核心篇的模式非常不同。在核心篇中，对函数的调用基本都是非常“简单粗暴”的，但是在 RTOS 中，很多函数的调用变得“不可捉摸”，甚至找不到是谁在调用它。这很正常，因为有些功能或函数的调用会被 RTOS 接管（后面会慢慢谈到）。

其次，RTT 提供的 shell 可以用终端命令的形式直接调用想要测试的函数，比如 hello_func( ) 这个函数的调用就是如此。这么做的好处是可以独立测试函数，测试好以后再把它放到程序中，便于调试。

RTT 的 Shell 叫“FinSH”，作为 RTT 的一个组件使用，所以可以根据要求用 Env 的“menuconfig”命令来添加或者删除。

如图 18-16 所示，默认情况下这个组件是存在的，除非实际工程需要控制代码量，否则不建议删除该组件。如果需要把某个函数或者功能用 FinSH 来调用和测试，只要在文件中添加类似于“MSH_CMD_EXPORT(hello_func, hello);”的语句就可以了。“MSH_CMD_EXPORT”是一个宏定义，它会在 FinSH 的代码里把需要调试的函数注册到 FinSH 的一个命令列表里，这个命令列表其实就是一些函数指针。当你在 Shell 中输入相应的函数名时，FinSH 就会根据输入的名字和注册的函数名去做匹配，然后直接调用。所以，“MSH_CMD_EXPORT”中的第一参数就是需要用 Shell 命令来直接调用的函数名，第二个参数是函数的别名，目前来说没什么用处，需要的时候再解释。

FinSH 的使用方式也比较简单，因为它模拟了一个终端，所以需要准备一个合适的终端软件来配合使用。PC 上常用的终端模拟软件是 putty，读者可以从随书资料里找到“serial. putty_1.0.1.7z”，解压后找到相关的程序，如图 18-17 所示。

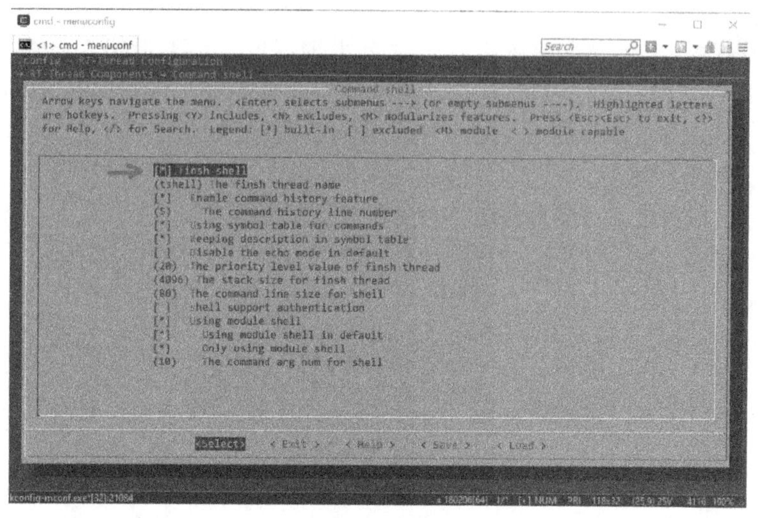

图 18-16　RTT 的 FinSH 组件

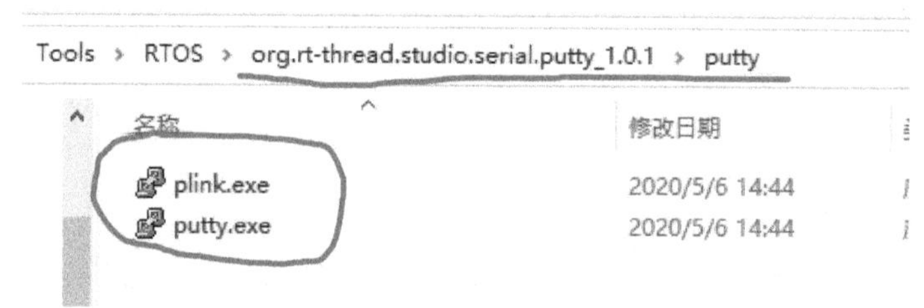

图 18-17　putty 软件

“putty. exe”文件是用来配置 putty 软件的，暂时不考虑，“plink. exe”才是实际的应用软件，在一个命令行终端中用“…\putty\plink. exe -serial COM29 -sercfg 115200,8,n,1,N”即可调用。注意要确定好自己的 COM 端口号。因为要考虑调用路径问题，所以方便起见可以用 RTT 自带的命令终端来执行 putty。RTT 的命令终端在前面的设置中已经添加了一个快捷菜单，因此可以在“plink. exe”所在的文件夹中右击，在弹出的快捷菜单中直接选择“ConEmu Here”，如图 18-18 所示。

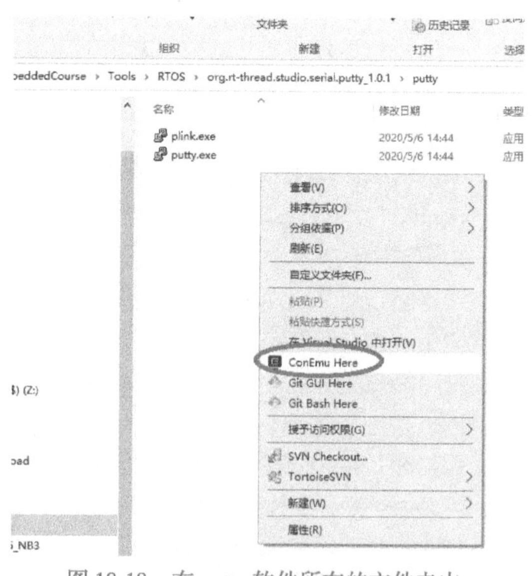

图 18-18　在 putty 软件所在的文件夹中打开 ConEmu 终端

在新打开的终端中，路径就是刚才的目录，这样可以避免在命令行里输入一长串路径字符，还是很人性化的。当然，也可以用 Windows 的批处理文件形式来做更方便的事情。

如图 18-19 所示，只要输入前面的命令行就可以启动 putty 终端程序了。输入完毕后按〈Enter〉键再按板子上的复位键，此时就能看到 putty 终端出现了图 18-20 所示的信息。

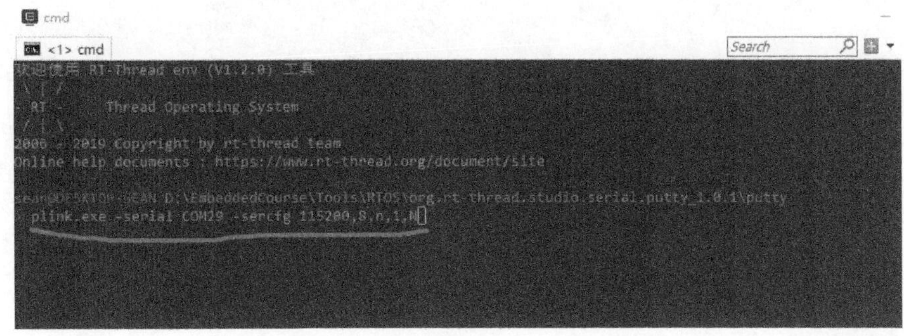

图 18-19　用 ConEmu 打开 putty 软件

```
cmd - plink.exe -serial COM29 -sercfg 115200,8,n,1,N
<1> cmd - plink.ex                                   Search
欢迎使用 RT-Thread env (V1.2.0) 工具
 \ | /
- RT -     Thread Operating System
 / | \
2006 - 2019 Copyright by rt-thread team
Online help documents : https://www.rt-thread.org/document/site

sean@DESKTOP-SEAN D:\EmbeddedCourse\Tools\RTOS\org.rt-thread.studio.serial.putty_1.0.1\putty
> plink.exe -serial COM29 -sercfg 115200,8,n,1,N

 \ | /
- RT -     Thread Operating System
 / | \     4.0.3 build Sep 28 2020
 2006 - 2020 Copyright by rt-thread team
msh />
```

图 18-20　FinSH 在 putty 中的显示界面

这些信息就是由 RTT 的 FinSH 通过串口输出的，其中包括版本号。下面有个“msh/ >”命令行提示符，如果常用 Linux，会觉得它非常熟悉。接下来只要在这个提示符所在行输入“hello_func”并按〈Enter〉键，就能看到这个函数的输出，如图 18-21 所示。

```
 \ | /
- RT -     Thread Operating System
 / | \     4.0.3 build Sep 28 2020
 2006 - 2020 Copyright by rt-thread team
msh />hello_func
Hello RT-Thread World~!
msh />
```

图 18-21　hello_func( ) 函数的输出

FinSH 的功能非常强大，后面会继续解释其用法。到这里就基本完成了开发环境的介绍。

第 19 章　障眼法——RTOS 如何实现分身术

所有 RTOS 都有一个基本能力，即线程调度，其核心思想就是让 CPU 按照固定的时间长度（时间片）轮流执行不同的线程（或是功能）。这让笔者想起了《七龙珠》里的分身术，当然我国的传统文化里也有分身术的描述，但日漫里的描述更贴近这里的实际情况，因为《七龙珠》里的分身术被解释成了“残像”的概念，就是武功高强之人利用速度让别人从视觉层面觉得是好几个人出现在面前。“天下武功唯快不破”，这和线程调度给我们的感觉如出一辙。

19.1 线程调度

动漫世界虽然美好，但是我们不得不面对现实。回到“锅碗瓢盆”的生活，来谈谈工作吧。既然已经熟悉了开发环境，那么就从 RTOS 最基本的“残像”开始吧。先从较浅的层面来看看和线程调度相关的几个要素。

1）要有不同的任务。在实现中需要在代码层面把要执行的任务按照功能分解成不同的线程，在运行前用 OS（操作系统）的特定 API 函数来创建它们，然后才能运行。顺便提一下，OS 的出现为现代大规模软件的研发奠定了基础。这种多任务的问题处理方式自然引出了工程层面对软件功能的划分，从更高层面为软件模块化打好了基础。从做项目的角度考虑，团队合作也需要合适的分工和配合，所以在工作中，尤其是嵌入式系统的项目中，请多结合多线程的基本思想来对系统功能进行合理的拆分。一个优秀的项目一定是在项目规划时就明确了基本的线程功能和调度方法的。

2）确定时间片。也就是需要明确地告知 OS 每个任务要执行多长时间。这是在项目配置的时候用 Env 来实现的（见图 19-1），一旦配置完毕在程序运行中就不能动态更改。

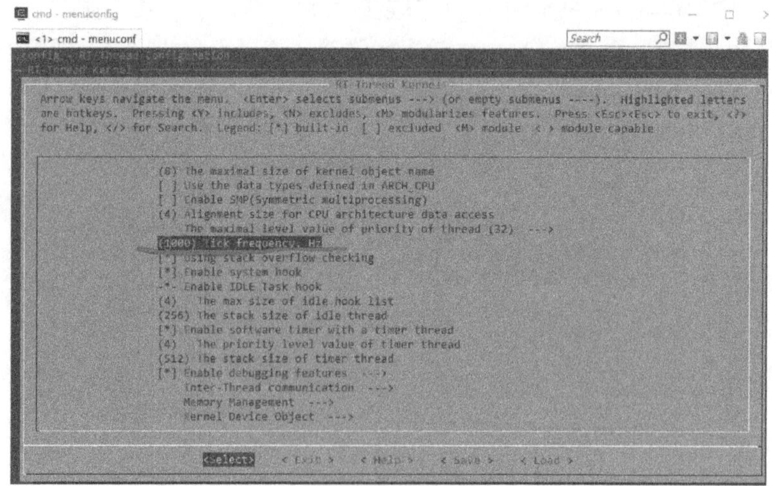

图 19-1　OS 调度时间片设置

RTT 默认每秒调度 1000 次（即 Tick 频率），这意味着时间片的长度是 1ms。还记得核心篇提到的 SysTick 定时器吗？这个定时器是位于 ARM 内核的，而不是像其他定时器一样放在外围总线上的功能外设。它主要就是针对 OS 的这个时间片计时用的，不使用 OS 的时候可以当作普通的定时器，但是当 OS 出现时，一般就被其占用了。所以请不要随意地使用。时间片的设置一般不用修改，因为这个值过高、过低都不合适。频率太高，意味着 OS 需要经常去切换不同的线程，这个切换过程是要消耗工作时间的，称为上下文切换，太过频繁的切换会导致更多的时间被 OS 用来处理线程调度问题，而不是线程自身的工作。而频率太低会造成实时性降低。另外，这个调度频率还会影响 OS 提供的“软计时器”的精度。

因为线程调度是 OS 的核心功能，所以更细节的线程调度机制也会在后面详细讲解，现在只要了解怎么用即可。最好的了解方式是从代码开始。请打开给读者准备的工程“…\sample1\project. uvprojx”。加了 OS 的代码比以前“裸奔”时增加了很多（整个软件包里的文件大约有两千个，当然并不是每个文件都有用，但要在文件海洋中找到对应的部分是非常痛苦的），为了阅读方便，可用 SourceInsight 来梳理代码流程。SourceInsight 是收费软件，各位也可以用免费的 VS code 来阅读和编辑软件。不过这两个软件的使用方法相差很大，因篇幅所限，这里无法为各位介绍这些软件，请自己去了解一下。工欲善其事，必先利其器，好用的代码阅读和编辑工具还是非常重要的。

为了有系统性概念，先看一眼 RTT 的启动流程，如图 19-2 所示。

这个流程看起来比较复杂，先不深究。所要强调的是，在 OS 环境中，以前比较熟悉的 main( ) 函数已经不一样了。核心篇提过，main( ) 函数是通过 ARM 的库做了很多事情后才调用用户程序的主入口，而在 OS 环境中，中间增加了更多的事情。那 main( ) 函数有多大变化？很简单，这个 main( ) 函数本身就是一个线程。RTT 在启动的时候会自动创建三个线程，一个是主线程，一个是空闲（Idle）线程，还有一个是定时器线程。为什么要自动创建线程？原因很简单，OS 的核心任务是线程调度，那么什么线程都没有，OS 能调度什么？就像前面核心篇里 main( ) 函数即使什么也不干也要有个空的循环体。主线程作为用户程序的入口自然就建成一个独立的线程。空闲线程也是非常有用的，它是优先级最低的线程，只有当所有其他线程都无事可做的时候才会被调度。但不要小瞧它的作用，一般系统会把 MCU 低功耗指令放在这个线程中，同时它还负责“清理工”的工作，即回收系统资源。最后一个定时器线程主要是为用户的线程提供“软时钟”服务的。这里先不展开，后面碰到会继续解释。

简单浏览一下 RTT 的启动函数 rtthread_startup( )。从图 19-3 中可以看到，三个画线的地方分别在其中创建了上述的三个线程，而主线程就是在 rt_application_init( ) 中创建的。

从图 19-4 所示的程序中可以看到，rt_application_init( ) 函数调用了一个 OS 的 API 函数 rt_thread_create( )。这个函数是由 OS 提供的，用来创建线程，当需要创建线程时就需要调用它。关于它怎么建立一个线程，后面会介绍，现在只需要知道怎么用它。因为 RTT 是开源 OS，所以我们基本上能找到所有 OS 提供的 API 函数定义和实现。在不清楚函数怎么用的时候，最好的办法就是去看它的注释。

图 19-5 所示的 API 函数比较重要。它有 6 个参数。第 1 个是要创建的线程名称。这个字符串不能太长，太长会被截断。RTT 默认最长是 8 个字符。第 2 个参数是线程函数指针。所有的线程本质上就是一个函数，这个问题在后面也会详细探讨。第 3 个参数指向创建的线

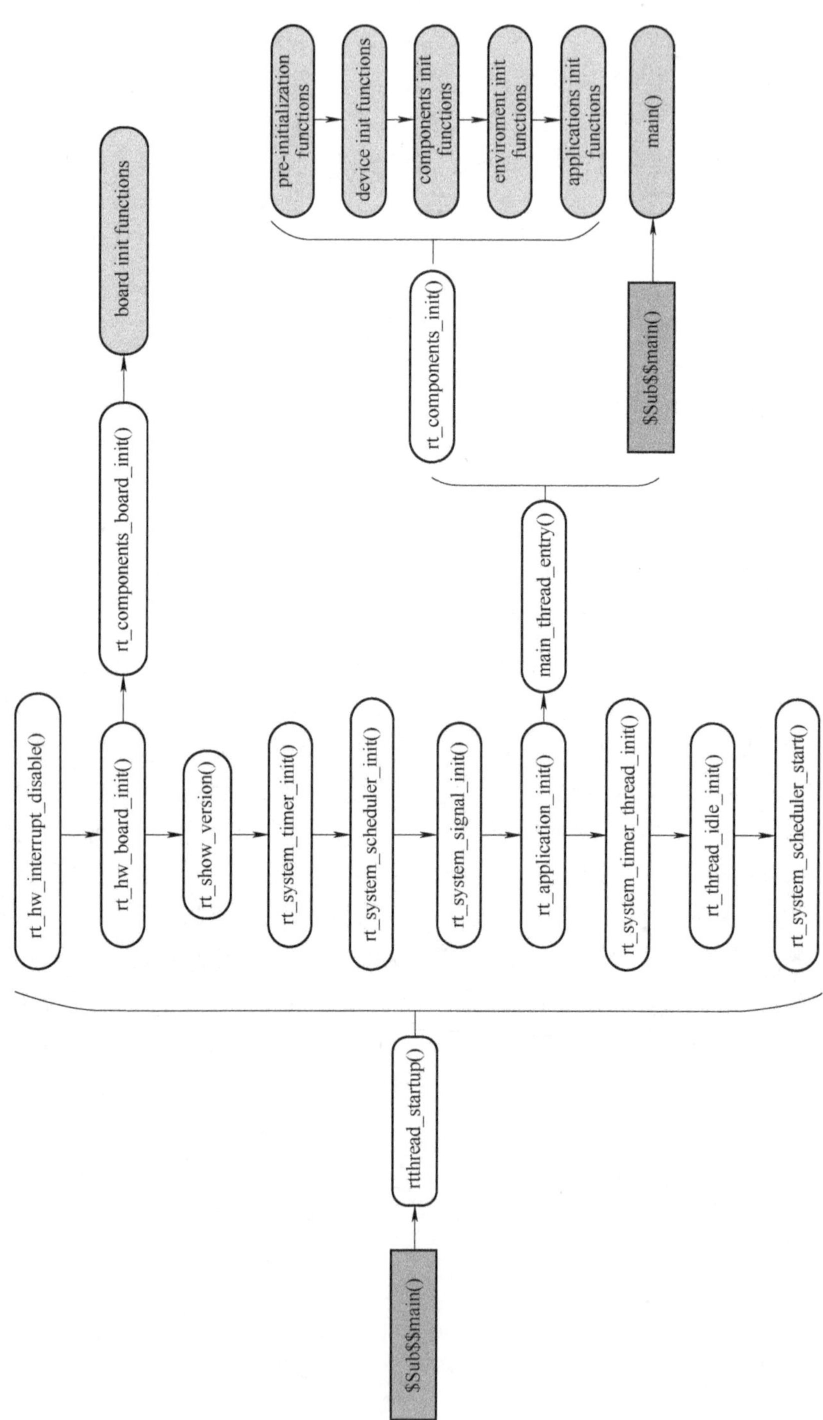

图19-2　RTT启动流程

```
int rtthread_startup(void)
{
    rt_hw_interrupt_disable();

    /* board level initialization
     * NOTE: please initialize heap inside board initialization.
     */
    rt_hw_board_init();

    /* show RT-Thread version */
    rt_show_version();

    /* timer system initialization */
    rt_system_timer_init();

    /* scheduler system initialization */
    rt_system_scheduler_init();

#ifdef RT_USING_SIGNALS
    /* signal system initialization */
    rt_system_signal_init();
#endif

    /* create init_thread */
    rt_application_init();

    /* timer thread initialization */
    rt_system_timer_thread_init();

    /* idle thread initialization */
    rt_thread_idle_init();

#ifdef RT_USING_SMP
    rt_hw_spin_lock(&_cpus_lock);
#endif /*RT_USING_SMP*/

    /* start scheduler */
    rt_system_scheduler_start();

    /* never reach here */
    return 0;
}
```

图 19-3 “components. c” 文件中的 RTT 启动函数

程的参数。线程是可以传递参数的，当然，只能在创建的时候传递。第 4 个参数是线程“私有”堆栈的大小，堆栈的概念在核心篇讲过。在 OS 环境下，为了做上下文切换，每个线程都有自己独立的堆栈，用来保存一些重要信息，后面也会介绍。第 5 个参数是线程的优先级，这个比较好理解，优先级高的线程可以打断优先级低的线程，线程的优先级数字越小，级别越高。RTT 的默认优先级被设定为 32 个级别，可以通过“menuconfig”来修改。不同的线程可以用相同的优先级。第 6 个参数是线程每次执行的时间，这个时间以前面谈过的 Tick（时间片）为单位。最后，函数的返回值非常重要，这个返回值称为线程句柄，创建后如果要对线程进行操作（比如启动和删除，或者读取线程的信息等），就通过这个句柄来找到线程并执行相关操作，也可以通过查找线程的名字来找到线程。

```
void rt_application_init(void)
{
    rt_thread_t tid;

#ifdef RT_USING_HEAP
    tid = rt_thread_create("main", main_thread_entry, RT_NULL,
                           RT_MAIN_THREAD_STACK_SIZE, RT_MAIN_THREAD_PRIORITY, 20);
    RT_ASSERT(tid != RT_NULL);
#else
    rt_err_t result;

    tid = &main_thread;
    result = rt_thread_init(tid, "main", main_thread_entry, RT_NULL,
                            main_stack, sizeof(main_stack), RT_MAIN_THREAD_PRIORITY, 20);
    RT_ASSERT(result == RT_EOK);

    /* if not define RT_USING_HEAP, using to eliminate the warning */
    (void)result;
#endif

    rt_thread_startup(tid);
} « end rt_application_init »
```

图 19-4 “components. c” 文件中的主线程创建函数

既然谈到了句柄，那就顺便聊聊 OS 是怎么维护和管理线程以及与 OS 内核相关的东西的。首先，OS 把所有与其相关的东西都称为内核对象，比如线程、定时器、信号量、互斥量等。它们其实是一些结构体，不同的对象由各自的结构体来定义。这些对象都是可以动态创建和删除的，因此 OS 会自己维护一个内核对象列表，把代表这些对象的结构体分门别类地放在各自的双向链表里，如图 19-6 所示。

```c
#ifdef RT_USING_HEAP
/**
 * This function will create a thread object and allocate thread object memory
 * and stack.
 *
 * @param name the name of thread, which shall be unique
 * @param entry the entry function of thread
 * @param parameter the parameter of thread enter function
 * @param stack_size the size of thread stack
 * @param priority the priority of thread
 * @param tick the time slice if there are same priority thread
 *
 * @return the created thread object
 */
rt_thread_t rt_thread_create(const char *name,
                             void (*entry)(void *parameter),
                             void       *parameter,
                             rt_uint32_t stack_size,
                             rt_uint8_t  priority,
                             rt_uint32_t tick)
{
    struct rt_thread *thread;
    void *stack_start;

    thread = (struct rt_thread *)rt_object_allocate(RT_Object_Class_Thread,
```

图 19-5 “thread. c” 文件中的线程创建 API 函数

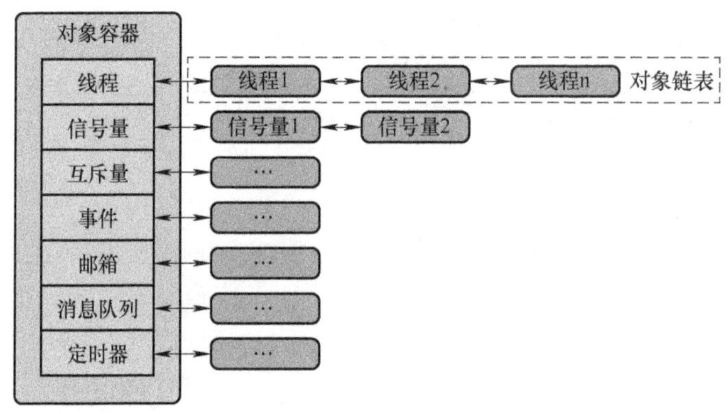

图 19-6 RTT 内核对象链表

创建一个对象时，链表里会添加一个相应的结构体，类似于核心篇中添加一个学生的信息。要访问其中某个对象的时候，可以通过名字来查找，而最直接的方法是用句柄来访问。句柄就是这个对象的地址，有了句柄就不需要在链表里一个个查找了，所以它是最快的访问方式。

```c
/* the system main thread */
void main_thread_entry(void *parameter)
{
    extern int main(void);
    extern int $Super$$main(void);

#ifdef RT_USING_COMPONENTS_INIT
    /* RT-Thread components initialization */
    rt_components_init();
#endif
#ifdef RT_USING_SMP
    rt_hw_secondary_cpu_up();
#endif
    /* invoke system main function */
#if defined(__CC_ARM) || defined(__CLANG_ARM)
    $Super$$main(); /* for ARMCC. */
#elif defined(__ICCARM__) || defined(__GNUC__)
    main();
#endif
} « end ALIGN »
```

图 19-7 “components. c” 文件中的 main_thread_entry( ) 函数

接下来再看一下 main_thread_entry( ) 函数，如图 19-7 所示。这个函数的重点就是画线部分。它先处理了一些线程初始化的工作，然后调用了 $ Super $ $ main( ) 函数。这个函数是 ARM 编译器扩展接口里的（见图 19-2），RTT

流程里的和它一样。我们看不到它的源代码，就不再深入探讨了，但它最终会调用用户的 main( ) 函数。

19.2 创建用户线程

创建用户线程的方法和系统自己创建线程的方法没有什么不同，也是通过调用 rt_thread_create( ) 函数来实现的。

请观察 sample1 工程中的“main. c”文件，如图 19-8 所示。先看 main( ) 函数的框架。在 main( ) 函数中，先配置了一下三个 GPIO 的引脚模式，用来控制三个 LED 灯，然后创建了一个线程，最后通过主循环体实现 LED 灯的点亮和熄灭。提示一下，所有的线程一般都是不会退出的（线程要一直负责处理某些事情），所以在安排线程的时候要考虑清楚。当然，RTT 支持动态创建和删除线程，一个动态的线程如果退出就会自动删除。GPIO 的配置和核心篇中有些不同，主要原因是 RTT 对底层的硬件访问做了进一步封装，以便为用户创建更好的“软硬隔离”，方便上层代码的使用和移植。

```
void myThread(void)
{
  uint32_t Speed = 100;
  while(1)
  {
    rt_pin_write(LED2_PIN, PIN_LOW);
    rt_thread_mdelay(Speed);
    rt_pin_write(LED2_PIN, PIN_HIGH);
    rt_thread_mdelay(Speed);
  }
}
//MSH_CMD_EXPORT(myThread, myThread);

int main(void)
{
  rt_thread_t tid;

  uint32_t Speed = 200;
  /* set LED2 pin mode to output */
  rt_pin_mode(LED2_PIN, PIN_MODE_OUTPUT);
  /* set LED3 pin mode to output */
  rt_pin_mode(LED3_PIN, PIN_MODE_OUTPUT);
  /* set LED4 pin mode to output */
  rt_pin_mode(LED4_PIN, PIN_MODE_OUTPUT);


  tid = rt_thread_create("myThread", myThread, RT_NULL, 256, 7, 20);
  RT_ASSERT(tid != RT_NULL);
  rt_thread_startup(tid);


  while (1)
  {
    //rt_pin_write(LED2_PIN, PIN_LOW);
    //rt_thread_mdelay(Speed);
    rt_pin_write(LED3_PIN, PIN_LOW);
    rt_thread_mdelay(Speed);
    rt_pin_write(LED4_PIN, PIN_LOW);
    rt_thread_mdelay(Speed);
    //rt_pin_write(LED2_PIN, PIN_HIGH);
    //rt_thread_mdelay(Speed);
    rt_pin_write(LED3_PIN, PIN_HIGH);
    rt_thread_mdelay(Speed);
    rt_pin_write(LED4_PIN, PIN_HIGH);
    rt_thread_mdelay(Speed);
  }
}
```

图 19-8 “main. c”文件中的函数

创建线程的过程分别调用两个函数。先调用了 rt_thread_create( ) 函数，它用来创建线程，其中的参数定义前面讲过。需要提示的是，这里的代码书写方式不太正规，比如堆栈的大小、优先级、时间片这些常数的设置，最好用特定的宏定义来代替，不要直接写一个数字（这种做法它们称为“hard coding”，不推荐使用）。工程庞大后，如果需要修改这些参数，会很难找到它们，代码调试和维护起来非常困难。本章的实验工程不会很复杂，后面较为复杂的实验中会慢慢正规起来。在线程创建函数之后又调用了一个 rt_thread_startup( ) 函数，线程创建后并不会自动运行，需要通过这个函数来启动，它的参数就是前面创建线程时返回的线程句柄。两个函数之间的 RT_ASSERT( ) 函数是调试用的，它会在线程创建失败的时候提示错误信息，同时会让程序退出当前函数。

线程的本质就是函数，所以既然创建了一个叫“myThread”的线程，就要相应地实现这个函数。myThread 线程的工作是把原来主线程中反复点亮和熄灭 LED 灯的工作“分担”一部分，只负责反复地点亮和熄灭 LED2，其他两个 LED 还由主线程来负责。仔细观察这两组 LED 的闪烁频率，就能看出明显的差异。具体原因请大家从代码里查找。

前面讨论过，线程一般情况下是永远不会退出或者被删除的，但是某些情况下，若一定要停止或者删除某个线程，可以做到吗？当然可以。先改造一下 myThread 线程，让它工作一段时间后自己退出，退出前打印一句话。为了和前面的例程相区分，现在使用 sample2 工程。在 sample2 工程里简单地修改 myThread 线程，让它运行几次后就自然退出，如图 19-9 所示。

```c
void myThread(void)
{
  uint16_t i;
  uint32_t Speed = 100;
  for(i=0;i<10;i++)
  {
    rt_pin_write(LED2_PIN, PIN_LOW);
    rt_thread_mdelay(Speed);
    rt_pin_write(LED2_PIN, PIN_HIGH);
    rt_thread_mdelay(Speed);
  }
  rt_kprintf("Goodby~!\n");
}
```

图 19-9　只工作 10 次的 myThread 线程

编译、下载并运行。可以发现，板载的 LED2 在闪烁 10 次后就熄灭不再动作了，如果还连接着 putty 终端的话，也能从终端上看到打印的字符串“Goodby ~ !”，如图 19-10 所示。

```
msh />
 \ | /
- RT -     Thread Operating System
 / | \     4.0.3 build Oct  3 2020
 2006 - 2020 Copyright by rt-thread team
lwIP-2.0.2 initialized!
hello package initialized.
msh />Goodby~!
```

图 19-10　myThread 线程退出前打印的字符串

也可以从主线程里删除 myThread 线程，只要调用 rt_thread_delete( ) 函数即可。还是基于 sample2 工程的代码来改造，在主线程的循环体内添加代码，如图 19-11 所示。程序不难理解，但要注意的是，在循环体内千万不要反复调用 rt_thread_delete( ) 函数。

```
while (1)
{
  rt_pin_write(LED3_PIN, PIN_LOW);
  rt_thread_mdelay(Speed);
  rt_pin_write(LED4_PIN, PIN_LOW);
  rt_thread_mdelay(Speed);

  rt_pin_write(LED3_PIN, PIN_HIGH);
  rt_thread_mdelay(Speed);
  rt_pin_write(LED4_PIN, PIN_HIGH);
  rt_thread_mdelay(Speed);

  if(i<10)
  {
    i++;
  }
  else if(i==10)
  {
    i++;
    rt_thread_delete(tid);
  }
}
```

图 19-11　在主线程中删除 myThread 线程

编译、下载、运行并观察结果，你会发现 LED2 也是闪烁了一会儿就不再动作了，而且如果连接了 putty 终端，就会发现它什么信息都没有打印出来。可见，删除线程与线程自己退出是不同的，因为主动退出会完成线程中所有的流程，而被动删除的时候无法保证流程的完整性。同时，从这两个例子也能看出，myThread 线程执行的时间长短不一样，这个不难理解，这里不再深究。在实际情况下几乎不会主动去删除某个线程。

另外，RTT 中所有的内核对象都分为两大类，一类是静态对象，另一类是动态对象。它们最大的区别就是，动态线程的线程控制块和堆栈是由 OS 从堆中动态分配的，而静态线程的线程控制块和堆栈是工程师在写代码时静态分配（就是全局的数组）的。针对这两种不同的使用方法，线程的创建函数也有微小的差异。动态线程的创建和删除就是前面例子所演示的，而静态线程的创建和删除（静态线程所占用的内存永远不会释放）需要分别调用 rt_thread_init( ) 和 rt_thread_detach( ) 函数。RTT 内核对象静态和动态创建函数的命名规则很相似，凡是动态的内核对象基本都用 xxx_create( ) 和 xxx_delete( ) 函数来创建和删除，而静态的内核对象基本都用 xxx_init( ) 和 xxx_detach( ) 函数来初始化和脱离。从内存利用率的角度讲，动态对象更有优势，但是从执行效率来讲，静态对象速度更快。

建议在实际工作中，除某些非常关键的线程任务外，都使用动态线程，而且要尽量避免线程的删除动作。

最后总结一下 RTOS 线程的特点。

1）线程的本质是函数。

2）线程一般情况下不会退出，它们会一直在系统里等待被调度，然后处理相关的事宜，因此其结构中一般都有一个永远不会退出的循环体。

3）线程不能一直占用 CPU，所以需要留出 CPU 的执行时间，否则低优先级的线程就永远没有机会执行了。这一点在多线程实验里会更清晰。

4）RTOS 中的线程一般都是“平等”的，不论线程是被谁创建的，都没有明显的“父-子”之类的关系。

第 20 章　三头六臂——一起做几个多线程的例程

前面介绍了如何创建和删除线程（不建议删除线程），本章将多创建几个线程，并分析一下多线程之间的调度过程。请打开 sample3 工程，看一下代码。

20.1 创建三个线程

既然是“三头六臂”，那就建立三个线程吧，如图 20-1 所示。

```
int main(void)
{
    rt_thread_t tid;
    uint16_t pinStatus=0;

    /* set LED2 pin mode to output */
    rt_pin_mode(LED2_PIN, PIN_MODE_OUTPUT);
    /* set LED3 pin mode to output */
    rt_pin_mode(LED3_PIN, PIN_MODE_OUTPUT);
    /* set LED4 pin mode to output */
    rt_pin_mode(LED4_PIN, PIN_MODE_OUTPUT);

    rt_scheduler_sethook(printSchdule);

    tid = rt_thread_create("LED2Thread", LED2Thread, RT_NULL, LED2_STACK_SIZE, LED2_PRIO, LED2_TICKS);
    RT_ASSERT(tid != RT_NULL);
    rt_thread_startup(tid);

    tid = rt_thread_create("LED3Thread", LED3Thread, RT_NULL, LED3_STACK_SIZE, LED3_PRIO, LED3_TICKS);
    RT_ASSERT(tid != RT_NULL);
    rt_thread_startup(tid);

    while (1)
    {
        pinStatus=rt_pin_read(LED4_PIN);
        if(pinStatus)
            rt_pin_write(LED4_PIN, PIN_LOW);
        else
            rt_pin_write(LED4_PIN, PIN_HIGH);
#if HARD_DELAY==1
        _delay_us(SPEED*1000);
#else
        rt_thread_mdelay(SPEED);
#endif

    }
} « end main »
```

图 20-1　主线程函数

从主线程函数里看到，分别创建了两个线程，LED2Thread( ) 负责 LED2 的闪烁功能，LED3Thread( ) 负责 LED3 的闪烁功能，如图 20-2 所示。主线程自己负责 LED4 的闪烁功能。三个线程的优先级全部设定为同一级别，因此从理论上说它们三个之间不存在谁打断谁的情况。同时，把主线程、LED2 和 LED3 的“TICKS”设置为 1000，也就是大约一秒调度一次以便让实验现象比较明显。

在继续讲解前再巩固一下 OS 线程调度的知识。线程调度其实就是 OS 根据线程（也是函数）的优先级和时间片来定时运行函数。前面提到过，内核会把所有线程对象放在一个链表里，而 OS 会根据系统时钟（也就是 Tick）到链表里检查线程是否该被运行。如果一个线程释放了 CPU 的使用权，这个线程就会被挂起，随后 OS 会在链表里查找，看看有没有其他的线程可以运行，如果没有就运行系统自己创建的空闲线程。空闲线程会查看系统中有没有可以回收的资源，如果有，就回收资源并释放被这些资源占用的内存。同时，系统的低功耗状态进入程序一般也是由空闲线程实现的，后面还会解释。线程的状态及其切换一般如图 20-3所示。

```
void LED2Thread(void)
{
    //uint16_t i;
    uint32_t Speed = 200;
    uint16_t pinStatus=0;
    //for(i=0;i<10;i++)
    while(1)
    {
        pinStatus=rt_pin_read(LED2_PIN);
        if(pinStatus)
            rt_pin_write(LED2_PIN, PIN_LOW);
        else
            rt_pin_write(LED2_PIN, PIN_HIGH);
        rt_thread_mdelay(Speed);

    }
    rt_kprintf("Goodby~!\n");
}
//MSH_CMD_EXPORT(LED2Thread, LED2Thread);

void LED3Thread(void)
{
    //uint16_t i;
    uint32_t Speed = 200;
    uint16_t pinStatus=0;
    //for(i=0;i<10;i++)
    while(1)
    {
        pinStatus=rt_pin_read(LED3_PIN);
        if(pinStatus)
            rt_pin_write(LED3_PIN, PIN_LOW);
        else
            rt_pin_write(LED3_PIN, PIN_HIGH);
        rt_thread_mdelay(Speed);

    }
    rt_kprintf("Goodby~!\n");
}
```

图 20-2　LED2 和 LED3 线程函数

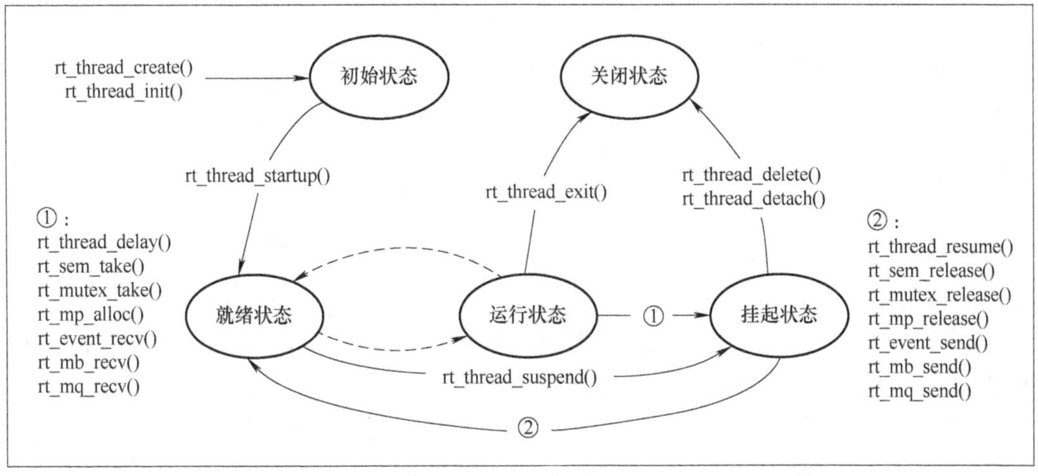

图 20-3　线程的状态及其切换

编译、下载程序并观察结果。如果顺利，读者会发现三个 LED 灯几乎同时在闪烁。但是从代码的顺序上看，似乎是 LED4 先亮，然后 LED2 亮，最后是 LED3 亮。三个线程优先级相同，它们之间是不存在打断现象的，难道不是应该按照顺序来闪烁，就像之前例程的跑马灯一样吗？其关键在于 rt_thread_mdelay( )，这是 RTT 的线程延时函数。这个函数一旦被调用，当前的线程就会立即释放 CPU 的使用权，让 OS 调度其他的线程来执行，直到延时时间到了以后，才会继续执行原线程。这种主动让出 CPU 的函数在 RTOS 的编程中应该尽量使用，以提高系统利用率。

还是这个例子，把“rt_thread_mdelay( )”改成“_delay_us( )”来实现，一切就不同了。先看一下_delay_us( )函数的实现，如图 20-4 所示，它其实是一个二阶的循环体，让 CPU 不断运行这个循环体来消耗时间。这个函数模拟了一个始终占用 CPU 资源而不主动让出 CPU 的线程。它同样是延时大约 200ms，看看运行结果有何不同。

在编译、下载前请确认“HARD_ DELAY”宏定义被设置成了 1，如图 20-5 所示。为了调试方便，笔者添加了这个宏定义开关，用来控制延时函数用“硬”延时还是用 OS 的“软”延时。

```
#if HARD_DELAY==1
static void _delay_us(uint32_t us)
{
    volatile uint32_t len;
    for (; us > 0; us --)
        for (len = 0; len < 20; len++);
}
#endif
```

图 20-4 _delay_us( )函数

```

#include <rtthread.h>
#include <rtdevice.h>
#include "board.h"
#include "drv_gpio.h"

#define HARD_DELAY 1
#define SPEED 200
#define LED2_PRIO 10
#define LED3_PRIO 10
#define LED2_STACK_SIZE 256
#define LED3_STACK_SIZE 256
#define LED2_TICKS 1000
#define LED3_TICKS 1000

/* defined the LED2 pin: PD13 */
#define LED2_PIN    GET_PIN(D, 13)
/* defined the LED3 pin: PD14 */
#define LED3_PIN    GET_PIN(D, 14)
/* defined the LED4 pin: PD15 */
#define LED4_PIN    GET_PIN(D, 15)

#if HARD_DELAY==1
static void _delay_us(uint32_t us)
{
```

图 20-5 “HARD_DELAY”宏定义

请观察 LED 灯的闪烁情况，可以发现三个 LED 灯开始按照先后顺序闪烁，每个灯大约闪烁 1s 后才会切换到后面一个灯。这是因为线程完全占据了 CPU 的时间，直到自己的 1s 全部用完才“罢休”，三个线程的优先级又相同，所以就只能按照顺序来工作了。这种工作方式效率低下，其实和没有 OS 差不多，因此在实际工作中要避免。

在回到正常的延时操作之前，先来试试修改线程的优先级。主线程在创建时的优先级被定义为 10，下面把 LED2 和 LED3 的优先级改成 8 和 9，如图 20-6 所示。注意，在 RTT 中数字越小，优先级越高。

修改后再次编译、下载和执行。观察运行结果，你会发现除了 LED2 在闪烁外，其他两个 LED 都不会动作了。原因很简单，LED2 的线程优先级最高，导致其一直抢占 LED3 和 LED4 的线程。这很好地验证了抢占式调度的机制。

```
#define HARD_DELAY 1
#define SPEED 200
#define LED2_PRIO 8
#define LED3_PRIO 9
#define LED2_STACK_SIZE 256
#define LED3_STACK_SIZE 256
#define LED2_TICKS 1000
#define LED3_TICKS 1000

```

图 20-6　线程优先级的宏定义

此时，再将延时函数改为 rt_thread_mdelay( ) 来实验一下。请将“HARD_DELAY”宏定义设置为 0，然后重新编译和下载，观察现象。你会惊奇地发现，其运行效果和没有修改优先级时一样，三个 LED 灯几乎被同时操作。原理也非常简单：每个线程都会利用系统提供的延时函数来让出 CPU 的执行时间，即使优先级不同，但是低优先级的线程也有充足的机会去运行程序，于是看起来就“一团和气”。

20.2　如何观察线程调度情况

上一节用 LED 灯的闪烁情况来演示 OS 对三个线程的调度情况，但在实际工作中未必能这么直观地观察线程的调度情况，而且线程也可能多于三个。RTT 提供了一种称为“钩子函数（hook）”的机制来帮助调试。钩子函数其实是一个回调函数，当 OS 运行到一些关键点时，可以调用回调函数。只要用户设置了这个回调函数，就能显式地看到 OS 执行的一些关键过程。和线程调度相关的钩子函数可以通过 OS 提供的 API 函数 rt_scheduler_sethook( ) 来设定。

如图 20-7 所示，通过 rt_scheduler_sethook( ) 函数来注册一个用户的钩子函数，将其命名为“printSchdule( )”。它有两个参数，一个是当前线程的线程控制块指针，另一个是将要被调度的线程控制块指针。函数中只有一句代码，就是将当前线程的名字和将要调度的线程名字打印出来。编译并运行一下，看看效果。请连接 putty 终端，然后就能看到线程切换的过程了。

```
void printSchdule(struct rt_thread *from, struct rt_thread *to)
{
    rt_kprintf("from: %s --> to: %s \n", from->name, to->name);
}

int main(void)
{
    rt_thread_t tid;
    uint16_t pinStatus=0;

    /* set LED2 pin mode to output */
    rt_pin_mode(LED2_PIN, PIN_MODE_OUTPUT);
    /* set LED3 pin mode to output */
    rt_pin_mode(LED3_PIN, PIN_MODE_OUTPUT);
    /* set LED4 pin mode to output */
    rt_pin_mode(LED4_PIN, PIN_MODE_OUTPUT);

    rt_scheduler_sethook(printSchdule);

    tid = rt_thread_create("LED2Thread", LED2Thread, RT_NULL, LED2_STACK_SIZE, LED2_PRIO, LED2_TICKS);
    RT_ASSERT(tid != RT_NULL);
```

图 20-7　线程调度钩子函数

如图 20-8 所示，线程的调度顺序基本上是“main→空闲→LED2 线程→空闲→LED3 线程→main…”。结合代码来观察程序，可以很容易地梳理出程序逻辑。

钩子函数虽然用起来非常方便，但是不停地从钩子函数里打印字符串出来，非常消耗资源，而且持续“霸屏”。还可以考虑另外一个办法，用示波器。现在有三个线程，正好也有三个 LED 灯，可以利用驱动这三个 LED 灯的 GPIO 来显示波形。修改一下代码，先打开 sample4 工程。这个工程的核心思想是，线程如果正常工作，那么就把 GPIO 拉低，如果线程被调度，那么就把 GPIO 拉高，这样通过示波器就能观察线程的调度情况了，如图 20-9 和图 20-10 所示。

现在可以看看效果，当然前提是要有示波器。如果没有，那么就看看图 20-11。

从图 20-11 能清晰地看出三个线程的调度顺序，编号 1 是 LED2，编号 2 是 LED3，编号 3 是 LED4（也就是主线程），它们依次被调度。因为调用系统延迟函数而放弃了 CPU 使用，所以都不工作，直到延时时间到了。这种调试方式实时性非常好，也能精确测定线程的执行时间，不过对于硬件要求比较高，会占用不少 GPIO，还需要用到其他测试设备。在实际工作中，还需要大家根据实际情况来选择合适的测量方式。

<1> cmd - plink.ex

```
from: LED3Thre0 --> to: main
from: main --> to: tidle0
from: tidle0 --> to: LED2Thre0
from: LED2Thre0 --> to: tidle0
from: tidle0 --> to: LED3Thre0
from: LED3Thre0 --> to: main
from: main --> to: tidle0
from: tidle0 --> to: LED2Thre0
from: LED2Thre0 --> to: tidle0
from: tidle0 --> to: LED3Thre0
from: LED3Thre0 --> to: main
from: main --> to: tidle0
from: tidle0 --> to: LED2Thre0
from: LED2Thre0 --> to: tidle0
from: tidle0 --> to: LED3Thre0
from: LED3Thre0 --> to: main
from: main --> to: tidle0
from: tidle0 --> to: LED2Thre0
from: LED2Thre0 --> to: tidle0
from: tidle0 --> to: LED3Thre0
from: LED3Thre0 --> to: main
from: main --> to: tidle0
from: tidle0 --> to: LED2Thre0
from: LED2Thre0 --> to: tidle0
from: tidle0 --> to: LED3Thre0
from: LED3Thre0 --> to: main
from: main --> to: tidle0
from: tidle0 --> to: LED2Thre0
from: LED2Thre0 --> to: tidle0
from: tidle0 --> to: LED3Thre0
from: LED3Thre0 --> to: main
from: main --> to: tidle0
from: tidle0 --> to: LED2Thre0
from: LED2Thre0 --> to: tidle0
```

图 20-8　线程调度钩子函数打印出来的信息

```
int main(void)
{
    rt_thread_t tid;
    uint16_t pinStatus=0;

    /* set LED2 pin mode to output */
    rt_pin_mode(LED2_PIN, PIN_MODE_OUTPUT);
    /* set LED3 pin mode to output */
    rt_pin_mode(LED3_PIN, PIN_MODE_OUTPUT);
    /* set LED4 pin mode to output */
    rt_pin_mode(LED4_PIN, PIN_MODE_OUTPUT);

    rt_scheduler_sethook(showSchdule);

    tid = rt_thread_create("LED2Thread", LED2Thread, RT_NULL, LED2_STACK_SIZE, LED2_PRIO, LED2_TICKS);
    RT_ASSERT(tid != RT_NULL);
    rt_thread_startup(tid);

    tid = rt_thread_create("LED3Thread", LED3Thread, RT_NULL, LED3_STACK_SIZE, LED3_PRIO, LED3_TICKS);
    RT_ASSERT(tid != RT_NULL);
    rt_thread_startup(tid);

    while (1)
    {
        //pinStatus=rt_pin_read(LED4_PIN);
        //if(pinStatus)
            rt_pin_write(LED4_PIN, PIN_LOW);
        //else
        //  rt_pin_write(LED4_PIN, PIN_HIGH);

        rt_thread_mdelay(SPEED);
    }
} « end main »
```

图 20-9　sample4 工程中的 main( ) 函数

```c
void showSchedule(struct rt_thread *from, struct rt_thread *to)
{
    //rt_kprintf("from: %s --> to: %s \n", from->name, to->name);
    rt_pin_write(LED2_PIN, PIN_HIGH);
    rt_pin_write(LED3_PIN, PIN_HIGH);
    rt_pin_write(LED4_PIN, PIN_HIGH);
}

int main(void)
{
    rt_thread_t tid;
    uint16_t pinStatus=0;

    /* set LED2 pin mode to output */
    rt_pin_mode(LED2_PIN, PIN_MODE_OUTPUT);
    /* set LED3 pin mode to output */
    rt_pin_mode(LED3_PIN, PIN_MODE_OUTPUT);
    /* set LED4 pin mode to output */
    rt_pin_mode(LED4_PIN, PIN_MODE_OUTPUT);

    rt_scheduler_sethook(showSchedule);

    tid = rt_thread_create("LED2Thread", LED2Thread, RT_NULL, LED2_STACK_SIZE, LED2_PRIO, LED2_TICKS);
    RT_ASSERT(tid != RT_NULL);
```

图 20-10　sample4 工程中的 showSchedule( ) 函数

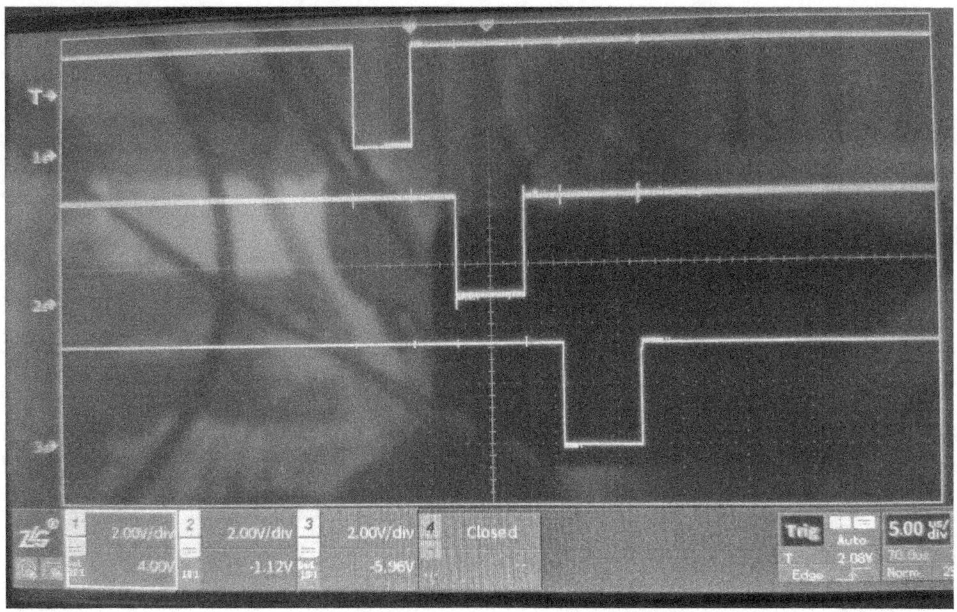

图 20-11　sample4 工程执行效果

第 21 章　团结就是力量——线程之间的同步和通信

上一章的例子建立了多个线程，并且也对线程的调度做了演示。但遗憾的是，这几个线程基本上是“各自为战”，没有什么交流。在实际工作中，往往是多个线程协同工作，形成一个完整的工作流，比如，一个线程负责获取数据，第二个线程负责处理数据，第三个线程负责将数据结果输出。于是，线程间的同步和通信机制就需要登场了。

人们平时往往把线程的同步和通信混在一起讲，但线程的同步和通信是有不同作用的，只是在实际工作中利用一些通信机制也可以实现类似于同步的功能。下面还是从概念上严谨地区分一下它们。

21.1 线程同步

线程的同步主要是指当多个线程需要访问同一个资源时，设法避免资源异步访问造成的冲突。常用的线程同步方法有三类：信号量（semaphore）、互斥量（mutex）和事件（event）。

21.1.1 信号量

信号量的英文单词“semaphore”来自航海中船只之间通过旗帜发出不同的信息给对方，因此“semaphore”也有“旗语”的意思。信号量的工作机制非常简单，就是对一个由 OS 维护的变量进行加 1 或者减 1 操作。初始化的时候通过 OS 提供的 API 函数可以创建一个信号量，并且给这个变量赋初值。获取信号量的时候，OS 会对这个变量减 1；释放这个信号量的时候，OS 会对这个变量加 1。如果这个信号量变成 0，那么再想获取这个信号量就必须等待了，直到它被释放一次。

因此信号量类似于一个计数器，利用这样简单的计数器来维护某些公共资源就能避免冲突。举个例子，AT32F407 含有多个通用计时器，假设拿出 5 个给用户线程使用，而系统里需要使用硬件计时器的线程可能大于 5 个，此时需要防止不同线程在访问计时器时发生冲突。利用信号量可以管理这些计时器资源。方法很简单，创建一个初值为 5 的信号量，当有一个线程要访问计时器时，首先利用 OS 提供的 API 函数去获取这个信号量，OS 会自动对信号量减 1，因为大于 0，于是返回，获取信号量的线程就可以访问一个计时器（当然，要假设不会出现重复使用同一个计数器的情况）。之后，其他线程要使用计时器时也这样操作。依此类推，直到有个线程要获取信号量来访问计时器时，因为前面已经有 5 个线程在使用计时器，信号量已经递减到 0 了。此时，该线程使用 OS 提供的获取信号量的 API 时会被 OS 挂起（如果线程不想被挂起，可以用其他方法，这里暂时不展开），直到有线程结束计时器的使用，并且调用 OS 提供的 API 函数主动释放信号量（信号量加 1）。这时被挂起的线程就能得到一个信号量，从而可以使用计时器。

实际工作中用得最多的是二值信号量，就是初始值最多只能为 1 的信号量，所以只要有一个线程获取了这个信号量，其他线程就只能等待或者放弃使用。这是因为，在实际工作中线程访问的资源不会像前面的例子里那么多，比如，多个线程共享一个内存区（其实就是一个全局数组）、文件访问、网络访问等。

信号量是最基础的线程同步方法，灵活方便，被广泛使用，但是也存在一定的局限性。

首先，信号量使用不当，很容易造成“死锁”，也就是说持有信号量的线程因为某些原因无法释放信号量，而导致其他线程永远无法得到信号量。还有可能是在递归调用中使用了信号量而导致的。

其次，信号量还会造成优先级反转的现象。举个例子，如图 21-1 所示，假设有三个线程分别是 1、2 和 3，它们的优先级分别为高、中、低。线程 3 先获取了一个信号量，并开始处理相关事务。一段时间后，高优先级的线程 1 开始运行，也想获取该信号量，但是这个二值信号量已经被线程 3 获取，且没有释放，因此线程 1 将被 OS 挂起。此时，线程 2 准备就绪开始运行，但是线程 2 的优先级比线程 1 低，正常情况下如果线程 1 在运行，除非线程 1 用完时间片，否则线程 2 是没有办法“插队”的。但是很不巧，线程 1 因为等待被线程 3 占用的信号量而挂起了，于是线程 2 被运行。直到线程 3 释放了信号量，线程 1 才能正常运行。在这个过程中出现了一次优先级反转，当然，如果这些线程处理的任务都不是非常重要或者紧急的，那么问题也不大，因为优先级反转并不属于“不正常”现象，只要有等待资源的情况就很容易有优先级反转的状态。但是，在系统设计中如果线程 1 处理优先级很高，而且线程 1 和线程 2 之间有工作流先后顺序的话，这个优先级反转现象就会造成系统的不稳定。当系统复杂度提高后，可能会存在很多线程，对于资源的使用也变得非常频繁，因此需要提高警惕。

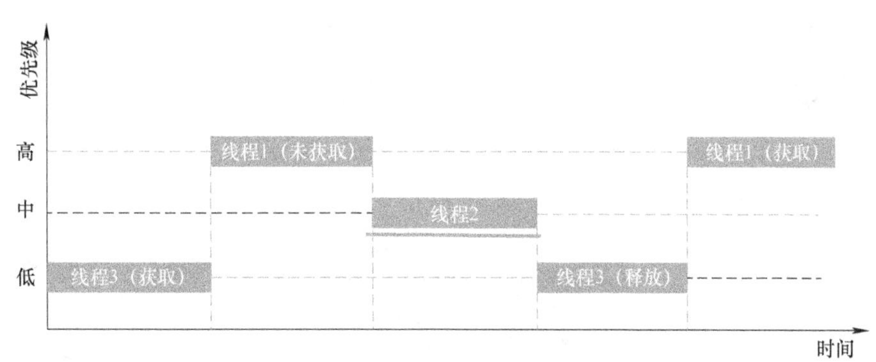

图 21-1　优先级反转示意图

图 21-2 所示为 RTT 信号量所使用的常见 API 函数。

21.1.2　互斥量

信号量的使用，尤其是二值信号量的使用存在不少隐患，于是一种特殊的二值信号量登场了，人们称之为互斥量。顾名思义，它具有排他性，因此它和普通的二值信号量有两个最基本的差异。

功能	API函数	关键参数/返回值	参数描述
创建	rt_sem_create()	const char *name rt_uint32_t value rt_uint8_t flag 返回值	信号量的名称字符串 信号量的初始值 等待信号量的线程排队方式（RT_IPC_FLAG_FIFO/PRIO） 创建成功返回动态分配的信号量句柄（指针），失败返回RT_NULL
初始化	rt_ sem_init()	rt_sem_t sem const char *name rt_uint32_t value rt_uint8_t flag	已经静态声明的信号量对象句柄 信号量的名称字符串 信号量的初始值 等待信号量的线程排队方式（RT_IPC_FLAG_FIFO/PRIO）
获取	rt_sem_take()	rt_sem_t sem rt_int32_t time	动态分配的或者静态声明的信号量对象句柄 等待信号量的时间，以Tick为单位
	rt_sem_trytake()	rt_sem_t sem	动态分配的或者静态声明的信号量对象句柄
释放	rt_sem_release()	rt_sem_t sem	动态分配的或者静态声明的信号量对象句柄
删除	rt_sem_delete()	rt_sem_t sem	动态分配的信号量对象句柄
脱离	rt_sem_detach()	rt_sem_t sem	静态声明的信号量对象句柄

图 21-2　信号量使用的 API 函数

1）互斥量存在所有权的概念。一旦这个互斥量被一个线程成功获取后，这个线程就是这个互斥量的所有者，其他线程无法获取该互斥量。作为所有者，获得互斥量的线程可以反复获取该互斥量而不用担心自己把自己“套死”。互斥量也只能由所有者来释放，其他线程是无法释放该互斥量的。这一差异非常明显，信号量是没有“所有者”概念的，任何线程都可以释放信号量。

2）互斥量还解决了前面优先级反转的问题。方法很简单，当一个优先级比较高的线程在等待互斥量的时候，OS 会自动把持有互斥量的优先级比较低的线程优先级临时提高到和等待互斥量的线程相同的有优势，这样就能避免其他低优先级的线程“插队”。

互斥量比信号量好很多，但是一切事物都有局限性。信号量非常简单，因此占用系统资源比较少，但是互斥量就会让 OS 更加忙碌。所以还是要根据实际情况来选用。

图 21-3 所示为 RTT 互斥量使用的 API 函数。

功能	API函数	关键参数/返回值	参数描述
创建	rt_mutex_create()	const char *name rt_uint8_t 返回值	互斥量的名称字符串 等待互斥量的线程排队方式（RT_IPC_FLAG_FIFO/PRIO） 创建成功返回动态分配的互斥量句柄（指针），失败返回RT_NULL
初始化	rt_mutex_init()	rt_mutex_t mutex const char *name rt_uint8_t flag	已经静态声明的互斥量对象句柄 互斥量的名称字符串 等待互斥量的线程排队方式（RT_IPC_FLAG_FIFO/PRIO）
获取	rt_mutex_take()	rt_mutex_t mutex rt_int32_t time	动态分配的或者静态声明的互斥量对象句柄 等待互斥量的时间，以Tick为单位
释放	rt_ mutex_release()	rt_mutex_t mutex	动态分配的或者静态声明的互斥量对象句柄
删除	rt_mutex_delete()	rt_mutex_t mutex	动态分配的互斥量对象句柄
脱离	rt_mutex_detach()	rt_mutex_t mutex	静态声明的互斥量对象句柄

图 21-3　互斥量使用的 API 函数

RTT 的互斥量实现并没有使用 ARM Cortex M4 内核的“排他访问”指令，主要是考虑到不同平台的一致性和兼容性。不过鉴于 RTT 是开源社区，有兴趣的读者可以尝试去优化一下。

21.1.3　事件

事件也可以称为事件集。事件就是一个“标记”，事件集就是一组“标记”，它们标志某个或者某些事件发生了。和所有同步机制一样，事件也不能传递参数或数据。RTT 的事件其实就是一个 32 位的整型变量，这个整型变量中每个位代表一个事件，即整个变量可以容纳 32 个事件。需要多个事件标记是因为多个不同的事件可能同时产生。与信号量和互斥量不同的是，事件没有队列缓存，也就是说，如果一个线程多次发送了同一个事件，等待该事件的线程没有及时取走，那么它只能收到最后一次事件。当事件产生时，所有等待该事件的线程都会收到，至于哪个线程会被运行就要看事件创建时如何配置了。所以，利用事件的这个特性可以完成一对多和多对多的线程同步功能。

图 21-4 所示为 RTT 事件使用的 API 函数。

功能	API函数	关键参数/返回值	参数描述
创建	rt_event_create()	const char *name rt_uint8_t 返回值	事件的名称字符串 等待事件的线程排队方式（RT_IPC_FLAG_FIFO/PRIO） 创建成功返回动态分配的事件句柄（指针），失败返回RT_NULL
初始化	rt_event_init()	rt_event_t event const char *name rt_uint8_t flag	已经静态声明的事件对象句柄 事件的名称字符串 等待事件的线程排队方式（RT_IPC_FLAG_FIFO/PRIO）
接收事件	rt_event_recv()	rt_event_t event rt_uint32_t set rt_uint8_t option rt_int32_t time rt_uint32_t *recved	动态分配的或者静态声明的事件对象句柄 接收线程感兴趣的的事件标志值 接收选项 等待事件的时间，以Tick为单位 指向接收事件的指针
发送事件	rt_ event_send()	rt_event_t event rt_uin32_t set	动态分配的或者静态声明的事件对象句柄 发送的一个或者多个事件的标志值
删除	rt_event_delete()	rt_event_t event	动态分配的事件对象句柄
脱离	rt_event_datach()	rt_event_t event	静态声明的事件对象句柄

图 21-4　事件使用的 API 函数

21.1.4　同步机制总结

前面对常见的线程同步机制做了介绍，这里再强调一下在中断函数中如何使用同步机制。核心篇中多次强调了中断的重要性和独特性。中断是硬件产生的，虽然 OS 会对中断系统做些管理，但这不会改变中断的特殊性。最常见的问题就是中断处理程序中不能使用任何具有 OS“阻塞”性质的函数。OS 中的“阻塞”就是当线程调用一个函数时，可能导致本线程被 OS 挂起，比如获取一个信号量或者事件时，这个比较容易理解。但是，从中断函数中发出信号量或者事件是可以的。互斥量就比较特殊，因为它具有“所有者”性质，所以无论释放还是获取互斥量都不能在中断处理函数中进行。

21.2 线程通信

在前面的线程同步机制讲解中可以发现所有的方法都只是传递一个“标记”，而不能传递更多的数据或者信息。为了解决信息传递的问题，线程通信的机制就出现了。当然，利用同步机制可以开辟一个额外的内存区（比如一个全局变量或者数组）来在线程间传递信息，但是这样的方式使用过多会导致程序变得难以维护，效率也会降低。接下来讲解线程通信的几种方式。

21.2.1 邮箱

邮箱是 RTOS 中最常见的一种通信方式。邮箱的概念和生活中的邮箱十分类似。OS 扮演了邮局的角色。线程 A 要给线程 B 发邮件，只要把相关信息记录下来，然后调用 OS 的邮件发送 API 函数，把邮件发送到一个邮箱里就可以了。而线程 B 为了能收到来自 A 的邮件，只要找到相应的邮箱取出邮件就可以了。

邮箱中的邮件排列是有顺序的，一般都是遵循 FIFO 规则。邮箱是有大小的，所以不能不停地往邮箱里发邮件而不取出来。一个邮箱允许多个线程投递邮件，也允许多个线程从邮箱里取邮件，甚至允许同一个线程自己发自己取。但是，会不会取错邮件，OS 是不管的。所以，在正常使用中，往往在需要为邮箱通信的每一对线程中建立一个专用邮箱。同时，也不要为了方便而在同一个线程里自己给自己发邮件，否则很容易造成自己错误。

RTT 的邮箱规定，每个邮件的内容只能为 4 个字节。那么如果信息多了怎么办？很简单，对于 ARM Cortex-M 系列的 32 位机而言，一个指针的大小正好也是 4 个字节，所以，如果要发送一个内容丰富的邮件，只要发送一个指针就好了。之所以邮箱的内容被规定为 4 个字节，主要还是从效率角度出发的，这样每个邮件的长度都是相同的，处理时间可以准确计算，这对于 RTOS 而言是非常重要的。

和所有内核对象一样，邮箱的创建也分为静态和动态两种。静态对象的句柄（就是结构体的地址）需要提前声明，邮箱的存储缓冲区也需要提前声明，并一同在初始化邮箱的时候作为参数传递给 OS 的 API 函数。这部分内存空间是永远被占用的，OS 无法释放静态对象的内存。而如果是动态邮箱，那就需要把邮箱空间的大小作为参数传递给 OS 的 API 函数。邮箱成功创建后，函数会返回动态分配的邮箱句柄。动态邮箱所占用的内存是可以被 OS 释放的，不过，正常情况下并不需要频繁地创建和释放邮箱。

与线程同步机制类似，当邮箱中没有邮件的时候，等待邮件的线程会被挂起，除非设置了超时参数。在实际工作中，一个线程往往需要有实际的邮件内容才能继续处理事情，所以挂起的情况居多，直到邮箱中有了新邮件，挂起的线程才会被执行。如果有多个线程从同一个邮箱中收取邮件，那么可以按照 FIFO 原则或者优先级原则来排队。与同步机制有些差别的是，在同步机制中发送或者释放的动作不会造成线程挂起，但是通信机制里却有可能让发送端的线程也挂起。比如邮箱满了，那么发送邮件的线程无法成功发送邮件，它就会挂起，直到有邮件从邮箱中取出。因此，不要随意在中断处理函数中使用邮箱功能，无论是发送还是接收。如果为了方便而需要在中断处理函数中使用邮件发送功能，请使用没有等待功能的发送函数，这样就不会出现阻塞中断函数的错误。

前面提过，如果邮件里写了很多内容，那么邮件本身就可以改为指向该内容的一个指针而发送出去。当接收到该指针时，线程最好尽快处理或将内容复制出来（怎么知道数据的大小？请想一想）。同时需要注意的是，如果这个指针所指向的内存地址是动态分配的，请在处理后手动释放相关内存，否则，内存很容易被消耗殆尽。

图 21-5 所示为 RTT 邮箱使用的 API 函数。

功能	API函数	关键参数/返回值	参数描述
创建	rt_mb_create()	const char *name rt_size_t size rt_uint8_t flag 返回值	邮箱的名称字符串 邮箱的容量 等待邮箱的线程排队方式（RT_IPC_FLAG_FIFO/PRIO） 创建成功返回动态分配的邮箱句柄（指针），失败返回RT_NULL
初始化	rt_ mb_init()	rt_mailbox_t mb const char *name void +msqpool rt_size_t size rt_uint8_t flag	已经静态声明的邮箱对象句柄 邮箱的名称字符串 静态声明的邮箱缓冲区指针 邮箱容量 等待邮件的线程排队方式（RT_IPC_FLAG_FIFO/PRIO）
接收邮件	rt_mb_recv()	rt_mailbox_t mb rt_uint32_t *value rt_int32_t time	动态分配的或者静态声明的邮箱对象句柄 邮件内容 等待邮件的时间，以Tick为单位
发送邮件	rt_mb_send()	rt_maillbox_t mb rt_uint32_t value 返回值	动态分配的或者静态声明的邮箱对象句柄 邮件内容 发送成功返回RT_EOK，邮箱满则返回RT_EFULL
	rt_mb_send_wait()	rt_mailbox_t mb rt_uint32_t value rt_int32_t time	动态分配的或者静态声明的邮箱对象句柄 邮件内容 发送等待超时的时间，以Tick为单位
删除	rt_mb_delete()	rt_mailbox_t mb	动态分配的邮箱对象句柄
脱离	rt_mb_datach()	rt_mailbox_t mb	静态声明的邮箱对象句柄

图 21-5　邮箱使用的 API 函数

21.2.2　消息队列

消息队列（Message Queue，MQ）是邮箱的一个扩展。邮箱发送的邮件大小是受到限制的，虽然可以通过一些手段来扩充，但有时用起来不方便。于是 OS 提供了一个发送不定长信息的手段——消息队列，顾名思义，就是把消息组成一个队列，这个队列由 OS 来维护，在创建或者初始化的时候来定义。

既然称之为队列，那么消息的进出就遵循 FIFO 规则，等待消息的线程执行顺序可以根据消息队列初始化的配置设为 FIFO 或者优先级方式。

消息是如何处理不定长数据的？其实也非常简单。从前面的邮箱中已经看到可以利用指针的方式来扩展要发送的数据大小。消息队列用的也是这个方法，只不过不用我们自己动手来实现，OS 已经代劳了。在创建消息队列对象的时候，需要告诉 OS 每个消息队列中最大消息的数据量，同时还要告诉 OS 这个队列里最多能缓存多少个消息。于是，OS 就会根据这些信息自动分配好内存，并且把它们以消息为单位链接成一个空闲链表。当有线程需要发送消息的时候，OS 就先从空闲链表里取出一个空的消息，把线程要发送的信息复制到这个空的消息里，然后把这个消息挂到另外一个正常的消息链表尾部。当有线程读取了这个消息时，OS 就把其中的信息复制到读取线程指定的内存中，然后清空这个消息中的内容，再把这个消息重新挂回空闲链表。如此往复。

消息队列的使用方式和邮箱类似，但是多了一个“紧急消息”的概念，就是可以把特定消息“插队”到消息队列的最前面，而不是排在消息队列的后面。

同理，使用消息队列时也需要注意，不要在中断函数中使用会导致线程挂起的等待消息函数。

图 21-6 所示为 RTT 消息队列使用的 API 函数。

功能	API函数	关键参数/返回值	参数描述
创建	rt_mq_create()	const char *name rt_size_t msg_size rt_size_t max_msgs rt_uint8_t flag 返回值	消息队列的名称字符串 消息队列中一条消息的最大长度，单位为字节 消息队列的最大个数 等待消息的线程排队方式（RT_IPC_FLAG_FIFO/PRIO） 创建成功返回动态分配的消息队列句柄（指针） 失败返回RT_NULL
初始化	rt_ mq_init()	rt_mq_t mb const char *name void *msqpool rt_size_t msg_size rt_size_t pool_size rt_uint8_t flag	已经静态声明的消息队列对象句柄 消息队列的名称字符串 静态声明的消息队列缓冲区指针 消息队列中一条消息的最大长度，单位为字节 消息缓冲区的大小 等待消息的线程排队方式（RT_IPC_FLAG_FIFO/PRIO）
接收消息	rt_mq_recv()	rt_mq_t mq void *buffer rt_size_t size rt_int32_t time	动态分配的或者静态声明的消息队列对象句柄 消息内容指针 消息大小 等待消息的时间，以Tick为单位
发送消息	rt_mq_send()	rt_mq_t mq void *buffer rt_size_t size 返回值	动态分配的或者静态声明的消息队列对象句柄 消息内容指针 消息大小 发送成功返回RT_EOK，消息队列满则返回RT_EFULL
	rt_mq_send_urgent()	rt_mq_t mq void *buffer rt_size_t size 返回值	动态分配的或者静态声明的消息队列对象句柄（该条消息会被插到队列开头） 消息内容指针 消息大小 发送成功返回RT_EOK，消息队列满则返回RT_EFULL
删除	rt_mq_delete()	rt_mq_t mq	动态分配的消息队列对象句柄
脱离	rt_mq_datach()	rt_mq_t mq	静态声明的消息队列对象句柄

图 21-6　消息队列使用的 API 返回函数

21.2.3　信号

请不要把信号和信号量混淆，信号量是线程同步中的“semaphore”，也叫“旗语”。这里的信号和前面的线程同步及消息机制都不同，它模拟了一个硬件的中断，通常的实现方法是使用芯片提供的软件中断指令，所以它本质上也是一个中断。

由于信号的特殊性，它不像其他同步和通信机制一样采用创建和删除的方法，而是采用更类似于中断处理的方式，需要事先为相应的中断准备中断处理函数。准备中断处理函数的过程叫作“安装”，通过 OS 的 API 来配置。与中断处理函数类似，线程在安装好信号处理函数后并不需要刻意去等待信号。当信号被别的线程触发后，自然会去调用线程安装的处理函数。这里有个概念非常重要，每个线程都可以安装自己的信号处理函数，不过根据 POSIX 标准，用户的线程能接收和处理的信号只有两个，一个被定义为 SIGUSR1（10），另一个被定义为 SIGUSR2（12）。其他的线程想要触发信号时，只要调用 OS 的 API 函数，针对特定的线程发送信号即可。信号和前面的互斥量一样，有“所有者”的概念。线程安装的处理函数属于该线程，该线程的信号被触发，并执行相应的处理程序时，其处理程序所使用的栈是该线程的栈空间。因此，凡是遇到安装了信号处理程序的线程，就要留意该线程栈空间安排的大小。

由于信号就是一个软件中断，所以不存在等待与否的问题。和中断一样，信号可以设置中断的禁止和使能，这就是信号的阻塞和解除禁止功能。虽然不用刻意等待信号，但是如果这个线程所处理的事务必须基于信号，那么也可以调用专门的等待函数来等待信号的到来，此时线程就会被挂起。

图 21-7 所示为 RTT 信号使用的 API 函数。可以注意到，给线程发送信号的 API 函数非常特别，名为“rt_thread_kill”。熟悉 Linux 的读者一定知道，当要停止某个应用程序时，只要在命令行输入 kill 指令即可。那么这两个“kill”有何联系吗？为什么这个 API 放在这里显得突兀？请从信号的软件中断属性出发，自己先推敲一下其中的联系。由于信号的实现机制比较特别，所以 RTT 内核配置里默认是不支持信号机制的，如果需要使用该机制请用“menuconfig”来配置内核。

功能	API函数	关键参数/返回值	参数描述
安装	rt_signal_install()	int signo rt_sighandler_t handler	信号值（只有SIGUSR1和SIGUSR2） 处理信号的函数
阻塞	rt_ signal_mask()	int signo	信号值（只有SIGUSR1和SIGUSR2）
解除阻塞	rt_signal_mask()	int signo	信号值（只有SIGUSR1和SIGUSR2）
发送	rt_thread_kill()	rt_thread_t tid int sig	接收信号的线程句柄 信号值（只有SIGUSR1和SIGUSR2）
等待	rt_signal_wait()	const rt_sigset_t *set rt_siginfo_t *si rt_int32_t time	指定等待的信号 指向存储等待到信号的指针 等待的时间，以Tick为单位

图 21-7　信号使用的 API 函数

第 22 章　开始烧脑——RTOS 实践案例

前面介绍了 OS 中用于线程同步和通信的几种常用方法。这些方法各有所长，而且可以组合使用，能满足绝大多数应用场合。

本章将综合运用前面的知识完成一个多线程协作案例。

先创建一个工程，名字是“sample5”，如图 22-1 所示。这个工程中添加了两个文件，以方便阅读，一个是“mutexText. c”，用来测试互斥量，另一个是“msgTest. c”，用来测试消息队列和邮箱。

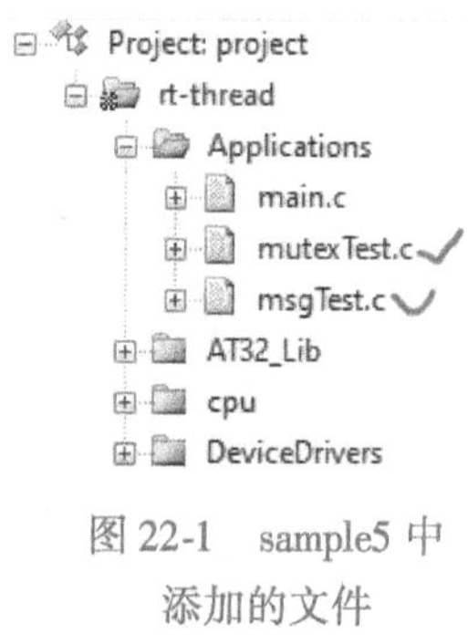

图 22-1　sample5 中添加的文件

同时，为了方便测试，在主函数中用宏定义来分别打开或关闭某个测试功能，如图 22-2 所示。宏定义“MUTEXT_TEST”用来打开或者关闭和互斥量相关的测试代码，而宏定义“MSG_TEST”用来打开或者关闭和消息队列相关的测试代码。这两部分测试的具体实现代码分别放在了前面提到的两个文件中。注意，为了确保实验效果，请不要同时打开这两个宏定义。

```
main.c  mutexTest.c  msgTest.c
#include <rtthread.h>
#include <rtdevice.h>
#include "board.h"
#include "drv_gpio.h"


//#define MUTEXT_TEST
#define MSG_TEST

#ifdef MUTEXT_TEST
extern int mutexThreadCreate(void);
extern void mainMutexTest(void);
#endif

#ifdef MSG_TEST
extern int msgThreadCreate(void);
extern void mainMsgTest(void);
#endif

int main(void)
{
  /* set LED2 pin mode to output */
  rt_pin_mode(LED2_PIN, PIN_MODE_OUTPUT);
  /* set LED3 pin mode to output */
```

图 22-2　sample5 工程主文件中的测试用宏定义

22.1 互斥量测试

先做互斥量的测试。从前面的章节中可以看出，互斥量主要用来保护某个“资源”的独占性访问。当有多个线程要同时访问同一内存区域或硬件的时候，就需要这样的功能。这里设计了一个场景来测试互斥量。除了 main( ) 函数所在的主线程外，再创建两个线程，分别负责板子上 LED2 和 LED3 的闪烁。同时，主线程也会让 LED2 和 LED3 以比较慢的速度来闪烁。这就创造了一个多线程同时“争抢” LED2 和 LED3 资源的状态，然后通过互斥量的操作让 LED2 和 LED3 有序地快闪和慢闪。

为了实现以上目标，首先需要考虑一些全局性的定义，比如要创建的线程优先级、栈的大小、线程工作的时间片个数。另外，访问互斥量需要通过句柄的方式，即一个指向互斥量的指针。为了所有线程都能访问到，一般采用全局变量的方式来定义这个指针。这部分代码在“mutexTest. c”文件开头，如图 22-3 所示。

```
#define LED2_PRIO 8
#define LED3_PRIO 9
#define LED2_STACK_SIZE 256
#define LED3_STACK_SIZE 256
#define LED2_TICKS 2
#define LED3_TICKS 2

//定义LED2的互斥量指针
static rt_mutex_t led2Mutex = RT_NULL;
//定义LED3的互斥量指针
static rt_mutex_t led3Mutex = RT_NULL;
```

图 22-3 “mutexTest. c” 文件开头的全局性定义

然后需要创建两个线程，在创建线程的同时也创建两个互斥量分别用来保护 LED2 和 LED3 的操作。这些工作放在一个函数中实现，命名为“mutexThreadCreate( )”，如图 22-4 所示。该函数首先调用 RTT 系统 API 函数，分别创建了两个名为“led2Mutex”和“led3Mutex”的互斥量，然后又创建并启动了两个名为“led2MutexThread”和“led3MutexThread”的线程。注意互斥量和线程创建的顺序，因为线程创建完毕后就调用 RTT 的 API 函数 rt_thread_startup( ) 启动它们了，所以在启动前必须先把线程需要用到的东西先定义和创建好。

```
//创建用测试的互斥量和线程
int mutexThreadCreate(void)
{
  rt_thread_t tid;

  //创建一个互斥量来保护LED2的操作
  led2Mutex=rt_mutex_create("LED2",RT_IPC_FLAG_FIFO);
  if(led2Mutex == RT_NULL)
  {
    rt_kprintf("create led2Mutex failed~!\n");
    return -1;
  }
  //创建一个互斥量来保护LED3的操作
  led3Mutex=rt_mutex_create("LED3",RT_IPC_FLAG_FIFO);
  if(led3Mutex == RT_NULL)
  {
    rt_kprintf("create led3Mutex failed~!\n");
    return -1;
  }

  //创建一个线程，用来操作LED2
  tid = rt_thread_create("LED2Thread", led2MutexThread, RT_NULL, LED2_STACK_SIZE, LED2_PRIO, LED2_TICKS);
  RT_ASSERT(tid != RT_NULL);
  rt_thread_startup(tid);
  //创建一个线程，用来操作LED3
  tid = rt_thread_create("LED3Thread", led3MutexThread, RT_NULL, LED3_STACK_SIZE, LED3_PRIO, LED3_TICKS);
  RT_ASSERT(tid != RT_NULL);
  rt_thread_startup(tid);

  return RT_EOK;
}
```

图 22-4　mutexThreadCreate( ) 函数的实现

mutexThreadCreate( )在主函数中被调用，如图 22-5 所示。

```
int main(void)
{
  /* set LED2 pin mode to output */
  rt_pin_mode(LED2_PIN, PIN_MODE_OUTPUT);
  /* set LED3 pin mode to output */
  rt_pin_mode(LED3_PIN, PIN_MODE_OUTPUT);
  /* set LED4 pin mode to output */
  rt_pin_mode(LED4_PIN, PIN_MODE_OUTPUT);

#ifdef MUTEXT_TEST
  mutexThreadCreate();
#endif

#ifdef MSG_TEST
  msgThreadCreate();
#endif

  while (1)
  {
#ifdef MUTEXT_TEST
    mainMutexTest();
#endif

#ifdef MSG_TEST
    mainMsgTest();
#endif
  }
}
```

图 22-5　mutexThreadCreate( )函数在主函数中被调用

接下来先看主函数对 LED2 和 LED3 的操作。为了提高程序独立性和可阅读性，笔者没有直接在主函数的循环体内写代码，而是在“mutexTest. c”文件中创建了一个 mainMutexTest( )函数，如图 22-6 所示，并在主函数的循环体内不断调用这个函数。

```
//该函数被主线程调用，先控制LED2慢闪烁，再控制LED3慢闪烁
void mainMutexTest(void)
{
  uint16_t count;

  //获取LED2的互斥量后让LED2闪烁几次
  rt_mutex_take(led2Mutex,RT_WAITING_FOREVER);
  for(count=0;count<10;count++)
  {
    rt_pin_write(LED2_PIN, PIN_LOW);
    rt_thread_mdelay(500);
    rt_pin_write(LED2_PIN, PIN_HIGH);
    rt_thread_mdelay(500);
  }
  rt_mutex_release(led2Mutex);

  //获取LED3的互斥量后让LED3闪烁几次
  rt_mutex_take(led3Mutex,RT_WAITING_FOREVER);
  for(count=0;count<10;count++)
  {
    rt_pin_write(LED3_PIN, PIN_LOW);
    rt_thread_mdelay(500);
    rt_pin_write(LED3_PIN, PIN_HIGH);
    rt_thread_mdelay(500);
  }
  rt_mutex_release(led3Mutex);
}
```

图 22-6　mainMutexTest( )函数的实现

这个函数本身非常简单，首先获取 led2Mutex 互斥量，然后以 100ms 的速度让 LED2 闪烁 10 次，接着释放 led2Mutex 互斥量。再获取 led3Mutex 互斥量，然后以同样的速度让

LED3 闪烁 10 次，最后释放 led3Mutex 互斥量。这个函数在主线程的循环体内循环调用，因此 LED2 和 LED3 会不停地轮流闪烁。因为互斥量对闪烁的过程进行了保护，所以当任何一个 LED 以这个速度闪烁的时候是不会被打断的。

再看看两个线程怎么工作。这两个线程所做的事情是一样的，唯一的区别就是针对不同的 LED，因此下面只解释其中一个。

用 led2MutexThread( ) 线程来说明，如图 22-7 所示。这个线程本身也不复杂，它和前面的 mainMutexTest( ) 做的事情几乎一样，不同的地方在于 led2MutexThread( ) 只负责 LED2 的闪烁，而且闪烁间隔很短，速度比较快。当然，在进入闪烁状态前也要去获取 led2Mutex 互斥量，闪烁完毕后释放 led2Mutex 互斥量。这个工作在一个永远不退出的循环体内反复执行，因此当 led2Mutex 互斥量被获取后，LED2 会以比较快的速度不停闪烁。

观察一下程序运行的状态。请打开“main. c”文件中的“MUTEXT_TEST”宏定义，同时关闭“MSG_TEST”宏定义，如图 22-8 所示。编译、下载并运行，两个 LED 的闪烁情况看起来比较混乱，请结合代码仔细分析。

```
//该线程只针对LED2，控制快闪烁
static void led2MutexThread(void)
{
  uint16_t count;
  while(1)
  {
    //获取LED2的互斥量后让LED2闪烁几次
    rt_mutex_take(led2Mutex,RT_WAITING_FOREVER);
    for(count=0;count<10;count++)
    {
      rt_pin_write(LED2_PIN, PIN_LOW);
      rt_thread_mdelay(50);
      rt_pin_write(LED2_PIN, PIN_HIGH);
      rt_thread_mdelay(50);
    }
    rt_mutex_release(led2Mutex);
  }
  rt_kprintf("Goodby~!\n");
}

//该线程只针对LED3，控制快闪烁
static void led3MutexThread(void)
{
  uint16_t count;
  while(1)
  {
    //获取LED3的互斥量后让LED3闪烁几次
    rt_mutex_take(led3Mutex,RT_WAITING_FOREVER);
    for(count=0;count<10;count++)
    {
      rt_pin_write(LED3_PIN, PIN_LOW);
      rt_thread_mdelay(50);
      rt_pin_write(LED3_PIN, PIN_HIGH);
      rt_thread_mdelay(50);
    }
    rt_mutex_release(led3Mutex);
  }
  rt_kprintf("Goodby~!\n");
}
```

图 22-7　led2MutexThread( ) 和 led3MutexThread( ) 函数的实现

```

#define MUTEXT_TEST
//#define MSG_TEST
```

图 22-8　打开“MUTEX_TEST”宏定义

为了使得逻辑更清晰，笔者画出了线程执行的时序图，如图 22-9 所示。首先，新创建

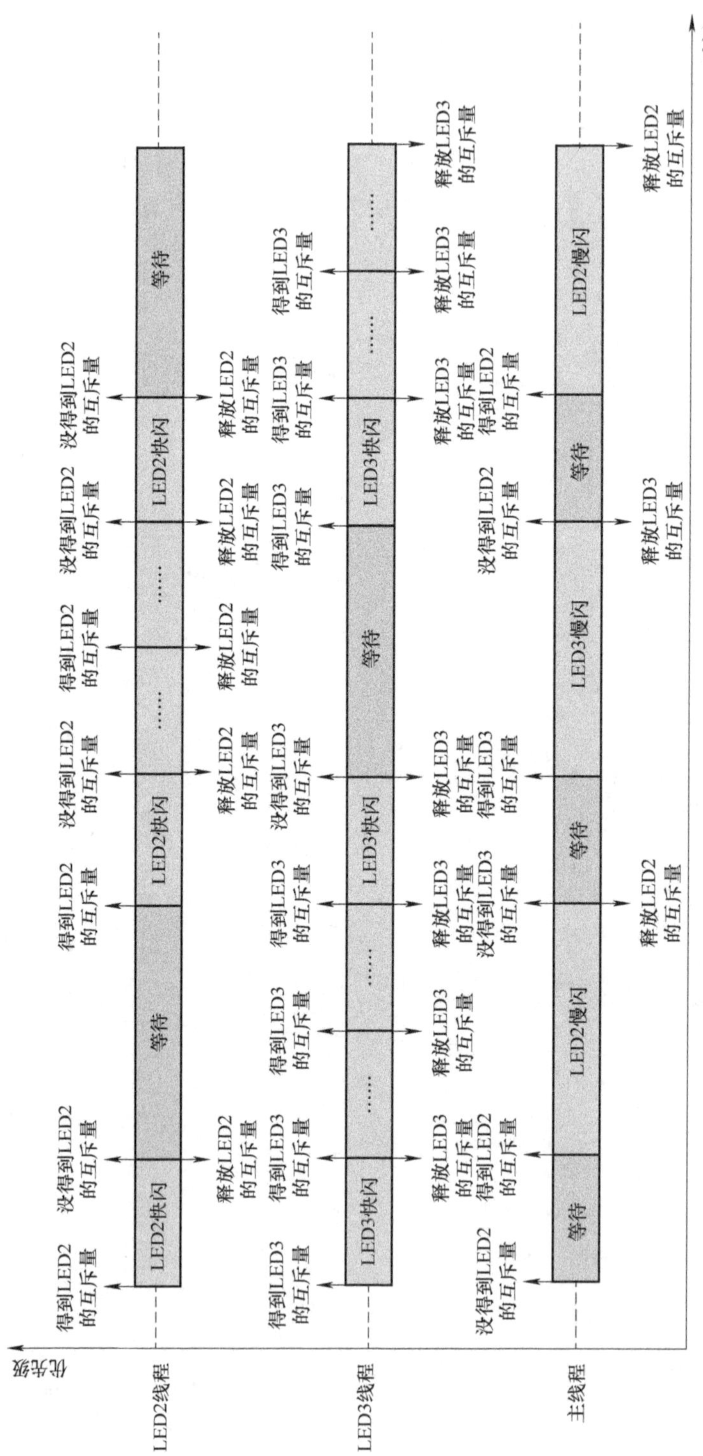

图22-9　互斥量测试线程执行时序图

的两个线程优先级都比主线程高，而且在主线程开始操作 LED 前就开始运行了。这两个线程会先获取各自的互斥量，分别开始操作 LED 进入快闪烁状态。闪烁 10 次后，线程会释放互斥量，此时主线程就有机会先获取 LED2 的互斥量。一旦主线程获取了 LED2 的互斥量，LED2 的线程就进入等待状态，LED3 的线程不受影响，可以继续闪烁。当 LED2 的互斥量被主线程释放后，LED2 的线程立即获取互斥量，然后又开始快速闪烁。同时，主线程开始获取 LED3 的互斥量，只要 LED3 的线程释放了互斥量，主线程就有机会获取它，然后开始让 LED3 进入慢闪烁。当然，这个时候 LED2 线程不受影响，继续快闪烁。如此往复。

思考一下，这个场景用全局变量也能实现吗？答案当然是否定的，请自己想一下原因。

22.2 消息队列和邮箱测试

本节结合消息队列和邮箱来做个测试。依然是先设计一个场景。这次让主线程给两个 LED 线程发送消息，让它们根据消息的内容去开、关相应的 LED。同时，使用邮箱机制让 LED 线程收到消息后发送一个邮件给主线程应答。

与之前一样，把代码集中到“msgTest. c”文件中。如图 22-10 所示，这个文件的开头部分比之前复杂了不少，主要是多了一个结构体和一个枚举型变量。枚举型变量不复杂，如果不熟悉可以查查资料。结构体是一个难点，尤其是当结构体嵌套结构体，再加上指针等。如

```
#define LED2_PRIO 8
#define LED3_PRIO 9
#define LED2_STACK_SIZE 256
#define LED3_STACK_SIZE 256
#define LED2_TICKS 2
#define LED3_TICKS 2

#define MAX_MSG_NUM 32

#define ACK_FROM_LED2 0x1
#define ACK_FROM_LED3 0x2

//定义两个消息队列指针
static rt_mq_t mqForLed2 = RT_NULL;
static rt_mq_t mqForLed3 = RT_NULL;
//定义两个邮箱指针
static rt_mailbox_t mbForLed2Ack = RT_NULL;
static rt_mailbox_t mbForLed3Ack = RT_NULL;

ALIGN(RT_ALIGN_SIZE)
//定义开关LED的字符串指令
static char LedOnCmd[] = "On";
static char LedOffCmd[] = "Off";

//定义一个枚举型变量，用来区分消息到底发给谁
static enum ThreadID{MainThread=1, Led2Thread, Led3Thread, Unknown} ;

//定义消息结构体
static struct ledMsg
{
  enum ThreadID forWitchthread; //区分消息由哪个线程处理
  char info[4];  //消息内容
  rt_mailbox_t ack; //用邮箱机制作为消息的应答
};

```

图 22-10 “msgTest. c”文件开头的全局性定义

果在这里碰到瓶颈，请先复习一下核心篇中对指针和结构体的讲解。这里定义的结构体是针对消息队列的，简单来说，就是定义一下消息的数据格式。只有发消息的线程和收消息的线程都用相同的数据格式，双方才能正常地通信。结构体是把各种数据类型打包的最佳手段。大家知道，消息机制传递的是完整的数据，而不像邮箱机制那样只能传递 4 个字节，所以需要对数据的组织形式做个定义。

在继续看代码前，再讲讲消息机制。人们很容易认为，从 A 线程发一个消息给 B 线程，就是 OS 把这个消息从 A 复制到 B。原则上说这是对的，但是这个描述太简单了，忽略了一些重要的细节。

事实上，来自线程 A 的所有消息都会被 OS 放到一个队列中，如图 22-11 所示，这个队列是需要在使用前创建的。OS 根据发送消息时输入的消息队列句柄来决定数据被保存到哪个队列中，而线程 B 读取数据时，OS 把队列中最早的数据复制到线程 B，类似于一个 FIFO。所以人们有时候会把消息和消息队列混着说。消息队列是一个独立的对象，它由 OS 维护，用户要做的只是通过 rt_mq_send( ) 函数往里面放数据，或者通过 rt_mq_recv( ) 函数从中取数据。OS 并不关心是哪个线程在往队列里放数据，也不关心是哪个线程在从队列里取数据，因此可以有多个线程共用一个消息队列。不过使用的时候还是要小心，尽量不要有多个线程共用一个消息队列，因为虽然是复制模式，但是一旦数据被线程取走，这个数据就从列表里移除了，当有一个线程读取了一个消息时，那么另外一个等待该消息的线程就无法拿到消息了。所以，应该建立两个独立的消息队列分别让两个 LED 的线程来使用。

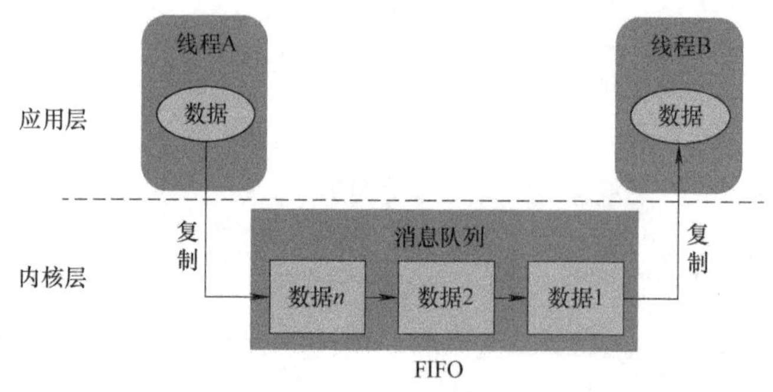

图 22-11　消息队列示意图

邮箱的概念和消息类似，唯一的区别就是邮箱只能传递 4 个字节的数据，所以邮箱的速度比较快，适合做一些应答类的简单工作。在本章的代码里，为了接收消息的线程使用方便，把邮箱指针的定义放在了消息的结构体内。接收消息的线程不用考虑该用哪个邮箱，因为发送线程在发送时已经设置好了邮箱的句柄，接收消息的线程拿来用就可以了。

接下来继续看代码。还是从创建线程、消息以及邮箱的函数 msgThreadCreate( ) 开始，如图 22-12 所示。该函数主要是调用了一些 OS 提供的 API 函数来创建相应的消息、邮箱以及线程。线程创建完毕后就直接运行了，所以所有线程需要的对象都要先创建好。

和前面的例子一样，主线程会在循环体内不断调用 mainMsgTest( ) 函数，如图 22-13 所示。这个函数的实现比较长，因此只截取了部分代码，其余部分和前面的流程是一样的，各位可以参照 sample5 工程中的代码。

```c
int msgThreadCreate(void)
{
  rt_thread_t tid = RT_NULL;

  //创建一个消息队列给LED2线程使用
  mqForLed2 = rt_mq_create("mqLed2", sizeof(struct ledMsg), MAX_MSG_NUM, RT_IPC_FLAG_FIFO);
  if(mqForLed2 == RT_NULL)
  {
    rt_kprintf("Led2 msg create failed~!\n");
    return -1;
  }

  //创建一个消息队列给LED3线程使用
  mqForLed3 = rt_mq_create("mqLed3", sizeof(struct ledMsg), MAX_MSG_NUM, RT_IPC_FLAG_FIFO);
  if(mqForLed3 == RT_NULL)
  {
    rt_kprintf("Led3 msg create failed~!\n");
    return -1;
  }

  //创建一个邮箱队列给LED2线程应答使用
  mbForLed2Ack=rt_mb_create("mbLed2", MAX_MSG_NUM*4, RT_IPC_FLAG_FIFO);
  if(mbForLed2Ack == RT_NULL)
  {
    rt_kprintf("mbForLed2 mailbox create failed~!\n");
    return -1;
  }

  //创建一个邮箱队列给LED线程应答使用
  mbForLed3Ack=rt_mb_create("mbLed3", MAX_MSG_NUM*4, RT_IPC_FLAG_FIFO);
  if(mbForLed3Ack == RT_NULL)
  {
    rt_kprintf("mbForLed3 mailbox create failed~!\n");
    return -1;
  }

  //创建LED2线程
  tid = rt_thread_create("led2MsgThread", (void *)led2MsgThread, (void *)RT_NULL, LED2_STACK_SIZE, LED2_PRIO, LED2_TICKS);
  RT_ASSERT(tid != RT_NULL);
  rt_thread_startup(tid);
  //创建LED3线程
  tid = rt_thread_create("led3MsgThread", (void *)led3MsgThread, (void *)RT_NULL, LED3_STACK_SIZE, LED3_PRIO, LED3_TICKS);
  RT_ASSERT(tid != RT_NULL);
  rt_thread_startup(tid);

  return RT_EOK;
}
```

图 22-12　msgThreadCreate( ) 函数的实现

mainMsgTest( ) 函数所做的就是先发 10 次闪烁指令给 LED2 线程，然后再发 10 次闪烁指令给 LED3，如此往复。在发消息给 LED2 线程之前，先要对消息赋值。注意，函数体内定义了一个消息，这个消息的类型就是文件开头部分的结构体定义的。之所以可以用局部变量，是因为消息队列会保存数据，所以不用担心局部变量变化或释放导致数据丢失。消息内容初始化完毕后就调用 OS 的 rt_mq_send( ) 函数，把消息发送到消息队列中。发送完毕后，用接收邮件的 API 函数 rt_mb_recv( ) 等待来自线程的应答。如果收到了应答，就继续发送下一条消息。

接下来看一下两个 LED 线程的处理过程，因为处理方式一样，这里只讲解一个。LED2 线程如图 22-14 所示，它同样定义了一个消息变量，也是个局部变量。线程通过调用 rt_mq_recv( ) 函数来等待消息。再次强调一下，它不是等待来自其他线程的消息，而是等待程序创建的由 OS 维护的某个消息队列里的消息，等到消息后，判断一下消息是不是发给自己的。其实这有些多余，因为这个消息队列不会被其他线程共用，而且一旦消息被接收，就会从队列里删除，其他线程也无法读取了。之所以这么写，只是为了给各位展示更多的操作可能性。后面的代码才是比较关键的判断指令的阶段。因为指令是字符串形式的，所以程序调用了 C 语言字符串标准库中的字符串比较函数 strcmp( )。根据不同的指令，线程执行相关的代码，然后通过 rt_mb_send( ) 函数发送邮件来产生应答。在这里可以看到，发送邮件的时候，直接使用了从消息里传过来的邮箱句柄。

```
void mainMsgTest(void)
{
  uint16_t count;
  struct ledMsg msg={0};

  //利用消息机制，让LED2闪烁10次
  for(count=0;count<10;count++)
  {
    uint32_t value;

    //初始化消息内容
    msg.forWitchthread=Led2Thread;
    strcpy(msg.info, LedOnCmd);
    msg.ack=mbForLed2Ack;
    //发送消息给LED2线程
    rt_mq_send(mqForLed2, &msg, sizeof(struct ledMsg));
    //等待来自于LED2线程的应答
    rt_mb_recv(mbForLed2Ack, &value, RT_WAITING_FOREVER);
    //如果收到应答判断应答值是否正确
    if(value == ACK_FROM_LED2)
    {
      //初始化消息内容
      msg.forWitchthread=Led2Thread;
      strcpy(msg.info, LedOffCmd);
      msg.ack=mbForLed2Ack;
      //发送消息给LED2线程
      rt_mq_send(mqForLed2, &msg, sizeof(struct ledMsg));
      //等待来自LED2线程的应答
      rt_mb_recv(mbForLed2Ack, &value, RT_WAITING_FOREVER);
    }
    else
      rt_kprintf("get ACK error from LED2 thread~!\n");
  }

  //利用消息机制，让LED3闪烁10次
  for(count=0;count<10;count++)
  {
    uint32_t value;
    //初始化消息内容
    msg.forWitchthread=Led3Thread;
    strcpy(msg.info, LedOnCmd);
    msg.ack=mbForLed3Ack;
    //发送消息给LED3线程
    rt_mq_send(mqForLed3, &msg, sizeof(struct ledMsg));
    rt_mb_recv(mbForLed3Ack, &value, RT_WAITING_FOREVER);
```

图 22-13　mainMsgTest( )函数的实现（部分）

程序解释就此完毕，看一下现象。请关闭“main. c”文件中的“MUTEXT_TEST”宏定义，同时打开“MSG_TEST”宏定义，然后编译、下载。可以看到，LED2 和 LED3 在轮流闪烁。这个程序的流程比较简单，大家配合图 22-15 分析一下，这里就不多解释了。

不过，这里可以提一下 OS 环境下的编程思维模式。因为大家已经接触了线程、消息、互斥量等 OS 的核心元素，所以应该有了些直观的体会。核心篇中提到过学习方法“接受→实践→理解……”，前面已经引导大家完成了“接受”和“实践”，现在可以做些总结，便于大家理解。在学习新东西的时候，最难改变的是思维模式，而不是那些需要死记硬背的函数定义和参数用法。在有 OS 的环境下，大家需要时刻提醒自己“并行运算”的概念（当然，这个“并行运算”是由 OS 创造出来的假象）。虽然是“并行运算”，但实际上却只有一个 CPU、一个存储器和有限的外设，所以就会出现竞争和冲突，而且这种竞争和冲突是时刻存在的。操作任何对象的时候都要留意是不是会有别的线程来访问它。当然，思维模式的问题不是一蹴而就的，需要不断地摸索和体会。

```
//定义消息结构体
static struct ledMsg
{
  enum ThreadID forWitchthread; //区分消息由哪个线程处理
  char info[4];  //消息内容
  rt_mailbox_t ack; //用邮箱机制作为消息的应答
};

static void led2MsgThread(void)
{
  struct ledMsg msg;

  while(1)
  {
    //等待其他线程发送给 LED2 线程的消息
    rt_mq_recv(mqForLed2, &msg, sizeof(struct ledMsg), RT_WAITING_FOREVER);
    //判断消息中的标记是否正确
    if(msg.forWitchthread == Led2Thread)
    {
      //比较消息内容中的字符串命令
      if(strcmp(msg.info, LedOnCmd)==0)
      {
        rt_pin_write(LED2_PIN, PIN_LOW);
        rt_thread_mdelay(500);
        rt_mb_send(msg.ack, ACK_FROM_LED2);
      }
      else if(strcmp(msg.info, LedOffCmd) == 0)
      {
        rt_pin_write(LED2_PIN, PIN_HIGH);
        rt_thread_mdelay(500);
        rt_mb_send(msg.ack, ACK_FROM_LED2);
      }
    }
  }
}

```

图 22-14　LED2 线程的实现

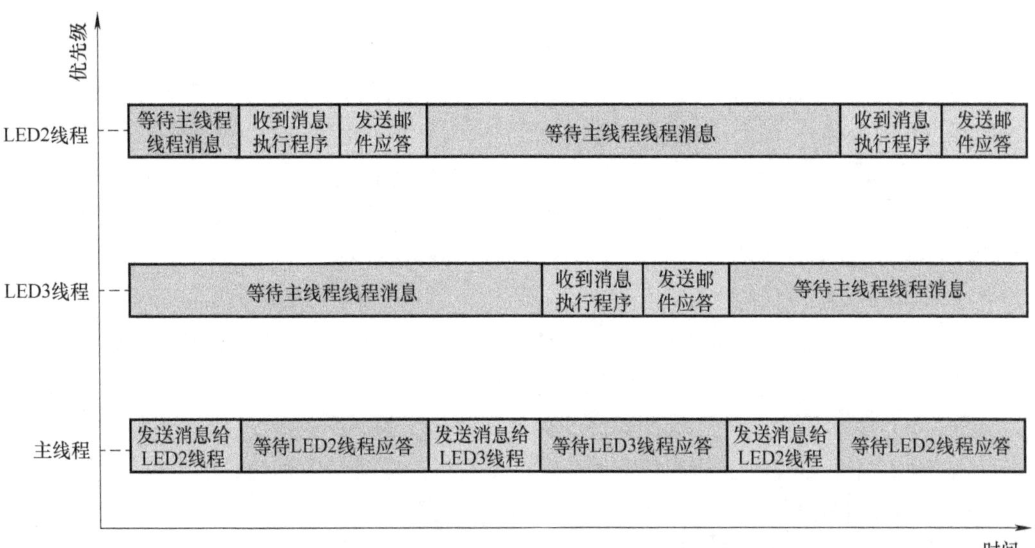

图 22-15　消息测试线程执行时序图

第 23 章　节约是美德——内存管理

核心篇中谈到过栈和堆，当时着重探讨了栈的概念及其重要性，但是并没有对堆展开讨论，因为堆的重要性往往在 OS 存在的场合下才会显现。前面几章谈到了线程、互斥量、消息等 OS 的核心功能，它们都属于 OS 核心对象。还记不记得前面还提过，所有的 OS 核心对象都存在动态和静态两种创建方式？OS 之所以可以动态地创建对象，其核心离不开内存管理和堆。

对于单片机而言，程序是可以直接运行在 Flash 上的，换句话说，单纯的代码运行是不会占用 RAM 空间的（再次强调，这和 AP 架构的芯片是截然不同的）。那么什么东西需要占用 RAM 呢？无非是一些变量（比如程序中声明的数组；缓冲区也是一种变量），不论这些变量是全局变量还是局部变量，都会占用 RAM，因为局部变量在中断产生或者调用子程序时会被临时保存到栈中，而栈是位于 RAM 中的。在没有 OS 的场合，需要用到变量时就自己去定义，如果是全局性的，那么这个变量就永远占据它的“领地”，不管程序中是否真的使用。OS 的出现，使得人们更关注内存利用率的问题，因为 OS 本身也有很多的变量，也需要消耗 RAM 资源。为了尽可能提高资源的利用率，OS 将所有可用的内存统一管理起来。OS 管理的内存资源就是堆，或者说 OS 所管理的内存属于堆的范畴。因为堆从存储角度讲是可以“随机”访问的，不像栈是“先进后出”的有序访问。而且，堆从数据结构的角度讲是一种树状拓扑，便于快速查找。

在 OS 能管理内存前，先要有一些内存让它来管理。这个部分在后续的内核移植部分会继续探讨，在这里只需简单了解。OS 初始化的时候会根据系统的情况（包括代码和变量等程序已经占用的内存）动态生成可以给 OS 管理的闲置内存大小和位置，然后 OS 就可发挥其本领，将这部分内存统一管理。线程、消息、缓冲区等任何需要使用内存的对象，只要通过相应的 API 就能动态地从这部分内存中划分一部分来使用，用完了就释放，从而最大限度地把内存的使用率提高。这也是前面谈到的内核对象动态创建的基础。不过，动态创建对象的过程本身也是需要消耗 CPU 运算资源的。

RTOS 对于内存管理的侧重点和普通多任务 OS 不同。首先，RTOS 往往运行在资源紧张的嵌入式系统中，而普通多任务 OS 的内存动辄以 MB 为单位，相比之下是相当“富裕”的。其次，RTOS 对于实时性要求比较高，因此在动态分配内存的时候需要确保时间是确定的。最后，RTOS 也面临和普通多任务 OS 相同的挑战，那就是内存碎片的产生。

没有普适性的完美方案，但是可以有针对性的方案。RTT 在内存管理上提供两大类内存管理分配算法，一种称为内存堆管理，另一种叫内存池管理。内存堆管理针对小容量的内存，线程或者应用往往比较“抠门”，很少会大量地使用内存，空间利用率和灵活度是最高要求。而内存池管理的思路是，内存容量相对富足一些，线程或者应用一般也都相对“大手大脚”，但对于时间上的效率要求更高。所以，这是两种侧重点相反的思路。

23.1 内存堆管理

内存堆管理首先将内存中的闲置资源集中起来，比如系统中会把除了用户程序和 OS 本身占用的内存区以外的所有内存管理起来。至于 OS 怎么知道有多少内存可以被管理起来的问题，还是留到后面再探讨。图 23-1 展示了一个内存堆的示意图。

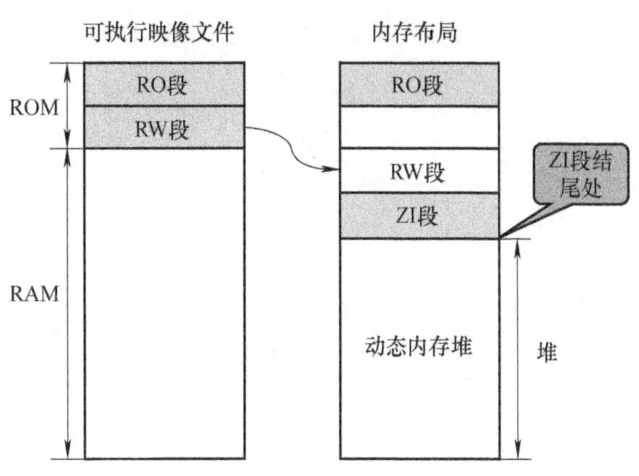

图 23-1　RTT 内存堆管理的区域

有了可以管理的内存堆，接下来探讨更细节的内存堆管理方法 。它分成三种，分别是小内存管理算法、SLAB 算法、Memheap 管理算法，使用时只能选择一种，可以通过前面介绍的“menuconfig”命令来配置。对应用程序而言，这几种不同的内存管理方法是不可见的，也就是应用程序接口是类似的，只是 OS 内的实现不同。另外，特别强调一下，OS 内存管理往往会调用前面讲到过的同步机制（比如互斥量或者信号量）来保护被管理的区域。因此，请不要在中断程序中调用动态内存分配之类的 API 函数。

23.1.1　小内存管理算法

顾名思义，小内存管理算法是针对内存资源比较小的系统使用的管理算法。RTT 推荐，当系统内存小于 2MB 时，可以使用该管理方法。

小内存管理方法的核心思想就是“新三年，旧三年，缝缝补补又三年”。首先，当需要使用动态内存时，可以用 OS 的 API 动态申请一块内存，假设是 32 个字节（程序员习惯用 2 的幂）。于是，OS 就从内存堆中分出 32 个字节，然后在这 32 个字节前面加上一些管理用的数据打成一个包，比如加上双向指针的头（两个指针，分别指向链表前一个元素和后一个元素），再加上标志这个包是否被使用的标记，以及一个神奇的“魔数（magic number）”（也有叫“幻数”的）。魔数在程序中是个固定的值，但是没有原因解释为何是这个值。RTT 在初始化时定义了“0x1EA0”这个魔数来表示该内存块是一个内存管理用的内存数据块。如果这个值变化了，要么出现了非法修改，要么就是内存泄漏了。打包完成后，OS 就把这个打包了的内存块返回给申请者使用。当然，申请者看不到这个包前面那些 OS 添加的内容。用完之后，用户通过 API 释放这部分内存。OS 收到这个释放要求后，并不会马上把这部分内存放回堆中，而是放在链表里（见图 23-2）保留一段时间，但是会把使用标记清零，意思就是这里有个闲置的大小为 32 个字节的“二手”内存包。

接着再申请一块内存，大小是 128 字节。OS 要做的事情大致和前面一样，它在从堆中寻找新的内存前，会先去前面分配的内存块链表中寻找用户用过的“二手”资源。在链表里查了一下，发现只有一个 32 字节的“二手”资源，于是 OS 从堆里找出 128 个字节，前面加上一些数据，把内存包挂到链表上，并返回给用户使用。用完释放后，OS 还是会临时保留这个内存块，把它的使用标记清零。

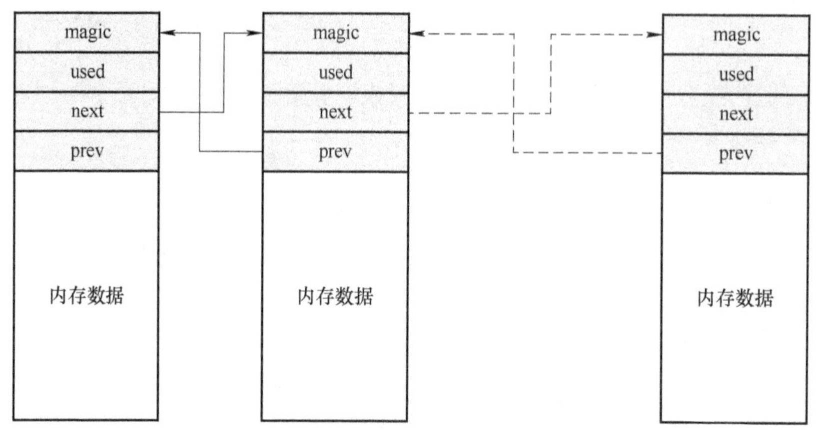

图 23-2　RTT 小内存管理中的内存管理模式

最后再使用 60 个字节的内存（为了尽量节省，没有用 64 字节），于是又向 OS 提出分配内存的申请。这次 OS 也是先从自己的“二手”资源链表里找一下，看看有没有满足需要的，它发现前面那个 128 字节的“二手”资源可以用，就是多了点。所以 OS 把 128 个字节拆开，拿出 72 个字节（12 个头部字节 +60 个用户字节）打个包给用户，剩下的 56 个字节继续挂在“二手”资源链表里，如图 23-3 所示。

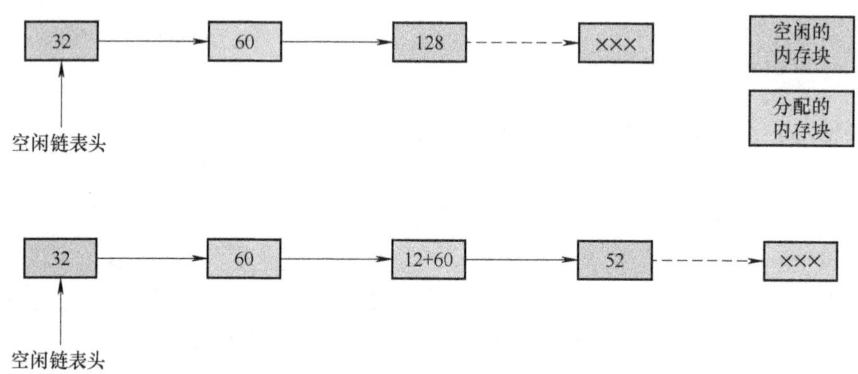

图 23-3　RTT 小内存管理算法中的内存块链表

如此往复。那么，“二手”资源越来越多，什么时候会“翻新”呢？这个任务其实就是靠前面暗示过的由 OS 创建的空闲线程来操作的。因为将内存块归还到堆里的工作需要占用 CPU 时间，所以在线程都比较繁忙的时候尽量不做这个工作，否则容易导致实时性下降。同时，随着“二手”资源大量涌现，如果得不到及时清理还会出现内存碎片化的情况。

23.1.2　SLAB 算法

RTT 的 SLAB 算法是由 DragonFly BSD 创始人 Matthew Dillon 在 Linux 上实现的一个 SLAB 内存分配算法简化而来的。Linux 的内存分配问题是非常复杂的，因为它还牵涉到 Cache 效率、MMU 和内存页等问题，这里不展开。

SLAB 算法的核心思想其实是面向对象的内存分配算法。在实际应用当中，频繁申请动态内存的对象并不多，比如信号量、消息、邮箱等。这些对象占用内存的大小是可以预知的，所以可以为每种对象准备一个特定大小的内存块链表，把所有给信号量的内存块放在一个链表里，把给消息的内存块放在一个链表里，诸如此类。这样，在这些对象被动态创建的时候直接从相应的链表里取用已经准备好的内存块，将会非常快捷和方便。

对于用户应用中需要申请的长度不可预知的内存，也可以借鉴这个模式，把内存块分成不同长度（比如 32 字节、64 字节、128 字节等），分别挂在不同的链表上，当用户需要使用 30 字节时，就从 32 字节的链表里找，用 80 个字节时就从 128 字节的链表里找。虽然资源会浪费掉一些，但是速度和效率将变得很高。因此 SLAB 算法一般用于内存资源相对比较“富裕”的场合，比如大于 2MB 的内存。

如图 23-4 所示，RTT 中的 SLAB 分配器会将不同大小的内存块用一个链表连接起来，然后把这些大小一样的内存块用一个“zone”来管理。zone 中的每个元素就是每个链表的头，把这些链表的头用一个指针数组进一步聚合起来形成一个大的 zone。一个 zone 指针数组有 72 个指针，所以可以管理 72 种不同大小的内存块。一个 zone 可以管理 32 ~ 128KB 的内存区域。

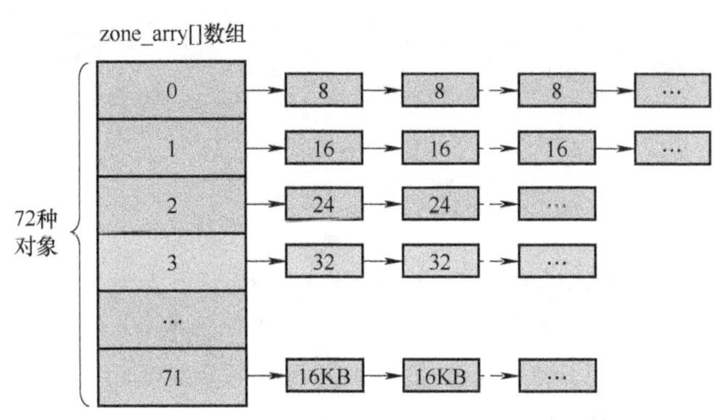

图 23-4　RTT SLAB 内存分配结构图

23.1.3　Memheap 管理算法

Memheap 管理算法专门针对系统中有多个堆，且这些堆没有连接在一起的情况。此时，可以开启 RTT 的“RT_USING_MEMHEAP_AS_HEAP”宏定义来启用 Memheap 管理算法，它会把这些不连续的堆空间用链表连接起来，形成看似统一的堆，如图 23-5 所示。

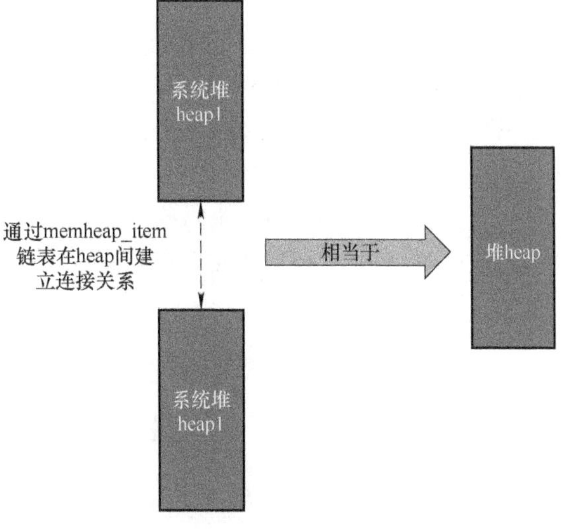

图 23-5　RTT memheap 内存分配结构图

23.1.4　RTT 内存堆管理函数

前面探讨了内存堆的三种处理方式，对于应用程序而言，这些算法是透明的。不同的处理方式主要体现在系统初始化时，这部分暂时不展开了。因为系统的 BSP 里已经包含了这部分内容，所以一般不需要修改。在使用方式上，程序一般只涉及申请内存和释放内存的两种函数，如图 23-6 所示。

功能	API函数	关键参数/返回值	参数描述
申请内存	rt_malloc()	rt_size_t nbytes 返回值	需要分配的内存块大小，单位为字节 成功则返回分配的内存地址，失败则返回RT_NULL
	rt_realloc()	void *rmem rt_size_t newsize 返回值	指向已分配的内存块 重新分配的内存大小 成功则返回新的内存地址
	rt_calloc()	rt_size_t count rt_size_t size 返回值	要申请的内存块数量 内存块的大小 成功则返回第一个内存块的地址指针（同时内存块清零），失败则返回RT_NULL
释放内存	rt_free()	void *ptr	指向要释放的内存块的指针
设置分配时钩子函数	rt_malloc_sethook()	void (*hook) (void *ptr, rt_size_t size)	钩子函数指针 分配的内存指针 分配的内存大小
设置释放时钩子函数	rt_free_sethook()	void (* hook)(void *ptr)	钩子函数指针 待释放内存的指针

图 23-6　RTT 内存堆分配和释放相关 API 函数

23.2　内存池管理

内存堆管理非常灵活和方便，但是也存在一些弊端，比如内存碎片的问题，还有就是每次分配都需要先去寻找一下“二手”资源，所以效率不是很高。为了解决这些问题，又出现了另外一种内存管理方法，称为内存池管理。

内存池管理有两大特点：第一，内存池把可用内存分割成大小相同的许多小块，这一思路和前面的 SLAB 算法有些类似；第二，RTT 内存池管理支持线程挂起，就是当线程申请内存时，如果没有可用内存，可以让线程挂起等待。这个特性可以作为一种同步机制。举个例子，通过蓝牙发送数据。蓝牙协议栈一般是个独立线程（称之为 A 线程），还有另外一个线程收集或处理数据（称之为 B 线程），处理后的数据需要发给蓝牙协议栈，让其通过蓝牙发送到其他设备上。此时可以通过 B 来申请内存，然后把数据放到申请的内存中，再让 A 把数据发送出去，之后才会释放 B 申请的内存。当内存不够的时候，B 会被挂起，并暂停数据的收集或者处理，直到 A 释放了足够的内存。因此，内存池的挂起功能自然就给线程 A 和 B 提供了同步机制。

内存池在系统初始化的时候会从可用的堆中分出一大块内存，并将其切割成相同容量的小块，再把这些相同容量的小块用链表连接起来。这些用链表连接起来的相同容量的内存小块合集就是一个内存池。如果需要不同容量的小块，可以另外再建立一个内存池，如图 23-7 所示。

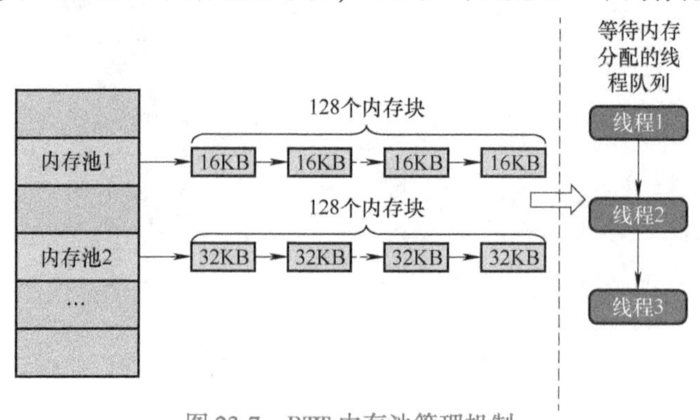

图 23-7　RTT 内存池管理机制

内存池也是内核对象中的一个，因此和内核对象的创建和使用有异曲同工之处。图 23-8 所示内存池分配和释放相关的 API 函数。

功能	API函数	关键参数/返回值	参数描述
创建	rt_mp_create()	const char *name rt_size_t block_count rt_size_t block_size 返回值	内存池的名称字符串 内存池中块的数量 内存池中块的大小 创建成功时返回内存池对象的句柄（指针），失败则返回RT_NULL
初始化	rt_mp_init()	rt_mp_t mp const char *name void *start rt_size_t size rt_size_t block_size	已经静态声明的内存池对象句柄 内存池的名称字符串 内存池的起始位置指针 内存池数据区的大小 内存池中块的大小
分配	rt_mp_alloc()	rt_mp_t mp rt_uint32_t time 返回值	动态分配的或者静态声明的内存池对象句柄 等待事件的时间，以TIck为单位 成功时返回内存池中内存块的指针，失败则返回RT_NULL
释放	rt_mp_free()	void *block	内存块的指针
删除	rt_mp_delete()	rt_mp_t mp	内存池对象句柄
脱离	rt_mp_detach()	rt_mp_t mp	静态声明的内存池对象句柄

图 23-8　RTT 内存池分配和释放相关的 API 函数

23.3 内存堆与内存池的区别

为了更清晰地理解内存堆和内存池的区别，图 23-9 列举了二者使用时的差异。

内存池管理	内存堆管理
可由用户动态创建或者删除	由BSP包预先支持，不能动态创建或者删除
用rt_mp_alloc()函数申请	用rt_malloc()函数申请
每次只能申请固定大小的内存块	可申请任意大小的内存块
可以使得申请内存的线程挂起	不会引起申请线程挂起
用rt_mp_free()函数释放	用rt_free()函数释放
可以唤醒被挂起的线程	不能唤醒线程

图 23-9　RTT 内存池和内存堆分配和释放的差异

23.4 动态内存分配实践

动态内存分配功能几乎是所有 RTOS 都会包含的，因为不同的系统内存容量不同、应用侧重点也不同，所以有非常多的优化方法，本书无法一一举例。比如 AT32F407，它自带 224KB 内存，和以 MB 为单位的系统相比无法相提并论。

但是对于绝大多数嵌入式系统，224KB 内存也能做很多事情，比如阿波罗 11 号登月飞船用的系统只有 2KB 内存和 32KB ROM。当年负责这个登月程序的程序员是位女性，她也是最早提出软件工程概念的人，请记住她的名字——玛格丽特·海菲尔德·汉密尔顿（Margaret Heafield Hamilton）。当时没有 C 语言，甚至编程“代码”是用手工“刺绣”出来的，如此硬核，你能想象吗？但是这么“原始”的东西居然已经出现了任务的优先级等 OS 中才有的概念。总之，没有她人类当时无法登月。讽刺的是，现在的智能手机运算能力超越了当年阿波罗登月计划中所有计算机计算能力的总和，但人们却用它来玩游戏、看抖音。

2016 年在登月纪念 50 周年的时候，阿波罗 11 号登月舱的软件被放到了 GitHub 上，名叫“Apollo-11”，有兴趣的读者可以去研究一下。这份源代码最让人感兴趣的不是代码本身，而是代码的注释，诙谐幽默，本书的风格也是如此。比如在登月模块文件夹中，有一个控制点火的汇编程序文件被命名为“BURN_BABY_BURN--MASTER_IGNITION_ROUTINE. agc”（燃烧吧，宝贝，燃烧吧——控制点火程序）。

好了，现在回到主题。AT32F407 系统自带的内存不多，根据前面的介绍，比较适用的内存管理模式是内存堆中的小内存管理算法。这种模式简单、实用，用户甚至不用关心其实现方式，因为这种标准的管理方法已经被整合到了 BSP 的级别，不需要用户自己去创建或者配置。所以，下面就用这种方法来实践一下。记得核心篇 C 语言环节中双向链表的例子吗？当时模拟了一个动态内存分配的过程，现在重新在真实的 OS 环境下实现一下。

请打开 sample6 文件夹下的工程。工程中的代码就不多解释了，只关注动态内存分配和释放的地方。在“LinkedList. c”文件中，原来模拟内存分配的代码被注释掉了，如图 23-10 所示。

```
/*
//--------------------------------------------------------------------------------
//声明一个结构体数组，用来模拟动态内存分配
static studentNode memeryPool[STUDUENTS_NUM]={0};

//模拟动态内存分配函数

static studentNode *getMemery(void)
{
  uint16_t i;
  for(i=0;i<STUDUENTS_NUM;i++)
  {
    if(memeryPool[i].freeOrNot == 0)
    {
      memeryPool[i].freeOrNot = 0xff; //标记该节点已经被分配掉了
      return &memeryPool[i];
    }
  }
  return NULL;
}

//模拟动态内存释放函数
static void freeMemery(studentNode *handler)
{
  handler->freeOrNot = 0x0; //标记该节点已经被释放掉了
}
//--------------------------------------------------------------------------------
*/
```

图 23-10　模拟动态内存分配的代码被注释掉了

而在需要动态内存分配和释放的地方全部用 RTT 标准 API 来取代，如图 23-11 所示。如

此一来，就可以使用 OS 提供的动态内存分配来实现链表节点的动态添加和删除了。最后看一下结果，当然和核心篇中的结果是一样的，如图 23-12 所示。

```
//pHeader = getMemery();
pHeader = (studentNode *)rt_malloc(sizeof(studentNode));
if(pHeader == NULL)
{
  rt_kprintf("something wrong, cannot get memory~!\n");
  return 0;
}
```

```
    //释放节点占用的内存
    //freeMemery(p);
    rt_free(p);
}
```

图 23-11　模拟动态内存分配的代码被替换

```
 \ | /
- RT -     Thread Operating System
 / | \     4.0.3 build Oct 23 2020
 2006 - 2020 Copyright by rt-thread team
==========list start==========
[1]: No=1,      Name=Colin,     gender=0,               birthday=19950101
[2]: No=2,      Name=Geogrge,   gender=1,               birthday=19950202
[3]: No=3,      Name=Remon,     gender=1,               birthday=19950303
==========list end==========

==========list start==========
[1]: No=1,      Name=Colin,     gender=0,               birthday=19950101
[2]: No=4,      Name=Eric,      gender=0,               birthday=19950404
[3]: No=2,      Name=Geogrge,   gender=1,               birthday=19950202
[4]: No=3,      Name=Remon,     gender=1,               birthday=19950303
==========list end==========

==========list start==========
[1]: No=4,      Name=Eric,      gender=0,               birthday=19950404
[2]: No=2,      Name=Geogrge,   gender=1,               birthday=19950202
[3]: No=6,      Name=White,     gender=0,               birthday=19950606
[4]: No=3,      Name=Remon,     gender=1,               birthday=19950303
==========list end==========

==========list start==========
[1]: No=5,      Name=Quentin,   gender=1,               birthday=19950505
[2]: No=4,      Name=Eric,      gender=0,               birthday=19950404
[3]: No=2,      Name=Geogrge,   gender=1,               birthday=19950202
[4]: No=6,      Name=White,     gender=0,               birthday=19950606
[5]: No=3,      Name=Remon,     gender=1,               birthday=19950303
==========list end==========

==========list start==========
[1]: No=5,      Name=Quentin,   gender=1,               birthday=19950505
[2]: No=4,      Name=Eric,      gender=0,               birthday=19950404
[3]: No=2,      Name=Geogrge,   gender=1,               birthday=19950202
[4]: No=6,      Name=White,     gender=0,               birthday=19950606
==========list end==========
```

图 23-12　基于动态内存分配的双向链表代码测试结果

动态内存的使用方法非常简单，这里就不多说了。很多 RTOS 内核对象的动态创建也是基于内存的动态管理方法，所以 RTOS 基本都支持内存管理。

第 24 章　家中有粮，心里不慌——中断管理

中断是核心篇中的一个重点，在 RTOS 中也是非常重要的。中断和硬件耦合度非常高，而且 OS 的任务调度本质上就是基于中断的，因此 RTOS 移植的时候，中断处理是工作量最大的部分。当然，这里暂时还不涉及 OS 移植的工作，只探讨普通的中断处理内容。

24.1　运行模式和栈

谈到中断，就不得不提一下栈，这和前面的核心篇类似，因为栈最早就是为了处理中断调用和子程序调用返回而出现的。核心篇已经详细介绍了栈的工作机制，同时也埋下了一个重要的伏笔。之前提到过，ARM M4F 处理器中有两个栈指针，一个称为 MSP（主栈指针），另一个称为 PSP（进程栈指针）。同时，CPU 有三种操作模式或者运行状态，分别是特权线程模式、非特权线程模式和处理模式，这三种模式的切换如图 24-1 所示。特权线程模式是 OS 内核代码运行时使用的，在这个模式下 OS 内核可以独占 MSP。而普通的用户线程往往处于非特权线程模式，共用 PSP。每个线程都有自己独立的栈空间，这个先不展开。处理模式是指中断服务程序所处的工作模式，它总是使用 MSP。这种硬件机制为 OS 带来了可靠性支持。

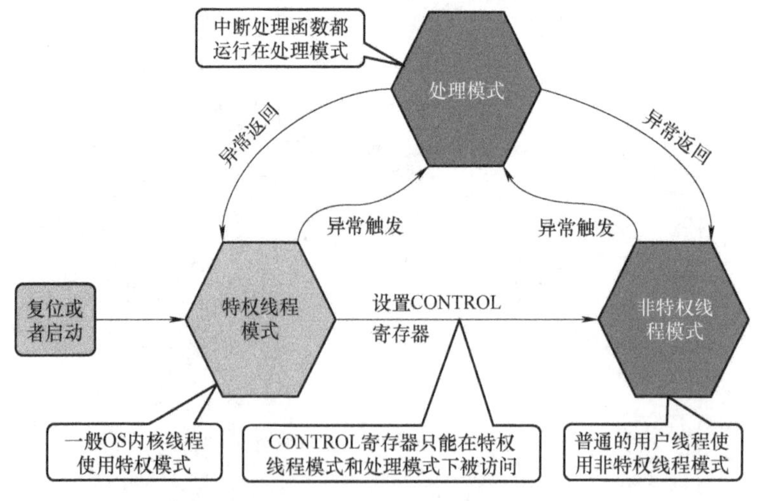

图 24-1　内核工作模式的切换

处理器的模式、栈指针的设定和状态可以从内核的 CONTROL 寄存器中判断和设定，但是只有当处理器处于特权线程模式和处理模式的时候才能访问 CONTROL 寄存器。当一个中断产生时，处理器会自动将内核中的 PSR、PC、LR、R12、R3 ~ R0 这 8 个寄存器压入栈中。因为每个线程有自己的栈空间，所以具体压入哪里还要看当时的模式和使用的栈指针，以及针对的是哪个线程，后面会对此做进一步探讨。

24.2　RTT 中断处理过程

核心篇详细讲解了中断触发和运行的机制，但那时是“裸奔”状态，非常单纯。现在的 OS 给大家带来了很多方便之处和想象空间，同时也带来不少问题。首先，系统里的线程非常多，每个线程都有自己独立的栈空间，因此中断发生以后，需要把很多东西保存到线程自己的栈空间去；其次，有些线程可能被挂起，正在等待中断，那么中断结束后，可能还要切换运行的线程；最后，OS 之所以能调度线程，本质上也是用了中断的机制。所以在操作系统中，中断的处理过程要比“裸奔”时复杂得多。

RTT 的中断处理过程分为三个阶段：前导、中断处理、后续，如图 24-2 所示。

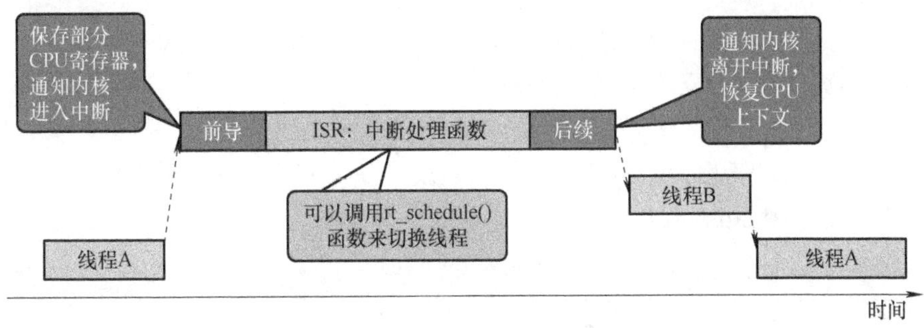

图 24-2　RTT 中断处理过程

核心篇中讲过内核的通用寄存器有 16 个，浮点单元的寄存器有 32 个。当中断被响应时，前导部分是由内核硬件自动实现的，把最常用的 PSR、PC、LR、R12、R3 ~ R0 这 8 个常用的内核寄存器保存到栈中。如果启用了浮点运算，浮点处理器中的寄存器也会被自动压入堆栈。但这只保存了部分信息，更多的信息保存工作放在中断处理过程中。在处理前先要记录一下当前中断嵌套的次数，然后执行用户定义的中断程序。后续处理会根据是否要切换线程来决定是返回中断前的线程，还是切换到新的线程。

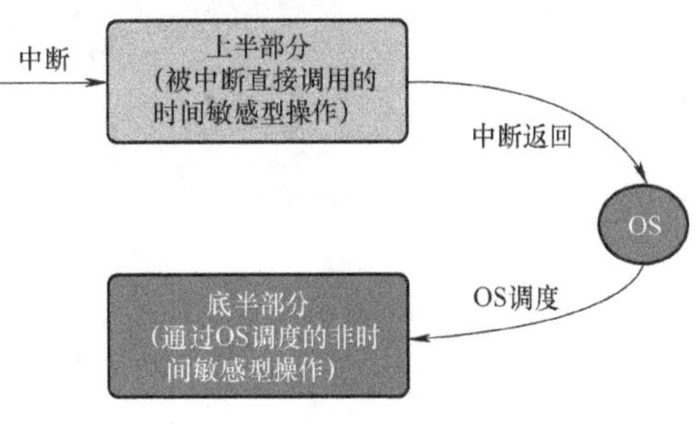

图 24-3　上半/底半处理模式

RTT 对用户线程的中断处理过程推荐使用“上半/底半”处理方式（见图 24-3），在 Linux 中也有人称之为延时过程调用。其核心思路都一样，那就是在真正的中断处理函数中做的事情越少越好。

在多任务 OS 中，中断处理程序只负责发送信号量，而主要的处理工作放在一个优先级很高的线程中，由它专门处理中断的信号量（也可以是其他不会有阻塞作用的 OS 函数）。于是，中断的处理过程被分成了两部分。在 RTT 中，真正的中断函数中发送信号量的部分称为上半部分（Top Half），在一个线程中等待信号量并做处理的部分称为底半部分（Bottom Half）。由于使用了一个线程来专门处理中断后的工作，所以中断处理过程也变成了异步方式。这样做的好处是充分使用了 OS 提供的机制，使得中断处理过程中可以做更多的事情，而不用担心其他中断无法响应。注意，这只是 RTT 推荐的一种中断处理方式，并不是强制的或者是

RTT 中已经实现的中断处理方式。用户还是可以根据具体情况自己来决定如何处理中断。

举个典型的例子，键盘处理程序。一般来说，为了及时捕捉按键动作，当有任何一个按键按下时就会产生一个中断，中断处理程序判断是哪个按键被按下了，就可以退出并把键值发送给处理按键响应的程序。但在实际情况下，事情就变得很复杂了。首先，按键是一个机械结构的带有弹簧片的触点。当按键按下、机械触动这个触点的时候，其电信号会有非常短暂的抖动，这个抖动的幅度很大，一般会持续几毫秒（这对于 MCU 和中断而言非常长了），其带来的反复高低电平变换会引起误判。为了可靠判断按键是否按下，在实际工作中需要在中断到来后延迟一段时间（比如 10 毫秒）再去判断按键的电平，然后才能确定是否为一次有效的按键事件。同时，按键处理程序除了判断按键是否按下外，还会判断是否为长按，以及按键是否被释放等各种状态。因此，在中断函数中不可能把这些事情全部做完。但是，如果有 OS，并且采用前面讨论的“上半/底半”处理模式，就非常方便了。按键中断产生以后，只要给键盘处理线程发个消息就好了，剩下的事情在键盘处理线程中慢慢完成，完全不用纠结在中断函数中该怎么处理这么长的事件。

因为 OS 将中断做了统一管理，和“裸奔”时代不同，所以不能“简单粗暴”地去实现中断处理函数了。用户线程为了能处理中断，需要先用 OS 提供的 API 函数注册一下自己用来处理中断的函数，相关的 API 函数如图 24-4 所示。

功能	API函数	关键参数/返回值	参数描述
装载中断服务程序	rt_hw_interrupt_install()	int vector rt_isr_handler_t handler void *param char *name	中断号 中断服务函数 传递给中断服务函数的参数指针 中断的字符串名称
中断源屏蔽	rt_hw_interrupt_mask()	int vector	要屏蔽的中断号
中断源使能	rt_hw_interrupt_unmask()	int vector	要使能的中断号
关中断	rt_hw_interrupt_disable()	返回值	该函数运行前的中断状态
开中断	rt_hw_interrupt_enable()	rt_base_t level	前一次rt_hw_interrupt_disable()返回的中断状态
进入中断通知	rt_hw_interrupt_enter()		
离开中断通知	rt_hw_interrupt_leave()		
获取中断嵌套深度	rt_hw_interrupt_get_nest()	返回值	不处于中断中为0，处于中断中为1，有n个中断嵌套为n

图 24-4　RTT 中断处理相关 API 函数

但是，RTT 在 Cortex M 系列处理器上的中断处理函数实现，沿用了类似于“裸奔”时代的中断向量表方式。唯一不同的是，在中断处理函数中要调用合适的 API 通知 OS 进入中断和离开中断。所以，图 24-4 中的装载中断服务程序 API 函数在这里的平台上不适用。在 ARM Cortex M 系列处理器的实现中，中断处理函数只需要在开头调用 rt_interrupt_enter( ) 函数，退出前调用 rt_interrupt_leave( ) 函数，如图 24-5 所示。

```
void EXTI1_IRQHandler(void)
{
    rt_interrupt_enter();
    EXTI_ClearIntPendingBit(GPIO_Pins_1);
    GPIO_EXTI_IRQHandler(GPIO_Pins_1);
    rt_interrupt_leave();
}

void EXTI2_IRQHandler(void)
{
    rt_interrupt_enter();
    GPIO_EXTI_IRQHandler(GPIO_Pins_2);
    rt_interrupt_leave();
}
```

图 24-5　RTT 中断处理函数实现实例

如果需要关闭中断和打开中断，请使用 rt_hw_interrupt_disable( ) 和 rt_hw_interrupt_enable( ) 函数。请注意，在调用 rt_hw_interrupt_disable( ) 函数的时候有个返回值需要保存，这个返回值是保存当前中断状态的，当重新打开中断时需要恢复回去。

24.3 RTT 按键中断处理实例

前面讲了一些 OS 处理中断的理论，下面看看具体的例子。请打开 sample7 文件夹下的工程。在这个工程中，按键中断的配置及处理函数放在了一个名为“ButtonInterruptTest. c”的文件中。该工程的工作场景是，通过按键中断给主线程发送一个邮件，主线程根据邮件的内容来打开和关闭 LED2，是典型的“上半/底半”处理方式。

如图 24-6 所示，该例子本身并不复杂，不过涉及了一些后面要讲的内容，在这里暂且忽略就好。首先需要调用 initButtonInterrupt( ) 函数来初始化按键、邮箱和中断处理函数。邮箱的创建和使用方法前面已经介绍过了，这里就不重复了。按键作为一个 GPIO 的中断来使用，因此涉及后面 RTT 的设备管理框架，本节只做简要的介绍。rt_pin_attach_irq( ) 函数是通过 RTT 的标准化 API 给某个 GPIO 注册一个中断处理函数，同时可以指定中断的模式。rt_pin_irq_enable( ) 函数顾名思义就是使能这个 GPIO 的中断。buttonISR( ) 函数是通过 rt_pin_attach_irq( ) 函数注册的 GPIO 中断处理函数。

```c
static void buttonISR(void)
{
  int value=rt_pin_read(BUTTON_PIN);

  if(value == 1)
  {
    //Press
    rt_mb_send(mbForButton, LED_ON);
  }
  else
  {
    //Release
    rt_mb_send(mbForButton, LED_OFF);
  }
}

uint32_t waitingCMD(void)
{
  uint32_t value;
  rt_mb_recv(mbForButton, &value, RT_WAITING_FOREVER);
  return value;
}

int initButtonInterrupt(void)
{
  //创建一个邮箱队列
  mbForButton=rt_mb_create("mbBtn", MAX_MB_NUM, RT_IPC_FLAG_FIFO);
  if(mbForButton == RT_NULL)
  {
    rt_kprintf("mbForButton mailbox create failed~!\n");
    return -1;
  }

  //配置中断函数和中断模式
  rt_pin_attach_irq(BUTTON_PIN, PIN_IRQ_MODE_RISING_FALLING, (void *)buttonISR, NULL);
  rt_pin_irq_enable(BUTTON_PIN, PIN_IRQ_ENABLE);

  return 0;
}
```

图 24-6　按键中断处理实例

RTT 对于中断的管理是比较宽松的，和原来的“裸奔”状态差别不大。这意味着这个 GPIO 中断只是做了简单的封装。可以通过代码来追踪一下，如图 24-7 所示。

```
rt_err_t rt_pin_attach_irq(rt_int32_t pin, rt_uint32_t mode,
                           void (*hdr)(void *args), void  *args)
{
    RT_ASSERT(_hw_pin.ops != RT_NULL);
    if(_hw_pin.ops->pin_attach_irq)
    {
        return _hw_pin.ops->pin_attach_irq(&_hw_pin.parent, pin, mode, hdr, args);
    }
    return RT_ENOSYS;
}
```

图 24-7　rt_pin_attach_irq( ) 函数的实现

通过线索“pin_attach_irq( )”找到了一个结构体“rt_pin_ops”，如图 24-8 所示。

```
struct rt_pin_ops
{
    void (*pin_mode)(struct rt_device *device, rt_base_t pin, rt_base_t mode);
    void (*pin_write)(struct rt_device *device, rt_base_t pin, rt_base_t value);
    int (*pin_read)(struct rt_device *device, rt_base_t pin);

    /* TODO: add GPIO interrupt */
    rt_err_t (*pin_attach_irq)(struct rt_device *device, rt_int32_t pin,
                      rt_uint32_t mode, void (*hdr)(void *args), void *args);
    rt_err_t (*pin_detach_irq)(struct rt_device *device, rt_int32_t pin);
    rt_err_t (*pin_irq_enable)(struct rt_device *device, rt_base_t pin, rt_uint32_t enabled);
    rt_base_t (*pin_get)(const char *name);
};
```

图 24-8　“rt_pin_ops”结构体

这个结构体在哪里会用到呢？根据经验，这种包含较多操作函数指针的结构体往往会在初始化的时候用到，因为此时是给这些函数指针赋予真实函数的最好时机。不出所料，可以发现在 rt_device_pin_register( ) 函数被调用的时候，“rt_pin_ops”结构体指针会作为一个参数传递进去。

根据这个线索又找到了 rt_device_pin_register( ) 函数被调用地方，如图 24-9 所示。它被 rt_hw_pin_init( ) 函数调用，并且 rt_hw_pin_init( ) 函数被后面的“INIT_BOARD_EXPORT”添加到了板级初始化的地方，所以系统启动的时候会自动调用它们。rt_device_pin_register( ) 函数被调用时传入了一个名为“_at32_pin_ops”的参数，继续由此跟踪下去。

从“drv_gpio. c”文件中可以找到“_at32_pin_ops”的定义（见图 24-10），它被定义成了一个常量。所以，上述结构体里的所有函数都是存在的。不出所料，在这个文件中可以找到 at32_pin_attach_irq( ) 函数的实现，如图 24-11 所示。

故事还没结束，从上面的代码中能看到自己定义的中断处理函数被当作参数一直传递下来，最终函数的地址被赋值给了“pin_irq_hdr_tab[irqindex]. hdr”，所以有必要再看看这个东西。它也在“drv_gpio. c”文件中，并被定义为一个结构体全局变量。如图 24-12 所示，这里面有 16 个成员。

还记不记得核心篇中提到过的 GPIO 中断源？为了方便，这里再次给出了 AT32F407 数据手册中的相关内容，如图 24-13 所示。

AT32F407 芯片里有 16 根外部中断线，根据图 24-13 中的组织方法给所有的 GPIO 共享。在“pin_irq_hdr_tab”定义的前面有一个结构体常量，名为“pin_irq_map”，顾名思义，它代表了 GPIO 到中断线再到中断向量的对应关系，如图 24-14 所示。

```
int rt_hw_pin_init(void)
{

#ifdef GPIOA
    RCC_APB2PeriphClockCmd(RCC_APB2PERIPH_GPIOA, ENABLE);
#endif
#ifdef GPIOB
    RCC_APB2PeriphClockCmd(RCC_APB2PERIPH_GPIOB, ENABLE);
#endif
#ifdef GPIOC
    RCC_APB2PeriphClockCmd(RCC_APB2PERIPH_GPIOC, ENABLE);
#endif
#ifdef GPIOD
    RCC_APB2PeriphClockCmd(RCC_APB2PERIPH_GPIOD, ENABLE);
#endif
#ifdef GPIOE
    RCC_APB2PeriphClockCmd(RCC_APB2PERIPH_GPIOE, ENABLE);
#endif
#ifdef GPIOF
    RCC_APB2PeriphClockCmd(RCC_APB2PERIPH_GPIOF, ENABLE);
#endif
#ifdef GPIOG
    RCC_APB2PeriphClockCmd(RCC_APB2PERIPH_GPIOG, ENABLE);
#endif

    RCC_APB2PeriphClockCmd(RCC_APB2PERIPH_AFIO, ENABLE);

    return rt_device_pin_register("pin", &_at32_pin_ops, RT_NULL);
}

INIT_BOARD_EXPORT(rt_hw_pin_init);
```

图 24-9　rt_device_pin_register( ) 函数被调用的地方

```
const static struct rt_pin_ops _at32_pin_ops =
{
    at32_pin_mode,
    at32_pin_write,
    at32_pin_read,
    at32_pin_attach_irq,
    at32_pin_dettach_irq,
    at32_pin_irq_enable,
    RT_NULL,
};
```

图 24-10　“_at32_pin_ops”参数的定义

经过一系列的“套娃游戏”，大家应该能猜到，注册的中断函数会被放到“pin_irq_hdr_tab”表中。当有中断产生时，中断处理函数会简单记录一下中断的状态给 OS 使用，然后就去这个表里查找、调用注册的中断处理函数。以上分析主要是为了把中断中 OS 需要的函数和应用编程时关心的函数彻底分开，让各位程序员能集中精力完成应该做的事情，而不会分心去处理中断中应该让 OS 完成的事情。另外提一下，从这个烦琐的流程看下来，就能非常明确地知道，所注册的中断处理函数的确是中断处理函数，并不是被 OS 的线程调用的。这就意味着，在自己注册的中断处理函数中编程所需要注意的事项和真正的中断处理函数要注意的是一样的。

例程本身非常简单，就不多说了。最后请编译、下载并运行，观察现象，应该是按下“USER”键 LED2 会亮，释放按键 LED2 就会熄灭。

```c
static rt_err_t at32_pin_attach_irq(struct rt_device *device, rt_int32_t pin,
                                    rt_uint32_t mode, void (*hdr)(void *args), void *args)
{
    const struct pin_index *index;
    rt_base_t level;
    rt_int32_t irqindex = -1;

    index = get_pin(pin);
    if (index == RT_NULL)
    {
        return RT_ENOSYS;
    }
    irqindex = bit2bitno(index->pin);
    if (irqindex < 0 || irqindex >= ITEM_NUM(pin_irq_map))
    {
        return RT_ENOSYS;
    }

    level = rt_hw_interrupt_disable();
    if (pin_irq_hdr_tab[irqindex].pin == pin &&
            pin_irq_hdr_tab[irqindex].hdr == hdr &&
            pin_irq_hdr_tab[irqindex].mode == mode &&
            pin_irq_hdr_tab[irqindex].args == args)
    {
        rt_hw_interrupt_enable(level);
        return RT_EOK;
    }
    if (pin_irq_hdr_tab[irqindex].pin != -1)
    {
        rt_hw_interrupt_enable(level);
        return RT_EBUSY;
    }
    pin_irq_hdr_tab[irqindex].pin = pin;
    pin_irq_hdr_tab[irqindex].hdr = hdr;
    pin_irq_hdr_tab[irqindex].mode = mode;
    pin_irq_hdr_tab[irqindex].args = args;
    rt_hw_interrupt_enable(level);

    return RT_EOK;
}
```

图 24-11　at32_pin_attach_irq( ) 函数的实现

```c
static struct rt_pin_irq_hdr pin_irq_hdr_tab[] =
{
        {-1, 0, RT_NULL, RT_NULL},
        {-1, 0, RT_NULL, RT_NULL},
        {-1, 0, RT_NULL, RT_NULL},
        {-1, 0, RT_NULL, RT_NULL},
        {-1, 0, RT_NULL, RT_NULL},
        {-1, 0, RT_NULL, RT_NULL},
        {-1, 0, RT_NULL, RT_NULL},
        {-1, 0, RT_NULL, RT_NULL},
        {-1, 0, RT_NULL, RT_NULL},
        {-1, 0, RT_NULL, RT_NULL},
        {-1, 0, RT_NULL, RT_NULL},
        {-1, 0, RT_NULL, RT_NULL},
        {-1, 0, RT_NULL, RT_NULL},
        {-1, 0, RT_NULL, RT_NULL},
        {-1, 0, RT_NULL, RT_NULL},
        {-1, 0, RT_NULL, RT_NULL},
};
```

图 24-12　“pin_irq_hdr_tab”结构体的定义

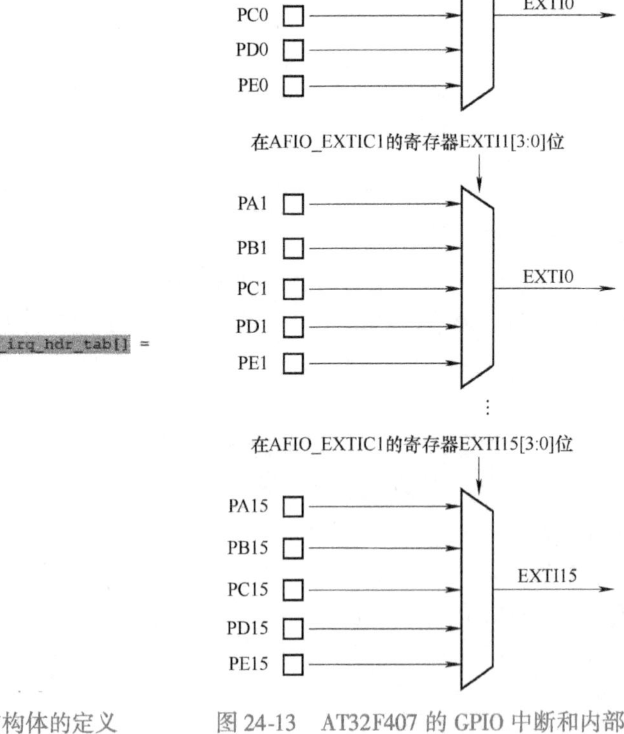

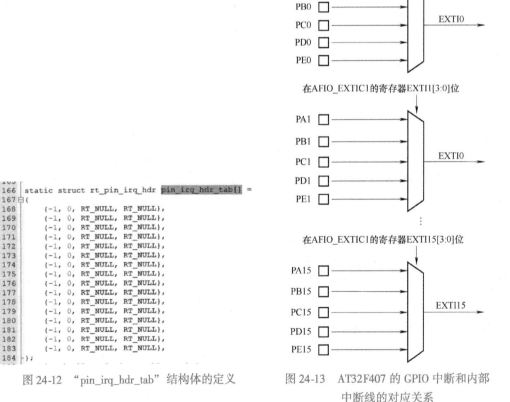

图 24-13　AT32F407 的 GPIO 中断和内部中断线的对应关系

```
static const struct pin_irq_map pin_irq_map[] =
{
    {GPIO_Pins_0,  EXTI_Line0,  EXTI0_IRQn},
    {GPIO_Pins_1,  EXTI_Line1,  EXTI1_IRQn},
    {GPIO_Pins_2,  EXTI_Line2,  EXTI2_IRQn},
    {GPIO_Pins_3,  EXTI_Line3,  EXTI3_IRQn},
    {GPIO_Pins_4,  EXTI_Line4,  EXTI4_IRQn},
    {GPIO_Pins_5,  EXTI_Line5,  EXTI9_5_IRQn},
    {GPIO_Pins_6,  EXTI_Line6,  EXTI9_5_IRQn},
    {GPIO_Pins_7,  EXTI_Line7,  EXTI9_5_IRQn},
    {GPIO_Pins_8,  EXTI_Line8,  EXTI9_5_IRQn},
    {GPIO_Pins_9,  EXTI_Line9,  EXTI9_5_IRQn},
    {GPIO_Pins_10, EXTI_Line10, EXTI15_10_IRQn},
    {GPIO_Pins_11, EXTI_Line11, EXTI15_10_IRQn},
    {GPIO_Pins_12, EXTI_Line12, EXTI15_10_IRQn},
    {GPIO_Pins_13, EXTI_Line13, EXTI15_10_IRQn},
    {GPIO_Pins_14, EXTI_Line14, EXTI15_10_IRQn},
    {GPIO_Pins_15, EXTI_Line15, EXTI15_10_IRQn},
};
```

图 24-14　AT32F407 的 GPIO 中断、内部中断线和中断向量的对应关系

第 25 章　乾坤大挪移——内核移植

在讨论移植之前，还是要回到最根本的问题，OS 到底是怎么来调度线程的？前面曾多次提到，线程的本质就是一个函数，从表象上看也是如此。比如，创建线程的时候，必须定义一个函数，然后把这个函数指针传递给创建线程的 API 函数。既然是个函数，那为什么摇身一变，就成了一个线程呢？现在是时候把这个“窗户纸”捅破了。

25.1　线程调度的原理

回想“裸奔”年代，为了将程序模块化，人们会把大的功能拆分成一个个小的函数或者子程序。函数和子程序的出现最早是为了提高代码复用率、软件模块化程度和代码维护效率。就像写文章，也总有章节和段落之分。

假设有一个“裸奔”程序如图 25-1 所示。其主函数永远不会退出，因为一旦退出程序就结束了。于是在主函数内存在一个死循环，往往称之为主循环体。在主循环体内可以根据应用编写多个子函数按照工作流顺序调用。当然，子函数也可以调用自己的子函数，也就是函数嵌套。但是子函数一般是不存在死循环的。因为只要有任何子函数出现了死循环，程序就被“堵死”了，无法继续执行后面的函数。在这样的一种结构中，除了主函数外，所有的函数都被依次调用。把思维拓展一下，也可以理解为，在这样的结构中，所有的函数都被“依次调度”，只是这种“调度”非常死板，只能按照代码中所写的顺序一个一个进行，而且必须在一个调用返回后，才可能“调度”后面的函数。

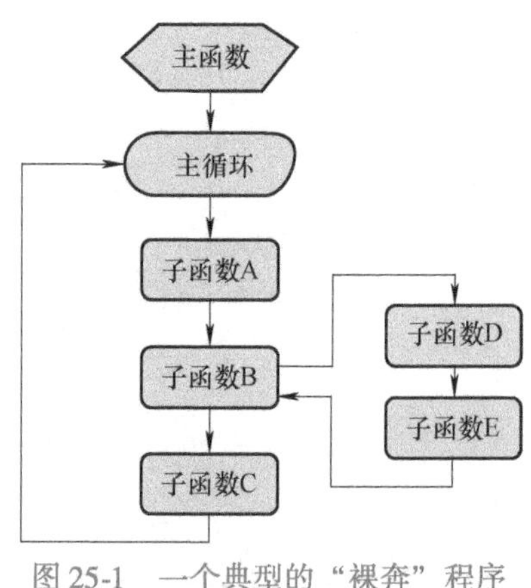

图 25-1　一个典型的“裸奔”程序流程示意图

很多看似复杂的事情其实没有那么难，只要换一个思维方式理解即可。既然“裸奔”程序也存在“调度”，那么 OS 的“调度”只是比它更完善一些。现在来做个情景假设。假如你是一个嵌入式系统开发高手，而且所处的年代还没有 OS 的概念，有一天你在做一个项目，项目的目标非常简单，通过键盘输入一些数据，然后做些处理后把结果显示在屏幕上，就类似于常见的命令行终端。于是你严谨地把程序流程画了下来，如图 25-2 所示。

但是这么做存在一个问题：程序需要等待按键按下，检测到按键后才能去处理和显示；如果按键不被按下，按键处理函数就没办法执行，后面的显示子函数也无法工作。此时你可能会说：“没错啊，按键都不按下，后面的工作有必要做吗？”也许按键处理函数没必要做，但是屏幕显示不能停滞。在常见的命令行终端里，即使不做任何输入，也总有个光标在那里闪烁。作为一个高手，你不能容忍让终端界面出现像死机一样的情况。于是，你灵机一动，大胆地把软件流程做了调整，如图 25-3 所示。

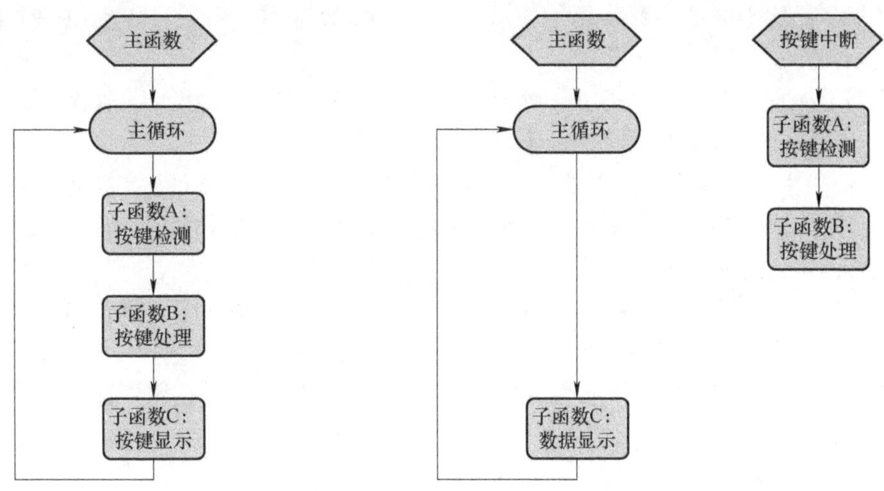

图25-2　虚拟项目的程序流程图　　　图 25-3　虚拟项目的改进程序流程 1

你把按键检测函数和按键处理函数放到一个按键中断中去执行，主循环只负责不断地显示数据，即使没有数据，也要让光标不断地闪烁。但是，这样也有缺陷：当有按键按下的时候，由于按键处理程序耗时比较长，导致每当有一连串按键被按下，显示就不正常。看来要换个思路，于是经验丰富的你又换了个流程，如图 25-4 所示。

这次你把按键检测和处理函数放回了主循环体内，同时巧妙地启用了一个时钟，让它每 50ms 产生一次中断，在这个中断中启用数据显示程序。这样就能很好地解决问题了。当然，作为高手，你是不可能就此满足的，因为你发现如果同时保留按键中断，效果会更好，如图 25-5 所示。

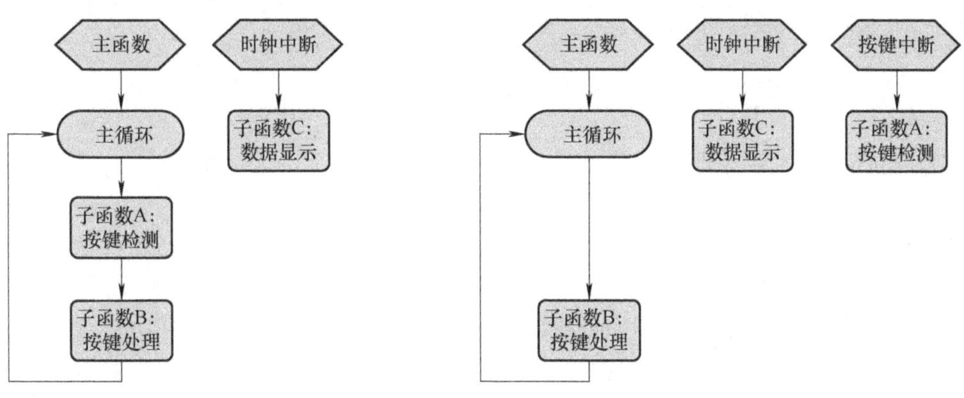

图 25-4　虚拟项目的改进程序流程 2　　　图 25-5　虚拟项目的改进程序流程 3

的确，这个流程充分利用了中断功能，同时让系统出现了“多任务”的模式，不愧是高手。但是作为高手的特质之一就是永远不会满足。在上述过程中你突然觉得，有些东西启发了你。既然时钟中断可以定时地去调用显示程序，那能不能扩展一下，每 10ms 产生一个时钟中断，然后在中断中调用不同的子程序呢？恭喜你，创新往往就是这么灵光一闪，OS 就要横空出世了。当然，任何创新除了“灵光一闪”外，还需要克服一个个难关。这里有两个明显的问题。首先，普通的子函数不把自己的事情做完是不会退出的，而你不能要求所有的子函数都必须在 10ms 内完成，这个不太现实；其次，不应该在中断里直接运行子函数，因为这样很多低优先级的中断将不能响应了。为了解决这两个问题，你想出一个绝妙的办法，就是利用神奇的栈和栈指针。

让我们再梳理一下栈和栈指针。核心篇中特别描述了栈的作用，以及栈指针的工作方法。当中断产生时，为了能保护“现场”（称之为上下文，主要是指函数中的一些变量和返回地址），会把上下文压入栈，等处理完中断程序后，再把栈里的上下文恢复出来。又到有趣的地方了，如果这个时候恢复的上下文不是前面函数的，而是另外一个函数的，会发生什么情况呢？你可以思考一下。

上面的情景假设就是 OS 做任务调度的核心思想，如果你想通了，就自然明白为何在创建线程的时候都会有一个“栈”空间大小的参数。因为每个线程都是一个函数，当这个函数被打断时，就需要把它的上下文保存起来。OS 会在中断返回前把栈指针指向将要运行的函数的栈空间，接着中断返回，返回的就是要运行的函数了。

接下来通过移植内核来进一步了解细节。

25.2 移植相关内容

在了解了关键的“诀窍”后，再来看和移植相关的内容就会觉得容易多了。OS 的移植一般分为两种，一种是针对不同 MCU 的，比如从 ST 的 MCU 移植到雅特力的 MCU，另一种是针对 BSP 的，比如从学习板移植到其他板子上。一般来说，BSP 的移植更容易，因为主要内容只是针对不同外设提供相应的驱动和功能，但是工作量不小，因为外设很多。针对 MCU 的 OS 内核移植反而工作量不大，因为 RTT 为了最大限度地提高不同 MCU 的兼容性，已经考虑了不同 MCU 之间的移植容易碰到的问题，并且 RTT 已经抽象出几个特殊函数，只要执行这几个函数就基本完成了内核的移植。

25.2.1 移植相关的文件和函数

如果你有一个从 RTT 的 Github 上下载的完整工程，那么这些函数已位于“libcpu\arm\cortex－m4”文件夹下。

其中主要是三个汇编文件和一个 C 文件，如图 25-6 所示。三个汇编文件是针对三种不同编译环境的，与本书使用的 Keil 相关的只有“context_rvds. s”文件。所以与内核移植相关的文件总共就只有两个：“context_rvds. s”和“cpuport. c”。看起来并不复杂。当然，这

图 25-6　工程目录中的“cortex-m4”文件夹

两个文件里还有一些函数和变量，此处把所有和内核移植相关的函数和变量都列出来，如图 25-7所示。

API函数	描述
rt base_ t rt_hw_interrupt_disable(void)	关闭全局中断
void rt_hw_interrupt_enable(rt_base_ t level)	打开全局中断
rt_uint8_t *rt_hw_stack_init(void *tentry, void *parameter, rt_uint8_t *stack_addr, void *texit)	初始化线程的堆栈，内核在创建线程的时候会调用这个函数
void rt_hw_context_switch_to(rt_uint32 to)	切换到某个线程开始运行，这个函数在OS开始调度时和启动第一个线程时会调用
void rt_hw_context_switch(rt_uint32 from, rt_uint32 to)	从某个线程切换到另一个线程
void rt_hw_context_switch_interrupt(rt_uint32 from, rt_uint32 to)	在中断中从某个线程切换到另一个线程
rt_uint32_t rt_thread_switch_interrupt_flag	一个OS使用的全局变量，用于标志在中断中需要切换线程
rt_uint32_t rt_interrupt_from_thread, rt_uint32_t rt_interrupt_to_thread	一个OS使用的全局变量，保存将被挂起的线程控制块的指针 一个OS使用的全局变量，保存将被运行的线程控制块的指针

图 25-7　内核移植相关的函数和变量

25. 2. 2　移植相关函数的解析

接下来通过已经移植好的文件来学习移植过程。图 25-7 总结的函数基本上都在“context_rvds. s”文件中。“context_rvds. s”是一个用汇编语言实现的文件。这就是核心篇花了很多篇幅来让大家熟悉 MCU 启动过程原因——启动函数也是用汇编语言写的。而现在涉及 OS 内核移植，我们还是需要和汇编语言“打交道”。

打开这个文件，首先能找到两个负责开关全局中断的函数 rt_hw_interrupt_disable( ) 和 rt_hw_interrupt_enable( )，如图 25-8 所示。下面按照行号的顺序来讲解。

```
35 ;/*
36 ; * rt_base_t rt_hw_interrupt_disable();
37 ; */
38 rt_hw_interrupt_disable    PROC
39     EXPORT  rt_hw_interrupt_disable
40     MRS     r0, PRIMASK
41     CPSID   I
42     BX      LR
43     ENDP
44
45 ;/*
46 ; * void rt_hw_interrupt_enable(rt_base_t level);
47 ; */
48 rt_hw_interrupt_enable    PROC
49     EXPORT  rt_hw_interrupt_enable
50     MSR     PRIMASK, r0
51     BX      LR
52     ENDP
```

图 25-8　开、关全局中断的源代码

38 行：这是汇编语言里的函数或者子程序的声明，核心篇出现过，就不解释了。

39 行：将函数名导出，这样 C 语言就可以直接调用这个子函数。

40 行：PRIMASK 是内核的一个特殊功能寄存器，只有最后一位有用。它负责所有中断的屏蔽（不可屏蔽中断除外）。现在并不知道系统中的中断是否被用户屏蔽掉，因此在设置前，保险的做法是把 PRIMASK 当前的值保存一下。MRS 是汇编指令，将寄存器的值传递给另一个寄存器。所以这一行是把 PRIMASK 的值保存到了 R0 中。在编译器中有个“行规”，即 R0 默认作为函数或者子程序的第一个参数和返回值寄存器。也就是说，调用这个汇编指令后可以从返回值得到当前 PRIMASK 的值。在代码里找一段调用 rt_hw_interrupt_disable( ) 函数的代码，如图 25-9 所示。

```
    if (irqmap == RT_NULL)
    {
        return RT_ENOSYS;
    }

    level = rt_hw_interrupt_disable();

    pin_irq_enable_mask &= ~irqmap->pinbit;

    NVIC_InitStruct.NVIC_IRQChannelCmd = DISABLE;
    NVIC_InitStruct.NVIC_IRQChannelPreemptionPriority = 5;
```

图 25-9　关中断函数的调用

这个调用用一个名叫“level”的变量来保存返回值。用仿真功能快速查看每句 C 语言的汇编代码，如图 25-10 画圈的地方，程序用汇编语句跳转到了 rt_hw_interrupt_disable( ) 函数，后面括号里的内容不是参数，而是这个函数所在的地址。

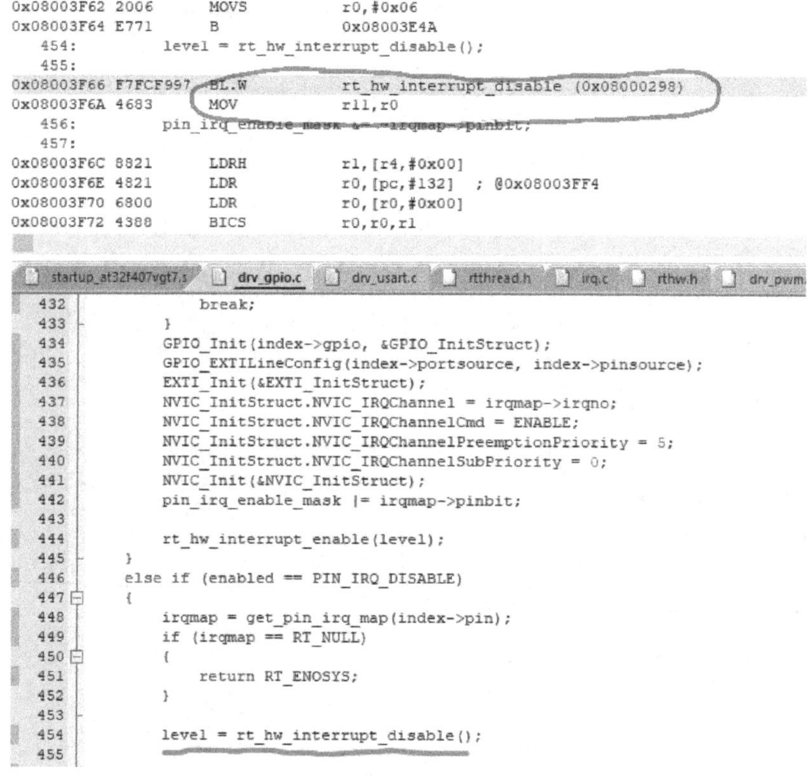

图 25-10　关中断函数调用的汇编代码

在仿真调试环境中找到“context_rvds. s”文件，然后把光标放在“rt_hw_interrupt_disable”上面，Keil 会用弹出框显示它的地址，该地址和调用时括号里的数值一样，如图 25-11 所示。

回到前面 C 语言调用部分的汇编代码，可以看到在“BL. W rt_hw_interrupt_disable (0x08000298)”后面有一句“MOV r11，r0”，这句就是把 r0 中的内容取出来保存到 r11 中。为什么要保存到 r11 中呢？不是应该保存到变量“level”中吗？都没错，因为变量“level”已经被编译器安排为 r11。回到图 25-8。

41 行：这一行使用汇编语言中的一个特殊指令来直接屏蔽所有中断（不可屏蔽中断除

外)。图 25-12 所示为常用汇编特殊中断控制指令。

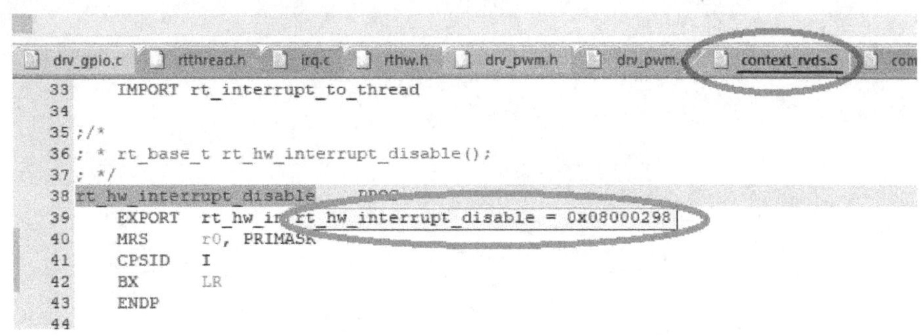

图 25-11　关中断函数所在地址

指令	操作
CPSIE I	使能中断（清除PRIMASK），和库函数_enable. iraq() 功能相同
CPSID I	禁止中断（设置PRIMASK），NMI和HardFault不受影响，和库函数_disable. irq()功能相同
CPSIE F	使能中断（清除FAULTMASK），和库函数_enable_ fault _irq()功能相同
CPSID F	禁止中断（设置FAULTMASK），NMI不受影响，和库函数_disable. fault irq()功能相同

图 25-12　PRIMASK 和 FAULTMASK 设置及清除指令

42 行：这一行看起来很熟悉，就是程序返回。核心篇中介绍过 LR 寄存器（链接寄存器），系统用它保存程序的返回地址，它是程序调用所在地址的下面一个地址，所以跳转自然就会到调用程序的后面继续执行。

43 行：这是标准的汇编子程序结束标记，核心篇解释过。

第 48～52 行与前面类似，这里只强调第 50 行。图 25-8 中的指令是把 r0 的内容赋值到 PRIMASK 寄存器。前面说过，在关闭中断的时候需要先把当前系统的中断屏蔽状态保存起来，因为不知道是不是会被用户禁止。那么在重新使能这个中断的时候，就需要把原来的状态写回去。从前面的例子里能看到，原来的状态在 C 程序中被保存到了一个叫“level”的变量中。但是怎么能从“level”里取到这个值呢？刚才说过，函数的第一参数和返回值默认都用 r0 来保存（输入/输出参数除外，这里不展开）。

接着来找找证据，如图 25-13 所示。可以看到，这与前面关中断例子中的代码其实是一个函数中的。从画圈的部分能看到汇编部分在跳转指令之前先做了一件事情，即把 r11 的值赋给了 r0。这正好是前面分析结果的佐证，“level”变量被编译器安排给了寄存器 r11，而 r0 是保存 rt_hw_interrupt_enable( ) 传入参数的，一切都迎刃而解了。

前面是“两碟小菜”，现在开始“上正餐”。

先来看 rt_hw_stack_init( )。这个函数是全部用 C 语言完成的，所以不在“context_rvds. s”文件中，大家可以在“cpuport. c”文件中找到，这也是一个和移植密切相关的文件。在解释这个函数的代码前，先看看它是怎么用的。rt_hw_stack_init( ) 函数只会在线程创建或者初始化的时候使用一次。它的作用就如同其名字，是针对每个线程初始化栈内容。在前面的解释中提过，线程的调度机制就是利用中断返回时修改栈指针内容来“狸猫换太子”，这样就能切换到其他线程。所以，每个线程都需要有自己的一个栈空间，这和“裸奔”代码形成了很大差异。在“裸奔”代码中，我们其实不太关心栈这个东西，除非代码非常复杂，嵌套层数太多，或者使用了太大的局部变量。而且线程只有一个栈空间，一般也只用一个栈指针。在 OS 存在的场合，为了方便，给每个线程分配一个栈空间，然后用 PSP 负责用户线程中的栈管理，用 MSP 负责 OS 的栈管理。这样玩起“大变活人”游戏就容易多了，也提高了系统的稳定性。

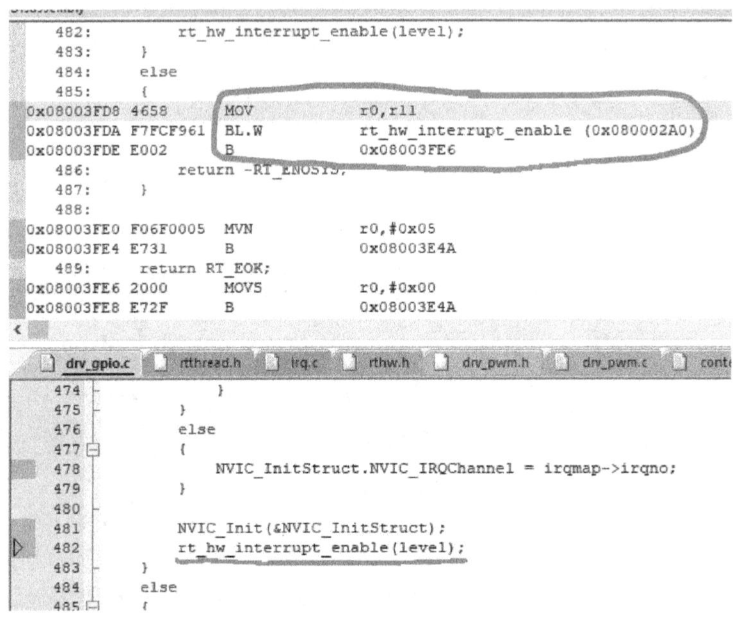

图 25-13　开中断函数调用的汇编代码

rt_hw_stack_init( ) 函数会在“samplex\src\thread. c”文件中被_rt_thread_init( ) 函数调用，在该文件的 138 ~ 146 行能找到调用的地方，如图 25-14 所示。

```
117: static rt_err_t _rt_thread_init(struct rt_thread *thread,
118:                                 const char       *name,
119:                                 void (*entry)(void *parameter),
120:                                 void             *parameter,
121:                                 void             *stack_start,
122:                                 rt_uint32_t       stack_size,
123:                                 rt_uint8_t        priority,
124:                                 rt_uint32_t       tick)
125: {
126:     /* init thread list */
127:     rt_list_init(&(thread->tlist));
128:
129:     thread->entry = (void *)entry;
130:     thread->parameter = parameter;
131:
132:     /* stack init */
133:     thread->stack_addr = stack_start;
134:     thread->stack_size = stack_size;
135:
136:     /* init thread stack */
137:     rt_memset(thread->stack_addr, '#', thread->stack_size);
138: #ifdef ARCH_CPU_STACK_GROWS_UPWARD
139:     thread->sp = (void *)rt_hw_stack_init(thread->entry, thread->parameter,
140:                                           (void *)((char *)thread->stack_addr),
141:                                           (void *)rt_thread_exit);
142: #else
143:     thread->sp = (void *)rt_hw_stack_init(thread->entry, thread->parameter,
144:                                           (rt_uint8_t *)((char *)thread->stack_addr + thread->stack_size - sizeof(rt_ubase_t)),
145:                                           (void *)rt_thread_exit);
146: #endif
147:
148:     /* priority init */
```

图 25-14　rt_hw_stack_init( ) 函数被调用的地方

可以发现，这个地方由预定义来控制不同的调用方式，这两种不同的调用方式与 CPU 栈的生长方向相关。有的 CPU 栈向上生长，也就是随着数据的压入，地址不断增大；还有一种是倒过来的，就是随着数据的压入，栈地址不断减小，称为向下生长。一般 ARM Cortex M 系列的单片机都是采用向下生长这种方式。如果仔细比较这两种调用方式的参数设置也能看出一些差异。看看这几个参数的含义。前两个参数“thread -> entry”和“thread -> parameter”很容易理解。第一个表示线程的入口地址，其实就是函数的入口地址；第二个是传递给线程或者函数的参数指针。当线程初始化完成后，需要开始调度线程才能运行，而开始调度就会用到栈，即使是第一次开始调度。所以，函数的入口地址和参数指针会被压到栈里。OS 对线程的调度是利用一个软中断进行的。在这个中断中，OS 会做很多判断和设置，从中断返回前会把线程用的栈指针指向将要运行的线程的栈空间，那么栈里的返回地址就是函数的入口地址，线程就可以开始运行了。

两种不同的调用方式最大的差异在于第三个参数“stack -> addr”。前一种调用方式只是简单地把线程的栈起始地址传递进去；而第二种调用方式做了一些运算，这是 ARM Cortex M4 所采用的向下生长的栈结构造成的，因为栈本身就是一段连续的内存空间，在 C 代码里体现为一个数组，这个连续空间的排列是按照地址从小到大排列的，但是 ARM Cortex M4 栈生长的方向却是从大到小，所以不能直接把正常的首地址给它，而是需要给末尾的地址，于是要根据首地址和栈的大小来计算一个末尾地址。那为什么还要减去一个“sizeof（rt_ubase_t）”呢？留给大家思考。“sizeof”是一个 C 语言的伪指令，它是用来计算指定对象的空间大小，以字节为单位。比如“sizeof（uint32）”的值是 4，“sizeof（flot）”的值也是 4，“sizeof（uint16）”的值是 2。最后一个参数也是一个函数指针，只不过这个函数是由 OS 来实现的，专门处理当线程退出时需要做的事情，两种调用方式也都一样。

调用 rt_hw_stack_init( ) 函数的方法大家大致了解了，接下来就开始正式讲解这个函数的具体实现。如图 25-15 所示，还是以行号作为索引来讲解这个函数的实现方法。函数的参数就不讲解了，因为在讲调用的时候已经解释过了。各位可以对照一下，加深理解。

第 145 ~ 147 行：定义了一些局部变量，这里需要注意的是第 145 行的变量“struct stack_frame ＊stack_frame”。“stack_frame”是 OS 定义的一个叫作栈帧的结构体。栈帧的概念不是 OS 创建的，而是 ARM 架构本身的一个特性，不同的 CPU 会有不同的栈帧。栈帧其实就是指栈中寄存器排列的方式。当出现中断时，CPU 会自动执行一些保存当前程序数据（当前函数使用的局部变量）的工作，当然也会保存返回地址（称之为保存程序上下文）。这些数据（或者变量）和返回地址的压栈顺序是有要求的，这才能保证程序上下文的保存和恢复（又叫作上下文切换）不会混乱。看一下这个栈帧的定义，你也可以在“cpuport. c”文件开头找到这个定义的代码，如图 25-16 所示。

M4F 内核芯片的栈帧有两类，一类是启用 FPU（浮点处理单元）的栈帧，另一类是没有启用 FPU 的栈帧。在“cpuport. c”文件里，这两种栈帧的定义都能找到。本书学习板上的 AT32F407 是启用 FPU 的，属于第一类栈帧。不过这两类栈帧除了长度不一样外，其他处理机制都一样，因为 FPU 会有更多的浮点处理寄存器需要保存。方便起见，下面用不启用 FPU 来讲解。如图 25-16 所示就是没有启用 FPU 时的栈帧。整个栈帧分成两个部分，一个是“struct stack_frame”所定义的部分，还有一个是“struct exception_stack_frame”所定义的部分。从代码可以看出，在结构体“stack_frame”中包含了“exception_stack_frame”结构体。那为何不把它们放在一个结构体中呢？这与 M4F 处理器的中断（或者异常）处理流程有关。

```
140: rt_uint8_t *rt_hw_stack_init(void*tentry,
141:                              void       *parameter,
142:                              rt_uint8_t *stack_addr,
143:                              void       *texit)
144: {
145:     struct stack_frame *stack_frame;
146:     rt_uint8_t         *stk;
147:     unsigned long       i;
148:
149:     stk  = stack_addr + sizeof(rt_uint32_t);
150:     stk  = (rt_uint8_t *)RT_ALIGN_DOWN((rt_uint32_t)stk, 8);
151:     stk -= sizeof(struct stack_frame);
152:
153:     stack_frame = (struct stack_frame *)stk;
154:
155:     /* init all register */
156:     for (i = 0; i < sizeof(struct stack_frame) / sizeof(rt_uint32_t); i ++)
157:     {
158:         ((rt_uint32_t *)stack_frame)[i] = 0xdeadbeef;
159:     }
160:
161:     stack_frame->exception_stack_frame.r0  = (unsigned long)parameter; /* r0 : argument */
162:     stack_frame->exception_stack_frame.r1  = 0;                        /* r1 */
163:     stack_frame->exception_stack_frame.r2  = 0;                        /* r2 */
164:     stack_frame->exception_stack_frame.r3  = 0;                        /* r3 */
165:     stack_frame->exception_stack_frame.r12 = 0;                        /* r12 */
166:     stack_frame->exception_stack_frame.lr  = (unsigned long)texit;     /* lr */
167:     stack_frame->exception_stack_frame.pc  = (unsigned long)tentry;    /* entry point, pc */
168:     stack_frame->exception_stack_frame.psr = 0x01000000L;              /* PSR */
169:
170: #if USE_FPU
171:     stack_frame->flag = 0;
172: #endif /* USE_FPU */
173:
174:     /* return task's current stack address */
175:     return stk;
176: } « end rt_hw_stack_init »
```

图 25-15 rt_hw_stack_init( ) 函数的实现

M4F 的中断处理流程是：每当出现一个中断，硬件会自动将 PSR、LR、R12、R3、R2、R1、R0 这 8 个寄存器压入堆栈。为什么只保存这 8 个寄存器而不是全部保存呢？因为这 8 个寄存器最常用，有可能会在中断处理函数中使用。但是，当 OS 出现后，在中断函数中要做的事情就变多了，所以在有 OS 的场合，进入中断处理函数的时候，系统会把剩下的 R4 ~ R11 也压入堆栈保存起来。于是，这个栈帧自然就被分成了两部分。

```
struct exception_stack_frame
{
    rt_uint32_t r0;
    rt_uint32_t r1;
    rt_uint32_t r2;
    rt_uint32_t r3;
    rt_uint32_t r12;
    rt_uint32_t lr;
    rt_uint32_t pc;
    rt_uint32_t psr;
};

struct stack_frame
{
#if USE_FPU
    rt_uint32_t flag;
#endif /* USE_FPU */

    /* r4 ~ r11 register */
    rt_uint32_t r4;
    rt_uint32_t r5;
    rt_uint32_t r6;
    rt_uint32_t r7;
    rt_uint32_t r8;
    rt_uint32_t r9;
    rt_uint32_t r10;
    rt_uint32_t r11;

    struct exception_stack_frame exception_stack_frame;
};
```

图 25-16 栈帧的定义

149 ~ 151 行：对栈指针做调整。ARM 地址是 4 字节（32 位）对齐，但是堆栈要求 8 字节对齐，因此需要对传入的栈指针做对齐处理。

153 行：把栈指针所指向的那段内存区域强制转换成结构化的地址空间。这部分看不太明白的读者请复习核心篇关于 C 语言的一些加强内容。

156 ~ 159 行：对栈帧内的值用一个统一的魔数来初始化。

剩下的代码主要就是直接对栈中的寄存器信息做初始化。需要留意的是第 166 和 167

行，这里就是保存前面调用时传入的线程入口地址和线程返回处理程序的地址的地方。

函数的最后根据是否启用 FPU 设置了一个标志，用来区别栈帧的类型，然后把初始化过的栈地址返回。到这里就完成了线程栈的初始化工作。

接下来就是需要特别关注的核心内容：线程切换。线程的切换分成三种情况：第一种是第一次启动线程，OS 会调用 rt_hw_context_switch_to( ) 函数；第二种是从一个线程切换到另一个线程，OS 会调用 rt_hw_context_switch( ) 函数；第三种情况是从一个中断函数切换到另一个线程，OS 会调用 rt_hw_context_switch_interrupt ( ) 函数。如前所述，这三个函数全部是用汇编语言实现的，都位于"context_rvds. s"文件中。它们都会被 RTT 中更高层的"scheduler. c"（调度器）中的函数所调用，用户线程自然是不会去触碰的。

下面从第一种情况开始讨论。前面讨论了对新的线程栈做初始化的过程，还没有正式运行任何线程。当新的线程准备就绪后，OS 的调度器会调用 rt_hw_context_switch_to( ) 函数来运行新的线程。调度器会从一些新建立的线程中选择优先级最高的一个线程开始运行。当然，如果只建立了一个用户线程那就直接运行它。调度器会传递给 rt_hw_context_switch_to( ) 函数一个参数，那就是栈初始化后的栈指针。

如图 25-17 所示，代码虽然不是很长，但是汇编代码看起来还是比较痛苦的，所以此处

```
;/*
; * void rt_hw_context_switch_to(rt_uint32 to);
; * r0 --> to
; * this fucntion is used to perform the first thread switch
; */
rt_hw_context_switch_to    PROC
    EXPORT rt_hw_context_switch_to
    ; set to thread
    LDR     r1, =rt_interrupt_to_thread
    STR     r0, [r1]

    IF      {FPU} != "SoftVFP"
    ; CLEAR CONTROL.FPCA
    MRS     r2, CONTROL                 ; read
    BIC     r2, #0x04                   ; modify
    MSR     CONTROL, r2                 ; write-back
    ENDIF

    ; set from thread to 0
    LDR     r1, =rt_interrupt_from_thread
    MOV     r0, #0x0
    STR     r0, [r1]

    ; set interrupt flag to 1
    LDR     r1, =rt_thread_switch_interrupt_flag
    MOV     r0, #1
    STR     r0, [r1]

    ; set the PendSV and SysTick exception priority
    LDR     r0, =NVIC_SYSPRI2
    LDR     r1, =NVIC_PENDSV_PRI
    LDR.W   r2, [r0,#0x00]      ; read
    ORR     r1,r1,r2            ; modify
    STR     r1, [r0]            ; write-back

    ; trigger the PendSV exception (causes context switch)
    LDR     r0, =NVIC_INT_CTRL
    LDR     r1, =NVIC_PENDSVSET
    STR     r1, [r0]

    ; restore MSP
    LDR     r0, =SCB_VTOR
    LDR     r0, [r0]
    LDR     r0, [r0]
    MSR     msp, r0

    ; enable interrupts at processor level
    CPSIE   F
    CPSIE   I

    ; never reach here!
    ENDP
```


图 25-17　rt_hw_context_switch_to( ) 函数的实现

先给出一个流程图（见图 25-18），这样会容易些。

流程中几个重要部分的解释都注释在了图 25-17 的程序部分，以便于阅读。有了源代码和这部分注释，就没有必要一句句解释了，仅按照功能模块来解释一下。

1）把要启动的线程入口地址保存到 rt_interrupt_to_thread 变量中。这是 RTT OS 使用的一个全局变量，用户程序不能去使用它。这个变量就是用来保存调用处传入的线程栈指针的。

2）和浮点处理有关，这里不展开。

3）将变量 rt_interrupt_from_thread 清零。这也是一个 RTT OS 使用的全局变量，请不要去使用它。这个变量只有当从一个线程切换到另一个线程，或者从中断中切换一个新线程的情况下才会使用。而现在的情况是第一次调度新的线程，所以这个变量没有用处。

4）将变量 rt_thread_switch_interrupt_flag 设置为 1。这里可能比较容易让人产生疑惑：不是第一次调度线程吗，为何要标注中断标记呢？前面提过，OS 调度的核心就是利用中断和中断返回的策略。无论是第一次运行线程还是其他调度情况，OS 都会模拟一次中断，而模拟中断的方式就是通过软件来触发由芯片本身提供的一个称为 PendSV 的软件中断，后面会进一步解释。

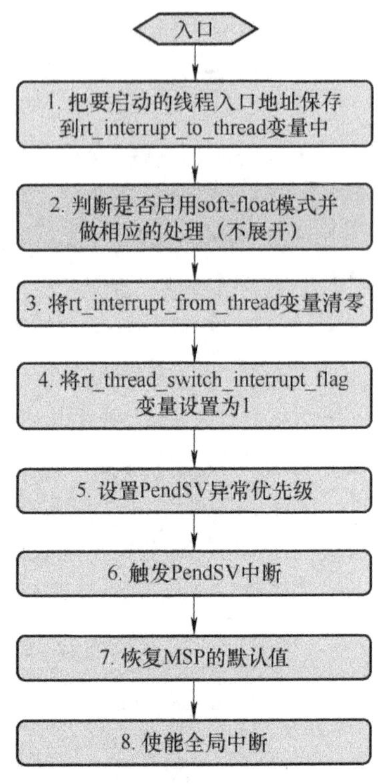

图 25-18　rt_hw_context_switch_to( ) 函数的流程图

5）设置 PendSV 异常优先级。为了不干扰其他中断，比较常见的做法是把这个中断的优先级调整到最低。

6）触发 PendSV 中断。内核中有个中断控制寄存器，通过把其中的一位 PENDSVSET 设置为 1，让 CPU 产生一个硬件中断。之所以称为 PendSV，是因为这个中断可以在其他高优先级的中断完成后再执行。所以，OS 的调度工作其实是在 PendSV 中断内完成的。

7）恢复 MSP 默认值。RTT OS 内核使用 MSP 作为其专用栈指针，但是因为系统启动和系统初始化等原因，该栈指针有可能在之前被使用过。既然已经开始了线程调度，那么 MSP 的内容已经无效了，所以可以恢复成默认值。

8）使能全局中断。在该函数调用前已经关闭了全局中断，所以退出前需要重新打开它。一旦打开，正常情况下后面的 PendSV 中断处理函数就会执行。当 PendSV 中断处理函数执行完毕、从中断退出时，自然就会切换到将要执行的线程中，永远不会回到这个函数了。所以这个函数只会执行一次。

接下来继续解释另外两种情况：从一个线程切换到另一个线程以及从中断中切换到另一个线程的操作方式。这两种情况其实只有一个地方不一样，就是在或不在中断里切换。那么为什么要在中断里切换线程呢？在讲线程的同步和通信机制时曾提到，中断函数里不能使用阻塞类型的 OS API，但是可以用非阻塞型的 API。比如给某个等待中断触发以后再处理数据的线程发消息，等待这个消息的线程为什么能收到消息并运行呢？因为这个发消息的函数是在中断处理程序中切换线程的。另外，OS 的时间片是用系统时钟产生中断来实现的。系统时钟中断产生后，OS 会检查后续应该让哪个线程继续运行，这也是在中断中切换线程。所以在中断中切换线程是 OS 中的常见现象。而从一个线程切换到另一个线程的现象主要存在于某个线程在自己的时间片内主动放弃占用 CPU、自己挂起时。产生这种现象的原因之一就是调用了 OS delay( ) 函数。线程需要一个延时，但是没有必要占用 CPU 的时间，所以就挂起，直接切换到另外一个线程去继续执行。当然，还有可能是线程执行到一半，要等待其他的消息时线程挂起，并切换到其他可运行的线程。

rt_hw_context_switch_interrupt( ) 和 rt_hw_context_switch( ) 函数的实现如图 25-19 所示。从中可以发现 rt_hw_context_switch_interrupt( ) 和 rt_hw_context_switch( ) 函数的入口其实是同一个。从注释部分也能看出，这两个函数都有两个参数，一个是当前线程的栈指针，另一个是将要执行的线程的栈指针。这两个函数的流程图如图 25-20 所示。

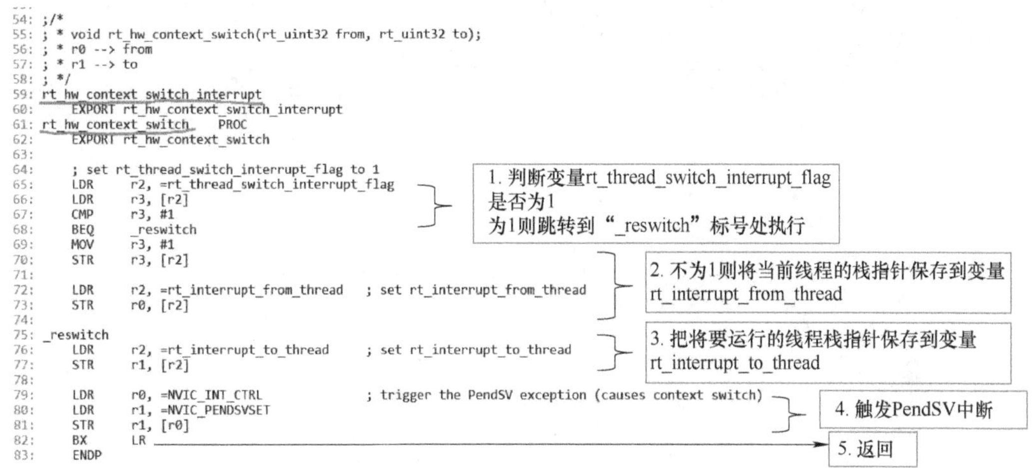

```
;/*
; * void rt_hw_context_switch(rt_uint32 from, rt_uint32 to);
; * r0 --> from
; * r1 --> to
; */
rt_hw_context_switch_interrupt
    EXPORT rt_hw_context_switch_interrupt
rt_hw_context_switch    PROC
    EXPORT rt_hw_context_switch

    ; set rt_thread_switch_interrupt_flag to 1
    LDR     r2, =rt_thread_switch_interrupt_flag
    LDR     r3, [r2]
    CMP     r3, #1
    BEQ     _reswitch
    MOV     r3, #1
    STR     r3, [r2]

    LDR     r2, =rt_interrupt_from_thread   ; set rt_interrupt_from_thread
    STR     r0, [r2]

_reswitch
    LDR     r2, =rt_interrupt_to_thread     ; set rt_interrupt_to_thread
    STR     r1, [r2]

    LDR     r0, =NVIC_INT_CTRL              ; trigger the PendSV exception (causes context switch)
    LDR     r1, =NVIC_PENDSVSET
    STR     r1, [r0]
    BX      LR
    ENDP
```


图 25-19　rt_hw_context_switch_interrupt( ) 和 rt_hw_context_switch( ) 函数的实现

流程图各步骤详解如下。

1）判断变量 rt_thread_switch_interrupt_flag 是否为 1，为 1 则跳转到“_reswitch”标号处执行。这部分的汇编代码就不展开了，有兴趣的读者可以自己去深入学习一下。

2）不为 1 则将当前线程的栈指针保存到变量 rt_interrupt_from_thread。这意味着当前程序不在中断函数中，因此需要把当前线程的栈指针保存一下。

3）把将要运行的线程栈指针保存到变量 rt_interrupt_to_thread。这部分无论是否在中断程序中都要做，因为要调度到新的线程中运行，自然要把将要运行的线程栈指针保存一下。

4）触发 PendSV 中断。和前面类似，用软件触发一下 PendSV 中断。

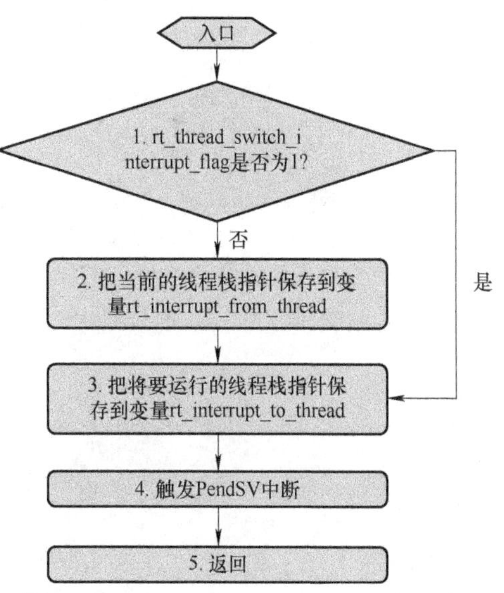

图 25-20 rt_hw_context_switch_interrupt( ) 和 rt_hw_context_switch( ) 函数的流程图

5）返回。这个程序不是只执行一次，因此是正常返回的。

看到这里可以发现，所有情况的调度都会涉及 PendSV 中断。它是 OS 调度的核心，下面就来探究一下它。在“context_rvds. s”文件中能找到“PendSV_Handler( )”，图 25-21 所示为 PendSV_Handler( )函数的实现，请留意前面的行号。为了方便阅读，这里给出程序的流程图，如图 25-22 所示，同时在代码关键部分加入了中文注释。

```
85. ; r0 → switch from thread stack
86. ; r1 → switch to thread stack
87. ; psr, pc, lr, r12, r3, r2, r1, r0 are pushed into [from] stack
88. PendSV_Handler   PROC
89.   EXPORT PendSV_Handler
90.
91. ; 关闭全局中断
92.   MRS      r2, PRIMASK
93.   CPSID    I
94. ; 检查 rt_thread_switch_interrupt_flag 变量是否为 0
95. ; 如果为 0，就跳转到 pendsv_exit
96.   LDR      r0, =rt_thread_switch_interrupt_flag
97.   LDR      r1, [r0]
98.   CBZ      r1, pendsv_exit          ; pendsv already handled
99.
100. ; 清除 rt_thread_switch_interrupt_flag 变量
101.   MOV      r1, #0x00
102.   STR      r1, [r0]
103. ; 检查 rt_interrupt_from_thread 变量，如果为 0 就不保存当前线程栈指针
104.   LDR      r0, =rt_interrupt_from_thread
105.   LDR      r1, [r0]
106.   CBZ      r1, switch_to_thread     ; skip register save at the first time
107. ; 保存当前线程栈指针
108.   MRS      r1, psp                  ; 获取当前线程栈指针
109.
110.   IF       {FPU} ! = " SoftVFP"    ; 针对浮点的额外处理，这里不展开
111.   TST      lr, #0x10                ; if (! EXC_RETURN [4])
112.   VSTMFDEQ  r1!, {d8 - d15}         ; push FPU register s16 ~ s31
113.   ENDIF
114.
115.   STMFD    r1!, {r4 - r11}          ; 将 R4 - R11 寄存器保存到线程栈中
116.
117.   IF       {FPU} ! = " SoftVFP"    ; 针对浮点的额外处理，这里不展开
118.   MOV      r4, #0x00                ; flag = 0
119.
120.   TST      lr, #0x10                ; if (! EXC_RETURN [4])
121.   MOVEQ    r4, #0x01                ; flag = 1
122.
123.   STMFD    r1!, {r4}                ; push flag
124.   ENDIF
125.
126.   LDR      r0, [r0]
127.   STR      r1, [r0]                 ; 更新当前线程的栈指针
128.
129. switch_to_thread
130.   LDR      r1, =rt_interrupt_to_thread
131.   LDR      r1, [r1]
132.   LDR      r1, [r1]                 ; 获取将要运行的线程栈指针
133.
134.   IF       {FPU} ! = " SoftVFP"    ; 针对浮点的额外处理，这里不展开
135.   LDMFD    r1!, {r3}                ; pop flag
```

图 25-21　PendSV_Handler ( )函数的实现

```
    ENDIF
    LDMFD   r1!, {r4 - r11}               ; 从将要运行的线程栈中恢复寄存器值
    IF       {FPU} ! = " SoftVFP"
    CMP     r3,    #0                     ; if (flag_r3 ! = 0)
    VLDMFDNE   r1!, {d8 - d15}            ; pop FPU register s16 ~ s31
    ENDIF
    MSR     psp, r1                       ; 更新将要运行的线程栈指针
    IF       {FPU} ! = " SoftVFP"         ; 针对浮点的额外处理，这里不展开
    ORR     lr, lr, #0x10               ; lr | =    (1 < < 4), clean FPCA.
    CMP     r3,    #0                   ; if (flag_r3 ! = 0)
    BICNE   lr, lr, #0x10               ; lr &= ~  (1 < < 4), set FPCA.
    ENDIF
pendsv_exit
; 恢复全局中断
    MSR     PRIMASK, r2
; 修改 lr 寄存器的 bit2，确保进程使用 PSP 栈指针
    ORR     lr, lr, #0x04
    BX      lr                          ; 退出中断函数
    ENDP
```

图 25-21　PendSV_Handler( ) 函数的实现（续）

这部分代码比较长，看的时候需要有些耐心。同时，AT32F407 包含浮点处理单元，因此还会有一些特殊的针对浮点寄存器的保存和恢复工作（相关的地方做了标注，各位可以先忽略）。在阅读时请联系前面的 rt_hw_context_switch_to( )、rt_hw_context_switch_interrupt( ) 和 rt_hw_context_switch( ) 函数，因为 PendSV_Handler( ) 虽然是独立的中断服务函数，但它是由这三个函数触发的。下面根据流程图的功能划分逐一进行解释。

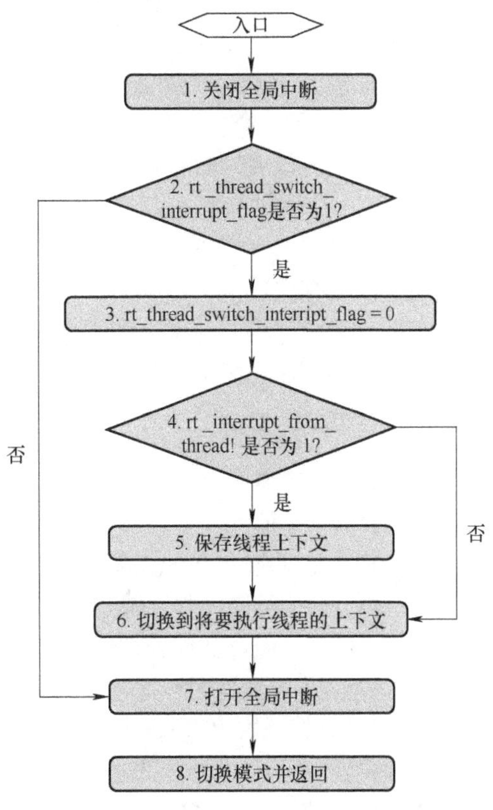

图 25-22　PendSV_Handler ( ) 函数的流程图

1）关闭全局中断。这个前面讲过，此处不再解释。

2）判断 rt_thread_switch_interrupt_flag 标志。如果这个标志被置位，那就意味着是在中断处理函数中切换线程。从前面几个函数的流程和调用关系看，所有情况下的线程切换动作最终都是在中断 PendSV 下实现的。既然如此，那仅仅靠 PendSV_Handler( ) 函数是无法分辨到底处于哪种状态时进行线程上下文切换的，所以需要内核触发 PendSV 的函数来提前设置一个标志变量以便 PendSV_Handler( ) 函数根据需要的状态来处理。

3）清除 rt_thread_switch_interrupt_flag 标志。

有置位 rt_thread_switch_interrupt_flag 标志的地方，当然就要有清除该标志的地方。

4）rt_interrupt_from_thread 变量是一个用来保存将被切出的线程栈地址的变量。它只有在第一次线程调度时是 0，也就是在 rt_hw_context_switch_to( ) 函数内会被清零，因为那个时候没有任何前序的线程被执行。所以 rt_hw_context_switch_to( ) 函数只会执行一次。

5）保存当前线程的上下文。这一步就是从全局变量 rt_interrupt_from_thread 中取出当前线程的栈地址，然后把 R4 ~ R11 寄存器压入当前线程的堆栈。前面讨论栈帧的时候把寄存器分为两组（用两个数据结构定义），其中一组是在中断进入和退出前由硬件自己自动压栈和恢复的，另外一组必须通过软件手动来压栈和恢复。所以，在这里需要手动把 R4 ~ R11 寄存器压入当前线程的堆栈。

6）切换到将要执行线程的上下文。其过程和第 5）步相反，就是从 rt_interrupt_to_thread 变量中获得将要执行的线程的栈地址，然后把 R4 ~ R11 寄存器手动恢复（出栈）出来。

7）打开全局中断。

8）执行中断返回。执行完毕后，新的线程就会继续运行了。

最后，线程调度还有一个关系比较密切的函数：SysTick_Handler( )。它位于“…\bsp\at32\at32f407 - start\board. c”文件中。它是系统时间片的定时中断处理函数，这个函数本身非常简单，如图 25-23 所示，只是计时。但是它调用的 rt_tick_increase( ) 函数会做很多工作。比如，判断当前线程的时间片是否用完，如果用完，要不要切换到其他线程去执行。所以该函数有可能做线程调度的工作。当然，这些工作都是用 C 语言实现的，所以在移植的时候不用太关心。有兴趣的读者可以一探究竟。

```
/**
 * This is the timer interrupt service routine.
 *
 */
void SysTick_Handler(void)
{
    /* enter interrupt */
    rt_interrupt_enter();

    rt_tick_increase();

    /* leave interrupt */
    rt_interrupt_leave();
}
```

图 25-23　SysTick_Handler ( ) 函数

至此，和移植相关的重要函数都讲解完毕，但大家可能还是觉得一头雾水。为了有个更清晰的结构，下面再简单了解一个重要的数据结构，一般称之为线程控制块。

25. 2. 3　线程控制块

线程控制块（Thread Control Block，TCB）是一个结构体变量。顾名思义，它包含了和线程控制相关的重要信息。RTT 中，这个重要结构体的定义位于“samplex\include\rtdef. h”中，名为“rt_thread”。每个被创建的线程都会被分配一个线程控制块结构体变量，用来保存线程的重要信息。这个结构体非常庞大，这里不一一解释，只截取一些和调度相关的部分来讲解。

从图 25-24 中能看到在这个结构体中有一些熟悉的变量，比如线程的名字、线程的入口（函数的入口）、线程栈的地址、线程栈的大小、线程栈的指针等。其中很多参数都是在创建线程时传递进去的，然后保存在这个结构体变量中。其中与线程调度最相关的是线程的栈地址、栈指针。创建一个线程时会把一个数组地址传递进去，这个数组“void ＊stack_addr”就是当作栈来使用的，而栈指针“void ＊sp”记录这个线程栈当前的栈顶位置。它们的组织关系如图 25-25 所示。

当 OS 要对线程进行调度的时候，首先会去获得当前线程 TCB 结构体中的“＊sp”值，并把它保存在 rt_interrupt_from_thread 全局变量中；然后找到将要运行的线程 TCB 中的“ * sp”，并把它的值保存到 rt_interrupt_to_thread 变量中。接下来的事情就交给前面讲过的那几个核心底层汇编函数了。

```
/**
 * Thread structure
 */
struct rt_thread
{
    /* rt object */
    char        name[RT_NAME_MAX];                  /**< the name of thread */
    rt_uint8_t  type;                               /**< type of object */
    rt_uint8_t  flags;                              /**< thread's flags */

#ifdef RT_USING_MODULE
    void       *module_id;                          /**< id of application module */
#endif

    rt_list_t   list;                               /**< the object list */
    rt_list_t   tlist;                              /**< the thread list */

    /* stack point and entry */
    void       *sp;                                 /**< stack point */
    void       *entry;                              /**< entry */
    void       *parameter;                          /**< parameter */
    void       *stack_addr;                         /**< stack address */
    rt_uint32_t stack_size;                         /**< stack size */

    /* error code */
    rt_err_t    error;                              /**< error code */

    rt_uint8_t  stat;                               /**< thread status */

#ifdef RT_USING_SMP
    rt_uint8_t  bind_cpu;                           /**< thread is bind to cpu */
    rt_uint8_t  oncpu;                              /**< process on cpu` */

    rt_uint16_t scheduler_lock_nest;                /**< scheduler lock count */
    rt_uint16_t cpus_lock_nest;                     /**< cpus lock count */
    rt_uint16_t critical_lock_nest;                 /**< critical lock count */
#endif /*RT_USING_SMP*/

    /* priority */
```

图 25-24　“rt_thread”结构体的部分定义

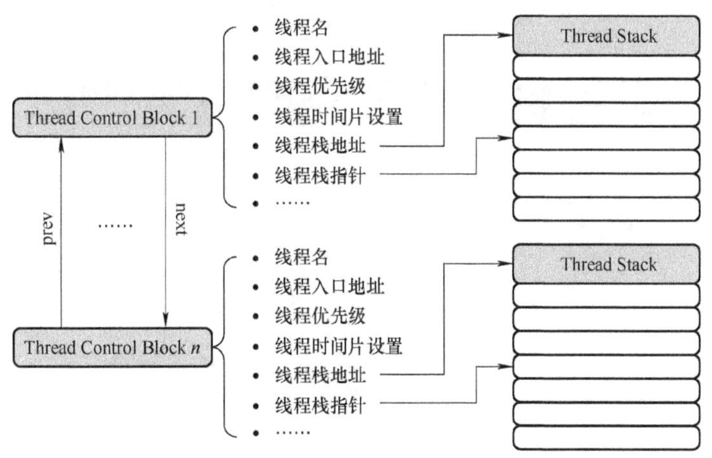

图 25-25 TCB 和线程栈的关系

多提一句，OS 怎么找到线程的 TCB 结构体呢？其实 OS 把所有 TCB 结构体用一个双向链表串起来，当需要找到某个线程的 TCB 结构体时只要通过双向链表查找就可以了。关于双向链表的原理，请回忆一下核心篇的 C 语言加强部分。在这里使用双向链表的好处就是可以动态地管理 TCB 结构体。在创建线程的时候可以在链表里添加一个节点，在删除线程的时候从链表里去掉一个节点，也可以根据线程的优先级来组织节点顺序（因为链表的插入操作非常快速）。

至此，线程调度的原理基本讲解完成。

第 26 章　工欲善其事，必先利其器——Env 辅助开发环境和 FinSH 控制台

之前探讨开发环境的时候已经介绍了一些 Env 辅助开发环境的使用方法；如果忘记了，最好复习一下。本书用 Env 作为辅助开发环境来配置软件工程。RTT 包含很多组件和功能，这些组件和功能是可以根据不同的需求来添加和裁剪的，否则全部靠手动来完成是非常耗费时间和精力的。通过 Env 中的 menuconfig 工具可以用类似于菜单的方式来配置所需要的组件和功能。配置完毕后，会生成新的 Keil 工程，大大提高效率。同时，本章将介绍 RTT 自带的 FinSH 命令行控制台程序。

26.1　获取和配置

Env 的配置是需要基于特定 BSP 的。本书配套的资料包中有一个名为“rt-thread-master”的软件包。该软件包就是针对本书学习板的，基于这个开发包可以进行各种配置。各位可以从 https://github.com/RT-Thread/rt-thread 网站下载最新的软件包，如图 26-1 所示。但是请注意，这部分代码是主分支，一直在不断地维护和升级，如果要做项目请选择“stable-vxxx”分支，否则容易出现莫名的 bug。

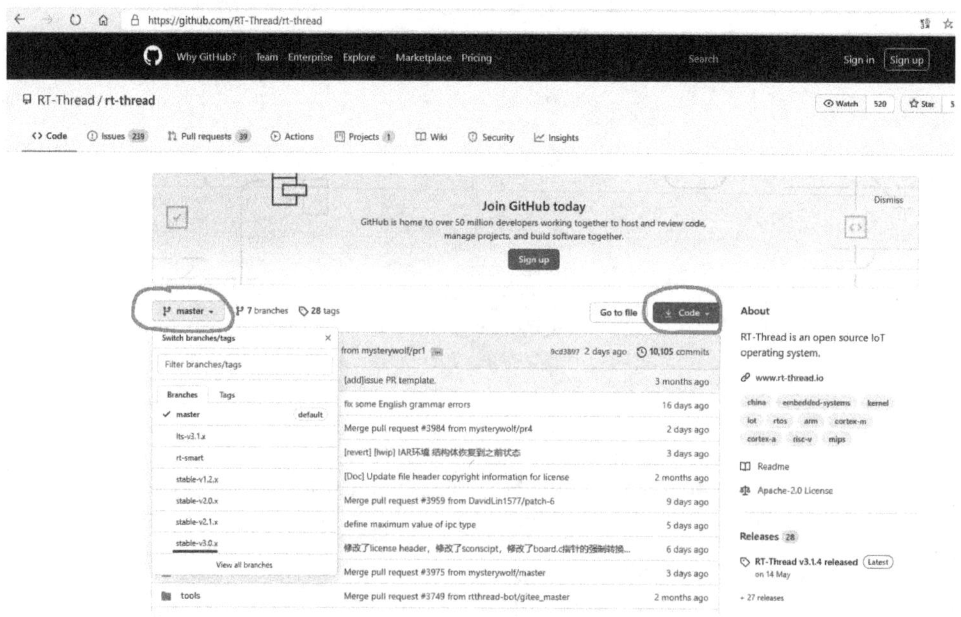

图 26-1　Github 网站的 RTT 相关页面

下载方式有很多种，你可以根据自己的情况来选择。最简单的就是下载 zip 文件。笔者

采用的方式是用 TortoiseSVN 客户端在本地建立一个仓库，然后从 https://github.com/RT-Thread/rt-thread.git 导出代码。这种方式可以经常同步到最新的代码，但未必是最稳定的代码，对于学习而言不是很必要。下载完毕后，直接进入“\RTT\branches\rt-smart\bsp”目录（笔者把代码根目录命名为 RTT），能看到 RTT 可以支持的芯片类型，如图 26-2 所示。

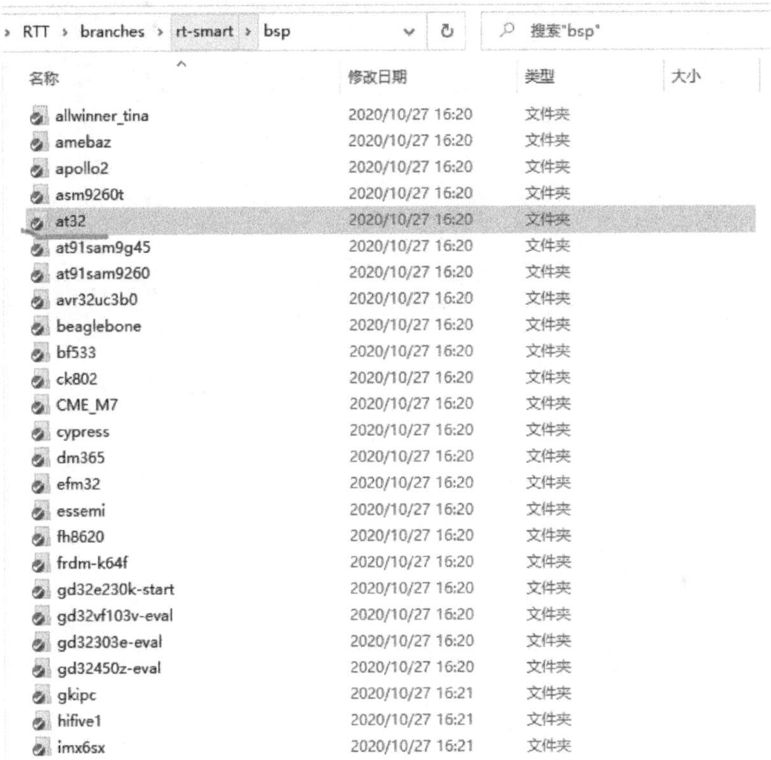

› RTT › branches › rt-smart › bsp　　搜索"bsp"

名称	修改日期	类型	大小
allwinner_tina	2020/10/27 16:20	文件夹	
amebaz	2020/10/27 16:20	文件夹	
apollo2	2020/10/27 16:20	文件夹	
asm9260t	2020/10/27 16:20	文件夹	
at32	2020/10/27 16:20	文件夹	
at91sam9g45	2020/10/27 16:20	文件夹	
at91sam9260	2020/10/27 16:20	文件夹	
avr32uc3b0	2020/10/27 16:20	文件夹	
beaglebone	2020/10/27 16:20	文件夹	
bf533	2020/10/27 16:20	文件夹	
ck802	2020/10/27 16:20	文件夹	
CME_M7	2020/10/27 16:20	文件夹	
cypress	2020/10/27 16:20	文件夹	
dm365	2020/10/27 16:20	文件夹	
efm32	2020/10/27 16:20	文件夹	
essemi	2020/10/27 16:20	文件夹	
fh8620	2020/10/27 16:20	文件夹	
frdm-k64f	2020/10/27 16:20	文件夹	
gd32e230k-start	2020/10/27 16:20	文件夹	
gd32vf103v-eval	2020/10/27 16:20	文件夹	
gd32303e-eval	2020/10/27 16:20	文件夹	
gd32450z-eval	2020/10/27 16:20	文件夹	
gkipc	2020/10/27 16:21	文件夹	
hifive1	2020/10/27 16:21	文件夹	
imx6sx	2020/10/27 16:21	文件夹	

图 26-2　RTT 主分支中支持的 BSP

接下来进入“\RTT\branches\rt-smart\bsp\at32\at32f407-start”目录，这里就是用户所有工作的基础代码。因为这是完整的 RTT 代码，所以有很多冗余部分，需要根据板子来做个最初级的“定制”。

首先，用 Env 环境的快捷命令打开 Env 控制台，如图 26-3 所示。

接着，在控制台窗口中定义使用的编译器。本书采用的是 Keil 的 MDK5，所以需要用命令“scons -- target = mdk5”来配置，如图 26-4 所示。请特别留意控制台所在路径。

然后，需要对工程进行一些配置。根据实际要求通过 menuconfig 工具来添加或者删除功能组件。在 Env 终端窗口中直接输入“menuconfig”命令，打开配置窗口进行配置。为了使用 FinSH，要确保相应的选项被打开，该选项在“RT-Thread Components→Command shell”下面，如图 26-5 所示。

配置后请注意保存，并且用生成的 Keil 工程编译一下，看看是不是一切正常。根据笔者的经验，目前针对 AT32 BSP 主分支，如果打开对“pthreads APIs”的支持就比较容易产生错误。另外，当配置了比较多的组件时（比如 GUI 和 LwIP 等），关掉对 C ++ 的特性支持也能减少错误。由于组件众多，这里很难一一测试并给出结论。并且 RTT 的版本一直在更新，所以现象会有所不同。总之，在学习阶段，针对不同的组件，请用到时再添加，同时删掉不用的组件，这样能减少错误的概率。

最后，还需要做个发布版本。通过“scons --dist”命令生成一个副本，如图 26-6所示。副本中很多冗余的信息将被剔除。

观察目录中的内容，发现多了一个“dist”目录，如图 26-7 所示。该目录就是一个副本，你们可以将其复制到其他地方来工作。

“dist”目录下的内容如图 26-8 所示，它是一个独立的工作目录。也可以把它重命名，当然还是要遵循全英文、无空格的形式。

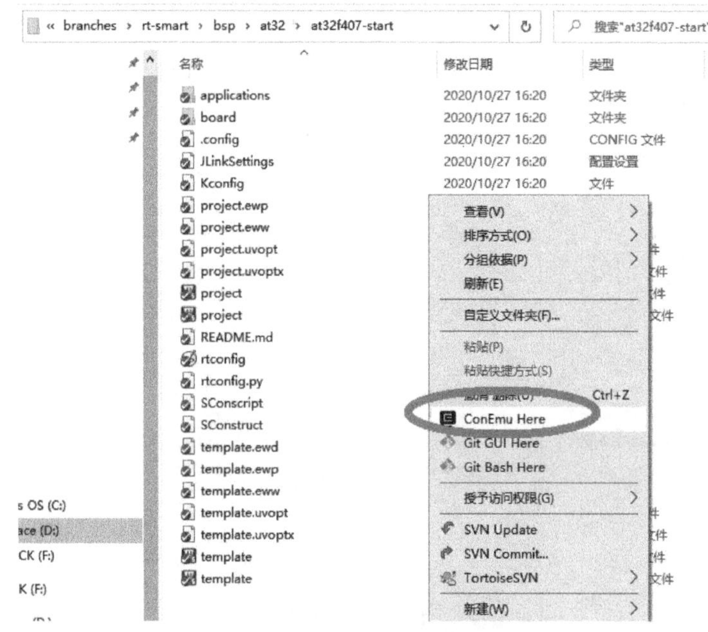

图 26-3　用快捷菜单打开 Env 控制台

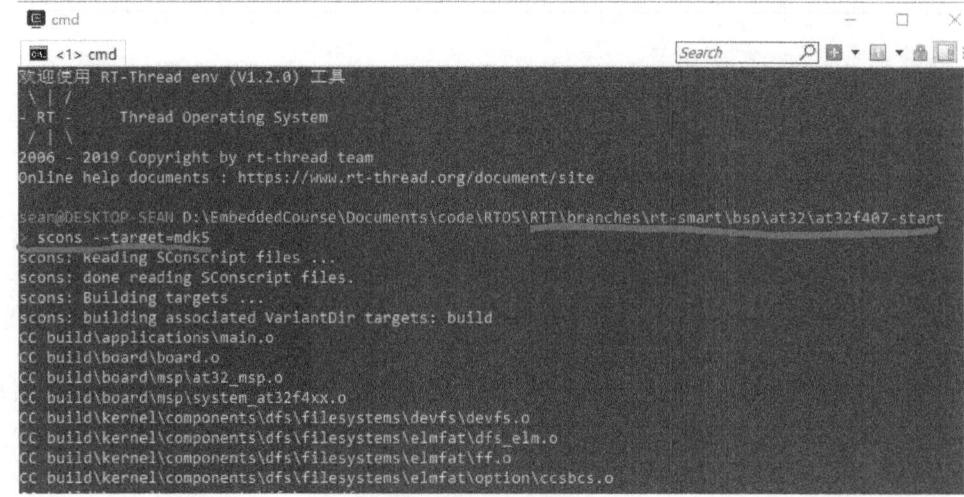

图 26-4　控制台命令配置编译器

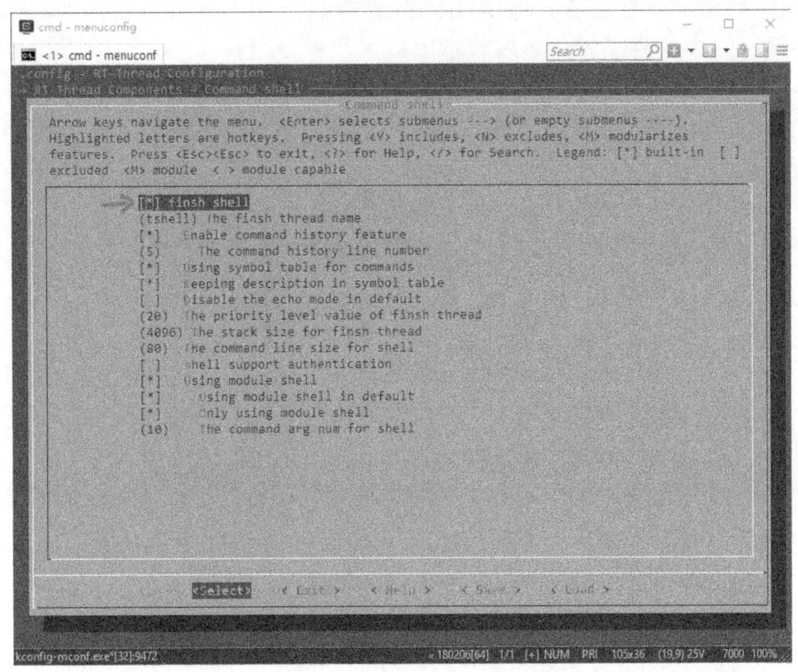

图 26-5　menuconfig 工具

```
sean@DESKTOP-SEAN D:\EmbeddedCourse\Documents\code\RTOS\RTT\branches\rt-smart\bsp\at32\at32f407-start
> scons --dist
scons: Reading SConscript files ...
make distribution....
=> at32f407-start
=> start dist handle
=> copy at32 bsp library
=> copy bsp drivers
=> components
=> include
=> libcpu
=> src
=> tools
update mdk4 project
update mdk5 project
done!
```

图 26-6　控制台命令配置可分发的软件包

branches › rt-smart › bsp › at32 › at32f407-start　　搜索"at32f407-

名称	修改日期	类型
applications	2020/10/27 16:20	文件夹
board	2020/10/27 16:20	文件夹
build	2020/10/27 17:09	文件夹
dist	2020/10/27 17:08	文件夹
.config	2020/10/27 16:20	CONFIG 文件
.sconsign.dblite	2020/10/27 17:09	DBLITE 文件
cconfig	2020/10/27 17:08	H 文件

图 26-7　控制台命令生成的新目录

多次操作后，会发现一个小问题，在每次用“menuconfig”命令修改配置之后，新生成的 MDK5 工程配置总是会被重置，所以还要特意修改。为了解决这个问题，可以在“template（模板工程）”中修改配置，之后就不用每次都重新配置了。

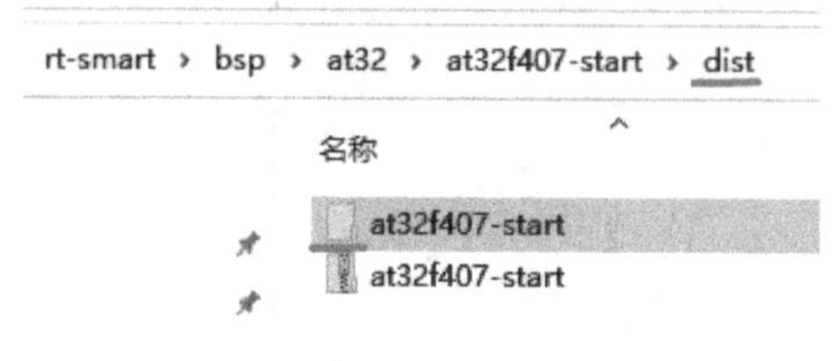

图 26-8 “dist”目录下的内容

26.2 使用和理解 FinSH

配置完毕后，就可以基于这个副本来大胆地测试各种功能了。你可以同时复制出多个副本到不同的地方，这样就不用担心改出 bug 而恢复不了。复制出一个副本，然后把它命名为“sample8”。请大家打开观察一下工程的结构，如图 26-9 所示。

这个工程中配置了很多东西，比如文件系统、USB、LwIP 等，当然也有本节需要了解的 FinSH 和一个名为“Hello”的例子。先从“hello. c”开始。

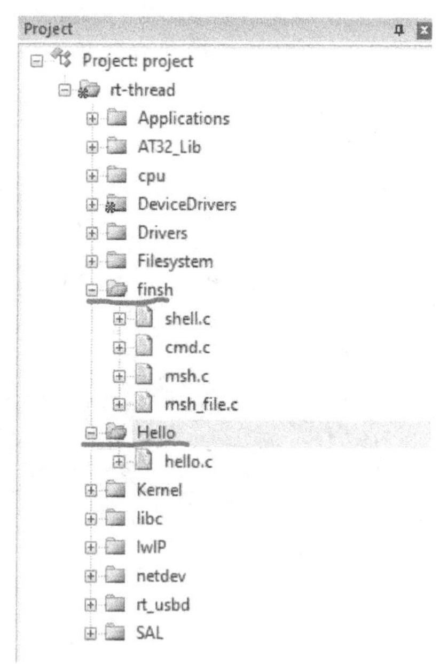

图 26-9 sample8 工程中的代码结构

如图 26-10 所示，这个文件非常简单，有两个函数，分别用打印语句输出两句不同的信息。关键在函数后面画线的部分：“MSH_CMD_EXPORT”和“INIT_APP_EXPORT”。这是两个宏定义，它们的作用是在 RTT 预留的一个空间里添加用户定义的函数。这个预留的空间其实是两个函数指针数组。“INIT_APP_EXPORT”宏定义会将用户应用需要的系统初始化函数添加到一个初始化函数列表中。这个列表里的函数会在 RTT 初始化过程中被自动调用。而“MSH_CMD_EXPORT”宏定义会把用户定义的一个命令（这个命令其实是一个函数）输入一个函数指针数组中。图 26-11 所示为 RTT 初始的顺序，以及不同的宏定义接口。

把工程编译和下载一下，看看结果就更容易理解了。这里还是通过 putty 终端来连接开发板，配置过程不再复述。

如图 26-12 所示，在“msh/ >”命令行前能看到输出的“hello package initialized.”信息，这说明 hello_init( ) 函数在初始化的时候被自动执行了。其实 FinSH 也是一个线程，它在系统初始化的时候会作为一个应用组件被创建，而这个线程就是通过串口来模拟一个终端，可以通过 putty 来输入命令。

如图 26-13 所示，从执行流程来看，FinSH 线程收到命令后会去内部的一个函数表里调用相应的函数。这个命令（函数）就是通过“MSH_CMD_EXPORT”宏注册进去的。所以

hello_func()函数也会被注册成一个命令。想要看看 FinSH 支持哪些命令，可以在命令行窗口中输入“help”。

```
int hello_func(void)
{
    rt_kprintf("Hello RT-Thread!\n");
    return 0;
}
MSH_CMD_EXPORT(hello_func, hello world example);


int hello_init(void)
{
    rt_kprintf("hello package initialized.\n");

    return 0;
}
INIT_APP_EXPORT(hello_init);
```

图 26-10　“hello. c” 的代码

初始化顺序	宏定义	描述
1	INIT BOARD_EXPORT(fn)	最早期的初始化，此时调度器还未启动
2	INIT_PREV_EXPORT(fn)	主要用于纯软件的初始化，没有太多硬件依赖的函数
3	INIT DEVICE_ EXPORT(fn)	外设驱动初始化，比如网卡设备
4	INIT COMPONENT_EXPORT(fn)	组件初始化，比如文件系统和LwIP
5	INIT ENV_ EXPORT(fn)	系统环境初始化，比如挂载文件系统
6	INIT APP_EXPORT(fn)	应用初始化，比如GUI或其他用户App

图 26-11　自动初始化函数安装宏定义

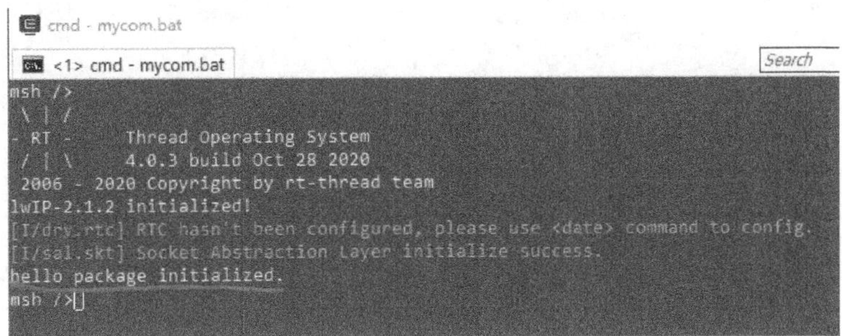

图 26-12　“hello. c” 自动初始化函数的输出

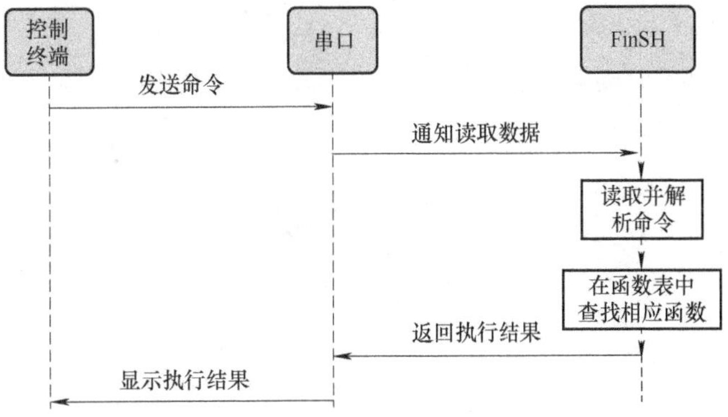

图 26-13　FinSH 命令处理过程

命令的多少会因为配置工程时添加组件的不同而不同。另外，从图 26-24 中也会发现刚刚注册的命令（函数）“hello_func”，如图 26-14 所示。大家可以在命令行窗口输入“hello_func”来执行它，如图 26-15 所示。

```
msh />help
RT-Thread shell commands:
adc              - adc function
dac              - dac function
pwm_enable       - pwm_enable pwm1 1
pwm_disable      - pwm_disable pwm1 1
pwm_set          - pwm_set pwm1 1 100 50
pm_release       - release power management mode
pm_request       - request power management mode
pm_run           - switch power management run mode
pm_dump          - dump power management status
date             - get date and time or set [year month day hour min sec]
sf               - SPI Flash operate.
list_fd          - list file descriptor
clear            - clear the terminal screen
version          - show RT-Thread version information
list_thread      - list thread
list_sem         - list semaphore in system
list_event       - list event in system
list_mutex       - list mutex in system
list_mailbox     - list mail box in system
list_msgqueue    - list message queue in system
list_memheap     - list memory heap in system
list_mempool     - list memory pool in system
list_timer       - list timer in system
list_device      - list device in system
help             - RT-Thread shell help.
ps               - List threads in the system.
free             - Show the memory usage in the system.
ls               - List information about the FILEs.
cp               - Copy SOURCE to DEST.
mv               - Rename SOURCE to DEST.
cat              - Concatenate FILE(s)
rm               - Remove(unlink) the FILE(s).
cd               - Change the shell working directory.
pwd              - Print the name of the current working directory.
mkdir            - Create the DIRECTORY.
mkfs             - format disk with file system
df               - disk free
echo             - echo string to file
hello_func       - hello world example
ifconfig         - list the information of all network interfaces
ping             - ping network host
dns              - list and set the information of dns
netstat          - list the information of TCP / IP

msh />
plink.exe*[64]:18200                         « 180206[64]  1/1  [+] NUM  PRI
```

图 26-14 “help”命令的输出

```
msh />hello_func
Hello RT-Thread!
msh />
plink.exe*[64]:18200
```

图 26-15 执行自定义“hello_func”命令

FinSH 除了可以支持自定义的命令（函数）外，其内部也有不少命令对调试工作非常有用。比如刚才的“help”命令，它可以让用户知道有多少命令可以用。调试工作中常用的

FinSH 内部命令还有下面这些。

- list_thread：显示当前系统中所有的线程及其状态。从图 26-16 中能看出线程的基本信息，比如线程的优先级、当前哪个线程在运行、栈指针的位置、栈空间的大小以及栈的最大利用率等。前面提过，线程栈的大小是需要自己设置的，而这个最大利用率就可以为此提供一个直观的参照。

```
msh />list_thread
thread     pri  status      sp         stack size max used left tick  error
---------- ---  ------- ---------- ----------  ------  ----------  ---
tshell      20  running 0x000001fc 0x00001000    12%   0x00000006 000
eth_link    21  suspend 0x0000007c 0x00000100    48%   0x00000014 000
sys_work    23  suspend 0x00000060 0x00000800    04%   0x0000000a 000
tcpip       10  suspend 0x000000cc 0x00000800    09%   0x00000014 000
etx         12  suspend 0x00000094 0x00000800    07%   0x00000010 000
erx         12  suspend 0x00000094 0x00000800    07%   0x00000010 000
tidle0      31  ready   0x00000048 0x00000100    34%   0x00000004 000
timer        4  suspend 0x00000060 0x00000200    18%   0x00000009 000
main        10  suspend 0x00000084 0x00000800    30%   0x00000014 000
msh />
```

图 26-16 “list_thread” 命令的输出

- list_sem：显示当前系统中所有的信号量、信号量值，以及当前等待该信号量的线程数量，如图 26-17 所示。
- list_mutex：显示当前系统中所有互斥量、持有该互斥量的线程及其嵌套次数，以及等待该互斥量的线程数量，如图 26-18 所示。

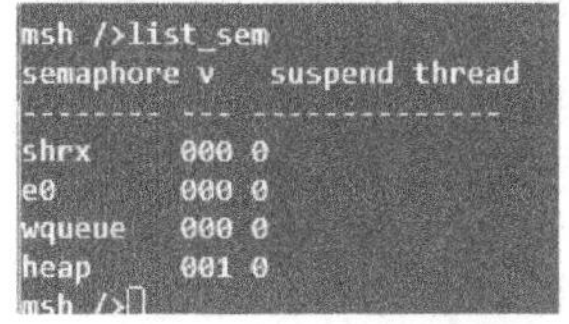

```
msh />list_sem
semaphore v   suspend thread
-------- --- --------------
shrx      000 0
e0        000 0
wqueue    000 0
heap      001 0
msh />
```

图 26-17 “list_sem” 命令的输出

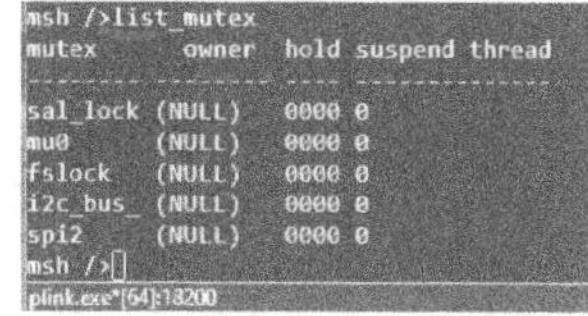

```
msh />list_mutex
mutex      owner    hold suspend thread
-------- -------- ---- --------------
sal_lock (NULL)    0000 0
mu0      (NULL)    0000 0
fslock   (NULL)    0000 0
i2c_bus_ (NULL)    0000 0
spi2     (NULL)    0000 0
msh />
plink.exe*[64]:18200
```

图 26-18 “list_mutex” 命令的输出

- list_mailbox：显示当前邮箱信息、邮箱中的邮件数量、邮箱最大容量，以及等待这个邮箱的线程数量，如图 26-19 所示。
- list_device：显示当前注册的设备、类型及其被打开的次数，如图 26-20 所示。

```
msh />list_mailbox
mailbox  entry size suspend thread
-------- ---- ---- --------------
mbox0    0000  0008 1:tcpip
etxmb    0000  0008 1:etx
erxmb    0000  0008 1:erx
msh />
```

图 26-19 “list_maibox” 命令的输出

```
msh />list_device
device         type                 ref count
-------- -------------------- ----------
rtc      RTC                  0
e0       Network Interface    0
adc1     Miscellaneous Device 0
i2c1     I2C Bus              0
spi2     SPI Bus              0
timer5   Timer Device         0
timer4   Timer Device         0
timer3   Timer Device         0
tmr2pwm2 Miscellaneous Device 0
tmr1pwm1 Miscellaneous Device 0
uart2    Character Device     0
uart1    Character Device     2
wdt      Miscellaneous Device 0
pin      Miscellaneous Device 0
msh />
```

图 26-20 “list_device” 命令的输出

● free：显示动态内存状态，如图 26-21 所示。

```
msh />free
total memory: 35712
used memory : 12156
maximum allocated memory: 12156
msh />
```

图 26-21 “free”命令的输出

List 命令还有很多，可以自己试一试。网上也有很多相关的描述，这里就不一一解释了。还有一些其他命令，后面用到时再解释。

FinSH 可以自定义 msh 命令，就比如前面 hello_func 类型的自定义命令。还可以定义 C－Style型的命令和变量。不过 RTT 推荐使用 msh 类的命令，这里就不解释 C－Style 型的命令和变量了。FinSH 还可以定义带有参数的命令，如图 26-22 和图 26-23 所示。

```
//一个带参数的自定义命令的例子
void findMe(int argc, char**argv)
{
  if(argc < 2)
  {
    rt_kprintf("Hi~~! Bye~~!\n");
    return;
  }

  if(!rt_strcmp(argv[1],"sean"))
  {
    rt_kprintf("Sorry, Sean is no here~!\n");
    return;
  }
  else if(!rt_strcmp(argv[1],"eric"))
  {
    rt_kprintf("Sorry, Eric is no here~!\n");
    return;
  }
  else
  {
    rt_kprintf("There is no such person here!\n");
    return ;
  }
}
MSH_CMD_EXPORT(findMe, example for cmd with parameters);
```

图 26-22 带参数的自定命令实例

```
msh />findMe
Hi~~! Bye~~!
msh />findMe sean
Sorry, Sean is no here~!
msh />findMe eric
Sorry, Eric is no here~!
msh />findMe eddie
There is no such person here!
msh />
```

图 26-23 带参数命令的运行结果

最后作为提高，简单讲一些 MSH_CMD_EXPORT( )宏的秘密。有人应该已经在想，为什么用这个宏声明，OS 就能自动调用呢？其实这不是 OS 本身的功能，只是用到了一些高阶的伪指令而已，比如可以从代码层面跟踪 MSH_CMD_EXPORT( )的具体定义和实现。

```
#ifdef FINSH_USING_MSH
#define MSH_CMD_EXPORT(command, desc)   \
    FINSH_FUNCTION_EXPORT_CMD(command, __cmd_##command, desc)
#define MSH_CMD_EXPORT_ALIAS(command, alias, desc)  \
    FINSH_FUNCTION_EXPORT_ALIAS(command, __cmd_##alias, desc)
#else
```

```
#else
    #define FINSH_FUNCTION_EXPORT_CMD(name, cmd, desc)                      \
        const char __fsym_##cmd##_name[] SECTION(".rodata.name") = #cmd;    \
        const char __fsym_##cmd##_desc[] SECTION(".rodata.name") = #desc;   \
        RT_USED const struct finsh_syscall __fsym_##cmd SECTION("FSymTab")= \
        {                           \
            __fsym_##cmd##_name,    \
            __fsym_##cmd##_desc,    \
            (syscall_func)&name     \
        };
```

图 26-24　MSH_CMD_EXPORT( )的实现

根据图 26-24 的代码，当用“MSH_CMD_EXPORT”宏定义一个“newCmd”命令时，“MSH_CMD_EXPORT（newCmd，my test cmd）”做了如下几件事情。

1）声明了一个字符数组：

const char _newCmd_name[ ]（请把这个常量放到名为“. rodata. name”的代码空间中）= “newCmd”；

2）声明了另一个字符数组：

const char _newCmd_desc[ ]（请把这个常量放到名为“. rodata. name”的代码空间中）= “my test cmd”；

3）声明了一个结构体：

const struct finish_syscall _fysm_newCmd（请把这个常量放到名为“FSymTab”的代码空间中）= {

```
_fsym_newCmd_name,        //指向 newCmd 函数名字符数组的指针
_fsym_newCmd_desc,        //指向 newCmd 命令说明字符数组的指针
(syscall_func) &name      //指向 newCmd 的函数指针
};
```

图 26-24 所示代码中比较容易让人觉得困惑的是“#”、“##”和 SECTION（“XXX”）。“#”符号是告诉编译器，把后面的东西直接转换成字符串；“##”是告诉编译器，把它前后的字符串连接起来形成一个字符串；SECTION( )是告诉编译器，把它前面的内容放到特定的地址空间去。于是，每当使用这个宏的时候，编译器就会把一个结构体数据放到名为“FSymTab”的地址段中。本章就此打住，有兴趣的读者可以以此为线索继续深入。顺便提一下，RTT 的自动初始化机制和此类似。

第 27 章　个人的一小步，人类的一大步——I/O 设备管理

当阿姆斯特朗踏上月球的时候，说出了这句名言："这是我个人的一小步，却是人类的一大步。"的确，他的一小步凝结了众多智慧和辛劳。同理，OS 的强大并不是因为其本身的功能，比如调度、内存管理等，而是其"平台化"的属性带来的软件生态。它有很多组件（软件），能极大地方便工程应用。在这些组件中，必须讲一下它的 I/O 设备管理。

27.1　I/O 设备管理框架

本书所探讨的设备范围极其宽泛，有 GPIO、Timer、SPI 总线、I^2C 总线、ADC、看门狗、串口等，只要有输入或输出功能的设备基本都被涵盖在 I/O 设备中。因此，如果不讨论 I/O 设备管理，就无法真正用好 RTOS。在"裸奔"年代也有设备的概念，但基本都是简单的直接访问。在 OS 环境下，由于出现了多线程"并行"运行的状态，为了防止硬件设备访问中出现的冲突和同步问题，OS 一般都对底层的设备驱动程序做了更高层次的封装，同时加入互斥量、信号量、事件、动态内存分配等特性，以增强硬件设备的易用性和访问的可靠性。由于 OS 对底层的硬件驱动程序做了进一步的规范和封装，所以对于用户的应用代码而言，就不应该直接访问底层的硬件驱动程序，而是应该遵循 OS 提供的访问函数来操作硬件设备。因此，自然而然地就出现了软件的分层，如图 27-1 所示。

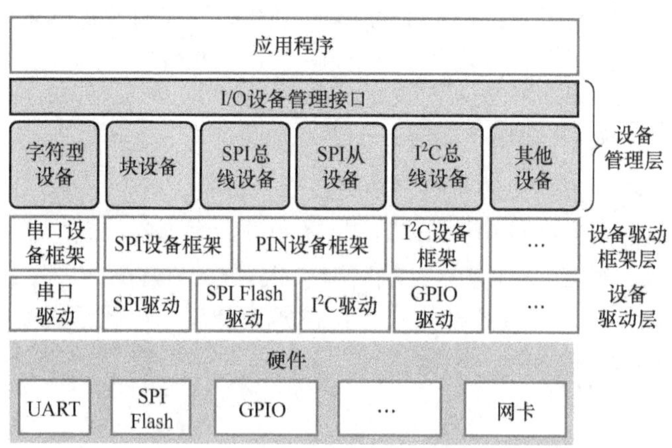

图 27-1　RTT I/O 设备管理层次

用户的应用程序只需要和 I/O 设备管理接口交互来使用硬件，因此上层的应用程序不需要关心底层的具体设备驱动如何实现。I/O 设备管理首先需要将各种设备进行抽象和分类，然后再为上层应用提供统一的接口。I/O 设备管理层是位于应用层和底层驱动程序之间的，因此不同的驱动程序需要先注册到设备管理层，上层的应用才能访问到。

同时为了提高兼容性和可移植性，底层的驱动也需要有一些标准化的接口供设备管理层调用。

对于简单的设备，可以把设备驱动程序直接注册到设备管理层，流程如图 27-2 所示。但是如果是相对复杂的设备（比如 SPI、I^2C 等），就需要先将设备驱动程序注册到设备驱动框架层，然后设备驱动框架层会注册到 I/O 设备管理层，流程如图 27-3 所示。

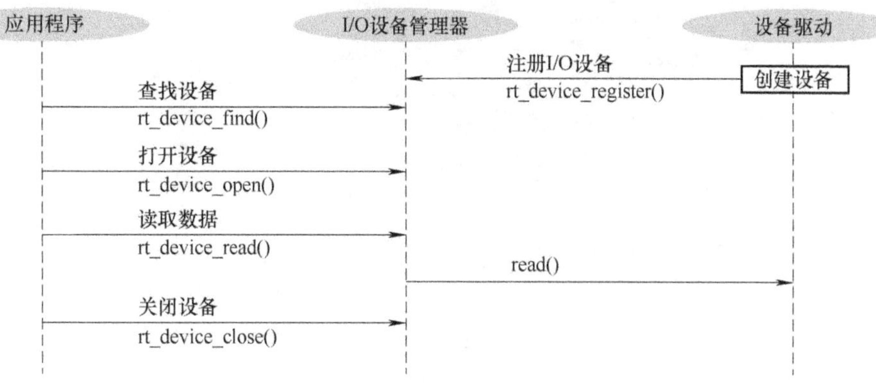

图 27-2 一个简单的 I/O 设备注册和使用流程

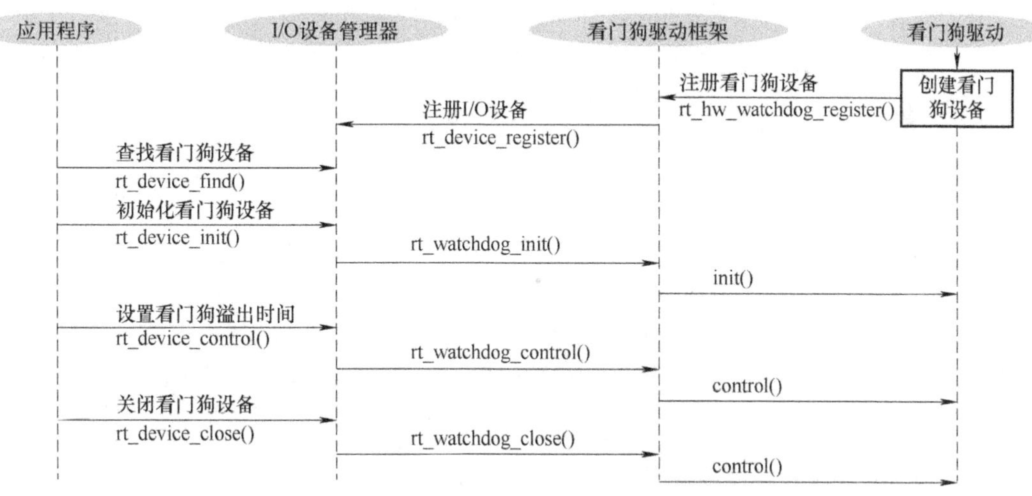

图 27-3　一个相对复杂的 I/O 设备注册和使用流程

RTT 将设备分为多种类型，如图 27-4 所示。请注意，随着软件的不断升级，这个分类有可能会变化。

这些设备中最常见的就是字符设备和块设备。字符设备一般是指传输数据是非结构化的“零敲碎打”型，比如串口数据就是没有固定数据格式的设备；块设备正好和字符设备相反，指那些有固定数据格式或者数据大小的设备，典型的就是系统中 Flash 的访问方式。比如，如果 Flash 的页大小是 2048 个字节，那么每次写操作就只能按照 2048 个字节来写入；如果不满 2048 个字节，那必须先从写入的地方把 2048 个字节读取出来，然后把需要写入的数据修改掉，再一次性回写 2048 字节。

类型定义	说明
RT_Device_Class_Char	字符设备
RT_Device_Class_Block	块设备
RT_Device_Class_NetIf	网络接口设备
RT_Device_Class_MTD	内存设备
RT_Device_Class_CAN	CAN总线设备
RT_Device_Class_RTC	RTC设备
RT_Device_Class_Sound	声音设备
RT_Device_Class_Graphic	图形设备
RT_Device_Class_I2CBUS	I^2C总线设备
RT_Device_Class_USBDevice	USB Device设备
RT_Device_Class_USBHost	USB Host设备
RT_Device_Class_SPIBUS	SPI总线设备
RT_Device_Class_SPIDevice	SPI设备
RT_Device_Class_SDIO	SDIO设备
RT_Device_Class_PM	电源管理虚拟设备
RT_Device_Class_Pipe	管道设备
RT_Device_Class_Timer	Timer设备
RT_Device_Class_Miscellaneous	杂项
RT_Device_Class_Sensor	传感器
RT_Device_Class_Touch	触摸传感器

图 27-4　RTT 中的设备类型

27.2 串口设备的管理

串口在单片机中算是最常见的接口了，先看看 RTT 怎么来管理串口设备。

RTT 为串口设备定义了一个抽象的设备模型，其实就是一个结构体。类似于内核对象的结构体，RTT 设备也定义了一个设备对象结构体。设备对象结构体继承了内核对象（其实就是在设备对象的结构体定义中引入了内核对象的结构体），如图 27-5 所示。

```
/**
 * Device structure
 */
struct rt_device
{
    struct rt_object          parent;                /**< inherit from rt_object */

    enum rt_device_class_type type;                  /**< device type */
    rt_uint16_t               flag;                  /**< device flag */
    rt_uint16_t               open_flag;             /**< device open flag */

    rt_uint8_t                ref_count;             /**< reference count */
    rt_uint8_t                device_id;             /**< 0 - 255 */

    /* device call back */
    rt_err_t (*rx_indicate)(rt_device_t dev, rt_size_t size);
    rt_err_t (*tx_complete)(rt_device_t dev, void *buffer);

#ifdef RT_USING_DEVICE_OPS
```

图 27-5　RTT 中的设备对象

具体的设备对象往往会把设备对象继承过来，于是整个链条就是：内核对象→设备对象→具体的设备对象，就像俄罗斯套娃。核心篇中提到过面向对象的概念，其核心就是结构体。之前在讲线程的时候提到过内核对象，现在你是不是有了些体会？

首先了解一下串口设备在系统中是怎么创建、注册和使用的，基本流程如图 27-6 所示。

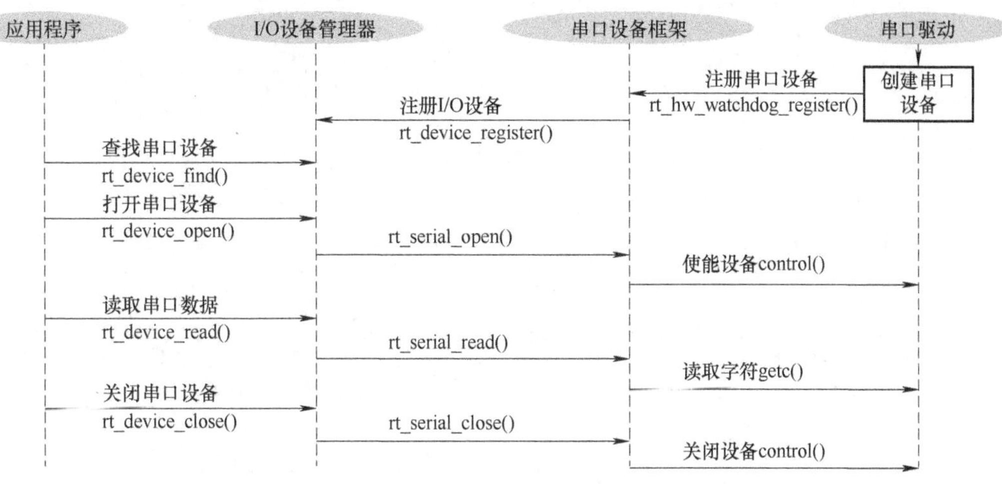

图 27-6　RTT 中串口设备对象的注册和使用

创建设备是一个自下而上的过程，需要根据串口设备驱动框架来实现串口驱动程序。什么是串口设备驱动框架呢？其实就是前面的串口设备结构体，因此需要让串口驱动程序实现结构体中定义的内容。

```
struct rt_serial_device//定义一个名为“rt_serial_device”的结构体
{
    struct rt_device  parent; //继承一个设备对象的结构体
    const struct rt_uart_ops  * ops; //定义一个指向串口操作结构体的指针
    struct serial_configure  config;  //定义一个串口配置结构体
    void * serial_rx; //一个指向串口接收 buffer 的指针
    void * serial_tx; //一个指向串口发送 buffer 的指针
};
typedef struct rt_serial_device rt_serial_t;   //定义一个名为“rt_serial_t”的数据类型，之后可以直接使用该数据类型来定义结构体
```

这个结构体中嵌套了三个结构体。除了继承而来的设备对象结构体，对于驱动程序注册而言最重要的是要实现一个串口操作用的结构体，并把这个结构体的地址赋给“ * ops”指针。这个串口操作结构体的定义如下。

```
struct rt_uart_ops {
rt_err_t (* configure) (  //用于配置串口的操作函数，比如波特率、数据位数、停止位数、奇偶校验等
    struct rt_serial_device * serial,
    struct serial_configure * cfg);
rt_err_t (* control) (  //根据命令字来控制串口的操作函数，比如打开串口、关闭串口等
    struct rt_serial_device * serial,
    int cmd,
```

```
    void * arg);

int (* putc) (struct rt_serial_device * serial, char c); //发送一个字节的操作函数
int (* getc) (struct rt_serial_device * serial); //接收一个字节的操作函数

rt_size_t (* dma_transmit) ( //DMA 模式收发数据的配置函数
     struct rt_serial_device * serial,
     rt_uint8_t * buf,
     rt_size_t size,
     int direction);
};
```

这个结构体包含五个函数指针，都是底层驱动需要完成的函数，最后一个与设备是否支持 DMA 操作有关。设备的创建过程主要就是实现上面操作函数定义中的每个函数，然后调用 RTT 的 API 函数 rt_hw_serial_register( )，把这个串口设备注册到设备管理器中，如图 27-7 所示。

返回值	函数名	参数	解释
rt_err_t			返回注册成功或失败的值
	rt_hw_serial_register		
		struct rt_serial_device *serial	指向串口设备的结构体指针
		const char *name	串口设备名字
		rt_uint32_t flag	串口设备的模式标志，比如只读、中断、DMA模式等
		void *data	用户的一些特别数据

图 27-7　rt_hw_serial_register( ) 的定义

一旦注册完毕，上层的应用程序就可以通过设备管理器来查找并使用串口了。上层应用可以通过图 27-8 所示的 API 接口来访问设备。

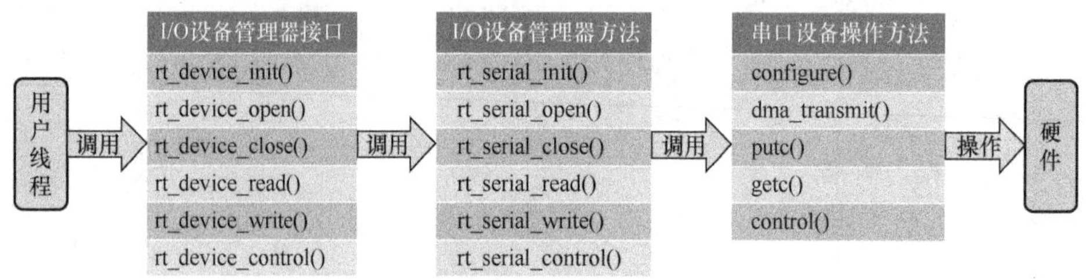

图 27-8　应用访问串口的调用关系

在“drv_usart. c”文件中可以找到串口被初始化和注册的代码，具体如下。

```
int rt_hw_usart_init (void) {

    rt_size_t obj_num;
    int index;

    obj_num = sizeof (usart_config) / sizeof (struct at32_usart);
```

```
    struct serial_configure config = RT_SERIAL_CONFIG_DEFAULT;
    rt_err_t result = 0;

     for (index = 0; index < obj_num; index++) {
         usart_config [index] . serial. ops = &at32_usart_ops;
         usart_config [index] . serial. config = config;

         /* register UART device */
         result = rt_hw_serial_register (&usart_config [index] . serial,
                 usart_config [index] . name,
                 RT_DEVICE_FLAG_RDWR | RT_DEVICE_FLAG_INT_RX
                        | RT_DEVICE_FLAG_INT_TX, &usart_config [index]);
         RT_ASSERT (result == RT_EOK);
     }
     return result;
}

INIT_BOARD_EXPORT (rt_hw_usart_init);
```

从最后一句“INIT_BOARD_EXPORT (rt_hw_usart_init);”能看出，rt_hw_usart_init()函数被注册到了板级初始化的部分，会被系统自动调用并运行。这意味着用户不需要再自己动手去做串口设备的初始化和注册了。那么就把注意力转向如何从上层应用中使用串口设备吧。请找到“sample8”目录，打开该目录下的工程。该工程的目录结构类似图 27-9。

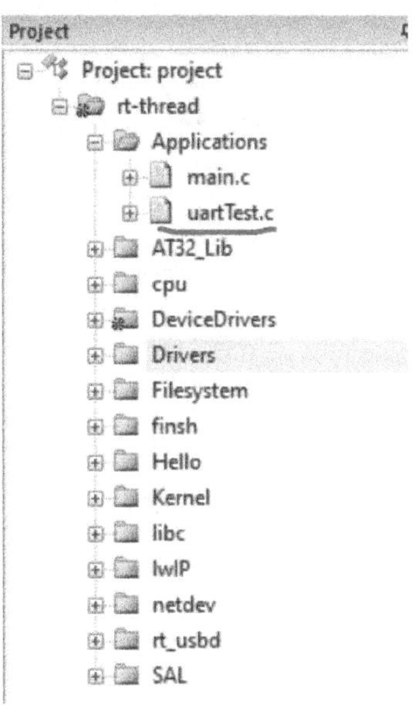

图 27-9　“sample8”目录的结构

笔者在“Applications”组里添加了一个“uartTest. c”文件，该文件中包含所有测试需要的代码。同时，为了方便测试，使用了前面提到过的“MSH_CMD_EXPORT”宏，将测试程序入口“uart2_test”变成一个可以在 FinSH 中直接使用的用户命令。sample8 工程所实现的功能非常简单，就是通过串口 2 接收数据，然后再把这个数据通过串口 2 发送出去，就是一个简单的“回环”测试。虽然功能简单，但是它涉及设备的使用方法、线程的同步方法和设备中断的使用方法等方方面面。

图 27-10 所示函数是测试程序的入口，它被“MSH_CMD_EXPORT”宏导出，成为一个可以在 FinSH 中使用的用户命令。因此，只要在 FinSH 的命令行里输入函数名就可以运行它。该函数首先用 rt_device_find( ) 函数通过注册时命名的“uart2”去查找设备并获得设备的句柄（其实就是设备对象的结构体指针）。接着初始化一个静态的信号量，用于同步中断和发送数据给线程。注意，信号量被初始化为 0，意味着初始状态下信号量所保护的资源是无效的。信号量初始化后就调用系统的 API 函数 rt_device_open( ) 来打开设备。然后设置一个接收中断回调函数，这个函数会在串口接收中断中被调用，通过这个回调函数可以实现自己在接收中断中要做的事情。接下来，调用了设备访问 API 函数 rt_device_write( )，从串口发送一个测试用的字符串。最后，创建一个线程，用来处理发送数据。

```
//被导出的命令函数
//在该函数内创建一个线程
static int uart2_test(int argc, char *argv[])
{
  rt_err_t ret = RT_EOK;
  char str[] = "uart2 test string ~!\n";

  if(gCmdRuningFlag == 0)
  {
    //以名字来查找设备，并获取设备的控制句柄
    serial = rt_device_find("uart2");
    if(!serial)
    {
      rt_kprintf("No this device~!\n");
      return RT_ERROR;
    }

    //初始化一个信号量用来等待接收中断，注意初始化成0
    rt_sem_init(&gRxSem,"rx_sem",0,RT_IPC_FLAG_FIFO);
    //用控制句柄来打开设备，设备访问方式是读写访问，并且当设备有数据接收时产生中断
    rt_device_open(serial, RT_DEVICE_OFLAG_RDWR | RT_DEVICE_FLAG_INT_RX);
    //配置接收到数据时的中断回调函数
    rt_device_set_rx_indicate(serial, uartRX);
    //发送数据
    rt_device_write(serial,0,str,(sizeof(str)-1));

    //创建一个线程专门用来接收数据
    rt_thread_t pThread = rt_thread_create("serial2", serialThread, RT_NULL, 1024,25,10);
    if(pThread != RT_NULL)
    {
      rt_thread_startup(pThread);
      gCmdRuningFlag = 1;
    }
    else
    {
      ret = RT_ERROR;
    }
    rt_kprintf("uart2 opened~!\n");
  }
  else
  {
    rt_kprintf("uart2 opened~!\n");
  }
  return ret;
}
//添加命令
MSH_CMD_EXPORT(uart2_test, uart2 device sample);
```

图 27-10　uart2_test( ) 函数的实现

接下来看一下注册的中断回调函数 uartRX( )，如图 27-11 所示。中断回调函数每接收一个字符就会被调用一次，效率不是太高，不过对于这个例子而言没有什么问题。如果想用串口传输比较多的数据，可以启用 DMA 功能，有兴趣的读者自己研究一下。回调函数中所做

的事情不多，就是判断一下是否收到回车或者换行符，如果收到，那就认为一个字符串结束了，然后释放信号量。注意，请回忆前面提到过的信息，在中断函数中哪些类型的 OS 函数是可以使用的？

```
//接收中断回调函数，负责把数据保存到一个乒乓buffer中
static rt_err_t uartRX(rt_device_t dev, rt_size_t size)
{
  char temp;

  //按字节将数据从串口读出
  rt_device_read(serial, -1, &temp, 1);
  //如果接收到了换行或者回车符号，就记录字符串长度
  if(temp == '\n' || temp == '\r' || temp == 0x04)
  {
    len=counter;
    //释放信号量
    rt_sem_release(&gRxSem);
  }
  else
    recevBuffer[counter] = temp;

  //增加计数器
  counter++;
  //防止接收的数据过多而越界
  if(counter >= BUFFER_SIZE)
  {
    counter = 0;
  }

  return RT_EOK;
}
```

图 27-11　uartRX( )函数的实现

serialThread( )线程（见图 27-12）所做的事情非常简单，只是不停地等待信号量，然后把缓存区的字符串通过串口发送出去。

```
//用来把接收到的数据发送出去
void serialThread(void)
{
  while(1)
  {
    //等待信号量
    rt_sem_take(&gRxSem, RT_WAITING_FOREVER);

    //将接收缓冲区中的数据全部发送出去
    if(len)
    {
      rt_device_write(serial,0,recevBuffer,len);
      len=0;
      counter = 0;
    }
  }
}
```

图 27-12　serialThread( )线程的实现

在测试前不要忽略硬件部分，还要知道 UART2 对应的位置，找到原理图文件或者 PCB layout 文件来确认一下 UART2 对应的引脚。学习板上 AT32F407VGT7 的 UART2 在默认情况下是 PA2（TX）和 PA3（RX）。但是由于这两个引脚和网络接口的 COL 和 MDIO 复用了，所以为了避免冲突需要将 UART2 的默认引脚修改一下。此时可以启用复用功能重映射。这部分内容的描述可以在“RM_AT32F403A_407_V1. 01. pdf”中找到，如图 27-13 所示。

7.4.7 USART/UART复用功能重映射

参见复用重映射和调试 I/O 配置寄存器(AFIO_MAP)、复用重映射和调试 I/O 配置寄存器 6(AFIO_MAP6)或复用重映射和调试 I/O 配置寄存器 8（AFIO_MAP8)。

表 7-30 USART1重映射

复用功能	USART1_GRMP[3:0]=0000 或 USART1_REMAP=0	USART1_GRMP[3:0]=0001 或 USART1_REMAP=1
USART1_TX	PA9	PB6
USART1_RX	PA10	PB7

表 7-31 USART2重映射

复用功能	USART2_REMAP=0 或 USART2_GRMP[3:0]=0000	USART2_REMAP=1 (1) USART2_GRMP[3:0]=0001
USART2_CTS	PA0	PD3
USART2_RTS	PA1	PD4
USART2_TX	PA2	PD5
USART2_RX	PA3	PD6
USART2_CK	PA4	PD7

图 27-13 UART2 的复用功能重映射

于是笔者修改了“at32_msp. c”文件中的 at32_msp_usart_init( ) 函数，如图 27-14 所示。

```
#ifdef BSP_USING_UART
void at32_msp_usart_init(void *Instance)
{
    GPIO_InitType GPIO_InitStruct;
    USART_Type *USARTx = (USART_Type *)Instance;

    GPIO_StructInit(&GPIO_InitStruct);
    GPIO_InitStruct.GPIO_MaxSpeed = GPIO_MaxSpeed_50MHz;
#ifdef BSP_USING_UART1
    if(USART1 == USARTx)
    {
        RCC_APB2PeriphClockCmd(RCC_APB2PERIPH_USART1, ENABLE);
        RCC_APB2PeriphClockCmd(RCC_APB2PERIPH_GPIOA, ENABLE);
        GPIO_InitStruct.GPIO_Mode = GPIO_Mode_AF_PP;
        GPIO_InitStruct.GPIO_Pins = GPIO_Pins_9;
        GPIO_Init(GPIOA, &GPIO_InitStruct);

        GPIO_InitStruct.GPIO_Mode = GPIO_Mode_IN_FLOATING;
        GPIO_InitStruct.GPIO_Pins = GPIO_Pins_10;
        GPIO_Init(GPIOA, &GPIO_InitStruct);
    }
#endif
#ifdef BSP_USING_UART2
    if(USART2 == USARTx)
    {
#ifdef BSP_UART2_REMAP
      GPIO_PinsRemapConfig(GPIO_Remap_USART2, ENABLE);
        RCC_APB1PeriphClockCmd(RCC_APB1PERIPH_USART2, ENABLE);
        RCC_APB2PeriphClockCmd(RCC_APB2PERIPH_GPIOD, ENABLE);
        GPIO_InitStruct.GPIO_Mode = GPIO_Mode_AF_PP;
        GPIO_InitStruct.GPIO_Pins = GPIO_Pins_5;
        GPIO_Init(GPIOD, &GPIO_InitStruct);

        GPIO_InitStruct.GPIO_Mode = GPIO_Mode_IN_FLOATING;
        GPIO_InitStruct.GPIO_Pins = GPIO_Pins_6;
        GPIO_Init(GPIOD, &GPIO_InitStruct);
#else
        RCC_APB1PeriphClockCmd(RCC_APB1PERIPH_USART2, ENABLE);
        RCC_APB2PeriphClockCmd(RCC_APB2PERIPH_GPIOA, ENABLE);
        GPIO_InitStruct.GPIO_Mode = GPIO_Mode_AF_PP;
        GPIO_InitStruct.GPIO_Pins = GPIO_Pins_2;
        GPIO_Init(GPIOA, &GPIO_InitStruct);

        GPIO_InitStruct.GPIO_Mode = GPIO_Mode_IN_FLOATING;
        GPIO_InitStruct.GPIO_Pins = GPIO_Pins_3;
        GPIO_Init(GPIOA, &GPIO_InitStruct);
#endif
    }
#endif
#ifdef BSP_USING_UART3
    if(USART3 == USARTx)
    {
        RCC_APB1PeriphClockCmd(RCC_APB1PERIPH_USART3, ENABLE);
        RCC_APB2PeriphClockCmd(RCC_APB2PERIPH_GPIOB, ENABLE);
        GPIO_InitStruct.GPIO_Mode = GPIO_Mode_AF_PP;
```

图 27-14 UART2 的复用功能配置

at32_msp_usart_init( ) 函数是被 drv_uart. c 文件中的 at32_configure( ) 函数在串口配置时调用的。代码中的“BSP_USING_UART2”宏被添加在了“at32_msp. h”头文件中，如图 27-15 所示。

```
 */

#ifndef __AT32_MSP_H__
#define __AT32_MSP_H__

void at32_msp_usart_init(void *Instance);
void at32_msp_spi_init(void *Instance);
void at32_msp_tmr_init(void *Instance);
void at32_msp_i2c_init(void *Instance);
void at32_msp_sdio_init(void *Instance);
void at32_msp_adc_init(void *Instance);
void at32_msp_hwtmr_init(void *Instance);

#ifdef BSP_USING_UART2
#define  BSP_UART2_REMAP //Sean add this macro for UART2 PIN Remap
#endif

#endif /* __AT32_MSP_H__ */
```

图 27-15　UART2 的复用功能宏定义

根据上面的知识可知，只要找到对应的引脚，然后用杜邦线连接到一个 USB 转串口的模块上，就能进行测试了。图 27-16 所示为从 PCB 文件中看到的引脚位置。

图 27-16　UART2 的重定位引脚位置

编译、下载，同时打开一个终端给 FinSH 用，因为要在 FinSH 中用命令的方式来调用测试程序，如图 27-17 所示。

```
C:\WINDOWS\system32\cmd.exe

D:\EmbeddedCourse\Tools\RTOS\org.rt-thread.studio.serial.putty_1.0.1\putty>plink.exe -s

 \ | /
- RT -     Thread Operating System
 / | \     4.0.3 build Nov 10 2020
 2006 - 2020 Copyright by rt-thread team
lwIP-2.1.2 initialized!
To initialize device:e0 failed. The error code is 1
[32m[I/drv.rtc] RTC hasn't been configured, please use <date> command to config.[0m
[32m[I/sal.skt] Socket Abstraction Layer initialize success.[0m
hello package initialized.
cmd />
```

图 27-17　用 putty 终端作为 FinSH 的终端

为了区分和调试方便，再用串口调试助手来作为 UART2 测试的窗口，如图 27-18 所示。

图 27-18　用串口调试助手来测试 UART2

在 putty 终端中输入导出命令“uart2_test”，然后能在串口调试助手中看到 UART2 输出了一个字符串，如图 27-19 所示。

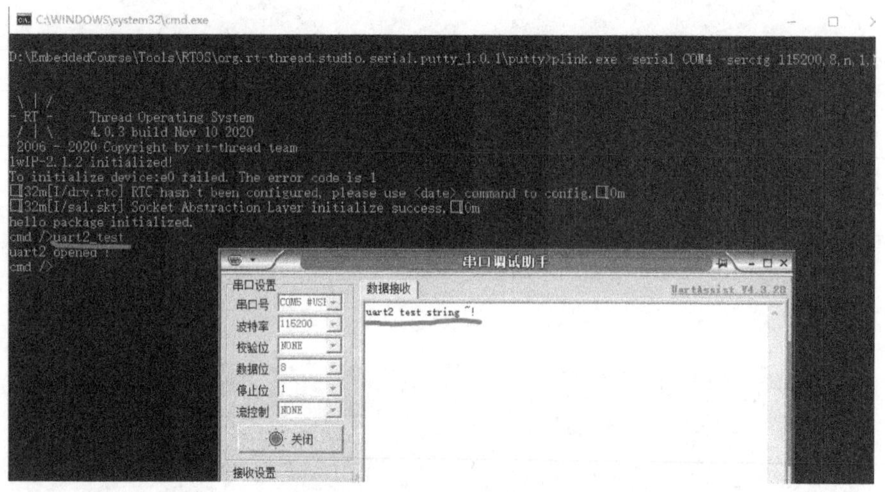

图 27-19　用命令运行测试程序

在串口调试助手中输入要发送的字符串，单击“发送”按钮，就能在接收端看到发送的字符串，如图 27-20 所示。

提示：这里发送的字符串格式有些要求，请自己结合代码思考一下。

图 27-20　串口调试助手测试结果

27.3 GPIO 的管理

RTT 中为 GPIO 定义了一个特别的设备类型，称为 PIN 设备，通过 PIN 设备可以配置 GPIO 的输入/输出模式、输出数据、读取数据、外部中断等常用的 GPIO 功能。既然定义了一个特别的 PIN 设备，那么在使用 GPIO 前自然要遵循相应的设备访问方式。一般情况下，PIN 设备的注册工作不需要用户来完成，BSP 里已经实现了。

先看一下“pin. h”文件对 PIN 设备的定义。

```
struct rt_device_pin
{
    struct rt_device parent;
    const struct rt_pin_ops * ops;
};
……
```

这个定义很简单，先“继承”了设备对象，然后是一个指向操作方法结构体的指针。在这个文件中也可以找到针对 PIN 设备定义的操作方法。

```
struct rt_pin_ops
{
    void (* pin_mode) (struct rt_device * device, rt_base_t pin, rt_base_t mode);
    void (* pin_write) (struct rt_device * device, rt_base_t pin, rt_base_t value);
    int (* pin_read) (struct rt_device * device, rt_base_t pin);

```

```
    /* TODO: add GPIO interrupt * /
    rt_err_t (* pin_attach_irq) (struct rt_device * device, rt_int32_t pin,
                        rt_uint32_t mode, void (* hdr) (void * args), void * args);
     rt_err_t (* pin_detach_irq) (struct rt_device * device, rt_int32_t pin);
     rt_err_t (* pin_irq_enable)  (struct rt_device * device, rt_base_t pin, rt_uint32_t ena-
bled);
     rt_base_t (* pin_get) (const char * name);
}
```

从以上的定义中可以看到在实现一个 PIN 设备前需要实现的几个重要操作函数，包括 GPIO 模式的设置、写数据、读数据、GPIO 中断回调函数的挂载和卸载、GPIO 中断的使能和 PIN 设备查询。图 27-21 所示为 PIN 设备的常用操作函数。

方法	解释
pin_mode()	配置GPIO的模式。RTI提供五种模式：输入、输出、上拉、下拉、开漏输出。底层的驱动需要实现这五种模式
pin_write()	设置GPIO的输出电平。RTT定义了 两个宏：PIN LOW和PIN HIGH
pin_read()	读取GPIO的电平值，也对应两个值：PIN LOW和PIN HIGH
pin_attach_irq()	加载中断回调函数。RTT支持的中断模式有五种：上升沿、下降沿、双边沿、高电平、低电平
pin_detach_irq()	卸载中断回调函数
pin_irq_enable()	使能指定的GPIO中断

图 27-21　PIN 设备的常用操作函数

看起来有不少工作量，不过不用用户自己去实现。BSP 里实现了这些功能，然后调用rt_device_pin_register( )函数来注册 PIN 设备。从“drv_gpio. c”文件中可以找到 PIN 设备的注册代码。

```
int rt_hw_pin_init (void)
{
#ifdef GPIOA
    RCC_APB2PeriphClockCmd (RCC_APB2PERIPH_GPIOA, ENABLE);
#endif
#ifdef GPIOB
    RCC_APB2PeriphClockCmd (RCC_APB2PERIPH_GPIOB, ENABLE);
#endif
#ifdef GPIOC
    RCC_APB2PeriphClockCmd (RCC_APB2PERIPH_GPIOC, ENABLE);
#endif
#ifdef GPIOD
    RCC_APB2PeriphClockCmd (RCC_APB2PERIPH_GPIOD, ENABLE);
#endif
#ifdef GPIOE
    RCC_APB2PeriphClockCmd (RCC_APB2PERIPH_GPIOE, ENABLE);
#endif
#ifdef GPIOF
    RCC_APB2PeriphClockCmd (RCC_APB2PERIPH_GPIOF, ENABLE);
#endif
#ifdef GPIOG
    RCC_APB2PeriphClockCmd (RCC_APB2PERIPH_GPIOG, ENABLE);
#endif
    RCC_APB2PeriphClockCmd (RCC_APB2PERIPH_AFIO, ENABLE);
    return rt_device_pin_register (" pin", & at32_pin_ops, RT_NULL);
}
INIT_BOARD_EXPORT (rt_hw_pin_init)
```

这部分代码也被导出为板级初始化阶段自动执行的代码，这里就不再展开。

既然设备都注册好了，那就来看看怎么使用 PIN 设备吧。图 27-22 展示了一个 PIN 设备的访问流程，和 UART 设备的访问流程非常类似，这里不再重复说明。图 27-23 所示为应用程序访问 PIN 设备的调用层次。

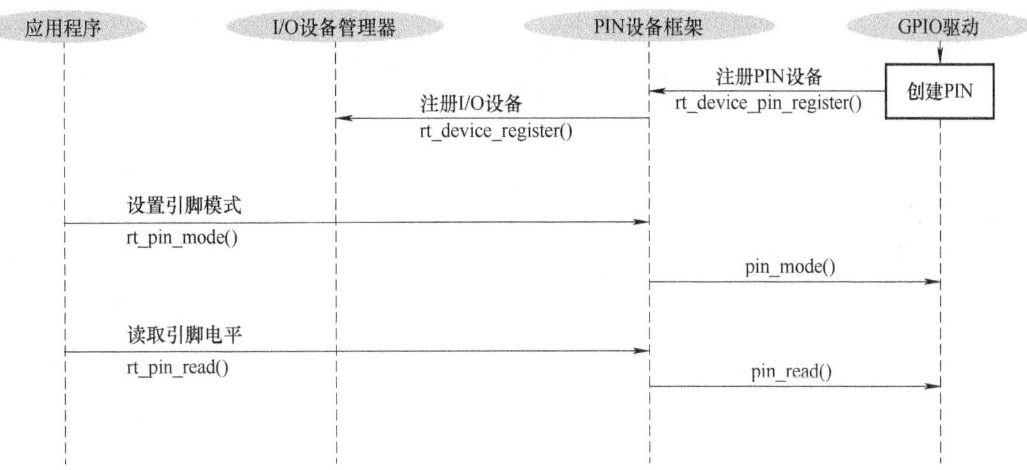

图 27-22　PIN 设备的访问流程

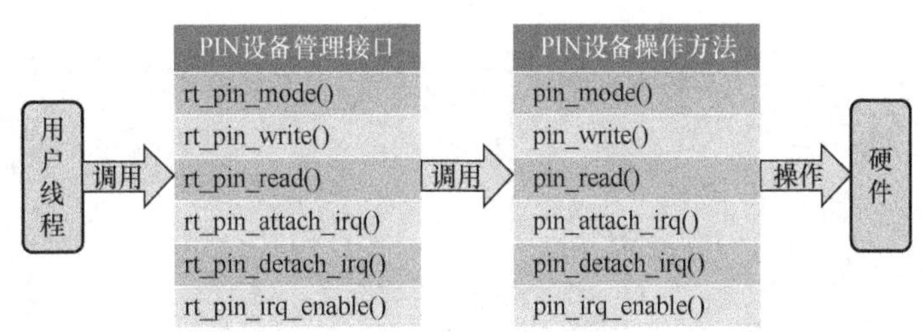

图 27-23　访问 PIN 设备的调用层次

接下来看一个实际的例子就能知道怎么操作 PIN 设备了。请打开 sample9 工程。该工程用类似于前面 UART 的测试方法，用 FinSH 命令来测试 GPIO 按键中断。通过板载的“USER”按键来产生 GPIO 中断，然后用一个线程去判断 GPIO 的状态，再识别出是长按还是短按。

在 sample9 工程中添加了一个“gpioTest. c”文件，所有的测试代码都在该文件中。从图 27-24 中看到，程序通过“MSH_CMD_EXPORT”宏导出了“gpioTest”用户命令，所以可以在 putty 终端里输入“gpioTest”作为启动测试程序的命令。具体方法前面已经讲过很多遍，就不重复了。同时可以看出，gpioTest( ) 函数，创建了一个“buttonEvent”事件，然后配置 GPIO 的终端为双边沿模式，同时注册了 gpioHandle( ) 作为中断回调函数，随后打开中断使能，最后创建了一个线程来接收中断回调函数发出的事件，并进一步判断按键的状态。代码的流程请自己梳理和理解。看一下运行结果，如图 27-25 所示。

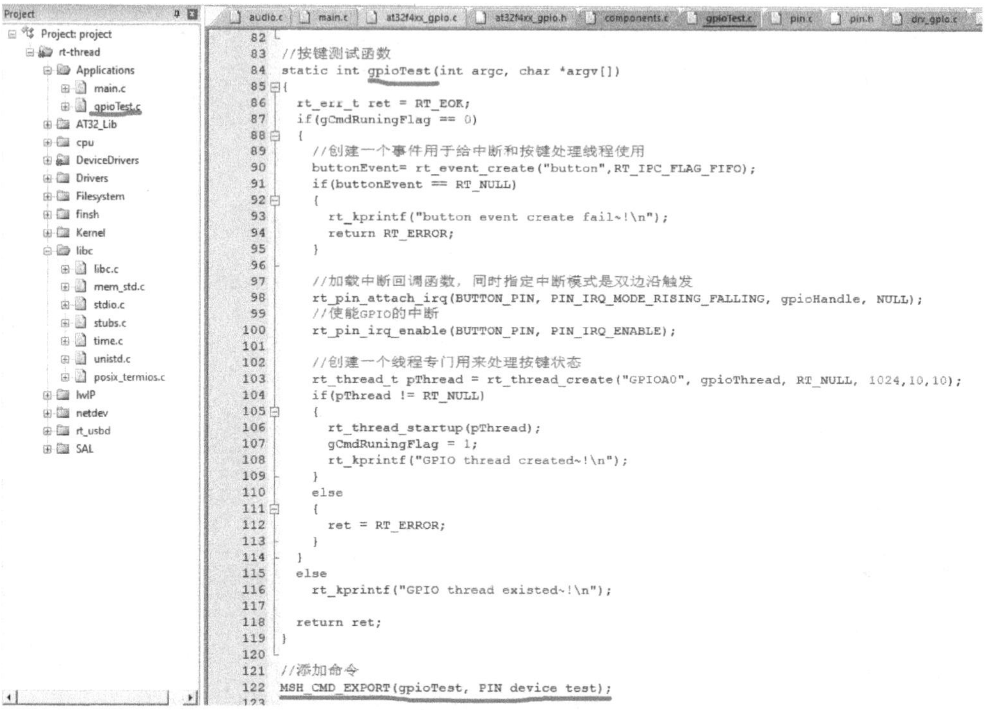

```
Project: project
  rt-thread
    Applications
      main.c
      gpioTest.c
    AT32_Lib
    cpu
    DeviceDrivers
    Drivers
    Filesystem
    finsh
    Kernel
    libc
      libc.c
      mem_std.c
      stdio.c
      stubs.c
      time.c
      unistd.c
      posix_termios.c
    lwIP
    netdev
    rt_usbd
    SAL
```

```c
//按键测试函数
static int gpioTest(int argc, char *argv[])
{
  rt_err_t ret = RT_EOK;
  if(gCmdRuningFlag == 0)
  {
    //创建一个事件用于给中断和按键处理线程使用
    buttonEvent= rt_event_create("button",RT_IPC_FLAG_FIFO);
    if(buttonEvent == RT_NULL)
    {
      rt_kprintf("button event create fail~!\n");
      return RT_ERROR;
    }

    //加载中断回调函数，同时指定中断模式是双边沿触发
    rt_pin_attach_irq(BUTTON_PIN, PIN_IRQ_MODE_RISING_FALLING, gpioHandle, NULL);
    //使能GPIO的中断
    rt_pin_irq_enable(BUTTON_PIN, PIN_IRQ_ENABLE);

    //创建一个线程专门用来处理按键状态
    rt_thread_t pThread = rt_thread_create("GPIOA0", gpioThread, RT_NULL, 1024,10,10);
    if(pThread != RT_NULL)
    {
      rt_thread_startup(pThread);
      gCmdRuningFlag = 1;
      rt_kprintf("GPIO thread created~!\n");
    }
    else
    {
      ret = RT_ERROR;
    }
  }
  else
    rt_kprintf("GPIO thread existed~!\n");

  return ret;
}

//添加命令
MSH_CMD_EXPORT(gpioTest, PIN device test);
```

图 27-24 sample9 工程

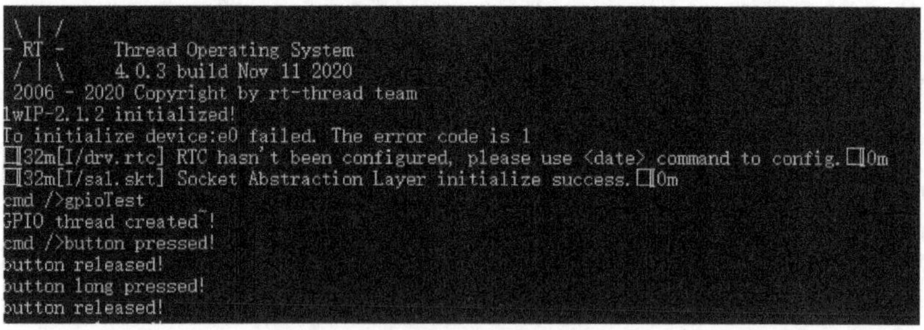

```
 \ | /
- RT -     Thread Operating System
 / | \     4.0.3 build Nov 11 2020
 2006 - 2020 Copyright by rt-thread team
lwIP-2.1.2 initialized!
To initialize device:e0 failed. The error code is 1
[32m[I/drv.rtc] RTC hasn't been configured, please use <date> command to config.[0m
[32m[I/sal.skt] Socket Abstraction Layer initialize success.[0m
msh />gpioTest
GPIO thread created~!
msh />button pressed!
button released!
button long pressed!
button released!
```

图 27-25 sample9 工程运行结果

27.4 SPI 设备管理

SPI 总线的使用方法和例程在核心篇中有比较具体的介绍，这里就不对 SPI 总线和时序等问题做探讨了。本节将重点放在 OS 环境下 SPI 设备的使用方法上。RTT 将 SPI 总线的设备抽象成两部分，一部分针对单片机中的 SPI 控制器，称为 SPI 总线设备，另一部分针对要被访问的外围设备，称为 SPI 设备。打开 sample10 工程，SPI 总线设备和 SPI 设备的定义在"spi. h"文件中可以找到，直接引用如下：

```
1. / /* *
2.  *  SPI bus device structure
3.  * /
```

```
struct rt_spi_bus
{
    struct rt_device parent;    //继承自 RTT 设备对象
    rt_uint8_t mode;        //操作模式
    const struct rt_spi_ops * ops;   //SPI 总线操作方法

     struct rt_mutex lock;   //SPI 总线操作用互斥锁
     struct rt_spi_device * owner;   //SPI 总线的持有者
};

/* *
 *  SPI operators
 * /
struct rt_spi_ops
 {
     rt_err_t (* configure) (struct rt_spi_device * device, struct rt_spi_configuration * con-
figuration);
     rt_uint32_t (* xfer) (struct rt_spi_device * device, struct rt_spi_message * message);
};

/* *
 *  SPI Virtual BUS, one device must connected to a virtual BUS
 * /
struct rt_spi_device
 {
     struct rt_device parent;   //继承自 RTT 设备对象
     struct rt_spi_bus * bus;    //指向该设备挂载的总线对象

     struct rt_spi_configuration config;   //SPI 设备配置
     void   * user_data;     //SPI 设备的用户定义数据指针，比如针对 SPI Flash 应用
};
```

与前面不同的地方是，凡是称为总线设备的东西都会有两个部分：针对总线有个抽象的结构体，针对总线上的设备有另外一个结构体，因此需要把这两个部分都注册到设备管理器中。

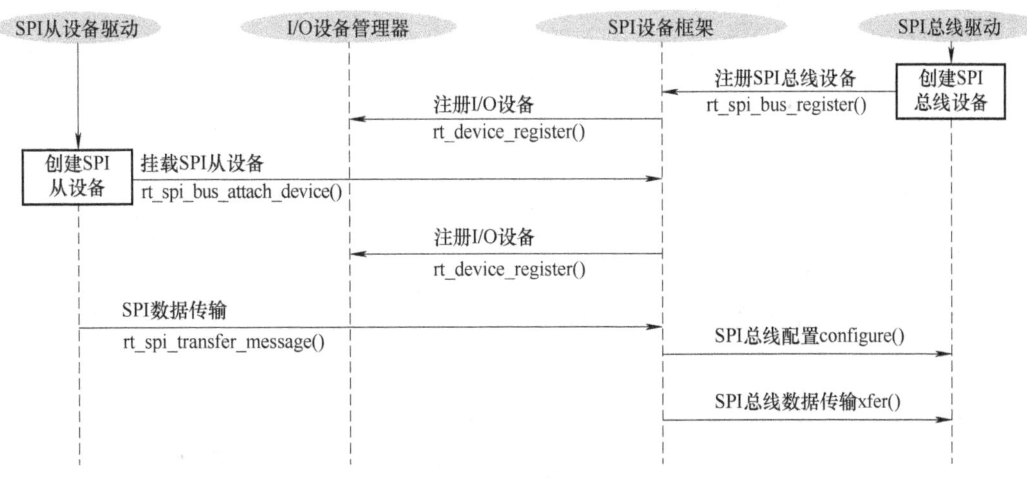

图 27-26　SPI 设备的使用流程

从图 27-26 中看到，需要注册两个设备，一个是 SPI 总线驱动设备，还有一个是挂在 SPI 总线上的从设备。和前面类似，用户不需要自己动手去实现和注册 SPI 设备，只要关注

一下流程：首先需要在系统初始化的时候注册 SPI 总线设备，然后在应用程序访问设备前挂载 SPI 设备，挂载后就能访问设备了。

```
/* *  \brief init and register at32 spi bus.
 *
 *  \param SPI: at32 SPI, e.g: SPI1, SPI2, SPI3.
 *  \param spi_bus_name: spi bus name, e.g: " spi1"
 *  \return
 * /
int rt_hw_spi_init (void)
{
    int i;
     rt_err_t result;
     rt_size_t obj_num = sizeof (spis) / sizeof (struct at32_spi);

     for (i = 0; i < obj_num; i + +)
      {
          spis [i] . config = &configs [i];
          spis [i] . spi_bus. parent. user_data = (void * ) &spis [i];
           result = rt_spi_bus_register (& (spis [i] . spi_bus), spis [i] . config→spi_name, &at32_spi_ops);
      }
     return result;
}
INIT_BOARD_EXPORT (rt_hw_spi_init);
```

从“drv_spi. c”文件的 rt_hw_spi_init( ) 函数中可以找到被调用的 rt_spi_bus_register( ) 函数。同时，rt_hw_spi_init( ) 函数被宏“INIT_BOARD_EXPORT”导出为板级初始化时自动调用的函数。所以，SPI 总线设备是在系统初始化后就被注册了。使用前需要调用 rt_hw_spi_device_attach( ) 函数注册 SPI 总线上的设备。为了方便使用，可以利用 RTT 的自动初始化功能，把这个工作交给 RTT 初始化时自动执行。笔者的做法是，在“spi_flash_sfud. c”文件中添加图 27-27 所示的代码。

```
//Sean add follow code for SPI flash device attach during device initialization
static int spi_device_init(void)
{

  if (rt_hw_spi_device_attach("spi2", "exFlash", GPIOB, GPIO_Pins_12)!= RT_EOK)
    {
        rt_kprintf("spi2 device attach error\r\n");
    }
    else {
        rt_kprintf("spi2 divece attach success\r\n");
    }
    return RT_EOK;
}
INIT_DEVICE_EXPORT(spi_device_init);
```

图 27-27　SPI 设备注册代码

从代码可以直观地看出，笔者利用“INIT_DEVICE_EXPORT”宏将初始化函数 spi_device_init( ) 导出到设备自动初始化阶段。注意设备初始化阶段位于板级初始化阶段之后，正如前面所描述的，需要在 SPI 总线设备注册完毕后才能注册 SPI 设备。初始化的顺序可以在“rtdef. h”文件中找到，如图 27-28 所示。

在例子中，设备被挂载到 SPI2 总线上，总线设备的名字是“spi2”。设备是 SPI Flash，设备的名字是“exFlash”，这个名字是可以自己定义的。在核心篇中已经使用过它们，这里就不再赘述了。实验例程的目的很简单，就是用 FinSH 端口发送一个读取 Flash ID 信息的命令，看看读取的 ID 是否正常。

```
/* board init routines will be called in board_init() function */
#define INIT_BOARD_EXPORT(fn)           INIT_EXPORT(fn, "1")

/* pre/device/component/env/app init routines will be called in init_thread */
/* components pre-initialization (pure software initilization) */
#define INIT_PREV_EXPORT(fn)            INIT_EXPORT(fn, "2")
/* device initialization */
#define INIT_DEVICE_EXPORT(fn)          INIT_EXPORT(fn, "3")
/* components initialization (dfs, lwip, ...) */
#define INIT_COMPONENT_EXPORT(fn)       INIT_EXPORT(fn, "4")
/* environment initialization (mount disk, ...) */
#define INIT_ENV_EXPORT(fn)             INIT_EXPORT(fn, "5")
/* appliation initialization (rtgui application etc ...) */
#define INIT_APP_EXPORT(fn)             INIT_EXPORT(fn, "6")
```

图 27-28　RTT 自动初始化的不同部分和顺序

在 sample10 工程中，测试用的代码都放在了“spiTest. c”文件中，如图 27-29 所示。这个测试代码比较简单，先通过 rt_device_find( ) 函数找到注册的设备，如果找到了，就用 rt_spi_configure( ) 函数对 SPI 设备配置一下，最后调用 rt_spi_transfer_message( ) 函数来发送命令和接收数据。

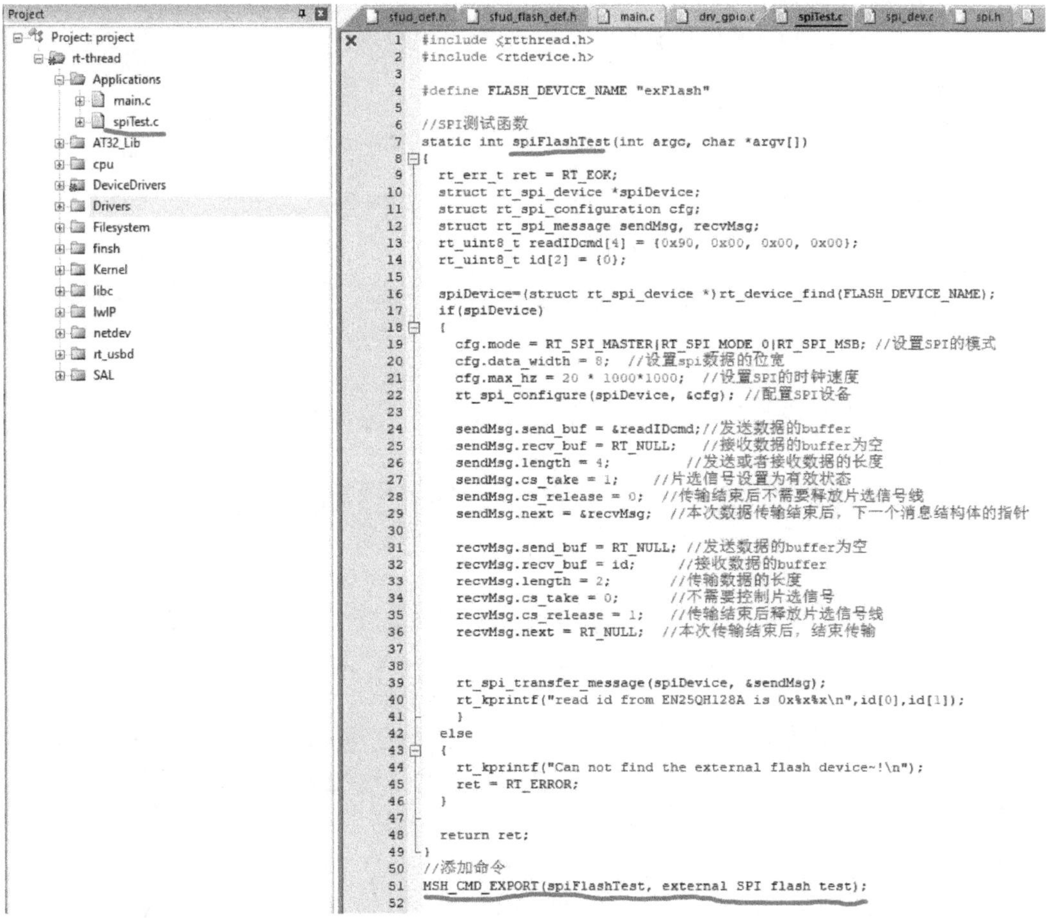

Project

Project: project
- rt-thread
  - Applications
    - main.c
    - spiTest.c
  - AT32_Lib
  - cpu
  - DeviceDrivers
  - Drivers
  - Filesystem
  - finsh
  - Kernel
  - libc
  - lwIP
  - netdev
  - rt_usbd
  - SAL

sfud_def.h　sfud_flash_def.h　main.c　drv_gpio.c　spiTest.c　spi_dev.c　spi.h

```
#include <rtthread.h>
#include <rtdevice.h>

#define FLASH_DEVICE_NAME "exFlash"

//SPI测试函数
static int spiFlashTest(int argc, char *argv[])
{
    rt_err_t ret = RT_EOK;
    struct rt_spi_device *spiDevice;
    struct rt_spi_configuration cfg;
    struct rt_spi_message sendMsg, recvMsg;
    rt_uint8_t readIDcmd[4] = {0x90, 0x00, 0x00, 0x00};
    rt_uint8_t id[2] = {0};

    spiDevice=(struct rt_spi_device *)rt_device_find(FLASH_DEVICE_NAME);
    if(spiDevice)
    {
      cfg.mode = RT_SPI_MASTER|RT_SPI_MODE_0|RT_SPI_MSB; //设置SPI的模式
      cfg.data_width = 8;  //设置spi数据的位宽
      cfg.max_hz = 20 * 1000*1000;  //设置SPI的时钟速度
      rt_spi_configure(spiDevice, &cfg); //配置SPI设备

      sendMsg.send_buf = &readIDcmd;//发送数据的buffer
      sendMsg.recv_buf = RT_NULL;   //接收数据的buffer为空
      sendMsg.length = 4;          //发送或者接收数据的长度
      sendMsg.cs_take = 1;     //片选信号设置为有效状态
      sendMsg.cs_release = 0;  //传输结束后不需要释放片选信号线
      sendMsg.next = &recvMsg;  //本次数据传输结束后，下一个消息结构体的指针

      recvMsg.send_buf = RT_NULL; //发送数据的buffer为空
      recvMsg.recv_buf = id;      //接收数据的buffer
      recvMsg.length = 2;        //传输数据的长度
      recvMsg.cs_take = 0;       //不需要控制片选信号
      recvMsg.cs_release = 1;    //传输结束后释放片选信号线
      recvMsg.next = RT_NULL;  //本次传输结束后，结束传输


      rt_spi_transfer_message(spiDevice, &sendMsg);
      rt_kprintf("read id from EN25QH128A is 0x%x%x\n",id[0],id[1]);
    }
    else
    {
      rt_kprintf("Can not find the external flash device~!\n");
      ret = RT_ERROR;
    }

    return ret;
}
//添加命令
MSH_CMD_EXPORT(spiFlashTest, external SPI flash test);
```

图 27-29　SPI Flash 测试代码

SPI 的访问接口函数比较多，尤其是收发数据的 API 函数，如图 27-30 所示。本章的例子中采用 rt_spi_transfer_message( ) 函数来收发数据，原因是这个函数的使用方法比较特别。它采用了链表的方式，可以灵活定义收发数据的个数，非常方便。代码里有直观的注释，大家可以自己摸索一下。其他几个函数的使用方法如图 27-31 所示。

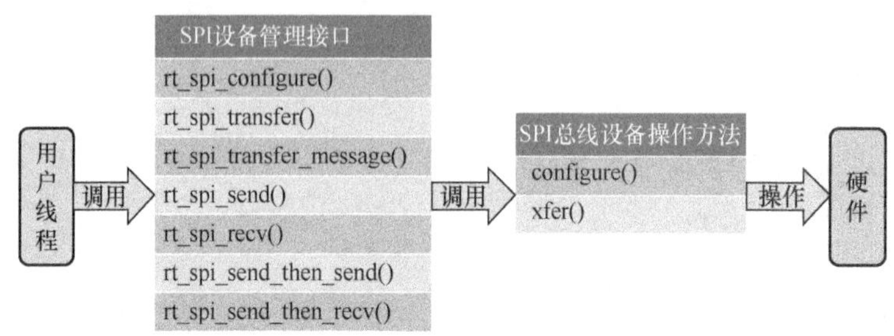

图 27-30 SPI 设备的调用层次

方法	用法
rt_spi_transfer()	如果只传输一次数据（发一次、收一次）、可以使用该函数。注意，这里的一次不是指一个数据
rt_spi_send()	只发送一次数据，不接收数据
rt_spi_recv()	只接收一次数据
rt_spi_send_then_send()	连续发送两次数据，可以利用这个函数发送两个不同缓冲区中的数据
rt_spi_send_then_recv()	发送一次数据后接收一次数据，中间保持片选的状态不变
rt_spi_transfer_message()	数据以消息的形式组织起来，所有的消息串成一个单向链表，然后自动发送或接收

图 27-31 SPI 数据传输函数的不同

还有两个比较特殊的 API 函数是 rt_spi_take_bus( ) 和 rt_spi_release_bus( )，如图 27-32 所示，分别用来获取和释放 SPI 总线使用权。

返回值	函数名	参数	解释
rt_err_t			返回注册成功或失败的值
	rt_spi_take_bus		获取SPI总线使用权
		struct rt_spi_devic *device	指向SPI设备的结构体指针

返回值	函数名	参数	解释
rt_err_t			返回注册成功或失败的值
	rt_spi_release_bus		释放SPI总线使用权
		struct rt_spi_devic *device	指向SPI设备的结构体指针

图 27-32 SPI 总线访问权获取和释放函数

SPI 总线的访问函数本身带有互斥量保护，若有些场合需要占用 SPI 总线一段时间，可以提前获取 SPI 总线的访问权，在完成全部 SPI 操作后再释放 SPI 总线。此时可以使用上面的两个函数。注意，这两个函数之间的数据传输函数只能使用 rt_spi_transfer_message( )，并且每个消息中的“cs_take”和“cs_release”都必须设置为 0。

基本知识介绍得差不多了，现在看看例程的行为。还记不记得核心篇中测试 SPI Flash

的飞线？这个实验也要用到，飞线方式和前面相同，如果忘记了请复习一下。安排好飞线后请编译、下载，然后在 FinSH 终端中输入自定义的命令“spiFlashTest”。

如图 27-33 所示，可以看到读取出来的 Flash 设备 ID 和数据手册中是符合的。另外，工程中还存在一个第三方的 Flash 操作组件，名为“sfud（Serial Flash Universal Driver）”。它是一个开源的串行 Flash 通用驱动库，已经移植到了 RTT 之中，因此可以直接使用。

```
C:\WINDOWS\system32\cmd.exe

D:\EmbeddedCourse\Tools\RTOS\org.rt-thread.studio.serial.putty_1.0.1\putty>plink.exe -seri

 \ | /
- RT -     Thread Operating System
 / | \     4.0.3 build Nov 17 2020
 2006 - 2020 Copyright by rt-thread team
lwIP-2.1.2 initialized!
spi2 divece attach success
To initialize device:e0 failed. The error code is 1
[32m[I/drv.rtc] RTC hasn't been configured, please use <date> command to config.[0m
[32m[I/sal.skt] Socket Abstraction Layer initialize success.[0m
cmd />spiFlashTest
read id from EN25QH128A is 0x1c17
cmd />
```

图 27-33　SPI 例程运行结果

通过命令行来测试。请在 FinSH 终端中输入命令“help”，它会把当前支持的所有命令显示出来，当然包括自定义的命令。

如图 27-34 所示，在这个命令列表中能看到自定义的“spiFlashTest”命令，也能看到一个名为“sf”的命令。“sf”其实是个命令集，它能使用不同的参数来实现不同的功能。输入“sf”后可以进一步查看其命令集。

```
cmd />help
RT-Thread shell commands:
spiFlashTest     - external SPI flash test
adc              - adc function
dac              - dac function
pwm_enable       - pwm_enable pwm1 1
pwm_disable      - pwm_disable pwm1 1
pwm_set          - pwm_set pwm1 1 100 50
pm_release       - release power management mode
pm_request       - request power management mode
pm_run           - switch power management run mode
pm_dump          - dump power management status
date             - get date and time or set [year month day hour min sec]
sf               - SPI Flash operate.
list_fd          - list file descriptor
clear            - clear the terminal screen
version          - show RT-Thread version information
list_thread      - list thread
```

图 27-34　“help”命令显示结果

从图 27-35 中看到可以通过在“sf”命令后添加参数来对 Flash 做更多的操作。各位可以大胆尝试，用这些命令来操作一下 Flash。更具体的介绍可以参考资料。

```
cmd />sf
Usage:
sf probe [spi_device]            - probe and init SPI flash by given 'spi_device'
sf read addr size                - read 'size' bytes starting at 'addr'
sf write addr data1 ... dataN    - write some bytes 'data' to flash starting at 'addr'
sf erase addr size               - erase 'size' bytes starting at 'addr'
sf status [<volatile> <status>]  - read or write '1:volatile|0:non-volatile' 'status'
sf bench                         - full chip benchmark. DANGER: It will erase full chip!
```

图 27-35 “sf”命令显示结果

27.5 I²C 设备管理

I²C 总线的原理和时序在核心篇中已经详细介绍过了，这里不再赘述。和前面的 SPI 总线管理方法类似，RTT 将 I²C 总线抽象成两个部分：一个是 I²C 总线设备，另一个是 I²C 设备。从“i2c. h”文件中可以找到对于 I²C 总线和设备的定义，代码如下。可以看到，虽然代码与 SPI 设备不同，但逻辑差不多。

```
/* i2c operators* /
struct rt_i2c_bus_device_ops
{
    rt_size_t (* master_xfer) (struct rt_i2c_bus_device * bus,
                               struct rt_i2c_msg msgs[],
                               rt_uint32_t num);
    rt_size_t (* slave_xfer) (struct rt_i2c_bus_device * bus,
                              struct rt_i2c_msg msgs[],
                              rt_uint32_t num);
    rt_err_t (* i2c_bus_control) (struct rt_i2c_bus_device * bus,
                                  rt_uint32_t,
                                  rt_uint32_t);
};

/* for i2c bus driver* /
struct rt_i2c_bus_device
{
    struct rt_device parent;    //继承自 RTT 设备对象
    const struct rt_i2c_bus_device_ops * ops;    //I²C 总线的操作方法
    rt_uint16_t  flags;
    rt_uint16_t  addr;
    struct rt_mutex lock;    //防止多线程访问冲突的互斥量
    rt_uint32_t  timeout;
    rt_uint32_t  retries;
    void * priv;
};

/* for i2c slave device operation* /
struct rt_i2c_client
{
    struct rt_device             parent;    //继承自 RTT 设备对象
    struct rt_i2c_bus_device      * bus;    //设备挂载的总线对象
    rt_uint16_t                  client_addr;    //从设备地址
};
```

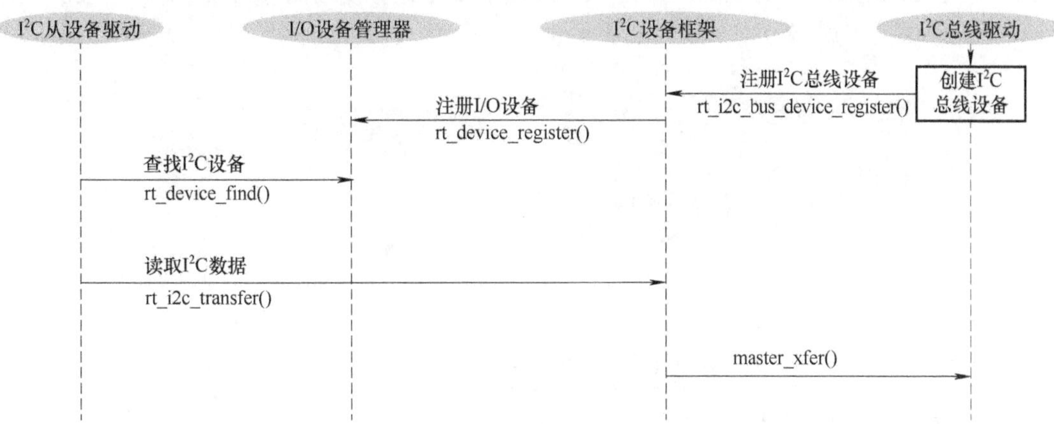

图 27-36　I²C 设备的使用流程

如图 27-36 所示，I²C 设备的使用流程也与 SPI 类似，需要分别注册总线设备和加载在总线上的从设备。先要用 rt_i2c_bus_device_register( ) 函数把总线设备注册到驱动框架中，然后再注册到设备管理器。比 SPI 简单的地方是，I²C 设备不用单独挂载，只要总线设备注册完毕就能使用了。本例中 I²C 总线的实现和核心篇类似，是通过 GPIO 模拟的，不是硬件实现的。I²C 总线是在板级初始化时自动注册的，这也和 SPI 类似。在 “drv_soft_i2c. c” 文件中可以找到总线初始化和注册代码，如图 27-37 所示。

```
/* I2C initialization function */
int rt_hw_i2c_init(void)
{
    rt_size_t obj_num = sizeof(i2c_obj) / sizeof(struct at32_i2c);
    rt_err_t result;

    for (int i = 0; i < obj_num; i++)
    {
        i2c_obj[i].ops = at32_bit_ops_default;
        i2c_obj[i].ops.data = (void*)&soft_i2c_config[i];
        i2c_obj[i].i2c_bus.priv = &i2c_obj[i].ops;
        at32_i2c_gpio_init(&i2c_obj[i]);
        result = rt_i2c_bit_add_bus(&i2c_obj[i].i2c_bus, soft_i2c_config[i].bus_name);
        RT_ASSERT(result == RT_EOK);
        at32_i2c_bus_unlock(&soft_i2c_config[i]);

        LOG_D("software simulation %s init done, pin scl: %d, pin sda %d",
        soft_i2c_config[i].bus_name,
        soft_i2c_config[i].scl,
        soft_i2c_config[i].sda);
    }

    return RT_EOK;
}

INIT_BOARD_EXPORT(rt_hw_i2c_init);
```

图 27-37　I²C 总线设备注册代码

接下来看看怎么用。和 I²C 操作相关的常用 API 函数如图 27-38 所示。

例程 “sample11” 中主要采用 rt_i2c_bus_device_find( ) 和 rt_i2c_transfer( ) 函数来实现核心篇 “sample3” 中的功能。有兴趣可以对比一下两者的代码。在 BSP 上，I²C 总线实现方式和核心篇中采用的 GPIO 软件模拟是相同的，这里就有个问题，I²C 的引脚是可以任意定义到某些 GPIO 上的，所以需要对 I²C 的引脚做一下定义。不知各位是否还记得，核心篇中用 PB8 作为 SCL，PB9 作为 SDA。但在 RTT 环境下不是这样使用的。用 menuconfig 工具菜单来看一下 I²C 的引脚定义，如图 27-39 所示。

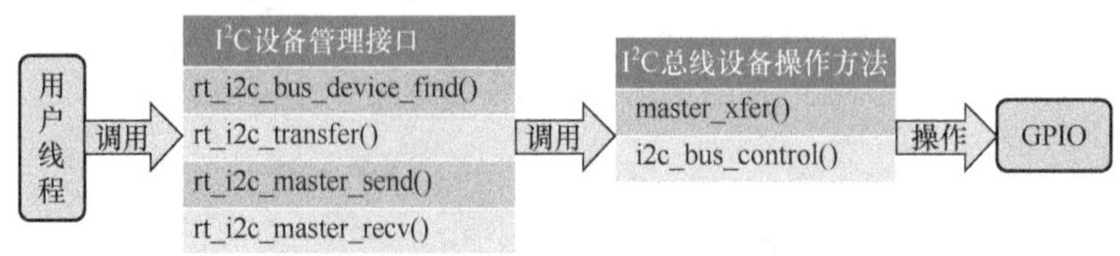

图 27-38　I²C 设备的调用层次

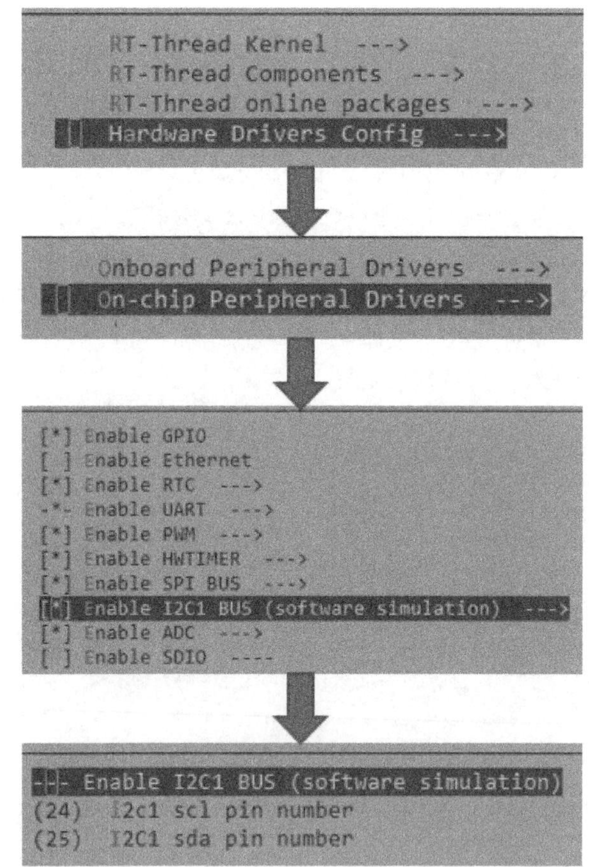

图 27-39　menuconfig 工具中的 I²C 设备引脚配置

这里面比较容易让人误解的地方是引脚的数字，它其实不是芯片本身的引脚编号。如果按照正常的引脚编号，PB8 是第 95 脚，PB9 是第 96 脚。那么这个编号是从哪里来的呢？找到文件“drv_gpio. c”，在它的开头部分就能看到一个“pin_index”结构体，如图 27-40所示。从这个结构体中可以找到对应的引脚编号。

至此，疑惑基本全部解决。请编译、下载和测试，理解 sample11 工程的工作就交给各位自己完成了。

```
static const struct pin_index pins[] =
{
#if defined(GPIOA)
     __AT32_PIN(0 ,  A, 0 ),
     __AT32_PIN(1 ,  A, 1 ),
     __AT32_PIN(2 ,  A, 2 ),
     __AT32_PIN(3 ,  A, 3 ),
     __AT32_PIN(4 ,  A, 4 ),
     __AT32_PIN(5 ,  A, 5 ),
     __AT32_PIN(6 ,  A, 6 ),
     __AT32_PIN(7 ,  A, 7 ),
     __AT32_PIN(8 ,  A, 8 ),
     __AT32_PIN(9 ,  A, 9 ),
     __AT32_PIN(10,  A, 10),
     __AT32_PIN(11,  A, 11),
     __AT32_PIN(12,  A, 12),
     __AT32_PIN(13,  A, 13),
     __AT32_PIN(14,  A, 14),
     __AT32_PIN(15,  A, 15),
#if defined(GPIOB)
     __AT32_PIN(16,  B, 0),
     __AT32_PIN(17,  B, 1),
     __AT32_PIN(18,  B, 2),
     __AT32_PIN(19,  B, 3),
     __AT32_PIN(20,  B, 4),
     __AT32_PIN(21,  B, 5),
     __AT32_PIN(22,  B, 6),
     __AT32_PIN(23,  B, 7),
     __AT32_PIN(24,  B, 8),
     __AT32_PIN(25,  B, 9),
     __AT32_PIN(26,  B, 10),
     __AT32_PIN(27,  B, 11),
     __AT32_PIN(28,  B, 12),
     __AT32_PIN(29,  B, 13),
     __AT32_PIN(30,  B, 14),
     __AT32_PIN(31,  B, 15),
#if defined(GPIOC)
     __AT32_PIN(32,  C, 0),
     __AT32_PIN(33,  C, 1),
```

图 27-40　RTT 中的引脚编号映射表

27.6　硬件 Timer 的使用

Timer 是嵌入式系统的标配。不同的平台有不同的 Timer 数量，具体依赖于硬件本身和 RTT 在其平台上移植过的 BSP 的支持情况。在当前版本下，可以给应用独立使用的硬件 Timer 有三个，分别是 timer3、timer4 和 timer5。可以通过 menuconfig 工具来配置，如图 27-41所示。

Timer 的注册过程和前面串口设备的注册过程很类似，也是系统初始化的时候由 OS 自动完成。“drv_hwtimer. c” 文件中有图 27-42 所示的代码。由于具有和串口设备类似的流程，这里就不多解释了。

和其他设备管理的方法类似，RTT 也为 Timer 定义了一个属于自己的对象（结构体），在“hwtimer. h” 文件中可以找到相关的定义，如图 27-43 所示。

同样，这些定义中能看出 Timer 设备所具有的功能，比如初始化、开始、停止、获取计数值、控制等接口。和串口操作类似，上层应用程序调用标准的设备查找、打开、配置、读写等接口，如图 27-44 所示，然后这些接口在设备管理器中被转换成 Timer 的具体操作方法。

在应用层面，本例使用和 UART 类似的方法来查找和使用硬件 Timer，如图 27-45 所示。相关细节可以参考例程“sample12”中的代码。

编译、下载，然后观察运行结果并阅读代码。

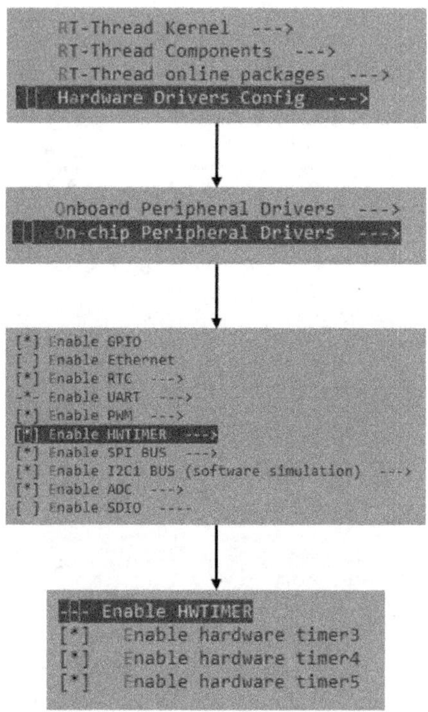

图 27-41　配置硬件 Timer

```
static int rt_hw_hwtimer_init(void)
{
    int i = 0;
    int result = RT_EOK;

    for (i = 0; i < sizeof(at32_hwtimer_obj) / sizeof(at32_hwtimer_obj[0]); i++)
    {
        at32_hwtimer_obj[i].time_device.info = &_info;
        at32_hwtimer_obj[i].time_device.ops  = &_ops;
        if (rt_device_hwtimer_register(&at32_hwtimer_obj[i].time_device, at32_hwtimer_obj[i].n
        {
            LOG_D("%s register success", at32_hwtimer_obj[i].name);
        }
        else
        {
            LOG_E("%s register failed", at32_hwtimer_obj[i].name);
            result = -RT_ERROR;
        }
    }

    return result;
}
INIT_BOARD_EXPORT(rt_hw_hwtimer_init);
```

图 27-42　硬件 Timer 注册函数

```
struct rt_hwtimer_ops
{
    void (*init)(struct rt_hwtimer_device *timer, rt_uint32_t state);
    rt_err_t (*start)(struct rt_hwtimer_device *timer, rt_uint32_t cnt, rt_hwtimer_mode_t mode)
    void (*stop)(struct rt_hwtimer_device *timer);
    rt_uint32_t (*count_get)(struct rt_hwtimer_device *timer);
    rt_err_t (*control)(struct rt_hwtimer_device *timer, rt_uint32_t cmd, void *args);
};

/* Timer Feature Information */
struct rt_hwtimer_info
{
    rt_int32_t maxfreq;     /* the maximum count frequency timer support */
    rt_int32_t minfreq;     /* the minimum count frequency timer support */
    rt_uint32_t maxcnt;     /* counter maximum value */
    rt_uint8_t  cntmode;    /* count mode (inc/dec) */
};

typedef struct rt_hwtimer_device
{
    struct rt_device parent;
    const struct rt_hwtimer_ops *ops;
    const struct rt_hwtimer_info *info;

    rt_int32_t freq;                /* counting frequency set by the user */
    rt_int32_t overflow;            /* timer overflows */
    float period_sec;
    rt_int32_t cycles;              /* how many times will generate a timeout event after overf
    rt_int32_t reload;              /* reload cycles(using in period mode) */
    rt_hwtimer_mode_t mode;         /* timing mode(oneshot/period) */
} rt_hwtimer_t;
```

图 27-43　硬件 Timer 相关的结构体定义

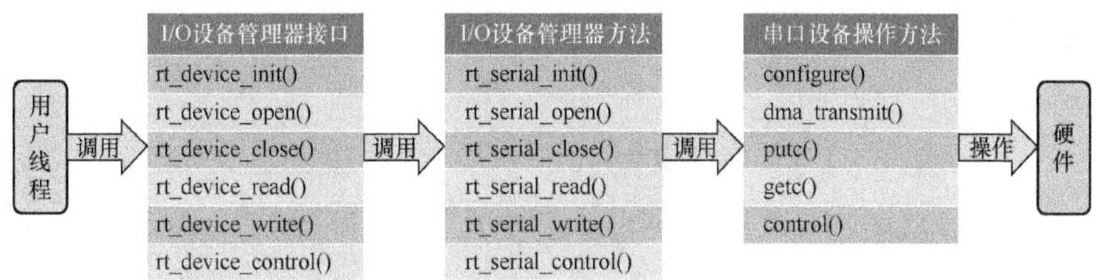

图 27-44　硬件 Timer 设备的调用层次

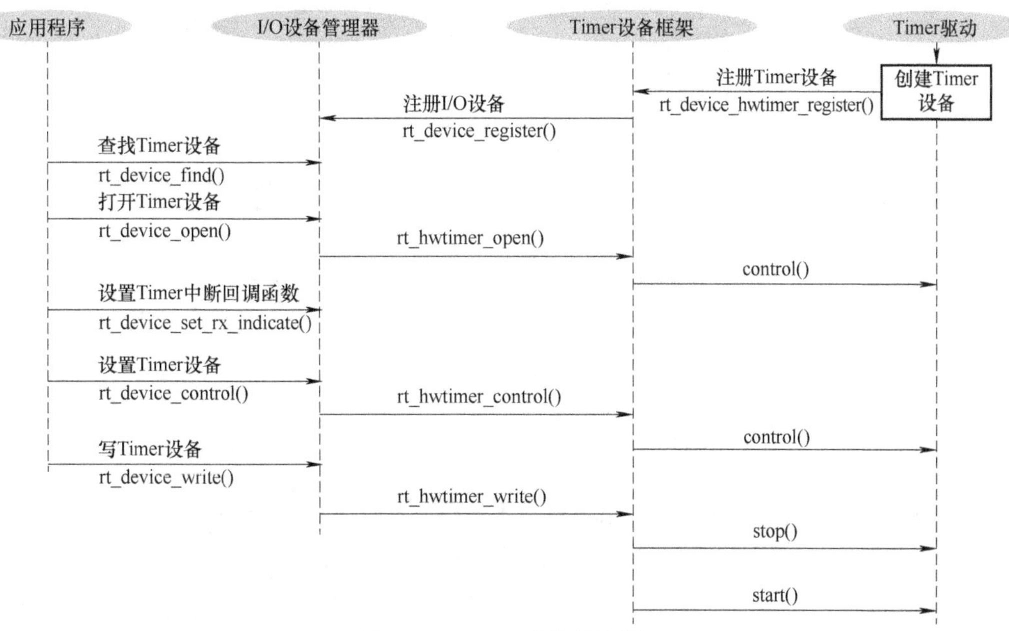

图 27-45　Timer 的使用流程

第 28 章　一人之下，万人之上——虚拟文件系统

文件系统虽然不能算是 RTOS 的内核功能，但是如果没有文件系统这个重要的组件，也许操作系统就会失去光彩。文件系统是一个庞大的系统，实现了一套数据的组织、分级、访问、修改等功能。文件系统最初是用来管理数据的，但随着系统的复杂度提高，大家发现很多设备的管理也可以借鉴文件系统的分级访问方式，于是文件系统的覆盖范围由单纯的数据管理变成了管理几乎整个底层硬件。文件系统的功能已经得了巨大的拓展，因此现代操作系统把文件系统改称为“虚拟文件系统”，也充分强调了文件系统不再是单一的数据管理。

28.1　RTT 文件系统介绍

RTT 提供的虚拟文件系统称为 DFS（Device File System），其命名和使用规则类似于 UNIX 和 Linux 系统，也有文件、文件夹的目录结构，如图 28-1 所示。

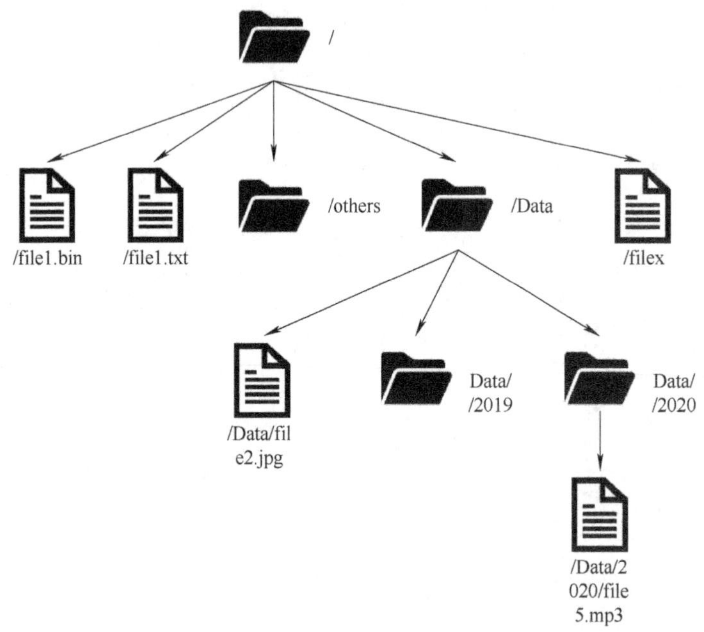

图 28-1　DFS 的目录结构示意图

RTT 的 DFS 组件特点是：支持 POSIX 接口，对文件和目录访问提供统一的接口，比如常见的 read、write、poll 和 select 等。通过 menuconfig 工具可以支持多种文件系统，比如 FatFS、RomFS、DevFS 以及 ELM（FAT12/16/32）。也能支持多种存储设备，比如 SD 卡、SPI Flash、Nand Flash 等。当然，还支持各种设备。图 28-2 所示为 RTT DFS 的层次结构图。

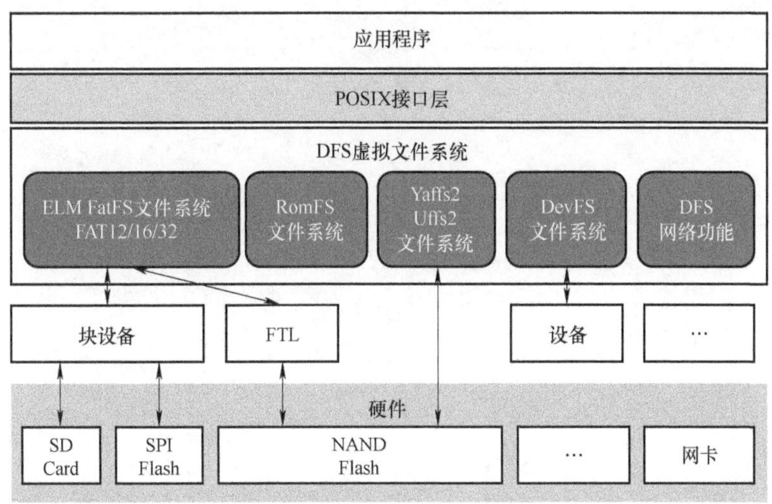

图 28-2　DFS 的层次结构

POSIX 接口即“Portable Operating System Interface of UNIX”，顾名思义，它最初来自于 UNIX，是给各种运行在 UNIX 上的软件定义统一标准的 API 接口。Linux 的出现沿用了这一标准，这样可以在源代码级别实现上层应用软件的复用。

28.2 文件系统的挂载

在使用文件系统以前，需要经历几个步骤：初始化 DFS 和文件系统、在 DFS 中注册文件系统、在存储设备上创建块设备、对设备进行格式化（第一次使用时），最后挂载到 DFS 的目录中。如果不继续使用文件系统，可以卸载掉。

初始化 DFS 的过程由 dfs_init( ) 函数实现，如图 28-3 所示。从“dfs. c”文件中可以找到该函数。该函数被宏“INIT_PREV_EXPORT”导出，所以在系统启动时会被自动调用。

代码本身不复杂，考虑到篇幅的问题，这里不对文件系统做深入讨论。值得提醒的是，如前所述，RTT 也把设备作为文件系统的一部分纳入管理，所以默认情况下会有两个文件系统，一个是 DevFS，主要用于管理设备，另一个是 RTT 默认选择的文件系统 ELM FatFS。ELM 是一个针对嵌入式系统的开源文件系统，来自日本。其官网主页也很卡通（ELM by ChaN（elm-chan. org）），有兴趣可以自己去看看。ELM FatFS 的编写遵循 ANSI C，并且完全与磁盘 I/O 层分开，因此，它不依赖硬件架构，可以嵌入到低成本的微控制器中，如 AVR、8051、PIC、ARM、Z80、68K 等，而不需要做任何修改。它是由一个非常有才的人用业余时间来维护的。遗憾的是，国内对 ELM 的介绍并不多，还是从互联网中找更多的信息吧。

初始化完 DFS，就要开始在 DFS 中注册特定的文件系统。文件系统的注册也是系统启动时自动进行的。从“dfs_elm. c”文件中可以找到注册函数的调用，如图 28-4 所示。对于 dfs_register( ) 函数本身就不再解释了，希望各位自己阅读代码来了解。

总结一下注册的流程，如图 28-5 所示。文件系统的初始化和注册过程就解释至此，类似于设备管理中的“attach”，文件系统在使用前需要“mount”。

```c
/**
 * this function will initialize device file system.
 */
int dfs_init(void)
{
    static rt_bool_t init_ok = RT_FALSE;

    if (init_ok)
    {
        rt_kprintf("dfs already init.\n");
        return 0;
    }

    /* clear filesystem operations table */
    memset((void *)filesystem_operation_table, 0, sizeof(filesystem_operation_table));
    /* clear filesystem table */
    memset(filesystem_table, 0, sizeof(filesystem_table));
    /* clean fd table */
    memset(&_fdtab, 0, sizeof(_fdtab));

    /* create device filesystem lock */
    rt_mutex_init(&fslock, "fslock", RT_IPC_FLAG_FIFO);

#ifdef DFS_USING_WORKDIR
    /* set current working directory */
    memset(working_directory, 0, sizeof(working_directory));
    working_directory[0] = '/';
#endif

#ifdef RT_USING_DFS_DEVFS
    {
        extern int devfs_init(void);

        /* if enable devfs, initialize and mount it as soon as possible */
        devfs_init();

        dfs_mount(NULL, "/dev", "devfs", 0, 0);
    }
#endif

    init_ok = RT_TRUE;

    return 0;
}
INIT_PREV_EXPORT(dfs_init);
```

图 28-3　dfs_init( ) 函数的实现

```c
int elm_init(void)
{
    /* register fatfs file system */
    dfs_register(&dfs_elm);

    return 0;
}
INIT_COMPONENT_EXPORT(elm_init);
```

图 28-4 注册 ELM 文件系统

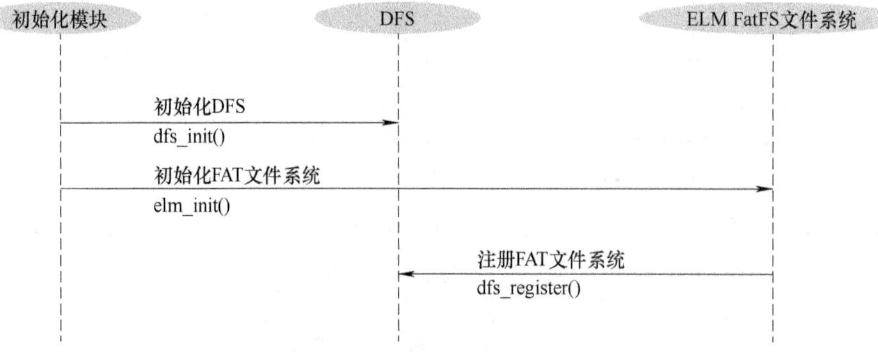

图 28-5　ELM 文件系统注册流程

需要注意的是，对于文件系统而言只有块设备才能被挂载。RTT 使用 SFUD 来将外置 SPI 设备抽象成块设备，所以在使用前还需要确认添加了 SFUD 组件。块设备注册流程如图 28-6所示。

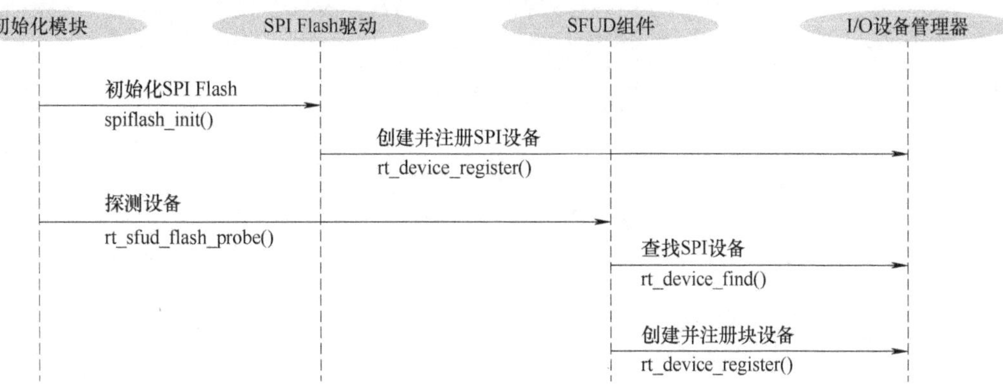

图 28-6　块设备注册流程

文件系统加载需要调用 dfs_mount( ) 函数。函数的说明如图 28-7 所示。

返回值	函数名	参数	解释
int			文件系统挂载结果，成功0，失败-1
	dfs_mount		挂载文件系统
		const char *device_name	一个包含了文件系统的设备名字
		const char *path	挂载文件系统的路径，即挂载点
		const char *filesystemtype	需要挂载的文件系统类型
		unsigned long rwflag	读写标志位
		const void *data	文件系统的私有数据

图 28-7　dfs_mount( ) 函数说明

如果不再需要文件系统，可以通过 dfs_unmount( ) 函数来卸载。函数说明如图 28-8 所示。

返回值	函数名	参数	解释
int			文件系统卸载结果，成功0，失败-1
	dfs_unmount		格式化文件系统
		(const char *path)	挂载文件系统的路径

图 28-8　dfs_unmount( ) 函数说明

28.3 格式化

文件系统加载完毕、注册完设备后，就可以开始使用了。不过在第一次使用前需要对存储设备做格式化，在应用中调用 dfs_mkfs( ) 函数即可。函数说明如图 28-9 所示。

文件系统的格式化过程如图 28-10 所示。

返回值	函数名	参数	解释
int			文件系统初始化结果，成功0，失败-1
	dfs_mkfs		格式化文件系统
		const char *fs_name	文件系统的名字
		const char *device_name	需要格式化文件系统的设备名字

图 28-9　dfs_mkfs( ) 函数说明

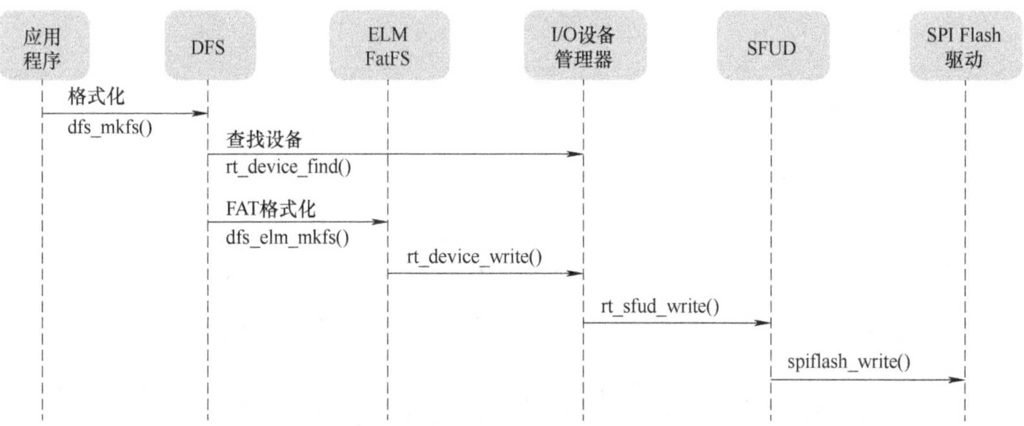

图 28-10　文件系统格式化流程

在 sample13 工程中，可以从“spi_flash. c”文件中的 file_system_mount( ) 函数看到如何挂载和格式化文件系统，如图 28-11 所示。

```
void file_system_mount(void)
{
  if(dfs_mount("EN25Q128", "/", "elm", 0, 0) == RT_NULL)
  {
    rt_kprintf("spi flash mount to /!\n");
  }
  else
  {
    rt_kprintf("mount failed, and trying to make FS now...\n");
    dfs_mkfs("elm", "EN25Q128");
    if(dfs_mount("EN25Q128", "/", "elm", 0, 0) != RT_NULL)
      rt_kprintf("spi flash mount to / failed!\n");
    else
      rt_kprintf("spi flash mount to /!\n");
  }
}
```

图 28-11　sample13 工程中的文件系统挂载和格式化

再次提示，系统每次启动都要先挂载文件系统才能使用。如果文件系统没有格式化，挂载会失败。但是文件系统一般只需要格式化一次，以后上电不需要再次格式化，除非有一些操作破坏了文件系统的数据。因此，例子里首先尝试挂载文件系统，如果失败就尝试格式化文件系统，然后再次尝试挂载文件系统。这种做法也不是最稳妥的，因为在实际应用场合中，如果文件系统出现故障，往往文件系统的数据是不会丢失的，而一旦格式化后这些数据就丢失了。实际使用时还是手动操作文件系统格式化比较稳妥。

至此，文件系统可以正常使用了。文件系统的打开文件、读写文件、创建目录、删除文件和目录等其他常规的操作请自己尝试在 RTT 官网上查找具体的函数和使用方法，这里就不再罗列了。

28.4 实验

在实践前，还是要先看看硬件。文件系统一般存在于独立的存储器上，而不与普通的程序存储器共用。除了出于安全考虑，更重要的是程序存储器和文件系统对数据的组织方式不同，混在一起不便于管理。所以一般都会在外置 Flash 或者 SD 卡上实现文件系统。学习板上有一颗外置 Flash，可以用它来实现文件系统的功能。实现文件系统的 Flash 一般采用 SPI 接口而不是 SPIM 接口，核心篇中解释过这两个接口之间的区别。板子上的 SPIM 接口和 SPI 接口是复用的，如果采用 SPI 接口需要另外飞线，如图 28-12 和图 28-13 所示。核心篇中对此有过介绍，但是为了方便，这里再次说明一下。

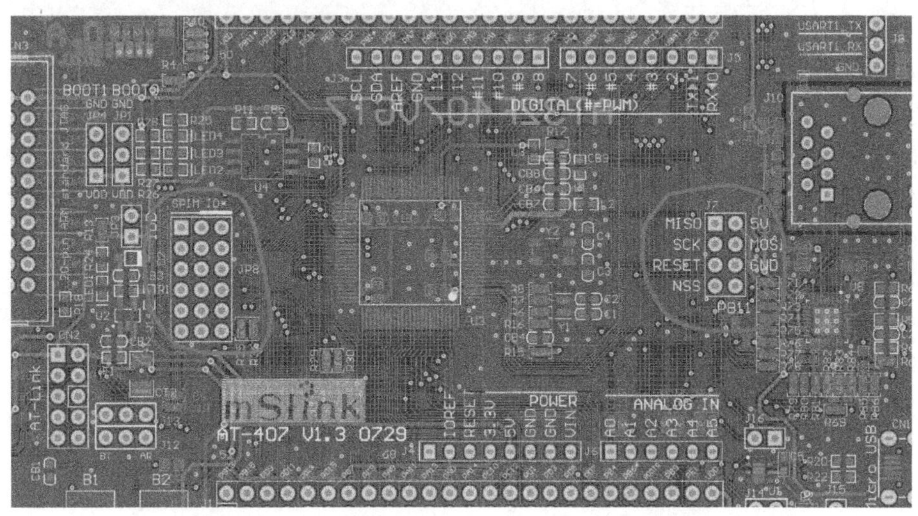

图 28-12　SPIM 接口和普通 SPI 接口的位置

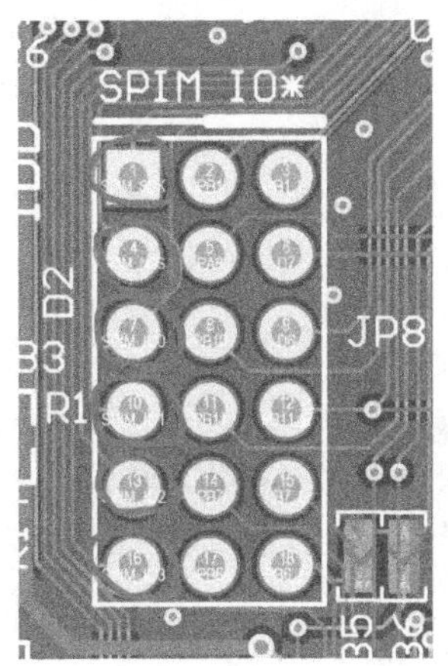

图 28-13　SPIM 接口和普通 SPI 接口的定义

找到板子上的 JP8（SPIM 接口）以及 J7（SPI 接口），把 JP8 上的短路帽全部小心取下，然后按照图 28-14 中的接法飞线，总结如图 28-15 所示。

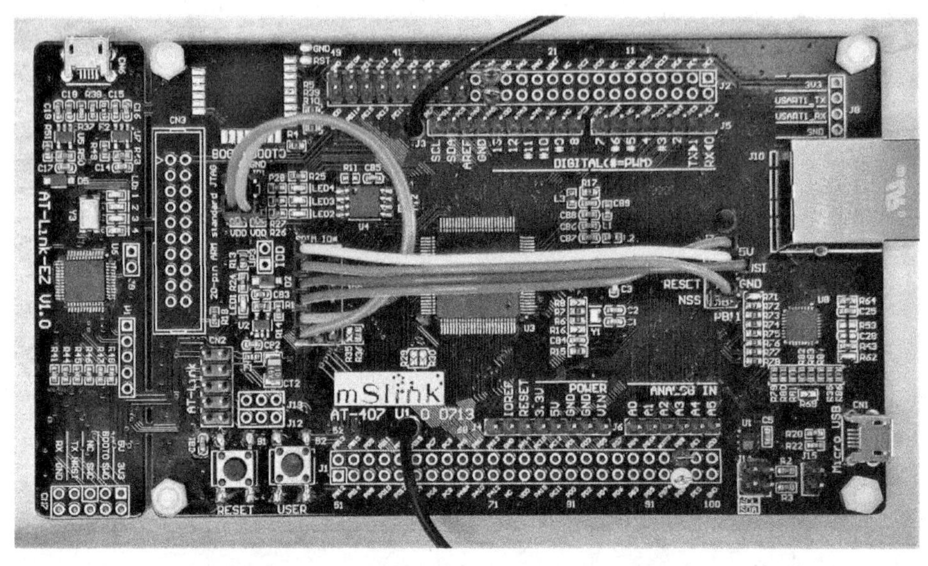

图 28-14　SPIM 接口和普通 SPI 接口的飞线图

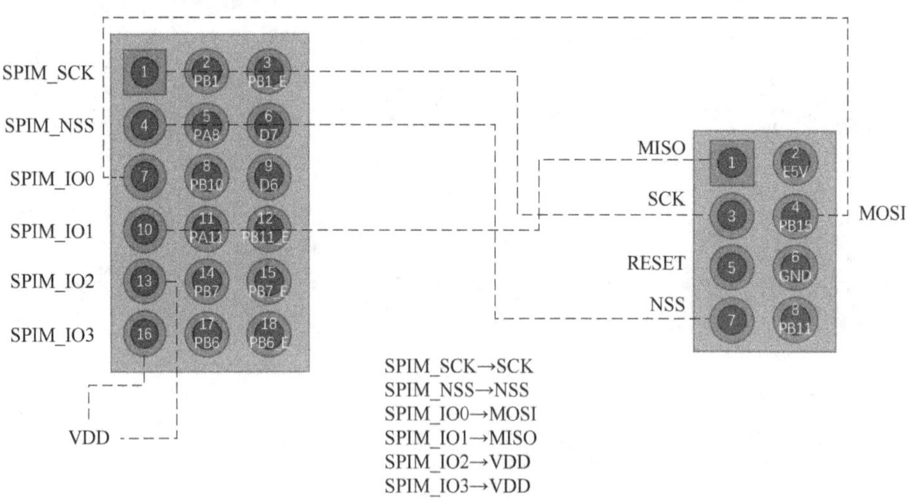

图 28-15　SPIM 接口和普通 SPI 接口的飞线总结

硬件完成后，需要对软件做些配置。本书准备的例程“sample13”中已经配置好了，但是为了让大家对于文件系统的配置有个大致的概念，还需要简单介绍一下。

既然是配置，就需要用到“menuconfig”命令。如图 28-16 所示，首先在菜单里添加 ELM 文件系统组件，并且设置最大的扇区大小为 4096 个字节。

接下来为了确保编译顺利，请确认图 28-17 中的选项是选中的。

然后，请确认一下 SPI 的驱动是否已经添加。RTT 文件系统会默认使用 SFUD 的驱动接口来访问外置 SPI Flash，所以要确认已经添加，如图 28-18 所示。

最后，为了方便学习使用文件系统，可以把 ELM 文件系统的一个示例程序添加到工程中。虽然是个例子，但是基本上常用的文件操作都被涵盖在内了。还是在“menuconfig”菜单里，按照图 28-19 所示的顺序选择子菜单中的内容。

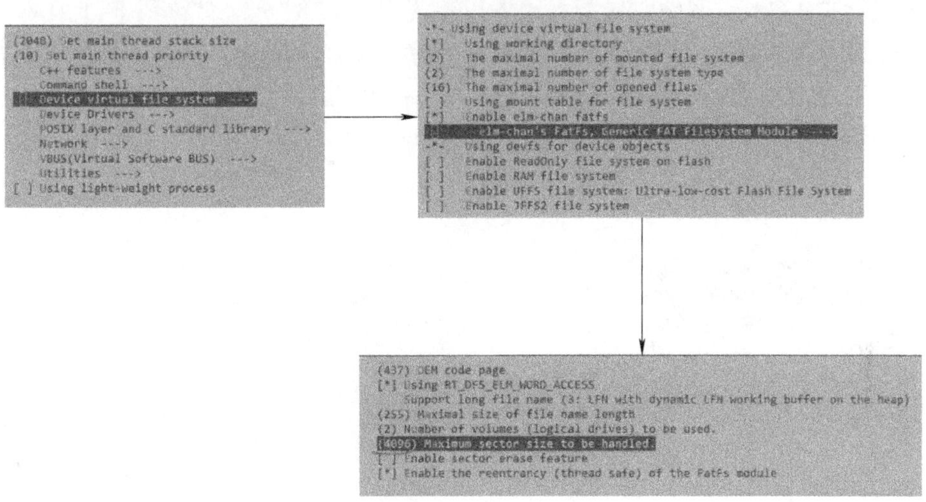

图 28-16　文件系统配置的菜单路径

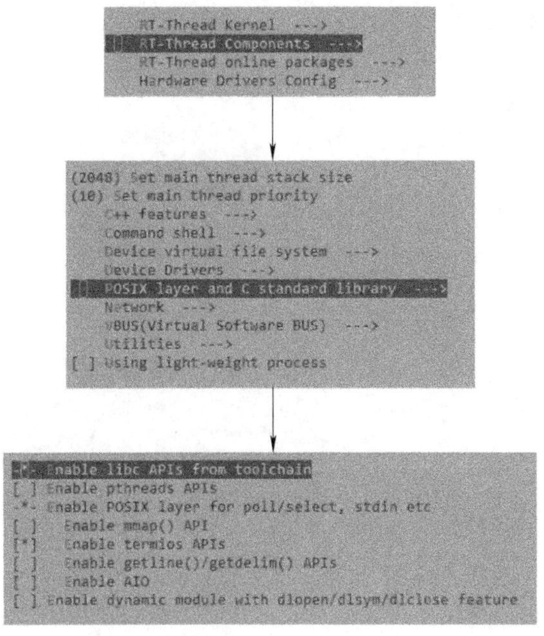

图 28-17　确保文件系统编译不出错

sample13 工程这样配置完毕后，再单独添加一个“spi_flash. c”文件来演示如何加载文件系统。请编译、下载。如果一切正常，在 putty 终端中应该显示图 28-20 所示的信息；如果不正常，则首先检查飞线是否正确。

终端显示的内容很多，其中的信息基本都是在 SFUD 初始化的时候输出的，主要是测试 Flash 的驱动是否正常工作。最后，如果文件系统挂载成功，会显示出文件系统挂载的目录“spi flash mount to /”，此时就可以测试文件系统了。因为文件系统中的命令非常多，所以这里不再一一列举。不过，我们可以重复利用 FinSH 的命令行功能，笔者在做配置的时候还添加了文件系统代码操作的例子，如图 28-21 所示。

具体涉及文件系统编程的时候，大家可以参考其中的例子，或者到 RTT 官网上找更多的例子。为了快捷有效地测试文件系统，可以直接在 FinSH 终端中使用命令行，比如新建目录、新建文件等，如图 28-22 ~ 图 28-24 所示。

如果不知道 FinSH 支持哪些命令，可以在命令行中输入“help”来查看，如图 28-25 所示。

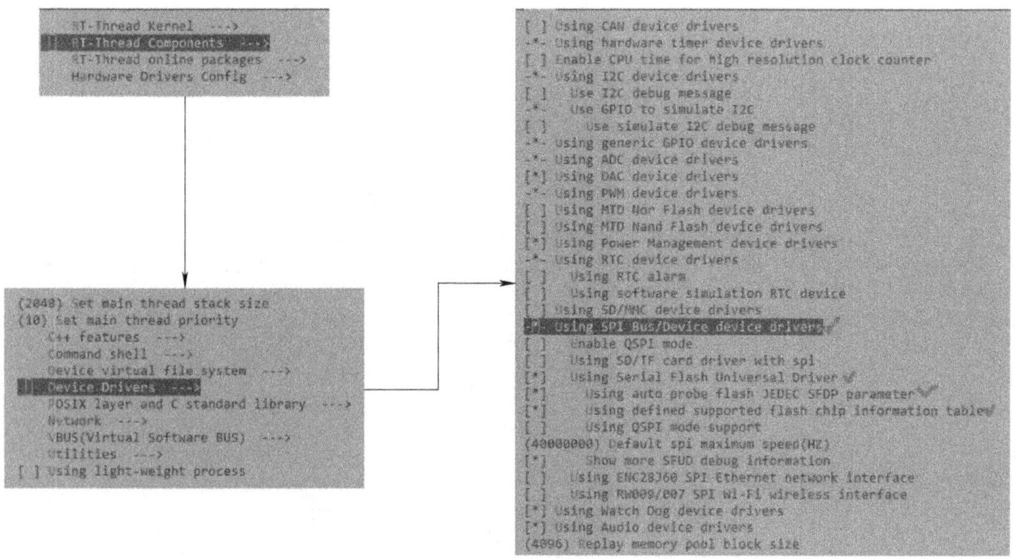

图 28-18　确保 SFUD SPI 驱动已经添加

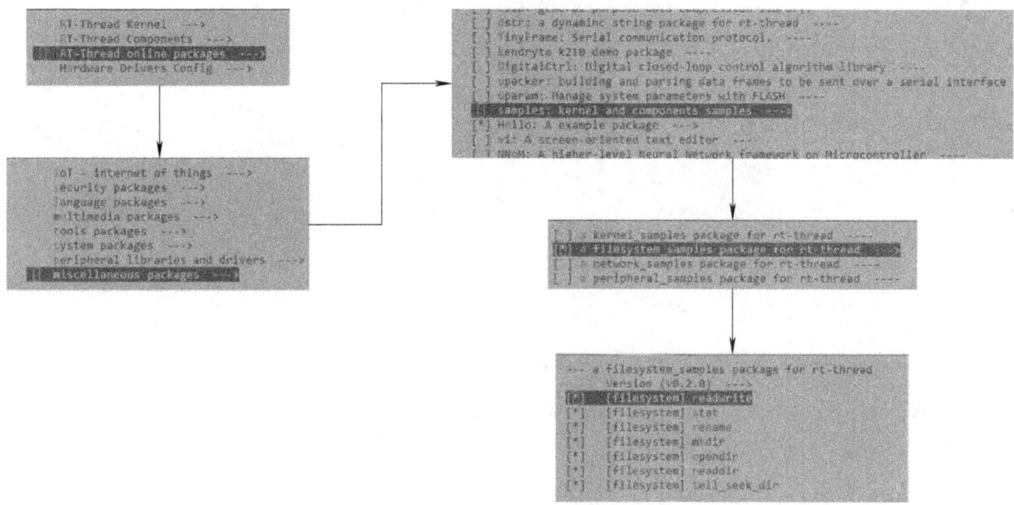

图 28-19　添加文件系统例子的菜单路径

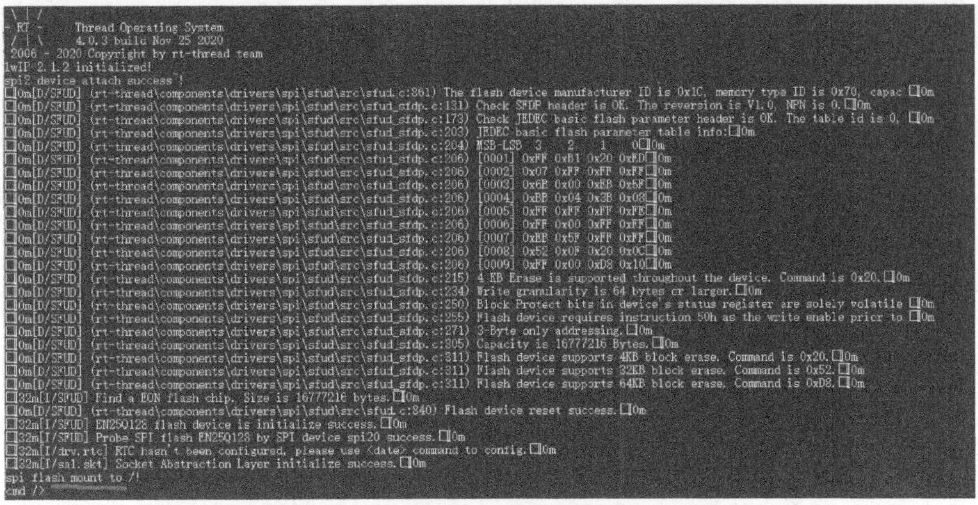

图 28-20　文件系统测试程序中断显示界面

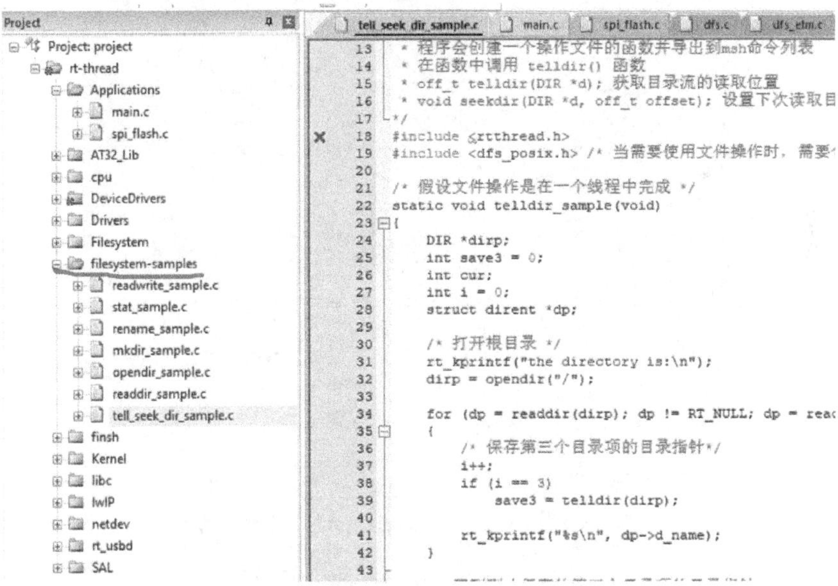

图 28-21　sample13 工程中文件系统代码操作的例子

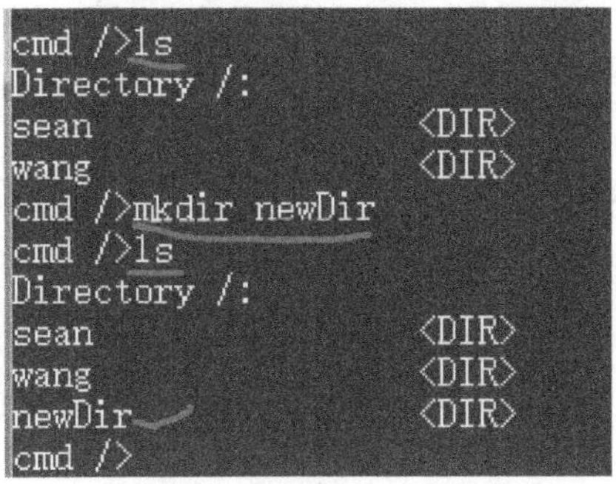

图 28-22　在 FinSH 中用命令行新建目录

```
cmd />echo "hello elm file system"!!" test.txt
cmd />ls
Directory /:
sean                    <DIR>
wang                    <DIR>
newDir                  <DIR>
test.txt                24
cmd />
```

图 28-23　在 FinSH 中用命令行新建一个文本文件

```
cmd />cd newDir
cmd /newDir>ls
Directory /newDir:
cmd /newDir>
```

图 28-24　在 FinSH 中用命令行进入一个目录

```
cmd />help
RT-Thread shell commands:
adc              - adc function
dac              - dac function
pwm_enable       - pwm_enable pwm1 1
pwm_disable      - pwm_disable pwm1 1
pwm_set          - pwm_set pwm1 1 100 50
pm_release       - release power management mode
pm_request       - request power management mode
pm_run           - switch power management run mode
pm_dump          - dump power management status
date             - get date and time or set [year month day hour min s
sf               - SPI Flash operate.
list_fd          - list file descriptor
readwrite_sample - readwrite sample
stat_sample      - show text.txt stat sample
rename_sample    - rename sample
mkdir_sample     - mkdir sample
opendir_sample   - open dir sample
readdir_sample   - readdir sample
telldir_sample   - telldir sample
clear            - clear the terminal screen
version          - show RT-Thread version information
list_thread      - list thread
list_sem         - list semaphore in system
list_event       - list event in system
list_mutex       - list mutex in system
list_mailbox     - list mail box in system
list_msgqueue    - list message queue in system
list_memheap     - list memory heap in system
list_mempool     - list memory pool in system
list_timer       - list timer in system
list_device      - list device in system
help             - RT-Thread shell help.
ps               - List threads in the system.
free             - Show the memory usage in the system.
ls               - List information about the FILEs.
cp               - Copy SOURCE to DEST.
mv               - Rename SOURCE to DEST.
cat              - Concatenate FILE(s)
rm               - Remove(unlink) the FILE(s).
cd               - Change the shell working directory.
pwd              - Print the name of the current working directory.
mkdir            - Create the DIRECTORY.
mkfs             - format disk with file system
df               - disk free
echo             - echo string to file
ifconfig         - list the information of all network interfaces
ping             - ping network host
dns              - list and set the information of dns
netstat          - list the information of TCP / IP
```

图 28-25　FinSH 支持的命令

第 29 章　万物互联——网络框架

单片机很早就存在于人们的生活之中，但是很少被关注到，因为大家都习以为常了。技术发展解决了人与人之间的信息传递问题之后，人们把视野放到了如何把原来那些游离于网络之外的机器或设备连接到网络之中。随着无线技术的普及以及半导体技术的成熟，这一切成为可能，于是 IoT 和“万物互联”的概念出现了。所以，IoT 和“万物互联”的概念虽然很时髦，但是并不新鲜，在笔者看来无非就是让单片机具备上网的功能。

29.1 RTT 网络框架

RTT 作为一个操作系统，需要支持多种不同的网络协议栈。为此，RTT 开发了一个称为 SAL（Socket Abstraction Layer，套接字抽象层）的组件。上层应用可以通过 SAL 无缝接入各种协议栈，比如几种常见的 TCP/IP 协议栈。在嵌入式系统中，人们常用 lwIP 的 TCP/IP 协议栈。RTT 的网络框架结构如图 29-1 所示。

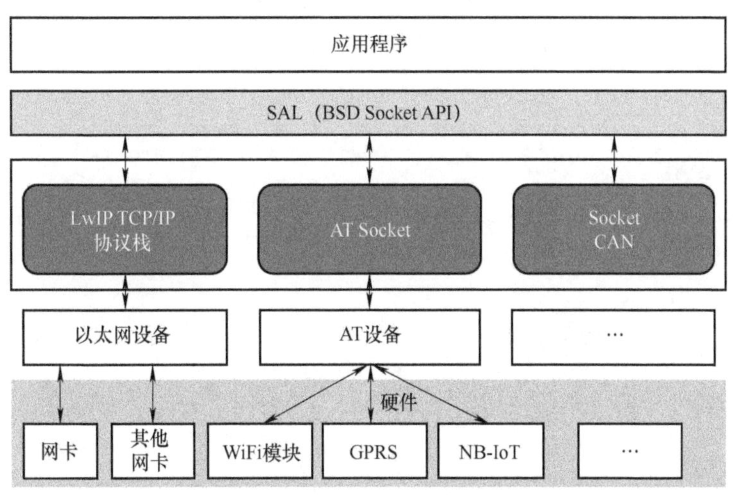

图 29-1　RTT 的网络框架结构

RTT 的网络框架分为四层。SAL 为最上层的应用程序提供统一的接口，比如 accept( )、connect( )、send( )、recv( )等函数。接口符合 BSD Socket API 的标准，也能支持 poll( )和 select( )函数。这样应用程序就不用关心具体的底层实现。

默认情况下，SAL 层会使用 LwIP 作为其以太网 TCP/IP 协议栈。AT Socket 主要规范了一些采用 AT 指令集控制的无线通信模块，比如 Wi-Fi 模块、GPRS 模块、蓝牙模块等，一般用 UART 与单片机连接。而 Socket CAN 是一种 CAN 总线的编程方式，比较容易使用，这里不展开。由于 SAL 层的存在，使得 RTT 可以通过添加软件包的形式来扩充各种网络协议，比如 MQTT、WebClient、CJSON、OneNet 等；还有各种网络调试工具，比如 ping、TFTP、Telnet 等。相关细节可以去 RTT 官网上查找。

初始化工作通过调用 sal_init( ) 来实现。

类似于设备管理机制，上层设备使用前也需要对 SAL 做初始化和网络协议簇的注册。从“sal_socket. c”文件中能找到 SAL 的初始化代码，如图 29-2 所示。从代码中能看到，sal_init( ) 被宏“INIT_COMPONENT_EXPORT”添加到了组件初始化的阶段，因此是系统初始化过程中自动执行的。这个过程只是添加了应用层的接口，还需要添加设备端的接口，这是在设备初始化过程中被添加的，具体来说是由“drv_eth. c”文件中的 rt_hw_at32_eth_init( ) 调用的，这又是一个套娃游戏，如果有兴趣可以根据提示自己去深入看一下源代码。rt_hw_at32_eth_init( ) 会被宏“INIT_DEVICE_EXPORT”添加到自动初始化过程。在 rt_hw_at32_eth_init( ) 中，会调用 eth_device_init( ) 函数，lwIP 的相关函数是在这个阶段注册的。然后创建一个线程来专门负责监听网络消息。

```
/**
 * SAL (Socket Abstraction Layer) initialize.
 *
 * @return result  0: initialize success
 *                -1: initialize failed
 */
int sal_init(void)
{
    int cn;

    if (init_ok)
    {
        LOG_D("Socket Abstraction Layer is already initialized.");
        return 0;
    }

    /* init sal socket table */
    cn = SOCKET_TABLE_STEP_LEN < SAL_SOCKETS_NUM ? SOCKET_TABLE_STEP_LEN : SAL_SOCKETS_NUM;
    socket_table.max_socket = cn;
    socket_table.sockets = rt_calloc(1, cn * sizeof(struct sal_socket *));
    if (socket_table.sockets == RT_NULL)
    {
        LOG_E("No memory for socket table.\n");
        return -1;
    }

    /* create sal socket lock */
    rt_mutex_init(&sal_core_lock, "sal_lock", RT_IPC_FLAG_FIFO);

    LOG_I("Socket Abstraction Layer initialize success.");
    init_ok = RT_TRUE;

    return 0;
}
INIT_COMPONENT_EXPORT(sal_init);
```

图 29-2　SAL 初始化代码

与 SAL 相关的操作函数在“sal. h”文件中声明，最关键的结构体是“struct sal_proto_family {…}”。它又包含“struct sal_socket_ops {…}”和“struct sal_netdb_ops {…}”两个结构体，如图 29-3 所示。

SAL 初始化和网络协议注册的时候都需要初始化这个关键结构体中的内容。不过这只是一个声明，不同的协议簇在和 SAL 对接的时候都要针对声明的结构体来安排具体的实现。比如 lwIP 的接口实现在“af_inet_lwip. c”中，如图 29-4 所示。考虑到篇幅问题，请自行研究源代码。

```
/* network interface socket opreations */
struct sal_socket_ops
{
    int (*socket)     (int domain, int type, int protocol);
    int (*closesocket)(int s);
    int (*bind)       (int s, const struct sockaddr *name, socklen_t namelen);
    int (*listen)     (int s, int backlog);
    int (*connect)    (int s, const struct sockaddr *name, socklen_t namelen);
    int (*accept)     (int s, struct sockaddr *addr, socklen_t *addrlen);
    int (*sendto)     (int s, const void *data, size_t size, int flags, const struct so
    int (*recvfrom)   (int s, void *mem, size_t len, int flags, struct sockaddr *from,
    int (*getsockopt) (int s, int level, int optname, void *optval, socklen_t *optlen);
    int (*setsockopt) (int s, int level, int optname, const void *optval, socklen_t opt
    int (*shutdown)   (int s, int how);
    int (*getpeername)(int s, struct sockaddr *name, socklen_t *namelen);
    int (*getsockname)(int s, struct sockaddr *name, socklen_t *namelen);
    int (*ioctlsocket)(int s, long cmd, void *arg);
#ifdef SAL_USING_POSIX
    int (*poll)       (struct dfs_fd *file, struct rt_pollreq *req);
#endif
};

/* sal network database name resolving */
struct sal_netdb_ops
{
    struct hostent* (*gethostbyname)   (const char *name);
    int             (*gethostbyname_r) (const char *name, struct hostent *ret, char *buf
    int             (*getaddrinfo)     (const char *nodename, const char *servname, cons
    void            (*freeaddrinfo)    (struct addrinfo *ai);
};

struct sal_proto_family
{
    int family;                                  /* primary protocol families type */
    int sec_family;                              /* secondary protocol families type */
    const struct sal_socket_ops *skt_ops;        /* socket opreations */
    const struct sal_netdb_ops *netdb_ops;       /* network database opreations */
};
```

图 29-3　SAL 中的关键结构体声明

为了比较清晰地了解操作流程，再看看在 RTT 中如何接收数据和发送数据。RTT 启动时如果注册了网络组件，就会有很多初始化动作（比如初始化网络硬件），然后创建几个线程，专门负责处理不同层的工作。比如，负责链路层的 eth_link 线程、发送数据的 etx 线程、接收数据的 erx 线程以及 tcpip 线程。图 29-5 所示为从网络接收数据的流程图，图 29-6 所示为发送数据至网络的流程图。

从接收流程可以看出，应用程序调用接收数据的 API 后，会被阻塞，直到收到数据为止。

发送数据流程比接收数据流程要简单。但是请注意，发送数据虽然不会阻塞 App 的线程，但是发送数据的线程会去判断以太网的状态是否空闲，如果不空闲会把自己挂起。所以，如果 App 端的数据发送太快就会出现一些问题，比如没有足够的内存。

```
static const struct sal_socket_ops lwip_socket_ops =
{
    inet_socket,
    lwip_close,
    lwip_bind,
    lwip_listen,
    lwip_connect,
    inet_accept,
    (int (*)(int, const void *, size_t, int, const struct sockaddr *, socklen_t))lwip_
    (int (*)(int, void *, size_t, int, struct sockaddr *, socklen_t *))lwip_recvfrom,
    lwip_getsockopt,
    //TODO fix on 1.4.1
    lwip_setsockopt,
    lwip_shutdown,
    lwip_getpeername,
    inet_getsockname,
    inet_ioctlsocket,
#ifdef SAL_USING_POSIX
    inet_poll,
#endif
};

static const struct sal_netdb_ops lwip_netdb_ops =
{
    lwip_gethostbyname,
    lwip_gethostbyname_r,
    lwip_getaddrinfo,
    lwip_freeaddrinfo,
};

static const struct sal_proto_family lwip_inet_family =
{
    AF_INET,
#if LWIP_VERSION > 0x2000000
    AF_INET6,
#else
    AF_INET,
#endif
    &lwip_socket_ops,
    &lwip_netdb_ops,
};
```

图 29-4　LwIP 中关键结构体的实现

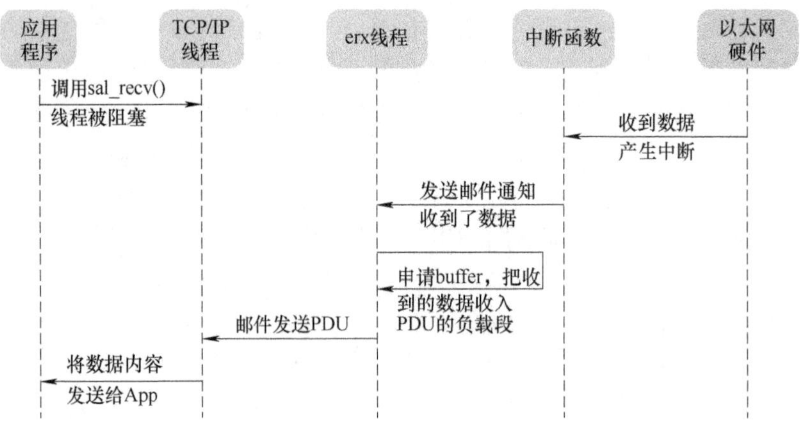

图 29-5　接收数据流程

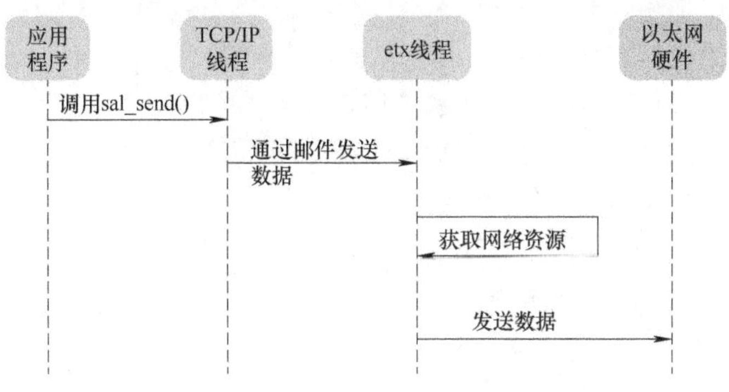

图 29-6　发送数据流程

29.2 网络套接字

Socket 原意是“插座”，在通信领域被翻译为“套接字”。它非常形象——把插头插到插座上就能从电网获得电力供应，同样，当我们希望把嵌入式设备连接上网络时，就能用这个“插座”在网络中彼此通信。Socket 是指一组标准的 API 函数接口，而不是一个。它对应用层屏蔽了底层的通信协议和硬件访问，因此使用起来还是非常方便的。这些接口都被做了规范化的定义，在不同平台上的使用方法几乎相同，大大提高了应用软件的移植性。因此，在 RTT 平台上学会了怎么使用 Socket 编程，理论上在其他平台也一样可以用。

前面提过线程和进程的差别。在嵌入式系统中，至少在 RTOS 中基本没有进程的概念，只有线程的概念。但是，在众多上网设备中，计算机和手机都是多任务操作系统，上面运行的都是进程。最先上网的设备也是计算机，而 Socket 解决的其实是网络中的“进程间通信”问题。前面讲过线程间通信（进程间通信和线程间通信方式差不多），但那只是不同的进程或者线程在本地系统之间通信的方法。那么怎么理解网络中的进程间通信呢？很简单，比如用 QQ 和别人聊天时，QQ 就是一个进程，发送的消息通过套接字转换成一个数据包传递给下面的 TCP/IP 协议，TCP/IP 再将这个数据包转换成数据报文，层层“套娃”最终通过硬件发送出去，对方设备接收到这个报文后再通过 TCP/IP 协议，层层“解套”把有用的数据接收进来给上层的 QQ（进程）。这就是两个进程在通信。系统中有很多进程，怎么保证数据不发错对象呢？IP 地址、协议、端口号组合在一起就能确定一个唯一的进程。IP 地址用来确定网络中具体的设备，协议和端口号用来确定设备中具体的进程。Socket 中的 API 把这三项组织在一起，统一进行创建、管理、删除等，兼具收发数据等功能，减少上层应用层的工作。

网络通信协议也是百花齐放，在嵌入式领域最常见的是 TCP/IP 协议。TCP/IP 协议又分为两大类不同的通信方式：一种是基于可靠连接的通信方式，这种方式是基于 TCP（Transfer Control Protocol），TCP 可以确保数据的正确性、完整性和正确的顺序；另一种是无连接的数据传输，基于 UDP（User Datagram Protocol），它把每个数据报文作为一个独立的数据包来传输。如果一个报文被拆分成多个数据包传输，就无法保证数据包的完整性和先后顺序正确性了。从程序的编写流程可以很容易地看出这两者的区别，如图 29-7 和图 29-8 所示。

在网络通信中，通信双方使用“服务器/客户端”角色模型。服务器就是指提供数据和服务的角色，而请求数据或服务的另一端就是客户端，同时规定，所有的连接都是由客户端发起的，而服务器的工作就是时刻准备着为用户服务，所以在使用 TCP 的情况下，服务器端都处于等待被连接或“监听”状态。而 UDP 则简单粗放得多，永远处于接收状态，收到数据后根据数据请求直接发送数据到客户端。所以，TCP 比 UDP 多了“连接”概念，而 UDP 是不存在“连接”概念的。

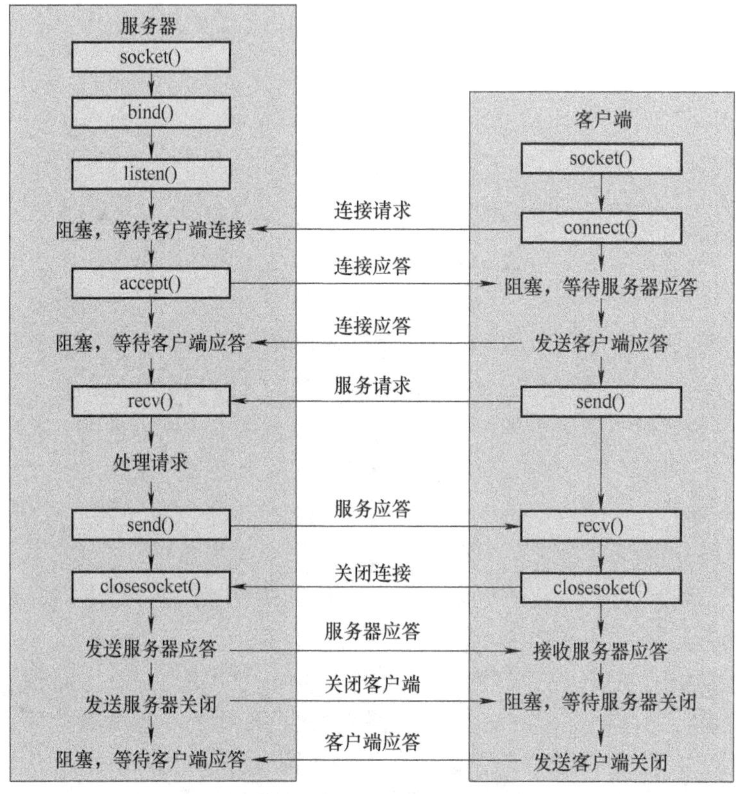

图 29-7　基于 TCP 的 Socket 流程

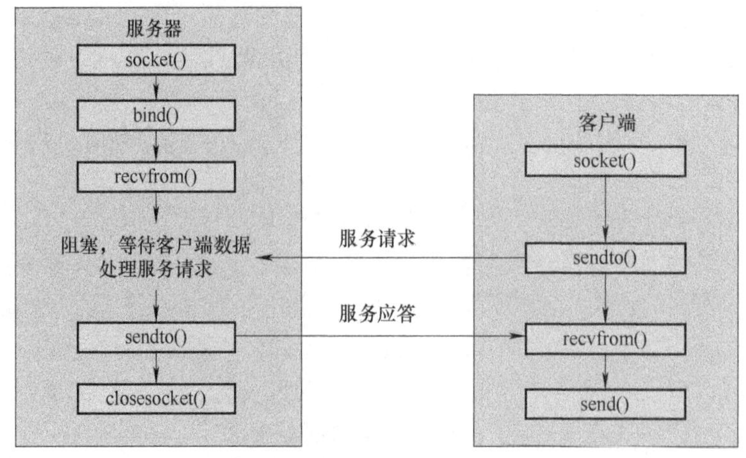

图 29-8　基于 UDP 的 Socket 流程

在通信前需要双方创建套接字。创建套接字可以调用 socket( ) 函数来实现，说明如图 29-9所示。在建立套接字的时候可以选择采用 TCP 还是 UDP 模式。虽然 UDP 不能保证数据传输的可靠性，但是其机制简单，因此效率非常高。所以还是要结合具体的应用场景来选择最合适的方式。这里以 TCP 模式为讲解基础，UDP 比 TCP 简单，因此各位可以自己举一反三。

返回值	函数名	参数	解释
int			失败返回-1，成功返回套接字描述符
	socket		
		int domain	协议簇
		int type	指定通信的类型：sock SRAM（代表TCP）或SOCK_DGRAM（代表UP）
		int protocol	为套接字指定一种协议，默认设置为0

图 29-9　socket( ) 函数说明

套接字建立成功后，在服务器端都要做绑定工作，其作用是将设备在网络通信中的端口号和 IP 地址绑定到套接字上，这样才能完整地唯一描述一个套接字。函数说明如图 29-10 所示。

返回值	函数名	参数	解释
int			失败返回-1，成功返回0
	bind		
		int s	套接字描述符
		const struct sockaddr *name	指向sockaddr结构体的指针
		socklen_t namelen	sockaddr结构体的长度

图 29-10　bind( ) 函数说明

TCP 连接中的服务器端在绑定结束后需要调用监听函数，用来明确之后需要对哪个具体的 Socket 进行操作。函数说明如图 29-11 所示。

返回值	函数名	参数	解释
int			失败返回-1，成功返回套接字描述符
	listen		
		int s	套接字描述符
		int backlog	表示一次能够等待的最大连接个数

图 29-11　listen( ) 函数说明

当服务器端监听到来自于其他客户端的连接请求时，可以使用 accept( ) 函数来初始化连接。它会为每个新建的连接分配新的套接字。函数说明如图 29-12 所示。

从前面的 TCP 交互流程中可以看出，客户端在创建完套接字后，只要调用 connect( ) 函数来连接服务器就可以了。函数说明如图 29-13 所示。

完成连接后，就可以通过调用 recv( ) 和 send( ) 函数来收发数据了，如图 29-14 所示。

最后，如果要关闭连接，只要调用 closesocket( ) 函数就行了。函数说明如图 29-15 所示。

返回值	函数名	参数	解释
int			失败返回-1，成功返回新的套接字描述符
	accept		
		int s	套接字描述符
		struct sockaddr *addr	客户端设备地址信息
		socklen_t *addrlen	客户端设备地址结构体的长度

图 29-12　accept( ) 函数说明

返回值	函数名	参数	解释
int			失败返回-1，成功返回0
	connect		
		int s	套接字描述符
		const struct sockaddr *name	服务器地址信息
		socklen_t namelen	服务器地址结构体的长度

图 29-13　connect( ) 函数说明

返回值	函数名	参数	解释
int			≤0失败，成功返回发送的数据长度
	send		
		int s	套接字描述符
		const void dataptr *addr	要发送数据的指针
		size_t size	要发送的数据长度
		int flags	标志，一般置为0

返回值	函数名	参数	解释
int			>0成功，返回接收数据长度；=0传输完毕，连接关闭；<0失败
	recv		
		int s	套接字描述符
		void *mem	接收数据的指针
		size_t len	接收数据的长度
		int flags	标志，一般置为0

图 29-14　send( ) 和 recv( ) 函数说明

返回值	函数名	参数	解释
int			失败返回-1，成功返回0
	closesocket		
		int s	套接字描述符

图 29-15　关闭 Socket 连接

29.3 套接字编程实例

受篇幅限制，此处不可能把 TCP/IP 和 Socket 讲得很深，只能从应用层面来感受一下。最好的“老师”还是代码本身，所以打开随书资料中的“code\RTOS\sample14”文件夹，其中的工程便是一个用 TCP 实现的服务器端（Server）例子，如图 29-16 所示。

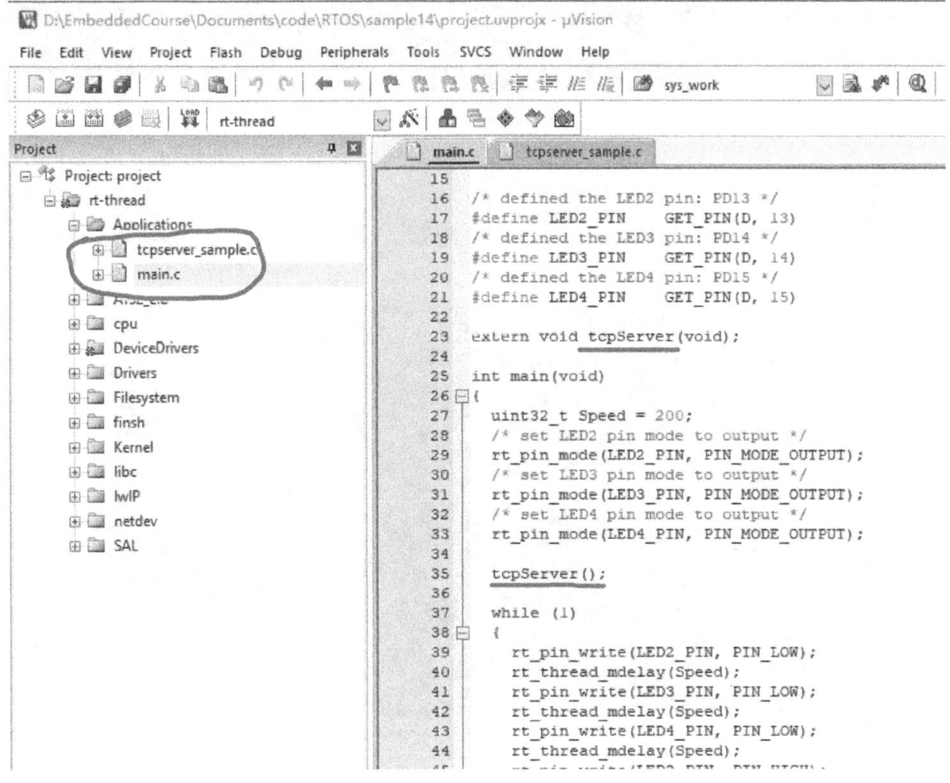

图 29-16 TCP Server 工程

为了方便阅读，笔者把所有 TCP Server 相关的代码都放到了一个名为“tcpserver_sample. c”的文件中。在主函数中，只是调用了这个文件中最重要的 tcpServer( ) 函数就可以使用服务器了。所以只需要重点关注“tcpserver_sample. c”。文件本身有点冗长（主要是有很多针对错误的处理），但是有中文注释，同时配合前面的流程图，还是很容易把握脉络的，请自行找到代码并阅读。

接下来讲解一下测试方法。首先实现的是一个 TCP Server。为了测试方便，让它一般情况下处于接收数据的状态，但是当客户端连接到服务器的时候会有一个数据从服务器发给客户端然后可以通过客户端不断地给服务器手动发送数据。由于服务器是单片机，所以所有这些信息都从 putty 终端显示出来。

编译下载测试程序，然后用网线把学习板接入网络，并确保和计算机是同一个网段。比如，计算机 IP 地址是 192. 168. 3. 3，子网掩码是 255. 255. 255. 0，那么学习板的 IP 地址应该是 192. 168. 3. n。接着按一下学习板的“RESET”按钮，putty 终端上应该有图 29-17 所示的结果。由于动态获取 IP 地址需要些时间，所以各位重启板子后需要等一会儿才会显示出“msh/>”。

```
C:\WINDOWS\system32\cmd.exe
D:\EmbeddedCourse\Tools\RTOS\org.rt-thread.studio.serial.putty_1.0.1\putty>plink.exe -serial COM3 -sercfg 115200,8,n,1,N

 \ | /
- RT -     Thread Operating System
 / | \     5.0.0 build Jan 29 2021
 2006 - 2020 Copyright by rt-thread team
lwIP-2.1.2 initialized!
□32m[I/drv.rtc] RTC hasn't been configured, please use <date> command to config.□0m
□32m[I/sal.skt] Socket Abstraction Layer initialize success.□0m

TCPServer Waiting for client on port 5000...
msh />
```

图 29-17　重启后 putty 终端的显示

从显示的信息可以看出，程序开始运行了，服务器已经开始在端口 5000 监听了。为了测试，还需要知道服务器的 IP 地址，使用“ifconfig”命令即可得知，如图 29-18 所示。

```
C:\WINDOWS\system32\cmd.exe
D:\EmbeddedCourse\Tools\RTOS\org.rt-thread.studio.serial.putty_1.0.1\putty>plink.exe -se

 \ | /
- RT -     Thread Operating System
 / | \     5.0.0 build Jan 29 2021
 2006 - 2020 Copyright by rt-thread team
lwIP-2.1.2 initialized!
□32m[I/drv.rtc] RTC hasn't been configured, please use <date> command to config.□0m
□32m[I/sal.skt] Socket Abstraction Layer initialize success.□0m

TCPServer Waiting for client on port 5000...
msh />ifconfig
network interface device: e0 (Default)
MTU: 1500
MAC: 00 80 e1 94 87 55
FLAGS: UP LINK_UP INTERNET_UP DHCP_ENABLE ETHARP BROADCAST IGMP
ip address: 192.168.3.2
gw address: 192.168.3.1
net mask  : 255.255.255.0
dns server #0: 192.168.3.1
dns server #1: 0.0.0.0
msh />
```

图 29-18　用“ifconfig”命令来确认学习板的 IP 地址

此处确认了 IP 地址是 192.168.3.2，和计算机地址处于同一个网段，如图 29-19 所示。

```
Windows PowerShell
Windows PowerShell
版权所有 (C) Microsoft Corporation。保留所有权利。

尝试新的跨平台 PowerShell https://aka.ms/pscore6

PS C:\Users\sean> ipconfig

Windows IP 配置


以太网适配器 以太网 2:

   媒体状态  . . . . . . . . . . . . : 媒体已断开连接
   连接特定的 DNS 后缀 . . . . . . . :

以太网适配器 以太网:

   连接特定的 DNS 后缀 . . . . . . . :
   本地链接 IPv6 地址. . . . . . . . : fe80::9459:ca19:f134:528f%3
   IPv4 地址 . . . . . . . . . . . . : 192.168.3.3
   子网掩码  . . . . . . . . . . . . : 255.255.255.0
   默认网关. . . . . . . . . . . . . : 192.168.3.1
PS C:\Users\sean>
```

图 29-19　用“ipconfig”命令来确认计算机的 IP 地址

用“ping”命令来尝试 ping 一下板子，看看是不是已经可以正常访问了，如图 29-20 所示。

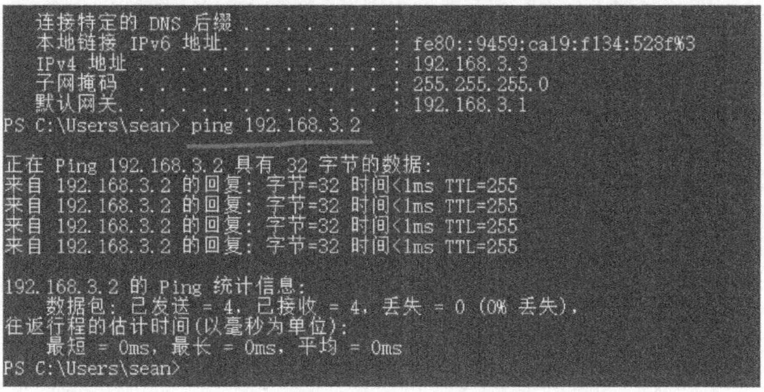

```
   连接特定的 DNS 后缀 . . . . . . . :
   本地链接 IPv6 地址. . . . . . . . : fe80::9459:ca19:f134:528f%3
   IPv4 地址 . . . . . . . . . . . . : 192.168.3.3
   子网掩码 . . . . . . . . . . . . : 255.255.255.0
   默认网关. . . . . . . . . . . . . : 192.168.3.1
PS C:\Users\sean> ping 192.168.3.2

正在 Ping 192.168.3.2 具有 32 字节的数据:
来自 192.168.3.2 的回复: 字节=32 时间<1ms TTL=255
来自 192.168.3.2 的回复: 字节=32 时间<1ms TTL=255
来自 192.168.3.2 的回复: 字节=32 时间<1ms TTL=255
来自 192.168.3.2 的回复: 字节=32 时间<1ms TTL=255

192.168.3.2 的 Ping 统计信息:
    数据包: 已发送 = 4，已接收 = 4，丢失 = 0 (0% 丢失)，
往返行程的估计时间(以毫秒为单位):
    最短 = 0ms，最长 = 0ms，平均 = 0ms
PS C:\Users\sean>
```

图 29-20　用“ping”命令来确认连通性

接下来需要用网络调试工具在计算机上模拟一个客户端。为了方便，在和书配套的资料中包含了一个网络调试助手，大家在网上也能找到。在“ReleaseV1.0\工具软件\RTOS”目录下找到一个名为“NetAssist.exe”的可执行文件。

请按照图 29-21 来配置，然后单击“连接”按钮。一旦连接成功，就能在数据输出框里看到一句话，这就表明学习板作为服务器已经接受了连接请求，并发送了一个字符串。同时，从 putty 终端中能看到来自学习板的输出，如图 29-22 所示。

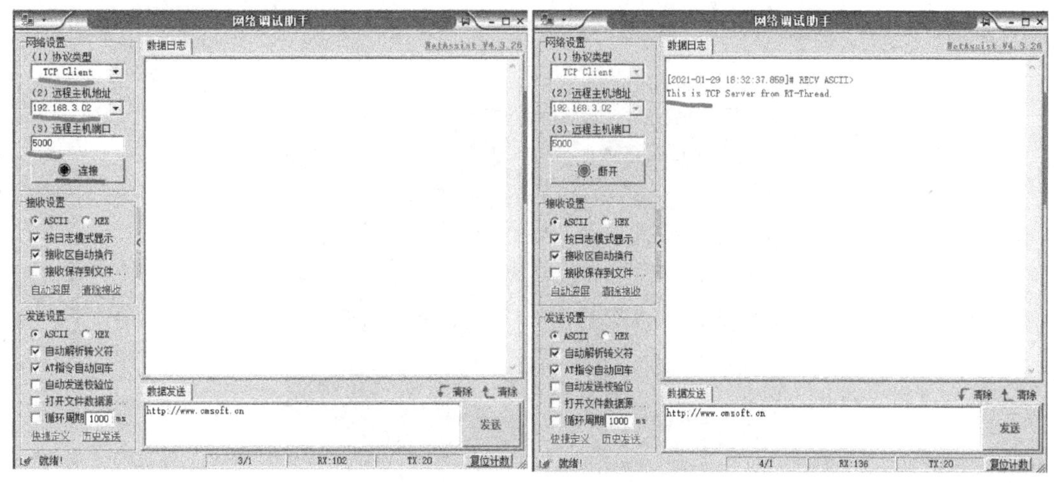

图 29-21　网络调试助手配置和连接界面

至此，实验已经基本成功了，再发送写数据给服务器看看。在网络调试助手的数据发送区随意写一些信息，然后单击“发送”按钮，如图 29-23 所示。

看看学习板的输出，结果无误如图 29-24 所示。

```
 \ | /
- RT -     Thread Operating System
 / | \     5.0.0 build Jan 29 2021
 2006 - 2020 Copyright by rt-thread team
lwIP-2.1.2 initialized!
[32m[I/drv.rtc] RTC hasn't been configured, please use <c
[32m[I/sal.skt] Socket Abstraction Layer initialize succe

TCPServer Waiting for client on port 5000...
msh />I got a connection from (192.168.3.3 , 55178)
```

图 29-22　客户端连接后学习板的输出信息

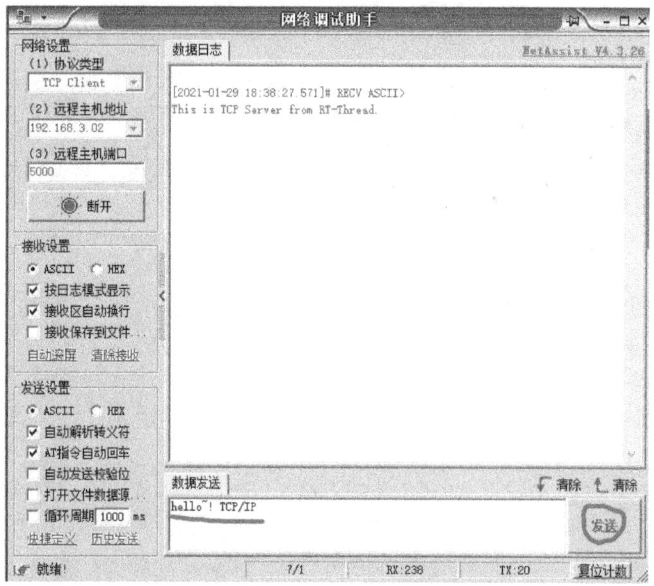

图 29-23　从客户端向服务器发送数据

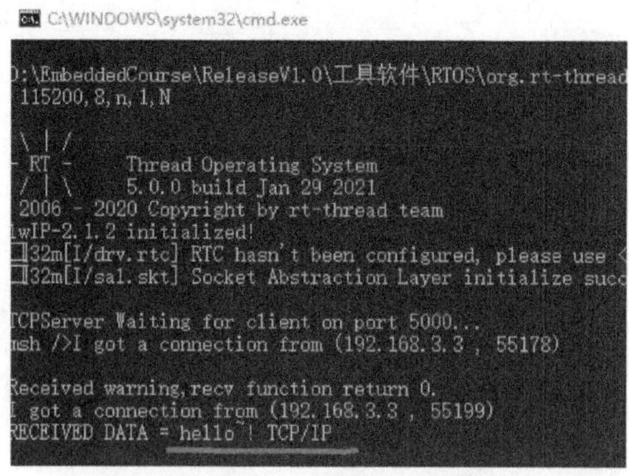

```
C:\WINDOWS\system32\cmd.exe

D:\EmbeddedCourse\ReleaseV1.0\工具软件\RTOS\org.rt-thread
 115200,8,n,1,N

 \ | /
- RT -     Thread Operating System
 / | \     5.0.0 build Jan 29 2021
 2006 - 2020 Copyright by rt-thread team
lwIP-2.1.2 initialized!
[32m[I/drv.rtc] RTC hasn't been configured, please use <
[32m[I/sal.skt] Socket Abstraction Layer initialize succ

TCPServer Waiting for client on port 5000...
msh />I got a connection from (192.168.3.3 , 55178)

Received warning,recv function return 0.
I got a connection from (192.168.3.3 , 55199)
RECEIVED DATA = hello~! TCP/IP
```

图 29-24　服务器收到的数据

Part III

第三篇

BLE（低功耗蓝牙）

第 30 章　蓝牙初探

本篇内容分成理论部分和实践部分。理论部分的内容相对较为独立，读者可以视其为单独篇章进行 BLE 协议的学习。实践部分单独放在最后，使用本书配套的学习板完成与智能手机之间的通信。

关于蓝牙协议，仅官方核心规格书的篇幅就长达 3000 多页，因此本篇的目标是帮助大家梳理 BLE 协议栈框架，快速了解协议栈的基本工作原理，只挑选 BLE 协议栈中最常用、最实用的部分进行详解。本篇的特色是理论联系实际，结合实际工作中最常遇到但往往被忽视的部分加以描述和强调，比如功耗问题、生产问题等。

因为不同芯片厂的 BLE 代码虽然各不相同，但是都遵从蓝牙标准协议，所以内容讲解和代码中会大量使用蓝牙协议规格书中的英文原词。熟悉这些英文词汇有助于在使用新的芯片时快速理解代码。

本篇的实践内容需要如下资源：学习板（包含 BLE 模块）、相关例程软件（在配套资源中）、Keil for ARM、一台安装 nRF Connect App 的 iOS 或 Android 设备。

那么，为何要学习 BLE 呢？

短距离无线通信协议有非常多的种类，比如最常见的 Wi-Fi、蓝牙、ZigBee 等。随着 IoT 的发展，未来的 IoT 市场也潜力巨大，因此对于人才的需求也会凸显。可以参考蓝牙市场报告中的两页，如图 30-1 和图 30-2 所示，完整的报告可以到官方下载（https：//www. bluetooth. com/bluetooth-resources/2021-bmu/）。

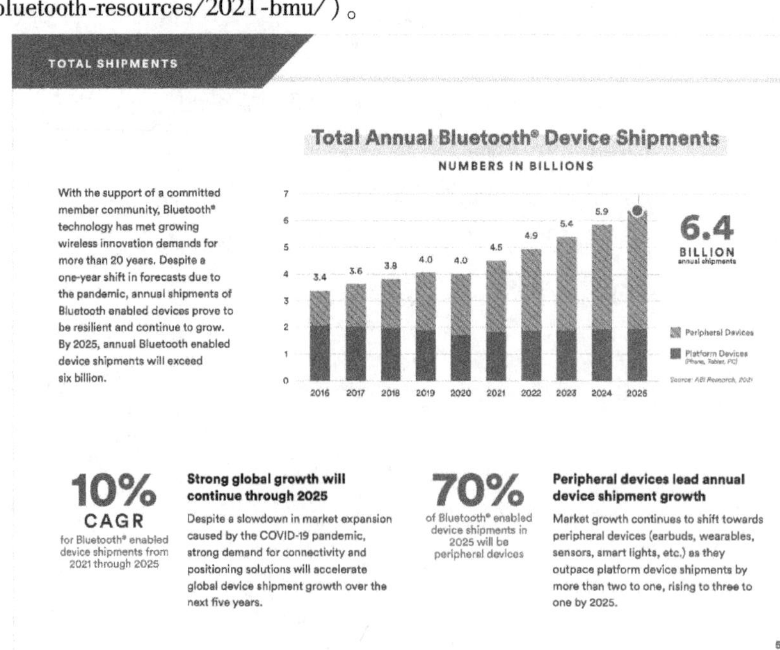

图 30-1　蓝牙市场报告（一）

蓝牙已经诞生超过 20 年。2020 年蓝牙设备出货量超过 40 亿，预计 2025 年超过 64 亿（全球人口 78 亿）。所有的平台类设备，包括手机、计算机、平板，都将支持蓝牙双模（dual - mode）。低功耗蓝牙单模（BLE single - mode）设备预计在 2021 年 ~ 2025 年出货数量将提高 3 倍。传统蓝牙出货量的增速放缓，低功耗蓝牙出货量的增速很大。

对蓝牙不了解的读者可能要问，传统蓝牙、低功耗蓝牙、单模、双模，这些名词分别是什么意思呢？

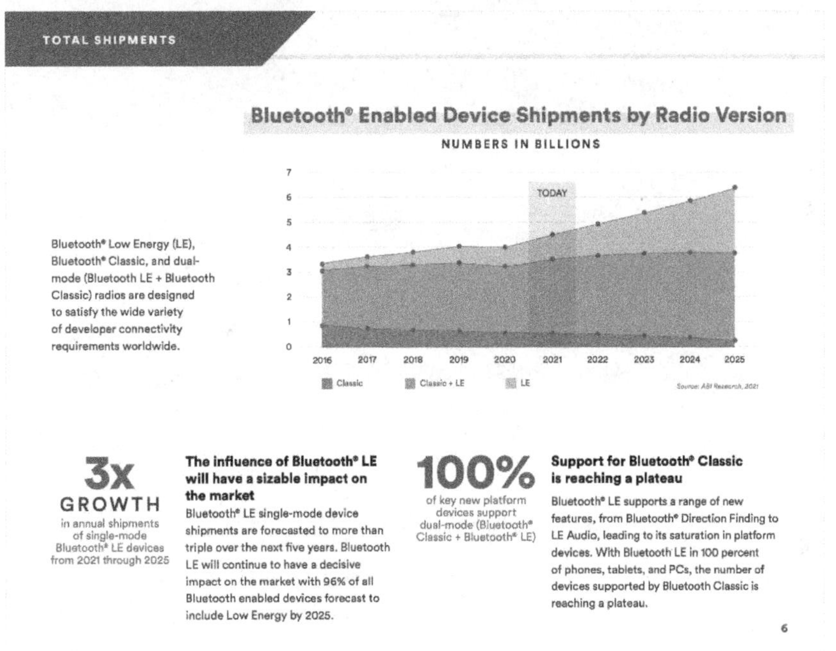

图 30-2　蓝牙市场报告（二）

在解释这些名词之前，先介绍一下蓝牙的起源和历史。

传说，“蓝牙（Bluetooth）”这个词来源于 10 世纪一位北欧国王哈拉尔的绰号。这位国王十分喜欢吃蓝莓，牙齿都被染成蓝色了，故而绰号“蓝牙”。

"H"　"B"

当时北欧使用卢恩字母。哈拉尔国王名字的首字母缩写在卢恩字母中表示为“ᚼ”和“ᛒ”，合起来就是现在的蓝牙标志。

30.1 蓝牙技术联盟

蓝牙技术联盟（Bluetooth Special Interest Group，SIG）在 1999 年 5 月 20 日由索尼爱立信、IBM、英特尔、诺基亚及东芝联合发起成立，总部位于美国华盛顿州柯克兰（Kirkland，Washington）。

SIG 是一个以制订蓝牙规范、推动蓝牙技术为宗旨的国际组织。它拥有蓝牙的商标，认证并授权制造厂商使用蓝牙技术与蓝牙标志，但本身不负责蓝牙产品的设计、生产及贩售。

SIG 的官方网站是 www. bluetooth. com，本篇中的部分内容引用自该网站。

30.2 历史版本

在蓝牙官方网站的规格书页面（https：//www. bluetooth. com/specifications/specs/）搜索关键词“core”，如图 30-3 所示，可以看到蓝牙当前的最新版本为 5.2，于 2019 年的最后一天发布。“Status”为“Active”，也就是指当前正在使用的最新版本。

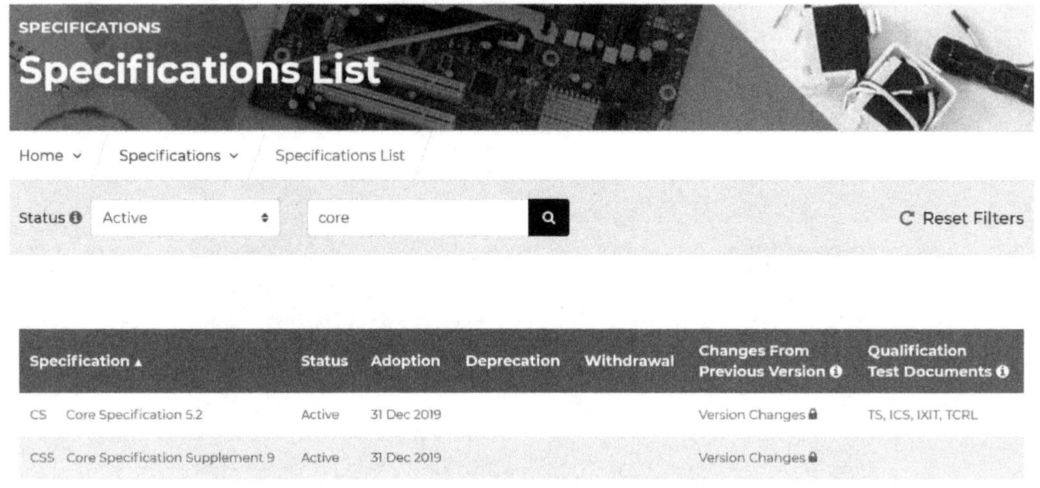

图 30-3 SIG 官网最新核心版本页面

“Core Specification”就是蓝牙的核心规格书，单击链接即可下载。这是完全免费、公开的，对于开发蓝牙产品的工程师来说，这是一份必备的文档，建议读者先行下载。这份文档有 3000 多页。对于初学者来说，不建议直接一页一页地阅读这份文档，因为这将十分耗时和枯燥，而且在无法与实际产品开发、软件代码相结合的情况下，即使通读一遍也难以理解协议的实际用途。

正确的方法应该是把它当作一本字典来用。在产品开发的过程中，遇到和蓝牙协议相关的问题时，在规格书中查找对应的章节，再仔细阅读。当然，如果有读者就是喜欢从第一个单词开始读字典，甚至背字典，也不是什么坏事。本篇会大量引用这份规格书中的内容，同时也教会大家怎么使用这本字典。授人以鱼的同时，也授人以渔。

“Core Specification Supplement”是对核心协议的一些增补，后续会有所提及。

在同一个网页中把“Status”从“Active”改为“View All”，就可以看到蓝牙核心规格的历史版本及其当前状态，如图 30-4 所示。

从 1.0 到 3.0 版本，状态都为“Withdrawn”，也就是各厂家不再生产 3.0 以下版本的产品了。4.0 和 4.1 都是“Deprecated”。“Deprecated”指的是 SIG 不再提供认证和授权。一个厂家想要合法售卖蓝牙产品，必须先通过 SIG 对这个产品的认证和授权，也就是说从 2019 年 1 月 28 日开始，4.0 和 4.1 版本还未认证和授权的产品，SIG 将不再对其认证和授权，但在这个时间点之前已经获得认证和授权的产品，还是可以合法销售的，直到后面标注的“Withdrawal”日期。即 2022 年 2 月 1 日开始，4.0 版本的产品将不允许销售，2023 年 2 月 1 日开始，4.1 版本的产品将不允许销售，无论是否已经认证和授权。

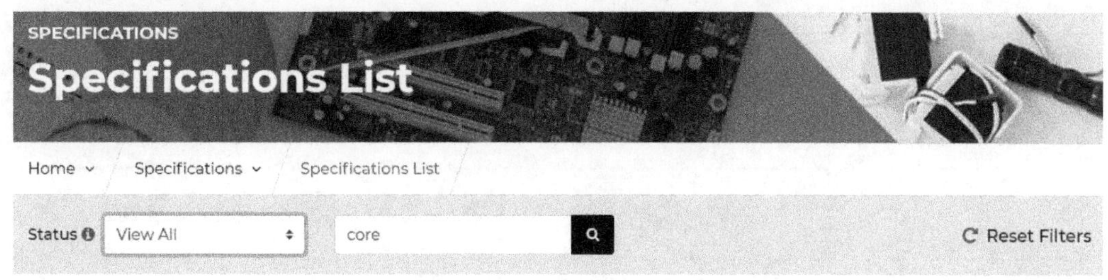

Specification		Status	Adoption	Deprecation	Withdrawal	Changes From Previous Version	Qualification Test Documents
CS	Core Specification 1.0B	Withdrawn	1 Dec 1999		17 Jan 2006		
CS	Core Specification 1.1	Withdrawn	22 Feb 2001		9 Feb 2006		
CS	Core Specification 1.2	Withdrawn	5 Nov 2003		27 Jan 2009		
CS	Core Specification 2.0+EDR	Withdrawn	4 Nov 2004		28 Jan 2019		
CS	Core Specification 2.1+EDR	Withdrawn	26 Jul 2007	28 Jan 2019	1 Jul 2020		
CS	Core Specification 3.0+HS	Withdrawn	21 Apr 2009	28 Jan 2019	1 Jul 2020		
CS	Core Specification 4.0	Deprecated	30 Jun 2010	28 Jan 2019	1 Feb 2022		
CS	Core Specification 4.1	Deprecated	3 Dec 2013	28 Jan 2019	1 Feb 2023		
CS	Core Specification 4.2	Legacy	2 Dec 2014				
CS	Core Specification 5.0	Legacy	6 Dec 2016				
CS	Core Specification 5.1	Legacy	21 Jan 2019				
CS	Core Specification 5.2	Active	31 Dec 2019			Version Changes	TS, ICS, IXIT, TCRL

图 30-4　SIG 官网历史核心版本页面

4.2、5.0、5.1 的状态都是“Legacy”，而不是“Deprecated”或者“Withdrawn”，说明它们都是可以正常用于产品的，但是未来总有一天是要禁用的，所以当各位要开发新产品时，记得先关注一下蓝牙官网的版本状态。

30.3　历史版本更新

表 30-1 列举了蓝牙各个历史版本中最重要的更新内容，帮助大家对蓝牙的各个版本有初步的了解。

表 30-1　蓝牙核心版本列表和更新时间

版本	发布年份	重点更新内容
1.0 1.0B 1.1 1.2	1998—2004	基础版本 基本速度（Basic Rate，BR）模式，1Mbit/s

（续）

版本	发布年份	重点更新内容
2.0 + EDR 2.1 + EDR	2004	增加增强速度（Enhanced Data Rate，EDR）模式，2Mbit/s 和 3Mbit/s
3.0 + HS	2009	增加高速（High Speed，HS）模式，启用 IEEE 802.11，速度提升至 24Mbit/s
4.0	2010	增加低功耗蓝牙（Low Energy，LE）模式，1Mbit/s
4.1	2013	增加 LE dual mode topology，支持主从一体 HS 模式速度提升至 54Mbit/s
4.2	2014	增加 LE Data Packet Length Extension，用户数据包长度从 20 字节提升至 244 字节
5.0	2016	增加 LE 2Mbit/s 模式 增加 LE Long Range 模式
-	2017	增加 BLE Mesh Profile
5.1	2019.01	增加 Angle of Arrival（AoA）和 Angle of Departure（AoD）定位模式
5.2	2019.12	增加 LE Audio

30.3.1 v1.x：Basic Rate

蓝牙 1.x 版本从 1998 年至 2004 年，使用 1Mbit/s 的 PHY（Physical Layer，物理层）。现在称之为基本速度（Basic Rate，BR）模式。

30.3.2 v2.0 & v2.1：Enhanced Data Rate

2004 年发布的 2.0 版本和之后更新的 2.1 版本是在 BR 的基础上增加了 2Mbit/s 和 3Mbit/s 的 PHY，称为增强速率（Enhanced Data Rate，EDR）模式。

蓝牙 1.x 和 2.x 版本所包含的内容合起来称为 BR/EDR，也称为 Bluetooth Classic，就是经典蓝牙，或者叫作传统蓝牙。

30.3.3 v3.0：High Speed

2009 年发布的蓝牙 3.0 在 BR/EDR 的基础上增加了高速（High Speed，HS）模式，使得传输速度达到 24Mbit/s，并且在蓝牙 4.1 后提升至 54Mbit/s，称为高速蓝牙。但是它们使用的不是蓝牙遵循的 IEEE 802.15.1，而是借用了 Wi-Fi 遵循的 IEEE 802.11。

很多人不清楚 IEEE 802、蓝牙和 Wi-Fi 之间的关系。IEEE 是电气电子工程师学会（Institute of Electrical and Electronics Engineers），是一个国际性的专业技术组织，大量的现行工业标准都是该组织制订的。喜欢研究智能手机和路由器的人一定会关心产品的 Wi-Fi 版本，比如 802.11a、802.11b、802.11n 等，但是严格来说，这其实是 IEEE 802.11 的版本，而不是 Wi-Fi 的版本。Wi-Fi 有它自己的版本号，比如最新的 Wi-Fi 6，它是基于 IEEE 802.11ax 版本的。IEEE 802.11 是一个更加抽象、更加底层的无线网络标准，Wi-Fi 是 IEEE 802.11 的一种实现方式。

拿做蛋糕来举个例子，蛋糕由什么组成？鸡蛋、面粉、水、油和糖。“蛋糕由鸡蛋、面粉、水、油和糖组成”，这是最基本的规则，就像 IEEE 802.11。但是有了这些材料，你一定能做出蛋糕吗？不能，还需要打发鸡蛋，搅拌原料，然后把面糊送入烤箱，才能做出蛋糕。这就是对基本规则的实现，就像 Wi-Fi。

蓝牙和 IEEE 802.15.1 的关系也是这样，蓝牙是 IEEE 802.15.1 的一种实现方式。

另外提一下 Wi-Fi 的正确书写方法，W 和 F 是要大写的，而且中间要有一个短横杠。日常书写中可以不用太在意，使用小写或者省略横杠都没有什么大问题。但是在正规的文章和场合中，还是要注意使用正规的书写方法。

30.3.4　v4.0：Low Energy

2010 年发布的蓝牙 4.0 增加了低功耗（Low Energy，LE）模式，使用 1Mbit/s 的 PHY。加上蓝牙的前缀，就是 Bluetooth Low Energy，简称 BLE，也就是低功耗蓝牙。这里要注意的是，LE 和 BR 虽然都用 1Mbit/s，但这是两个不同的 PHY。LE 是为了应对物联网的兴起（广播功能、低功耗长待机）而重新设计的，所以，这是个全新的东西。

至此，蓝牙出现了三个分支：传统蓝牙、高速蓝牙和低功耗蓝牙。由于高速蓝牙使用的是 IEEE 802.11 的 PHY，通常把它放在一边单独讨论，所以从狭义的角度看，也可以将蓝牙只分为两种模式，即传统蓝牙和低功耗蓝牙。只包含其中一种模式的设备，称为“单模”设备，有传统蓝牙单模或者低功耗蓝牙单模；两种模式都支持的，称为“双模”设备。

这里需要注意的是，不同模式的设备相互之间是不能通信的，即 BR/EDR 单模设备和 LE 单模设备是不能相互通信的。平台类设备（包括手机、计算机、平板等）搭载双模蓝牙正是为了能够兼容更多的设备。就现在的市场情况来看，传统蓝牙主要适用于音频传输等中高码流的设备，低功耗蓝牙主要适用于电池供电的低功耗低码流设备。那为什么不全都用双模设备呢？因为多一种模式，就多一些软硬件消耗，这都是成本。

30.3.5　v4.1：LE Dual Mode Topology

两个蓝牙设备相互连接时，必须是一个设备作为主机，另一个设备作为从机。到 4.0 版本为止，一个蓝牙设备不能同时担当两种角色，比如手机是主机，蓝牙耳机就是从机。但是 2013 年发布的蓝牙 4.1 增加了 LE Dual Mode Topology（双模式拓扑），使得一个设备可以同时作为主机和从机，与其他主机和从机同时保持连接。这大大增强了蓝牙设备角色的灵活性和网络延展能力。

30.3.6　v4.2：LE Data Packet Length Extension

2014 年发布的蓝牙 4.2 增加了 LE Data Packet Length Extension（数据包长度延展），用户数据包最大长度从 20 字节提升至 244 字节，使得 BLE 的最高传输速率大约提升至原来的 3 倍。为什么是 3 倍呢？这个问题在后续章节再细讲，这里先不展开。

30.3.7　v5.0：LE 2M PHY & LE Coded PHY

2016 年，蓝牙 5.0 发布了。版本号启用了数字“5”，说明这是一次大更新，主要增加 LE 2Mbit/s PHY 和 LE Coded PHY（又称为 Long Range，远距离模式）。其中 LE Coded PHY 又分为 S＝2：500Kbit/s 和 S＝8：125Kbit/s。5.0 的 2Mbit/s 模式在 4.2 的基础上，把最高传

输速度又提升了近一倍。Long Range 以“牺牲速度换取距离”的方式把 BLE 的传输距离提升了数倍。这是如何做到的？到后面再展开说。图 30-5 是蓝牙的版本树，供各位参考。

这时候大家可能会问，BLE 这么多个 PHY 之间能相互通信吗？答案是不能，但是两个 BLE 设备可以相互协商。两个 BLE 设备最初通信时，通常默认使用 1Mbit/s PHY，之后随时可以使用指令相互协商使用哪一个 PHY，并一起切换 PHY。这与传统蓝牙和 BLE 之间的区别是不同的，在没有第三方协调的情况下，传统蓝牙和 BLE 之间是无法协商和切换的。

说到这里，再提一下所有蓝牙产品都会关心的一个问题，蓝牙到底能传多远？大家知道蓝牙传输的本质是无线电波，所以有很多因素会影响蓝牙传输的距离。

1. 天线（Antenna）**和射频电路**（Radio Frequency Circuit）

天线设计的好坏会影响无线射频信号的能量传输，从而直接影响无线电波传输的距离。而且大多数天线都是有一定方向性的，在 360°球面各个方向的性能是不一致的，会导致蓝牙产品在不同方向传输的距离不同。

由于蓝牙使用的是 2.4GHz 频段，这样的高频率通常超出了大部分本科毕业生曾学习过的模拟电路范畴，属于射频电路范畴。很多有一定规模的公司往往都由专职的射频工程师来负责天线的设计和测试。但是对于没有这方面经验的人来说，天线设计往往是设计蓝牙产品的一道比较难以跨越的门槛。

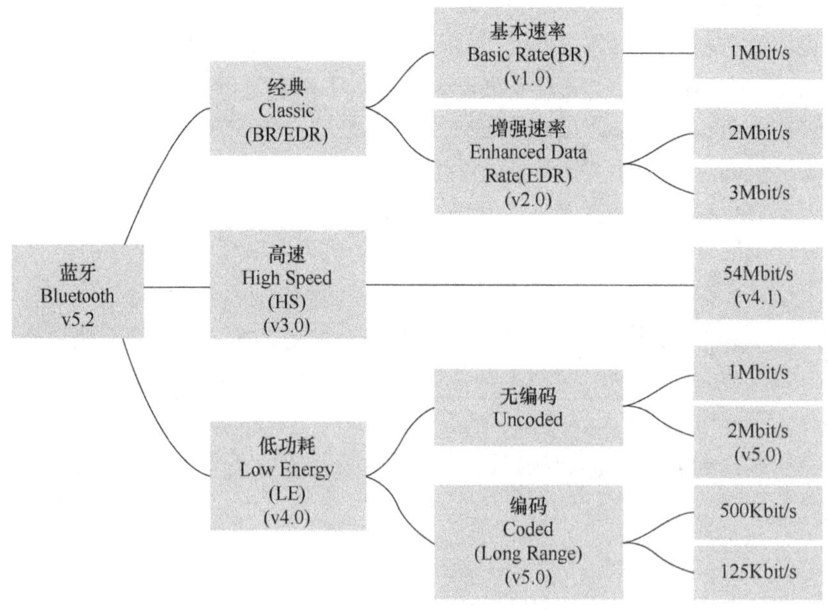

图 30-5　蓝牙版本树

不过不用担心，互联网上有大量通用的 2.4GHz 天线参考设计，各个蓝牙芯片厂商也会提供射频电路部分的硬件参考设计和注意事项。只要遵循这些规范，通常都能制作出天线性能合格的蓝牙产品。这里暂时不做展开。

2. 发射功率（Transmit Power）**和接收灵敏度**（Receive Sensitivity）

发射功率和接收灵敏度也是决定蓝牙传输距离的一对重要参数。显然，信号发射的功率越大，能传输的距离就越远。这是很容易理解的，说话的声音越大，传出的距离就越远。但是一次成功的通信还取决于接收方的性能。这就是接收灵敏度的意义，表示接收能性的好坏。

发射功率和接收灵敏度的单位通常使用 dBm（分贝毫瓦），它是常用功率单位 mW（毫瓦）的对数形式，公式为 $x = 10\lg\frac{P}{1\text{mW}}$。大家不用刻意记公式，记住一些常用的对应值就行了，比如：0dBm = 1mW，3dBm = 2mW，－3dBm = 0.5mW，10dBm = 10mW，－10dBm = 0.1mW。每加或减 3dBm，功率对应乘以或除以 2；每加或减 10dBm，功率对应乘以或除以 10。

常用的消费级蓝牙芯片能达到的最大发射功率通常在 0～10dBm 之间，最高接收灵敏度通常在 －90～－100dBm 之间。发射功率越大，传输距离越远；接收灵敏度越小，越能接收能量小的信号，相当于耳朵能听到音量更低的声音，也就使得传输距离变得更远。

3. 路径损失（Path Loss）

无线电磁波信号在空中传输时会被障碍物阻挡和干扰，从而影响信号的传输。

先说说障碍物阻挡。距离越远，往往信号能量衰减得越严重，因为空气中的粒子也是障碍物。相对于空旷环境，室内环境传输的距离会更近，因为室内环境有很多墙体等障碍物。甚至蓝牙产品本身的外壳也会影响传输距离，蓝牙产品测试的过程中，裸着的电路板和套上外壳的电路板测试结果可能是完全不一样的。

由于电磁波的特性，导体对其的阻碍效果特别明显，最常见的例子就是人体。大家都知道，人体约有 70% 是水。人体是一个很大的导体，电磁波在穿过人体时会大幅衰减，所以在设计一些离人体比较近的蓝牙产品（如手机、手表、手环等）时，都要适当考虑天线的位置，尽量减少人体对信号的影响。

除了障碍物阻挡以外，还有一种方式能够影响信号传输，那就是干扰。用夜深人静时说悄悄话的音量在嘈杂的地铁上说话，别人显然是听不见的，地铁上的环境噪声就是干扰。10 个人同时说话时，就很难听清其中一个人说的话；其他人说话的声音就是干扰。

在蓝牙产品的实际使用环境中，最大的干扰源往往就是同样使用 2.4GHz 频段的 Wi-Fi 设备，特别是当 Wi-Fi 在进行高码流数据传输（比如看视频）时。虽然蓝牙和 Wi-Fi 相互之间不能通信，但这就好比一群外星人在你耳边叽叽喳喳，虽然听不懂他们说什么，但是你想在这样的环境下听清楚一个人类说什么，那也很难。类似地，如果在一个较小的空间中有大量蓝牙设备存在，那么它们之间也是会相互影响的。

4. 多径干扰（Multipath Interference）

声音是一种波，遇到障碍物会反射，在空旷山谷中的回声就是声波的反射。电磁波也是波，在房间里遇到墙体等障碍物时也会反射。由于发射的信号是多角度的，所以接收端会收到来自不同方向、时间的或相位有差异的信号，从而影响对正确信号的解读。

5. 物理层（PHY）

BLE 有四个 PHY：2Mbit/s、1Mbit/s、Coded 500Kbit/s 和 Coded 125Kbit/s。传输速率越快的 PHY，传输距离就越近，也就是说，2Mbit/s PHY 距离最近，Coded 125Kbit/s PHY 最远。

了解以上几点后就可以知道，蓝牙的实际传输距离会受到大量因素的影响，它不可能是一个固定的数值，甚至可以说是一个实时变化的数值。但是根据实际经验，还是能得到一个大致范围的：1Mbit/s 和 2Mbit/s PHY 的实际使用最远距离通常是室内十几米、室外几十米，Long Range 的 Coded PHY 最远距离通常是室内几十米、室外几百米，极其理想的环境下能达到 1km。https：//www. bluetooth. com/learn - about - bluetooth/key - attributes/range/#estimator 这个蓝牙官方网站的页面也对蓝牙的传输距离提供了一些解释，并且提供了一个简易的实际传输距离估算器，大家可以花几分钟时间用一下试试。

在蓝牙 5. 0 之后的 2017 年，SIG 推出了基于 BLE 的 Mesh Profile，使得 BLE 有了组成网状网络的能力。但是 Mesh Profile 本身并不属于蓝牙的核心协议，而是在上层的应用协议，因此，此处不再多做介绍。

30. 3. 8 v5. 1：AoA & AoD

蓝牙 5. 1 最大的更新就是增加了 AoA 和 AoD 定位功能。AoA 即 Angle of Arrival，到达角；AoD 即 Angle of Departure，出发角。那么它们具体又是什么意思呢？在这之前，先来了解一下在 AoA 和 AoD 出现之前蓝牙是如何定位的。

1. RSSI 定位

大家知道，信号传得越远，能量衰减得越多。那么接收设备只要知道收到信号的能量大小，不就能算出发射设备离自己有多远了吗？事实上蓝牙设备确实有这样的功能，能够知道收到信号的能量大小，用 RSSI 来表示。RSSI 即 Received Signal Strength Indication，直译就是“接收信号强度指示”，常用单位也是 dBm。

RSSI 的数值通常是负值。这很好理解，刚才说过，常见消费级蓝牙芯片的最大发射功率通常只有几个 dBm。发射出来以后，经过路径损失，到接收端设备时往往就是负值了。但是 RSSI 不会小于芯片的接收灵敏度，因为比接收灵敏度还小的信号，芯片是无法测量的，自然也就不存在 RSSI 了。

有了 RSSI，就可以算出对方设备的大致距离。RSSI 越大，距离越近；RSSI 越小，距离越远。但是这里有个前提，就是接收设备需要提前知道发送设备的发射功率。试想一下，一个发射功率是 0dBm 的设备和一个发射功率是 10dBm 的设备放在一起，远方的接收设备读到的两个设备的 RSSI 肯定是不一样的，从而会认为它们的距离是不一样的。发送设备提前告知自己的发射功率，就不会有这样的问题了。

但是这样只能测出两个设备之间的距离 x，不知道对方的方向，也就是对方可能在以自己为中心、x 为半径的圆上的任意一点，如图 30-6 所示。这显然不是真正的定位，只是测距而已。那怎样才能定位呢？在不同位置多放几个接收点就可以了。每个接收点都能根据自己读到的 RSSI 值以对应的距离作为半径画圆，圆和圆之间的交点就是发送设备的位置，如图 30-7所示。

试想一下，在一家大商场内，每家店铺里都放一个蓝牙接收器，当你带着发送蓝牙数据的手机逛商场时，蓝牙就能把你的运动轨迹绘制出来。

理想很丰满，但现实往往很骨感。之前说过，蓝牙的传输距离，或者说蓝牙的信号强度会受到很多因素的影响。比如在商场内，不停移动的人流会严重影响 RSSI 的稳定性，RSSI 不停地变化会导致距离很难测准。虽然可以通过增加接收点，或者通过一些算法来弥补不稳定性，但是目前通过 RSSI 定位的方式定位精度通常在 1 ~ 2m 左右。这样的定位精度只能把目标定位到一块区域内，比如在哪个房间里，若想要提高定位精度就行不通了。进一步的方式是增加天线的数量。假设一个设备周围一圈放 8 个天线，每隔 45°放一个，8 个天线中收到信号功率最大的那一个就可以认为是距离对方设备最近的一个天线，也就是说对方设备在这个天线所指向的 45°角的扇形范围内。这样在原本仅有距离的条件下又缩小了角度范围，从而可以提高定位精度。但问题是，得到这个角度范围的条件也是基于信号强度，或者说基于 RSSI 的，所以依然会受到之前说的很多因素的影响。

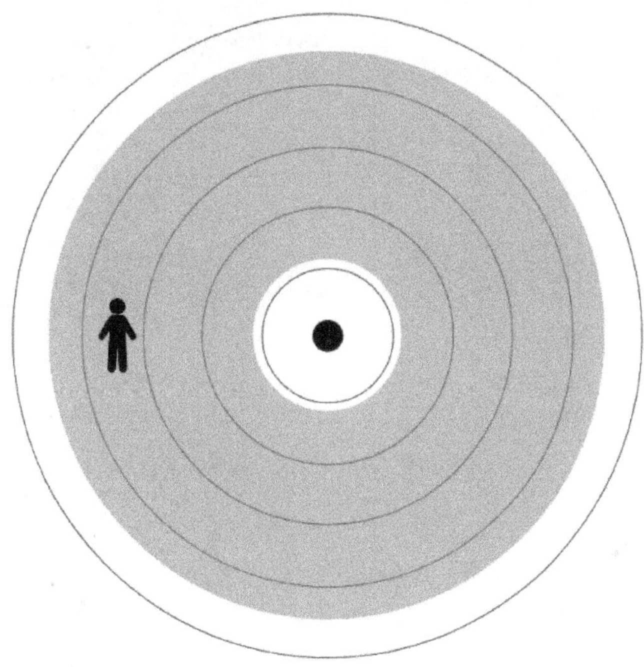

图 30-6　RSSI 测距示意图

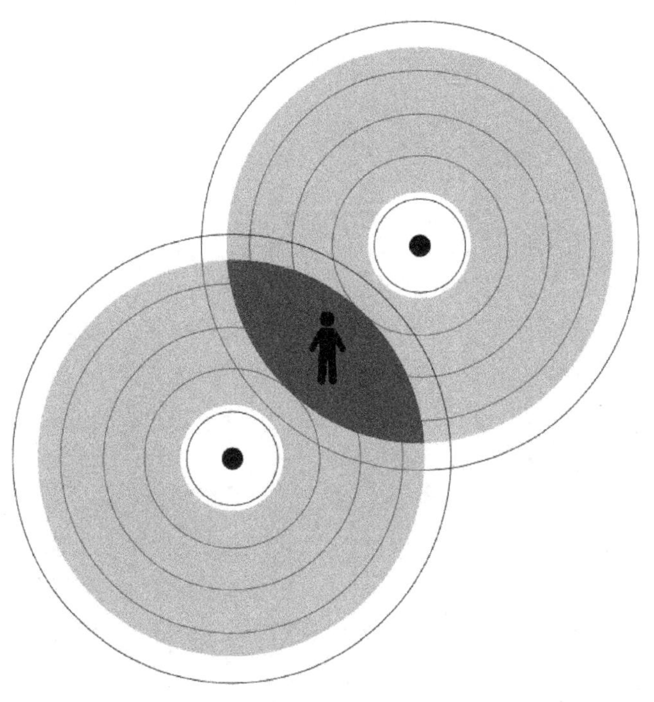

图 30-7　RSSI 定位示意图

2. AoA 和 AoD 定位

现在可以来谈谈 AoA 和 AoD 了。AoA 和 AoD 也使用了多天线的方式。如图 30-8 所示，AoA 是到达角检测，即接收端有多个天线；AoD 是出发角检测，即发射端有多个天线。但是 AoA 和 AoD 不使用信号强度作为测量依据，而是使用电磁波的相位差。那“相位差”又是什么呢？

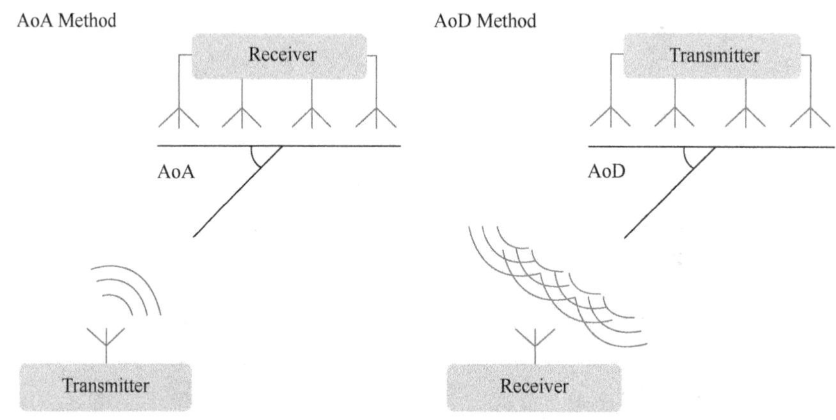

图 30-8　AoA 和 AoD 示意图

首先讲讲电磁波。电磁波是一种波，波是有周期性的。下面用最常见的一种波来举例子：正弦波。如图 30-9 所示，从零点上升到最高点，再回到零点，然后继续下降到最低点，再回到零点，这就是一个周期。

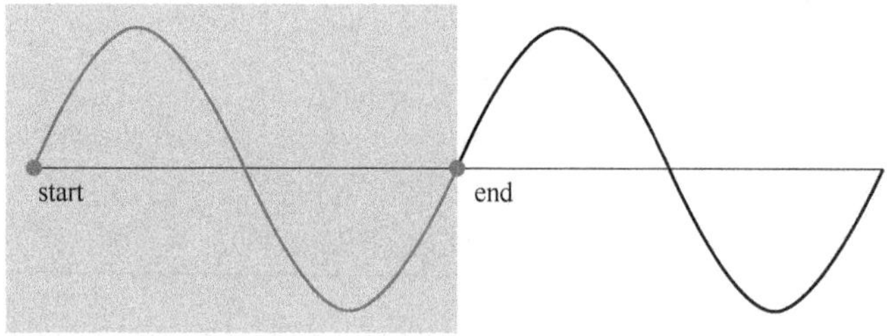

图 30-9　正弦波示意图

波在一个周期内传播的长度叫作波长，如图 30-10 所示。大家知道，长度 = 速度 × 时间，那么波长 = 波速 × 一个周期的时间。波速是多少呢？电磁波的波速就是光速，约为 3×10^8m/s。那一个周期的时间又是多少呢？蓝牙电磁波的频率是 2.4GHz，即电磁波在 1s 内重复了 2.4×10^9 个周期，所以一个周期的时间就是 $1/2.4\times10^9$s。把波速和一个周期的时间代入刚才的公式，就可以得到蓝牙的波长约为 12.5cm。

接下来讲什么是相位。相位是一个角度值。$\sin0°=0$，$\sin90°=1$，$\sin180°=0$，$\sin270°=-1$，$\sin360°=0$。从 0 到 1 到 0 到 -1 再回到 0，这就是一个周期，而相位就是从 0°到 360°周期性变化的角度值。当正弦波处于波峰时，相位就是 90°；当处于波谷时，相位就是 270°。在数学上，人们往往更习惯用弧度来代替角度，即 $90°=\pi/2$，$180°=\pi$，$270°=3\pi/2$，$360°=2\pi$，如图 30-11 所示。

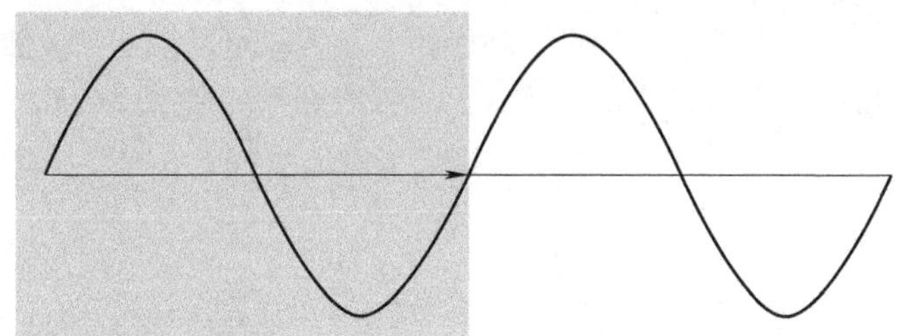

图 30-10　正弦波的波长

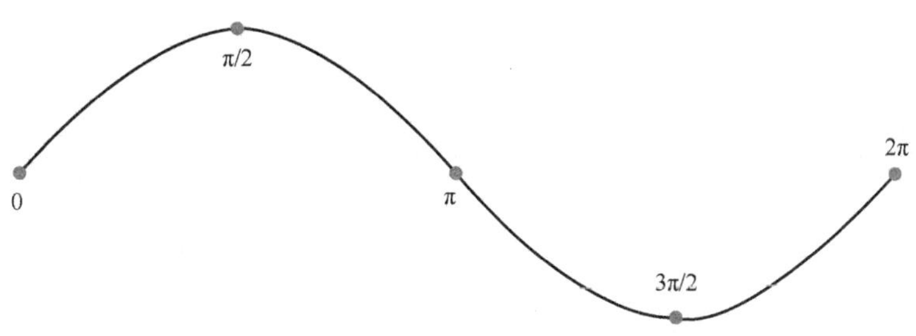

图 30-11　正弦波的相位

接下来需要调动一些空间想象力。想象一个场景，有一个原本平静的湖面，你往湖中间扔一块石头，这时候以石头落入水面的点为中心，水波会一圈又一圈、起起伏伏地向外传播。这就是一种波。不要去观察整个水面，而是把注意力放在水面上的任意一个点，想象一下它是怎么变化的。它是在不断地做着周期性的起伏变化，而这种变化对应的就是相位角度在不断地周期性变化。暂时把这个点称为 P1。这时候在 P1 所在的水波圆上再任意取一点 P2，那么可以知道 P1 和 P2 的上下变化是一致的，也就是说它们的相位是一致的，如图 30-12所示。

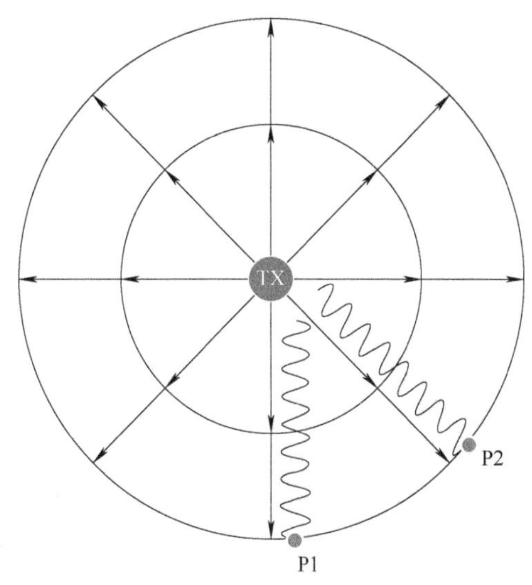

图 30-12　P1 与 P2 相位相同

然后把 P2 往圆的中心靠近一些，使得 P2 和 P1 的上下变化情况不一样，这种情况下 P1 和 P2 就产生了相位差，如图 30-13 所示。举个例子：假设水波也是正弦波，当 P1 处于最顶峰位置的时候，P2 恰好在最低谷位置，那么 P1 和 P2 的相位差就是 180°，或者说是 π，也就是半个波长。

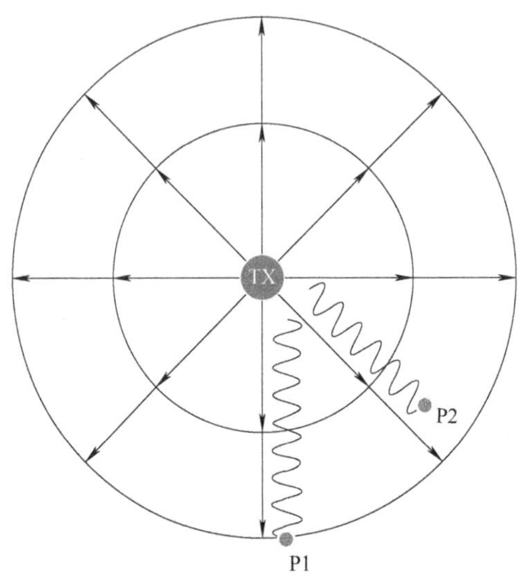

图 30-13　P1 与 P2 相位不同

现在做个类比，水波中心就是蓝牙信号发送设备，P1 和 P2 点是接收设备上的两个天线，两个天线之间的距离为 d。如图 30-14 所示，以 d 为斜边，相位差产生的距离差为直角边，构成一个直角三角形。两边的夹角 θ（theta）就是根据这两个天线定位出的发射设备的角度方向。d 在天线设计的时候就是已知的；相位差能通过对信号的采样获得（具体如何采样，这里就不展开讲了）。这两条边长都知道以后，夹角 θ 就能通过反三角函数 arccos 获得，具体公式就是 $\theta = \arccos\frac{\Psi\lambda}{2\pi d}$，其中，$\Psi$（sai）就是相位差，$\lambda$（lambda）就是之前说过的蓝牙波长，约 12.5cm。这就是 AoA。

AoD 和 AoA 类似，只是把多个天线放在了发射端，由发射端负责切换天线，如图 30-15 所示。信号采样的工作还是和 AoA 一样由接收端负责。

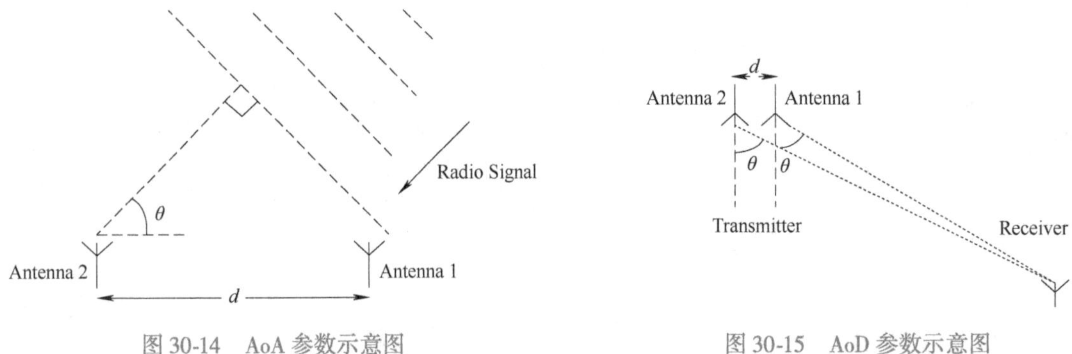

图 30-14　AoA 参数示意图　　图 30-15　AoD 参数示意图

一个设备有两个天线，就可以有一组相位差，得到一个夹角 θ。但是一个角度只能定位出方向，并不能定位出距离。那怎么办呢？多加几个天线就可以了。任意两个天线都能得到一个夹角 θ，多个 θ 方向的射线交点就是对方设备的位置。

AoA 和 AoD 的优势在于使用的是相位差，而不是信号强度。信号强度的衰减并不会影响相位的变化。比如一个幅度为 1 的正弦波，即使幅度衰减到 0.1，它的相位也不会受到影响。即使信号的相位受到了一些影响，由于多个天线之间的距离比较近，基本可以认为多个天线受到的影响是相同的，而计算使用的是两个相位的差，共同受到的影响会抵消掉。

关于 AoA 和 AoD 的原理就讲到这里。需要注意的是，AoA 和 AoD 这两种定位方法并不是蓝牙发明或者独有的。蓝牙 5.1 做的事只是把 AoA 和 AoD 引入了蓝牙协议，使得发送和接收设备之间在原本蓝牙协议的基础上能够顺畅地沟通关于 AoA 和 AoD 的数据而已。

30.3.9　v5.2：LE Audio

蓝牙 5.2 最大的更新就是增加了 LE Audio，如图 30-16 所示。随着市场需求的变化，特别是物联网的发展，对于产品低功耗的需求越来越大，使得传统蓝牙的市场越来越小，BLE 的市场越来越大。但是传统蓝牙产品并没有退出历史舞台，主要原因就是 BLE 无法实时传输高质量音频，如蓝牙耳机产品必须使用传统蓝牙。

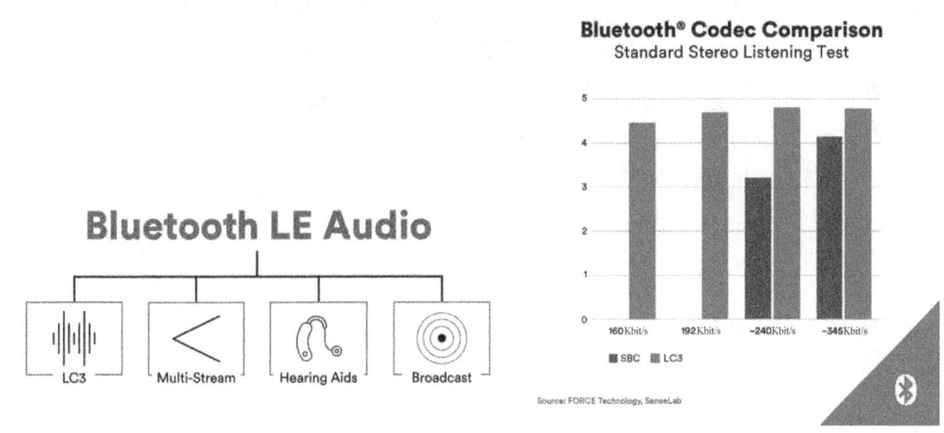

图 30-16　LE Audio 应用和 SBC 与 LC3 压缩音质比较

由于 BLE 最初的设计倾向于低功耗、低码流，所以传输速度达不到实时传输高质量音频的要求。但是蓝牙 5.2 改变了这点，它为高码流 BLE 数据开辟了单独的传输通道，即 ISOAL（Isochronous Adaptation Layer，同步适配层），从而跳过了上层烦琐的层层协议，节约了软件和硬件的开销和时间，从而实现了实时音频传输。

而且 LE Audio 可以同时传输多路声音。结合 BLE 的广播特性，LE Audio 还能把音频数据广播出去，使得周围所有设备都能同时收到音频数据，完成 Audio Share 的功能。这是传统蓝牙的音频传输所不具备的功能，传统蓝牙只能一对一地传输音频。

同时，SIG 还引入了 LC3（Low Complexity Communication Codec，低复杂度编码器）。相比于传统蓝牙音频经常使用的 SBC（Sub-Band Coding，次频带编码），LC3 的压缩率更高、音质更好，在低码流的情况下更是如此。

30.3.10　核心规格书中的历史版本描述

以上就是蓝牙历史版本的重点更新内容。对于每个版本的完整更新内容，蓝牙核心规格书的章节 Vol. 1，Part C：Core Specification Change History 中有简要描述，如图 30-17 所示。但是描述大多使用的是协议栈中的专有名词，大家可能看不懂。不过没关系，这里主要是说明这一部分内容在规格书中的位置，目的是让大家开始学习使用这本“词典”。

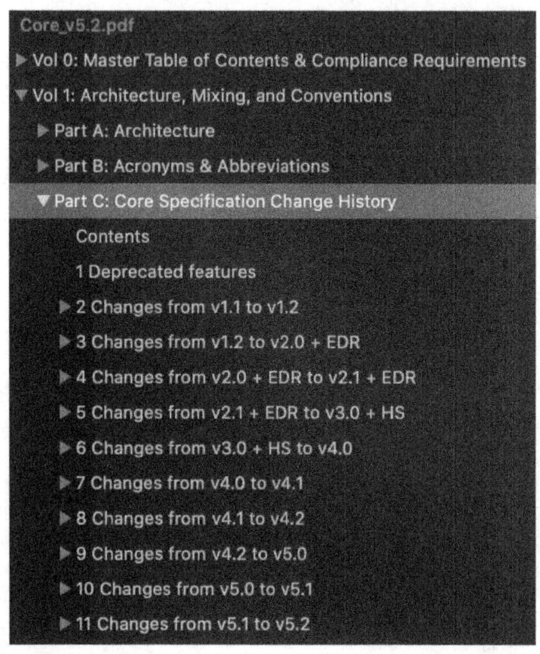

图 30-17　蓝牙核心规格书部分目录：Vol. 1，Part C：Core Specification Change History

30.4　常用无线协议比较

在正式开始讲 BLE 协议栈之前，再讲一下很多人可能关心的问题，那就是蓝牙和其他常用的无线协议（比如 Wi-Fi、ZigBee、蜂窝网络）之间有什么区别，蓝牙有什么优势和劣势。对此，笔者列举了一些常用无线协议的基本参数，见表 30-2。

表 30-2　常用无线协议的基本参数

无线协议比较	NFC	Bluetooth Classic	Bluetooth LE	ZigBee	Wi-Fi	LoRa	Cellular
规模	PAN	PAN	PAN/LAN	LAN	LAN	WAN	WAN
拓扑	P2P	Star	Tree，Mesh	Tree，Mesh	Star	Star	Star
功耗	低	中	低	低	高	中	高
速度	400Kbit/s	3Mbit/s	2Mbit/s	250Kbit/s	9.6Gbit/s	37.5Kbit/s	20Gbit/s

（续）

无线协议比较	NFC	Bluetooth Classic	Bluetooth LE	ZigBee	Wi-Fi	LoRa	Cellular
距离	3cm	10m	10m（1Mbit/s&2Mbit/s） 100m（Coded）	50m	50m	2km	2km
价格	低	低	低	低	中	中	高
应用	支付、认证、通行	近距离数据交换、耳机	遥控、健康、家居、传感器网络	家居、楼宇、工业、传感器网络	互联网多媒体	楼宇、工业、智慧城市、传感器网络	手机
手机兼容	Yes	Yes	Yes	No	Yes	No	Yes

NFC（Near-Field Communication，近场通信），顾名思义，就是要距离很近才能通信，通常只有几厘米的有效使用距离。距离近的最大好处就是在物理空间上提高了安全性，第三者不容易在空中窃听，因此 NFC 常用于支付系统和身份认证。常见的应用有交通卡、门禁卡等。

ZigBee 也是一种低功耗、低速度、低成本的无线协议。它和蓝牙之间最大的区别就是，它在设计之初（约 2000 年前后）就考虑到了各种网络拓扑结构，包括星状、树状、网状等。这使得 ZigBee 在智能家居和工业组网方面占据了一定的市场。但是蓝牙在 2017 年发布 Mesh Profile 之后，使得 BLE 也支持网状网络。而且 ZigBee 无法与智能手机直接通信，必须增加一个转换设备（网关），转换成其他信号（通常转换成 Wi-Fi 信号）才能与手机通信。而蓝牙则能直接和手机通信，不需要转换设备。这使得蓝牙 Mesh 在智能家居方面的应用市场不断扩大。

这里提到了网络拓扑，由此补充一些基本概念。

从覆盖范围来分类，网络拓扑主要有三大类：

1）PAN（Personal Area Network，个人区域网络）即用户通常只有一个人，是指个人范围内的网络，比如 NFC、蓝牙。

2）LAN（Local Area Network）也就是人们常说的局域网，指小范围内多用户使用、多设备组成的网络，比如 ZigBee、Wi-Fi。BLE 在支持 Mesh 以后也可以算作 LAN。

3）WAN（Wide Area Network，广域网）通常指覆盖范围达到整个大陆，甚至整个地球的网络。最典型的就是互联网。

根据网络中节点的连接方式来分类，网络拓扑有如下几种常见的类型。

（1）P2P（Point to Point）

点对点，指的就是两个设备之间直接通信。

（2）Star

星状网络，点对点的升级模式。指的一个主设备可以同时和多个从设备通信，但是从设备之间无法直接通信，必须通过主设备做中转。Wi-Fi 就是典型的星状网络，家用 Wi-Fi 中的路由器就是主设备，手机、平板等就是从设备。

（3） Tree

树状网络，星状网络的升级模式。一个一级设备可以同时和多个二级设备通信，一个二级设备又可以同时和多个三级设备通信，如此层层递增，就像一棵树一样不断长出新的分叉树枝，所以称为树状网络。

上一级的设备称为下一级设备的父设备，下一级设备称为上一级设备的子设备。只有互为父子关系的设备之间才能直接通信，否则需要其他层级的设备进行中转。比如一级设备和三级设备需要经过一个二级设备的中转才能通信；两个三级设备需要经过二级设备，甚至一级设备的中转才能通信。

这样做的优势是，每一个设备在网络中所处的位置都十分明确，容易找到且容易管理；而且信息传递的路径基本都是固定的，容易追踪。但这同样也是缺点，设备传递信息都要依赖于上层设备，有很多路径和时间上的浪费，而且会导致上层设备负担过重。所以树状网络更适合中小规模的网络，而不太适合大规模的网络。

（4） Mesh

网状网络，指的一个网络内所有的设备都可以与网络内的其他任意设备进行通信。

这样做的好处是，整个网络内没有严格的上下级关系，信息的传递不依赖于某一个固定的设备，这使得网络规模能够变得很大；而且设备的移动更加自由，随时随地可以从网络的各个地方接入网络，而不用担心影响整个网络的拓扑结构，更适合动态变化的网络。其缺点就是，每个设备的位置和信息传递的路径会变得较难追踪，增加管理难度；而且网络设备如果布置的不恰当，也有可能在局部范围内导致某些节点的负担过重，影响整个网络的质量。

Wi-Fi 是人们日常生活中使用最多的无线协议之一，它和蓝牙、ZigBee 都处于 ISM 2.4GHz 频段，因此常常被拿来相互比较。ISM 频段的英文是 Industrial Scientific Medical Band，即工业、科学、医学频段，就是每个国家对本国的工业机构、科学机构、医学机构开放的无线电频段。每个国家对各自 ISM 频段的定义都各有不同，但是 2.4GHz ~ 2.5GHz 频段却是各国通用的。

从应用场景方面看，ZigBee 适合低功耗的组网应用，比如智能家居、工业传感器网络等。SIG 发布 Mesh Profile 后，蓝牙也适合低功耗的组网应用，同时更适合与智能手机直连的低功耗数据传输应用，比如无线耳机、智能手环等。Wi-Fi 则倾向于不计功耗的高码流数据传输应用，比如视频传输等多媒体应用，而且由于其只支持星状网络而不支持网状网络，所以并不适合大规模组网应用。

从传输距离方面看，无线电波的传输距离通常和频率成反比，频率越高，距离越近；频率越低，距离越远。Wi-Fi、蓝牙、ZigBee 三者都使用 2.4GHz 频段，虽然在信号调制方面采用不同的技术，但实际产品最远传输距离基本都在室内十几米、室外几十米这一个数量级（LE Coded PHY 除外）。蓝牙和 ZigBee 设备通常使用电池供电，而 Wi-Fi 设备通常都是常供电、不计功耗的，所以往往会把发射功率调得比较高，使得传输距离更远一些。

（5） LoRa

其名字源于 Long Range 两个单词的前两个字母（和 BLE 的 Long Range 没有关系，只是名字一样而已），是一种长距离、低功耗广域网。它的传输速率只有几十 Kbit/s，但是传输距离长达数千米，因此适合大范围的传感器网络，特别适合智慧城市。

（6）Cellular

大家都很熟悉它，它就是手机用的蜂窝网络——2G、3G、4G、5G。这里就不多做介绍了。

LoRa 和 Cellular 的组网方式都是基站式，就是把整个网络覆盖分割成很多区域，每个区域内都布置固定的基站，用来处理这个区域内的用户终端数据。基站和基站之间使用的是网状网络，但是大多是有线连接，少有无线连接；每个基站和用户终端之间的无线连接是星状网络。

第 31 章　BLE 协议栈初探

接下来开始讲什么是 BLE（低功耗蓝牙）协议栈。

31.1　定义

首先，协议栈（Protocol Stack）就是一些协议的软件实现。具体来说，就是把大量约定好的规则写成软件代码。而 BLE 协议栈就是把低功耗蓝牙相互通信的规则协议写成软件代码。

31.2　作用

协议栈相当于机器之间沟通的语言。两个人之间能够正常沟通，前提是要有语言，而且要用相同的语言。一个不会说话的婴儿是无法用语言和成人沟通的；一个说汉语的人和一个说英语的人也是很难沟通的。表 31-1 是一个人类语言与机器协议的类比表。

表 31-1　语言和协议栈的类比

人　类	机　器
语言	协议栈
汉语	BLE 协议栈
英语	传统蓝牙协议栈
不会说话的婴儿	没有协议栈的设备
只会说汉语的人	BLE 单模设备
只会说英语的人	传统蓝牙单模设备
汉语、英语都会说的人	双模设备

可以把协议栈想象成机器之间相互沟通的语言。两个机器之间能够正常沟通，前提是要有协议，而且要用相同的协议。一个没有 BLE 协议栈的单片机无法通过蓝牙与手机通信。一个 Wi-Fi 设备和一个 BLE 设备之间也是无法直接沟通的。甚至一个传统蓝牙单模设备和一个 BLE 单模设备之间也是无法直接沟通的。

两个人想要通过汉语沟通，前提是两个人的脑子里都“安装”了“汉语软件包”；两个设备想要通过 BLE 通信，前提是两个设备里都有 BLE 协议栈的代码软件。

一个说汉语的人和一个说英语的人想要相互沟通，可以请一位两种语言都懂的翻译，或者两人之中有一个人两种语言都懂；一个传统蓝牙单模设备和一个 BLE 单模设备之间想要沟通，可以在中间加一个双模设备做翻译，或者直接把一个设备变成双模设备。

31.3 传播媒介

人类用声音、文本（光）等方式传播语言信息；BLE 用无线电磁波传播信息。

31.4 传输单位

语言用来传递信息的基本单位是句子，你来我往、一句又一句地说话就形成了两人之间的沟通。以英语为例，句子可以拆分为短语、单词，直至一个字母。

而对于 BLE 协议栈来说，用无线电传递信息的基本单位是数据包。大家都知道，软件代码都是基于二进制的，所以数据包也是基于二进制的。数据包可以拆分为元素、字节（byte），直至一个二进制位（bit），如图 31-1 所示。

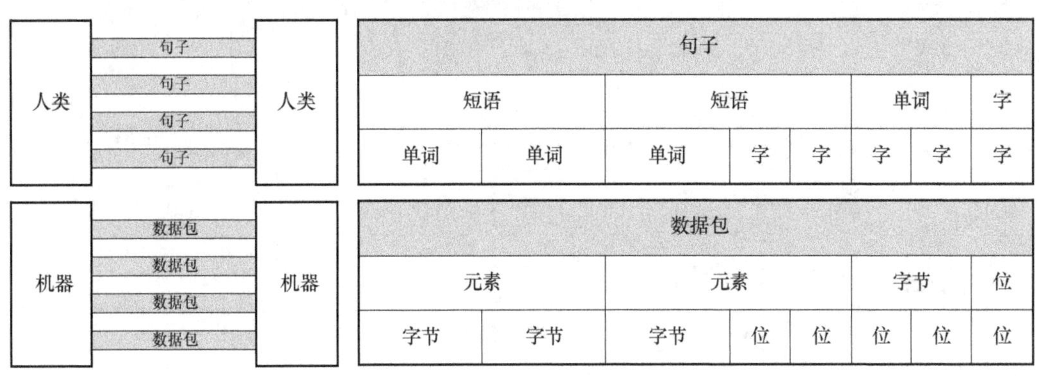

图 31-1　句子和数据包的类比

31.5 结构

31.5.1 层层递进，相互配合

语言中的每一个句子、短语、单词和字母，都有特定的意义。同样，在 BLE 协议栈中，每一个数据包、元素、字节和二进制位也都有特定的意义。这是谁赋予的呢？当然是蓝牙标准组织在制订标准的时候就定义好的。

但是知道了所有词句的意思，也不代表两个人之间能够顺利地沟通。说话时应该用多大的音量？如何礼貌地称呼对方？语气、语调、语速如何控制？如何解读上下文语境？语言是一个非常复杂的规范，有着非常复杂的结构。

同样，BLE 协议栈也有着非常复杂的规范和结构。先来看一下蓝牙核心规格 v5.2，Vol 1，Part A，2 中描述蓝牙协议系统结构的一张框图。如图 31-2 所示，这是完整的蓝牙系统结构框图，包括传统蓝牙、高速蓝牙和低功耗蓝牙。

图 31-2 中内容很多，看起来很复杂。先看一下它的框架结构。可以看到，系统主要分为上下两个部分：上面一半称为 Host（主机），下面一半称为 Controller（控制器）。Controller

又分为三部分：BR/EDR Controller 属于传统蓝牙；LE Controller 属于低功耗蓝牙，AMP Controller属于高速蓝牙。

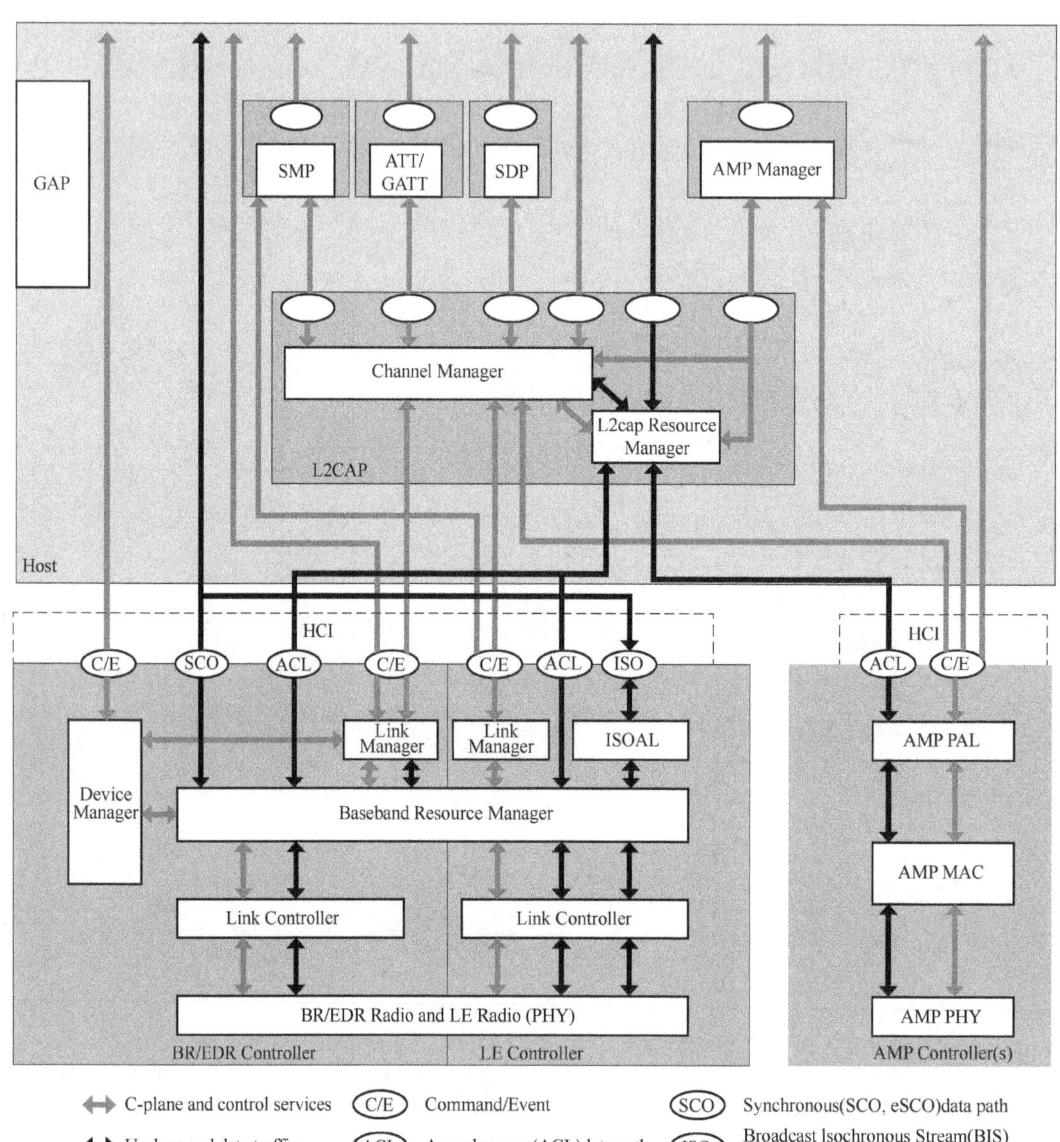

图 31-2　蓝牙协议栈数据流框图

带箭头的线条表示协议栈内部数据包的流动。举个例子，LE Controller 中有一部分叫作 ISOAL，之前讲过，这是蓝牙 5.2 为 LE Audio 新加入的部分。ISOAL 的数据流在向上出了 LE Controller、进入 Host 以后，没有经过其他任何的小框而直达最上层，也就是避开了 Host 中其他部分的处理，节约软件时间，从而提升了数据传输的效率和速度。

所有数据都这么处理不可以了？为何要一层一层地传递，增加传输时间呢？这其实也像人与人之间的沟通一样，虽然需要多花一些时间，但是有的时候层层递进地说话，比直截了当更加能够让人理解和接受。

再换一个角度打比方，一个公司里有很多级别的职员，从级别最低的普通员工，到主管、经理、部长，直到级别最高的总裁，他们之间的信息通常都不会越级传递。每传递一次都会做一次处理和过滤，仅仅把需要向上传递的信息继续向上传。只有少数的特殊情况下才会进行越级行为。而且一个公司内不同的部门对于同一条信息也可能会有不同的解读和处理方式，研发部门需要评估方案的技术可行性，法务部门需要评估法律风险，财务部门需要核算成本，结合不同部门给出的处理结果，上层领导才能做出更好的判断。试想一下，如果没有中间级别职员对信息的处理和过滤，普通员工把所有信息都直接汇报给总裁，那信息的处理反而会更慢且更加混乱。

对于软件写成的协议栈也是如此，每一层都有自己的功能，每一层都做好自己该做的事情，然后相互传递结果，层层递进、相互配合。这也是协议栈中“栈（stack）”这个字的由来，就是一层一层堆叠起来的意思。

31.5.2　BLE 系统结构

图 31-3 是一个典型的 BLE 系统框图。中间的两层 Host 和 Controller 就是 BLE 协议栈。它看起来和图 31-2 不太一样，因为图 31-2 只有属于 BLE 的部分，而把传统蓝牙和高速蓝牙的部分去除了。其中每一层的作用就是后续章节的主要内容。

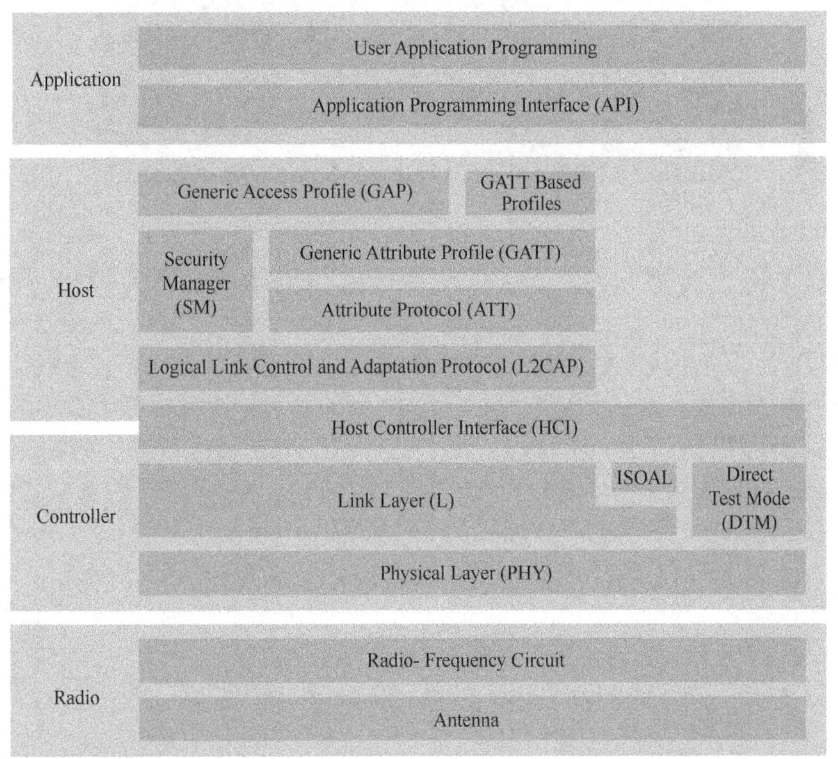

图 31-3　BLE 系统框图

之前一直在讲，协议栈就像一门语言，有着自己的结构和规范，如果有人擅自改动协议，那么就可能导致双方无法沟通。比如，一人说“雪花的颜色是白色，乌鸦的颜色是黑色”，但是另一个人改变了规范，他说“乌鸦的颜色是白色，雪花的颜色是黑色”，那这两个人就无法沟通了。所以，各芯片厂家为了保证软件代码写成的协议栈的完整性和规范性，通常不会对用户开放协议栈的软件源代码，避免用户对其进行更改而导致通信失败。厂家通常的做法是把协议栈打包成不可更改的软件库（library），以及供用户使用的 API（Application Programming Interface，应用编程接口）来调用协议栈内的功能，也就是图 31-3 中最上面一层的部分。

BLE 信号最终是通过无线电传播的，所以在 BLE 系统的最下层就是射频电路部分和最终收发信号的天线。根据各厂商芯片设计的不同，射频电路全部或者一部分包含在芯片内部；而天线通常都不包含在芯片内部，需要用户自己添加硬件。

接着来看一下蓝牙核心规格书的总目录，如图 31-4 所示。BLE 协议栈主要分为两部分，Host 和 Low Energy Controller，分别对应的就是规格书内的 Vol 3 和 Vol 6。这两部分将成为大家未来学习和工作中最常查阅的部分。

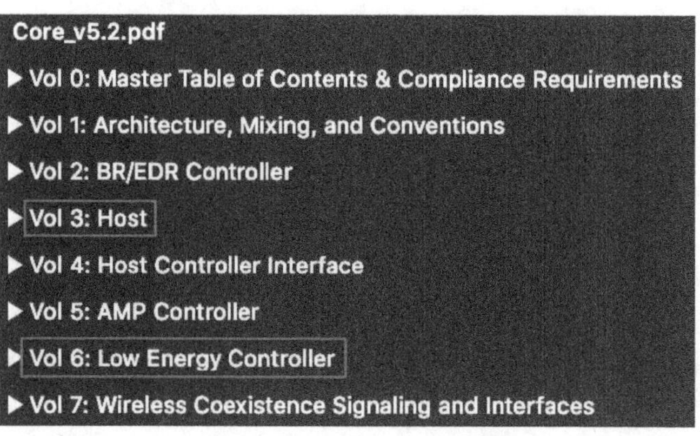

图 31-4　蓝牙核心规格书总目录

协议栈是分级层叠式的结构。看到一个层级式结构，脑子里应该会有这样一个问题：自上而下还是自下而上？

“自上而下”就是指从应用层面考虑问题。先考虑“我要做什么?”，再逐步拆分任务，落实到一个一个小事件上。打个比方，总裁说：“我们要做一个怎么样怎么样的手机”，然后把任务分别交给硬件部门和软件部门，硬件部长又把电路主板、屏幕、摄像头等部件分别交给下级的硬件经理和主管，软件部长又把操作系统、UI、应用等任务分给下级的软件经理和主管，各位经理和主管再拆分任务到工程师们那里。

但是使用“自上而下”模式有一个前提，那就是要知道“我能做什么?”。一位总裁如果不知道员工的能力、不知道自己的员工能做什么，就谈“我要做什么”，那显然是不切实际的。对于 BLE 协议栈的学习来说，也是如此。所以本书不使用“自上而下”的模式，而是使用“自下而上”的模式，也就是说，先从 Controller 开始讲起。

第 32 章　物理层（Physical Layer，PHY）

先从下层的物理层（v5.2，Vol 6，Part A）讲起，如图 32-1 所示 。首先明确一下概念：物理层指的不是物理上的硬件实体，而是指定义硬件实体的协议规范。它规定了 BLE 在射频层面的标准，实际的物理硬件是由各家厂商根据这个标准来制作的蓝牙产品射频电路。或者反过来说，各家厂商制作的蓝牙产品必须符合 PHY 规定的标准。

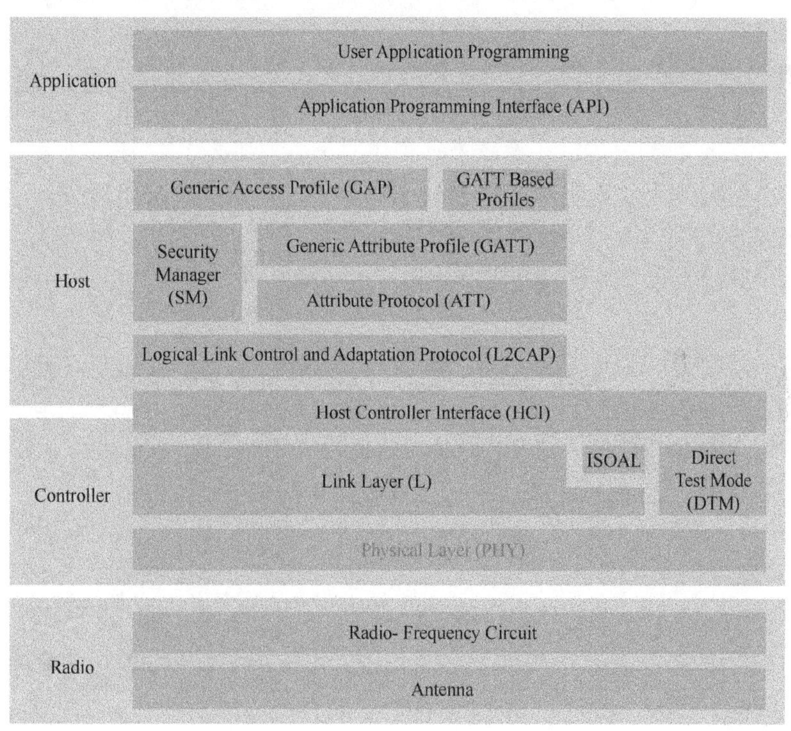

图 32-1　PHY 在 BLE 协议栈中的位置

32.1　PHY

前面讲过，BLE 的 PHY 分为 LE Uncoded PHY 和 LE Coded PHY。LE Uncoded PHY 又分为 1Mbit/s 和 2Mbit/s；LE Coded PHY 又分为 S = 2：500kbit/s 和 S = 8：125kbit/s。

32.2　频段（Band）

BLE 使用的是 2.4GHz ISM 频段，也就是 2.4 ~ 2.5GHz。具体来说，PHY 给 BLE 定义的频段是 2.4 ~ 2.4835GHz。注意，它是一段频率，而不是一个频率。

32.3 频道（Channel）

如图 32-2 所示，在 BLE 频段范围内，PHY 定义了 40 个频道，40 个频道的编号从 0 到 39。熟悉 C 语言的读者应该知道，从 0 开始计数而不是从 1 开始计数更符合与硬件沟通的编程语言的习惯。BLE 协议对于频道编号的定义也做了这样的处理。

这 40 个频道都有规定的中心频率，或者称为中心频点。从 2402MHz 开始每隔 2MHz 为一个频点，即 Channel 0 对应 2402MHz，Channel 1 对应 2404MHz，Channel 2 对应 2406MHz，直到 Channel 39 对应 2480MHz，如图 32-2 所示。用公式可以表示为 $f = 2402 + 2k$，$k = 0, \cdots, 39$。

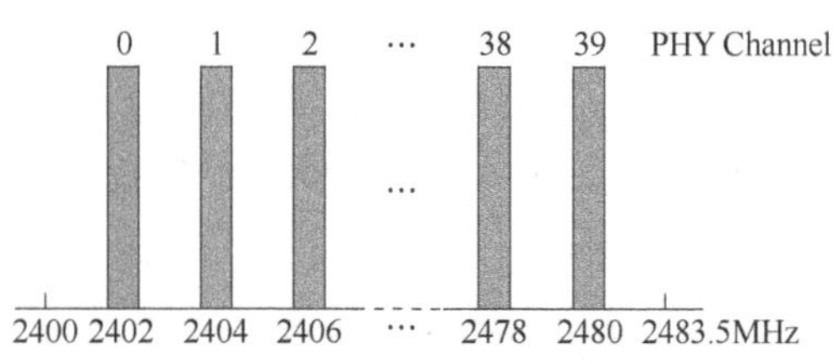

图 32-2　BLE 频道划分

如果把 BLE 无线数据的传输比喻成来来往往的车流，那么 2.4GHz“频段”就可以看作一条马路，BLE 数据作为“车辆”只能在这条马路上“行驶”。而“频道”就可以看作车道，BLE 的马路是 40 车道的。中心频率就是车辆在一个车道上行驶的中间线，车辆行驶的时候不能偏离中间线太远，否则会撞到旁边车道的车辆。

32.4 射频公差（Radio Frequency Tolerance）

那么能偏离中间线多远呢？LE PHY 规定的发射频率公差是不能超过 ±150kHz。同时，一个数据包内的公差不能超过 ±50kHz，且不能超过 400Hz/μs。

32.5 发射功率（Transmission Power）

对于射频的发射功率，LE PHY 也有约束范围，不能小于 0.01mW（即 −20dBm），不能大于 100mW（即 +20dBm）。

在这个范围的基础上，LE PHY 还定义了 4 个功率等级：Class 1、Class 1.5、Class 2 和 Class 3，对应的功率范围见表 32-1。

表 32-1　BLE 发射功率等级划分

功率等级	最大输出功率	最小输出功率
Class 1	100mW（+20dBm）	10mW（+10dBm）
Class 1.5	10mW（+10dBm）	0.01mW（−20dBm）
Class 2	2.5mW（+4dBm）	0.01mW（−20dBm）
Class 3	1mW（0dBm）	0.01mW（−20dBm）

32.6 接收灵敏度（Receive Sensitivity）

前面谈及蓝牙传输距离的时候，讲解过接收灵敏度这个概念，它表示的是射频的接收能力。那具体的定义是怎样的呢？具体的数值又是如何测定的呢？

射频的接收能力就好比人类的听力，下面用它来打比方。人类的听觉能力是怎么定义的？简单来说就是人耳能听到的最小音量。具体数值是怎么测试得到的呢？测试人员会播放测试音频，然后让被测者反馈听到了什么，如果反馈正确，那么测试人员会降低音量播放下一个测试音频，直到被测者表示听不清或者反馈错误为止。或者反过来操作，先播放音量很低的音频，然后逐步提高音量，直到被测者能听清为止。此时的音量等级就代表听觉能力。

接收灵敏度的定义和测试方法也类似，就是不断地接收测试设备发送过来的数据，直到一定数量的数据接收错误。由于 BLE 传输的都是二进制信号，而二进制的最小单位是 1 位，因此需要引入一个概念叫作 BER（Bit Error Ratio，位错误率），指的是接收错误的位占所有接收的位的比例。比如接收了 100 位，其中有 1 位错了，那 BER 就是 1%。

看一下 LE PHY 所规定的 BLE 设备必须达到的接收灵敏度，主要表示为两张表格，表 32-2 和表 32-3。实际 BLE 产品测试的时候发送的是一个一个的多字节（1 字节 = 8 位）的数据包。表 32-2 表示一个测试数据包的字节数与 BER 的关系；表 32-3 表示不同的 PHY 与接收灵敏度的关系。两张表格合在一起就是 LE PHY 对接收灵敏度的要求。

表 32-2　测试数据包的字节数与 BER 的关系

测试包有效载荷字节数	BER
1 ~ 37	0.1%
38 ~ 63	0.064%
64 ~ 127	0.034%
128 ~ 255	0.017%

表 32-3　不同的 PHY 与接收灵敏度的关系

PHY	接收灵敏度
LE Uncoded PHYs（1Mbit/s & 2Mbit/s）	≤ -70dBm
LE Coded PHY with S = 2 coding（500kbit/s）	≤ -75dBm
LE Coded PHY with S = 8 coding（125kbit/s）	≤ -82dBm

举个例子，若想知道一个 LE 1Mbit/s PHY 的接收灵敏度是否符合要求，可以让对方测试设备不停地发送 37 字节长的测试数据包（播放测试音频），同时逐步升高或者降低对方的发射功率（调节音量大小），并确认收到数据的 BER（是否听清楚），直到 BER 达到临界点 0.1% 的时候，对方的发射功率就是该 PHY 的接收灵敏度（能听清楚的最小音量）。这个值如果不大于 -70dBm，那就是符合 BLE 规范的。

第 33 章　直接测试模式（Direct Test Mode，DTM）

直接测试模式（v5.2，Vol 6，Part F）是用于测试 BLE 设备 RF 性能的一个模块。具体来说，就是定义了一些发送和接收测试数据包的基本流程和格式的统一标准。

为什么叫“直接”测试模式呢？看看它在协议栈中的位置，如图 33-1 所示，就在 PHY 的上面，HCI 的下面，用户可以通过 HCI 或者厂家给的 API 函数访问 DTM，而与 Host 里面的模块都没有关系，很“直接”。这样定义的好处是，RF 硬件测试时，剥离上层软件；即使 Host 层的协议软件和用户的应用软件有任何的问题，都不会对 BLE 设备 RF 硬件性能测试有任何干扰。

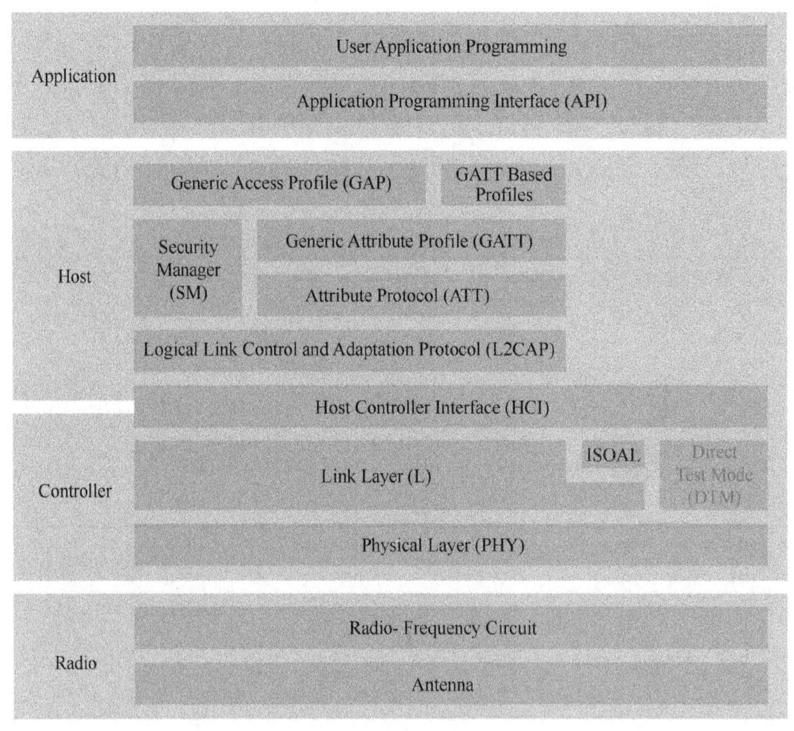

图 33-1　DTM 在 BLE 协议栈中的位置

HCI 指的是 Host 和 Controller 之间的接口协议，在硬件上通常使用 UART 或者 USB。这里不细说，大家将其理解为一个芯片内的总线接口就可以了。

33.1　重要性

DTM 只是一个测试模块，在用户的 BLE 数据传输应用层面没有任何作用。如果只是想自己在开发板上做个小功能和手机进行数据通信，或者使用经过认证的成品 BLE 模块，可以不用了解 DTM 这个模块。

但是如果要从芯片级别的硬件开始制作一款优秀的量产 BLE 产品，那么 DTM 就是一定会用到的一项功能，无论是在研发还是生产阶段。

原因很简单，2.4GHz 这样高的频率对于射频电路的元器件选择和走线设计非常敏感，细小的变化就可能导致性能的巨大变化，设计人员很难保证产品设计一次性成功，所以需要 DTM 来验证设计和产品的射频性能是否合格。

很多人可能没有频率与电路之间关系的相关基础知识，为了进一步说明 DTM 的重要性，有必要简单地聊一聊这个话题。

首先举个实际的例子，图 33-2 中是 TI 的 CC26xx 对于射频部分电路原理图的参考设计（资料是 TI 官网上公开的，如果想看细节可以自己去查找一下）。在电路图中可以看到有几点几皮法的电容和几点几纳的电感。1 皮法和 1 纳已经是很小的量了，却还有一位小数，可见 2.4GHz 射频电路对元器件的数值很敏感。那为什么 2.4GHz 射频电路对于元器件的数值那么敏感呢？这就要从电路的基础知识说起了。

$I = U/R$，$P = UI = I^2R = U^2/R$，这最基本的电路公式。在电压 U 不变的条件下，电子通过电阻的能力或者说电流 I 是和电阻值 R 成反比的。同样，功率 P 也是和 R 成反比的。同时大家也知道，通过多个电阻的串联和并联可以改变整个电路的电阻值，从而改变电路中的电流和功率。

后来的学习中又加入了两个新的基本元器件：电容 C 和电感 L，并且大家知道直流电无法通过 C（视为开路），但是可以通过 L（视为短路）。

同时也引入了交流电的概念：周期性变化的电流。周期性变化就意味着有频率 f 和单位 Hz（一秒变化多少次）。比如，常用的市电是 50Hz 的，而 BLE 是 2.4GHz 的。直流电，顾名思义就是直的、没有变化的；当然，也可以视为频率为 0Hz 的交流电。

当 C 和 L 与交流电或者频率 f 相遇的时候，有趣的事情就发生了。由于 C 和 L 的物理特性，它们在电路中的阻抗值是会随着 f 的变化而变化的。当 f 从 0Hz 的直流电开始一点点变大的时候，C 的阻抗越来越小，而 L 的阻抗越来越大。也就是说 C 的阻抗和 f 成反比，L 的阻抗和 f 成正比。举个例子，笔者随机截取了村田的一颗 1pF 电容以及 1nH 电感的频率 - 阻抗特性图，如图 33-3 所示，所体现出来的特征正是如此。

了解这样的特性以后，更有趣的事情就来了。R 的串并联能够改变电路的电阻值，而 C 和 L 的串并联能够改变电路的阻抗值，使得不同 f 的电流在电路中的通过能力不同。换句话说，这样的电路对于不同 f 的电流有着频率过滤的能力。

这个能力在交流电路中的作用十分重要。以 BLE 的 2.4GHz 为例，只有 2.4GHz 是我们想要听到的“声音”，其他频率的“声音”都是不想听到的。如果噪声太大，我们势必会听不清需要的声音，所以需要这样一种有着频率过滤能力的电路，只让 2.4GHz 的信号通过，而阻碍其他频率的信号。

刚才看到的 TI 参考设计中的 C 和 L 就是起着这样的阻抗变换和频率过滤的能力。对于不同型号的芯片，甚至型号相同但封装不同的芯片，由于内部电路设计的不同，导致在芯片外部需要增加的 C 和 L 也各不相同。不过各厂家都会在芯片的规格书中提供这部分电路的参考设计以及 C 和 L 的数值。

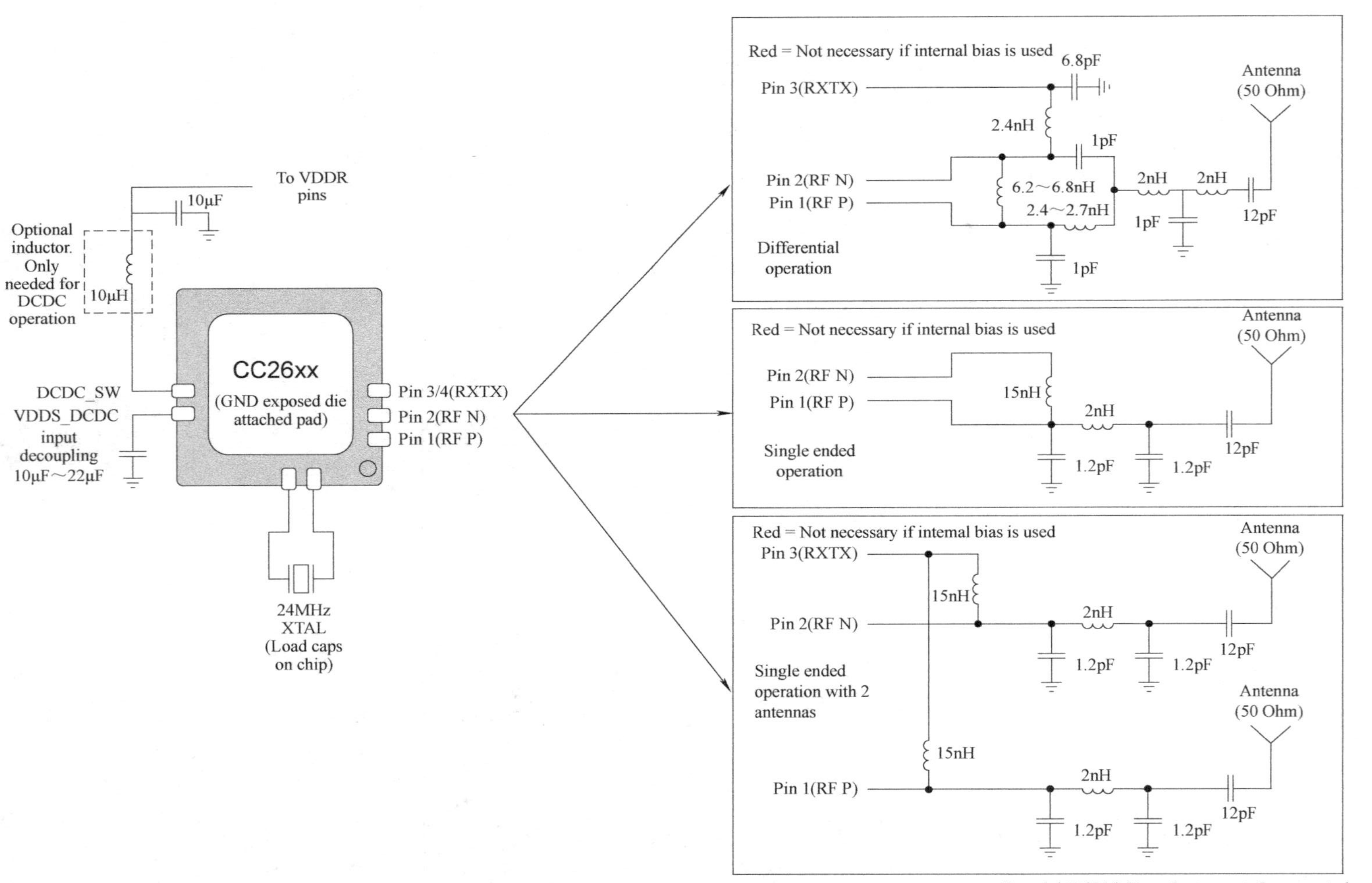

图33-2　CC26xx规格书中的天线匹配电路参考设计

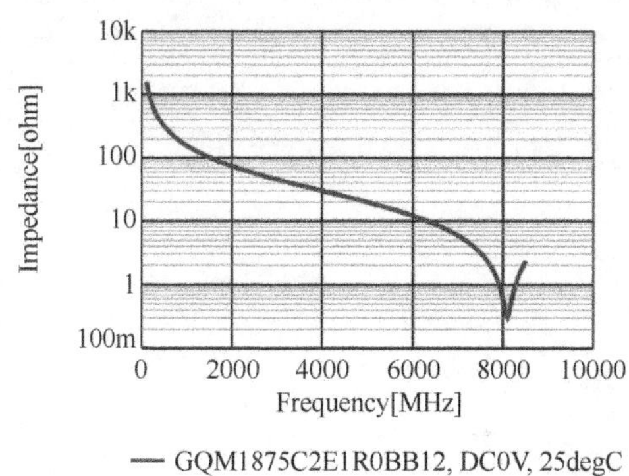

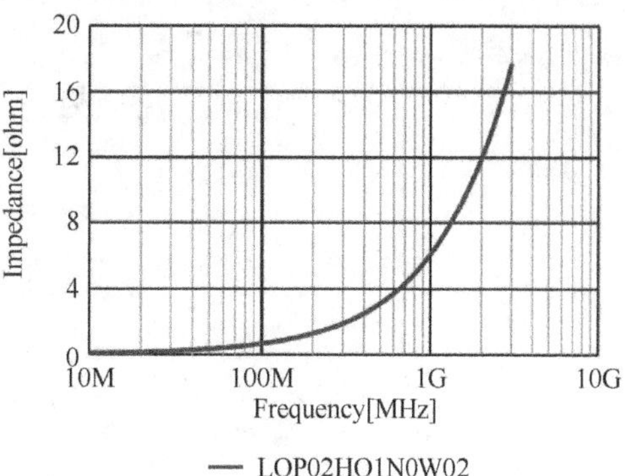

图 33-3　实际电容和电感的阻抗 – 频率特性曲线的例子

那只要按照参考设计做就可以了吗？理想很美好，现实却很残酷。当电路系统中的信号频率变得很高的时候，一些在低频电路中被无视的东西就会发挥很大的作用，那就是寄生参数。

由于材料、结构、制造工艺等因素的影响，实际使用的电阻、电容和电感都会带有寄生参数，包括寄生电阻、寄生电容和寄生电感。这些寄生参数通常比元器件的主要属性小好几个数量级，所以在低频电路中通常可以无视它们。

但在射频电路中就不一样了。遇到 GHz 级的频率，即使很小的寄生电容和寄生电感，它们的阻抗特性对于电路的影响也会放大。如图 33-4 所示，你以为它是一个 R，但在射频电路中它可能更像一个 C；你以为它是一个 C，但在射频电路中它可能更像一个 L。比如图 33-3 中的电容，当频率超过 8GHz 以后，它的阻抗变化开始出现“反转”，由原本的“随频率上升而下降”变成“随频率上升而上升”，从而变得更像一个 L，而不像 C。

	你眼中的	实际上的
电阻*R*	*R*	*L*　*R*　*C*
电容*C*	*C*	*L*　*C*　*R*
电感*L*	*L*	*C*　*R*　*L*

图 33-4　*R*、*C* 和 *L* 的寄生参数示意图

PCB 上的电路走线也会有寄生参数。因为带电导体之间距离很近的时候会产生耦合电容和耦合电感，所以 PCB 上的元器件布局、走线设计等都会影响 PCB 的寄生参数。同样，这些寄生参数的数量级很小，在低频电路中可以无视，但在射频电路中就不能无视了。

寄生参数理论上都是能够计算出来的，不过计算这些参数需要的时间、人力和物力

成本太高了，对于基于嵌入式系统的产品来说，较难承受。所以有些厂家不但会提供原理图、PCB Layout 和天线的参考设计，甚至还会直接提供参考电路的每一个元器件的具体品牌和型号，来帮助用户快速完成设计。比如 NXP 的 QN908x，如图 33-5 和图 33-6 所示。

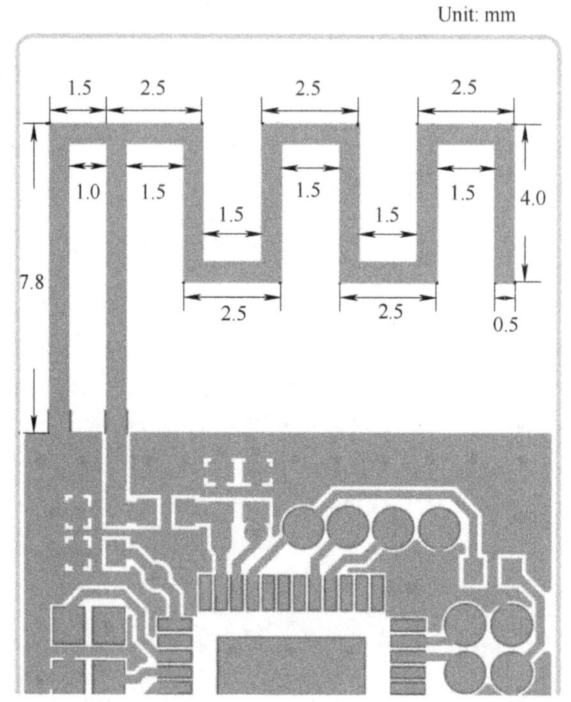

图 33-5　QN908x 应用手册中天线的 PCB Layout 参考设计

在实际的产品中，由于各种因素，不可能 100% 符合理论数据，必然会有各种偏差，导致射频性能不佳的情况出现。所以在设计射频部分电路的时候，通常会在靠近天线的地方增加一个 L 型或者 Π 型阻抗网络，如图 33-7 所示，通过调整这几个器件的性质和数值改变射频电路的特性，使得对 2.4GHz 频段的性能最佳。这个过程叫作“阻抗匹配”。阻抗匹配通常需要使用网络分析仪，具体的匹配方法这里不再展开。

简单地说一下阻抗匹配的本质。当把一个高频的电波发送到空中时，需要考虑能量传输效率的问题。大家都知道电磁波也是波，波在传输的时候如果从一个介质进入另一个介质往往会产生反射（比如光的反射），就会导致能量不能往预期的方向传输。电磁波从芯片输出端出来，通过天线传输到空气中。对于电波而言，天线、空气自然是不同的介质，反射会使能量“反弹”回来，也就是进入空中的能量衰减了。因此，设计时需要通过一系列的操作修改介质的特性，使得被反射回来的能量最小，从而提高发射效率。

但是即使做好了阻抗匹配，关于性能到底好不好，不实际测试一下还是不确定的。这时候就必须使用 DTM 来进行测试了。

Reference	Part Description	Footprint	MFG	MFG Part Number	Notes
C1, C4, C5,C9,C10	Capacitor, 100 nF, X7R, ±10 %, 16 V	0402	Murata	GRM155R71C104KA88D	—
C3	Capacitor,1 μF, X5R, ±10 %, 6.3 V	0402	Murata	GRM155R60J105KE19D	Optional[1]
C11	Capacitor,4.7 μF, X5R, ±10 %, 6.3 V	0402	Murata	GRM155R60J475ME47D	—
L2	Inductor,10 μH, ±20 %,200 mA	0806	Murata	LQH2MCN100M52L	Optional[1]
L2	Inductor,10 μH,20 %,200 mA	0805	TDK	MLZ2012M100WT000	Alternative solution[3] Optional[1]
L1	Inductor,10 μH, ±5 % 0402	0402	Murata	LQG15HN10NJ02D	Optional[1]
Y1	Crystal, 32 MHz, ±10 ppm, 8 pF, 2.0 x 1.6 x 0.45 mm	2016	Murata	XRCGB32M000F2N13R0	—
Y1	Crystal, 32 MHz, ±10 ppm, 8 pF, 2.0 x 1.6 x 0.45 mm	2016	YOKETAN	S2016A-032000-T08-BDD-YNA	Alternative solution[3]
Y2	Crystal, 32.768 K, ±20 ppm, 12.5 pF, 2.05 x 1.2 x 0.6 mm	2012	EPSON	FC-12M-32.7680KA-A5	Optional[2]
Y2	Crystal, 32.768 K, ±20 ppm, 12.5 pF, 2.0 x 1.2 x 0.6 mm	2012	YOKETAN	S2012S-032768-12-20-NA	Optional[2]
U1	IC, Bluetooth Low Energy core IC	QFN48	NXP	QN9080	—
C2	Capacitor, 8.2 pF, C0G, ±0.25 pF, 50 V	0402	Murata	GRM1555C1H8R2CA01D	—
L3	Inductor, 3.3 nH, ±0.1 nH, 190 mA	0402	Murata	LQP15MN3N3B02	—
C7, C8	Capacitor, 1.8 pF, C0G, ±0.25 pF, 50 V	0402	Murata	GRM1555C1H1R8CA01D	—
E1	Meandered Inverted-F Antenna	—	—	—	—

1. These components can be optional according to the internal DC/DC converter being used or not.
2. The 32.768-kHz crystal can be optional according to the RTC clock using an internal RCO or an external 32.768-kHz crystal.
3. The alternative solution provides a second solution with a different cost and manufacturer.

图 33-6　QN908x 应用手册中天线匹配电路元器件选型

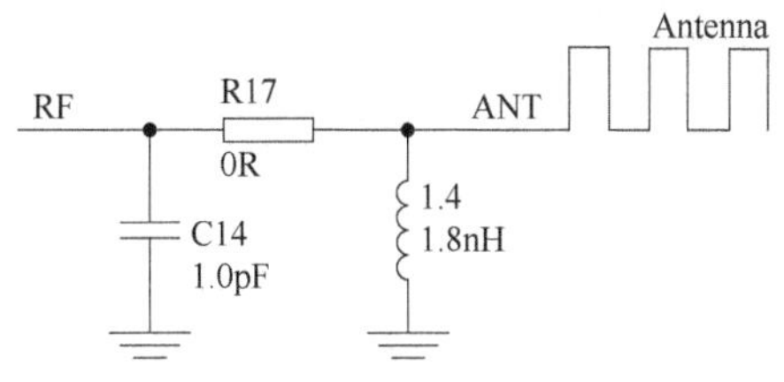

图 33-7　典型的 Π 型匹配网络

33.2 使用方法

DTM 测试环境通常分为 3 个模块（见图 33-8）：DUT（Device Under Test，被测设备）、Upper Tester（上层测试设备）和 Lower Tester（下层测试设备）。Upper Tester 通过 HCI 与 DUT 交互，控制测试流程，包括选择 PHY、使用的频点、数据包类型等。Lower Tester 通过 2.4GHz RF 与 DUT 交互，完成测试数据包的收发。这里的 RF 线路可以是有线的，也可以是无线的，各有各的适用场合。

有线的方式即通过射频连接器和射频线连接。优点是线路损耗是固定的，不容易受环境影响，而且结果的准确度较高；缺点是需要 DUT 和 Lower Tester 有物理上的线路连接，显然没有无线方便。

无线的方式就是 DUT 和 Lower Tester 双方都使用天线进行通信。优点是方便，不用接线；缺点是空中的路径损耗非常大，而且容易受到环境干扰，导致准确度相对较低。

实际使用的时候，3 个模块的配合通常分为两种情况。

1. Upper Tester 和 Lower Tester 合并在一个设备内

如图 33-9 所示，通用的 BLE 测试设备基本都采用这种方式，比如常用的 MT8852B。因为对外的 HCI 以及 RF 通信都是标准的协议，所以只要把 DUT 和测试设备的 HCI 和 RF 对应接上就能测试了。这种测试方法在实验室研发阶段是最常见的。

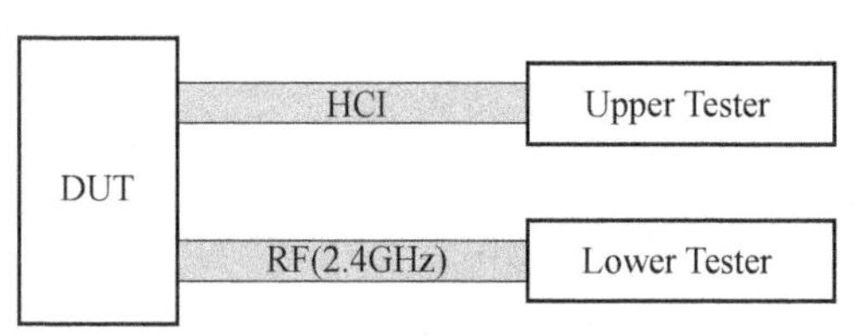

图 33-8　DTM 测试模块框图

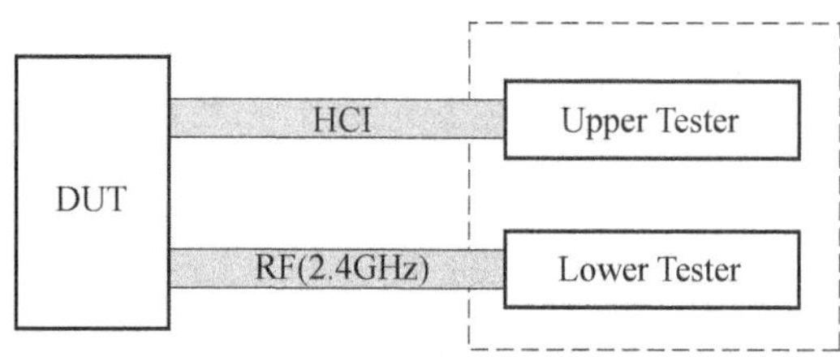

图 33-9　DTM 测试方法一

2. Upper Tester 和 DUT 合并在一个设备内

有的时候，DUT 的 HCI 接口无法暴露出来，比如 BLE 产品已经装壳了，但是还想再测试射频性能时。

举个例子，有一批 BLE 遥控器，虽然在装壳之前已经通过 HCI 测试了 PCB 的射频性能，但是想在最后包装之前再抽测一些。可是外壳装好了，HCI 接口已经无法对外暴露出来了。这种情况下可以事先编写软件代码来完成 Upper Tester 对 HCI 的操作，如图 33-10 所示。比如，当按下 BLE 遥控器上某个特殊的组合按键时，应用层软件识别到组合按键，就直接通过 HCI 发送 DTM 的测试指令。这样就相当于把 Upper Tester 模块以软件的方式集成到了产品中。

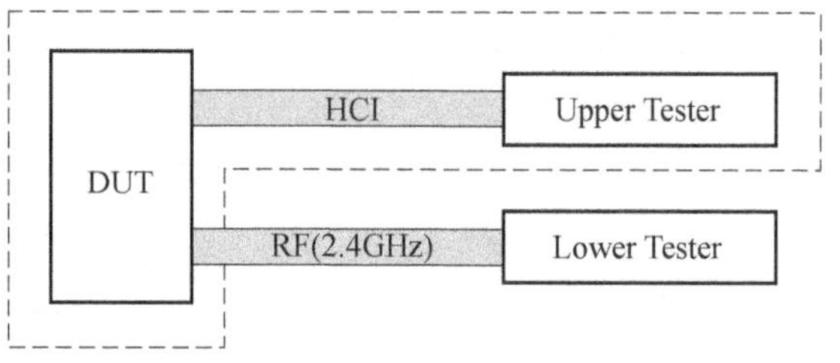

图 33-10　DTM 测试方法二

33.3　测试项目

DTM 只是规定了 RF 测试的基本模式和数据包格式，具体的测试规范并不在 BLE 的核心协议规格书中，而是在专门的测试规范文档中，下载地址为 https：//www. bluetooth. org/docman/handlers/DownloadDoc. ashx？ doc_id＝225827。

文档内的测试项目很多，主要是因为针对 1Mbit/s PHY、2Mbit/s PHY、Coded PHY （S＝2）、Coded PHY （S＝8）、AoA & AoD 都有不同的测试标准。

测试标准涉及很多射频相关的知识，这里不做详细介绍，只简单描述一下 3 个最常用的测试项目的合格评判标准。

33.3.1　发射功率——RF-PHY/TRM/BV-01-C

1）平均发射功率在 BLE PHY 规定的 ±20dBm 之间。

2）峰值功率与平均功率的差值不大于 3dBm。

实际工作中还要看一下发射功率是否与预期相符，比如预期输出 0dBm，而实际测测只有 -10dBm，那肯定是有问题了。通常来说可能是射频电路的阻抗匹配出了问题，或者软件设置了错误的发射功率。

33.3.2　发射频率偏移和漂移（1Mbit/s PHY）——RF-PHY/TRM/BV-06-C

把数据包拆分为 10 位为一组的数据组。

1）任意一组的频率与 BLE PHY 规定的中心频点差值不能超过 150kHz。

2）任意一组与第一组的频率差不能超过 50kHz（$|f_0 - f_n| \leq 50\text{kHz}$）。

3）第一组和第二组的频率差不能超过 23kHz（$|f_1 - f_0| \leq 23\text{kHz}$）。

4）任意间隔 5 组的频率差不能超过 20kHz（$|f_n - f_{n-5}| \leq 20\text{kHz}$）。

33.3.3　接收灵敏度（1Mbit/s PHY）——RF-PHY/RCV/BV-01-C

发送方调整发射功率使得接收方收到的功率为 -70dBm，使用 37 个字节为一包的数据包，传输 1500 包，PER 小于或等于 30.8%。

在讲解 Physical Layer 的时候提过 BER 在 37 个字节为一测试数据包的时候要求为 0.1%。实际测试的时候，通信以数据包（packet）为单位处理起来更方便，所以就有了 PER（Packet Error Ratio）。那么 BER 的要求为 0.1%，为什么 PER 的要求就变成 30.8% 了呢？这要从 DTM 规定的 1Mbit/s PHY 的 LE Test 数据包的定义说起。

如图 33-11 所示，LE Test 数据包除了 37 字节（296 位）的有效负载（payload）以外，还有 80 位的包头包尾。前导帧（preamble）的 8 位为“10101010”，是为了射频部分调制解调更高效而设计的，与后续的位是分开检测的，不算入 PER，所以实际上一个数据包内检测 $37 \times 8 + 72 = 368$。要求位的错误率为 0.1%，那位的正确率就是 99.9%，368 位的正确率就是 $0.999^{368} \approx 0.692$。所以 PER 就是 $(1 - 0.692) \times 100\% = 30.8\%$。

Preamble 8 bits	Synchronization word 32 bits	PDU header 8 bits	PDU length 8 bits	PDU payload 37～255 bytes, 296～2048 bits	CRC 24 bits

图 33-11　BLE 测试数据包格式

33.4　实际问题

33.4.1　发射频率偏移过大

嵌入式系统的时钟主要来源于晶振。如果 2.4GHz 的发射频率偏移过大，通常就是晶振产生的时钟出现了偏差。

芯片厂家都会在规格书里标明对晶振参数的要求。设计人员主要关心的是晶振的频率公差和负载电容，这两个参数是影响晶振频率偏差的主要参数。比如 Nordic 的 nRF52832 对 32MHz 晶振的要求是公差 ±40ppm（百万分之），负载电容 12pF，如图 33-12 所示。大家在晶振选型的时候一定要注意。

Symbol	Description	Min.	Typ.	Max.	Units
f_{NOM_HFXO}	Nominal output frequency		64		MHz
f_{XTAL_HFXO}	External crystal frequency		32		MHz
f_{TOL_HFXO}	Frequency tolerance requirement for 2.4 GHz proprietary radio applications			±60	ppm
$f_{TOL\_HFXO\_BLE}$	Frequency tolerance requirement, Bluetooth low energy applications			±40	ppm
C_{L_HFXO}	Load capacitance			12	pF
C_{0_HFXO}	Shunt capacitance			7	pF
$R_{S\_HFXO\_7PF}$	Equivalent series resistance C0 = 7 pF			60	ohm
$R_{S\_HFXO\_5PF}$	Equivalent series resistance C0 = 5 pF			80	ohm
$R_{S\_HFXO\_3PF}$	Equivalent series resistance C0 = 3 pF			100	ohm
P_{D_HFXO}	Drive level			100	uW
C_{PIN_HFXO}	Input capacitance XC1 and XC2		4		pF
I_{STBY_X32M}	Core standby current[13]		50		µA
I_{HFXO}	Run current		250		µA
I_{START_HFXO}	Average startup current, first 1 ms		0.4		mA
t_{START_HFXO}	Startup time		0.36		ms

图 33-12　nRF52832 规格书中对晶振的要求

但由于 PCB 设计、电容本身的误差等因素，即使晶振本身符合要求，也难以保证频率的偏差在要求的公差内。为了应对这种情况，不少芯片厂家选择在芯片内部给晶振增加容值可调的补偿电容，通过寄存器（或者软件）进行调整。对补偿电容进行调整后，通常能够使得频率偏差达到 ±10kHz 内。

33.4.2　发射功率不足或接收灵敏度不够

在确认发射频率偏差没有问题的情况下，如果还出现发射功率不足或接收灵敏度不够的情况，那通常就是射频电路部分出了问题。对此，一般进行分段问题查找，如图 33-13 所示。

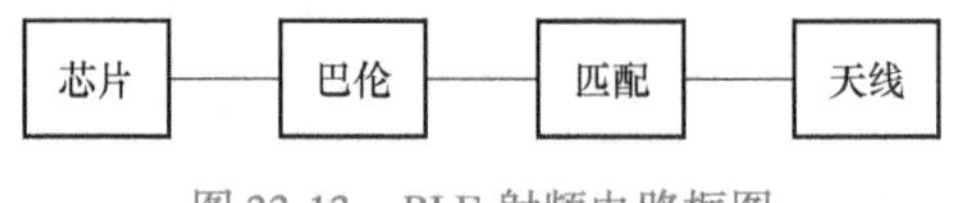

图 33-13　BLE 射频电路框图

通常优先排除巴伦部分的电路问题。巴伦是平衡不平衡转换器（balun）的英文音译。balun 是由“balanced”和“unbalanced”两个词组成的。其中，“balance”代表差分结构，而“un-balance”代表单端结构。巴伦电路可以在差分信号与单端信号之间互相转换。现在的很多 BLE 芯片都是单端输出，意味着芯片内部已经集成了巴伦电路。有些芯片为了追求更好的射频效果，这部分电路是外置的，但带来了更多的外置元器件。

以发射功率不足为例，去掉匹配和天线部分，直接测试巴伦电路后输出的功率，根据经验，如果衰减了 5dBm 以上，那肯定是有大问题。修正的方法通常是调整 PCB 布局，尽量按照厂商的推荐进行设计。如果是外置巴伦，也可以考虑重新设计巴伦。

如果巴伦电路后的输出功率没有问题，那就是匹配电路和天线的问题，通过调整匹配电路或者重新设计天线来解决。

第 34 章　链路层（Link Layer，LL）

链路层（v5.2，Vol 6，Part B）是蓝牙协议栈中十分重要的一层，它定义了 BLE 协议中许多最重要的基础概念。它在协议栈中的位置如图 34-1 所示。

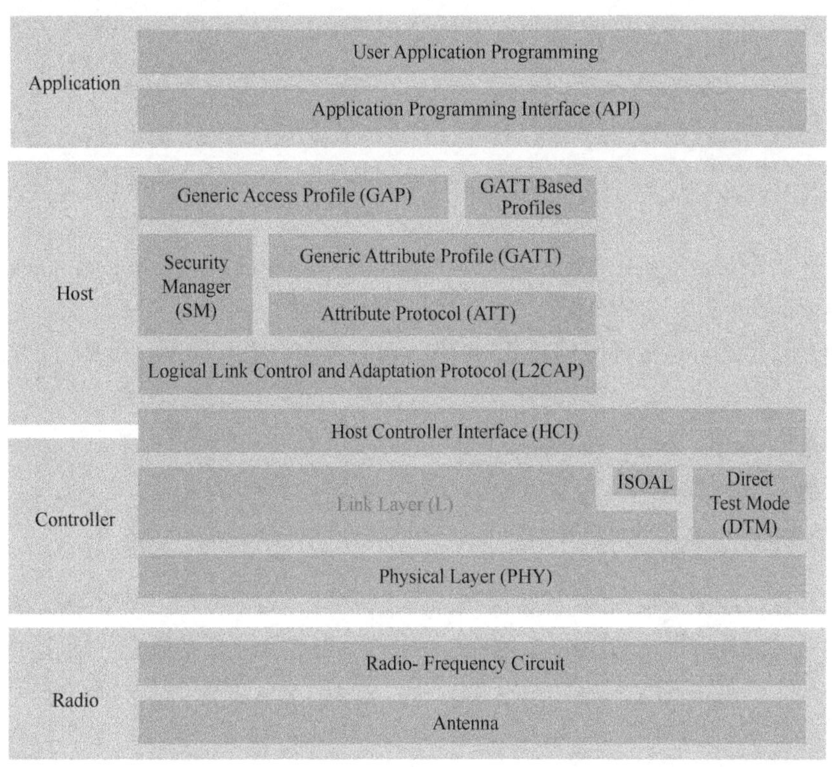

图 34-1　LL 在 BLE 协议栈中的位置

34.1　BLE 设备地址（Device Address）

每个 BLE 设备都至少有一个设备地址，长度 48 位（类似于每个人都有个名字），用于 BLE 设备之间的相互识别。BLE 设备发送数据时经常需要包含设备地址，以向对方表明自己的身份。

如图 34-2 所示，BLE 的设备地址分为 Public（公开）和 Random（随机）两种；Random 又分为 Static（静态）和 Private（私有）两种；Private 又分为 Non－resolvable（不可解析）和 Resolvable（可解析）两种。看起来有点复杂，其实就是 4 种：Public、Static、Non－resolvable 和 Resolvable。这 48 位的值是怎么定义的呢？

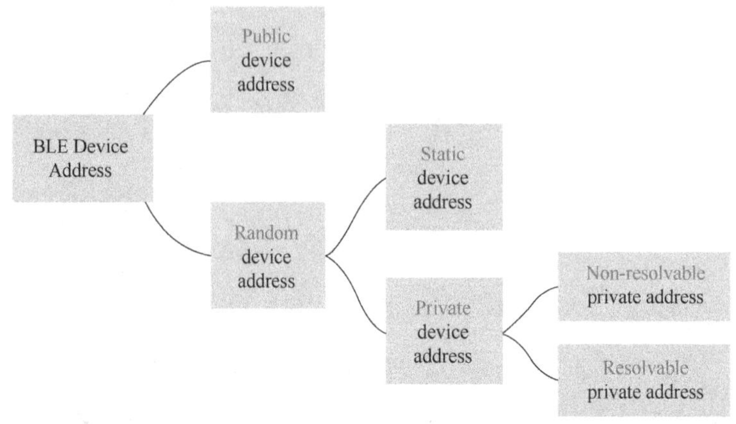

图 34-2 BLE 设备地址的分类

34.1.1 公开设备地址

传统蓝牙的设备地址使用 IEEE 定义的“48 – bit universal LAN MAC addresses”。48 位中的一部分需要向 IEEE 申请（购买），然后 IEEE 会分配给厂商一个唯一的固定值；另一部分可以由厂商自己定义。通常是两部分各 24 位，高 24 位由 IEEE 分配，低 24 位可以组成上千万种数值，由厂商分配给自己的蓝牙设备，保证每个设备的地址都是唯一的。

BLE 诞生的时候，设备地址和传统蓝牙使用相同的定义。BLE 协议内称为公开设备地址。

34.1.2 随机设备地址

由于公开设备地址是唯一的，而且和实体硬件设备一对一绑定，所以第三方十分容易通过数据中的公开设备地址来追踪实体硬件设备及其数据，导致隐私泄露。随着社会对数据隐私的重视，为了应对这种问题，在 v4.2 中，BLE 新增了一类设备地址，称为随机设备地址。

与公开设备地址的区别是，随机设备地址不需要向 IEEE 申请；48 位中包含一部分随机数；它可以随时变化，而不是固定值。

一个 BLE 设备可以拥有两种类型设备地址中的任意一种，也可以两种都有。

（1）静态设备地址

如图 34-3 所示，静态设备地址的最高两位为“11”，其余 46 位为随机数。它在设备的一个上电周期内是不变的，重新上电以后可以随机生成一个新的地址，也可以继续使用上一次的地址。

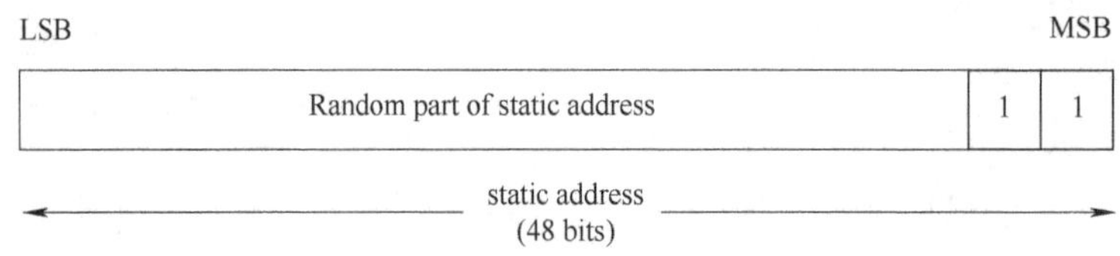

图 34-3 静态设备地址的格式

（2）不可解析设备地址

如图 34-4 所示，不可解析设备地址的最高两位为“00”，其余 46 位为随机数。在设备正常使用的时候也要定期更新，推荐的更新间隔时间是 15 分钟。

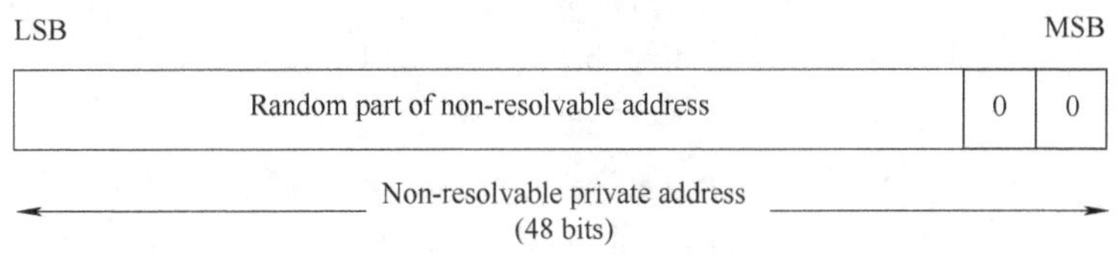

图 34-4　不可解析设备地址的格式

（3）解析设备地址

解析设备地址除了定时更新以外，还加入了利用 Hash 的签名机制。如图 34-5 所示，最高两位为“01”，接下来的 22 位为随机数，低 24 位为 Hash 值（哈希值或散列值）。

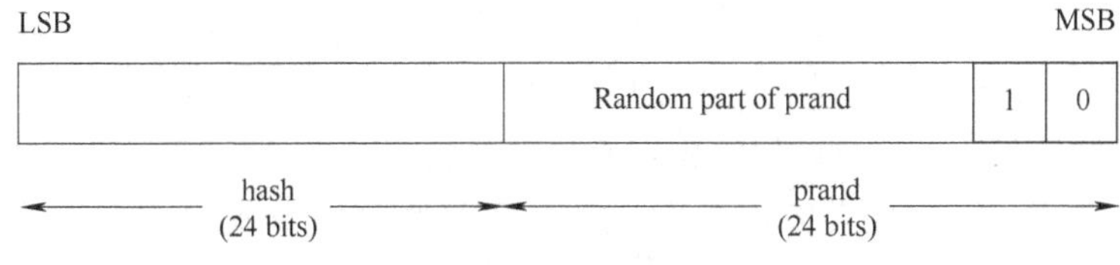

图 34-5　解析设备地址的格式

Hash（散列函数）是一种把任意长度数据变成固定长度数据的方法，是单向不可逆的。

解析设备地址的低 24 位 Hash 值由高 24 位 prand 和 IRK 生成。

IRK（Identity Resolving Key）是一个 128 位密钥。如果一个 BLE 设备要使用解析设备地址，就需要有 IRK。两个 BLE 设备建立了加密链路后，可以相互交换自己的 IRK。

数据发送方使用 prand 和自己的 IRK 生成 Hash 值。数据接收方根据收到的 prand 和本地已存的 IRK（可能存了很多个其他设备的 IRK）也生成一个 Hash 值，和收到的 Hash 值做对比。如果相同，表示解析成功，可以进一步处理这条数据；如果不同，则解析失败，就把这条数据过滤掉。

34.2 物理频道（Physical Channel）

34.2.1 广播（Advertising）与连接（Connection）

传统蓝牙通常都是一对一通信的。但是随着物联网的兴起，对于一对多广播功能的功能需求越来越多，比如 beacon（信标）信息推送、定位等。

“广播”是一种非定向的通信方式，而“连接”是一种一对一的通信方式。打个比方，“连接”就像一对一地聊天，目的是让双方交换信息，指向性十分明确且非常高效，同时保持一定的私密性；而“广播”就像群发“新年快乐”，目的就是大范围地传播信息，而且可能大部分信息都得不到回应。

再打个比方，在逛马路的时候，传统的店铺揽客基本靠吼，“走过路过，不要错过”，这就是一种“广播”，目的是告诉周围的人“我这儿有好东西，大家快来买”。但是大多数人收到这样的消息都不会回应，只有有购物意向的特定人群收到信息后会进入店铺购物。客户进入店铺购物，这个过程就好比客户与店铺之间建立了“连接”，之后双方就会开始一对一的交流，以达到双方买卖的目的。所以，除了大范围地传播信息以外，“广播”还有一个重要作用，就是为了找到合适的“另一半”进行“连接”。

在广播和连接之外，蓝牙 5.0 新增了“periodic advertising”，蓝牙 5.2 新增了“isochronous broadcast”（不展开说明），所以现在的 BLE 在物理上定义了 4 种数据传输模式：“advertising physical channel”、“data physical channel”、“periodic physical channel”和“isochronous physical channel”。

34.2.2 分类与编号

BLE 诞生的时候（v4.0）在 40 个频道中专门抽出 3 个频道用于广播，称为“primary advertising channel（主要广播频道）”，另外 37 个频道称为“general - purpose channel（通用频道）”。广播物理频道用的是 3 个广播频道，另外 3 种传输模式用的是 37 个通用频道。但是在 5.0 的升级中，一些特别的广播数据可以在另外 37 个频道中发送，这时候广播物理频道就把 40 个频道都用上了，3 个主要广播频道就被称为“primary advertising physical channels”，另外 37 个频道又被称为“secondary advertising physical channel”如图 34-6所示。

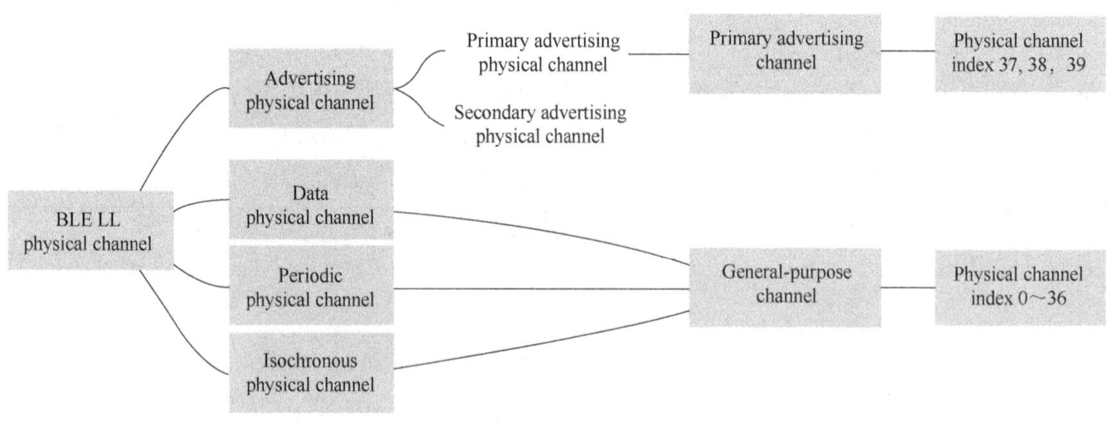

图 34-6　物理频道分类

3 个主要广播频道的频点分别是 2402MHz、2426MHz 和 2480MHz。选取这 3 个频点主要是为了避开 Wi-Fi 最常用的 1、6 和 11 频道，以减少物理上的干扰。同时，如表 34-1 所示，LL 对 40 个频道进行了重新编号。在 PHY 称为“PHY channel”；在 LL 称为“physical channel”。“Physical channel”的 0 ~ 36 依次给了 37 个通用频道，37、38 和 39 给了 3 个主要广播频道。

表 34-1 物理信道编号

PHY Channel	RF Center Frequency	Physical Channel Index	Primary Advertising	General-purpose
0	2402 MHz	37	●	
1	2404 MHz	0		●
2	2406 MHz	1		●
…	…	…	…	…
11	2424 MHz	10		●
12	2426 MHz	38	●	
13	2428 MHz	11		●
14	2430 MHz	12		●
…	…	…	…	…
38	2478 MHz	36		●
39	2480 MHz	39	●	

这里的重点是记住主要广播通道是 37、38 和 39，其他都是通用数据通道。

34.3 状态（State）

一个人在不同的场景下有不同的角色：在父母面前是子女，在另一半面前是配偶，在领导面前是下属，在朋友面前是伙伴。人在不同的角色下有不同的行为模式。BLE 设备也是如此，有着各种状态，对应各种任务场景。

LL 对此定义了一套状态机。如图 34-7 所示，这是蓝牙 5.2 定义的 BLE LL 状态机，其中的“Synchronization（同步）”和“Isochronous Broadcasting（等时广播）”是蓝牙 5.1 和 5.2 为新功能加入的两个较为独立的状态，这里暂时把它们忽略，不做展开。

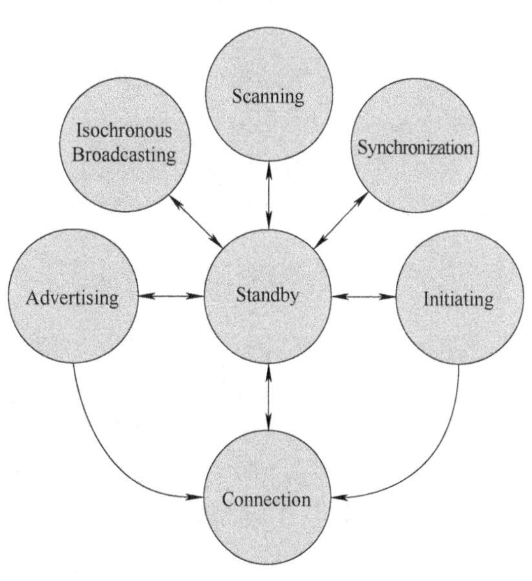

图 34-7 链路层状态机

BLE 产品的应用层很大一部分内容就是根据实际产品需求去控制这些状态的切换，并在各种状态下收发各种数据。

各状态的简单说明如下。

- Standby state：LL 不收发任何数据包。
- Advertising state：发送广播数据，并接收可能的回复数据。
- Scanning state：接收广播数据，可以回复要求广播者发送更多的数据。

- Initiating state：接收广播数据，并以发起连接的方式进行回复。
- Connection state：分为两种 Role（角色）。

① 从 Initiating state 进入 Connection state，则 LL 变为 Master（主机）Role。

② 从 Advertising state 进入 Connection state，则 LL 变为 Slave（从机）Role。

图 34-8 描述了两个 BLE 设备相互通信的典型流程。

1）设备 A 从 Standby 进入 Advertising，发送 Advertising data。

2）设备 B 从 Standby 进入 Scanning，获取到设备 A 发送的 Advertising data，然后发送 Scanning request 向设备 A 请求更多的信息。

3）设备 A 收到设备 B 发送的 Scanning request 后，回复 Scanning response。

4）设备 B 根据 Advertising data 和 Scanning response 判断设备 A 是否为设备 B 想要连接的设备。如果是，就回到 Standby，然后进入 Initiating，对设备 A 发起 Connect indicate。

5）随后 A 和 B 都进入 Connection，A 为 Slave，B 为 Master，双方可以相互发送 Connection data。

6）在 Connection state 中，任意一方可以发起 Connection terminate，随后连接中止，双方都回到 Standby。

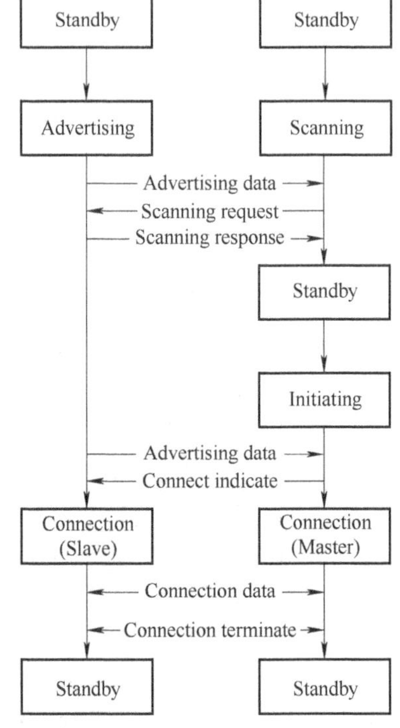

图 34-8　BLE 设备通信的典型流程

34.4　空中接口包（Air Interface Packet）格式

有了状态定义和切换，接下来要考虑不同状态的 BLE 设备之间如何沟通。之前讲过，人与人传递信息的基本单位是句子，而 BLE 设备之间传递信息的基本单位就是数据包（这里主要关心的是由无线信号发送到空中的数据包，所以称之为空中接口包）。句子由短语、词语、字等组成，下面来看看 LL 的数据包由什么组成。

34.4.1　Uncoded PHY

Uncoded PHY 的数据包格式如图 34-9 所示。

（1）Preamble（前导帧）

Preamble 是 0 与 1 交替的前导帧，便于射频接收端进行频率同步。如图 34-10 所示，LE 1Mbit/s PHY 的 Preamble 为 8 位，LE 2Mbit/s PHY（v5.0+）的 Preamble 为 16 位。Preamble 的 LSB 保持和 Access Address 的 LSB 相同。Preamble 简单了解一下就可以了，用户应用层通常接触不到。

v4.0, v4.1	Preamble 1 byte	Access Address 4 bytes	PDU 2～39 bytes	CRC 3 bytes	
v4.2	Preamble 1 byte	Access Address 4 bytes	PDU 2～257 bytes	CRC 3 bytes	
v5.0	Preamble 1 or 2 bytes	Access Address 4 bytes	PDU 2～257 bytes	CRC 3 bytes	
v5.1, v5.2	Preamble 1 or 2 bytes	Access Address 4 bytes	PDU 2～258 bytes	CRC 3 bytes	CTE 16～160 μs

图 34-9　Uncoded PHY 空中接口包的格式

Preamble for LE 1Mbit/s packets

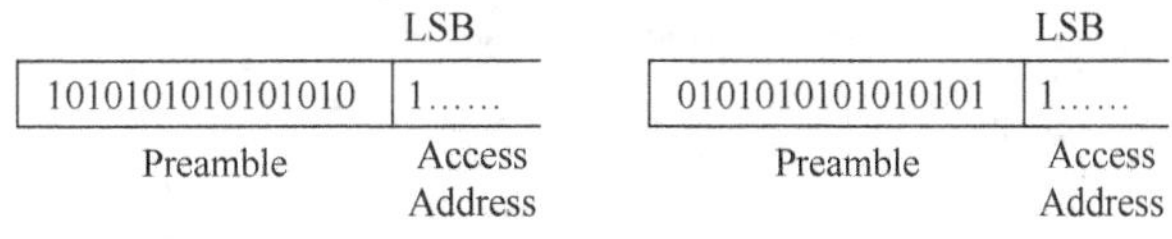

Preamble for LE 2Mbit/s packets

图 34-10　Uncoded PHY 空中接口包的前导帧

（2）Access Address（接入地址）

有那么多的数据包，一个 BLE 设备如何知道哪一个数据包是发给自己的呢？Access Address 就起着这样类似于身份识别的作用。

Access Address 的 4 个字节的值取决于数据包在主要广播频道发送还是在通用频道发送。在主要广播频道发送的 Access Address 为固定值 0x8E89BED6。BLE 设备接收到这个值，就知道这是广播数据，而不是连接数据。在通用频道发送的 Access Address 为随机值，由 Initiator 在发起连接的时候生成，并发送给从机。之后在这个连接的生命周期内，主从双方数据包内的 Access Address 都用这个值，直到连接断开。也就是说，在空中的那么多数据包中，双方只要通过筛选 Access Address 就能知道是不是连接方发来的数据包，这样就起到了身份识别的作用。

如果随机产生的 Access Address 重复了怎么办？Access Address 有 32 位，也就是有数十亿种可能的值，重复的可能性小到可以忽略不计。

Access Address 也是简单了解一下就可以了，用户应用层通常接触不到。

（3）PDU（Protocol Data Unit，协议数据单元）

PDU 是相当于句子中的重点信息。一个数据包需要表达什么意思主要取决于 PDU 中的内容。这也是后面要讲的重点内容。

v4.0 定义的 PDU 最大长度为 39 个字节。v4.2 升级到了 257 个字节。v5.1 又增加了一个可选的字节，用于 AoA 和 AoD 定位。

（4）CRC（循环冗余校验）

3 个字节，用于确认数据包的完整性。

（5）CTE

v5.1 增加的一个可选部分，用于 AoA 和 AoD 定位。

34.4.2 Coded PHY

Coded PHY 的数据包格式要复杂一些。首先说说“Coded”到底是什么意思。“Coded”指的是纠错编码。

大家知道，信号在传输时可能受到干扰，导致接收方收到的数据出错，比如“0”变成了“1”，或者“1”变成了“0”。干扰是无法避免的，所以人们就想，在现实世界中收到一个错误的单词“appla”时能够猜出正确的单词“apple”，那在二进制世界中，能不能从收到的错误数据中“猜”出正确的数据呢？在一定程度上确实是可以的，但是不可能凭空“猜”出来，而是需要发送方提供一些额外的信息，它们叫作“冗余数据”。

举个例子，假如要发送一个“0”，但是数据被复制了 3 次，实际发送“000”，由于干扰，接收方可能收到“000”“001”“111”等共 8 种二进制数据；然后接收方选择 3 位中出现次数多的“0”或“1”为收到的数据，也就是说把“000”、“001”、“010”和“100”判定为“0”，把“111”、“110”、“101”和“011”判定为“1”。这时候可以发现，如果 3 位中只有 1 个出错了，依旧能够“猜”出原来正确的信息，从而在一定程度上达到纠错的目的。这种重复 3 次的方法就是一种纠错编码，额外发送的 2 位就是冗余数据。但是其中如果有 2 个出错了，那就纠不回来了。这时候不妨把重复次数增加到 5 次。可是如果错了 3 个呢？把重复次数增加到 7 次即可……纠错的能力可以一直这样提升下去，但是各位应该注意到了，这是有代价的。纠错能力越强，就需要越多的冗余数据，这使得发送有用数据的速度变慢了。是提高纠错能力，还是保持高速度？这要根据实际情况进行平衡。LE Coded PHY 使用的纠错编码方式叫作 Forward Error Correction（FEC，前向纠错）。具体数学原理就不解释了，它比单纯重复的方法要高级得多。

实际使用场景中，导致数据出错的最大“元凶”往往是传输距离。距离越远，信号能量衰减越严重，也就越不容易识别，从而导致出错概率变高。使用纠错编码相比于不使用纠错编码能在更远距离上传输正确的数据包，也相当于起到了提高传输距离的作用，所以 LE Coded PHY 也被称为 Long Range 功能。

那什么时候用 LE Coded PHY，什么时候用 LE Uncoded PHY 呢？基于纠错编码的原理，当数据传输速度要求更高的时候用 LE Uncoded PHY；当数据正确性要求更高或者传输距离要求更远的时候用 LE Coded PHY。

LE Coded PHY 定义了两种等级的 FEC 编码：S = 2 和 S = 8。简单来说，就是添加冗余数据编码后的数据长度是原来数据的 2 倍或者 8 倍。由于 LE Coded PHY 是基于 LE 1Mbit/s PHY 进行编码的，所以速度就分别降到了 500kbit/s（S = 2）和 125kbit/s（S = 8）。相对地，S = 8 的传输距离比 S = 2 要远一些。

回到 LE Coded PHY 的数据包结构。如图 34-11 所示，除了开头的 Preamble 外，后面分为两块：FEC block 1 和 FEC block 2。FEC block 1 固定使用 S = 8 编码，而包含 PDU 的 FEC block 2 可以选择 S = 2 或 S = 8 编码。

- Preamble：LE Coded PHY 的 Preamble 为“00111100”，重复 10 次。
- Access Address：与 LE Uncoded PHY 定义相同。
- CI：是 Coding Indicator 的缩写，2 位，指示 FEC block 2 的编码方式。如果 CI 为“00”，就用 S = 8；如果为“01”，就用 S = 2。

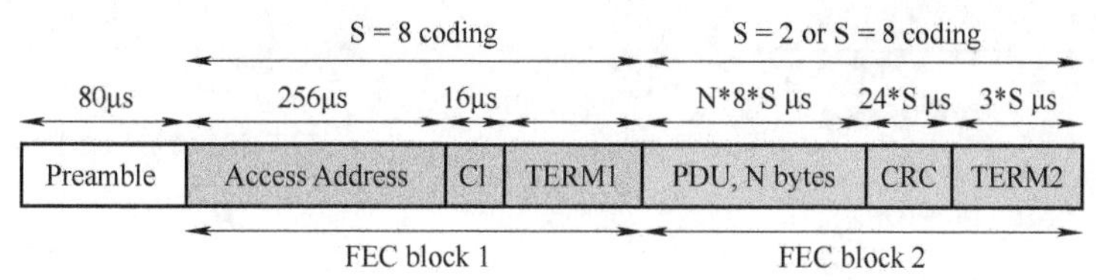

图 34-11　Coded PHY 空中接口包的格式

- PDU：2 ~ 257 字节。
- CRC：3 字节。
- TERM1 和 TERM2：用于 FEC 编码。

34. 4. 3　数据包时间间隔

数据包的收发，无论在硬件层面上还是软件层面上，都需要处理时间，还需要给对方留出处理的时间。对此，LL 定义了 Inter Frame Space，指的是在同一个频道上两个连续的数据包之间的时间间隔，标记为 T_IFS，是固定值 150 μs，公差 ±2 μs。

V5. 0 增加了 T_MAFS，V5. 2 增加了 T_MSS，这里不展开讲了。

34. 5　Advertising Physical Channel PDU

接下来具体讲解在 Advertising Physical Channel 上传输的 PDU。它由两部分组成：2 个字节的 Header 和后续的 Payload，如图 34-12 所示。

Header 2 bytes	Payload 1～255 bytes

图 34-12　Advertising Physical Channel PDU 的格式

Header 又分为多个部分，如图 34-13 所示。

PDU Type 4 bits	RFU 1 bit	ChSel 1 bit	TxAdd 1 bit	RxAdd 1 bit	Length 8 bits

图 34-13　Advertising Physical Channel PDU Header 的格式

- PDU Type：长度 4 位，表示 PDU 的类型。LL 定义了 15 种 PDU Name，分为 9 个 PDU Type，并且对每种 PDU Name 使用的 Physical Channel 和 LE PHY 都有规定，见表 34-2。

表 34-2　Advertising Physical Channel PDU 的类型

PDU Type	PDU Name	Physical Channel	Permitted PHY		
			LE 1Mbit/s	LE 2Mbit/s	LE Coded
0b0000	ADV_IND	Primary Advertising	●		
0b0001	ADV_DIRECT_IND	Primary Advertising	●		

（续）

PDU Type	PDU Name	Physical Channel	Permitted PHY		
			LE 1Mbit/s	LE 2Mbit/s	LE Coded
0b0010	ADV_NONCONN_IND	Primary Advertising	●		
0b0011	SCAN_REQ	Primary Advertising	●		
	AUX_SCAN_REQ	Secondary Advertising	●	●	●
0b0100	SCAN_RSP	Primary Advertising	●		
0b0101	CONNECT_IND	Primary Advertising	●		
	AUX_CONNECT_REQ	Secondary Advertising	●	●	●
0b0110	ADV_SCAN_IND	Primary Advertising	●		
0b0111	ADV_EXT_IND	Primary Advertising	●		●
	AUX_ADV_IND	Secondary Advertising	●	●	●
	AUX_SCAN_RSP	Secondary Advertising	●	●	●
	AUX_SYNC_IND	Periodic	●	●	●
	AUX_CHAIN_IND	Secondary Advertising and Periodic	●	●	●
0b01000	AUX_CONNECT_RSP	Secondary Advertising	●	●	●
Others	Reserved for future use				

- RFU（Reserved for Future Use）：保留位。
- ChSel、TxAdd 和 RxAdd：对于不同类型的 PDU 有不同的定义，在具体的 PDU 中再详细解释。如果没有定义，就表示 RFU。
- Length：长度 1 个字节，表示后面 Payload 的字节数。比如 Payload 有 255 个字节，Length 就是 0xFF。

根据 LL 状态的不同，Advertising Physical Channel PDU 分为 Advertising PDU、Scanning PDU 和 Initiating PDU。

34.5.1 Advertising PDU

v4.0 定义了 4 种 Advertising PDU，称为 Legacy Advertising PDU，包括 ADV_IND、ADV_DIRECT_IND、ADV_NONCONN_IND 和 ADV_SCAN_IND。

v5.0 又增加了 4 种，称为 Extended Advertising PDU：ADV_EXT_IND、AUX_ADV_IND、AUX_SYNC_IND 和 AUX_CHAIN_IND。

下面只挑选最常用的 ADV_IND 和 ADV_DIRECT_IND 进行详细讲解。

1. ADV_IND

ADV_IND 是最常用的一种 Advertising PDU。它的 Payload 由两部分组成：AdvA 和 AdvData，如图 34-14 所示。

AdvA 的 6 个字节表示 Advertiser 的设备地址。如果使用 Public Device Address，那么 Header 中的 TxAdd 置 0；如果使用 Random Device Address，那么 Header 中的 TxAdd 置 1。

Preamble 0xAA	Access Address 0x8E89BED6	PDU 8～39 bytes			CRC 3 bytes
		Header 2 bytes	Payload 6～37 bytes		
			AdvA 6 bytes	AdvData 0～31 bytes	

图 34-14　ADV_IND 格式

之前在讲解设备地址的时候，可能你已经注意到了 Public Device Address 和 Random Device Address 会重复，而区分二者的标记就在这里。

AdvData 的长度为 0～31 个字节，表示具体的广播数据。请注意，这是我们第一次接触到由用户自己定义数据的地方，所以 AdvData 的定义在各家芯片厂商的 SDK 内基本都有开放 API。

但是由于广播是开放式的，所有人都能收到，如果大家都为这 31 字节定义一套私有的广播数据格式，就会显得比较混乱，所以在上层的 GAP 还是对 AdvData 做了一些规范和约束。

如图 34-15 所示，整个 AdvData 被分为若干个 AD Structure。每个 AD Structure 的第一个字节为 Length，表示这个 AD Structure 后续 Data 的长度。后续 Data 又分为 AD Type 和 AD Data 两部分。

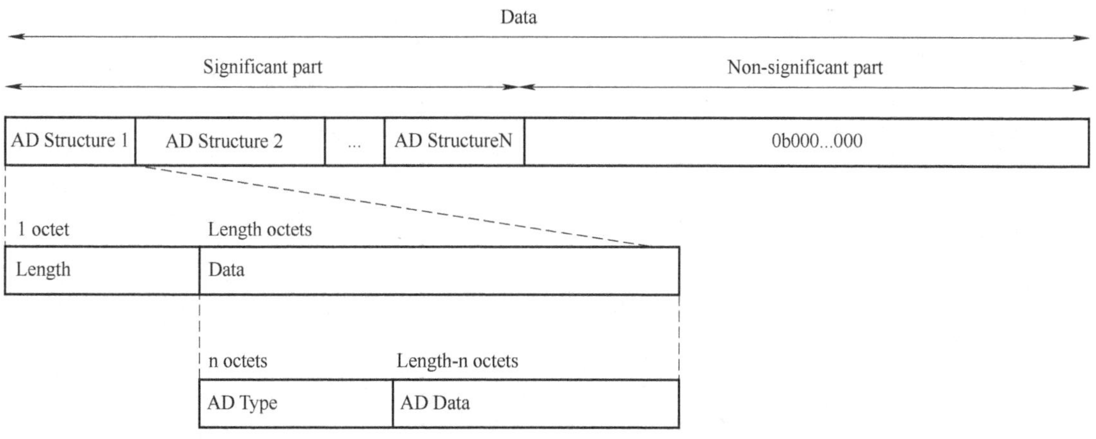

图 34-15　AdvData 格式

AD Type 的值没有定义在核心规格书中，而是在 SIG 官网页面 https：//www. bluetooth. com/specifications/assigned－numbers/generic－access－profile/上。

AD Data 的值也没有定义在核心规格书中，而是在核心规格书增补（Core Specification Supplement，CSS）中，在图 30-3 所示页面中可以找到下载链接。

下面举一个实际的 AdvData 例子来说明。

“0x 02 01 05 08 09 4D 79 20 4E 61 6D 65 06 FF 4C 00 12 34 56”，看到这串 16 进制数据，大家一开始肯定一头雾水。其解析见表 34-3。

表 34-3 AdvData 例子解析

值（HEX）	结　构		定　义
02	Length	AD Structure 1	Length
01	AD Type		Flags
05	AD Data		BR/EDR Not Supported LE Limited Discoverable Mode
08	Length	AD Structure 2	Length
09	AD Type		Complete Local Name
4D79204E616D65	AD Data		"My Name"
06	Length	AD Structure 3	Length
FF	AD Type		Manufacturer Specific Data
4C00123456	AD Data		Apple, Inc. 0x123456

其中，第一个字节 0x02 就是第一个 AD Structure 的第一个字节，表示这个 AD Structure 后续数据的长度是 2 个字节，就是后面的 0x01 和 0x05。

第二个字节 0x01 就是第一个 AD Structure 的 AD Type。在刚才的网页上查找，0x01 表示的是 Flags。

第三个字节 0x05 就是 Flags 的 AD Data，具体的定义在 CSS 中查找。Flags 对应章节 Part A，1.3。0x05 就是 0x00000101，也就是位 2 和位 0 为 1。

位 2 为 1 表示"BR/EDR Not Supported"，即告诉对方设备"我不支持传统蓝牙，我是 BLE 单模设备"。

位 0 为 1 表示"LE Limited Discoverable Mode"，即广播时间是有限的，不会一直广播下去，告诉对方设备"抓紧时间连接，否则过一会儿就找不到我了"。而相对应的位 1 的"LE General Discoverable Mode"则表示"我会一直广播"。

接下来的 0x08 就是第二个 AD Structure 的第一个字节，意思是后面的数据是长度为 8 个字节的 0x094D79204E616D65。

0x09 表示"Complete Local Name"，表示完整的本地设备名称。用 16 进制的数字（比如设备地址）表示一个设备对于人类很不友好，因此 GAP 定义了每个 BLE 设备都要有一个 Device Name，用长度为 0 ~ 248 字节的 UTF - 8 字符串表示。"Complete Local Name" 指的就是这个 Device Name。但是 ADV_IND 中的 AdvData 最多不能超过 31 个字节，如果 Device Name 太长就不能完整地放入 AdvData，这时就需要改用 AD Type 为 0x08 的"Shortened Local Name"，仅仅选取 Device Name 前面的一部分字符。

后面的 0x4D79204E616D65 就是"Complete Local Name" 的 UTF - 8 字符串，翻译成文本就是"My Name"。

0x04 就是第三个 AD Structure 的第一个字节，意思是后面的数据是长度为 4 个字节的 0xFF123456。

0xFF 表示"Manufacturer Specific Data"，这是所有 AD Type 中最特别的一个。它的 AD Data 除了开始的 2 个字节以外，后续字节可以由用户自定义，只要不超过 AdvData 的总长度即可。例子里中的 0x123456 前 2 个字节表示“Company Identifier Code”，即设备的公司识别号。这个识别号需要向 SIG 申请，已经通过申请的识别号公示在 https：//www.bluetooth.com/specifications/assigned - numbers/company - identifiers/中。例子里的 0x4C00（实际是 0x004C，大小端要求不同）表示的是“Apple，Inc.”，即苹果公司。

这就是一个完整的 AdvData 解析。

说到苹果公司，再顺便提一下 iBeacon。iBeacon 是苹果定义的信标设备，可以用 BLE 广播的方式实现，也是一种常用的 BLE 应用，实现方式就是在 AdvData 的 Manufacturer Specific Data 字段中写入苹果规定的数据。具体格式参考苹果的文档 https：//developer.apple.com/ibeacon/Getting - Started - with - iBeacon.pdf，这里就不多讲了。

2. ADV_DIRECT_IND

相比于 ADV_IND，ADV_DIRECT_IND 的格式就简单得多了。

如图 34-16 所示，ADV_DIRECT_IND 也分为两部分：AdvA 和 TargetA。

Preamble 0xAA	Access Address 0x8E89BED6	PDU 14 bytes			CRC 3 bytes
		Header 2 bytes	Payload 12 bytes		
			AdvA 6 bytes	TargetA 6 bytes	

图 34-16　ADV_DIRECT_IND 格式

ADV_DIRECT_IND 的 AdvA 和 ADV_IND 的 AdvA 定义相同。

TargetA 的 6 个字节指的是对方设备的 Device Address。同样，如果 AdvA 使用 Public Device Address，那么 Header 中的 TxAdd 置 0；如果 AdvA 使用 Random Device Address，那么 Header 中的 TxAdd 置 1；如果 TargetA 使用 Public Device Address，那么 Header 中的 RxAdd 置 0；如果 TargetA 使用 Random Device Address，那么 Header 中的 RxAdd 置 1。

这种广播方式通常用于 Reconnect（回连）中。一般来说，如果两个设备还没有完成一次连接的时候，Advertiser 是不知道对方的 Device Address 的，所以也没办法使用 ADV_DIRECT_IND，通常用 ADV_IND。但是如果双方已经完成过一次连接，那么从机就可以知道主机的 Device Address 了；此时如果双方断开连接，Advertiser 想要建立下一次连接时就可以使用 ADV_DIRECT_IND。这样做有很多好处：Advertiser 不用再发送之前已经在 ADV_IND 中发送过的 AdvData；Scanner/Initiator 可以通过 TargetA 知道广播包是发给自己的，而不是发给别人的；其他无关的 Scanner/Initiator 可以通过 TargetA 知道广播包不是发给自己的。

34.5.2　Scanning PDU

v4.0 定义了两种 Scanning PDU：SCAN_REQ 和 SCAN_RSP。v5.0 又增加了两种：AUX_SCAN_REQ 和 AUX_SCSN_RSP。下面只讲解 SCAN_REQ 和 SCAN_RSP。

1. SCAN_REQ

当 Scanner 收到 Advertiser 发送的广播数据时，Scanner 可以向 Advertiser 发送 SCAN_REQ，以请求更多的广播数据。

不过这不是必需的。设备进入 Scanning 状态的时候可以选择 Passive Scanning 或者 Active

Scanning。Passive Scanning 指的是接收 Advertiser 数据而不做任何回复；Active Scanning 指的是收到“scannable”（后面解释它）的广播数据后，就要发送 SCAN_REQ 或者 AUX_SCAN_REQ 以做回应。

如图 34-17 所示，SCAN_REQ 的格式与 ADV_DIRECT_IND 类似。前 6 个字节 ScanA 表示自己的 Device Address，后 6 个字节 AdvA 表示 Advertiser 的 Device Address。

同样，如果 ScanA 使用 Public Device Address，那么 Header 中的 TxAdd 置 0；如果 ScanA 使用 Random Device Address，那么 Header 中的 TxAdd 置 1；如果 AdvA 使用 Public Device Address，那么 Header 中的 RxAdd 置 0；如果 AdvA 使用 Random Device Address，那么 Header 中的 RxAdd 置 1。

2. SCAN_RSP

当 Advertiser 收到 Scanner 发送的 SCAN_REQ 时，Advertiser 需要向 Scanner 回复 SCAN_RSP。

如图 34-18 所示，SCAN_RSP 与 ADV_IND 的格式类似，前 6 个字节 AdvA 表示自己的 Device Address，后面的 ScanRspData 格式定义和 ADV_IND 里的 AdvData 相同。

ScanA 6 bytes	AdvA 6 bytes

图 34-17 SCAN_REQ 格式

AdvA 6 bytes	ScanRspData 0~31 bytes

图 34-18 SCAN_RSP 格式

但是 Flags 这个 AD Type 在 ScanRspData 中是不允许使用的。还有一些 AD Type 不能同时在 AdvData 和 ScanRspData 中出现。具体的定义在 CSS 的 Part A，1 章节中能查到，这里就不详细说明了。

34.5.3 Initiating PDU

v4.0 定义了一种 Initiating PDU：CONNECT_REQ（从 v5.0 起更名为 CONNECT_IND）。v5.0 又增加了两种：AUX_CONNECT_REQ 和 AUX_CONNECT_RSP。下面只讲一下 CONNECT_IND。

当 Initiator 收到 Advertiser 发送的数据包后，可以向 Advertiser 发送 CONNECT_IND 以建立连接。

如图 34-19 所示，CONNECT_IND 的格式相对之前讲的 PDU 要复杂一点。前面两组 6 个字节的 InitA 和 AdvA 和 SCAN_REQ 类似，这里就不再重复了。后面 22 个字节的 LLData 包含了一些双方建立连接需要的参数，格式如图 34-20 所示，具体说明如下。

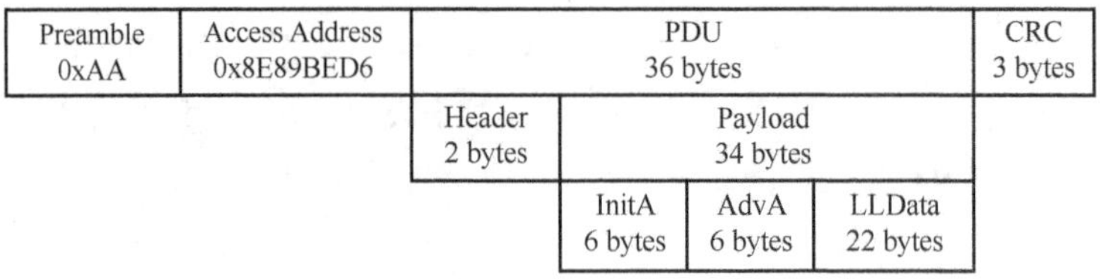

<table>
<tr><td>Preamble
0xAA</td><td>Access Address
0x8E89BED6</td><td colspan="4">PDU
36 bytes</td><td>CRC
3 bytes</td></tr>
<tr><td></td><td></td><td>Header
2 bytes</td><td colspan="3">Payload
34 bytes</td><td></td></tr>
<tr><td></td><td></td><td></td><td>InitA
6 bytes</td><td>AdvA
6 bytes</td><td>LLData
22 bytes</td><td></td></tr>
</table>

图 34-19 CONNECT_IND 格式

1）AA 指的是 Access Address，但不是 CONNECT_IND 这个 PDU 的 AA，而是在 CON-

NECT_IND 之后，双方建立连接后在 Data Physical Channel 的数据包中使用的 AA。这个 AA 由 Initiator 生成，通过 CONNECT_IND 告知 Advertiser。

AA 4 bytes	CRCInit 3 bytes	WinSize 1 byte	WinOffset 2 bytes	Interval 2 bytes	Latency 2 bytes	Timeout 2 bytes	ChM 5 bytes	Hop 5 bits	SCA 3 bits

图 34-20　CONNECT_IND 中 LLData 格式

2）CRCInit 指的是双方建立连接后在 Data Physical Channel 的数据包中使用的 CRC 初始值。

3）WinSize、WinOffset、Interval、Latency、Timeout、ChM 和 Hop 后面再讲。

4）SCA 即 Sleep Clock Accuracy。由于连接状态对于双方的时间同步有一定要求，所以这里先告知一下自己的精度。具体定义见表 34-4。

表 34-4　SCA 值对应的时钟精度

SCA	Sleep Clock Accuracy
0	251 ppm to 500 ppm
1	151 ppm to 250 ppm
2	101 ppm to 150 ppm
3	76 ppm to 100 ppm
4	51 ppm to 75 ppm
5	31 ppm to 50 ppm
6	21 ppm to 30 ppm
7	0 ppm to 20 ppm

34.6　广播事件（Advertising Event）

讲了这么多的 PDU，接下来再看一下这些 PDU 是怎么使用的。首先要定义一个概念：广播事件是由一个或一串 Advertising Physical Channel 上的数据包按照一定的时间规律组合而成的。对于一个数据包来说，是一方发给另一方，是单向的，但是对于一个广播事件来说，中间可能包含了 Scanner 和 Initiator 的回复，也就是说可能是双向的，是一小段交互。以事件为单位进行处理，对于上层应用来说，调度起来更方便。

34.6.1　广播事件时间间隔

连续的两个广播事件之间有时间间隔要求，如图 34-21 所示，间隔时间 T_advEvent = advInterval + advDelay。

advInterval 的值必须是 625μs 的倍数，且范围是 20ms ~ 10485.759375s（$(2^{24}-1)\times625\times10^{-6}$）。

为什么是 625μs 的倍数？大家知道 BLE 有 40 个频道，设备在收发数据的时候，如果正在使用的频道有干扰，就可能需要切换频道（跳频，hop）。BLE 规定的切换频道的最小时间单位是 625μs，所以 BLE 协议栈内的很多参数都以 625μs 为最小单位。

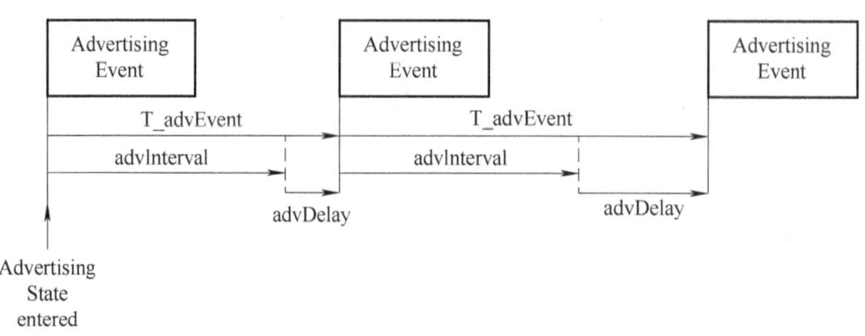

图 34-21　广播事件及其时间间隔

advDelay 是一个 0 ~ 10ms 的随机时间。为什么要增加一个随机时间呢？这样时间间隔不就不规律了吗？这正是人们所需要的。大多数的广播数据都在主要广播频道 37、38 和 39 上传输的，如果大量设备以相同的规律在 3 个频道上同时广播，就会造成严重的冲突和干扰。增加 advDelay 可以随机错开时隙，大大减少这种情况的发生。

由于 advInterval 的值直接影响广播事件的发送频率，所以通常这个数值是直接开放给用户应用层的。但是在上层的 HCI（HCI_LE_Set_Advertising_Parameters 命令）中，它的数值范围被限制在了 20ms ~ 10.24s（0x0020 ~ 0x4000）。而且 Host 需要给出 advInterval 的范围，即最小值 Advertising_Interval_Min 和最大值 Advertising_Interval_Max，最小值不能大于最大值。

可是为什么要让用户能够调整广播事件的发送间隔呢？答案是，要根据产品情况来做发送间隔和功耗的平衡。advInterval 越小，发送频率越高，对方设备就能更快收到 PDU。如果 Advertiser 的目的是和对方设备建立连接，还能帮助更快地建立。但缺点是功耗也会变得越大。如果 Advertiser 是电池供电的设备，而且对于时间要求不高，通常需要调大 advInterval 以减少功耗。如图 34-22 和图 34-23 所示，以 NXP 对 QN9080 的功耗测试报告为例（一个尖峰就是一个广播事件），100ms advInterval 的功耗大约是 1000ms advInterval 的 8 倍。

34.6.2　事件类型

大家已经知道，一个处于 Scan 或者 Initiating 状态的 BLE 设备能读取并且回复 Advertiser 发出的数据，但是有的 Advertiser 发出数据只是为了扩散信息，而不想得到回复。Advertiser 为了表达是否想要被处于某种状态的设备回复，给广播事件定义了两种属性：scannable/non-scannable 和 connectable/non-connectable。

设为 scannable 状态的事件能被 Scanner 回复；而设为 non - scannable 状态的事件不能被 Scanner 回复。

设为 Connectable 状态的事件能被 Initiator 回复；而设为 non - connectable 时不能被 Initiator 回复。

另外，针对发送设备的不同，还定义了 directed/undirected。

设为 directed 时发送给某一个特定设备地址的设备；

而设为 undirected 时不指定某一个设备地址。

基于这 3 种属性，LL 定义了 7 种类型的广播事件。

NXP Semiconductors　**AN01786**

QN908x Power Consumption Analysis

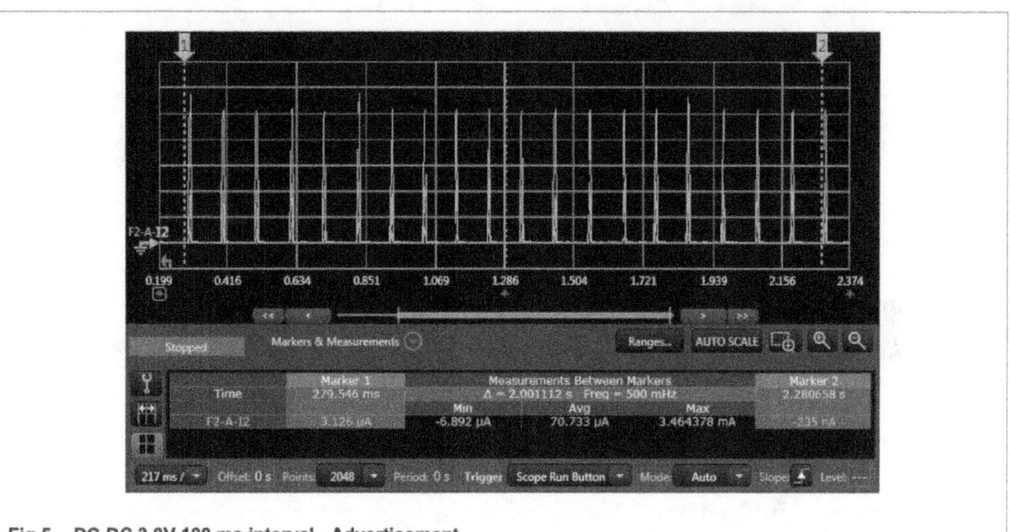

Fig 5. DC-DC 3.0V 100 ms interval - Advertisement

b. DC-DC 3.0 V 1 s interval payload 31 bytes.

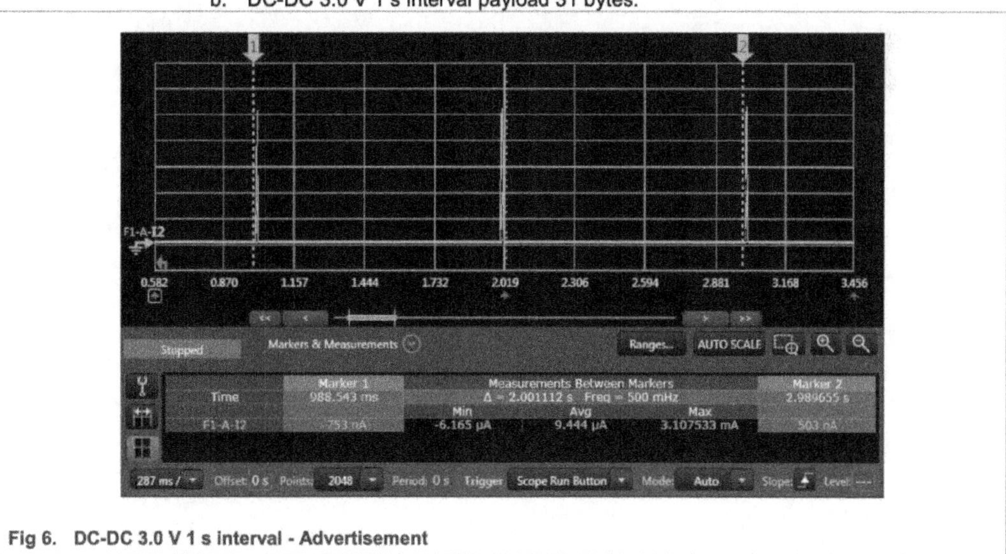

Fig 6. DC-DC 3.0 V 1 s interval - Advertisement

图 34-22　QN908x 应用手册中不同时间间隔下的广播动态电流

1）a connectable and scannable undirected event。

2）a connectable undirected event。

3）a connectable directed event。

4）a non – connectable and non – scannable undirected event。

5）a non – connectable and non – scannable directed event。

6）a scannable undirected event。

Advertisement, payload 31 bytes					
	Power supply (V)	100 ms interval		100 ms interval	
		Avg. current (μA)	Max. current (mA)	Avg. current (μA)	Max. current (mA)
DC-DC ON	1.8	105.40	5.44	12.94	5.02
	3.0	70.73	3.46	9.44	3.10
DC-DC OFF	1.8	132.31	6.78	16.64	6.84
	3.0	135.95	6.85	17.18	7.07

图 34-23　QN908x 应用手册中广播的平均电流

7）a scannable directed event。

之前讲的 ADV_IND PDU 可以用在 Connectable and Scannable Undirected Event 中，ADV_DIRECT_IND PDU 可以用在 Connectable Directed Event 中。接下来就具体讲一讲这两种事件，其他的 5 种就不讲解了。具体哪些 PDU 能被哪些 PDU 回复，在核心规格书 Link Layer 部分的 4.4.2 节有表格描述，这里就不一一列举了。

1. Connectable and Scannable Undirected Event

在一 Connectable and Scannable Undirected Event 中：

- Advertiser 发送 ADV_IND。
- Scanner 如果是 Active Scanning，则收到 ADV_IND 后要发送 SCAN_REQ，随后 Advertiser 回复 SCAN_RSP。
- Initiator 收到 ADV_IND 后要发送 CONNECT_IND。

如图 34-24 所示，在一个事件内，ADV_IND PDU 通常在主要广播频道 37、38 和 39 各发送一次，也可以选择只在其中一个或两个频道发送。用户可以通过 HCI_LE_Set_Advertising_Parameters 命令中的 Advertising_Channel_Map 进行设置。

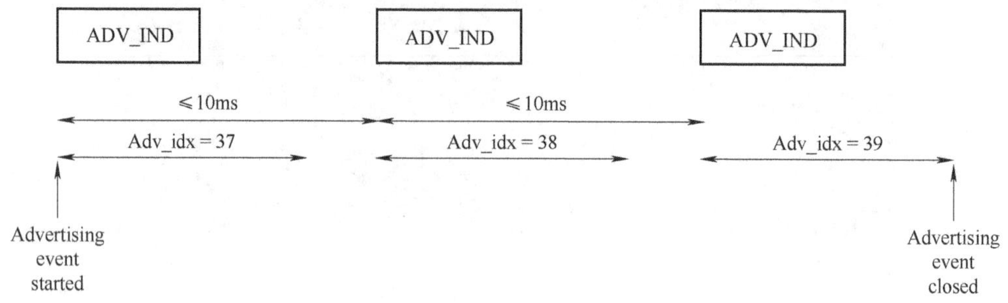

图 34-24　Connectable and Scannable Undirected Event 形式一

一个实际的广播电流如图 34-25 所示，3 个部分分别对应 3 个主要广播通道 37、38 和 39 的 ADV_IND PDU。每个部分中，波峰较宽的那一段是 RF TX 发送 PDU 时的功耗。之后回落，然后又有一个小尖峰，是 RF RX 正在工作，看看有没有回应的 PDU。

如果 Scanner 对某个 ADV_IND PDU 回复了 SCAN_REQ，那么这个广播事件如图 34-26 所示。ADV_IND、SCAN_REQ 和 SCAN_RSP 之间的间隔都应该是 T_IFS（150μs）。

NXP Semiconductors　　AN01786

QN908x Power Consumption Analysis

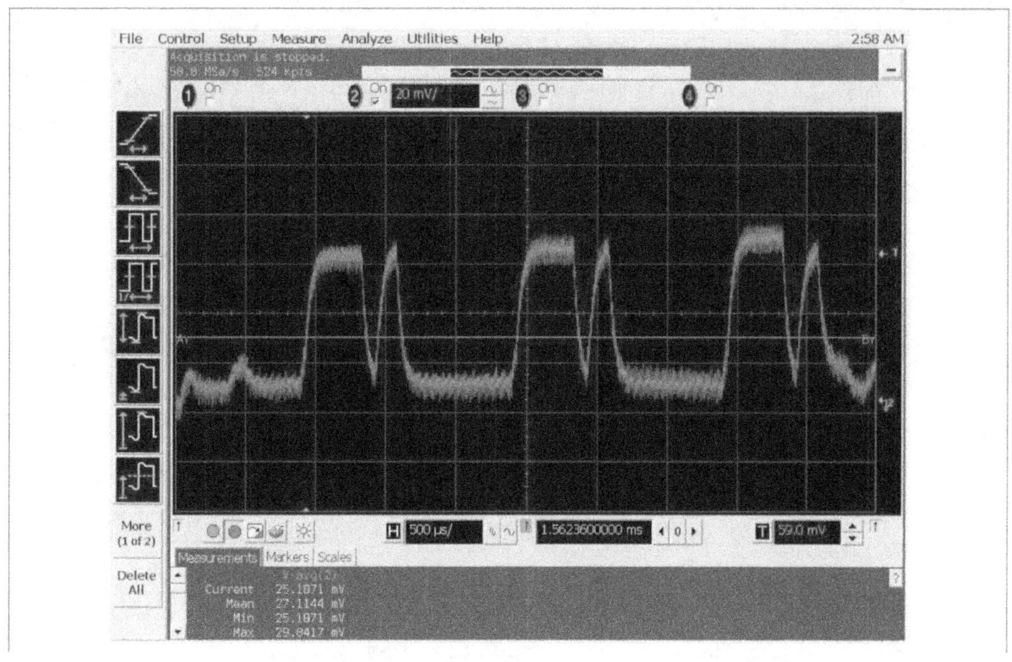

图 34-25　QN908x 应用手册中广播的动态电流

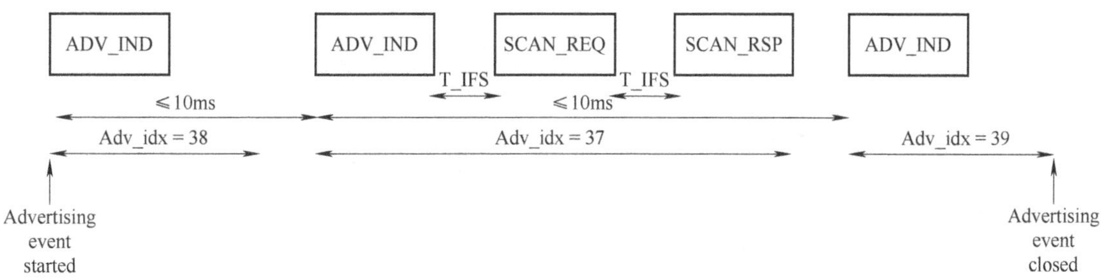

图 34-26　Connectable and Scannable Undirected Event 形式二

如果 Initiator 对某个 ADV_IND PDU 回复了 CONNECT_IND，那么这个广播事件如图 34-27 所示。ADV_IND 和 CONNECT_IND 之间的间隔应该是 T_IFS（150μs）。

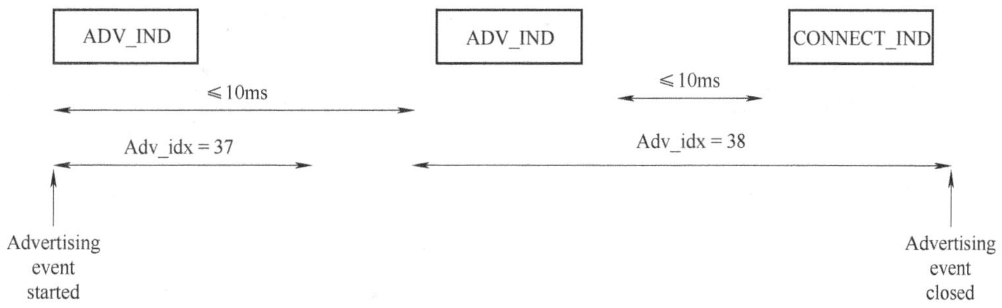

图 34-27　Connectable and Scannable Undirected Event 形式三

2. Connectable Directed Event

在 Connectable Directed Event 中：

- Advertiser 发送 ADV_DIRECT_IND。
- Scanner 收到 ADV_DIRECT_IND，不能回复 SCAN_RSP。
- Initiator 收到 ADV_DIRECT_IND 后要发送 CONNECT_IND。

对于使用 ADV_DIRECT_IND 的 Connectable Directed Event，根据 PDU 发送间隔的不同又分为 Low Duty Cycle（见图 34-28）和 High Duty Cycle（见图 34-29）。

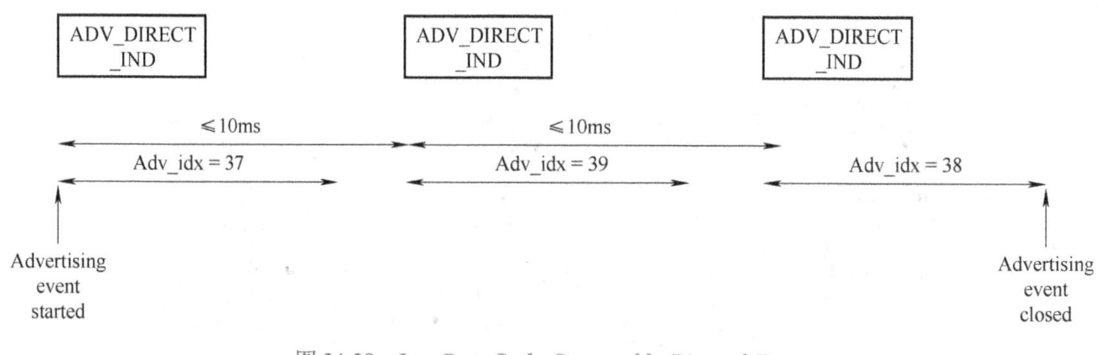

图 34-28　Low Duty Cycle Connectable Directed Event

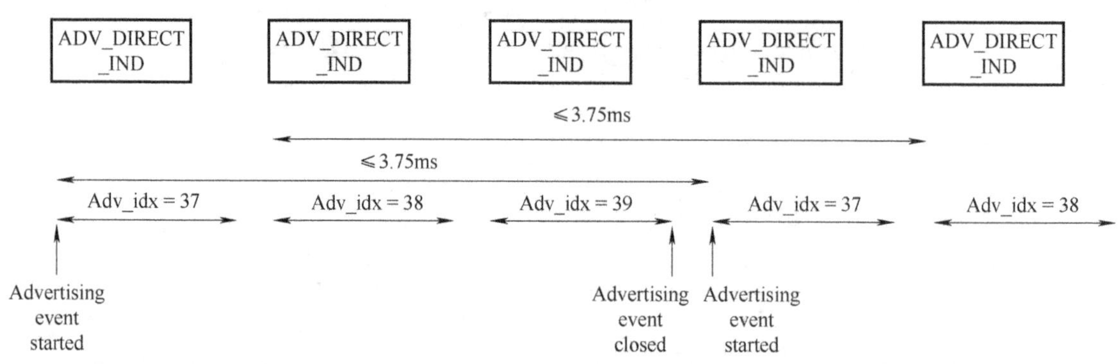

图 34-29　High Duty Cycle Connectable Directed Event

Low Duty Cycle 的 PDU 间隔和 ADV_IND PDU 相同，不能大于 10ms。

但是有的时候广播事件之间至少 20ms 的 advInterval 太长了。为了满足这种要求，可以使用 High Duty Cycle。大家知道，在一个广播事件中，一个频道只发送一次 PDU。而 High Duty Cycle 规定了在任意一个相同的主要广播频道（37、38 或 39）发送的 ADV_DIRECT_IND PDU 之间时间间隔不能大于 3.75ms，这样的规定相当于无视了 advInterval 至少 20ms 的规定，是一种比较特殊的做法。同时，在 HCI_LE_Set_Advertising_Parameters 命令中也明确描述了：在使用 high duty cycle 的广播时，Advertising_Interval_Min 和 Advertising_Interval_Max 被忽略。

但是由于这种做法比较激进，所以给它设定了另一个限制：当使用 High Duty Cycle 进入 Advertising 状态开始广播时，1.28s 后必须停止广播退出 Advertising 状态。若要再次发送 High Duty Cycle 广播，必须重新进入 Advertising 状态。从用户应用的软件层面来说，如果要一直发送 Low Duty Cycle 广播，只需启动一次即可；而如果要一直发送 High Duty Cycle 广播，则需要每隔 1.28s 启动一次。

34.6.3　扫描窗口和间隔（Scanning Window and Interval）

对于 Scanner 和 Initiator 来说，由于不知道 Advertiser 什么时候会发出广播，也不知道在 37、38 和 39 中的哪个频道广播，所以使用的策略是周期性地在 3 个频道轮询扫描。每次扫描的窗口时长为 scanWindow，轮询的间隔为 scanInterval。显然，scanWindow 不能大于 scanInterval，但是两者可以相等（那就意味着 RF RX 要一刻不停地工作了）。

根据 LL 的定义，scanWindow 和 scanInterval 只要小于 40.96s 就可以。但是在上层的 HCI 指令中（HCI_LE_Set_Scan_Parameters），两者的值被限制为 625μs 的倍数，且范围为 2.5ms ~ 10.24s（0x0004 ~ 0x4000）。

图 34-30 所示为一种广播与扫描的理想状态时序图。advInterval 为 20ms（暂时忽略 advDelay），scanWindow 为 30ms，scanInterval 为 50ms。可以看到，一次轮询扫描 37、38 和 39 频道期间，虽然 Advertiser 发出了 3 × 7 = 21 个 PDU，但是扫描端实际上只能直接收到 5 个。

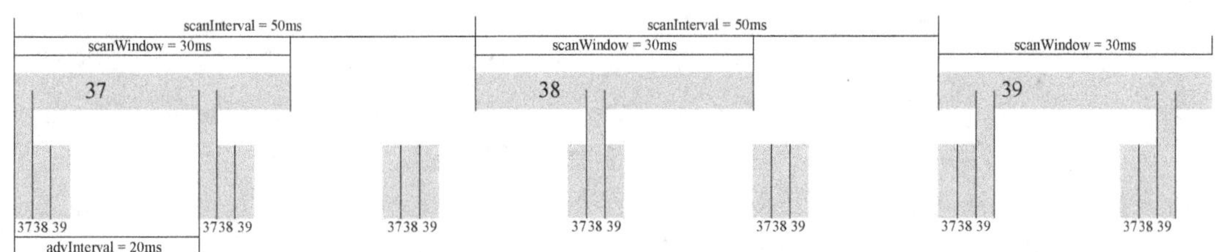

图 34-30　扫描窗口和间隔时序图举例

在实际用户层面，scanWindow 和 scanInterval 也是可以直接设置的，因为和 advInterval 一样，它们也涉及了产品收发数据效率和功耗之间的平衡。

34.7　建立连接（Connection Setup）

首先，回顾一下基于广播的数据传输方式。它有很多缺陷。

1）所有数据都在 3 个公共频道进行传输，设备多了容易相互冲突和干扰。

2）数据的发送方不知道接收方有没有收到数据，所以只能不停地发送相同的数据，做大量的无用功（功耗变大），直到接收方有回复。

3）数据的接收方不知道发送方什么时候会发送数据，所以只能不停地进行接收扫描，做大量的无用功（功耗变大），直到接收到数据。

4）接收方在收到数据包以后，需要解析 PDU，甚至解析 payload 里内容的具体意义才能知道是不是发送给自己的数据包。

对于第 4）点，上节说过，就是利用空中接口包的 Access Address，每一次建立连接，双方都有专用的 AA，LL 通过解析 AA 就能知道数据是不是发给自己的，而不用解析 PDU 里的内容。

对于第 1）点，上一节也讲到过，在广播中增加了 advDelay（随机时间）来抵抗冲突。而在连接链路中，LL 使用了其他方法。

- 建立“channel map”。Master 不断检测 37 个频道的通信质量，然后建立一个“哪些频道可用，哪些频道不可用”的 map（地图），并告知 Slave，之后双方只在可用的频道上进行通信。上节没有讲解的 CONNECT_IND PDU 中 5 个字节长度的 ChM 就是这个 channel map。5 个字节，40 位，对应 37 个频道，另外 3 个广播频道保留。
- 跳频（hopping）。当两个设备建立连接以后，之后的数据收发不会一直固定在一个频道上，而是在 channel map 内选择，并按照一定算法不停地切换频道，就像在不同的频道上“跳来跳去”，称为跳频。上节没有讲解的 CONNECT_IND PDU 中 5 位的 Hop，它的值就是用于切换频道算法的。具体算法就不解释了，有兴趣可以看核心规格书 LL 部分的章节 4.5.8。

对于第 2）点和第 3）点，LL 定义了一套基于固定时间点的规则。以 Master 发送的第一个数据包为起始时间点，之后 Master 和 Slave 都按照规定的时间间隔交替进行数据收发，减少无用功。换句话说，就是双方都知道对方在什么时间点发送和接收数据。

所以，对于两个设备之间建立连接来说，最重要的就是建立起始时间点。

如图 34-31 所示，这是一个标准的 BLE 设备建立连接的时序图。在广播频道，Initiator 收到 Advertiser 发送的数据包后回复 CONNECT_IND。此时广播事件结束，双方设备都进入 Connection 状态，分别成为 Master 和 Slave。经过一段时间后，Master 向 Slave 发送第一包数据，随后 Slave 也向 Master 发送一包数据，这样就完成了连接建立。为什么中间要等一段时间呢？主要是为了防止 Master 设备过于忙碌而无法及时处理，导致建立失败。广播设备和扫描设备好不容易找到对方，还是要珍惜一下建立连接的机会的，宁愿多等待一些时间来归避风险。

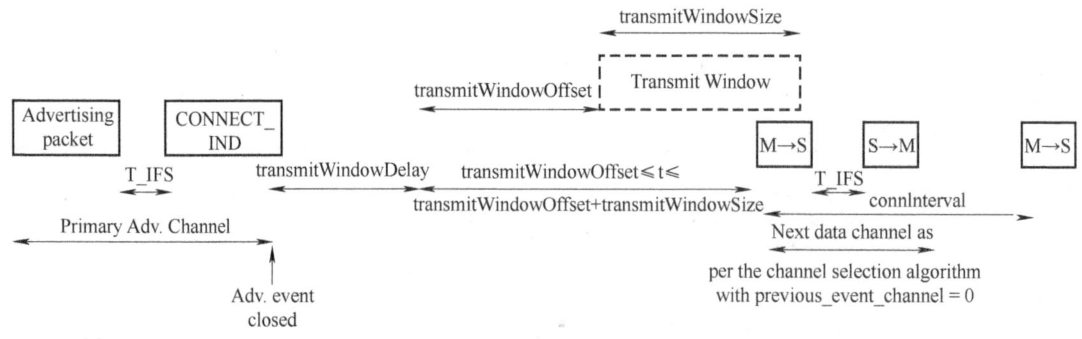

图 34-31 BLE 设备建立连接的时序图

这段等待的时间被称为 Transmit Window，按时间顺序分为 3 段：transmitWindowDelay、transmitWindowOffset 和 transmitWindowSize。在 transmitWindowDelay 和 transmitWindowOffset 期间，Master 不发送数据包；第一包数据在 transmitWindowSize 期间发送。

transmitWindowDelay 是一个固定的值：1.25ms。这样取值的前提是之前使用的是 CONNECT_IND。如果使用 v5.0 之后增加的 AUX_CONNECT_REQ，在 LE Uncoded PHY 情况下为 2.5ms，在 LE Coded PHY 情况下为 3.75ms。

transmitWindowOffset 的数值必须是 1.25ms 的倍数，且范围在 0ms 到 connInterval（类似

于广播事件中的 advInterval，之后再讲解）之间。

transmitWindowSize 的数值也必须是 1.25ms 的倍数，最小值为 1.25ms，最大值必须小于 10ms 并且小于 connInterval － 1.25ms。

transmitWindowOffset 和 transmitWindowSize 的数值由 Initiator（连接后成为 Master）定义，并通过 CONNECT_IND 发送给 Advertiser（连接后成为 Slave），也就是前面没有讲解的 CONNECT_IND PDU 中的 WinOffset 和 WinSize。Advertiser 收到 CONNECT_IND 中的 WinOffset 和 WinSize 之后，基本就能知道 Master 什么时候会发送第一包数据过来，然后在 transmitWindowSize 期间收到第一包数据后，等待 T_IFS 150μs 后发送一包数据给 Master。此时连接就建立完成了。Master 开始发送第一包数据的时间点就是双方后续连接通信的基准时间点。

34.8　Data Physical Channel PDU

建立连接之后，Master 和 Slave 之间就可以相互发送 PDU 了。先来看一下在连接状态下的 PDU，也就是 Data Physical Channel PDU 的格式是什么样的，如图 34-32 所示。

v4.0, v4.1	Header 2 bytes	Payload 0～27 bytes	MIC 4 bytes
v4.2, v5.0	Header 2 bytes	Payload 0～251 bytes	MIC 4 bytes
v5.1, v5.2	Header 2 or 3bytes	Payload 0～251 bytes	MIC 4 bytes

图 34-32　Data Physical Channel PDU 的格式

与 Advertising Physical Channel PDU 的格式类似，Data Physical Channel PDU 主要也由 Header 和 Payload 组成。如果使用 LE Encryption 对 Payload 加密，则后面还要加 4 字节的 MIC，这里就先不展开说明了。

34.8.1　Payload

再来看看 Payload。在 v4.0 和 v4.1 时代，Payload 最多为 27 字节。v4.2 增加了 LE Data Packet Length Extension，使得 Payload 最多可以达到 251 字节。

这有什么区别？区别就是 BLE 的传输速度在 v4.2 之后明显提升了。提升了多少呢？下面具体计算一下。

首先讲一下建立连接以后 Master 和 Slave 收发数据的基本规则。建立连接以后，双方的收发交替进行，也就是说先由 Master 发送 PDU，同时 Slave 接收；间隔 T_IFS 后，Slave 发送，Master 接收；再间隔 T_IFS 后，Master 发送，Slave 接收……如图 34-33 所示。即使没有想要发送的数据，也要发送“空包（empty packet）”，以保证这个时序。“空包”指的就是 Payload 为 0 字节的数据包，如图 34-34 所示。

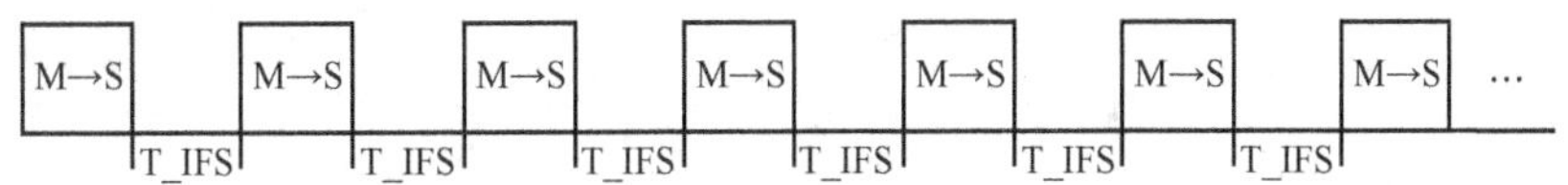

图 34-33　Master 和 Slave 轮流收发数据的时序示意图

此处要计算的最快传输速度是单方向的，也就是 M to S，或者 S to M 的。以 M to S 为例，想要 M to S 的数据传输尽可能快，那么 S to M 就要尽可能地少占用时间，所以假定 S to

M 发送的都是空包。由于 M 和 S 的交替发送是周期性的，所以如果要计算传输速度，那么只要计算一个时间周期，也就是一次 M to S、一次 S to M 和两个 T_IFS 的时间内，传输了多少 Payload 字节就可以了。

empty packet	Preamble 1 byte	Access Address 4 byte	Header 2 bytes	CRC 3 bytes	
v4.0	Preamble 1 byte	Access Address 4 byte	Header 2 bytes	Payload 27 bytes	CRC 3 bytes
v4.2	Preamble 1 byte	Access Address 4 byte	Header 2 bytes	Payload 251 bytes	CRC 3 bytes

图 34-34　空包、v4.0 以及 v4.2 的数据包比较

空包一包共 10 个字节，按照 1Mbps（Mbit/s）的速度，共需要 80μs。T_IFS 为 150μs。

v4.0 的最大 Payload 一包共 37 字节（不算 MIC），需要 296μs。一个周期需要 296 + 150 + 80 + 150 = 676μs。

v4.2 的最大 Payload 一包共 261 字节（不算 MIC），需要 2088μs。一个周期需要 2088 + 150 + 80 + 150 = 2468μs。

所以 v4.0 的最大 Payload 传输速度为 $\frac{(27\times 8)\text{bit}}{676\mu\text{s}}\approx 0.32\text{bit}/\mu\text{s}=0.32\text{Mbit/s}$；v4.2 的最大 Payload 传输速度为 $\frac{(251\times 8)\text{bit}}{2468\mu\text{s}}\approx 0.81\text{bit}/\mu\text{s}=0.81\text{Mbit/s}$。

然后说一下 v5.0 的 2Mbit/s 模式如图 34-35 所示。2Mbit/s 模式下，传输 1 位只需要 0.5μs，但是 Preamble 增加为 2 字节。空包一包共 11 个字节，需要 44μs。最大的 Payload 一包共 262 字节（不算 MIC），需要 1048μs。所以 v5.0 的最大 Payload 传输速度为 $\frac{(251\times 8)\text{bit}}{(1048+150+44+150)\mu\text{s}}\approx 1.44\text{bit}/\mu\text{s}=1.44\text{Mbit/s}$。

empty packet	Preamble 2 bytes	Access Address 4 bytes	Header 2 bytes	CRC 3 bytes	
v5.0	Preamble 2 bytes	Access Address 4 bytes	Header 2 bytes	Payload 251 bytes	CRC 3 bytes

图 34-35　空包和 v5.0 的数据包比较

34.8.2　Header

接着讲解一下 Header 字段。如图 34-36 所示，可以看到不同版本的 Header 也是有些区别的。

v4.0, v4.1	LLID 2 bits	NESN 1 bit	SN 1 bit	MD 1 bit	RFU 3 bits		Length 5 bits	RFU 3 bits
v4.2, v5.0	LLID 2 bits	NESN 1 bit	SN 1 bit	MD 1 bit	RFU 3 bits		Length 8 bits	
v5.1, v5.2	LLID 2 bits	NESN 1 bit	SN 1 bit	MD 1 bit	CP 1 bit	RFU 2 bits	Length 8 bits	CTEInfo 8 bits

图 34-36　不同蓝牙版本的 Header 字段比较

- CTEInfo：v5.1 的 Header 最后增加了一个可选的 CTEInfo 字节，用于定位功能。

- CP：v5. 1 增加了一个 CP 位，用于指示是否增加 CTEInfo 字节。
- Length：表示的是后面 Payload + MIC 的长度。Payload 的最大长度在 v4. 0 中是 27 字节而在 v4. 2 中提升为 251 字节，因此 Length 字段的长度也对应由 v4. 0 的 5 位提升为 v4. 2 的 8 位。如果 Length 值为 0，则 Payload 的长度为 0 字节，就是空包。
- LLID：如图 34-37 所示，LL 空中接口包中的 Access Address 把包分为 Advertising Physical Channel PDU 和 Data Physical Channel PDU 两种类型。LLID 的作用是进一步划分 Data Physical Channel PDU 为两种类型：LL Data PDU 和 LL Control PDU。若 LLID 值为 0b01 或 0b10（二者的区别后面再讲解），则表示为 LL Data PDU；若 LLID 值为 0b11，则表示为 LL Control PDU，如图 34-38 所示。

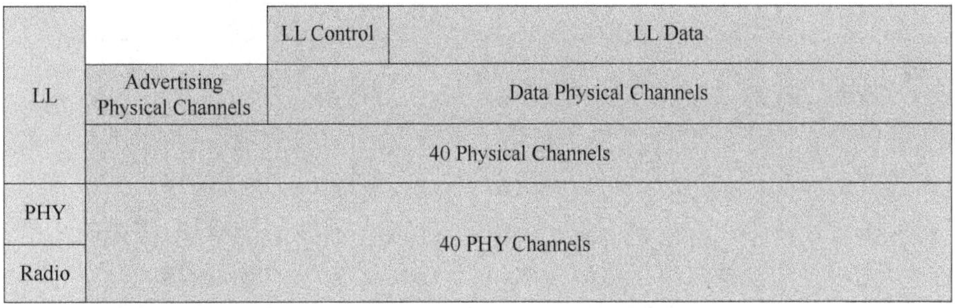

LL Control | LL Data
LL: Advertising Physical Channels | Data Physical Channels
40 Physical Channels
PHY / Radio: 40 PHY Channels

图 34-37　不同协议层中使用不同的数据包

其中的 LL Data PDU 指数据 PDU，会与上层的 L2CAP 相互通信。后续再讲解具体内容；LL Control PDU 指控制 PDU，不与上层 L2CAP 相互通信。LL Control PDU 的 Payload 第一个字节 Opcode 表示 PDU 的名称。v5. 2 共定义了 38 个 Opcode。后面的字节称为 CtrData，每个不同的 LL Control PDU 都有不同的 CtrData。具体的内容这里不做过多讲解，只举两个例子进行说明：LL_LENGTH_REQ 和 LL_LENGTH_RSP。

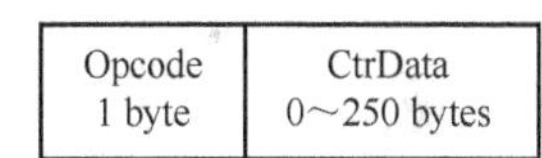

Opcode 1 byte	CtrData 0～250 bytes

图 34-38　LL Control PDU 的格式

LL_LENGTH_REQ 的 Opcode 是 0x14，LL_LENGTH_RSP 的 Opcode 是 0x15。Master 或 Slave 发送了 LL_LENGTH_REQ 时，另一方需要回复 LL_LENGTH_RSP。

它们的作用是让 Master 和 Slave 相互告知自身发送和接收 PDU 的长度能力，从而协调出一个双方都能接受的方式。比如，Master 有能力发送 Payload 长度为 251 字节的 PDU，但是 Slave 只能接收 Payload 长度为 27 字节的 PDU，那么 Master 只能"妥协"，发送 Payload 长度不超过 27 字节的 PDU。这个协调的过程称为 Data Length Update procedure。

LL_LENGTH_REQ 和 LL_LENGTH_RSP 的 CtrData 相同，格式如图 34-39 所示。MaxRxOctets 表示自己能接收的 Payload 最大长度。MaxRxTime 表示自己能接收的 PDU 最大时间长度。MaxTxOctets 表示自己能发送的 Payload 最大长度。MaxTxTime 表示自己能发送的 PDU 最大时间长度。它们的取值范围根据是否支持 LE Data Packet Length Extension（v4. 2）、LE Coded PHY（v5. 0）和 CTE（v5. 1）而各有不同，见表 34-5。

MaxRxOctets 2 bytes	MaxRxTime 2 bytes	MaxTxOctets 2 bytes	MaxTxTime 2 bytes

图 34-39　LL_LENGTH_REQ 和 LL_LENGTH_RSP 的 CtrData 的格式

表 34-5　不同蓝牙功能的 PDU 收发能力

LE Data Packet Length Extension supported	LE Coded PHY supported	CTE supported	Octets		Time/uS	
			MIN	MAX	MIN	MAX
×	×	×	27	27	328	328
√	×	×	27	251	328	2120
×	×	√	27	27	328	336
√	×	√	27	251	328	2128
×	√	-	27	27	328	2704
√	√	-	27	251	328	17040

- NESN 指的是 Next Expected Sequence Number，SN 指的是 Sequence Number。它们是数据包的编号，用于数据包的重传机制。具体的编号方式有一套完整的逻辑，这里就先不展开了（LL 章节 4.5.9），只讲解一下重传机制的概念。

大家知道，在连接中 Master 和 Slave 交替发送 PDU，但是由于不可避免的干扰或者其他因素，会产生无法正常收发数据包或者 CRC 校验错误的情况，导致数据包的丢失。

比如，Master 发送第一个 PDU，Slave 收到后回复了一个 PDU。但是由于某些原因，Master 没有收到这个 Slave 回复的 PDU，这时候 Master 就无法确认 Slave 是否接收到了第一个 PDU。为保险起见，Master 需要重复发送第一个 PDU，直到接收到 Slave 的回复。但是对于 Slave 来说，其实在 Master 发送第一个 PDU 的时候就已经接收到了，只是 Master 没有接收到回复，所以不知道而已。Master 的重传会导致 Slave 收到重复的 PDU，为了明确发送的 PDU 是新的还是重传的，就需要在 PDU 中加入标记。

还有一种情况，比如，Master 接收到 Slave 的 PDU 后，发现 CRC 校验错误，那就意味着这个 PDU 无法正确地解析，即没有接收到正确的数据。接下来轮到 Master 发送 PDU，如果 Master 不做任何特殊处理，那么 Slave 收到这个 PDU 以后会认为 Master 已经正确接收上一个数据包了，这就导致了数据包丢失。因此 Master 在发送的时候，需要在 PDU 中加入标记，告知 Slave 需要重传上一个 PDU。

这种阻塞式的重传机制保证了两个设备在 LL 层面的传送过程中不会产生数据包的丢失。

- MD：指的是 More Data，具体意义我们在下面的 connection event 章节中再说明。

34.9 连接事件（Connection Event）

对于 Advertising Physical Channel，有 Advertising Event，同样对于 Data Physical Channel，也有 Connection Event。其基本定义和 Advertising Event 类似，就是由多个 Data Physical Channel PDU 按照一定规则组合而成。

在每次的 Connection Event 开始前，Master 和 Slave 要根据跳频规则选择一个频道，在这个 Connection Event 中的所有 PDU 都在这一频道上传输。

在一个 Connection Event 中，Master 和 Slave 交替发送 PDU，中间间隔为 T_IFS

（150μs）。在一个 Connection Event 开始时，Master 必须发送一个 PDU，即使没有想要发送的数据，也要发送一个空包。

Data Physical Channel PDU 中的 MD（More Data）字段指示在当前的 Connection Event 中还有没有后续的数据要发送，没有置 0，有就置 1。如果 Master 和 Slave 在当前 Connection Event中都把 MD 置 0 了，那么 Master 就要提前结束 Connection Event，也就是说在这个 Connection Event 中不再发送 PDU 了，以避免相互发送空包而导致的功耗。如果任意一方没有把 MD 置 0，那么 Master 可以选择继续发送 PDU，也可以选择提前结束，等到下一个 Connection Event 再继续传输。

34.10 连接参数（Connection Parameter）

请注意，这一节的内容直接关系到一个 BLE 产品的功耗、数据传输速度和延迟等参数，对于 BLE 产品的性能和用户体验有重大影响，请务必重点阅读。

34.10.1 连接事件长度（Connection Event Length）

如图 34-40 所示，Connection Event Length 指的是在一个 Connection Event 中传输数据所使用的时间长度。

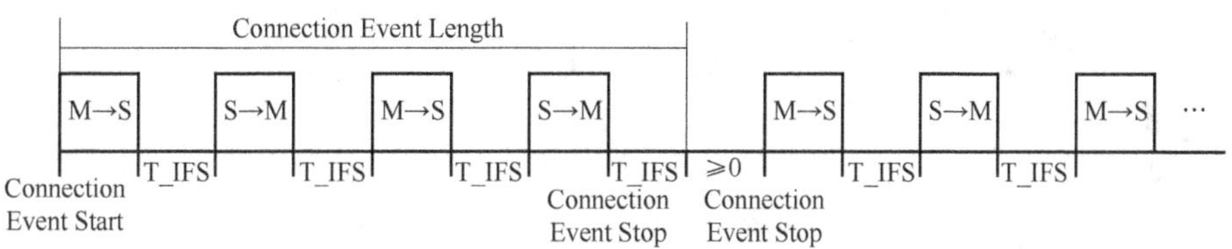

图 34-40 Connection Event Length 示意图

Connection Event Length 的值必须是 625μs 的倍数。LL 可以设置 Connection Event Length 来限制数据传输在 Connection Event 中占用的时间。由于 Connection Event Stop 由 Master 来决定，所以 Connection Event Length 通常也由 Master 决定。

34.10.2 连接间隔（Connection Interval）

如图 34-41 所示，每一个 Connection Event 开始的时间点被称为 Anchor Point（锚点），Master 要在这个时间点发送这个 Connection Event 的第一个 PDU。第一个 Anchor Point 就是双方建立连接时的第一个 PDU 发送时间点，由 Master 决定。后续的 Anchor Point 由 Initiator 在 CONNECT_IND PDU 中的 Interval 字段决定。

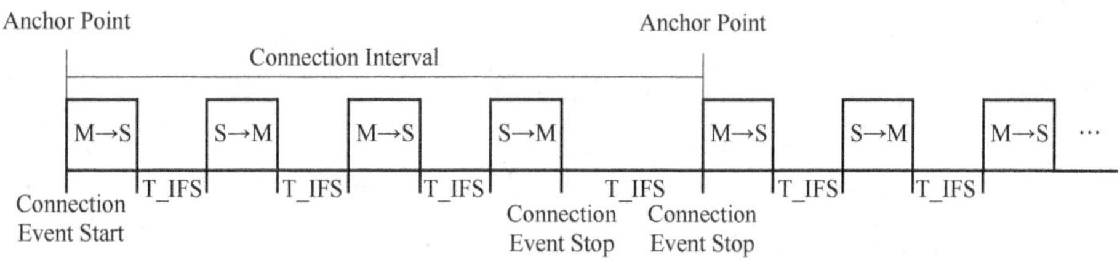

图 34-41 Connection Interval 示意图

Interval（Connection Interval、connInterval）指的是连续两个 Anchor Point 的间隔时间，也就是两个 Connection Event 的间隔时间。

connInterval 的取值必须是 1.25ms 的倍数，并且范围在 7.5ms ~4s 之间。

34.10.3 从机潜伏（Slave Latency）

Latency（Slave Latency、connSlaveLatency），允许 Slave 减少参与 Connection Event 的次数，也就是允许 Slave “潜水”一段时间，Slave 可以不用监听 Master 的数据包和回复。

Latency 数值的意义为 Slave 连续跳过 Connection Event 的最大次数。如图 34-42 所示，Latency =0 表示 Slave 一个 Connection Event 都不跳过，每次都要监听 Master 的数据包和回复；Latency =1 表示可以跳过 1 次；Latency =3 表示可以跳过 3 次，于是就变成了“醒”1 次“睡”3 次。

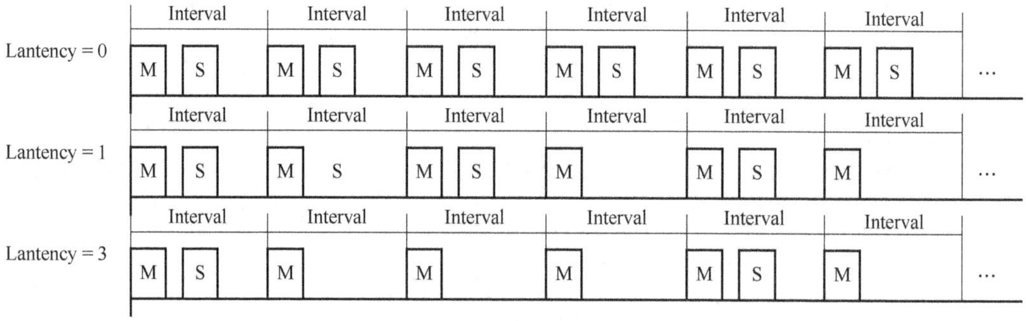

图 34-42 不同的 Slave Latency 示意图

Latency 的值是 0 ~499 内的整数值，且不能超过 timeout/(interval ×2) -1。

Latency 是连续跳过的最大次数，并不代表一定要跳过固定的次数。当 Slave 有数据需要发送的时候，可以提前“醒来”在下一次 Connection Event 中发送，而不是必须跳过设定的最大次数。

需要注意的是，由于 Master 并不知道 Slave 什么时候会“突然醒来”，所以 Master 在每次 Connection Event 的开始都要发送数据包。

34.10.4 监视超时（Supervision Timeout）

那 timeout 是什么呢？

大家知道，两个设备之间的连接可能因为各种各样的客观原因而断开，比如设备断电、距离太远、外部干扰等。而且这些原因导致的断连往往很难预知，也就是可能突然接收不到对方的数据包。如果只是偶尔一两次接收不到数据包，那问题不大，可是如果长时间接收不到数据包，那就要考虑放弃保持连接状态了，因为维持连接状态是需要消耗的。就像两个人打电话，如果你一直说话而对方没有回复，时间一长你肯定就会把电话挂断，而不是一直等待下去。

Timeout（Supervision Timeout、connSupervisonTimeout）的意义就是设定这个等待时间的长度，超过这个时间，就认为连接状态已经丢失，从而选择断开连接，不再发送和接收这个 Access Address 开头的数据包。

Timeout 的取值必须是 10ms 的倍数，范围在 100ms ~ 32s 之间，且必须大于（1 + Latency）× interval × 2。

Timeout 实际上是一个计时器，如果上一个 Connection Event 没有收到有效的 PDU，则计时器开始启动；如果在设定的 Timeout 时间内再也没有收到有效的 PDU，则在到达 Timeout 时间点的 Connection Event 结束后断开连接；如果在计时器到达 Timeout 前收到了有效的 PDU，则计时器停止并清零。

由于 Slave Latency 的存在，Master 可能会连续一段时间收不到 Slave 的 PDU。这就是为什么 Latency 的取值不能超过 Timeout/(interval × 2) − 1，Timeout 的取值不能超过（1 + latency）× interval × 2 的原因。否则 Latency 必然导致 Timeout，从而断连。

34.10.5　连接参数更新（Connection Parameter Update）

双方建立连接后，使用 CONNECT_IND PDU 中的 Interval、Latency 和 Timeout 参数来维持连接的时序。

在连接过程中，Master 可以更改连接参数，并通知 Slave。Slave 可以向 Master 请求更改连接参数，Master 可以选择接受，也可以选择拒绝。

34.10.6　实际问题

1. 传输速度

在讲 Payload 的时候，也计算了理论传输速度，但前提是 Master 和 Slave 一直以 T_IFS = 150μs 的间隔不停传输 PDU。在讲解了 Connection Event 和 Connection Parameter 后，大家可能已经发现，传输的时候会有一些时间上的浪费，会比理论传输速度还要慢一些。下面举个例子说明一下，如图 34-43 所示。

之前算过，按照 1Mbit/s 的速度，v4.0 传输最大 Payload 一包 27 字节的一个周期为 676μs，v4.2 传输最大 Payload 一包 251 字节的一个周期为 2468μs。

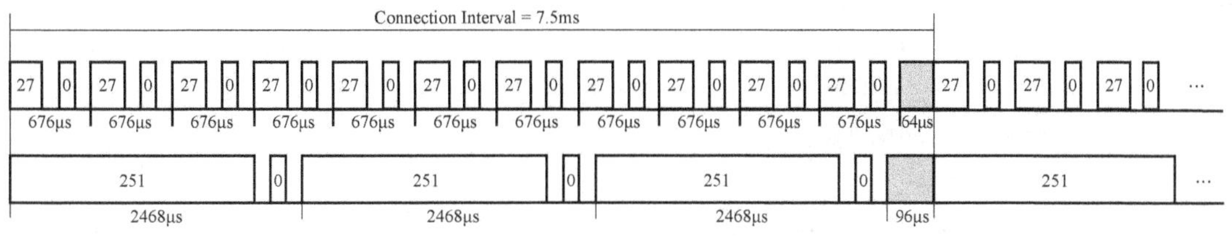

图 34-43　不同 Payload 的传输比较示意图

假定 Interval 为 7.5ms，即 7500μs。7500 = 676 × 11 + 64 = 2468 × 3 + 96。27 字 Payload 可以发送 11 包，后面有 64μs 的浪费；251 字节 Payload 可以发送 3 包，后面有 96μs 的浪费。正是后面这些不满一个周期的时间，导致实际速度会慢于理论速度。

表 34-6 列举了 27 字节 Payload 和 251 字节 Payload，Interval 分别为 7.5ms、8.75ms 和 10ms 时的传输包数和实际速度，可以看到不同字节数的 Payload 和不同的 Interval 组合得到的速度是不一样。

表 34-6　不同 Payload 和 Interval 的数据传输速度比较表

Payload	理论速度/Mbit/s	Interval = 7.5ms		Interval = 8.75ms		Interval = 10ms	
		包数	速度/(Mbit/s)	包数	速度/(Mbit/s)	包数	速度/(Mbit/s)
27 字节	0.32	11	0.317	12	0.296	14	0.302
251 字节	0.81	3	0.803	3	0.688	4	0.803

但是在真实的使用场景中，由于系统硬件和软件性能有限，设备往往会限制 Connection Event Length 而留出更多的时间来处理其他事务。而且不同的硬件，甚至相同硬件不同的固件版本（比如不同版本的 iOS 或 Android），设置的限制条件都有可能各不相同，所以很难得到统一的真实最大速度。按照经验，真实场景中能够达到上述速度的 50% 已经是相当不错的。

如果想要提高数据传输速度，主要有以下手段。

1）使用高速 PHY，比如 LE 2Mbit/s PHY。

2）提高 Payload 字节长度，以减小其他时间（包头、包尾、T_IFS 等）在传输周期中的占比。

3）尝试不同的 Interval，增大传输的包数在 Connection Event 中的占比。

2. 多连接冲突

BLE 设备是可以同时连接多个设备的。一个 Master 可以连接多个 Slave，一个 Slave 也可以连接多个 Master，甚至设备可以同时作为 Master 和 Slave，与多个其他的 Master 和 Slave 建立连接。

连接状态对于时序的要求是精确的，维持多条连接链路必然会产生需要同时发送或接收多条链路数据包的情况。可是通常的硬件射频电路只有一条，不可能做到同时在多个频道发送和接收数据，这就必然导致某些数据包无法在准确的时间点发送或者接收。

举个例子，如图 34-44 所示，Master 同时连接了 Slave A 和 Slave B。Slave A 链路上的 Interval 为 15ms，Slave B 链路上的 Interval 为 7.5ms。如果这时候 Slave A 正在高速传输数据包，比如 15ms 的 Interval 中占用了 9ms 来传输数据，由于 9ms 内至少包含了一个 Slave B 完整的 7.5ms Interval，必然会导致 Master 需要同时对 Slave A 和 Slave B 发送数据包，这时候 Master 只能放弃一个，只选择一个 Slave 来发送数据包，被放弃的那个 Slave 则必然无法在准确的时间点收到 Master 的数据包。

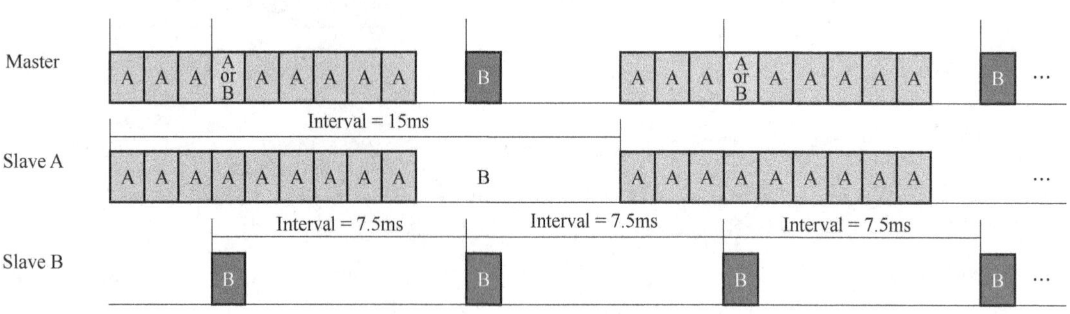

图 34-44　多连接数据传输冲突举例

由于有 Timeout 的存在，为了减小因为超时而断开连接的可能性，当遇到这种冲突时，往往优先处理最近没有成功通信的设备。对于类似刚才例子中的冲突，通常会优先处理 Slave B。因为 Slave A 刚刚完成过数据包的传输，所以不太容易触发 Timeout。

这种多连接导致的冲突虽然无法避免，但是可以通过限制各条链路的 Connection Event Length 来减少冲突发生的概率。限制 Connection Event Length 就相当于限制了某一个设备连续占用射频资源的时间。虽然从一个设备的角度看，这样做会限制数据传输速度，但是对于整个网络内的所有设备来说，这会提高连接的稳定性。

另外，增大 Interval 可以减少空包对射频资源的占用。对于 Slave 来说，还可以增加 Latency，减少对射频资源的占用，以减少多连接冲突。

3. 维持连接

当两个设备断开连接后，如果想要重新建立连接，则需要重新经历广播、扫描等过程，非常耗费时间，会影响有效数据传输，所以维持连接很重要。

通常的做法就是加长 Timeout，这样双方就不容易因为短暂的“失联”而导致连接断开。比如设置 Timeout 为 30s，即使连续 29.999s 通信都没有成功，在最后的 1ms 里有一个 PDU 传输成功，也能够维持连接。

但是过长的 Timeout 也可能会带来其他问题。举个例子，有一台智能电视（Master）配备了 BLE 遥控器（Slave），双方设置 Timeout 为 30s。某一时刻电视机进行了重启，10s 后重启完成。但是电视机重启会导致 BLE 程序复位为初始状态，不会维持重启前的连接状态，而遥控器并不知道电视机发生了重启，只知道收不到电视机的数据包了，然后等待 30s 后触发 Timeout 才会断开连接，接着才会开始重新广播并等待电视机发起连接。遥控器的等待没有多大问题，可是使用遥控器的用户可就抓狂了，因为用户会发现在电视机重启完成后，不管怎么按遥控器都没有反应（也许电视机重启以后，强制观看一会儿广告是一个解决方案）。

还有一种做法是减小 Latency。直观地看，这可以增加 Timeout 时间内 Master 和 Slave 之间沟通的机会，另外，也可以减小双方时钟误差的累积。举个例子，Master 的时钟误差是 +50ppm，Slave 的时钟误差是 -50ppm，二者累加就是 100ppm，那么 10ms 的 Interval 下双方就会产生误差 1μs。如果 Latency 为 99，那就意味着 Slave 可能会长达 1s 不通信。100ppm 就会产生 100μs 的误差，甚至超过了一个空包 80μs 的时间长度。这会直接导致 Slave 醒来以后收不到 Master 的 PDU。因此，在建立连接前要通过 CONNECT_IND 中的 SCA 字段把自己的时钟进度告诉对方，从而让对方可以提前做一些估算。同时，LL 也规定，如果 Slave 在醒来后没有正确接收 Master 的 PDU，则不允许再潜伏，直到正确接收 Master 的 PDU 为止。

4. 减小连接功耗

设备处于连接状态的时候，功耗大小主要取决于射频部分工作的时间长短。

收发有效数据时，可以通过提高 Payload 字节长度的方式来减小其他时间在传输周期中的占比。比如，当需要发送 10 包 10 个字节的数据包时，可以合并为 1 包 100 字节的数据。这与刚才讲解实际传输速度时的原理是一样的。

不收发有效数据的时候，反复收发空包就是主要的射频功耗。显然，增大 Interval 可以减小收发空包的频率，从而减小功耗。举个例子，NXP 的 QN9080 在 Interval 为 1000ms 的情况下平均连接功耗是 100ms 的约六分之一，如图 34-45 所示。

Connection, empty packet					
	Power supply (V)	100 ms interval		1000 ms interval	
		Avg. current (μA)	Max. current (mA)	Avg. current (μA)	Max. current (mA)
DC-DC ON	1.8	36.99	5.39	6.45	4.88
	3.0	27.09	3.42	5.16	3.39
DC-DC OFF	1.8	40.75	6.86	7.21	5.92
	3.0	45.51	7.06	7.83	6.27

图 34-45　QN908x 应用手册中的连接功耗

另外，对于 Slave 来说，还可以增大 Latency 来减小收发空包的频率，从而减小功耗。

实际使用中，要注意功耗与其他性能的平衡。比如，增大 Interval 和 Latency 虽然能够降低平均连接功耗，但是可能会降低数据传输速度和连接稳定性。

第 35 章　主机控制器接口（Host Controller Interface，HCI）

HCI（v5.2，Vol 4）是 Host 和 Controller 之间的接口，在协议栈中的位置如图 35-1 所示。从硬件角度看，它是一个总线，比如 USB 或者 UART 等；从软件角度看，它是一个个数据包，称为“command”或“event”。具体的数据包格式见 Part E，7，这里就不讲解了。下面讲讲为什么会有 HCI 这一层。

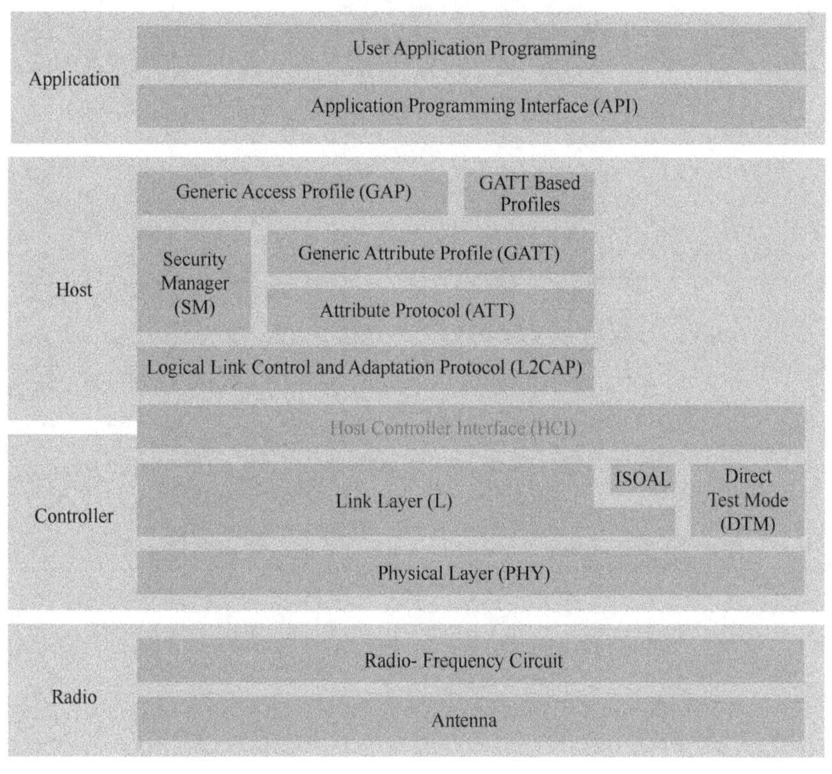

图 35-1　HCI 在 BLE 协议栈中的位置

HCI 最大的作用就是把 Host 和 Controller 在硬件和软件层面进行分离。有的时候，一些芯片不具备（或者不想具备）射频能力，因为射频电路会增加芯片的设计难度。当它想要使用蓝牙功能时，宁愿在 PCB 上额外增加一颗蓝牙芯片。常见的智能电视、智能机顶盒、笔记本等设备就是外接一颗蓝牙和 Wi-Fi 二合一的 combo 芯片或者模块，而不是把蓝牙和 Wi-Fi 集成在主 AP 中。这种情况下，如果 Host 和 Controller 都放在蓝牙芯片里，那么 AP 上的蓝牙功能软件所对接的就是蓝牙芯片厂家提供的 API。这会导致一个问题，当产品更换其他厂家的蓝牙芯片时，就要大量修改 AP 上的 BLE 部分软件，因为不同厂家提供的 API 是不一样的。那有没有办法不更改 AP 上的软件呢？答案是有，方法是不使用厂家提供的 API，而是把 Host 放在 AP 里自己完成，然后直接使用 HCI。只要符合 SIG 认证的设备都支持标准的 HCI command 和 event，无论 Host 或者 Controller 的硬件怎么更换，只要硬件总线（USB 或者 UART 等）接上，就能正常通信，无须为了适配软件而修改代码。HCI 与蓝牙协议栈的关系如图 35-2 所示。

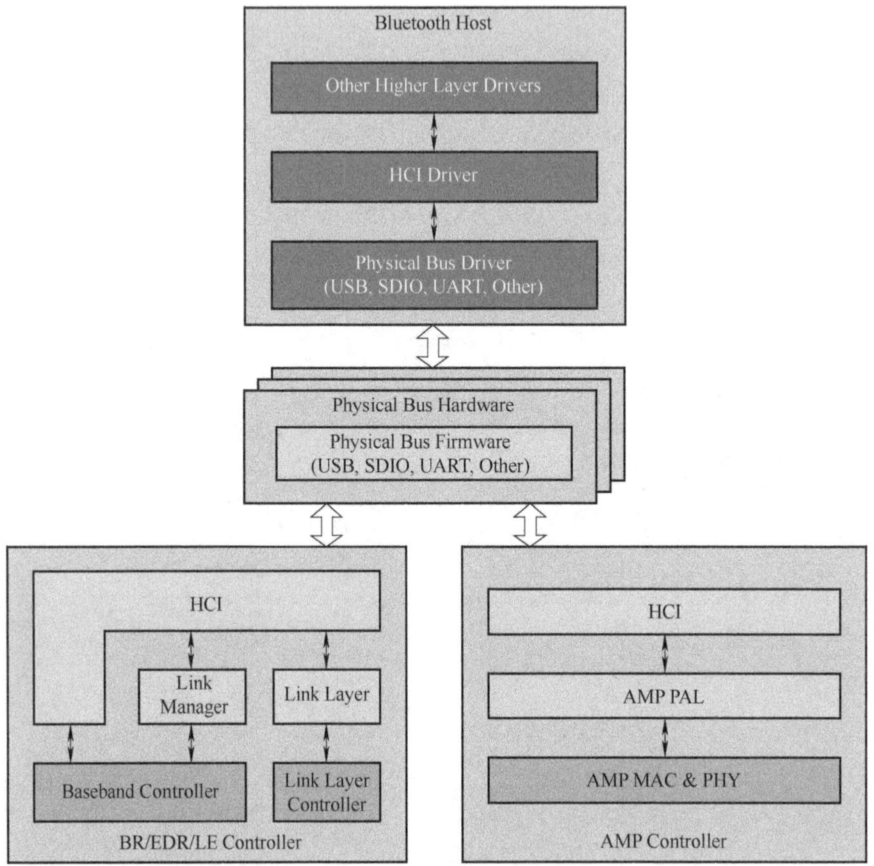

图 35-2　HCI 与蓝牙协议栈的关系

第 36 章　逻辑链路控制与适配协议（Logical Link Control and Adaptation Protocol，L2CAP）

由于实际应用中很少直接使用 L2CAP（v5.2，Vol 3，Part A），所以本章仅做一些简单介绍。L2CAP 在 BLE 协议栈中的位置如图 36-1 所示。

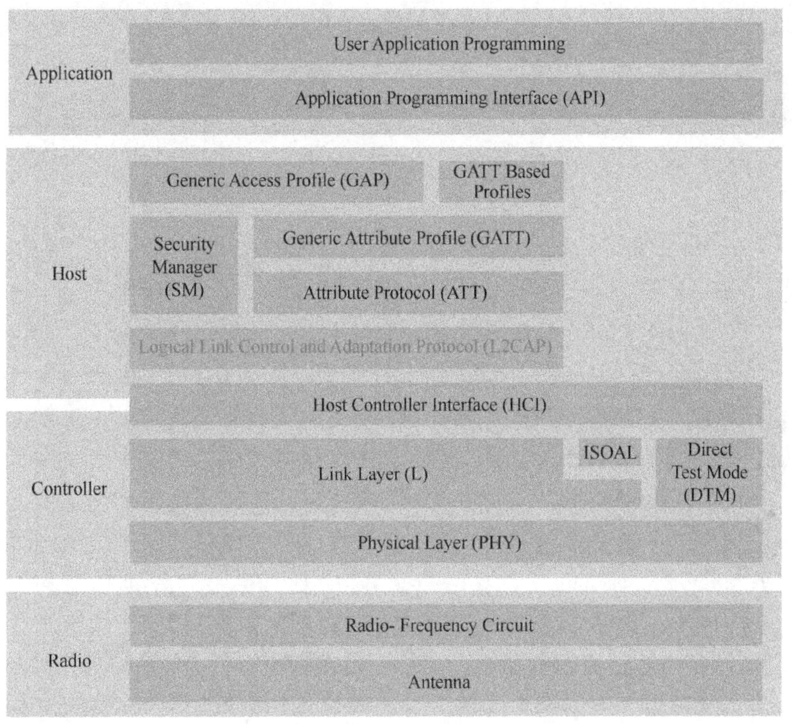

图 36-1　L2CAP 在 BLE 协议栈中的位置

如图 36-2 所示，L2CAP 的 PDU 格式比较简单，只由 3 部分组成：2 字节的 Length、2 字节的 Channel ID（CID）和 0～65535 字节的 Information Payload。

Length 2 bytes	Channel ID 2 bytes	Information Payload 0～65535 bytes

图 36-2　L2CAP PDU 的格式

（1）Length

2 个字节的 Length 表示 Information Payload 内数据的字节数。

（2）Channel ID（CID）

CID 指的是 L2CAP 对接下层 LL Data PDU 和上层协议的数据通道标识符。如图 36-3 所示，对于 BLE，主要有 3 个通道。

GAP
GATT Based Profiles
GATT
SM
ATT
L2CAP
L2CAP Signaling Channel
SM Channel
ATT Channel
HCI
Commands and Events
LL
LL Control
LL Data
Advertising Physical Channels
Data Physical Channels
40 Physical Channels
PHY
Radio
40 PHY Channels

图 36-3　L2CAP 的 PDU 与 BLE 协议栈其他层的关系

- 0x0004：Attribute Protocol。用于对接上面 Attribute Protocol（ATT）层的数据。
- 0x0005：L2CAP LE Signaling Channel。用于处理 L2CAP 的功能。
- 0x0006：Security Manager Protocol。用于对接上面 Security Manager（SM）层的数据。

注意，L2CAP 里的“channel”和之前在 PHY 和 LL 里讲的“channel”不是同一个概念。PHY 和 LL 里的“channel”指的是频道，是和具体物理频率相关的；L2CAP 里的“channel”只是一个标识符而已，用于区分数据的来源和去向。

（3）Information Payload

Information Payload 的长度范围是 0～65535 字节。每个设备可以在这个范围内设定自己的最大值，称为 Maximum Transmission Unit（MTU）。比如某设备设定自己的 MTU 为 512 字节，那么它的 Information Payload 长度范围就是 0～512 字节。

大家可能有疑问，LL Data PDU 的最大 Payload 只有 251 个字节，L2CAP PDU 的 Payload 那么长有什么用？这是为了上层用户考虑的。有时候用户自己定义的应用数据包比较长，比如 512 字节一包。如果 LL 支持 251 字节的 Payload，那么 L2CAP 会把这 512 字节拆分成 3 包发给 LL，对方设备的 L2CAP 收到这 3 包后，会重组成一个完整的数据包，再发送给上层，如图 36-4 所示。

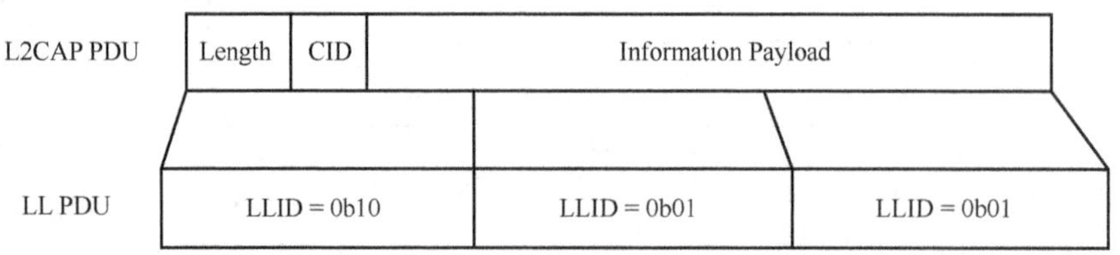

图 36-4　Information Payload 的拆分和重组

对方设备收到一个数据包后，如何知道数据包是不是被拆分的一部分呢？之前讲的 LL 数据包 Header 中的 LLID 字段对此做了区分。LLID = 0b10 表示是一个没有拆分数据包或者是拆分数据包中的第一个；LLID = 0b01 表示是拆分的后续数据包或者空包。

第 37 章　通用属性配置（Generic Attribute Profile，GATT）与属性协议（Attribute Protocol，ATT）

GATT 和 ATT（v5.2，Vol 3，Part F&G）的关系十分紧密，所以合并到一起来讲解。它们在协议栈中的位置如图 37-1 所示。

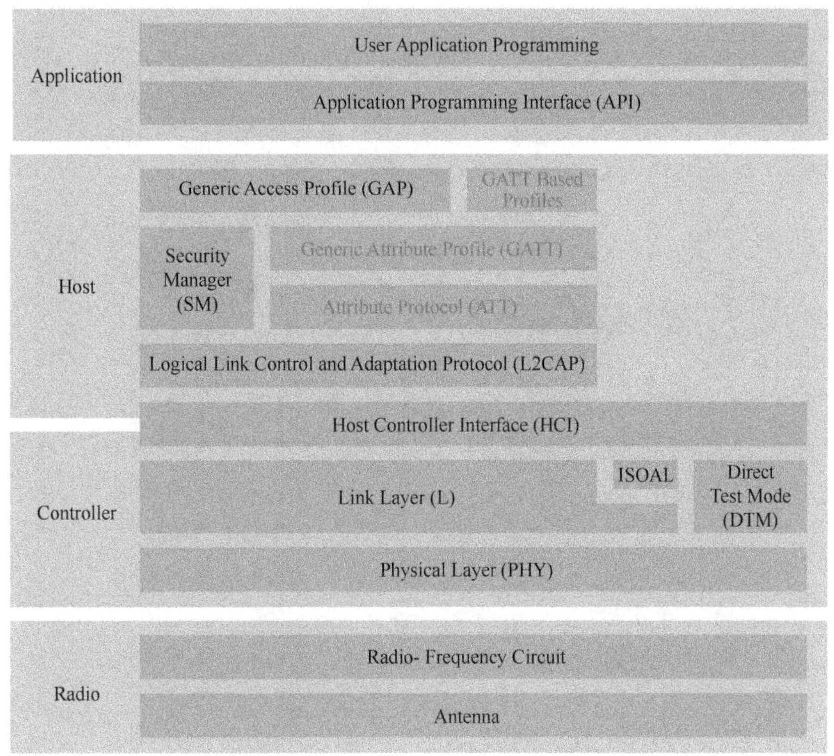

图 37-1　GATT 和 ATT 在 BLE 协议栈中的位置

37.1　Server 与 Client

GATT 为相互传输数据的两个设备定义了两种角色：Server 和 Client。Server 指的是拥有数据的设备，Client 指的是访问数据的设备。举个例子，一个带有心率检测功能的 BLE 手环和一个智能手机连接，手环产生心率数据，所以是一个 Server；手机读取手环的心率数据，所以是一个 Client。

注意不要把 Sever 与 Client 的概念与 LL 中的 Slave 与 Master 相混淆。在刚才的例子中，手环是 Server 同时也是 Slave，手机是 Client 同时也是 Master。之所以手环是 Slave、手机是 Master，是因为手环广播，手机扫描并发起连接，与谁产生数据、谁读取数据没有关系。如果反过来，手机广播，手环扫描并发起连接，那就变成了手机是 Client 和 Slave，手环是 Server 和 Master。但是实际情况中，由于 Mater 设备的射频工作时间通常比 Slave 设备要长，导致耗电量较大，所以把电池电量更大的手机作为 Mater 而把手环作为 Slave。手环如此，其他大多数 BLE 外设也是如此，比如耳机、遥控器等，结果就是 Client 设备通常就是 Master，而 Server 设备通常就是 Slave。

37.2 配置文件（Profile）与属性（Attribute）

37.2.1 基本概念

为了便于用户在应用层管理数据，GATT 定义了一种数据框架，称为 GATT Profile（配置文件），结构如图 37-2 所示。Profile 由一个或多个 Service（服务）组成。一个 Service 可以包含其他 Service。一个 Service 包含一个或多个 Characteristic（特征）。Characteristic 由 Property（特性）、Value（数值）和可选的 Descriptor（描述）组成。

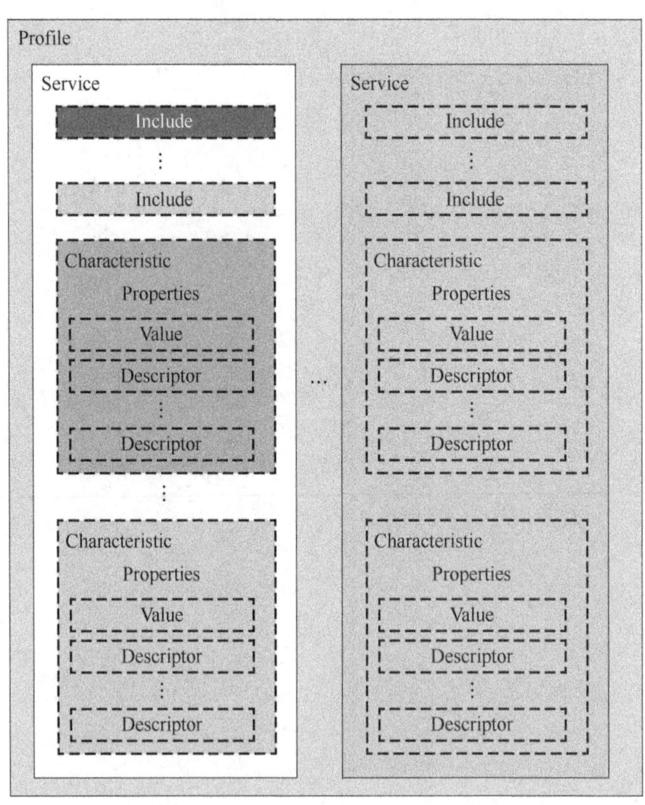

图 37-2 配置文件和属性结构示意图

GATT 只是定义了 Profile 的框架结构，里面各个字段的具体内容由用户定义。用户基于这个框架定义的 Profile 称为 GATT Based Profile（后续简称 Profile）。

这么讲比较抽象，再举一个实际的例子。比如要做一个心率计，如图 37-3 所示，可以给 Profile 定义两个 Service：心率和设备信息。

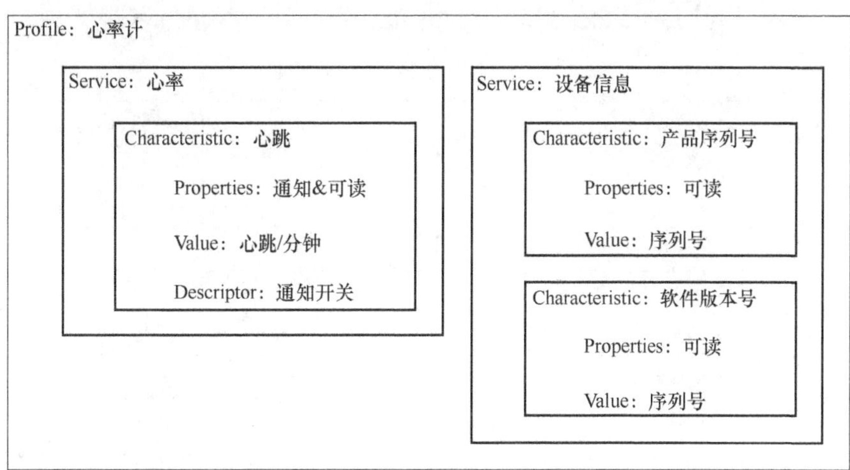

图 37-3　配置文件和属性的例子

“心率”Service 里定义了一个 Characteristic，叫作“心跳”。“心跳”的 Property 为“通知”和“可读”。“通知”表示心率计设备把“心跳”的 Value 告诉对方设备；“可读”表示对方设备可以主动来读取“心跳”的 Value，而“心跳”的 Value 就是具体的心跳数字，比如 64 次/分钟。“心跳”还可以有一个 Descriptor，称为“通知开关”，蓝牙规定如果 Property 包含“通知”功能就必须增加这个 Descriptor，它的作用就像智能手机上给 App 设定是否允许通知，它用于对方设备给心率计设置是否允许通知“心跳”的 Value。

“设备信息”Service 里定义两个 Characteristic，叫作“产品序列号”和“软件版本号”。“产品序列号”的 Property 为“可读”，Value 就是实际的序列号；“软件版本号”的 Property 为“可读”，Value 就是实际的版本号。

蓝牙官方定义了一些常用的 Profile 和 Service，可以在 https：//www. bluetooth. com/specifications/specs/查询。用户也可以自己定义私有的 Profile 和 Service。一些公司也定义并公开了自己的 Service，比如 Apple 的 ANCS（the Apple Notification Center Service）用于 Apple 设备向 BLE 设备推送通知（https：//developer. apple. com/library/archive/documentation/CoreBluetooth/Reference/AppleNotificationCenterServiceSpecification/Specification/Specification. html #//apple_ref/doc/uid/TP40013460 – CH1 – SW7）；又比如 Nordic 的 NUS（Nordic UART Service）用于数据透传（https：//developer. nordicsemi. com/nRF_Connect_SDK/doc/latest/nrf/include/bluetooth/Services/nus. html）。

Profile 内的 Service、Characteristic（包含多个 property）、Value 和 Descriptor 四者都以 Attribute 的形式存储，称为 Attribute Caching。或者说 Service、Characteristic、Value 和 Descriptor 的信息就是不同的 Attribute 表现形式，Profile 结构的存储就是一些 Attribute 的存储。

Attribute 也是双方设备传输 Profile 数据的基本单位。Attribute Caching（或者说 Profile 结构）由 Server 定义并存储。Server 与 Client 连接后，Client 通过读取 Server 的 Attribute Caching 就能知道 Server 的 Profile 结构了。这个过程称为 Discovery，有 Service Discovery、Characteristic Discovery 和 Descriptor Discovery。

Attribute Caching 是在用户自定义 GATT Based Profile 时需要编辑的内容，所以后面会花一些时间进行讲解。

以刚才的心率计为例，Profile 会以表 37-1 中的 Attribute 顺序进行存储。

表 37-1　心率计 Attribute 列表

名　称	Attribute Type
心率	Service
心跳	Characteristic
心跳/分钟	Value
通知开关	Descriptor
设备信息	Service
产品序列号	Characteristic
序列号	Value
软件版本号	Characteristic
版本号	Value

37.2.2　属性（Attribute）组成

一个 Attribute 由 4 部分组成：Handle（句柄）、Type（类型）、Value（值）和 Permission（权限，有多个）。

1. Handle

Handle 就是 2 个字节的 attribute 的顺序编号，用来替代名称进行传输。比如，表 37-2 中，心率计会按照 Attribute 的顺序编号，当要传输“心跳/分钟”的数据时，告诉对方要传输 Handle 值为 0x0003 的 Attribute 就可以了。

表 37-2　心率计 Attribute Handle 列表

名　称	Attribute Handle	Attribute Type
心率	0x0001	Service
心跳	0x0002	Characteristic
心跳/分钟	0x0003	Value
通知开关	0x0004	Descriptor
设备信息	0x0005	Service
产品序列号	0x0006	Characteristic
序列号	0x0007	Value
软件版本号	0x0008	Characteristic
版本号	0x0009	Value

实际使用的时候，最开始的几个 Handle 通常会留给 Generic Access Profile（GAP），因为 GAP 是每个 BLE 设备必需的 Profile。用户自己的 GATT Based Profile 的 Handle 值在 GAP 的 Handle 值之后继续编号。另外，实际确定 Handle 的时候，虽然要按照 Attribute 的顺序，但是 Handle 值是允许跳空的，比如“心率”Handle 为 0x0001，“心跳”Handle 可以为 0x0003，“心跳/分钟”Handle 可以为 0x0006。

2. Type

Attribute Type 用来区分 Attribute 的种类。它的值是一个 128 位的数字，称为 UUID（Universally Unique Identifier）。

UUID 分为两类：一类是用户自己定义的，称为 128 位 UUID；另一类是蓝牙定义的，称为 16 位 UUID。蓝牙定义 16 位 UUID 的主要目的是减少数据量。16 位 UUID 其实是一个简化版的 128 位 UUID，都是在 Bluetooth Base UUID 00000000-0000-1000-8000-00805F9B34FB 基础上增加的。比如，蓝牙定义了“Device Name”这个 Characteristic 的 16 位 UUID 是 0x2A00，实际上就是 00002A00-0000-1000-8000-00805F9B34FB 的简写。蓝牙定义 16 位 UUID 的另一个目的是统一格式。比如，当我发现一个 UUID 是 0x2A00 的 Attribute 时，就能马上能知道它表示的是“Device Name”。蓝牙定义的 16 位 UUID 可以在这个文档内查看：https：//btprodspecificationrefs.blob.core.windows.net/assigned-Values/16-bit%20UUID%20Numbers%20Document.pdf。

对于 GATT Profile 的 Attribute Type，蓝牙定义了表 37-3 内的 16 位 UUID。

表 37-3　GATT Profile 的 Attribute Type 对应的 UUID 列表

Attribute Type	UUID	描　述
Primary Service	0x2800	Primary Service Declaration
Secondary Service	0x2801	Secondary Service Declaration
Include	0x2802	Include Declaration
Characteristic	0x2803	Characteristic Declaration
Characteristic Extended Properties	0x2900	Characteristic Extended Properties
Characteristic User Description	0x2901	Characteristic User Description Descriptor
Client Characteristic Configuration	0x2902	Client Characteristic Configuration Descriptor
Server Characteristic Configuration	0x2903	Server Characteristic Configuration Descriptor
Characteristic Presentation Format	0x2904	Characteristic Presentation Format Descriptor
Characteristic Aggregate Format	0x2905	Characteristic Aggregate Format Descriptor

此处的心率计 Profile 用到了表 37-4 中的几种。

表 37-4　心率计 Attribute Handle 和 Attribute Type 对应列表

名称	Attribute Handle	Attribute Type
心率	0x0001	0x2800
心跳	0x0002	0x2803
心跳/分钟	0x0003	16-bit 或 128-bit UUID
通知开关	0x0004	0x2902
设备信息	0x0005	0x2801
产品序列号	0x0006	0x2803
序列号	0x0007	16-bit 或 128-bit UUID
软件版本号	0x0008	0x2803
版本号	0x0009	16-bit 或 128-bit UUID

Handle 为 0x0001 的“心跳”Attribute Type 是 0x2800“Primary Service”，用于声明这是一个主要 Service。

Handle 为 0x0005 的“设备信息”Attribute Type 是 0x2801“Secondary Service”，用于声明这是一个次要 Service。

Handle 为 0x0002、0x0006 和 0x0008 的 Attribute Type 是 0x2803“Characteristic”，用于声明这是一个 Characteristic。

Handle 为 0x0004 的“通知开关”Attribute Type 是 0x2902“Client Characteristic Configuration”，用于表示这是用于一个对方设置 Characteristic 的 Descriptor，经常缩写为 CCCD。

Handle 为 0x0003、0x0007 和 0x0009 的 Attribute Type 是“Characteristic”的 Value，它们的 UUID 不在 GATT 定义的范畴，用户可以使用蓝牙预定义 16-bit UUID，也可以使用自定义的 128-bit UUID。

3. Value

接下来说一下 Attribute 的 Value（不是 Characteristic 的 Value，不要混淆了），如图 37-4 所示。Characteristic 的 Value 是一个 Attribute。

<table>
<tr><td colspan="6">Service Declaration</td></tr>
<tr><td>Characteristic Declaration</td><td colspan="4">Characteristic Value</td><td>Characteristic Descriptor</td></tr>
<tr><td></td><td>Attribute Handle</td><td>Attribute Type</td><td>Attribute Value</td><td>Attribute Permissions</td><td></td></tr>
</table>

图 37-4　Characteristic Value 中的 Attribute Value

Value 就是 Attribute 的实际数据，有些类似于 PDU 里的 Payload。对于用户自定义的 128 位 UUID 的 Attribute，Value 和长度也是用户自定义的。但是对于蓝牙定义的 16 位 UUID 的 Attribute，Value 和长度是有一定规范要求的。

Primary Service 和 Secondary Service 类型的 Value 也是一个 UUID。但是这个 UUID 与代表 Attribute Type 的 UUID 0x2800 不一样，它是代表实际意义的 UUID。看到 0x2800 就知道这个 Attribute 是 Primary Service；而看到 Value 里的 UUID，就知道这个 Primary Service 代表的是“心率”。

Characteristic 类型的 value 分为 3 部分：Property（有多个）、Value Attribute Handle 和 UUID，如图 37-5 所示。Property 稍后再讲解。Value Attribute Handle 指的是这个 Characteristic 的 Value Attribute 的 Handle 值，用于关联 Characteristic 类型和 Value Attribute。比如，“心跳”这个 Characteristic 的 Value Attribute Handle 就是“心跳/分钟”的 Handle 值 0x0003。UUID 和刚才讲的 Service 的 UUID 一样，指的是用于表示“心跳”这个 Characteristic 的 UUID。

Properties	Attribite Handle	UUID

图 37-5　Attribute Value 的格式

关于 Client Characteristic Configuration 类型的 Value，稍后和 Property 一起讲解。

Characteristic Value Attribute 的 Attribute Value 就是实际的用户数值，比如实际的“心跳/分钟”数值。

加入 Attribute Value 后，将表 37-4 扩展成表 37-5。

表 37-5　心率计 Attribute Handle、Attribute Type 和 Attribute Value 对应列表

名　称	Attribute Handle	Attribute Type	Attribute Value
心率	0x0001	0x2800	心率 UUID
心跳	0x0002	0x2803	Properties + 0x0003 + 心跳 UUID
心跳/分钟	0x0003	心跳 UUID	实际的心跳/分钟数值
通知开关	0x0004	0x2902	通知开关
设备信息	0x0005	0x2801	设备信息 UUID
产品序列号	0x0006	0x2803	Properties + 0x0007 + 序列号 UUID
序列号	0x0007	序列号 UUID	实际的序列号数值
软件版本号	0x0008	0x2803	Properties + 0x0009 + 版本号 UUID
版本号	0x0009	版本号 UUID	实际的版本号数值

4. Permission

Attribute permission 主要指的是 Attribute 的 Value 能不能被 Client 读取（Read）和写入（Write）。Permission 还有安全模式的分类，这里不展开。

蓝牙定义的 16 位 UUID 的 Attribute Permission 也都被定义了。通常来说，大部分 Attribute Permission 都包含 Read，就是可以被 Client 读取。CCCD 是可以被 Client 写入的，用于控制 Server 的通知开关。心率计 Attribute 相关信息对应列表见表 37-6。

Characteristic Value 的 Attribute Permission 通常与 Characteristic 的 Property 关联，稍后再讲解。

表 37-6　心率计 Attribute 相关信息对应列表

名　称	Attribute Handle	Attribute Type	Attribute Value	Attribute Permission
心率	0x0001	0x2800	心率 UUID	Read
心跳	0x0002	0x2803	Properties + 0x0003 + 心跳 UUID	Read
心跳/分钟	0x0003	心跳 UUID	实际的心跳/分钟数值	Read
通知开关	0x0004	0x2902	通知开关	Read & Write
设备信息	0x0005	0x2801	设备信息 UUID	Read
产品序列号	0x0006	0x2803	Properties + 0x0007 + 序列号 UUID	Read
序列号	0x0007	序列号 UUID	实际的序列号数值	Read
软件版本号	0x0008	0x2803	Properties + 0x0009 + 版本号 UUID	Read
版本号	0x0009	版本号 UUID	实际的版本号数值	Read

37.2.3　Attribute PDU

刚才讲了 Attribute 的组成和 Attribute Caching，接下来讲一下双方传输数据时使用的 Attribute PDU。

1. 类型

ATT 定义了 6 种 attribute PDU 的大类，用于区分 Server 和 Client 之间数据传输的方向和是否需要对方回复，见表 37-7。

表 37-7　Attribute PDU 类型列表

类　型	缩　写	方　向	回　复
Command	CMD	Client to Server	×
Request	REQ	Client to Server	RSP
Response	RSP	Server to Client	×
Notification	NTF	Server to Client	×
Indication	IND	Server to Client	CFM
Confirmation	CFM	Client to Server	×

- Command：由 Client 发送给 Server 的 PDU，不需要 Server 回复。
- Request：由 Client 发送给 Server 的 PDU，且需要 Server 回复 Response 类型的 PDU。
- Notification：由 Server 发送给 Client 的 PDU，不需要 Client 回复。
- Indication：由 Server 发送给 Client 的 PDU，且需要 Client 回复 Confirmation。

它们的三字母缩写被用于 Attribute PDU 的命名中，便于理解。比如 ATT_WRITE_CMD 指的是 Client 发送给 Server 的 Write Command；而 ATT_WRITE_REQ 指的是 Client 发送给 Server 的 Write Request，且需要 Server 回复 ATT_WRITE_RSP。

大家可能会有疑问：在 LL 已经规定了 Master 和 Slave 要交替发送和接收数据包，那 ATT 为什么又要定义“要不要回复”这个概念呢?

要弄清楚这个问题，先来看一下双方传输 ATT 的 PDU 流程是怎么样的。用 NTF 和 IND 来举例。

如图 37-6 所示，当 Server 发送 NTF 后，只要 Client 的 LL 收到并回复任意 LL PDU，即使只是个空包，Server 的 LL 收到后这次 NTF 也算发送成功了。

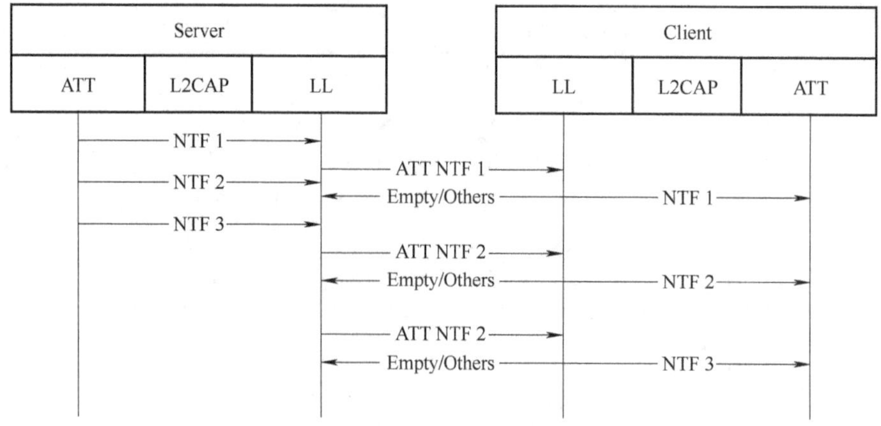

图 37-6　NTF 流程示意图

如图 37-7 所示，当 Server 发送 IND 后，不但需要 Client 的 LL 收到，还要 Client 的 ATT 收到，并且回复 CFM，等到 Server 的 ATT 收到 CFM 后，这次 IND 才算发送成功。

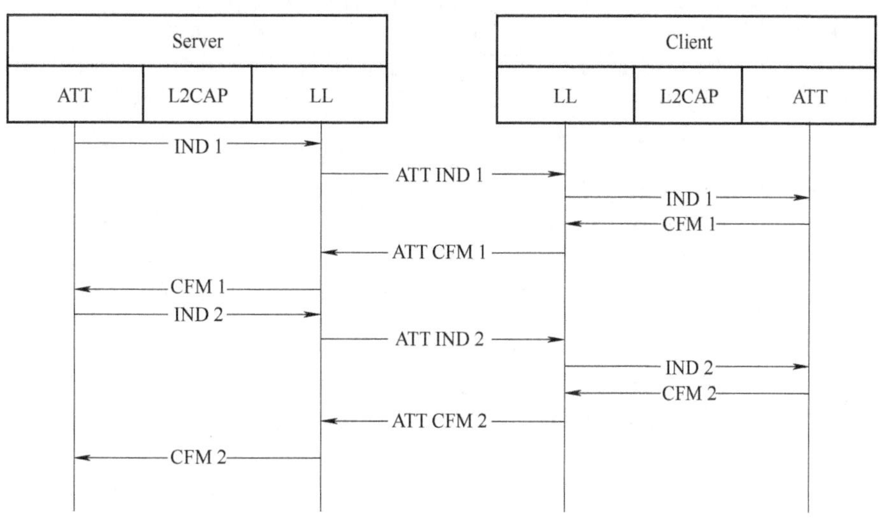

图 37-7　IND 流程示意图

所以说，这个“要不要回复”的概念指的是 ATT 层面要不要回复，与 LL 维持连接时序的数据包无关。

知道了二者流程上的区别，再来看一看二者在应用层面的区别。主要有两点。

（1）NTF 的数据传输速度比 IND 快

IND 需要在 ATT 层面收到 CFM 后才能发送下一个 IND，而 NTF 则不需要，甚至都不需要等到 LL 收到并回复，ATT 就可以继续不停地向 LL 发送 NTF。显然，NTF 比 IND 的效率更高，所以速度也会更快。

（2）NTF 可能会丢包，而 IND 不会

大家知道 LL 之间传输连接数据有重传机制做保护，以保证数据包不丢失。

但是对于发送 NTF 的 Server ATT 来说，并不知道 Server LL 有没有成功发送 NTF。如果 Server LL 发送 NTF 的速度跟不上 Server ATT 发送 NTF 的速度，就会导致 NTF 丢失。同样，对于 Client 来说，如果 Client ATT 接收 NTF 的速度跟不上 Client LL 接收 NTF 的速度，也会导致 NTF 丢失。

打个比方，一个人不停地扔包裹，另一个人不停地接包裹，如果接包裹的速度跟不上扔包裹的速度，那包裹就掉了，叫“丢包”。对于这种情况，BLE 芯片厂家通常会在协议栈软件中增加一级缓存，用来缓解两边速度不一致的问题。缓存就是一块存储区域。它好比在扔包裹和接包裹的两人中间放了一个大盒子，扔包裹的人往盒子里扔，接包裹的人从盒子里面取，双方都不用顾及对方的速度，来不及取的包裹都在盒子里“缓存”着，不会丢。不过缓存的大小毕竟是有限的，如果盒子装满了，还是会“丢包”的。

但是 IND 不会有这样的问题。扔包裹的人会等到接包裹的人回复“我已经接到包裹了，你可以扔下一个包裹了”之后，再扔下一个包裹。

讲完这些，相信大家已经明白 ATT 为什么要定义“要不要回复”这个概念了。Client 发送的 CMD 和 REQ 的区别，与 Server 发送的 NTF 和 IND 的区别一样。

2. 格式

讲解完 Attribute PDU 的类型后，继续讲解它的格式。如图 37-8 所示，Attribute PDU 分为 3 部分。

Opcode 1 byte	Parameters 0～X bytes	Authentication Signature 12 bytes

图 37-8　Attribute PDU 的格式

第 1 部分为 1 个字节的 Opcode，代表不同名字的 PDU。v5.2 定义了 30 多种名字的 PDU，详见 Vol 3，Part F，3.4.8。

第 2 部分为 Parameters。Attribute PDU 的总长度不能超过 ATT_MTU，所以 Parameters 的最大长度 X 与有没有 Authentication Signature 有关。如果有，则最长为 ATT_MTU－13 字节；如果没有，则最长为 ATT_MTU－1 字节。

第 3 部分为 12 字节可选的 Authentication Signature（验证签名），只有 ATT_SIGNED_WRITE_CMD 会用到。

ATT_MTU 就是 L2CAP 中讲过的 Maximum Transmission Unit，表示设备支持的最大 Attribute PDU 传输字节数。注意，对于一个设备来说，ATT_MTU 通常是一个固定值，而不是变化值。ATT_MTU 越大，则软件处理的时候需要的缓存越大，所以一个设备的 ATT_MTU 是与软件和硬件性能相关的，不同设备的 ATT_MTU 可能是不一样的。

BLE 设备需要支持的 ATT_MTU 最小为 23 字节，这是为了对应 LL PDU Payload 的最大值（默认为 27 字节，去掉 L2CAP PDU 的 2 字节 Length 和 2 字节 CID 后，剩余 23 字节）。由于不知道对方设备是否支持大于 23 字节的 ATT_MTU，所以 Client 在与 Server 建立连接后，通常会发起 MTU Exchange（交换），也就是发送 Opcode＝0x02 的 ATT_EXCHANGE_MTU_REQ，Server 需要回复 Opcode＝0x03 的 ATT_EXCHANGE_MTU_RSQ，双方告知对方自己的 ATT_MTU，然后取较小的一个值（双方都支持的最大值）作为后续传输的 ATT_MTU。

由于 v4.2 以后 LL PDU Payload 的最大值可达 251 字节，所以常见的 ATT_MTU 值不超过 247 字节。如果 ATT_MTU 大于 247 字节，那么就必须在 L2CAP 中增加额外的拆包和组包步骤了。

关于具体的 Parameters，下面举几个常用的 Attribute PDU 例子来说明。

- ATT_READ_REQ：用于 Client 向 Server 请求读取某一个 Handle 的 Value，它的 Parameters 就是 2 个字节的 handle 值。
- ATT_READ_REP：Server 收到 ATT_READ_REQ 后要回复 ATT_READ_RSP，它的 Parameters 就是 ATT_READ_REQ 内请求的对应 Handle 的 Attribute Value 值，最大长度为 ATT_MTU－1 字节。
- ATT_WRITE_CMD、ATT_WRITE_REQ、ATT_HANDLE_VALUE_NTF 和 ATT_HANDLE_VALUE_IND：前两个用于 Client 向 Server 发送某一个 Handle 的 Value；后两个用于 Server 向 Client 发送某一个 Handle 的 Value。它们 4 个 PDU 的 Parameters 格式都一致，前 2 个字节为 Attribute Handle，后面字节为 Attribute Value，最大长度为 ATT_MTU－3 字节。

如果 ATT_MTU 为 23，则一个 Attribute PDU 最大能发送 20 字节的 Value，如图 37-9 所

示。如果 ATT_MTU 为 247，则一个 Attribute PDU 最大能发送 244 字节的 Value，如图 37-10 所示。

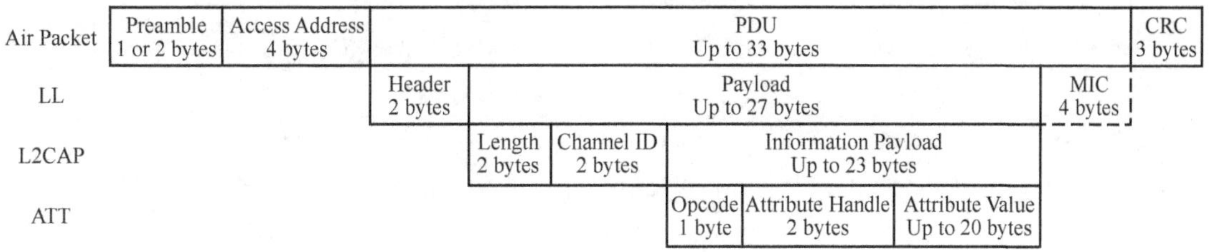

图 37-9　ATT_MTU 为 23 的数据包层级图

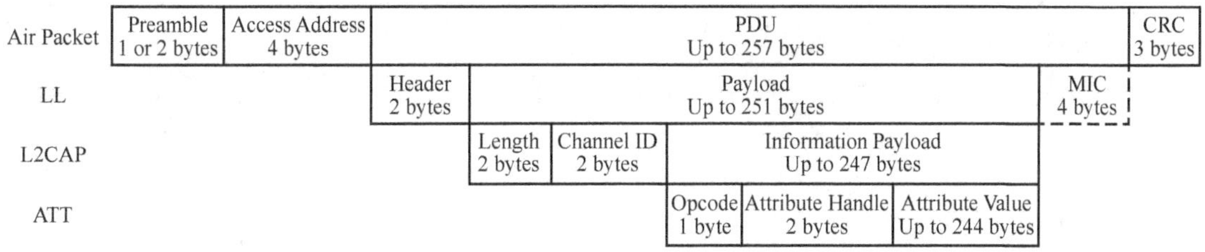

图 37-10　ATT_MTU 为 247 的数据包层级图

之前计算传输速度的时候，都是使用 LL Payload 的 27 字节和 251 字节计算的。但是到了 ATT 层面，实际只有 20 字节和 244 字节，也就是分别打了约 74.1% 和 96.7% 的折扣。打完这个折扣以后，251 字节 Payload 的理论传输速度约是 27 字节 Payload 的大约 3 倍。

37.2.4　Characteristic Property

在 ATT 中，蓝牙定义了 CMD、REQ、RSP、NTF、IND 和 CFM 概念，还定义了各种类型的读写 PDU 来传输 Attribute Value。

GATT 把 ATT 的这些概念又封装了一层，称为 Property。

回顾一下刚才讲的内容。一个 Characteristic 至少由两个 Attribute 来描述。Characteristic 类型的 Attribute 用于声明 Characteristic 本身，Characteristic Value Attribute 用于声明 Characteristic 的 Value。而在 Characteristic 类型的 Attribute 的 Value 中包含了多个 Property，这些 property 就是用于表示 Characteristic Value Attribute 的读写行为模式。

以心率计为例，见表 37-8。“心跳”这个 Attribute 的 Type 是 0x2803，表示它是一个 Characteristic 类型的 Attribute。“心跳/分钟”这个 Attribute 则表示它是一个 Characteristic Value 类型的 Attribute。“心跳”的 Attribute Value 里面包含的 Property 指的是“心跳/分钟”这个 Attribute 的读写行为模式。按照最初介绍 GATT Profile 时所讲的，这个“Properties”的定义是“通知 & 可读”，指的是“Notify”和“Read”，也就是说“心跳/分钟”的数值是可以通知和读取的。

GATT 抽象了 Property 这个概念，常用的 Property 如下。

- Read：Client 可使用 ATT_READ_REQ 向 Server 请求读取 Characteristic Value，Server 收到请求后通过 ATT_READ_RSP 回复 Characteristic Value。

表 37-8 心率计 Attribute 信息列表

名称	Attribute Handle	Attribute Type	Attribute Value
心跳	0x0002	0x2803	Properties + 0x0003 + 心跳 UUID
心跳/分钟	0x0003	心跳 UUID	实际的心跳/分钟数值
通知开关	0x0004	0x2902	通知开关
产品序列号	0x0006	0x2803	Properties + 0x0007 + 序列号 UUID
序列号	0x0007	序列号 UUID	实际的序列号数值
软件版本号	0x0008	0x2803	Properties + 0x0009 + 版本号 UUID
版本号	0x0009	版本号 UUID	实际的版本号数值

- Write Without Response：Client 可以使用 ATT_WRITE_CMD 向 Server 写入 Characteristic Value，不需要 Server 回复。
- Write：Client 可以使用 ATT_WRITE_REQ 向 Server 写入 Characteristic Value，需要 Server 回复 ATT_WRITE_RSP。
- Notify：Server 可以使用 ATT_HANDLE_VALUE_NTF 向 Client 发送 Characteristic Value，不需要 Client 回复。
- Indicate：Server 可以使用 ATT_HANDLE_VALUE_IND 向 Client 发送 Characteristic Value，需要 Client 回复 ATT_HANDLE_VALUE_CFM。

注意，如果一个 Characteristic 的 Property 包含 Notify 和 Indicate 中的任意一个，则在 Characteristic Value Attribute 后面必须增加一个 Client Characteristic Configuration 类型的 Descriptor（CCCD）Attribute。它的 Attribute Value 是可以被 Client 读取的，用于控制 Server 是否可以 Notify 和 Indicate。Client 和 Server 连接以后，默认值为 0x0000。Bit 0 表示 Notify 的开关，置 1（0x0001）表示允许 Notify，置 0 表示不允许 Notify。Bit 1 表示 Indicate 的开关，置 1（0x0002）表示允许 Indicate，置 0 表示不允许 Indicate。

第 38 章　安全管理（Security Manager，SM）

通信安全（v5.2，Vol 3，Part H）是所有通信协议都绕不开的问题。对于有线通信协议来说，想要入侵通信线路，至少还要先入侵物理硬件。但是对于无线通信协议来说，由于无线电本身是完全暴露在环境中的，只要在功率范围内所有人都能接收到，所以更容易入侵。SM 在 BLE 协议栈中的位置如图 38-1 所示。

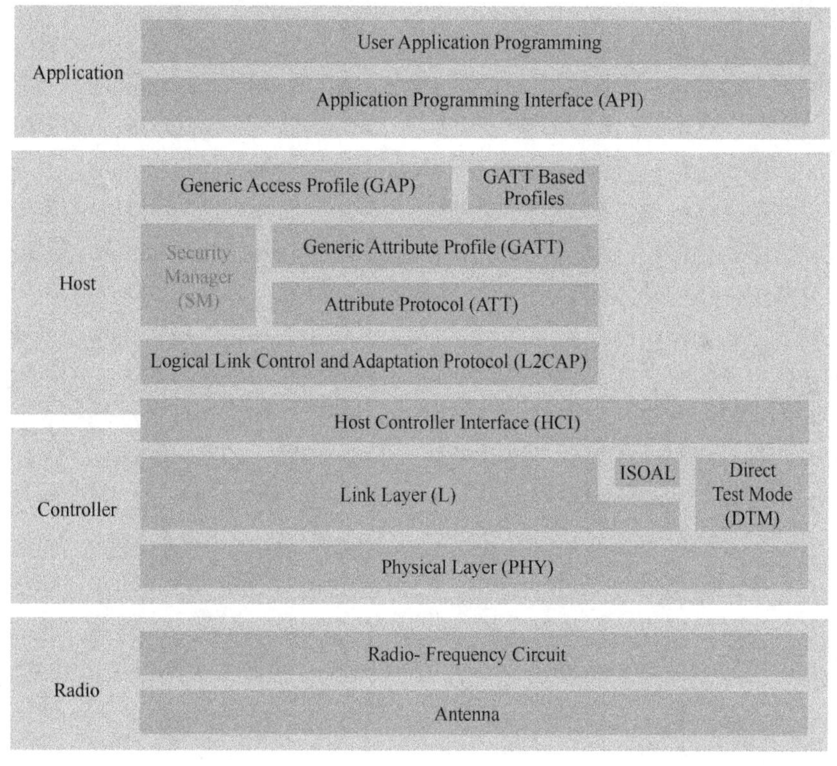

图 38-1　SM 在 BLE 协议栈中的位置

对于 BLE 来说，在 LL 定义 White List（白名单）功能，就是把可信设备的 Device Address 保存起来，以后只与这些可信设备通信，而忽略不在名单里的设备，这样可以避免陌生设备的“骚扰”。但是设备的 Device Address 在广播数据包中是完全暴露的，别有用心的人很容易获取，然后伪装一个 Device Address 一模一样的设备，就能骗过 White List。显然，人们需要更高级的“安保措施”，于是就有了 Security Manager（SM）。

38.1　被动窃听与主动窃听

SM 用于对抗两种行为：被动窃听（Passive Eavesdropping）和主动窃听（Active

Eavesdropping)。

被动窃听指的就是抓取并分析环境中的无线电信号，然后盗取数据。

主动窃听则更为大胆，不只偷听，还伪造身份主动参与通信，甚至伪造假信息。其经常使用的一种方式叫作中间人攻击（Man-in-the-middle Attack，MITM)。简单举个例子说明。A 和 B 相互通信，M 想要入侵，于是伪装成 B 与 A 进行通信，同时伪装成 A 与 B 进行通信，作为“中间人”进入通信链路。但是 A 和 B 完全不知道 M 参与其中，以为在和对方直接通信，这时候 M 不但能够窃听到所有的信息，还能篡改信息。比如，A 给 B 发消息“中午到餐厅吃饭”，但是实际发给了 M，B 没有收到；M 收到后，改为“中午在家里吃饭”发给 B，于是 B 就收到了错误的信息。

38.2 密钥（Key）与编码（Encryption）

关于对抗窃听的方法，大家一定想到了加密，或者叫编码（Encryption)。确实，BLE 也使用了加密的方法，在 LL 发送数据前使用 AES（Advanced Encryption Standard，高级加密标准）进行 LE 编码，对方 LL 收到数据后进行解密（Decryption)。

能加密和解密的前提是，双方都使用相同的密钥（Key)。但是如果密钥被 MITM 攻击者窃取、甚至篡改了，那编码就毫无意义。所以在 LL 进行 LE 编码之前，需要一套安全的方法在双方设备上生成相同的密钥。这个过程在 BLE 中称为 Pairing（配对)。

既然谈到了加密，那么简单谈一些与加密相关的知识。关于加密常常会听到对称加密、非对称加密、数字签名等名词。这里只对这几个名词及其基本含义解释一下。加密就是通过对原始数据进行某种变换得到加密数据；解密就是把加密数据通过逆变换恢复成原始数据。在变换过程中有两个重要的要素，一个是加密和解密算法，另一个是密钥。如果把加密和解密算法看作一个函数，那么密钥可以理解为函数的一个参数。

对称加密很好理解，就是通信各方使用同一个密钥。就像家里的门锁，家庭成员每人都有一把钥匙，每个人的钥匙都一样，每把钥匙都能开门和锁门。对称加密的好处是简单高效，适合用来对实时数据或大规模的数据进行加密和解密。最常用的对称加密算法是 AES。但其缺点也非常明显，一旦密钥泄露就容易导致比较大的损失。如果家人中有人把钥匙丢了，那保险起见只能换锁。对于对称加密而言，密钥在分发阶段是最容易被截获的。所以对称加密最大的问题就是密钥分发的问题。

在非对称加密中，加密使用公钥，解密使用私钥，且用公钥加密的明文只能用私钥解密。由于加密和解密使用的密钥不同，所以称为非对称加密。举个例子。

1）A 要发送数据给 B。

2）B 生成一对公钥 m 和私钥 n（生成方法涉及密码学，这里就不展开了)，然后把公钥 m 发给 A。

3）A 用收到的公钥 m 加密数据，然后发送给 B。

4）B 用私钥 n 解密收到的数据。

反过来，如果 B 使用私钥 n 加密，而 A 能用公钥 m 解密，由于只有 B 持有私钥 n，于是 A 就能判定数据一定来自于 B，这就叫作“数字签名”。

非对称加密的优点是不用担心密钥分发的问题（另外，量子通信也能解决密钥分发的问题），但是由于其算法比较复杂，导致不太适用于实时数据或者大规模数据的加密和解密。

我们可以利用非对称加密的优点来分发用于对称加密的密钥，然后在后续通信中使用对称加密来对数据进行加密和解密。这样就能比较好地平衡密钥分发安全性和效率了。

38.3 配对（Pairing）

本节读起来可能比较枯燥乏味，因为多是对流程和概念的描述。但是其中包含大量会在软件代码中出现的英文单词，阅读以后能够提升大家对于各厂家协议栈软件代码的理解。

生成和分发密钥的过程在 SM 内称为配对（Pairing）。Pairing 分为 2 种方式和 3 个步骤，如图 38-2 所示。

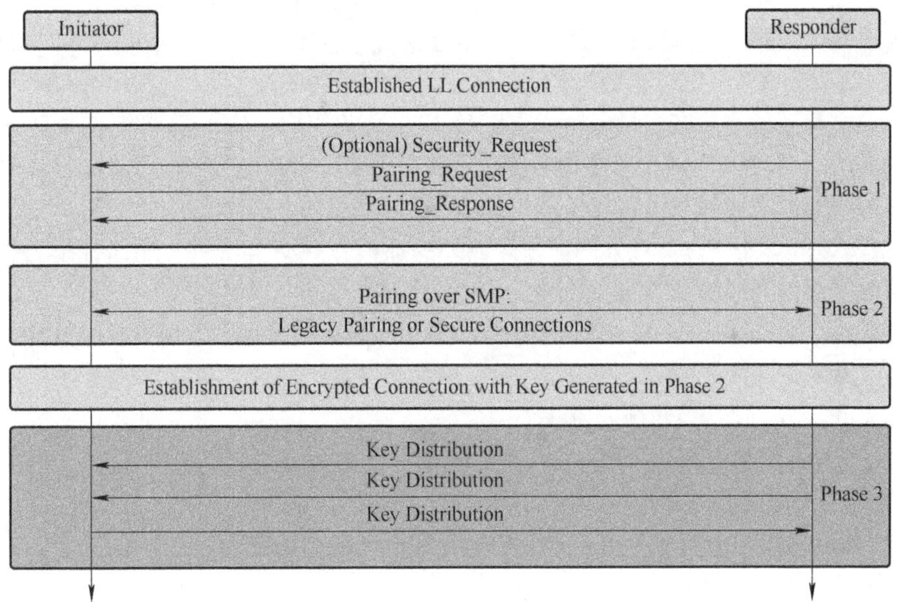

图 38-2　Pairing 流程

2 种方式分别是 LE Legacy Pairing（v4.0+）和 LE Secure Connections Pairing（v4.2+）。

3 个步骤如下。

- Phase 1：交换双方的 Paring Feature（配对特征），用于决定 Phase 2 生成密钥的方式。
- Phase 2：根据 Phase 1 中双方的 Feature 选择对应的方式，生成密钥。
- Phase 3：分发密钥。

在 Phase 2 后、Phase 3 前，要使用密钥进行 LE 编码。这个步骤是在 LL 中进行的，不在 SM 中进行，所以被独立出来。

38.3.1 LE Legacy Pairing 和 LE Secure Connections Pairing

v4.2 在原本 v4.0 的 LE Legacy Pairing 基础上增加了一种方式，称为 LE Secure Connections（SC）Pairing。SC 在前者的基础上增加了 ECDH，全称是“椭圆曲线迪菲－赫尔曼密钥交换（Elliptic Curve Diffie － Hellman key Exchange）”。ECDH 使用非对称加密，主要作用是

对抗被动窃听（但是不能阻止 MITM）。具体的数学方法这里就不展开解释了，有兴趣可以自己找资料学习。

38.3.2 Phase 1

Phase 1 可以由 Master 发送 Pairing_Request 进行发起，也可以由 Slave 发送 Security_Request 进行发起，随后 Master 发送 Pairing_Request。

Slave 收到 Master 发送的 Pairing_Request 后，回复 Pairing_Response。这两个数据包中包含的信息用于决定 Phase 2 中具体使用哪一种方法生成密钥。

- Just Works 基本没有安全措施。
- Numeric Comparison：仅用于 LE Secure Connections Pairing。在 Just Works 的基础上，双方设备要显示基于 ECDH 的验证数字结果，然后由用户比较双方数字是否一致并按键确认。需要双方设备具备一定的 IO 能力。
- Passkey Entry：一方设备随机产生一个 000000 ~ 999999 之间的 6 位数字密码并显示，另一方看到数字后在本设备输入。随后双方设备使用规定的算法把这个数字密码变成确认（confirm）码，以避免数字密码直接暴露。双方使用蓝牙交换确认码并确认是否一致。需要双方设备具备一定的 IO 能力。
- Out of Band（OOB）：双方使用蓝牙以外的通信方式交换密码，比如常用的 NFC。需要双方设备同时具备 OOB 的能力。

可以看到，除了 Just Works 以外，对抗 MITM 的主要方式就是尽量不要用蓝牙来交换信息，而是用人工确认或者 OOB。

1. Pairing_Request 和 Pairing_Response

Pairing_Request 和 Pairing_Response 主要包含以下内容，用户需要根据自己产品的情况进行选择。

- IO Capability：IO 能力，指的是设备输入和输出能力的组合。

输入能力有 3 种，见表 38-1。

表 38-1　设备的输入能力

输入能力	描　述
No input	没有输入能力
Yes / No	至少有 2 个按键，能够让用户输入“确认”和“否认”
Keyboard	至少有 2 个按键，能够让用户输入“确认”和“否认” 有数字键盘，能够让用户输入 0 ~ 9

输出能力有 2 种，见表 38-2。

表 38-2　设备的输出能力

输出能力	描　述
No output	没有输出能力
Numeric output	有显示 6 位数字的能力

二者组合成为 5 种 IO 能力，见表 38-3。

表 38-3　设备的 IO 能力组合表

<table>
<tr><th colspan="2" rowspan="2">IO 能力</th><th colspan="2">输出能力</th></tr>
<tr><th>No output</th><th>Numeric output</th></tr>
<tr><td rowspan="3">输入能力</td><td>No input</td><td rowspan="2">NoInputNoOutput</td><td>DisplayOnly</td></tr>
<tr><td>Yes / No</td><td>DisplayYesNo</td></tr>
<tr><td>Keyboard</td><td>KeyboardOnly</td><td>KeyboardDisplay</td></tr>
</table>

- OOB Data Flag：指是否有 OOB 数据。
- Bonding Flag：指是否要绑定。

绑定指的是两个设备成功配对之后，记录并保存对方设备的信息和编码密钥，以便之后回连的时候可以跳过配对的过程，直接进入 LE 编码。

- MITM：指是否需要防御 MITM 攻击。
- SC：指是否使用 LE Secure Connections Pairing。
- Maximum Encryption Key Size：指支持的最大密钥字节数。密钥的默认长度都是 16 字节（128 位），但是 SM 允许使用更短的密钥，范围为 7 ~ 16 字节。较短的密钥可以减少计算量和存储空间。双方交换 Maximum Encryption Key Size 后，取较小一方的值作为双方密钥长度。实际使用密钥的时候还是按照 16 字节使用，不满的部分高位补 0。
- Key Distribution：指双方在 Phase 3 会给对方哪些密钥。后面到 Phase 3 阶段再讲解。

2. 选择生成密钥的方法

根据 Pairing_Request 和 Pairing_Response 内的数据，选择双方在 Phase 2 使用哪种模式生成密钥，流程如图 38-3 所示。

步骤一：检查 SC。

如果双方都设置了 SC，则使用 LE Secure Connections Pairing；否则使用 LE Legacy Pairing。

步骤二：检查 OOB。

- LE Legacy Pairing：如果双方都设置了 OOB，则使用 OOB；否则不使用 OOB。
- LE Secure Connections Pairing：只要有一方设置了 OOB，就要用 OOB；否则不使用 OOB。

步骤三：如果不使用 OOB，检查 MITM。

只要有一方设置了 MITM，就根据双方的 IO 能力选择模式；否则使用 Just Works。

根据双方 IO 能力的不同，可能会使用 Just Works、Numeric Comparison 或 Passkey Entry，如图 38-4 和图 38-5 所示。

在安全能力上，通常来说 OOB > Passkey Entry > Numeric Comparison > Just Works。用户在设计 BLE 产品的时候，要根据安全需求提前考虑产品的 OOB 硬件、输入硬件和输出硬件的设计。

38.3.3　Phase 2

Phase 2 使用 Phase 1 选择的方式在双方设备上生成用于 LE 编码的密钥。

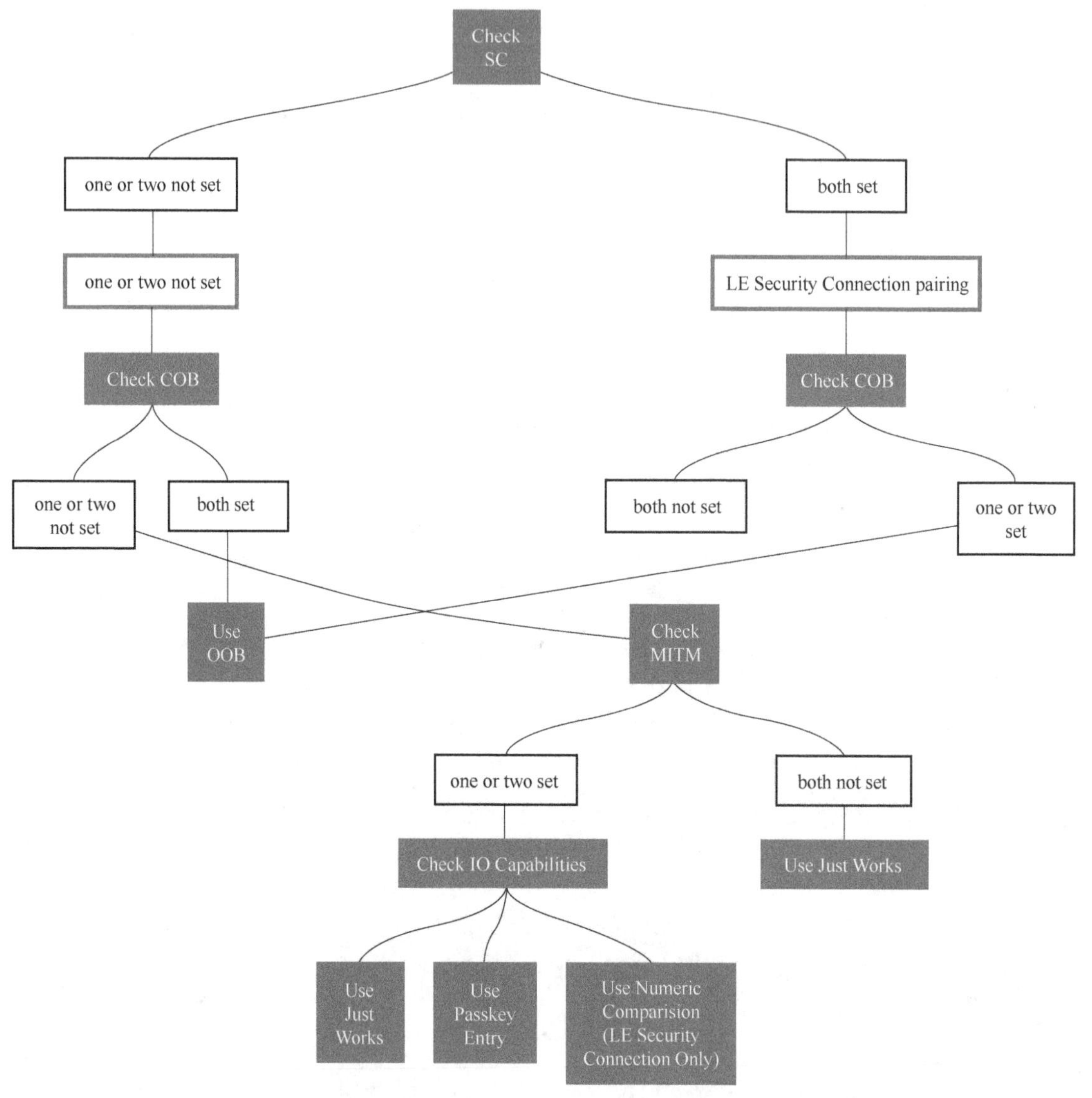

图 38-3　密钥生成方式的选择流程

LE Legacy Pairing 在 Phase 2 会生成两个密钥。

- Temporary Key（TK）：一个 128 位的临时密钥，用于生成 STK。
- Short Term Key（STK）：一个 128 位的临时密钥，用于 LL 编码加密后续链路。
- Long Term Key（LTK）：一个 128 位的密钥，用于 LE 编码加密后续链路。LE Secure Connections Pairing 在 Phase 2 会生成 1 个密钥。

接下来讲一讲 LE Legacy Pairing 的 3 种生成密钥的流程。LE Secure Connections Pairing 由于增加了 ECDH，流程比较烦琐，这里就不具体讲解了。

1. Just Works

首先是 Just Works 的流程，如图 38-6 所示。

Just Works 的 TK 值是固定值 0x00000000000000000000000000000000。

双方各生成一个随机数，然后使用 TK、随机数、双方的 Device Address 等数据生成确认码。

<table>
<tr><td></td><td colspan="5">Initiator</td></tr>
<tr><td>Responder</td><td>DisplayOnly</td><td>Display YesNo</td><td>Keyboard Only</td><td>NoInput NoOutput</td><td>Keyboard Display</td></tr>
<tr><td>Display Only</td><td>Just Works
Unauthenticated</td><td>Just Works
Unauthenticated</td><td>Passkey Entry: responder displays, initiator inputs
Authenticated</td><td>Just Works
Unauthenticated</td><td>Passkey Entry: responder displays, initiator inputs
Authenticated</td></tr>
<tr><td rowspan="2">Display YesNo</td><td rowspan="2">Just Works
Unauthenticated</td><td>Just Works (For LE Legacy Pairing)
Unauthenticated</td><td rowspan="2">Passkey Entry: responder displays, initiator inputs
Authenticated</td><td rowspan="2">Just Works
Unauthenticated</td><td>Passkey Entry (For LE Legacy Pairing): responder displays, initiator inputs
Authenticated</td></tr>
<tr><td>Numeric Comparison (For LE Secure Connections)
Authenticated</td><td>Numeric Comparison (For LE Secure Connections)
Authenticated</td></tr>
</table>

图 38-4　IO 能力与密钥生成方式的关系一

<table>
<tr><td></td><td colspan="5">Initiator</td></tr>
<tr><td>Responder</td><td>DisplayOnly</td><td>Display YesNo</td><td>Keyboard Only</td><td>NoInput NoOutput</td><td>Keyboard Display</td></tr>
<tr><td>Keyboard Only</td><td>Passkey Entry: initiator displays, responder inputs
Authenticated</td><td>Passkey Entry: initiator displays, responder inputs
Authenticated</td><td>Passkey Entry: initiator and responder inputs
Authenticated</td><td>Just Works
Unauthenticated</td><td>Passkey Entry: initiator displays, responder inputs
Authenticated</td></tr>
<tr><td>NoInput NoOutput</td><td>Just Works
Unauthenticated</td><td>Just Works
Unauthenticated</td><td>Just Works
Unauthenticated</td><td>Just Works
Unauthenticated</td><td>Just Works
Unauthenticated</td></tr>
<tr><td rowspan="2">Keyboard Display</td><td rowspan="2">Passkey Entry: initiator displays, responder inputs
Authenticated</td><td>Passkey Entry (For LE Legacy Pairing): initiator displays, responder inputs
Authenticated</td><td rowspan="2">Passkey Entry: responder displays, initiator inputs
Authenticated</td><td rowspan="2">Just Works
Unauthenticated</td><td>Passkey Entry (For LE Legacy Pairing): initiator displays, responder inputs
Authenticated</td></tr>
<tr><td>Numeric Comparison (For LE Secure Connections)
Authenticated</td><td>Numeric Comparison (For LE Secure Connections)
Authenticated</td></tr>
</table>

图 38-5　IO 能力与密钥生成方式的关系二

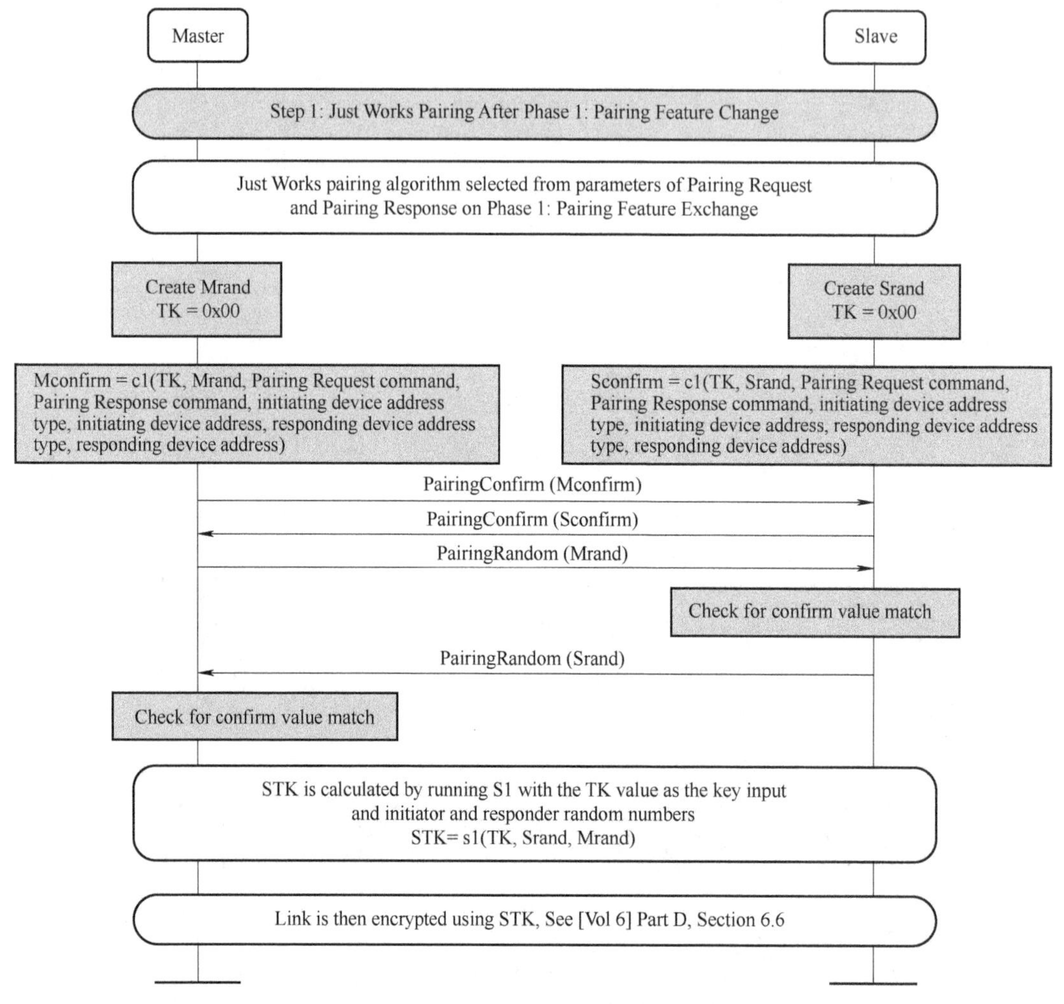

图 38-6　Just Works 流程

随后双方交换确认码和随机数，并相互验证确认码，验证通过后，使用双方的随机数和 TK 生成 STK。

可以看到，整个流程使用的所有数据都是完全暴露在 BLE 信道上的，无法防御 MITM 攻击。

2. Passkey Entry

Passkey Entry 的流程如图 38-7 所示。

Passkey Entry 比 Just Works 多了一步 Set TK。

Set TK 就是用户手动输入 6 位数字密码。根据双方的 IO 能力，可以是一方显示 6 位数字、另一方输入，也可以是双方都输入。然后这 6 位数字转换成 16 进制变成 TK，高位补 0。比如，6 位数字密码是“019655”，那么 TK 就是 0x00000000000000000000000000004CC7。之后的流程与 Just Works 相同。

3. OOB

OOB 的流程如图 38-8 所示。

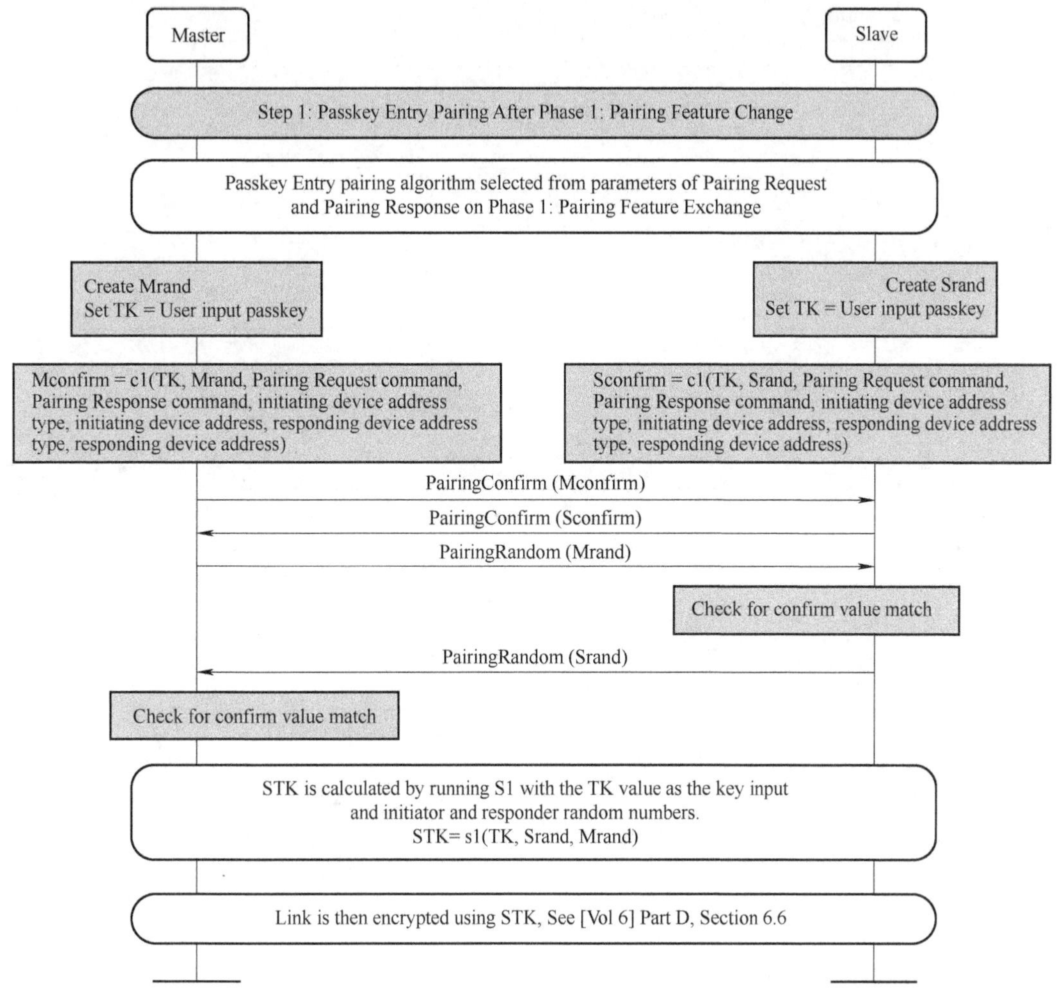

图 38-7　Passkey Entry 流程

OOB 相比于 Passkey Entry，把 Set TK 改成了使用 OOB 传输，比如 NFC。这增加了 MITM 攻击的难度，因为攻击者也需要支持 OOB。使用 OOB 交换的 TK 可以是一个 128 位的随机数，而 Passkey Entry 实际只是一个 20 位的数值（$10^6 \approx 2^{20}$）。

39.3.4　LE Encryption

Phase 2 结束后，双方已经成功生成了用于加密的密钥，LE Legacy Pairing 为 STK，LE Secure Connections Pairing 为 LTK。有了密钥，就可以进行 LE 编码了。完成 LE 编码之后，双方才可以使用 AES 加密传输数据，包括 Phase 3 的密钥分发。

如图 38-9 所示，LE 编码由 Master 发送 LL_ENC_REQ 发起，Slave 收到后回复 LL_ENC_RSP。

随后 Slave 确认是否存在 LTK。如果是在 LE Legacy Pairing 的 Phase 2 进入 LE 编码，那么就用 STK 充当 LTK 来使用。如果存在，就回复 LL_START_ENC_REQ。

此为分界线，以上的数据包都是未加密的，之后的数据包都是加密的。加密使用 AES，密钥为使用 LTK 生成的 sessionKey。

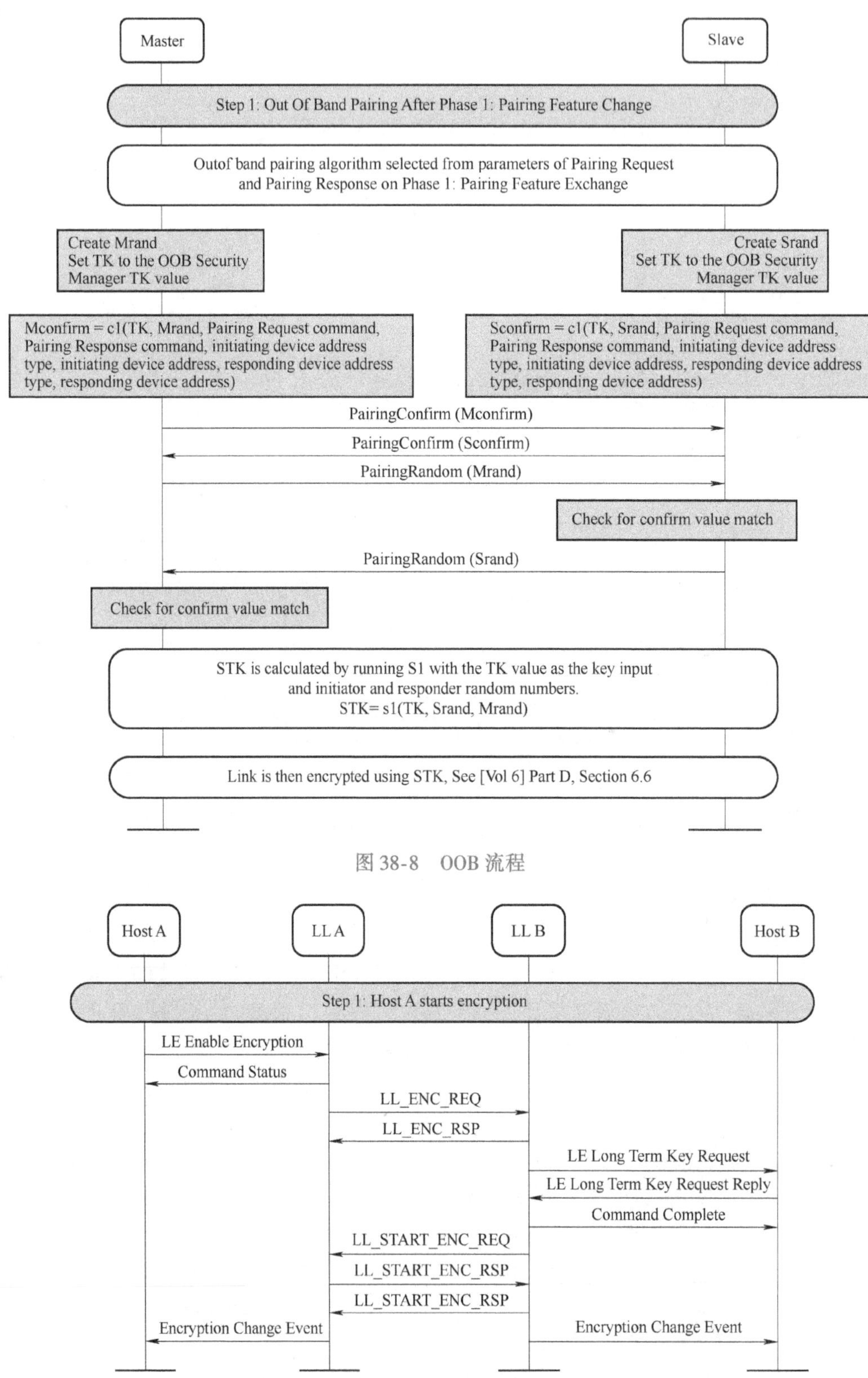

图 38-8　OOB 流程

图 38-9　LE 编码流程

Master 收到 LL_START_ENC_REQ 后，加密回复 LL_START_ENC_RSP。

Slave 收到数据包并解密，确认是 LL_START_ENC_RSP 后，同样加密回复 LL_START_ENC_RSP。

Master 收到数据包并解密，确认是 LL_START_ENC_RSP。

至此，双方完成了密钥验证，LE 编码完成。

38.3.5　Phase 3

Phase 3 用于在 LE 编码之后双方相互分发一些用于安全功能的密钥。Phase 3 是可选的，根据实际需求选择是否需要分发对应的密钥。

1. IRK

IRK（Identity Resolving Key）用于解析在 LL 中讲解 Device Address 时提到的 Non - resolvable Private Address 和 Resolvable Private Address。在 Phase 3 中把自己的 IRK 发送给对方后，对方就能够解析自己的 Private Address 了。

2. CSRK

CSRK（Connection Signature Resolving Key）用于 Data Signing。Data Signing 指的是在没有经过 LE 编码的连接链路上传输使用 CSRK 加密的 ATT PDU。也就是说，在 Phase 3 中分发 CSRK 后，下一次连接时如果没有进行 LE 编码在 LL 层进行加密，则可以使用 Data Signing 在 ATT 层进行加密。当然，ATT 层以下的部分就是未加密、暴露的。使用 Data Signing 需要在 ATT PDU 中增加 12 字节的 Authentication Signature（验证签名），之前讲解 ATT PDU 格式的时候提到过。这个功能很少会用到，简单了解一下即可。

3. LTK、EDIV 和 RAND

LTK、EDIV 和 RAND 仅在 LE Legacy Pairing 的 Phase 3 中进行分发。LE Secure Connections Pairing 在 Phase 3 不允许分发这 3 个密钥。

LE Legacy Pairing 的 Phase 2 中会分发 STK，并且在随后的 LE 编码中用 STK 充当 LTK。但是经过刚才的讲解已经知道，生成 STK 的 ST 在 Just Works 中为 0，在 Passkey Entry 中也只有 20 位的有效强度。因此，在 Phase 3 中可以随机生成一个 128 位的 LTK 并分发，这样的话，在下一次连接并进行 LE 编码的时候，就能够使用一个 128 位强度的 LTK 来进行加密，而不是使用强度较低的 STK 来充当 LTK 了（前提是双方进行了绑定，具体稍后再讲）。

对于 LE Secure Connections Pairing 来说，LTK 已经在 Phase 2 分发完成了，不允许在 Phase 3 再次进行分发。

EDIV（Encrypted Diversifier）是一个 16 位的随机数，RAND（Random Number）是一个 64 位的随机数。LTK 在 LE Legacy Pairing 的 Phase 3 生成的时候，同时生成这两个随机数，并且和 LTK 一起分发。它们相当于 LTK 的标签号，用于和 LTK 一一对应。在进行 LE 编码的时候，Master 发送的 LL_ENC_REQ 中包含 EDIV 和 RAND，Slave 根据它们来选取 LTK。

LE Secure Connections Pairing 不使用 EDIV 和 RAND，它们的值始终为 0，因此也不允许在 Phase 3 进行分发。

LE Legacy Pairing 在没有绑定的情况下（使用 STK 进行 LE 编码），LL_ENC_REQ 中的 EDIV 和 RAND 值也为 0。

38.3.6 绑定（Bonding）

绑定指的是双方把已经分发的密钥保存下来，以便下次再次连接的时候可以省去生成和分发密钥的过程。

是否绑定取决于 Phase 1 中 Pairing_Request 和 Pairing_Response 数据包的 Bonding Flag。

对于需要使用 LE 编码的情况来说，可以保存 LTK。如果是 LE Legacy Pairing 还需要保存 EDIV 和 RAND，以完成绑定，等到下次回连的时候，如果是已绑定（bonded）的设备，那么就可以跳过 Phase 1 和 Phase 2，直接使用 LTK（以及 EDIV 和 RAND）进行 LE 编码，从而节省不少时间，特别是对于可能需要人为参与的 Passkey Entry 和 OOB 来说。

当然，如果用户认为每次使用相同的 LTK 不安全的话（比如芯片存储 LTK 的硬件存储区域被破解），也可以选择不绑定，每次连接都从 Phase 1 开始，每次 LE 编码都使用不同的 LTK。

在实际使用场景中，通常不希望设备断电重启以后把绑定的密钥“忘掉”，以免导致需要重新进行配对。所以，在收到分发的密钥以后，不能仅仅以变量的形式存储在断电时会丢失的 RAM 中，而是要存储在断电不丢失的硬件中，比如 Flash 或 EEPROM 中，甚至为了安全还要对存储区域进行加密。

已绑定的设备也可以取消绑定，实际上就是把存储的密钥全部删除即可。在 Android 和 iOS 的蓝牙设备选项中看到的“取消绑定”“清除设备”“忽略设备”等功能就是起着这个作用。不过，这是一个设备的本地行为，不是双方交互的行为。双方没有连接的时候也可以执行，对方的设备可能是不知情的，这样就可能导致信息不对称，从而使得 LE 编码失败。由于 LE 编码是由 Master 发起的，所以通常不在 Slave 上进行删除密钥的操作。

第 39 章　通用访问配置（Generic Access Profile，GAP）

最后讲解一下 GAP（v5.2，Vol 3，Part C），它在协议栈中的位置如图 39-1 所示。

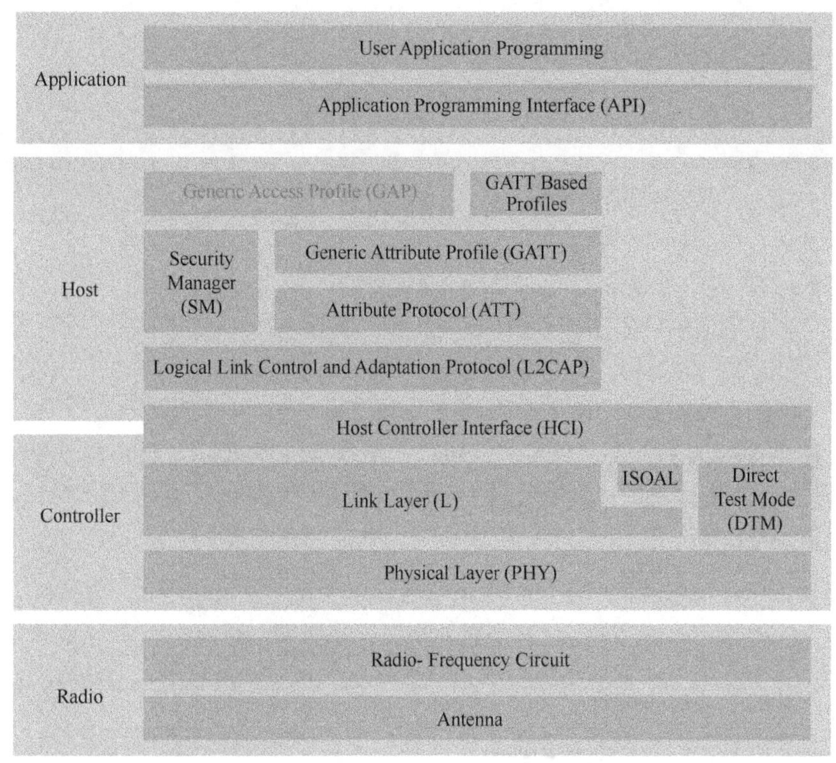

图 39-1　GAP 在 BLE 协议栈中的位置

首先看一下核心规格书中对于 GAP 与其他层之间关系的描述框图，如图 39-2 所示。可以看到，GAP 并不是一个独立的协议层。实际上，它是对其他协议层内容的总结抽象。GAP 在用户层面抽象出了一些定义：蓝牙设备必须包含的参数、相互发现和连接的流程以及安全等级等。这些定义的目的是让所有蓝牙设备都使用相同的对接流程，这就是“Generic Access”的命名由来。就像人与人之间的沟通，在掌握了足够的词汇和句式，以及语义和语境的分析能力后，还需要根据不同的对话对象采用不同的对话模式，比如，上级和下级之间有检查/汇报工作的对话模式，卖家和买家之间有讨价还价的对话模式，恋人之间有甜言蜜语的对话模式，密友之间有毫无顾忌的对话模式。

下面列举一些 GAP 中最常用的定义进行讲解。

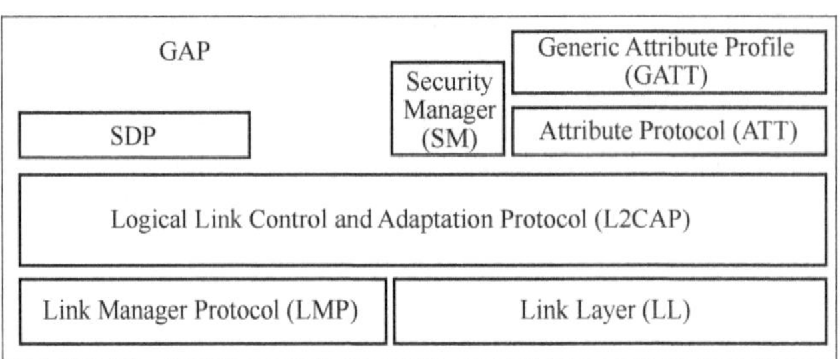

图 39-2　GAP 与其他协议层之间的关系

39.1 角色（Role）

在定义流程之前，先定义一下角色。GAP 给 BLE 设备定义了 4 个角色：Broadcaster、Observer、Peripheral（外围设备）和 Central。

- Broadcaster：发送广播数据，但不能连接。
- Observer：接收广播数据，但不能连接。
- Peripheral：发送广播数据，且可以连接。
- Central：接收广播数据，且可以连接。

4 个角色的定义主要是对 Physical Layer 和 Link Layer 功能的抽象。不同角色的完整功能支持列表在 GAP 部分的 2. 2. 2 节有完整描述，这里截取一段进行说明。如图 39-3 所示，图中的“M”表示“mandatory”（必须支持），“O”表示“optional”（可选支持），“E”表示“excluded”（排除支持）。

		GAP Roles When Operating Over an LE Physical Transport			
		Broadcaster	Observer	Peripheral	Central
Physicall ayer functionality:					
• Transmitter characteristics		M	O	M	M
• Receiver characteristics		O	M	M	M
Link Layer functionality:					
States:					
• Standby state		M	M	M	M
• Advertising state		M	E	M	E
• Scanning state		E	M	E	M
• Initiating state		E	E	E	M
• Synchronization State		E	O	E	E
• Isochronous Broadcasting State		O	E	E	E
• Connection state	Slave role	E	E	M	E
	Master role	E	E	E	M

图 39-3　不同 GAP 角色的功能描述

从 PHY 看，Broadcaster 发送广播数据，所以必须要有传输（transmit）能力；而是否要有接收（receive）能力来接收对方的 SCAN_REQ 是可选的。相反，Observer 必须要有接收能力以接收广播数据，而是否要有传输能力以发送 SCAN_REQ 是可选的。对于 Peripheral 和 Central，双方都要有连接的能力，意味着相互都要发送和接收数据包，所以传输和接收能力都是必需的。

从 LL 状态看，Standby 是基本状态，显然所有设备都必须支持。Broadcaster 和 Peripheral 需要支持 Advertising 状态。Observer 和 Peripheral 需要支持 Scanning 状态。Initiating 状态只有 Central 设备支持，也就是说只有 Central 设备有发起连接的能力。Broadcaster 和 Observer 不允许进入 Connection 状态，而 Peripheral 和 Central 进入 Connection 状态后分别对应 LL 的 Slave 和 Master。

这些是一些功能的抽象定义，相信大家经过之前的学习后很容易理解。在实际使用场景中，由于 Peripheral 包含了 Broadcaster 的大部分功能，且 Central 包含了 Observer 的大部分功能，所以人们很少使用 Broadcaster 和 Observer 这两个角色，基本只使用 Peripheral 和 Central。

当然，一个设备也可以同时支持多个角色。比如一个设备既支持 slave 又支持 master，那么它既是 Peripheral 也是 Central。

39.2 设备地址（Device Address）与设备名称（Device Name）

GAP 规定蓝牙设备必须有设备地址（Device Address）和设备名称（Device Name）。

设备地址的定义和分类之前已经在 LL 部分讲解过了。

设备名称在讲解广播数据包格式的时候也提过，就是一个 0 ~ 248 字节的 UTF-8 字符串。它可以添加在广播数据包中，如果太长、放不下，还可以用“Shortened Local Name”。在 GAP 中，设备名称表现为一个 Characteristic，也就是说，GAP 是一个 Profile，它有自己的 Characteristic，而设备名称就是其中之一，UUID 为 0x2A00，可以读取，甚至可以选择能被改写。

39.3 广播数据包格式

广播数据包的格式在 Advertising PDU 部分已经讲解过了，它由多个 AD Structure 组成，每个 AD Structure 由 Length、AD Type 和 AD Data 组成。

39.4 发现模式与程序（Discovery Modes and Procedures）

广播设备可以在 AD Type 为 Flags 的 AD Data 中设置自己被发现的模式，即发现模式。

发现模式有 3 种。

1）Non-discoverable Mode：并不是表示广播设备无法被扫描到，而是表示广播设备被扫描到以后，不会上报到用户层。通常不会用到这种模式。

2）Limited Discoverable Mode：只广播有限的时间。

3）General Discoverable Mode：一直广播。

对应地，扫描设备有 2 种发现程序。

1）Limited Discovery Procedure：只把使用 Limited Discoverable Mode 广播设备的数据上报到用户层。

2）General Discovery Procedure：把 Limited Discoverable Mode 和 General Discoverable Mode 广播设备的数据都上报到用户层。

39.5 安全模式（Security Mode）

对于 SM，GAP 抽象出了 3 种 LE 安全模式。

- LE 安全模式 1：用于 Paring with Encryption，是一种常用模式。
- LE 安全模式 2：用于 Paring with Data Signing。
- LE 安全模式 3：用于 LE Audio 广播。

每种模式下面还有不同的级别（level），详见 GAP 部分 10.2 节，具体就不讲解了。

第 40 章　BLE 编程实例

本章将在本书配套的学习板上进行编程，完成学习板与手机的 BLE 双向通信。

40.1　设备系统架构

很多产品都带有 BLE 功能，但系统架构却各不相同，如图 40-1。

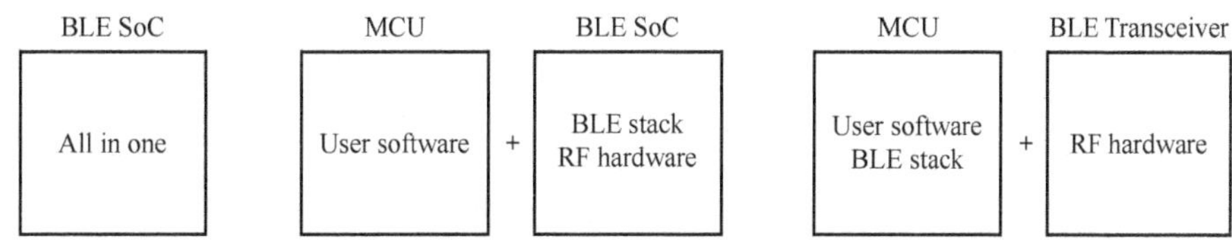

图 40-1　不同的 BLE 系统架构

目前常见的 BLE 芯片大多是 MCU ＋ BLE 一体的 SoC。这种芯片的优势是，所有的功能都用一颗芯片实现，占用的 PCB 面积小，适合体积敏感的产品。

但是在这个“把所有带电产品都连上手机”的时代，很多产品本身都有 MCU 以及成熟的代码，它们需要的只是增加 BLE 功能，仅仅为此而把产品原本成熟的 MCU 替换为 BLE SoC，有时候是非常不合适的，因为全新的芯片意味着全新的硬件和软件，产品开发和测试全部都要推倒重来。因此，很多产品会选择在原本 MCU 的基础上外加一个 BLE 模块，以简化硬件和软件的变更程度，从而缩短产品的研发周期。

但是常见 BLE 模块的核心其实就是一颗 BLE SoC。仅仅使用 BLE 功能对于一颗 BLE SoC 来说是十分浪费的，因为 SoC 里的大量外设和存储全都被闲置了。

本节选用的 BLE 芯片——上海巨微集成电路有限公司的 MG126，就是专门针对这种情况而设计的。MG126 不是一颗 BLE SoC，它只是一颗 BLE Transceiver（收发器），没有多余的外设和存储。为了节省用户产品的硬件成本，甚至 BLE 协议栈的软件代码都不在该芯片上运行，而是打包成库放到用户的主要 MCU 中，利用的是用户 MCU 中的剩余存储空间。即使没有剩余，只要升级一下 MCU 型号增加存储空间就可以了，通常不需要做任何硬件和软件的改动。这样做的最大好处就是可以降低成本。

这里要提一下 MG126 的协议栈库，它目前的蓝牙版本是 4.1。经过之前的学习，大家应该知道，SIG 已经不再认证 4.2 以下版本的新产品。如果制作大规模商业化产品，就需要更换 4.2 及以上版本的协议栈。而本书选择 MG126 进行讲解，是因为 4.1 的 BLE 功能较少，不像 4.2 版本和 5.0＋版本那样增加了很多功能，适合初学者学习和理解。

40.2 硬件

使用 MG126 时对 AT32F407 的硬件要求如图 40-2 所示。

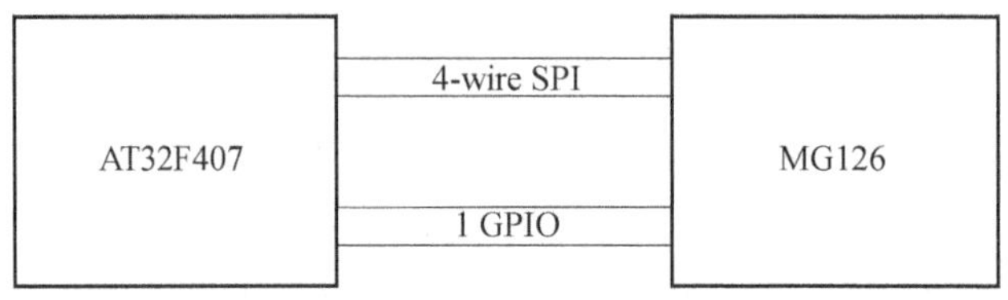

图 40-2　学习板上 BLE 的硬件连接框图

- 系统主时钟至少 48MHz。
- Flash 至少 16KB，SRAM 4KB。
- 1 路 SPI 总线，时钟 6～10MHz。
- 1 路 GPIO，支持中断输入。

40.3 软件

在 AT32F407 上使用 MG126 的软件文件都在文件夹“BLE”中，用户主要使用以下文件。

- main. c：主入口，BLE 初始化。
- app. c：用户应用程序。
- mg_api. h：用户 API。

40.4 准备工作

40.4.1 安装 App

本例程的目标是让学习板作为 BLE 从机与手机 App 进行通信，所以先安装一下手机 App。

由于 BLE 协议的统一标准化，已经有不少可以作为测试工具使用的通用 BLE 测试 App，笔者推荐 Nordic 制作的 nRF Connect。比较常用的还有 LightBlue。这两款 App 在苹果和谷歌的应用商店都能下载。本例程使用 nRF Connect。

40.4.2 PC 串口打印工具

例程代码中使用 UART 打印一些日志，便于大家理解 BLE 相关代码的工作流程和调试过程。经过之前核心篇的学习，大家应该已经知道如何使用 PC 串口工具了。

40.4.3 嗅探器（Sniffer）

Sniffer 是无线产品研发和测试过程中非常重要的工具（如果没有 Sniffer，也不影响后续的编程）。

有经验的工程师都知道，当出现问题的时候，第一步就是要定位问题到底发生在哪里。特别是当涉及双方通信的时候，定位出哪一方出了问题尤为重要，因为在没有出错的一方找问题是永远找不到的。比如，是发送方没有发送数据，或者发送了错误的数据，还是接收方没有收到数据，或者收到以后错误地解析了数据？

对于有线通信，比如 UART、SPI 等，可以把通信线直接接到示波器、逻辑分析仪等工具上，就能看到实际的波形和数据，进而判断是哪一方有问题。但是对于无线通信，它的通信载体是无线电磁波，没有实体线缆，于是就需要 Sniffer 来抓取空气中的无线信号。

蓝牙 Sniffer 的基本原理很简单，即把符合蓝牙协议栈 PHY 要求的 2.4GHz 频段无线数据都接收进来，再根据蓝牙协议栈对数据进行解读，如果解读出来符合蓝牙协议栈的要求，那么它就是蓝牙数据，最后通过配套的 PC 软件把数据详情显示给用户。数据有没有发送？发送的数据值对不对？谁没有按照协议栈的流程要求进行发送和回复？这些都一目了然。

同时，对于不熟悉协议栈的初学者来说，Sniffer 也是很好的学习工具。Sniffer 把看不见、摸不着的无线信号按照蓝牙协议栈规则解析出来，能够完整地展示蓝牙的通信流程，让用户更直观地看到双方你来我往的“交流”过程。

BLE Sniffer 的价格根据性能的不同从几十元到几十万元都有。几十元到几百元区间的产品比较常见的是用 TI 或者 Nordic 的 SoC 做的 USB Dongle；几万元到几十万元的都是比较专业的仪器公司做的，常见的公司有 Teledyne LeCroy Frontline 和 Ellisys。这些产品具体有哪些区别，大家若有兴趣可以自己去咨询和比较，这里就不讨论了。

本书使用的是 Teledyne LeCroy Frontline 的 BPA Low Energy，这是一款性价比较好的产品。不过这款老产品不支持解析 5.0 及以上版本蓝牙的新功能。大家选择购买 Sniffer 的时候，要注意产品支持协议栈里的哪些功能，特别是 5.0 以后的新功能：支不支持 LE 2Mbit/s PHY？支不支持 LE Coded PHY？如果要开发 LE Audio 产品，也要看 Sniffer 支不支持 LE Audio 解析功能。

BPA Low Energy 配套的软件是免费的，只要在官网提供一些信息就可以下载了。打开这个软件，会识别到已经插入 USB 的 Sniffer 硬件，如图 40-3 所示。单击“Run”按钮选择该设备，进入子页面，如图 40-4 所示。

这款 Sniffer 能追踪所有设备在广播通道的数据，但是只能同时追踪一个设备在连接链路上的数据，所以就有“LE Device”这个选项。它通常默认选择“Sync with First Master”，也就是在 Sniffer 工作期间自动追踪周围设备 LL 状态的变化，且变成 Master 的第一个设备。但是如果周围有其他 BLE 设备正在发起连接操作，可能会让 Sniffer 去追踪其他设备，而不是我们自己的设备。这时可以在“LE Device”栏里直接输入自己设备的 Device Address，然后根据设备属性选择“Advertiser”或者“Initiator”，Sniffer 就会只追踪这个设备的连接链路数据，而不会追踪其他设备的连接数据。

单击左上角的红点，Sniffer 就正式开始抓包了。在主程序窗口的“View”菜单里选择“Frame Display”，如图 40-5 所示，就会显示“Frame Display”窗口。

在这个窗口里可以显示很多不同作用的数据，笔者的习惯将是“Show Radix Panel”用于显示数据包的原始数据，“Show Decode Panel”用于解析数据的实际意义。

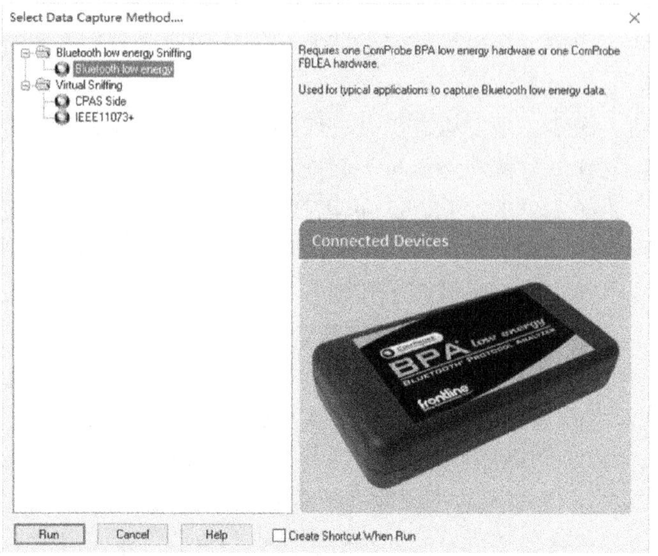

图 40-3　Sniffer 软件界面

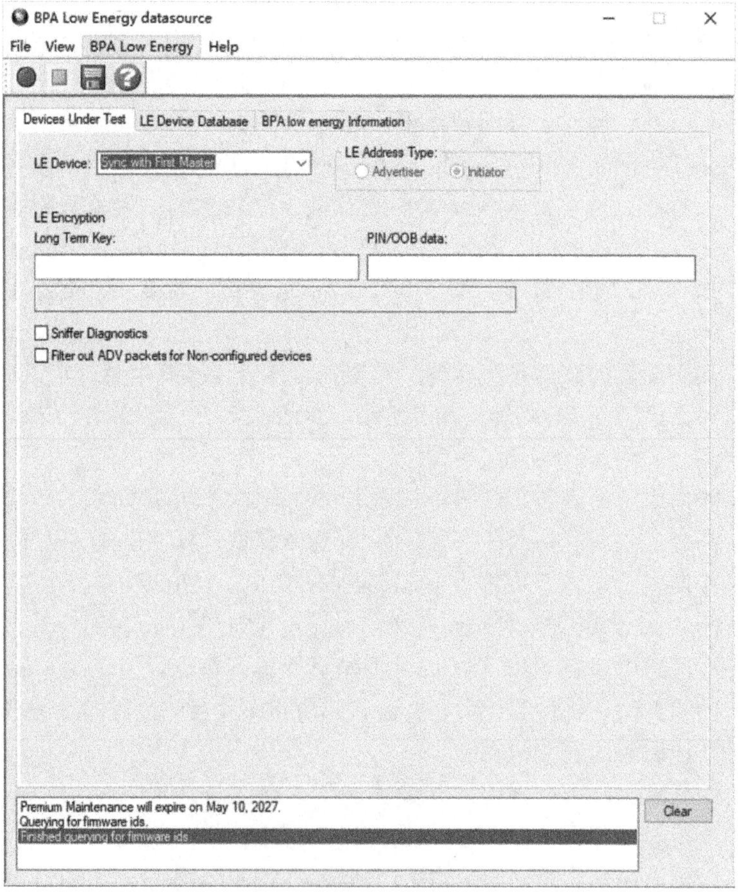

图 40-4　Sniffer 软件配置例子

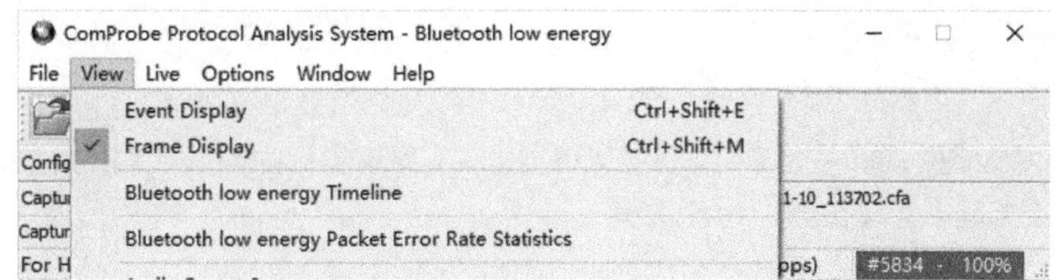

图 40-5　Sniffer 软件选择显示方式的例子

如图 40-6 所示，主窗口内会按照时间顺序显示 Sniffer 抓取的数据包，可以使用“Frame”按照顺序编号。数据上方的“LE BB”、“LE PKT”和“LE ADV”指的是从不同协议角度去解析抓取的数据包。下面用实际抓取到的第一个数据包来举例。

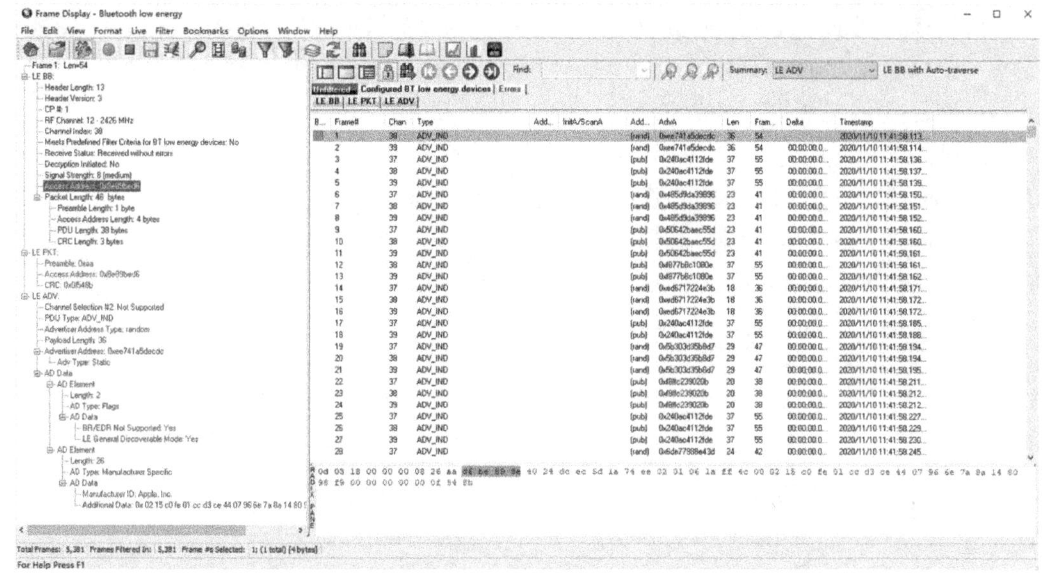

图 40-6　Sniffer 软件抓包后显示内容的例子

在“LE BB”选项卡下能看到这个数据包是在 RF Channel 12（2426MHz，也就是广播频道 38 发送的），CRC 校验是否成功，以及整个空中数据包的长度是 46 字节等基本信息。

在“LE PKT”选项卡中，CRC 校验不成功的 Frame 被省去不显示了，同时对 CRC 校验成功的数据包做了基本的 LL 层面解析，包括 Preamble、Access Address 和 CRC。可以看到，这个数据包的 Preamble 是 0xaa，Access Address 是 0x8e89bed6，进一步说明了这是在广播频道发送的数据包。在“Radix Panel”显示的原始数据中可以看到对应的“aa d6 be 89 8e”。注意，在 Preamble“aa”之前的数据并不是实际的空中数据，而是 Sniffer 软件补出来的一些数据包基本数据。

在“LE ADV”选项卡中，所有在广播频道发送的数据包都被筛选了出来。可以看到这个数据包的类型 ADV_IND，发送设备的 Device Address 及其类型 Random Static。同时，AD Data 也按照 AD Structure 被一个字节一个字节地解析出来。

40.5 编程实例

下面开始编程，基于资料包 ble_test 中的 BLE 工程逐步添加功能代码。完整的代码在 BLE_TRANS 工程中。现在打开 BLE 工程。

40.5.1 初始化

首先打开“main. c”文件，从主函数 main( )开始看起。最开始的部分是初始化。

- UART_Print_Init(115200)：串口打印初始化，波特率 115200。
- BSP_Init( )：初始化学习板及 BLE 相关硬件配置。SPI 总线时钟 6MHz。设置 GPIO 中断输入。
    - ➢ SysTick_Config(SystemCoreClock / 1000)：例程中的主频 SystemCoreClock 为 48MHz，所以除以 1000 以后表示设置系统 Tick 为 1ms，每 1ms 都会触发一次中断，进入中断函数 SysTick_Handler( )。
    - ➢ ble_nMsRoutine( )：在 SysTick_Handler( )内有 ble_nMsRoutine( )。它的作用就是每 1ms 调度一次 BLE 任务，有些类似于操作系统调度任务。
- get_ble_version( )：获取 BLE 模块固件的版本（不是蓝牙协议栈版本）。
- SetBleIntRunningMode( );radio_initBle(TXPWR_0DBM, &ble_mac_addr):初始化 BLE，输出功率 0dBm,获取 BLE Device Address。

40.5.2 广播

（1）ble_set_adv_data(advData, sizeof(advData))

设置广播数据。广播默认使用 ADV_IND，这里的广播数据就是 ADV_IND 的 AdvData。函数中 advData 的定义处如下。

```
static u8 advData[] =
{
    0x02, //Length
    0x01, //Flags
    0x06//BR/EDR Not Supported, LE General Discoverable Mode
};
```

advData 是“02 01 06”。这里再复习一遍 AdvData 的结构，顺便补充一下代码注释，加深印象。AdvData 由若干个 AD Structure 组成，这里只有一个 AD Structure。第一个字节 0x02 表示这个 AD Structure 后续还有两个字节，0x01 表示 AD Type 为 Flags，0x06 表示 BR/EDR Not Supported 和 LE General Discoverable Mode。

（2）ble_run_interrupt_start(32)

BLE 开始运行。默认广播自动开始。

```
ble_run_interrupt_start (32); //32* 0.625 =20ms
```

参数 32 是广播时间间隔 advInterval，单位是 625μs，乘以 32，等于 20ms，这是 ADV_

IND 的最小间隔。

（3）App 内查看广播设备

编译一下程序，下载到板子里，并运行。首先查看串口日志，确认程序已正常运行，如图 40-7 所示。

```
BSP init
BLE firmware version MG_BLE_LIB_V5.3
BLE init
BLE device address ED:67:17:22:4E:3B
BLE run
Advertising start.
```

图 40-7　串口日志：初始化成功并开始广播

然后打开 nRF Connect。App 打开后默认在 Scanner 选项卡，这时候可以看到 App 发现了一些周围的 BLE 设备。在这个页面下拉可以刷新设备列表和信息。

如何在众多设备列表中找到我们的设备呢？可以利用 App 中的过滤（filter）功能。nRF Connect 的过滤功能中有很多选项，最基本的就是 RSSI 过滤。把 RSSI 过滤设置到 -50dBm，设备列表一下子就减少了，甚至没有了。然后把手机靠近学习板 BLE 模块的天线处，就能看到名称为“AT32F407 - BLE”的设备。

在 Android 设备上能够看到 BLE 设备的 Device Address，大家可以和串口日志内的 Device Address 对比一下。iOS 设备中是看不到的，因为苹果出于隐私考虑，没有把 BLE 设备的 Device Address 开放给用户应用层。

（4）更改广播间隔

在单击“connect”按钮进行连接之前，先看看广播相关的信息。在不断跳动的 RSSI 数值旁边，还有一个大于 20ms 的时间值，这是平均广播间隔。代码中设置的广播间隔是 20ms，为什么 App 读到的广播间隔会大于 20ms 呢？别忘了 ADV_IND 除了 advInterval 以外，还有 0～10ms 随机的 advDelay，所以实际的广播间隔应该是在 20～30ms 之间。

把广播间隔从 32 改成 320，也就是 200ms（记得注释也改一下）。

```
ble_run_interrupt_start (320); //320* 0.625 =200ms
```

然后再运行一下，App 下拉刷新。可以看到，广播间隔变成了 200ms 以上，说明修改成功了。

（5）更改广播数据

接下来看一下广播数据。iOS 对于应用层只开放了部分广播数据，比如设备名称等，而 Android 则开放了完整的 RAW 数据。

在 App 上单击设备（不要单击“connect”按钮），会弹出更多广播数据，如图 40-8 所示。以 Android 为例，可以看到设备是“LE only”，即 BLE 单模，所使用的 ADV_IND 属于 Legacy Advertising，Flags 与 advData“02 01 06”相符。下面还有一个“Complete Local Name”，但是代码的广播数据只设置了“02 01 06”，并没有添加 Complete Local Name，这是为什么呢？

单击“RAW”进一步查看，如图 40-9 所示。可以看到，除了“02 01 06”以外，后面还有一个类型为 0x09，也就是 Complete Local Name 的 AD Structure，其值就是“AT32F407-BLE”。

这是哪里来的呢？看一下 Sniffer 数据。切换到“LE ADV”选项卡，单击“AdvA”对 Device Address 进行排序，然后找到我们的设备地址 0xed6717224e3b。可以看到，学习板不仅发送了 ADV_IND，还在收到 SCAN_REQ 后发送了 SCAN_RSP。查看 ADV_IND，里确实只有“02 01 06”。查看 SCAN_RSP，就能发现 Complete Local Name “AT32F407-BLE” 了，如图 40-10 所示。

图 40-8　App 搜索到的设备

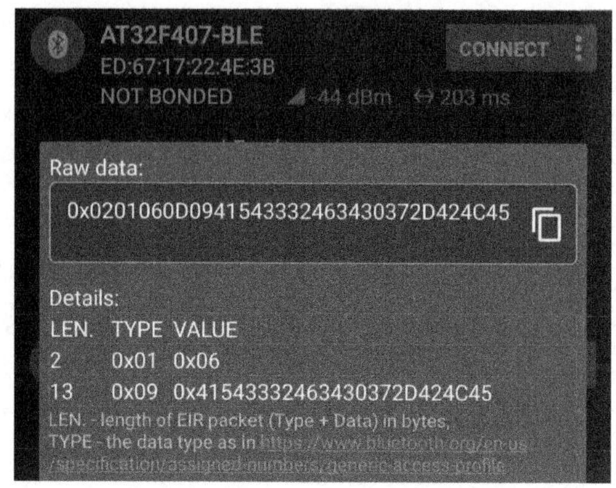

图 40-9　App 中看到的广播数据

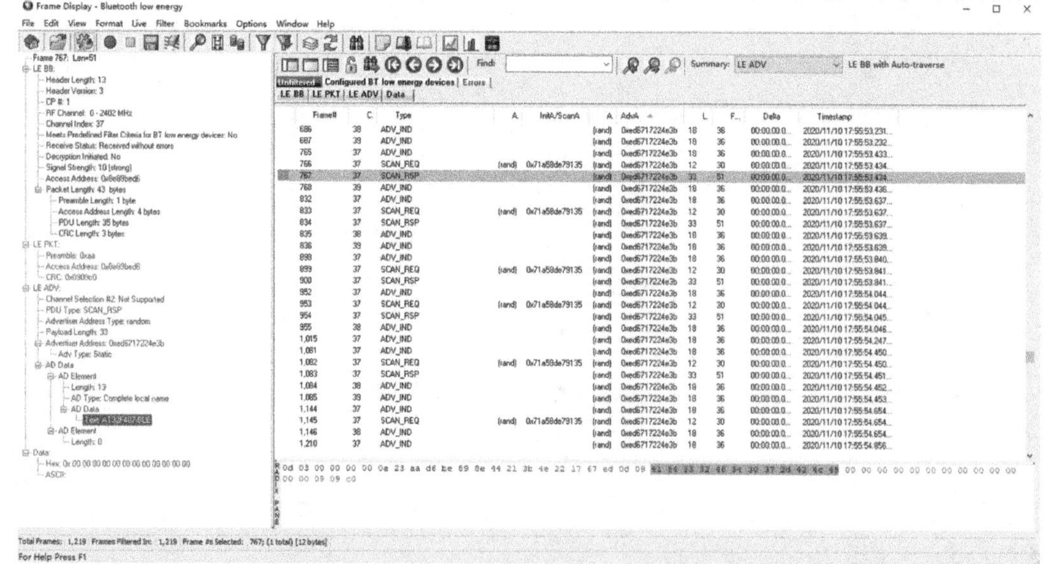

图 40-10　在 Sniffer 抓到的数据中寻找 SCAN_RSP

这个回复 SCAN_RSP 的功能是学习板的 BLE 软件库里自动实现的，SCAN_RSP 后半部分还补了一些没用的 0，可能是软件有些小问题，但是不影响数据的解析。

手机 App 会把收到的 ADV_IND 和 SCAN_RSP 里的数据合并在一起显示。

那如何修改名称呢？使用〈Ctrl + Shift + F〉键在 Keil 中全局搜索“AT32F407-BLE”，在“app. c”中可以找到变量 DeviceInfo。把它改为 7 个字节的“My Name”，然后再运行一下代码。刷新一下 App 扫描，可以看到广播名称已经变成了“My Name”。看一下 Sniffer，SCAN_RSP 里也变成了“My Name”。

```
char DeviceInfo [7] = " My Name";
```

SCAN_RSP 回复设备名称的功能是自动完成的，但是如果不想要这个功能怎么办？经过之前的学习大家知道，ADV_IND 是 Scannable Advertising Event，如果扫描方发送 SCAN_REQ，那么就必须回复 SCAN_RSP。所以不发送 SCAN_RSP 是不可以的。但是可以更改 SCAN_RSP 的数据。在 ble_run_interrupt_start()之前添加 ble_set_adv_rsp_data()，手动设置 scanRspData，数据指针为 NULL，长度为 0，这样就不会把 Complete Local Name 发送出去了。运行一下代码，再刷新一下 App 扫描，可以看到设备名称变成了“N/A”，也就是没有设备名称了。看一下 Sniffer，SCAN_REQ 依然回复了，但是里面没有数据。

```
//set advData
ble_set_adv_data (advData, sizeof (advData));

//set scanRspData
ble_set_adv_rsp_data (NULL, 0);

//BLE run
ble_run_interrupt_start (320); //320* 0.625 =200ms
```

除此之外，当然也可以把 Complete Local Name 手动放到 SCAN_REQ 里面。在主函数里添加一些变量，ble_name 用于存储 Device Name，scanRspData 和 scanRspLen 用于存储 SCAN_RSP 的数据和长度。

```
u8 * ble_name;
u8 * scanRspData;
u8 scanRspLen;
```

把原来的 ble_set_adv_rsp_data()去掉，添加以下代码。

```
//set scanRspData
ble_name = getDeviceInfoData (&scanRspLen);
scanRspLen + = 2; //+1 byte AD Length, +1 byte AD Type
if (scanRspLen > 31)
{
    printf (" ERROR: scan response data length % d\n", scanRspLen);
    return 0;
}
scanRspData = malloc (scanRspLen);
if (scanRspData = = 0)
{
    printf (" NO MEMORY: scanRspData \n");
    return 0;
}
scanRspData [0] = scanRspLen - 1; //AD Length
scanRspData [1] = 0x09; //AD Type: Complete Local Name
memcpy (scanRspData + 2, ble_name, scanRspLen - 2);
ble_set_adv_rsp_data (scanRspData, scanRspLen);
free (scanRspData);
```

首先用 getDeviceInfoData()函数获取 Device Name 的数据指针，赋予 ble_name；同时获取 Device Name 的长度，暂时存在 scanRspLen 里。但是 SCAN_RSP 的长度除了实际的名称以外，前面还有两个字节的 AD Length 和 AD Type，所以把 scanRspLen 加 2。由于协议栈规定 SCAN_RSP 的数据长度不能超过 31 个字节，为了以防万一，先做一个 if（scanRspLen > 31）

的判断。知道了 scanRspLen 的长度后，用 malloc()函数给 scanRspData 分配空间。使用 malloc()的时候要保持好习惯，后面紧跟是否为 0 的判断和 free()函数。scanRspData[0] 为 AD Length，也就是 scanRspLen - 1。scanRspData[1] 为 AD Type，即 Complete Local Name，也就是 0x09。然后用 memcpy()函数把 ble_name 复制到 scanRspData[2] 及后面的位置，长度为 scanRspLen - 2。最后调用 ble_set_adv_rsp_data()设置就可以了。

添加完以后，再运行一下代码，刷新一下 App 扫描，可以看到设备名称又变回了“My Name”。看一下 Sniffer，SCAN_RSP 里又有了“My Name”。

（6）手动控制广播开关

如果不想在 ble_run_interrupt_start()后自动开始广播，可以在此之前添加 ble_set_adv_enableFlag(0)来禁止广播启动。运行一下代码，刷新几次 App 扫描，发现找不到“My Name”，说明已经把广播关闭了。

```
//Disable advertising
ble_set_adv_enableFlag (0);

//BLE run
ble_run_interrupt_start (320); //320* 0.625 =200ms
```

同样，也可以通过代码随时启动广播，只要添加 ble_set_adv_enableFlag(1)就可以了。再运行一下代码，刷新一下 App 扫描，又能发现“My Name”了，说明广播已经打开。

```
//Disable advertising
ble_set_adv_enableFlag (0);

//BLE run
ble_run_interrupt_start (320); //320* 0.625 =200ms
printf (" BLE run \n");

//Enable advertising
ble_set_adv_enableFlag (1);
printf (" Advertising start. \n");
```

40.5.3 连接

```
Advertising stop.
Connected.
Disconnected.
Advertising start.
```

图 40-11 串口日志：学习板与 App 完成连接、断开连接，然后开始广播

（1）手机发起连接和断开连接

单击手机 App 上的“Connect”按钮进行连接。可以看到 App 跳转到了设备子页面，同时串口日志显示“Advertising stop.”和“Connected.”，如图 40-11 所示，表明板子已经和 App 完成连接，同时广播自动停止。

然后在右上角单击“Disconnect”按钮，App 就会和板子断开连接，同时串口日志显示“Disconnected.”和“Advertising start.”，表示板子已经和 App 断开连接，广播自动重新开始。

串口日志的正常打印说明板子成功接收到了 App 的“Connect”和“Disconnect”指令。代码中，收到指令并打印日志的地方在“app.c”中的函数 ConnectStausUpdate()里。每当连接状态发生变化时，这个函数就会被调用一次，状态值在参数 IsConnectedFlag 中。同时定义

一个全局变量 gConnectedFlag 来保存 IsConnectedFlag 的值，方便其他函数了解蓝牙的连接状态。还定义了函数 GetConnectedStatus( ) 来读取 IsConnectedFlag 的值，因为库里的其他文件也要获取 IsConnectedFlag 的值。

（2）Sniffer 解读

整个过程可以在 Sniffer 抓到的数据中解读。首先还是在“LE ADV”选项卡中用 AdvA 排序后找到设备地址。在这些广播数据包里面可以看到有一包 CONNECT_IND，这就是在 App 上单击“Connect”按钮以后手机发出的连接请求。CONNECT_IND 内的数据在“Decode Panel”里有具体的解析，如图 40-12 所示，相信经过之前的学习，大家已经能理解具体的意义。

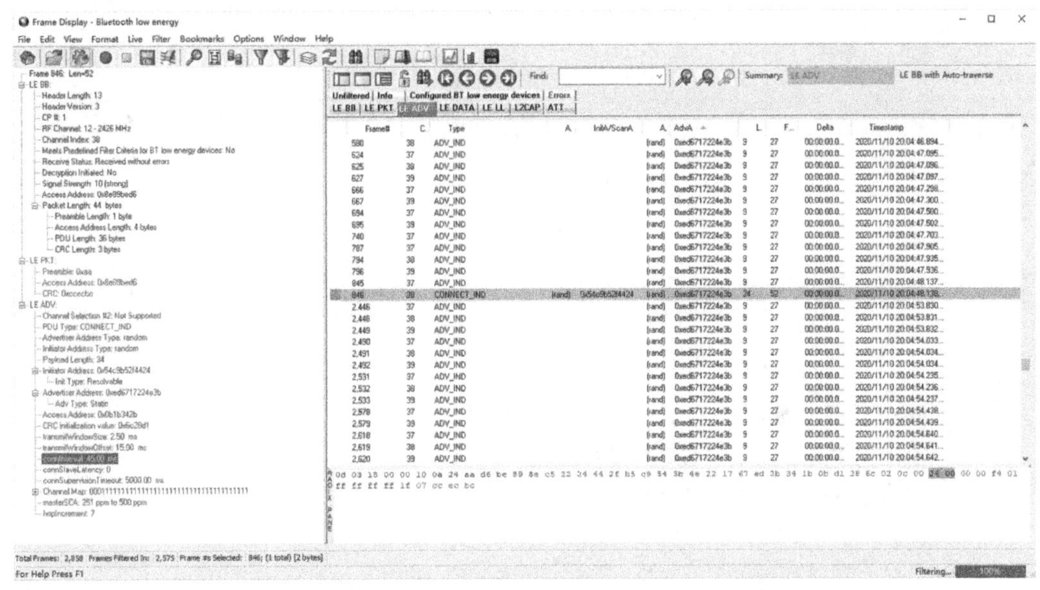

图 40-12　Sniffer 中的 CONNECT_IND 解析

一旦建立连接，主界面的选项卡就会多出“LE DATA”、“LE LL”、“L2CAP”和“ATT”。这里先看“LE DATA”和“LE LL”，“L2CAP”和“ATT”后面再讲解。

“LE DATA”筛选出的是所有在连接链路上的数据包。可以看到，在同一次连接中所有数据包的 Access Address 是相同的。Side 为 1 表示 Master 发送，2 表示 Slave 发送。Event Counter 就是连接事件的计数，每次递增以后，第一包数据一定是 Master 发出的。LLID 有多种可能：Control 表示 LLID 值为 0b11 的 LL Control PDU，后面的“Control Pkt”栏里有对应的数据包名称；Empty 表示 LLID 值为 0b01 的 LL Data PDU 空包；Start 表示 LLID 值为 0b10 的起始包。

如图 40-13 所示，“LE LL”筛选出的是所有 LL Control PDU。一开始双方进行了 LL Feature 和 LL Version 的交换。LL Feature 里面有很多参数，表示设备支持哪些功能，这里就不一一解读了，有兴趣可以查看核心规格书进行。LL_VERSION_IND 可以用于了解 BLE 芯片的厂家和协议栈版本。可以看到，笔者连接手机的 BLE 是高通（Qualcomm）的，协议栈版本为 5.0，而学习板的 BLE 是巨微（Macrogiga Electronics）的，协议栈版本为 4.1。Sub Version 是厂家自己定义的产品版本号。之后 Master 发起了 LL_CONNECTION_UPDATE_IND，调整了连接链路的连接参数。最后 Master 发起了 LL_TERMINATE_IND 以断开连接，这就是通过在 App 上单击“Disconnect”按钮发起的。

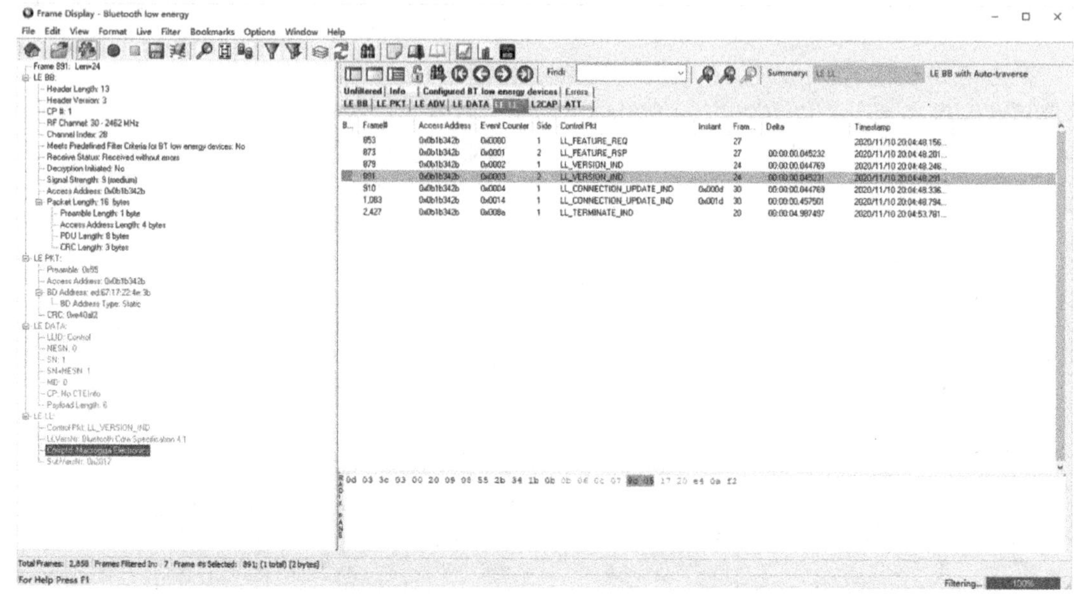

图 40-13 Sniffer 中 LL_VERSION_IND 解析

（3）获取对方蓝牙地址

回到代码。连接完成后，可以使用 GetMasterDeviceMac( ) 函数来获取手机的 Device Address 以及 Address Type。添加以下代码。

```
void ConnectStausUpdate (unsigned char IsConnectedFlag)
{
    u8 * peer_addr;
    u8 peer_addr_type;

    if (gConnectedFlag ! = IsConnectedFlag)
     {
        gConnectedFlag = IsConnectedFlag;

        if (gConnectedFlag)
         {
            printf (" Advertising stop. \n");
            printf (" Connected. \n");

        peer_addr = GetMasterDeviceMac (&peer_addr_type);
        if (peer_addr_type = = 0)
            printf (" Peer address type: Public \n");
        else
            printf (" Peer address type: Random \n");
        printf (" Peer address: % 02X:% 02X:% 02X:% 02X:% 02X:% 02X \n",
                peer_addr [5], peer_addr [4], peer_addr [3],
                peer_addr [2], peer_addr [1], peer_addr [0]);
```

```
        }
        else
         {
            printf (" Disconnected. \n");
            printf (" Advertising start. \n");
         }
    }
}
```

然后运行一下代码，用 App 连接学习板，就能从日志中看到手机的 Device Address 和 Address Type 了，如图 40-14 所示。

```
Advertising start.
Advertising stop.
Connected.
Peer address type: Random
Peer address: 4C:22:C2:5D:67:16
```

图 40-14　串口日志：学习板输出设备的蓝牙地址

40.5.4　Profile

（1）App 显示

连接完成以后，App 会显示从板子读取到的 Profile 结构，如图 40-15 所示。iOS 版的 nRF Connect 连接以后显示的是广播数据页面，需要左滑一下到第二页才显示 Profile 结构。

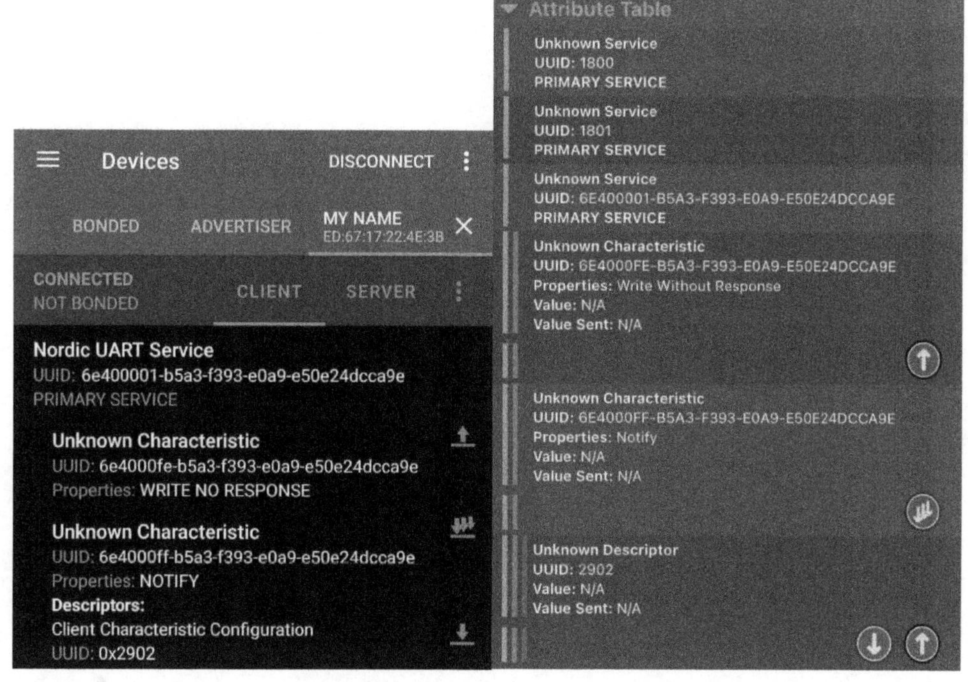

图 40-15　App 获取的学习板 Profile 结构

Android 版本上显示的是 Nordic UART Service，因为这里的 Profile 借用的是 Nordic UART Service 的 UUID：6E400001 - B5A3 - F393 - E0A9 - E50E24DCCA9E。而 iOS 版本上显示的是 Unknown Service，而且把默认的 1800 GAP 和 1801 GATT 也显示在了同一页。

这个 service 下面有 2 个 Characteristic。第 1 个 UUID 开头为 6E400002，Properties 为 Write No Response。第 2 个 UUID 开头为 6E400003，Properties 为 Notify。因为是 Notify，所以下面还要增加一个 UUID 为 2902 的 Client Characteristic Configuration Descriptor（CCCD）用于手机控制 Notify 的开关。

（2）代码解读

大家知道这些信息都是以 Attribute 的形式保存和定义的。这个 Profile 结构有 6 个 Attribute，分别用 Handle 值 0x0001 ~ 0x0006 表示，如图 40-16 所示。

```
/*********************************************************************************
        *****DataBase****
0x0001  Primary Service         6E400001-B5A3-F393-E0A9-E50E24DCCA9E
0x0002  Characteristic          6E400002-B5A3-F393-E0A9-E50E24DCCA9E
0x0003  Characteristic Value    Write Without Response
0x0004  Characteristic          6E400003-B5A3-F393-E0A9-E50E24DCCA9E
0x0005  Characteristic Value    Notify
0x0006  CCCD
*********************************************************************************/
```

图 40-16　代码注释：Profile Attribute 结构

- 0x0001 是 Service 的声明。
- 0x0002 是第 1 个 Characteristic 的声明，Properties 是 Write Without Response。
- 0x0003 是第 1 个 Characteristic 的值。
- 0x0004 是第 2 个 Characteristic 的声明，Properties 是 notify。
- 0x0005 是第 2 个 Characteristic 的值。
- 0x0006 是第 2 个 Characteristic 的 CCCD。

这就是一个基本的 Profile 结构。接着来看看代码上是怎么实现的。

如图 40-17 所示，常量数组 AttUuid128List[ ] 保存了 Service 和 2 个 Characteristic 的 UUID 值。

```
const BLE_UUID128 AttUuid128List[] =
{
    //idx0,little endian, Service UUID
    {0x9e, 0xca, 0xdc, 0x24, 0x0e, 0xe5, 0xa9, 0xe0,
     0x93, 0xf3, 0xa3, 0xb5, 0x01, 0x00, 0x40, 0x6e},
    
    //idx1,little endian, Char WWR UUID
    {0x9e, 0xca, 0xdc, 0x24, 0x0e, 0xe5, 0xa9, 0xe0,
     0x93, 0xf3, 0xa3, 0xb5, 0xfe, 0x00, 0x40, 0x6e},
    
    //idx2,little endian, Char NTF UUID
    {0x9e, 0xca, 0xdc, 0x24, 0x0e, 0xe5, 0xa9, 0xe0,
     0x93, 0xf3, 0xa3, 0xb5, 0xff, 0x00, 0x40, 0x6e},
};
```

图 40-17　UUID 的实现

如图 40-18 所示，在 att_server_rdByGrType( ) 函数内使用 att_server_rdByGrTypeRspPrimaryService()函数来注册 Service。其参数中，0x0001 是第一个 Handle 值，0x0006 是最后一个 Handle 值，然后是 AttUuid128List[] 里的 Service UUID，以及 UUID 长度 16。16 指的不是 16 位 UUID，而是 16 个字节（128 位）UUID。

```
void att_server_rdByGrType(u8 pdu_type, u8 attOpcode, u16 st_hd, u16 end_hd, u16 att_type)
{
    if((att_type == GATT_PRIMARY_SERVICE_UUID) && (st_hd <= 0x0001))
    {
        att_server_rdByGrTypeRspPrimaryService(
                pdu_type, 0x0001, 0x0006, (u8*)(AttUuid128List[0].uuid128), 16/* bytes */);
        return;
    }

    //other service added here if any
    //to do....

    ///error handle
    att_notFd(pdu_type, attOpcode, st_hd);
}
```

图 40-18　注册 Service 的实现

Characteristic 的定义在常量 AttCharList[] 里，如图 40-19 所示。

```
const BLE_CHAR AttCharList[] =
{
    {TYPE_CHAR, 0x0002, {ATT_CHAR_PROP_W_NORSP, 0x03, 0x00, 0, 0}, 1/*uuid128-idx1*/ },
    {TYPE_CHAR, 0x0004, {ATT_CHAR_PROP_NTF,     0x05, 0x00, 0, 0}, 2/*uuid128-idx2*/ },
    {TYPE_CFG,  0x0006, {ATT_CHAR_PROP_W | ATT_CHAR_PROP_RD}},//CCCD
};
```

图 40-19　Characteristics 的实现

第 1 行表示第 1 个 Characteristic 以及它的值。TYPE_CHAR 就是 UUID 0x2803，表示声明 Characteristic。0x0002 就是 Handle 值。ATT_CHAR_PROP_W_NORSP 表示 Properties 是 Write Without Response。0x03 和 0x00 表示 Characteristic Value 的 Handle 值为 0x0003。Characteristic Value 使用的是 128 位 UUID，所以这里补两个 0，后面的 1 表示 AttUuid128List[1] 里的 128 位 UUID。

第 2 行表示第 2 个 Characteristic 以及它的值。也是同样处理，不同之处只是递增一下 Handle 值，Properties 为 Notify，以及使用 AttUuid128List[2] 里的 UUID。

第 3 行表示第 2 个 Characteristic 的 CCCD，Handle 值为 0x0006，Properties 为 Write 和 Read。

Characteristic 在 AttCharList[] 里定义完后，BLE 初始化的时候会加载它。具体代码封装在库里了，我们看不到。

（3）Sniffer 解读

再来通过 Sniffer 看一下手机是如何读取学习板的 Profile 结构的。切换到“ATT”选项卡，如图 40-20 所示。

1）Master 在 Handle 1 发送 ATT_READ_BY_GROUP_TYPE_REQ，想要了解 Primary Service 信息。

2）Slave 在 Handle 1 回复 ATT_READ_BY_GROUP_TYPE_RSP，告知 Primary Service 使用的 Handle 值从 1 到 6，以及 Service 的 UUID.

3）Master 继续在 Handle 7 发送 ATT_READ_BY_GROUP_TYPE_REQ，想要了解后续的 Primary Service 信息。

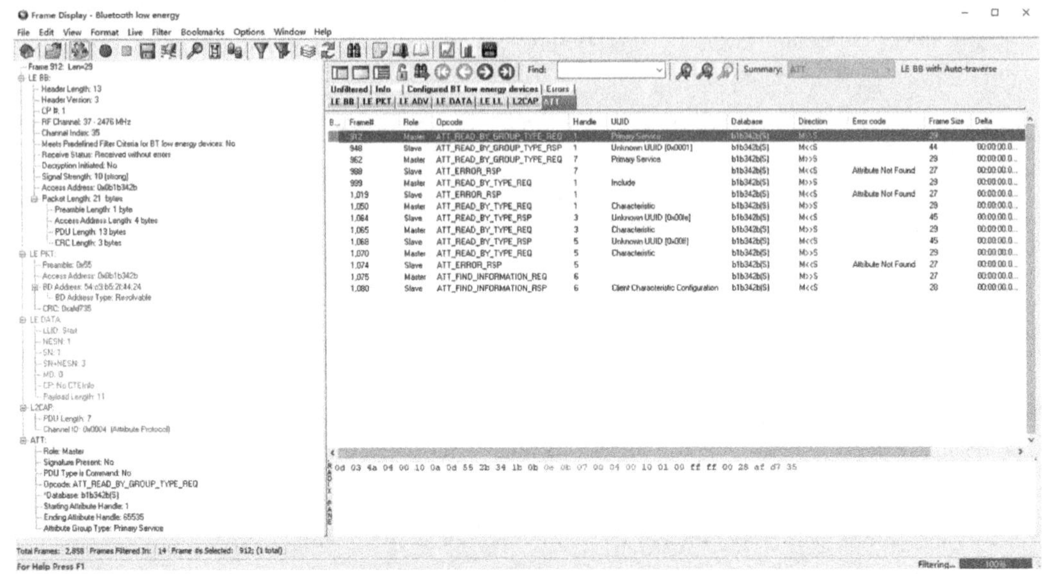

图 40-20　Sniffer ATT 层抓包图

4）Slave 在 Handle 7 回复 ATT_ERROR_RSP，Error code 为 Attribute Not Found，因为后续没有 Attribute 了。

5）Master 回到 Handle 1 发送 ATT_READ_BY_TYPE_REQ，想要了解 Primary Service 有没有包含其他 Service。

6）Slave 在 Handle 1 回复 ATT_ERROR_RSP，Error code 为 Attribute Not Found，因为没有包含其他 Service。

7）Master 回到 Handle 1 发送 ATT_READ_BY_TYPE_REQ，想要了解 Characteristic 信息。

8）Slave 回复 ATT_READ_BY_TYPE_RSP，告知 Handle 2 为 Characteristic 声明，Handle 3 为 Characteristic Value，Properties 为 Write Without Response，以及对应的 Characteristic UUID。

9）Master 继续发送 ATT_READ_BY_TYPE_REQ，了解后续的 Characteristic 信息。

10）Slave 继续回复 ATT_READ_BY_TYPE_RSP，告知 Handle 4 为 Characteristic 声明，Handle 5 为 Characteristic Value，Properties 为 Notify，以及对应的 Characteristic UUID。

11）Master 接着继续发送 ATT_READ_BY_TYPE_REQ，继续了解后续的 Characteristic 信息。

12）Slave 回复 ATT_ERROR_RSP，Error code 为 Attribute Not Found，因为后续的 Attribute 不是 Characteristic。

13）Master 在 Handle 6 发送 ATT_FIND_INFORMATION_REQ，请求读取 Descriptor 信息。

14）Slave 在 Handle 6 回复 ATT_FIND_INFORMATION_RSP，告知是一个 CCCD。

至此，App 已经完全读取了学习板的 Profile 结构。

“L2CAP”选项卡没有太多内容，主要就是显示 CID，比如刚才在 ATT 操作的流程从这里来看就是 CID 为 0x0004 的 Attribute Protocol.

40.5.5　Write Without Response

了解了 Profile 结构，再开始进行具体的数据传输。首先是用 Write Without Response 从 App 向学习板发送数据。

（1）编写代码

先别急在 App 上操作，因为还没有写相关的代码。主机对学习板的写相关操作都会回调至函数 ser_write_rsp()，同时给予很多参数。其中，att_hd 表示 Attribute 的 Handle 值，可以用它配合 switch - case 来筛选是哪一个 Attribute 上接收的数据。Write No Response 的 Value 的 Handle 值是 0x0003，所以学习板收到数据后会进入 case 0x0003。在这里添加代码，把收到的数据通过串口打印出来。

```
case 0x0003: //write without response
{
    u8 i;
    printf (" Write receive, length % d, data 0x", valueLen_w);
    for (i = 0; i < valueLen_w; i + +)
        printf (" % 02X", attValue [i]);
    printf (" \n");
    break;
}
```

收到的数据长度是 valueLen_w，数据的数组指针是 attValue。写完代码以后，运行一下，然后用 App 连接板子，单击 Write Without Response 这个 Characteristic 右边的向上箭头，会弹出数据输入框。输入“12345678”，然后单击“send”。这时候查看串口日志，会发现板子成功收到了 4 个字节 0x12345678，如图 40-21 所示，说明这次接收成功了。大家可以自己试试发送其他数据。

```
Connected.
Peer address type: Random
Peer address: 77:0B:29:11:2D:BE
Write receive, length 4, data 0x 12 34 56 78
```

图 40-21　串口日志：学习板输出收到的 App 发送的数据

（2）Sniffer 查看

在“ATT”选项卡可以看到 Master 在 Handle 3 发送了 ATT_WRITE_CMD，Data 为 0x12345678。

40.5.6　CCCD

（1）Write CCCD

接下来使用 Notify 从学习板向 App 发送数据。但是 App 能接收 Notify 的前提是先要把 Notify 的开关打开。这个打开的过程本质上就是对 CCCD 这个 Attribute 进行写操作，所以也会回调到函数 ser_write_rsp()里。CCCD 的 Handle 是 0x0006，所以在 case 0x0006 里添加代码，同时添加一个全局变量 isNtfCfg 用于保存开关状态，方便其他函数了解 Notify 的开关状态。

```
bool isNtfCfg = false;
case 0x0006: //CCCD
```

```
{
    ser_write_rsp_pkt (pdu_type); //response of write
    if ( (* attValue & 0x0001) ! = 0)
     {
        isNtfCfg = true;
        printf (" Notify enable. \n");
    }
        else if ( (* attValue & 0x0001) = = 0)
     {
        isNtfCfg = false;
        printf (" Notify disable. \n");
    }
    break;
}
```

与 Write No Response 不同，对 CCCD 的操作是写时是需要回复的，因此需要添加函数 ser_write_rsp_pkt( )。Notify 的开关之前有讲过，从中看的是 CCCD 值的 bit 0，所以可以让 attValue 和 0x0001 进行位与操作，如果结果不是 0，就表示收到的数据是打开通知；如果结果是 0，就表示收到的数据是关闭通知。接着把结果赋给 isNtfCfg，并打印出对应日志。

然后运行一下代码，用 App 连接学习板。单击 Notify Characteristic 右边的三连箭头，这个三连箭头就是 Notify 的开关。单击以后，箭头图标马上发生了变化，同时串口日志也打印出“Notify enable.”，说明 Notify 的开关被成功打开了。再单击一次，箭头图标又变回去了，同时串口日志也打印出“Notify disable.”，说明 Notify 的通知开关被关闭了。

（2）Sniffer 查看 Write 结果

1）Master 在 Handle 6 发送 ATT_WRITE_REQ，对 CCCD 进行写操作，在 Descriptor Bits 里可以看到是打开还是关闭 Notify。

2）Slave 在 handle 6 回复 ATT_WRITE_RSP，没有参数。

然后来试一下，如果学习板不回复 ser_write_rsp_pkt( )，会发生什么。把这个函数注释掉，然后运行一下代码，连接后单击 App 上的三连箭头，串口日志正常印出“Notify enable.”，说明学习板收到了写的数据。这时候再单击三连箭头，发现三连箭头不会变化了，串口也没有日志。再试试用刚才的 Write Without Response 发送一些数据，发现串口也没有日志了。再过一会儿，发现连接自动断开了。

为什么会这样呢？因为没有对写进行回复，所以 Master 就会一直等待回复，直到连接超时并断开。等待期间，Master 被阻塞，无法继续进行后续的数据传输操作。所以这个回复函数是必需的，应该把注释去掉。

（3）Read CCCD

CCCD 不止可以写入，还可以读取。如果 App 读取 CCCD，学习板需要回复当前的通知状态。代码中，如果学习板收到了读取回复，就会回调至 server_rd_rsp( )，然后在 CCCD 的 Handle 值 0x0006 内使用 att_server_rd( )进行回复。读和写一样，是必须回复的，例程代码已经默认回复了 0x0000，主要是为了防止出现刚才讲到的让 App 阻塞的情况。把 CCCD 的信息添加进去，然后增加一句日志。

```
case 0x0006: //CCCD
{
    u8 attData [2] = {0x00, 0x00};
    if (isNtfCfg)
        attData [0] = 0x01;
    att_server_rd (pdu_type, attOpcode, attHandle, attData, 2);
    printf (" CCCD read response: 0x% 02X% 02X. \n", attData [1], attData [0]);
    break;
}
```

运行一下代码，用 App 连接学习板。单击 CCCD 右边的向下箭头，查看串口日志，如图 40-22 所示，学习板回复了 0x0000。打开上面的通知开关，然后再单击 CCCD 的向下箭头，查看串口日志，学习板回复了 0x0001。说明读取回复正常。

```
Connected.
Peer address type: Random
Peer address: 69:44:5F:7A:36:83
CCCD read response: 0x0000.
Notify enable.
CCCD read response: 0x0001.
Notify disable.
CCCD read response: 0x0000.
```

图 40-22　串口日志：App 读取 CCCD，学习板回复

（4）Sniffer 查看 Read 结果

1）Master 在 Handle 6 发送 ATT_READ_REQ，请求读取 CCCD 的值。

2）Slave 在 Handle 6 回复 ATT_READ_RSP，在 Descriptor Bits 里可以看到通知开关的状态。

经过上面的实验，大家可能注意到了，每次连接以后，CCCD 通知开关默认都是关闭的。即使上一次断开连接的时候是打开的，下一次连接以后也是关闭的。由于本例用全局变量 isNtfCfg 来保存通知开关状态，所以除了 CCCD 被写的时候值会变化，还有在连接状态发生变化时也会变化：连接的时候还原成 False；断开连接的时候，自然也就不能通知了，所以也还原成 False。这样其他功能函数才能正确获得通知开关的状态，特别是连接断开的时候。

```
void ConnectStausUpdate (unsigned char IsConnectedFlag)
{
    u8 * peer_addr;
    u8 peer_addr_type;

    isNtfCfg = false;
```

40.5.7　Notify

知道如何读写 CCCD 以后，在通知打开的状态下，学习板就可以给 App 发送通知了。例程代码里给了一个用于用户发送通知的地方：函数 gatt_user_send_notify_ata_callback( )。在这里面用户可以使用函数 sconn_notifydata( )来发送通知。

为什么要提供一个地方集中发送呢？难道不能在其他任意函数里发送吗？经过之前的学习，我们知道 BLE 发送数据不是严格意义上的实时，而会因为 Connection Interval 或者信号不稳定导致重发等因素产生一定的延迟。如果有多个函数要发送通知，有些函数就可能因为等待其他函数发送通知而被阻塞，导致无法及时实现其他功能。而 gatt_user_send_notify_data_callback( )只有在 BLE 空闲的时候才会被调用，也就是说，只要进入这个函数，上一次的通知协议栈就肯定处理完成了。

如果一定要在其他函数里发送通知，那么比较安全的做法是增加 FIFO。其他函数向 FIFO 里压入（push）需要通知的数据，而在 gatt_user_send_notify_data_callback( ) 里取出 FIFO 的数据进行通知。这里就先不写 FIFO 了。

函数 gatt_user_send_notify_data_callback( ) 会在空闲的时候被调用，那么到底什么时候会被调用呢？在代码中加一句测试日志来直观感受一下。

```
void gatt_user_send_notify_data_callback (void)
{
    printf ("Test");
}
```

运行代码，初始化以后并没有打印出“Test”。这是显然的，因为 BLE 还没有连接，肯定不能发送通知。单击“connect”按钮以后，大量的“Test”迅速被打印出来。单击“disconnect”按钮以后，又不打印了。看了日志以后，相信大家都会明白，BLE 连接的时候，只要有空闲，这个函数就会一直被调用，如图 40-23 所示。

```
Connected.
Peer address type: Random
Peer address: 7C:54:BD:90:61:F0
TestTestTestTestTestTestTestTestTestTestTestTestT
estTestTestTestTestTestTestTestTestTestTestTestTe
stTestTestTestTestTestTestTestTestTestTestTestTest
TestTestTestTestTestTestTestTestTestTestTestTestT
estTestTestTestTestTestTestTestTestTestTestTestTe
stTestTestTestTestTestTestTestTestTestTestTestTest
TestTestTestTestTestTestTestTestTestTestTestTestT
estTestTestTestTestTestTestTestTestTestTestTestTe
stTestTestTestTestTestTestTestTestTestTestTestTest
Disconnected.
Advertising start.
```

图 40-23　串口日志：gatt_user_send_notify_data_callback 测试

把测试日志删掉，然后定义一个测试数组，并且在 isNtfCfg 为 True 的时候添加发送代码。SendLength 是函数 sconn_notifydata( ) 返回的实际发送字节数。现在的例程最大值是 20 个字节。测试数据的第一个字节固定为 0xAA，第二个字节从 0 开始每次递增 1，方便识别。

```
void gatt_user_send_notify_data_callback (void)
{
    static u8 ntfData [2] = {0xAA, 0x00};
    u8 sendLength = 0;
    u8 i = 0;

    if (GetConnectedStatus () && isNtfCfg)
     {
        sendLength = sconn_notifydata (ntfData, sizeof (ntfData));
        if (sendLength)
         {
            printf (" Notify send, length % d, data 0x", sendLength);
            for (i = 0; i < sendLength; i + +)
                printf (" % 02X", ntfData [i]);
```

```
            printf (" \n");

            ntfData [1] ++;
        }
    }
}
```

运行代码，然后连接 App。在 App 上打开通知开关，马上可以看到 Value 内出现了学习板通知的数据，串口日志也同步打印。再把通知开关关掉，发现通知也停止发送了，如图 40-24 所示，说明代码逻辑是对的。

```
Connected.
Peer address type: Random
Peer address: 75:CB:23:88:D5:1F
Notify enable.
Notify send, length 2, data 0x AA 00
Notify send, length 2, data 0x AA 01
Notify send, length 2, data 0x AA 02
Notify send, length 2, data 0x AA 03
Notify send, length 2, data 0x AA 04
Notify send, length 2, data 0x AA 05
Notify send, length 2, data 0x AA 06
Notify send, length 2, data 0x AA 07
Notify send, length 2, data 0x AA 08
Notify send, length 2, data 0x AA 09
Notify send, length 2, data 0x AA 0A
Notify send, length 2, data 0x AA 0B
Notify send, length 2, data 0x AA 0C
Notify send, length 2, data 0x AA 0D
Notify send, length 2, data 0x AA 0E
Notify send, length 2, data 0x AA 0F
Notify disable.
```

图 40-24　串口日志：学习板发送通知

Sniffer 查看：Slave 在 Handle 5 发送 ATT_HANDLE_VALUE_NTF，在 data 里可以看到通知的数据。

40.5.8　断开连接

最后讲一讲学习板如何主动断开连接。很简单，只要调用函数 ble_disconnect()就可以了。再手动增加一个自动触发小条件，当进入 gatt_user_send_notify_data_callback()以后，如果发现通知发送的数据已经递增到了 100，就主动断开连接，后面的发送也不用执行了，直接返回。

```
void gatt_user_send_notify_data_callback (void)
{
    static u8 ntfData [2] = {0xAA, 0x00};
    u8 sendLength = 0;
```

```
    u8 i = 0;

    if (GetConnectedStatus() && ntfData [1] = =100)
     {
        ble_disconnect();
        return;
    }

    if (GetConnectedStatus() && isNtfCfg)
     {
```

运行代码，连接 App 后打开通知开关，开始传输通知数据。观察串口日志，从 0x00 开始到 0x63 共 100 包数据发完后，连接就断开了，如图 40-25 所示。

```
Notify send, length 2, data 0x AA 5E
Notify send, length 2, data 0x AA 5F
Notify send, length 2, data 0x AA 60
Notify send, length 2, data 0x AA 61
Notify send, length 2, data 0x AA 62
Notify send, length 2, data 0x AA 63
Disconnected.
Advertising start.
```

图 40-25　串口日志：学习板与 App 断开连接

Sniffer 查看：在“LE LL”选项卡查看，Slave 发送了 LL_TERMINATE_IND，断开了连接。

40.6 习题

BLE 编程实例基本讲解完毕，大家已经能够使用学习板与手机 App 进行数据收发了，但是传输的都是一些测试数据。

为了让大家体验真实产品的研发过程，这里布置一个课后作业：制作一个 BLE 温湿度传感器。之前的核心篇里学习了如何读取 HDC2080 的温湿度值，请大家把它移植到 BLE 工程里试试。

要求：

1）蓝牙连接以后，App 可以随时读取学习板的温湿度值。

2）通知开关打开以后，学习板每秒向 App 上报一次温湿度值。

当然，本书也提供了一份完成的参考代码，在工程 BLE_SENSOR 里。

祝大家学习愉快！